건축디자인과 구조계획

architectural design & structural planning

강원대학교 교수 박 경 호 편저

圖書出版 世進社

머 리 말

1957년에 영국의 Ove · Arup & Partners가 Sydney Opera House의 Consulting Engineer로 지명되었으나, 국제설계경기의 1등안이 된 덴마크의 건축가 Jφrn Utzon의 작품은 역학적 합리성(力學的 合理性)을 전혀 지니지 않은 복수(複數)의 shell에 의하여 구성되어 있었다.

이 때부터 Ove · Arup과 구조적 결함을 지닌 거대한 조형물과의 격투가 시작되었던 것이다. Utzon은 지붕을 얇은 살의 R.C.shell로 덮도록 디자인하였으나, 그 형태는 Arup이 기대하고 있었던 것과는 반대로 shell 효과에 의하여 자립(自立)하는 것은 불가능한 것이었다.

결국, 공업기술의 집적(集積)으로 조립된 조형물로서, Opera House의 지붕은 Utzon의 오리지날 디자인이 많이 수정된 구면(球面) shell의 모양으로 완성되었다. 건축가와 구조가의 협동작업의 중요성이 근대건축에서 인식되고 있는 가운데, Utzon안이 조형에 대한 의욕을 인정하여 1등안으로 결정한 심사위원들은 기술적 측면을 전혀 간파하지 못했다는 뜻이다.

우리들은 흔히들 건축설계작업에서 구조는 항상 종속되어있는 것으로 잘못 이해하고 있는 건축전문인들이 많은 실정이다.

대구조가, 건축가임과 동시에 스스로 건설회사를 경영한 탁월한 시공자이기도 한 이태리의 Pier Luigi Nervi는 구조적 건축(Structural Architecture)은 안정성있는 평형이 잡혀진 인상을 주어야 한다고 주장하고 곡예적(曲藝的)인 구조를 싫어했다.

그는 Auguste perret, Frank Lloyd Wright, Antonio Gaudi처럼 구조적 실험을 실시하는 등, 구조를 탐구한 건축가였기에 1959년 로-마에 경사기둥은 리드미컬(rhythmical)한 곡면천정과 아름다운 콘트레스트를 보여주고 있으며, 거대한 돔을 지탱하고 있다는 것을 의식할 수 없는 경쾌감이 간직된 Big Sports Palace를 탄생시킬 수 있었던 것이다.

건축은 다른 예술과 달리 그 설계에 있어서 기술적 측면이 간파되어야 하며, 건축가와 구조가 그리고, 환경 · 설비 설계자가 같이 협동작업이 이루어져야 건축의 세 요소를 갖춘 즉, 아름다움, 안전성, 기능 그리고, 쾌적함을 갖춘 표정있는 건축을 탄생시킬 수가 있는 것이다.

이 책의 내용은 건축 디자인을 전공하는 사람이나, 구조설계를 하는 사람 그리고, 환경 · 설비를 하는 사람들이 쉽게 읽을 수 있도록 내용을 편집하여 저술한 것이다. 건축을 공부하는 여러 사람들이 건축 디자인과 구조계획을 이해하고 공부하는데 조금이나마 도움이 되었으면 한다.

끝으로, 이 책이 완성되기까지 워드프로세싱을 맡아 해 준 저의 연구실 출신의 염동우(廉東祐), 유석현(柳錫鉉)군 그리고, 현재 저의 연구실에서 석사과정을 밟고 있는 이창현(李昌鉉), 김주영(金周泳), 이두영(李斗永), 박재성(朴宰成)군들의 워드프로세싱, CAD, Scanning 작업을 하는 등, 많은 도움을 받았으며, 특히, 이창현군은 오랜기간 동안 편집까지 도맡아 크게 도와주었다. 여러분들에게 감사의 뜻을 전하고 싶다.

1997. 4. 20

연구실에서

孤雲　朴 敬 浩

차 례

1

형태와 구조의 관계

J. Utzon

시드니 오페라 하우스의 남쪽 입면

시드니 오페라 하우스의 서쪽면 전체모형

1.1 ·························· 건축의 세요소란 무엇인가

기원전 1세기의 고대로마의 건축가 비루트비우스(Dollis Marcus Virtuvius)는, 그의 건축서(建築書) 가운데에서, 『건축은 firmitas(강도), utilitas(쓰임), venustas(아름다움)』이라고 설명하여, 명확히 건축의 세요소(三要素)를 가리키고있다. 여기서 표현하고 있는 『강도』는 『구조』, 『쓰임』은 『기능』, 『아름다움』은 『형태』로 바꿔 놓고 생각해도 괜찮을 것이다.

이 세요소 혹은 그 요소 사이의 관계는(그림1.1) 현대에 있어서도 건축학의 중요한 구성요소가 되는 것이며, 특히 우수한 설계자에 있어서는 형태와 기능의 융합(融合), 구조와 형태의 융합은 어느 시대에도 설계의 근거가 되며, 그 관계를 어떻게 생각할 것인가가 중요한 테마가 된다.

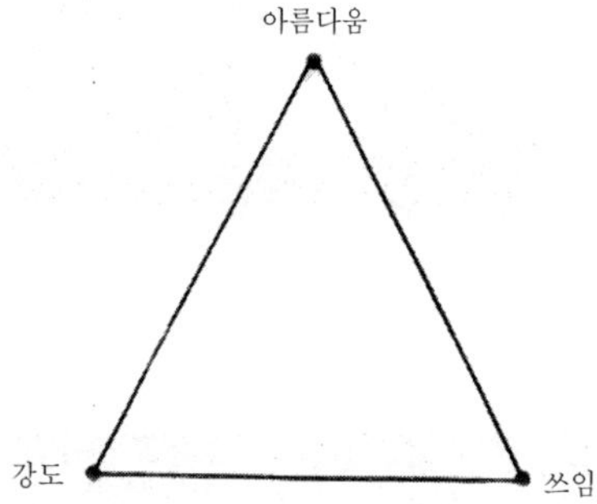

그림 1.1 건축의 세요소

건축의 합리주의적 어프로취를 주장한 오토와거나(1841~1918)는 『강도·쓰임은 단순한 아름다움의 방관자로서가 아닌, 아름다움을 지배하여 그것과 하나가 되는 것이다』라고하여, 근대건축의 탄생에 큰 영향을 주었다. 뒤돌아보면, 옛날부터 훌륭한 건축이라고 불리우는 것에는, 구조와 형태의 완전한 통일, 융합이 보인다.

예를 들면, 영원의 아름다움을 지금까지도 남겨놓은 아테네(Athene)의 파르테논(Parthenon)신전은, 대리석의 특성을 완전히 살린 합리적인 구조계획에 의하여 처음으로 태어난 것이다(그림1.2).

기적적이라고도 불리우는 고딕(Gothic)건축(14세기경)의 감동적인 큰 공간은 플라잉 버트레스(flying buttress)라는 위대한 구조형식의 발명에 의하여 태어난 것이다(그림 1.3). 그것은, 중요한 힘의 흐름이 리브볼트(rib vault)의 대각선에 따라, 기초까지 연장되어있는 것을 명확히 시각적으로 호소하고 있다. 즉, 수직방향의 힘의 흐름과 하늘에도 오르는 공간구성의 완전한 일치인 것이다.

(a) 외관

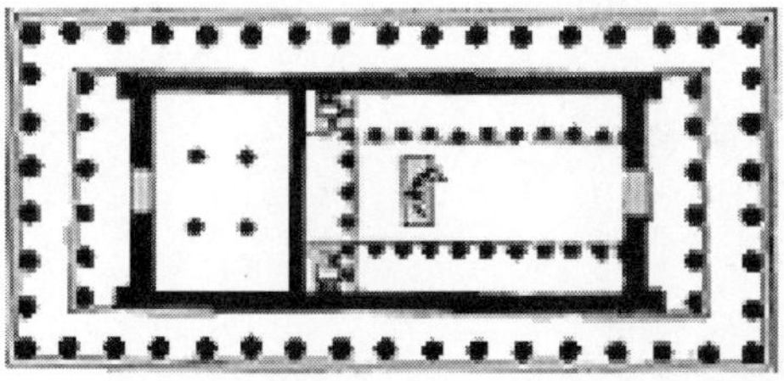

(b) 평면도

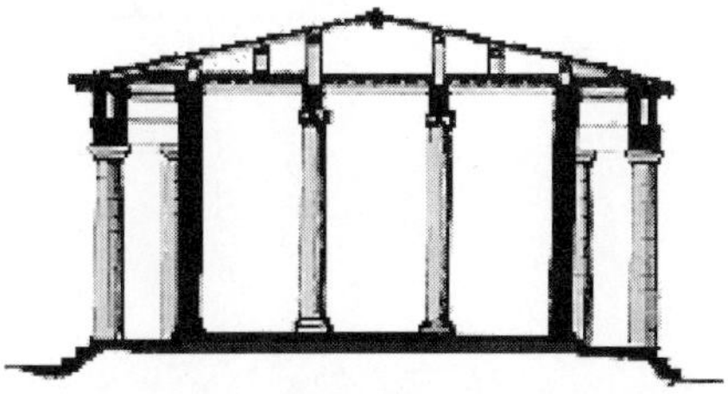

(c) 단면도

그림 1.2 파라테논신전
(기원전 423년, 그리스)

그림 1.3 고딕사원의 구조

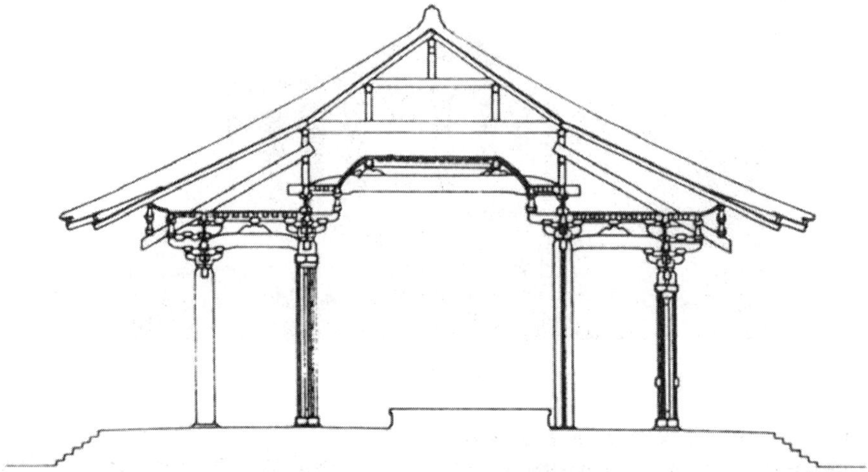

그림 1.4 도쇼다이지진도(唐招提寺金堂)의 단면도
(770년경, 나라)

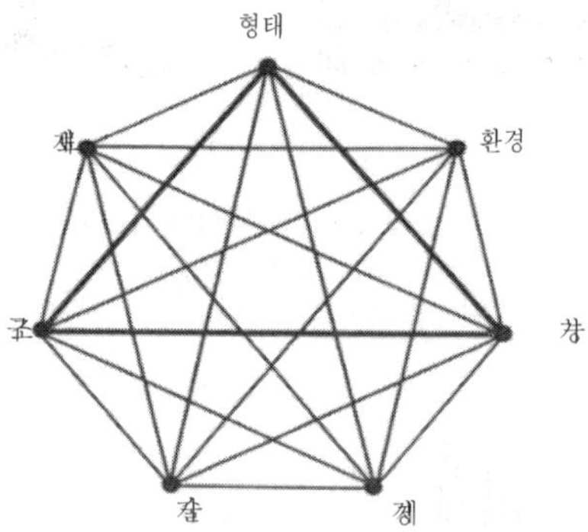

그림 1.5 건축구성요소의 관계

일본의 나라(奈良)시대의 훌륭한 건축인 도쇼다이지진도(唐招提寺金堂 : 759~773년 건립)도 그림1.4에서 볼 수 있는 것과 같은 복잡한 목조가구(木造架構)에 의하여 실현된 것이다. 이와같은 2, 3의 예를 보는 것만으로도 빼어난 건축의 형태가 구조로부터 분리하여 생각할 수 없다는 것을 알 수 있을 것이다.

건축의 세 요소가 능숙하게 밸런스를 취하면서 우수한 건축을 만들어 내는 데는 다시 갖가지 요소와의 관계를 연구해 두는 것이 중요하다. 그림 1.5는, 건축의 실현화에 필요한 중요한 요소와 그 관계를 나타낸 것이다. 구조와 형태와 이들의 요소사이의 관계를 이 장(章)에 들어가기 전에 먼저 개관(概觀)해두자.

1.2 ································ 구조와 기능과 형태

건축의 중요한 기능은 셸터(shelter)로서의 기능, 즉, 비·바람이나 외적(外敵) 등의 심한 외부환경으로부터 몸을 지키기위한 차폐기능이다. 가장 프리머티브(primitive)한 예로서 아프리카의 하쯔아피족의 우기(雨期)의 집을 그림 1.6에서 볼 수있으며, 지붕과 벽으로된 인공적인 내부환경을 만들어 내고있는 것에 있어서는, 현대의 최선단의 인테리젼트(intelligent)빌딩과 본질적으로 전혀다른 것은 아니다. 우리들은, 갖가지 기능적인 요구로부터 지붕을 만들고, 벽을 만들어 내부공간을 만들어 내었으나, 그 중요한 목적은 어떻게하여 큰 인공적 내부환경을 창조하는가에 있으며, 건축의 역사는 큰 공간을 만들어내는 구조기술의 역사라고해도 지나친 말은 아닐 것이다. 이탈리아의 구조기술자인 네르비(Pier Luigi Nervi)(1891-1979)는 재료와 구조로부터 새로운 조형미를 끌어내는 비범한 재능에의하여 근대건축의 대표적인 작품도 완성했다. 돔의 스팬의 치수가 100m의 스포츠 페리스(sports palace)(體育館)을 셸구조를 사용하여 설계했다(그림1.7)

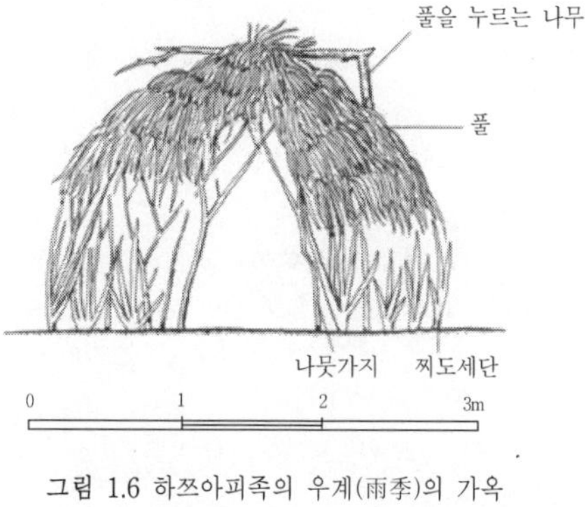

그림 1.6 하쯔아피족의 우계(雨季)의 가옥

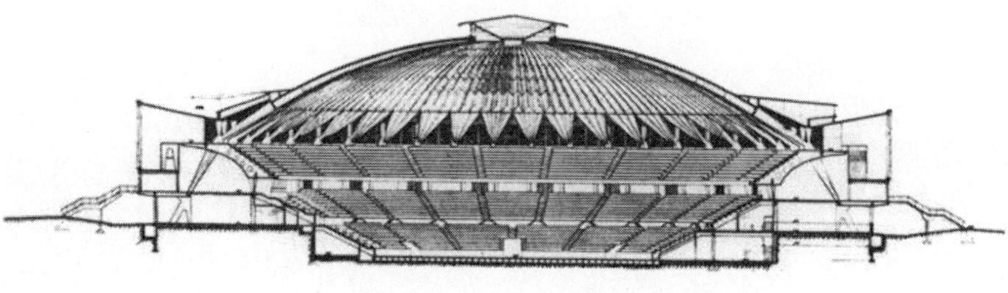

그림 1.7 로마의 스포츠 페리스
(설계 : Pier Luigi Nervi, 이탈리아, 1960)

그는 건축의 설계에 대하여 다음과 같이 말하고 있다.

『짓는다(to build)는 것은 특정의 기능에 적합한 공간을 만들기 위하여, 또 외적요소로부터 그 공간을 지키기 위하여 고체재료를 이용하는 것이다. 구조물은 그 규모의 크고작음을 불문하고 안정되고, 내구성이 있으며, 건설목적을 만족시키고, 더욱이 최소의 수단으로 최대의 효과를 달성하는 것이 아니면 안된다.』

이 위대한 구조기술자의 건축관(建築觀)은, 건축의 기능·구조를 지배하는 물리적 법칙성에 가능한한 충실한 해결을 추구하는 곳에 건축의 아름다움이 성립하는 요인이 있다고 한다. 철저한 합리주의적 정신이다. 그는 구조적으로 보아서 비합리적인 형태는 장식적유희(裝飾的遊戲)와 마찬가지로 부정하고, 머지않아 가치를 잃는 운명에 있다고 단정하고 있다.

현대와 같은 건축디자인의 다양화시대에 있어서도 다시 한번 그의 말에 귀를 기우릴 필요가 있을 것이다.

1.3 ································ 구조와 환경과 형태

여기서 말하는 『환경』이란 건축을 애워싸는 자연 환경을 가리킨다. 기후, 풍토가 건축의 형태에 큰 영향을 주는 것은 잘 알려져 있으나, 『구조』에 특히 큰 영향을 주는 것은 지구의 인력이며, 지진, 바람 등 건축물에 걸리는 외력이다.

장래, 지구 이외의 우주공간에서 건축물을 지을 경우가 있을지 모르지만, 우리들 인류는 지구중력의 작용 밑에 있어서 뉴-튼역학의 법칙으로부터 달아날 수 없으며, 건축의 형태는 그 법칙에 따르지 않으면 안된다.

그림 1.8은 Jφrn Utzon(1918~)에 의한 시드니(Sydney)의 오패라하우스의 오리지날 디자인(original design)(a)과 최종실시안(b)의 차이를 보여준다.

(a)

(b)

그림 1.8 시드니 오페라하우스의 콤피티션의 제안(a)와 최종실시안(b)
(설계 : 외론웃존, 오스트레일리아, 1973)

Utzon이 꼼빼(competition)의 최우수안으로서 인정된 것은 사실은, 구조 계산 등에 의하여 오리지날로서는 실시(實施)가 곤란하다는 것을 알고 결국, 여기에 보여주고 있는 최종안을 만들기로 했다.

건축가의 이미지도 지구의 중력에의한 역학적인 법칙성(法則性)에 의하여 강하게 구속되어 있다는 것을 이해할 수 있을 것이다.

지구중력의 작용은 지구상의 어느 지역에서도 일정하나, 건조물(建造物)에 걸리는 지진력은 지역에 따라서 크게 다른 것을 알지않으면 안된다.

왜냐하면, 지진력의 유무(有無)에 따라서 건축의 부재의 크기, 구조계획의 생각하는 방법이 크게 바뀌며, 결국 건축의 형태가 바뀌기 때문이다.

그림 1.9는 지구상의 지진다발지대를 나타낸 것이며, 지진은 어느 특정의 지역 혹은 지대에 집중하여 발생하는 것을 알 수 있을 것이다. 일본은 그 다발지대(多發地帶)에 속하며, 지진을 충분히 고려한 구조계획이 필요하다.

여기서, 건축을 디자인할 때 특히 주의해야할 것은 외국, 특히 지진이 적은 나라에서 설계된 디자인을 참고로하여 일본에서 설계할 경우이다.

이마가와(今川憲英)씨의 재미있는 시도가 있어서 소개해둔다.

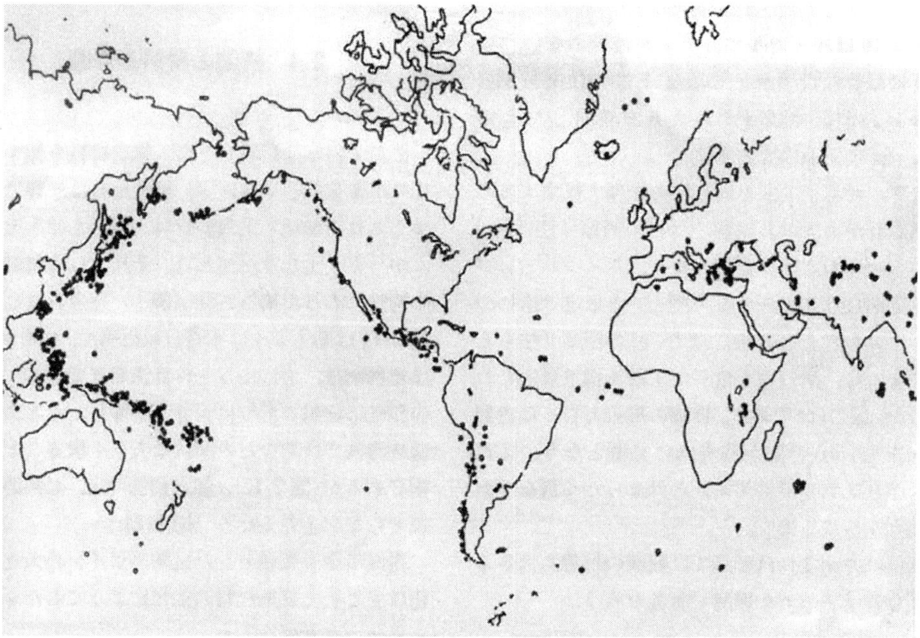

그림 1.9 큰 지진의 세계분포도

그림 1.10은 르 · 코르뷔지에(Le Co-rbusier)가 지진이 없는 파리 교외에 설계한 사보와(Villa Savoie)저택(a)과 이 주택을 지진이 많은 일본에서 설계하는 것을 가정한 것(b), (c)의 평면도이다.

먼저, 사보와저택과 같은 기둥의 배치를 가정하면 내진설계가 주류(主流)인 일본에서는 기둥의 단면치수는 약 2배인 50cm의 직경이 필요하게 되며, 르·코르뷔지에가 의도한 스마트(smart)한 디자인과는 거리가 먼 대체적인 모양이 촌스러운 것이 된다(b).

또, 기둥의 단면치수를 그대로하고 벽의 힘을 빌려서 1층을 구조계획한 것이, 그림의 (c)이다.

건물의 주변아니면 안쪽에 길이 4.75m의 벽이 각 방향에 필요하게 되며, 이것은 오리지날의 디자인과는 전혀 다른 것이 되어버린다.

지진의 힘이 이 정도까지 건축의 형태에 크게 영향을 미치는 것을 이해할 수 있을 것이다.

사보아저택외관

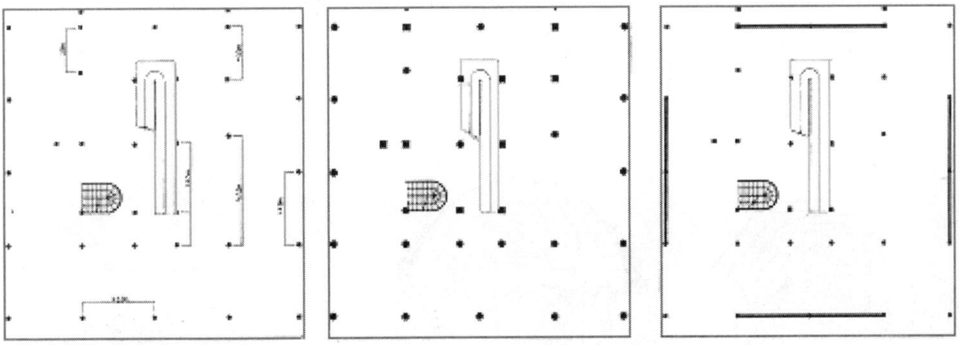

(a) 사보아저택의 1층플랜 (b) 일본에 세운 경우의 사보아저택 (c) 일본에 세운 경우의 사보아저택

그림 1.10 사보아저택의 일본에서의 구조계획

1.4 ································구조와 재료와 형태

여기서 말하는 『재료』란 구조재료를 가리킨다. 근대의 공업화사회 이전에는 구조재료는 건축물이 지어지는 지역의 토착적(土着的)재료, 예를 들면 목조, 벽돌, 돌, 흙 등이 사용되고, 각각의 재료는 그 특성이였던 구축방법(구법:構法)을 만들어내었다. 그림 1.11에서 볼 수 있듯이 목조는 축조구법(軸組構法), 벽돌, 돌은 조적구법(組積構法), 흙에의한 일체구법(一體構法) 등이다. 구법의 특성은 건축의 형태에 크게 영향을 미치며, 예를 들면, 축조구법에서는 창(窓)등의 개구(開口)는 크게 잡는 것이 가능하나(그림 1.12), 조적구법에서는 필연적으로 새로 길이가 길게된다(그림 1.13).

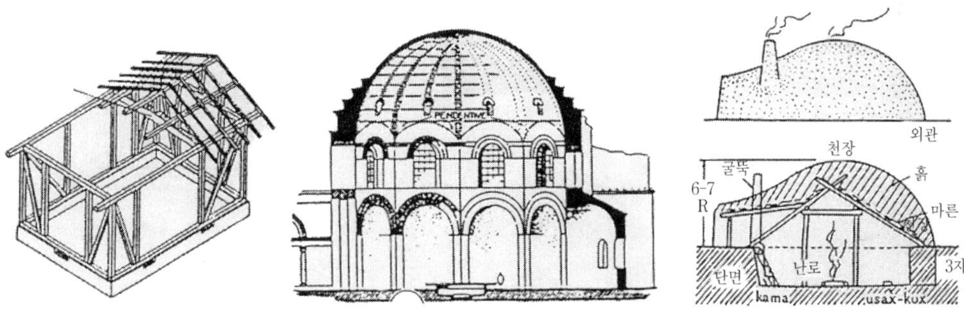

(a) 축조구법　(b) 조적구법　(c) 일체구법

그림 1.11 구법과 형태

그림 1.12 개방적인 축조구구법에 의한 공간

그림 1.13 조적구법의 건축에 있어서 세로가 긴 창 (베니스)

그림 1.14 철과 유리로 건축된 시-크람빌딩
(설계 : 미스·반·테르·로에, 미국, 1958)

그림 1.15 철근콘크리트조의 라·도-렛 수도원
(설계 : 르·꼬르뷔지에, 프랑스, 1960)

산업혁명을 계기로 한 건축디자인의 큰 변화는 주로 건축재료의 변화에 의하여 초래된 것이라 할 수 있다.

근대건축의 거장인 미스·반·데르·로에(Mies Van der Rohe)는 구조재료로서의 철(기둥·보)과 공업재품으로서 대량으로 생산된 유리를 사용한 마천루(摩天樓)를 설계했으며(그림 1.14), 르·코르뷔지에는 철근콘크리트의 특성을 100% 살려서 현대의 건축디자인에 큰 영향을 준 작품을 잇달아 탄생시켰다(그림 1.15).

이들의 작품은 모두다 구조재료의 특성을 충분히 살린 구조계획으로부터 태어난 조형(造形)이며, 구조·재료·형태의 멋진 통일을 보여주고 있는 것이다.

1.5 ································ 구조와 기술과 형태

인간은 높은 것을 동경하여 옛날부터 한없이 우뚝 높이 솟은 건조물(建造物)을 만드는 것이 인류의 꿈이였다.

하늘까지 미치는 높은 탑을 세우려고했던 성서(聖書)에서 유명한 바벨(Babel)의 탑은, 모델이 되었다고하는 고대 바빌론(Babylon)의 탑으로부터 추정하면 90m까지 미치는 것이였다고 하며, 이탈리아, 플로렌스(Florence)의 산타마리아델휘오레(Santa Maria del Fiore : Filippo Brunelleschi 설계)(그림 1.16) 대성당의 높이 약 115m로, 15세기 중순경에는 그 만한 정도의 건조기술(建造技術)이 이미 있었다는 것을 알 수 있다.

그림 1.16 플로렌스 대성당 단면도
(설계 : F. 브루넬레스키, 이탈리아, 1461)

그림 1.17은 일본에서의 건축의 고층화의 변천을 나타낸 것이나, 구조기술을 구사하여 건조된 도따이사(東大寺)의 대불전(大佛殿)도 현대의 초고층건축 예를 들면, 296m의 요꼬하마(横浜)의 렌드마-크타워 등과 비교하면 1/7정도의 높이밖에 되지 않는다. 현재에는 다시 1000m급(級)의 초초고층건축도 실현이 가능하다고하며, 일본의 건설업계에 서는 여러 가지 프로젝트가 제안되어 있다.

이들의 초고층건축을 가능케한 것은 구조재로서의 고강도 강재를 생산하는 기술이나, 시공기술, 지진파(波)에 의한 동적응답해석이나 고도의 구조계산을 가능하게한 컴퓨터 기술 등이다.

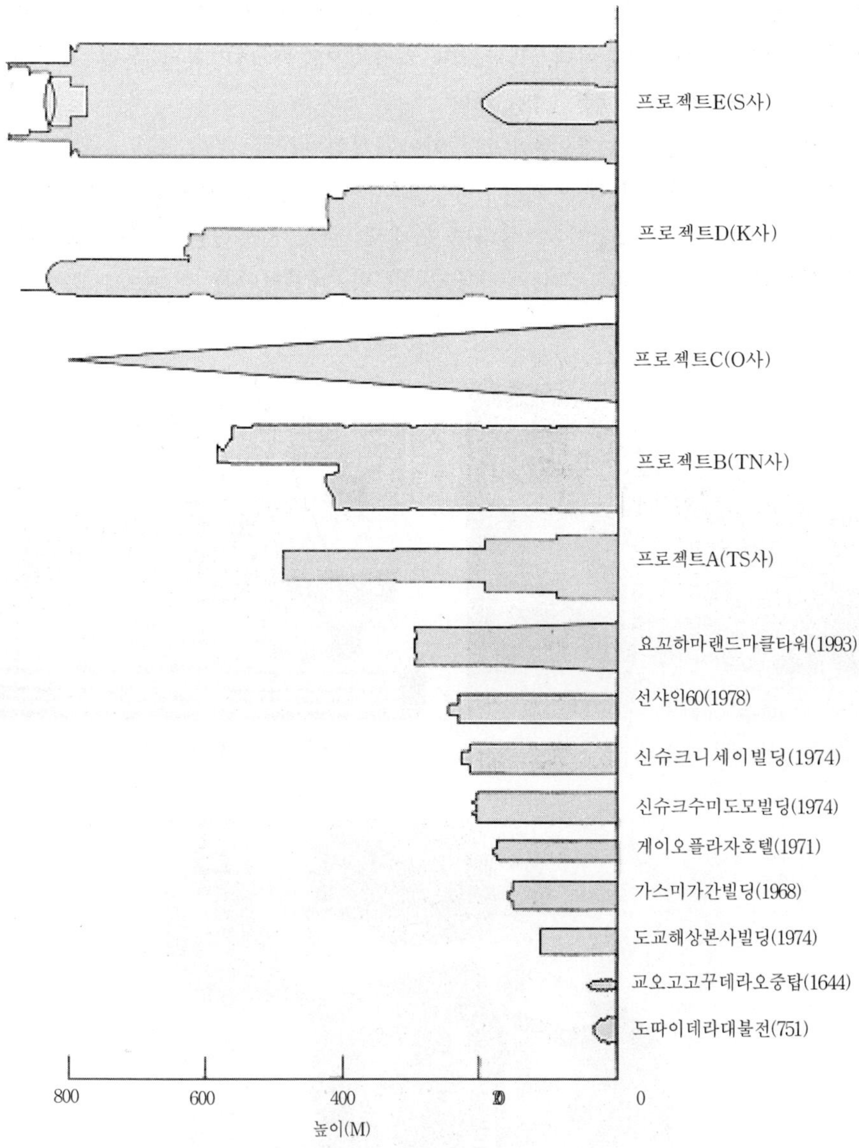

그림 1.17 일본의 고층화의 변천

구조와 기술은 표리일체(表裏一體)이며, 이와 같은 초고층 건축뿐만아니라 시대를 리-드하는 우수한 건축 디자인은, 기술적인 백압(back-up)이 있으므로서 비로소 실현된 것이 많다.

그림 1.18은 1977년에 파리의 중심부에 꼼빼(competition)의 최우수안을 기본으로 건조(建造)되어, 건축디자인의 세계에 큰 충격을 준 뽕피드·센터이다. 노출된 강제의 기둥과 보, 게다가 설비닥트 등을 모두 외부에 노출시켰으며, 이것으로해서 대규모인 내부공간을 만들어내어 미술관, 도서관, 콘사트 홀, 극장, 영화관이란 복합기능을 수용한 세계적인 종합문화센터가 건축되었다.

이 유니크(unique)한 형태를 가능하게한 것은 뛰어난 강재의 생산기술과 복잡한 구조체의 죠인트 부분의 시공기술이며, 프랑스의 기술력으로는 어려워서 독일 크랍사의 기술에 의하여 시공된 것이다(그림 1.18(c)).

이 건축에 대하여 다음과 같은 재미있는 이야기가있다.

디자인은 이탈리아 사람의 렌조·삐아노와 영국사람인 리챠드·로자스, 구조계산은 영국의 아랍사, 시공은 독일의 크랍사, 그렇다면 도대체, 프랑스 사람은 무엇을 했는가.

프랑스 사람은 심사위원장으로서 물의를 빚은 이 디자인안을 일등으로 뽑았다는 것이다.

(a) 외관

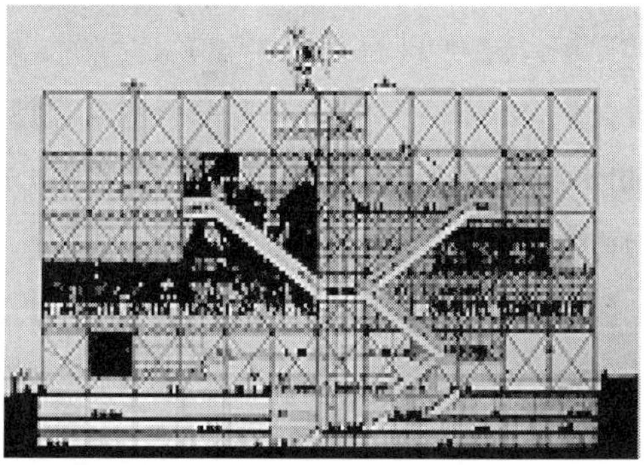

(b) 입면도

(c) 시공의 상황

그림 1.18 뽕피드센터
(설계 : 렌조·삐아노+리챠-드·로쟈스, 프랑스, 1977)

1.6 ·································· 구조와 경제와 형태

윤택한 재원을 바탕으로 궁전건축이나 사원건축이 건축된 근대사회 이전은 잘 알 수 없으며, 현대에 있어서는 건축의 실현에는 경제적인 뒷받침이 필요한 것은 말할 필요도 없다. 과잉투자는 쓸데없으며, 구조체를 생각하여도 가능한한 군살을 줄이고 슬림(slim)한 것으로 할려는 경향이 보이는 것도 당연하다. 컴퓨터를 사용한 동적 해석에 의하여 구조부재의 단면치수는 한없이 가는 것, 엷은 것을 구하는 것이 가능하게 되었으며, 이 사실은 건축의 형태에도 영향을 미치는 것이 된다.

구조계획에 있어서 극한 설계(Limit Design)에는 구조체의 중량을 최소로 한다는 생각이 포함되어 있다(최소중량설계). 건축물의 코스트를 가능한한 작게할려는 경제성이 그 배경에 있다.

그림 1.19는 경제성으로부터 시공기간의 단축, 구조체 코스트의 저감을 겨냥한 가는 스케일의 기둥, 덱 플레이트(deck plate)와 경량콘크리트에 의한 바닥, 유리의 커턴 월(curtain wall)로 조립된 초고층의 사무소 건물이며, 구조나 시공상의 제약 조건을 능숙하게 예상과 다른 방법으로 취하여 디자인한 좋은 예라고 할 수 있다.

현대의 건축디자인의 중요한 키워드(key word)의 하나의 『경쾌함』은 경제성으로부터 필연적으로 생겨난 것이라고 생각할 수도 있다.

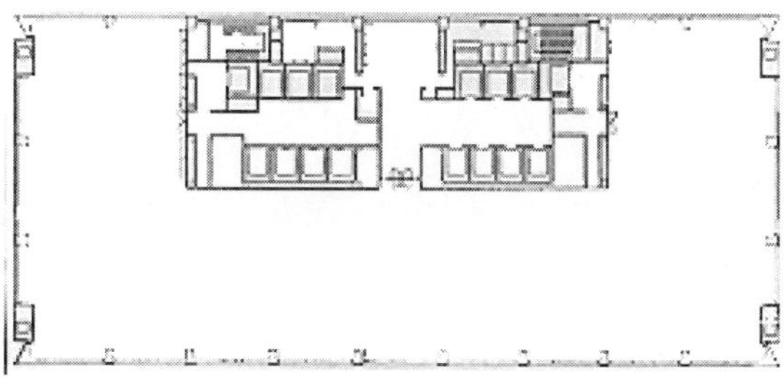

그림 1.19 크리스탈·타워
(설계 : 다께나까공무소, 오오사까, 1990)

2

공간과 구조형식

1884년부터 건립하기 시작한 성 가족성당.
(Sagrada Familia Cathedral: Graudi Antoni(o)설계)의
최근모습

성 가족성당이 완성되었을 때의 모습

2.1 ································ 건축디자인과 구조

1. 건축디자인과 구조계획

건물전체가 공중에 떠오르는 이미지(image)로 하고 싶다, 경쾌한 지붕으로 하고 싶다, 기둥을 될 수 있는대로 가늘게 하고 싶다, 기둥이 없는 공간을 만들고 싶다, 상부(上部)를 힘있게 치켜 올려내고 싶다…. 건축가의 풍부한 상상력은 멈추는 곳을 알 수 없으며, 그것이 때때로 구조기술자를 눈물나게 하는 것이 된다.

그렇지만, 건축가가 제시하는 구조상의 어려운 문제야말로 구조기술의 진보를 촉진하여, 새로운 건축구조가 실현되는 원동력이 되어온 것이다.

현재는, 구조적으로 상당히 넌센스(nonsense)인 건축조형(建築造形)이 아닌한 구조해석이 가능하게 되었다고 하나, 건축조형으로서의 강렬한 매력, 새로운 구조계획의 아이디어(idea), 건축기술상의 의의 등이 없으면, 예산이나 시공기술면으로부터 제약을 극복하여 건축의 실현에 도달하는 것은 곤란할 것이다.

이와 같이, 건축디자인에 있어서 구조의 역할은 대단히 크며, 우수한 공간구성이나 조형(造形)의 성패의 열쇠는 구조가 쥐고 있는 데도 불구하고, 구조는 전문가에게 맡겨두면 된다는 『디자인지상주의(至上主義)』나, 무조건 라-멘구조로 해결하려는 안이한 설계가 널리 퍼져 있다.

2.. 건축가와 구조기술자

1950년대경 까지는 의장·구조·설비의 세 부문이 현재와 같이 명확히 전문분화(專門分化)되어 있지 않았으며, 가끔은 건축가가 자신이 구조계산까지 자신이 직접하는 때도 있었다.

구조나 설비의 기술이나 설계기준이 고도화·복잡화된 오늘에는 한 사람의 건축가가 전부에 정통(精通)하는 것은 불가능하며, 저마다 전문기술자의 손에 맡기고 있다. 그렇지만, 이와 같은 시대에 참으로 건축가가 구조나 설비의 본질의 이해에 한층 더 노력하지 않으면 안된다.

구조에 관하여 말하면, 건축가는 구조기술자에 대하여 건축의 디자인 이미지를 제시하고, 구조기술자는 그 실현을 향하여 모든 해결방법을 추구하며, 때로는 건축가에게 역제안(逆提案)을 하는 건설적인 커뮤니케이션을 꾀하는 것이 건축가와 구조기술자의 이상적인 관계이며, 단게겐조(丹下健三)는 이것을 『건축은 디자인과 구조의 대립적 협동이다』라고 표현하였다(그림 2.1).

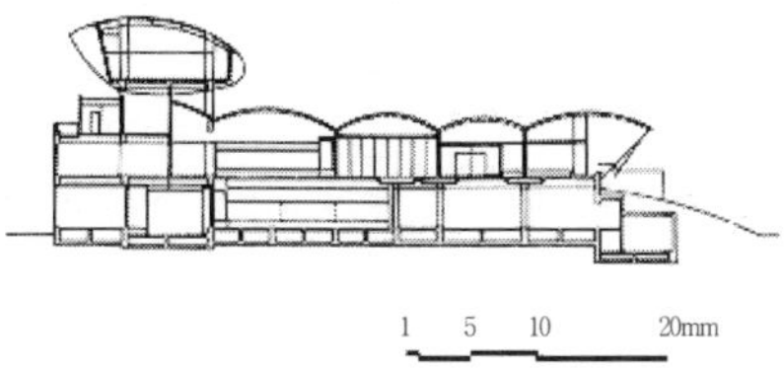

그림 2.1 디자인과 구조의 「대립적협동」에 의하여 탄생된 건축
얏시로(八代)시립박물관(설계 : 伊東豊雄+木村俊彦, 1991)

3. 컴퓨터와 구조설계

19세기에 들어와서는, 건축의 구조해석 수법으로서 도식해법(圖式解法)이 고안된 것을 시초로, 이후 갖가지 수학적 해법이 고안되는 등, 구조의 해석수법이 크게 발전했으며, 점차 복잡한 구조해석이 가능하게 되었다. 최근에는 컴퓨터가 비약적으로 발전되기도 해서, 골조의 역학에 관한한 『임의의 구조물의 해석에 성공했다』고 하는 등, 컴퓨터가 건축조형의 자유도를 높인 공적은 아주 크다.

4. 구조계획을 결정하는 것

건축을 디자인하는 경우에 중요한 것은 공간의 상상력과 이미지의 신선함 · 풍부함이다. 이 초기구상을 건축의 기능 · 형태 · 규모 · 법규 등의 면으로부터 체크해가서, 피드백을 반복해가면서 차츰차츰 구체적인 평(平) · 입(立) · 단면계획으로 나아간다.

이 단계에서 구조형식(트러스구조, 라-멘구조, 매달은 구조, 셸구조, 벽식구조, 막구조 등)과, 그것에 적합한 구조재료(나무, 철근콘크리트, 철골등)의 선택, 기둥 · 보 · 벽의 공간적배치와 그 모든 치수, 구조부재의 구성 등이 병행하여 검토된다.

표 2.1은 구조형식과 구조종별(構造種別)의 조합을 보여주고 있으며, 표 2.2는 구조형식별(構造形式別)로 본 적용가능한 스팬치수나 적합한 건물종별(建物種別)이다.

또, 구조특성(構造特性)으로부터 결정하는 적합한 층수가 있다(그림 2.2).

그 이외에도 다음과 같은 사항이 고려된다.

i) 경제성

구조형식에 따라 공법이나 공기(工期)가 다르며, 이것이 공사비에 깊게 관계된다. 예를 들면 같은 것이면 일반적으로 S조, RC조, SRC조의 순으로 공기가 짧다. 또 S조는 자중이 가벼워서 기초구조의 부담이 경감되고, 말뚝공사가 필요하지 않을 때는 공기단축도 되어서 상당한 코스트 다운(cost down)이 된다. 또한, 착공시점에서 이미 공사기간에 여유가 없는 경우는 공기가 짧은 구조형식이나 시공법이 경제성(經濟性)에 우선하여 채용되는 경우가 있다.

ii) 구조관련법규에 의한 제한

RC벽식구조나 목구조등은, 구조관련법규나 설계규준에 의하여, 층수나 규모・용도가 제한된다.

iii) 바람에 의한 흔들림의 문제

한 때 S조로 초고층주택이 건설된 시기가 있었으나, 바람에 의한 흔들림이 거주성(居住性)의 점으로부터 문제가 되었기 때문에 일본의 아시야하마(芦屋) 고층주택(1979년 준공, 29층 건물)이후는 흔들림이 적은 SRC조나 RC조로 바뀌었다. 최근에는 제진기술(制振技術)이 진보하여 흔들림의 문제는 상당히 개선되게 되었다.

또한, 1993년에 준공된 요꼬하마(橫濱) 렌드마크타워(최고높이 296m)는 지진하중보다도 풍하중이 커서, 주요골조가 풍하중으로 결정된 일본 최초의 초고층 건축이다(그림 2.94 참조).

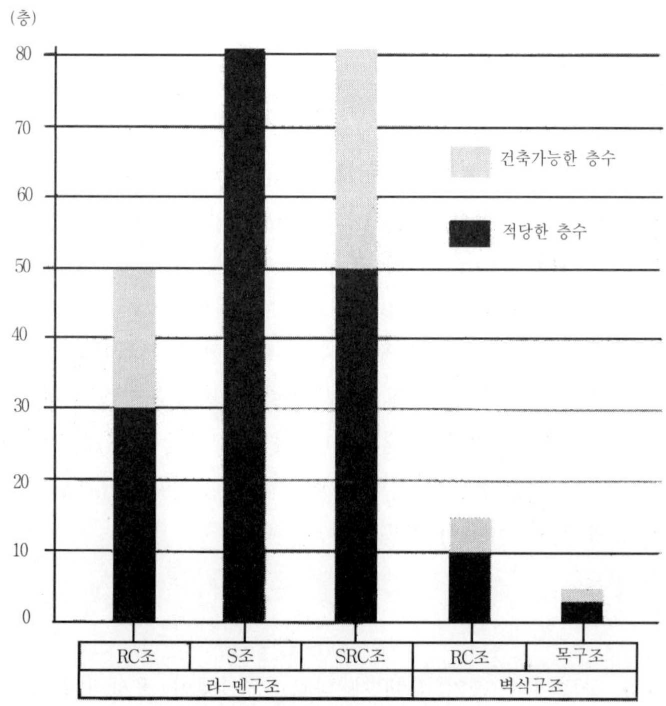

그림 2.2 구조형식별로 본 적용 가능한 층수

표 2.1 구조형식과 구조종별의 조합

구조형식		구조종별				
		목조	RC조	S조	SRC조	기타
선재	트러스구조	○	△[1]	◎	○	
	라-멘구조	○	◎	◎	◎	
	매단구조	△	×	◎	×	
	킬구조	△	◎	○	○	
면재	셸구조	○	◎	○	×	포리에스텔등
	벽식구조	△[2]	◎	×	×	
	막구조	△	×	×	×	
	평판·절판구조	△	◎	◎	×	

◎ 최적, ○ 적합, △ 조건부적합, ×부적합

주1) 프리스트레스트 콘크리트
주2) 투바이포구법

iv) 해체(解體)의 쉬움

박람회의 파빌리온(pavilion)이나 가설점포(假設店鋪)와 같이 짧은 기간에 철거될 것으로 알고있는 가설건축에서는, 해체가 쉬운 철골조나 목조가 선택되는 경우가 많다.

또 부지가 도시계획도로나 도시계획공원의 예정지인 경우는 S조 또는 목구조에 한하여 건축이 허가되는 경우가 있다.

최종적인 구조계획은 본절(本節)에서 열거한 사항을 종합적으로 판단하여 결정되나, 최근에는 에어돔(air dome : 공기막구조), 슈퍼프레임(super-frame), 연결초고층(連結超高層), 하이브리드(hybrid) 구조 등과 같이, 구조형식이나 구조재료의 조합이 고도화(高度化)·다양화(多樣化)되고, 새로운 구조계획에 의거한 건축이 잇달아 실현되고 있다(그림 2.61, 2.87, 등을 참조).

5. 디자인교육과 기술교육

우리 나라 대학을 예로 들면, 거의 대부분의 건축관련학과가 공학부에 속해 있으며, 겨우 4년간에 디자인교육뿐만 아니라 구조학이나 환경공학 등에 대해서도 상당한 시간을 들여 강의한다.

그 때문에 건축학부로서 독립한 가운데에서 디자인 교육에 중점을 두어, 교육년한도 우리 나라보다 긴 구미(歐美)와 비교하여 디자인 교육의 웨이트(weight)가 낮은 것은, 우리 나라의 현실적인 면에 있어서 어쩔 수 없는 면도 있다.

이와 같은 상황에 대하여 이전부터 실제 사회에 들어가면 구조·법규·코스트(cost) 등의 제약을 마지못해 경험하게 되므로, 대학교육에서는 『학생이 자유롭게 생각하는 방법이나 넓은 시야를 기르기 위하여』디자인 교육을 중시할 수밖에 없다고 되풀이하여 지적되어 왔다. 디자인콘세프트(design concept)를 묻는 아이디어꼼빼(idea competition)

표 2.2 구조형식별로 본 적용성의 비교

구조형식	적용스팬 최적범위 상한(m)	적용부위					적용건물					
		구조전반	지붕	바닥	벽	기둥	사무소	병원	학교	집합주택	체육관	극장호텔
트러스구조	0 10 60 100		○	○	○	○					○	○
라-멘구조	0 5 15 25	○					○	○	○	○	○	○
매단구조	0 10 100 200		○	○			○				○	○
쉘-구조	0 30 50 80		○								○	
셸구조	0 10 80 100		○		○						○	○
벽식구조	0.3 8 12	○					○	○	○	○	○	○
막구조	0 10 100 200		○		○						○	○
평판·절판구조	0 10 80 100		○	○	○						○	○

등에의 참가는 디자인 교육의 면으로부터 대단히 중요하며, 그 의의를 부정하는 것은 아니다.

그러나, 건축의 디자인은 구조·설비 등의 건축기술이 뒷받침되지 않으면 안되며, 그 점이 조각 등의 순수예술과 다른 것이다.

그렇지만 최근에는 구조나 설비를 통괄하는 능력이 요구되는 건축프로젝트가 증가하기도 했지만, 우리 나라의 건축교육이 차츰 구미(歐美)에서 평가되고 있다고 한다. 그러나 우리 나라의 건축교육도 예를 들면, 구조역학이나 환경공학의 강의내용과 건축디자인의 강의·연습이 제휴하여 같이함이 불충분한 것 등 이상적인 건축교육 시스템이라고 하기에는 거리가 먼 것이 실상이다.

2.2 ································ 선재(線材)에 의한 구조

2.2.1 트러스구조

트러스구조란 부재가 삼각형을 단위로 한다. 부재의 절점이 모두 핀 접합으로 되어있는 구조골조이다. 그림 2.3에서와 같이 선적(線的)인 디자인이 강조되어 경쾌한 인상을 주는 데는 적당한 구조형식이라 하겠다.

삼각형 단위가 연속되는 트러스구조에서는 절점에 외력이 작용할 경우, 부재에는 압축, 인장의 축방향력만이 발생하며 휨은 일어나지 않는다. 재료는 휨에 저항하기 보다 축력(軸力)만으로 저항하는 쪽이 훨씬 큰 외력을 지지할 수가 있다. 트러스구조가 큰 스팬 가구(架構)나 무거운 하중을 받는 가구에 곧잘 사용되는 이유이다. 부재길이를 변화시키므로서 다양한 모양을 만들 수 있는 것도 트러스구조의 특징이다.

또 라-멘구조에 큰 스팬 큰 보로서 짜넣는다던지, 킬-구조로하여 사용되던가, 다른 구조형식과 조합되는 경우도 많다. 각 종의 가새구조도 트러스의 일종이다.

트러스구조에는 평면내에 구면(構面)을 구성하여 응력을 한 방향에 전달하는 트러스와 입체적으로 구면을 구성하여 응력을 두 방향으로 전달하는 스페이스 프레임(space frame)이 있다.

그림 2.3 시각예술센터
(설계 : 노만 · 포스터, 영국, 1978)

1. 평면트러스

평면트러스의 대표적인 것에는 평행현(平行弦)트러스, 산형(山形)트러스 및 아치형트러스등이 있다. 평행현트러스는 현재(弦材)를 위아래 두본 평행하게 배치하고 이 사이를 웨브재(사재나 수직재)로 이어진 것이다. 대표적인 예를 그림 2.4에 나타낸다. 연직하중이 작용하면 상하현재에는 각각 압축, 인장응력이 발생하나 웨브재에는 짜넣는 방법에 따라 다른 응력이 발생한다. 플랫(flat)트러스에서는 사재(斜材)가 인장, 수직재가 압축이 된다. 플랫트러스를 상하반전(上下反轉)한 하우트러스(Howetruss)에서는 거꾸로 사재가 압축, 수직재가 인장이 된다.

가장 자주 사용되는 와렌트러스(Warren truss)에서는 사재의 응력이 압축과 인장이 교대로 나타난다. 웨브재를 현재에 강접합(剛接合)한 수직재만으로 구성된 피렌·델트러스에서는 수직재의 휨전단저항이 사재(斜材)의 작용을 하고 있다.

경사지붕에 사용되는 산형트러스와 산형평행현트러스의 대표적인 예를 각각 그림 2.5, 그림 2.6에 나타낸다. 이들 트러스 형식도 웨브재의 배치에 의하여 평행현트러스와 같은 응력이 발생한다.

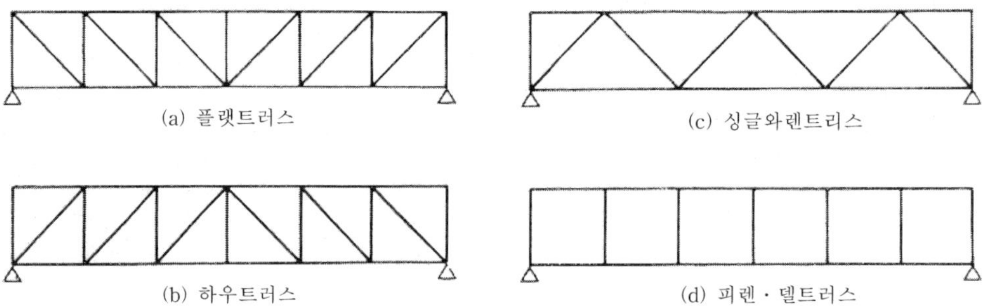

그림 2.4 대표적인 평행현트러스의 예

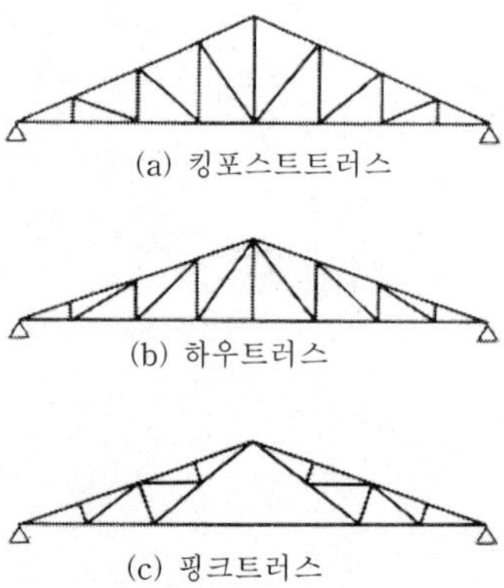

그림 2.5 산형트러스의 예

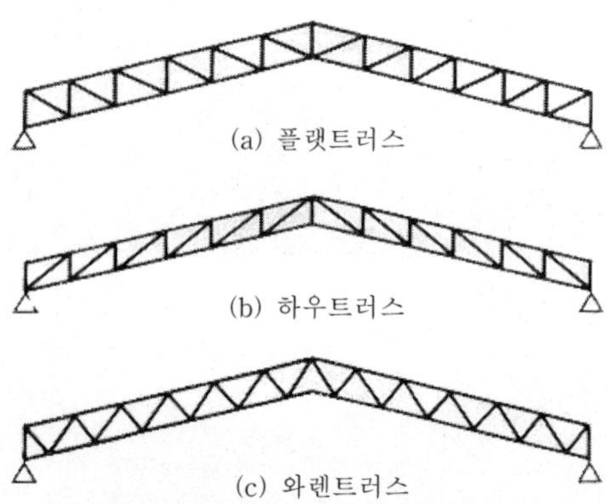

그림 2.6 산형평행현트러스의 예

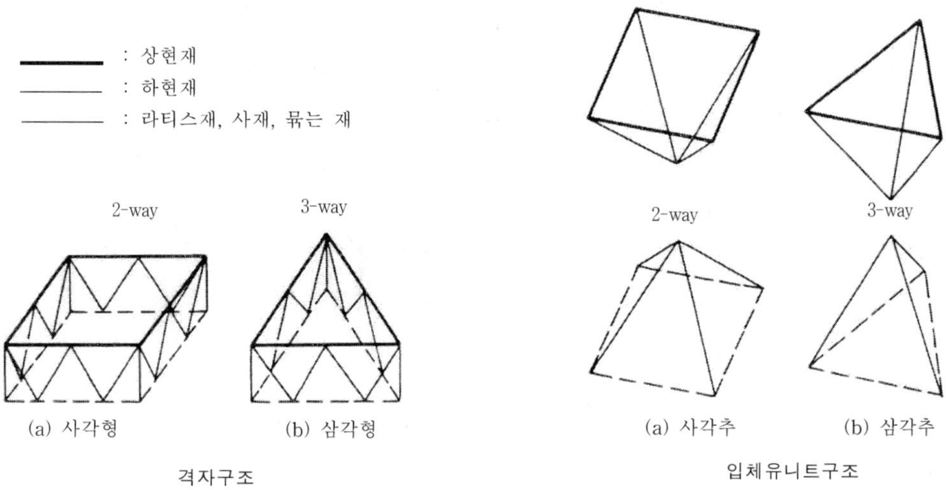

그림 2.7 스페이스프레임 유니트의 예

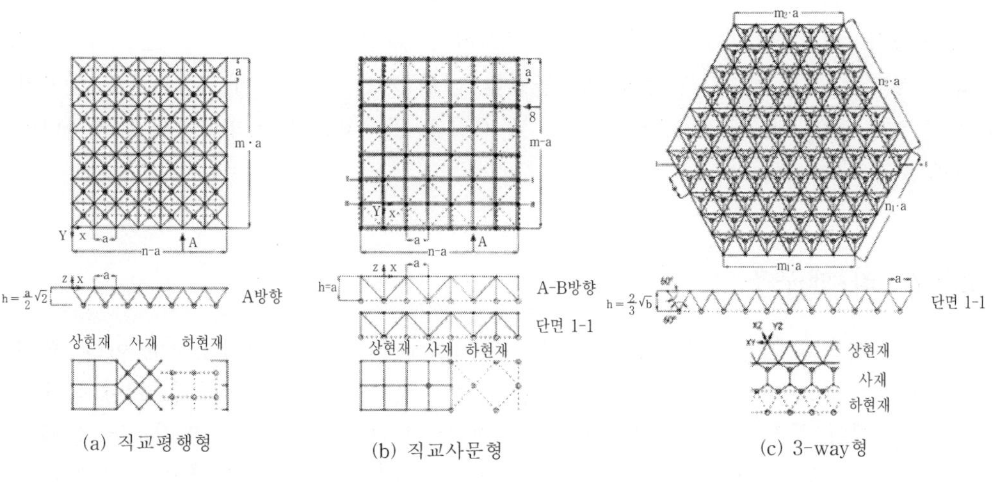

그림 2.8 입체유니트의 부재배치의 예

산형평행현트러스는 지지부(支持部)의 추력(thrust : 수평반력)의 처리를 합리적으로 행할 필요가 있다. 추력(推力)의 처리를 그릇치면 디자인상의 문제뿐만 아니라 구조적으로 중대한 결함을 일으키게 된다. 라이즈(rise)가 작게되면 같은 하중에서도 추력이 급격히 크게되므로 주의가 필요하다. 약간의 라이즈의 오차나 하중의 변화에 따라 구조물이 붕괴된 예는 적지 않다.

추력을 완전구속할 것인가 아니할 것인가는 지지가구(支持架構)와의 관계에서 결정한다. 라이즈가 작은 트러스에서는 지지부의 이동을 고려한 구조계획이 바람직스럽다.

극단적으로 라이즈가 작은 트러스에서는 추력에 그다지 기대하지 않는 설계를 해야 한다.

2. 스페이스프레임

스페이스프레임에는, 그림 2.7에서 볼 수 있는 격자구조(格子構造)와 입체(立体)유니트(unit)구조가 있다. 격자구조는 평면트러스에 의한 교차보구조로 생각된다. 입체유니트구조는, 사각추(四角錐), 삼각추를, 기본단위로 한 것이다. 이들은 함께, 2방향, 3방향으로 전개한 2-way type와 3-way type가 있다.

스페이스프레임이 평면가구(平面架構)와 크게 다른 점은, 각 부재에 큰 보, 작은 보, 이음재에 속한 모든 상위(上位), 하위(下位)의 차이를 두지 않고 서로 대등(對等), 균질(均質)인 것이다. 큰 공간이 비교적 작은 단면의 부재로 설계된다. 또, 규칙바른 기하학적인 그리드패턴(grid pattern)도 디자인상의 큰 요소가 된다. 특히, 입체유니트구조는 부재길이를 바꾸므로서 아치, 돔, HP셸 등 다양한 곡면을 비교적 간단히 실현할 수가 있다.

그림 2.8에 입체유니트에 의한 스페이스프레임 부재배치의 대표적인 예를 나타낸다.

트러스구조에는 일반적으로 강부재(鋼部材)가 사용되나, 압축재의 좌굴에 대한 배려가 중요하다. 세장비(細長比)를 작게하는 부재배치, 좌굴구속부재의 배치 등, 디자인과 직접 관계되는 것도 많다. 시각적으로 불안한 너무 가는 부재는 구조적으로도 문제가 있는 경우가 많다. 감각적으로 이와 같은 문제점을 알아차리는 트레이닝도 디자이너에 있어서 중요한 것이다.

2.2.2 라-멘구조

사무소 건물이나 집합주택 등은 기본적으로 거의가 라-멘구조를 채용하고 있다. 트러스구조에서는 앞의 항에서도 설명한 바와같이, 반드시 경사재가 들어간다. 교량 등에서는 이용할 때의 동선이 한 방향뿐이므로 그것과 평행하게 트러스를 배치하면 문제는 없다. 또, 큰 스팬공간의 지붕구조 등에서도 문제는 없다. 그러나, 그 안에서 사람이 거주하게 되면 될 수 있으면 사재(斜材)를 피하고 싶다. 그러나, 사재를 없애면 그림 2.9와 같이 당연히 불안정이 된다. 라-멘구조의 기본적인 생각은 부재의 접합부를 그림 2.10과 같이 굳건하게 하여 하중에 대하여 안전하고, 사용하는데 있어서 자유도(自由度)가 높은 공간을 확보한다는 것이다.

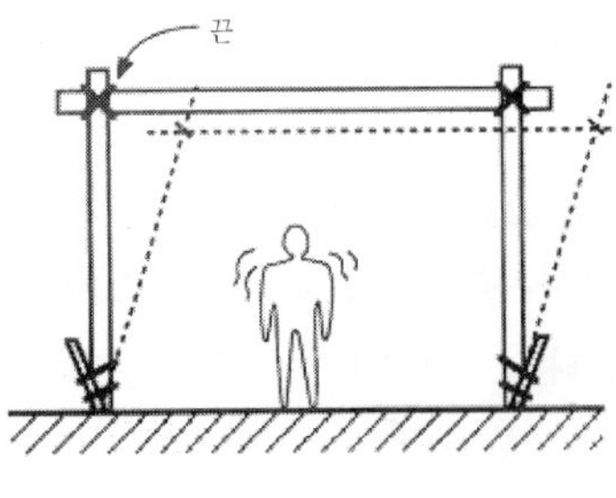

그림 2.9 불안정인 구조

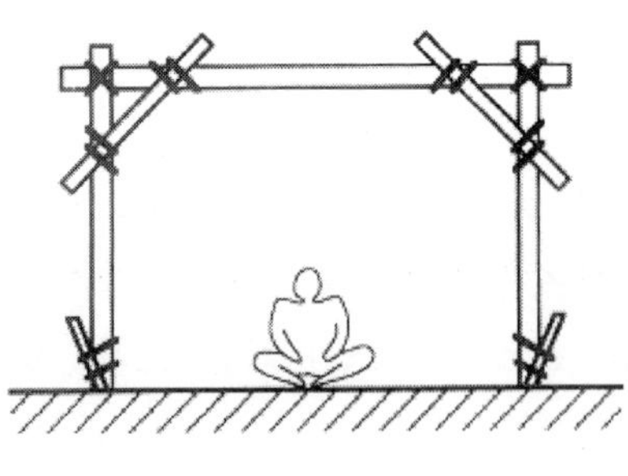

그림 2.10 접합부를 굳건하게하면 안정(라-멘)

다음에 외력이 가해진 경우의 변형을 생각해보자. 트러스구조에서는 신축변형(伸縮變形)으로 저항하는데 대하여 라-멘구조는 주로 부재의 휨변형으로 저항한다. 부재력에 대하여 말하면, 트러스구조가 주로 부재의 축방향력으로 라-멘구조는 주로 부재의 휨응력으로 저항하게 된다. 물론, 실제로는 트러스구조라고 해도 완전한 핀 접합은 없기 때문에 휨응력은 걸리며, 라-멘구조에는 충분한 축방향력이 걸린다. 그러나, 약간 거칠게 말하면 라-멘구조는 연직하중을 보가 휨으로 지지하고, 생긴 휨모멘트와 전단력을 보의 끝으로부터 기둥에 전한다. 또, 지진이나 바람에 의한 수평하중에 대해서는 굳건히 결합된 보와 기둥이 일체가 되어, 주로 휨응력과 전단력으로 저항하는 것이다.

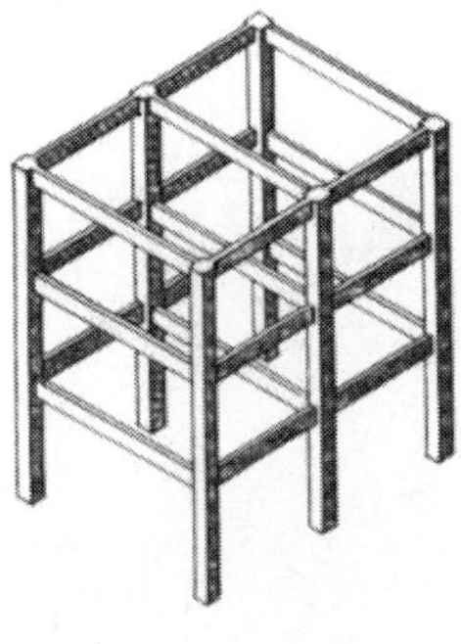

그림 2.11 RC조의 구형-라멘

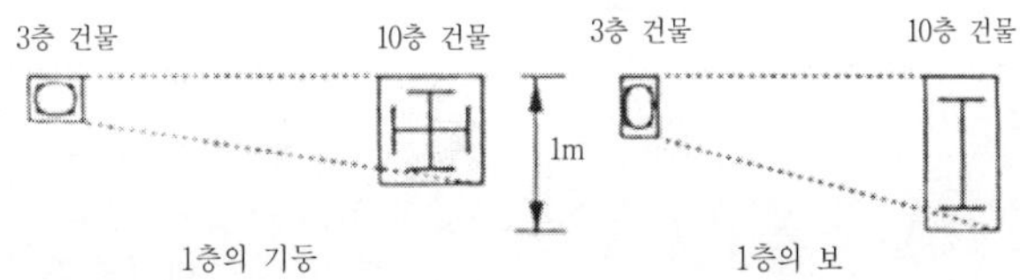

그림 2.12 기둥과 보의 단면

라-멘구조의 형식에서 가장 일반적인 것은 그림 2.11에서 볼 수 있는 것과 같이 철근콘크리트조(RC조)에 의한 구형(矩形)라-멘이다.

기둥의 단면은 일반적으로 정방형 혹은 원형에 가깝게 되며, 보의 단면은 세로길이가 긴 장방형이 된다. 기둥은 보사이 방향, 도리방향의 두 방향으로부터의 하중에 평등(平等)히 자세를 갖추지 않으면 안되는데 대하여, 보의 경우는 동일평면내의 연직력(鉛直力)이나 수평력에 견디지 않으면 안된다는 이유에 따른다. 일반적으로 그림 2.12에서와 같이 보의 폭은 기둥의 폭보다 좁고, 보춤은 기둥의 폭정도가 혹은, 그것보다 크게 된다.

철골조(S조)의 구형라-멘의 경우에도 단면의 프로포션(proportion)은 RC조의 경우와 같으나, 강도가 높아져서 단면은 RC조 보다 약간 가늘게 된다. 단, 내화피복 등으로 씌우게 되므로 외관은 그렇게 다르지 않다. 경우에 따라서는 물론 굵게되는 경우도 있만 내부공간의 요구로부터 기둥을 도중에서 빼는 경우가 있다. 구조설계자에 따라서는 머리가 아픈 문제이다. 이 경우, 기둥이 없어진 층의 기둥을 지지하는 보의 춤은 그림 2.13과 같이 상당히 크게 되는 것을 각오할 필요가 있다.

다음에 많이 볼 수 있는 형식은 산형(山形)라-멘이다. 공장이나 창고 등에서는 철골조의 산형라-멘이 많다. 주각부(柱脚部)가 핀 지지의 경우 모퉁이 부분에 큰 휨모멘트가 걸리며, 그림 2.14와 같이 단면의 춤이 휨모멘트가 걸리는 상태에 따라서 변화한다.

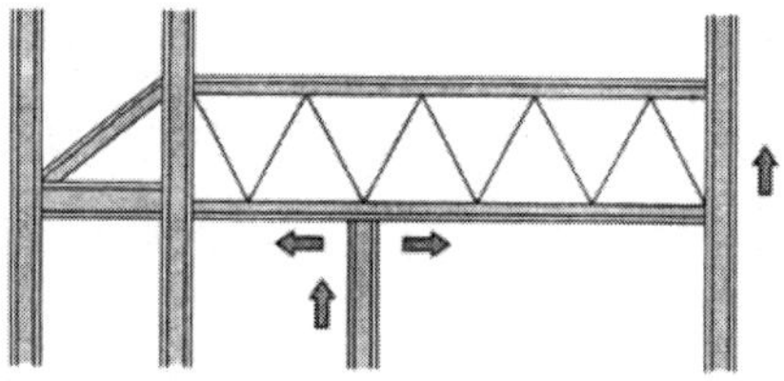

그림 2.13 기둥을 뺀 층의 보의 춤

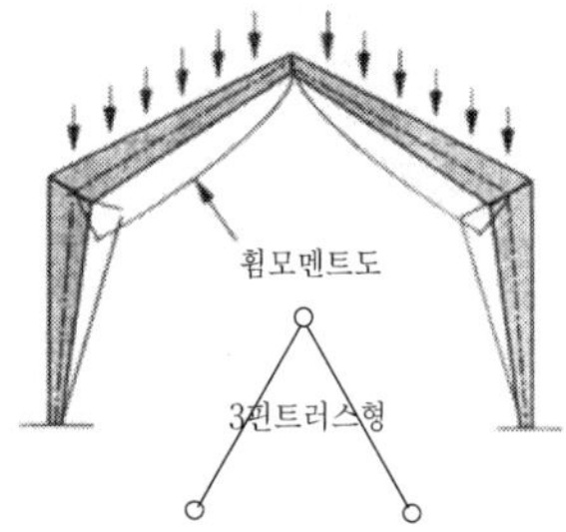

그림 2.14 철골조의 산형라-멘

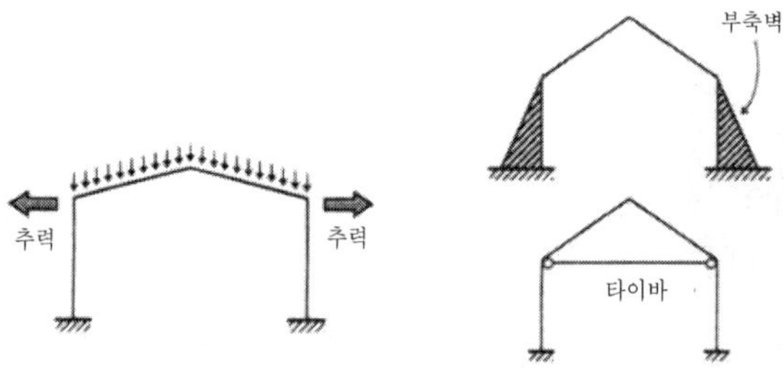

그림 2.15 산형라-멘의 추력(좌)과 대응(우)

또, 소규모의 체육관 등에서는 RC조의 산형라-멘 형식이 쓰이는 경우도 있다.

산형라-멘은 지붕이 플랫(flat)한 문형(門形)라-멘의 형식으로 하는 것 보다도 지붕의 부분이 비교적 가볍게 되는 장점이 있으나, 그림 2.15와 같이 바깥쪽으로 당길려는 수평력(thrust)이 걸리므로 떠받치는 벽이나 떠받치는 기둥이 필요하게 된다. 특히, 라이즈(rise)가 낮아지면 추력이 상당히 크게되므로 주의를 요한다. 라-멘에서 역학적으로 주의를 요하는 부분은 접합부이다. 특히 휨모멘트가 충분히 타고 이동할 수 있도록 디테일(detail)에 주의를 기울이지 않으면 안된다. 단, 이것은 구조설계자의 일이며 의장계(意匠系)의 디자이너(designer)가 서투르게 손을 대면 큰 잘못을 하게된다.

2.2.3 매단구조

부재가 최상의 강도를 발휘하는 것은 단순한 인장을 받을 때이다. 그 사실은 우리들이 어린아이 때로부터 자연히 터득하고 있다. 예를 들면, 캠프(camp) 등에서 나무의 가지를 작은 땔 나무로 할 때는 구부려서 꺾는 것이며, 끌어당겨서 뜯을려고는 하지 않는다. 당겨서 뜯는 데는 수십배, 수백배의 힘이 필요하다는 것을 체험적으로 알고 있기 때문이다.

가령 1ton의 중량을 원형단면의 길이 10m의 단순보의 중앙에 작용시킨다면, 그것을 매다는데 필요한 같은 강도의 봉(棒)의 약 40배의 단면적을 필요로 한다(그림 2.16).

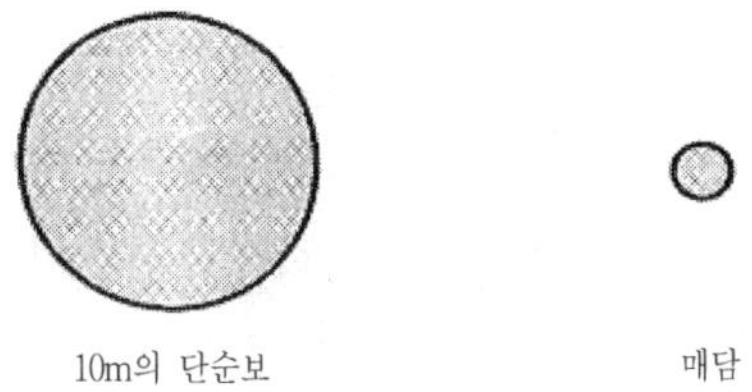

그림 2.16 1t의 중량을 지지하는데 필요한 단면적

그림 2.17 새도대교

따라서 강도의 면에서는 매단구조는 상당히 이상적이라고도 한다. 그림 2.17에서 볼 수 있는 것과 같은 1,000m클래스의 길고 큰 스팬을 가지는 교량은 그 전형적인 형태를 보여주고 있다.

또, 300m정도의 교량에서는 사장교(斜張橋)가 근년(近年) 많이 채용되고 있다. 사장교의 경우는 케이블이 중앙에 방사형(放射形)으로 늘어선 것이며, 평면적이기 때문에, 어느 방향에서 보아도 구조재가 포개지지 않으므로 외관도 단순하게 되며, 강의 경관을 상하게 하지 않는다는 장점이 있다.

건축에서도 비교적 예전부터 매단구조는 이용되고 있다. 특히 체육관 등의 큰 스팬의 지붕 등에 이용되는 경우가 많다. 이 이용되는 방법에는 다음의 두 가지가 있다.

하나는 그림 2.18과 같이 높은 탑모양의 기둥을 세워서 플랫(flat)에 조립된 평행현트러스의 지붕을 사장교와 같이 케이블로 매다는 방식이다. 이때, 케이블은 보조적인 역할을 한다. 또 하나는, 케이블 자체를 지붕의 주구조(主構造)로 하여 그것에 막모양(膜狀)의 재료나, 패널(panel)로 피복(被覆)하는 방식이다. 막재료(膜材料)에 강도를 분담시키지 않는 것으로 미묘(微妙)하게 막구조와 다르다. 그림 2.19에서 볼 수 있는 국립옥내종합경기장은 건축분야에 있어서 이 방식의 매단구조의 집대성으로서 구조분야에서는 세계적으로 높이 평가되고 있다. 보통, 건축물에서는 항공기나 스포츠카의 형태와 같은 역학적인 긴장감(緊張感)이 표면화되어 드러내기 어려우나, 매단구조에서는 얼마간 그와 같은 긴장감이 드러나 있다. 이러한 큰 스팬의 지붕구조로서 이용되는 방법이외에, 건물

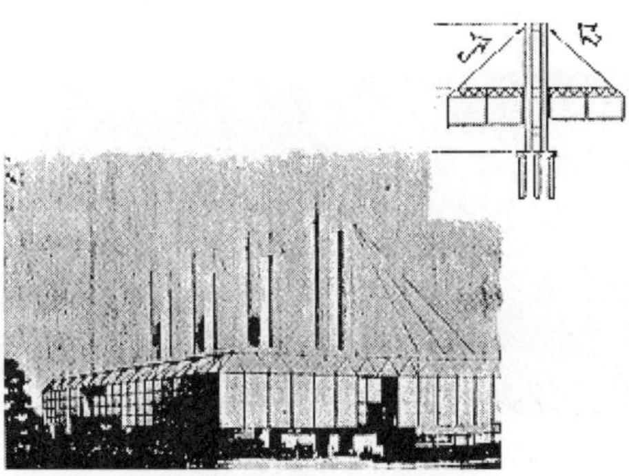

그림 2.18 만국박람회 영국관
(설계 : Powell & Moys Associate)

그림 2.19 국립옥내종합경기장
(설계 : 단게겐조, 동경, 1964)

의 바닥을 위로부터 매다는 방식도 상당히 옛날부터 이용되고 있다. 그림 2.20은 2층부분이 3층으로부터 매달려 있는 예이다.

이들은 과연 매단바닥방식인지 그렇지 않은지는 외관으로부터 알기 어렵도록 특별히 설계되어 있는 경우가 많다. 그러나, 그림 2.21의 홍콩 상해(上海)은행에서는 매단바닥구조를 그대로 벽면에 드러내어 역학적 합리성을 강조한 디자인이 되어 있다.

그런데 매단구조에도 결점이 있다. 최대의 결점은, 흔들리던가, 처짐이 크게되는 것이다. 또, 바람 등에 공진(共振)하여 동적으로 불안정하게 되며, 설계이상의 응력이 생기는 두려움도 있다.

그리고, 또 하나의 결점은, 설계도대로 시공하기가 대단히 곤란한 것이다. 잡아당기는 순서에 따라 모양도 달라지며, 모든 스케일로 설계대로의 초기인장력을 내게하는 것은 대단히 곤란하다.

게다가, 케이블과 압축재와의 접합이나 케이블과 앙카부분의 접합도 고심하게 된다. 그림 2.22는 뮌헨의 올림픽스타디움과 케이블의 정착부(定着部)이다. 콘크리트 내부에서 케이블이 풀려서 빗자루와 같이 되어서 정착되어 있다.

그림 2.20 만국박람협회본부
(설계 : 네신건축사무소)

그림 2.21 홍콩상해은행
(설계 : 노만 · 포스터)

(a) 외관

(b) 앙카부분의 상세

그림 2.22 뮨헨올림픽시설
(설계: 배니슈 · 안도 · 빠도나즈)

2.2.4 목구조

1. 일본 목구조의 역사

이새신궁(伊勢神宮)의 본전(本殿)에서도 알 수 있듯이 일본의 목조건축은 옛날부터 상당히 높은 수준이였다고 생각된다. 그 뒤, 중국의 목조건축기술의 영향을 받으면서 독자적인 발전을 이루웠으나 주춧돌 위에 기둥을 세워서 머리에 도리나 보를 건너지르고, 그 위에 동자기둥이나 도리·서까래로 가설건물을 가설한다는 기본적인 형식이 답습되었으며, 메이지(明治) 이후에도 목구조의 관공청(官公廳)이나 학교등이 많이 세워졌다.

그러나, 제 2차세계대전 뒤에는 목조는 화재나 지진에 약하다는 이유로 용도·규모·층수 등이 엄격하게 제한되게 되었으며, 목조는 주택 등 소규모인 수요에 한정되었고, 대규모 목조건축은 오랫동안 불우(不遇)의 시대가 계속되었다. 최근에와서 목재나 목조의 결점을 극복하는 여러 가지 기술적 시도가 이루어졌으며, 또 목조의 우수성을 다시 보고 간벌재(間伐材 : 솎아내는 재료)의 유효이용(有效利用)이란 시대의 변화도 있어서, 최근에는 일정의 수속을 밟으면 목조의 청사(廳舍)·학교나 돔·체육관과 같은 큰 가구목조(架構木造)의 건축이 가능하게 되었다.

2.. 목조 재래공법

신축주택에서 차지하는 목조주택의 비율은 점차 낮아지고 있으나, 목조재래공법의 주택수요는 전과 다름없이 크다. 목조재래공법의 구조는 밑으로부터 차례로 기초, 축조(軸組), 1층바닥조, 2층바닥조(3층바닥조도 거의 같다), 뼈대로 나누어 진다(그림 2.23).

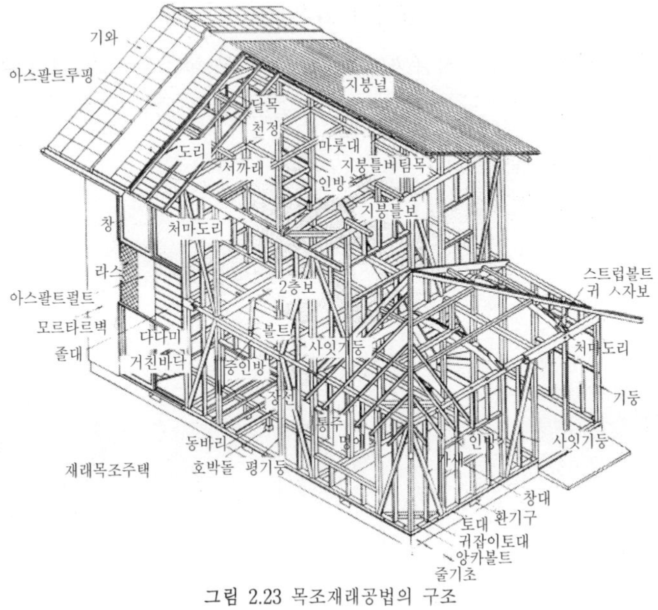

그림 2.23 목조재래공법의 구조

i) 기초

역사적으로는 둥근돌 위에 자연석의 초석(礎石)을 얹고, 그 위에 기둥을 세우는 독립기초의 시대가 길었다. 그러나 독립기초는 뽑히는데 약하며, 또 될 수 있는대로 각 기초에 균등히 하중을 부담시키도록 바깥둘레에 가깝게 기둥을 세우지 않으면 안된다.

이와 같은 결점이나 계획상의 제한을 극복하기 위해 고안된 것이 콘크리트제의 연결기초이다(그림 2.24).

연결기초는 시공이 쉽고 토대를 앙카볼트로 굳게 얽어매므로서 상부구조와의 일체화가 꾀해지며, 지내력이 작은 지반에 대응한다. 바깥둘레의 기둥 스팬을 상당히 건너뛰는 등의 이점이 있기 때문에, 현재는 목조건축 기초의 주류가 되어 있다.

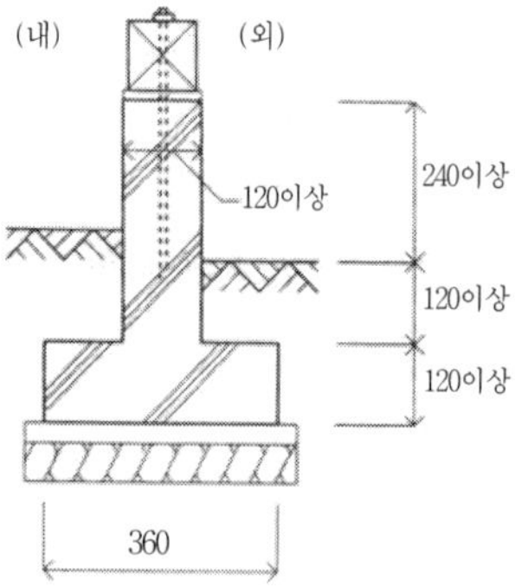

그림 2.24 콘크리트제의 줄기초(숫자는 목조주택 줄기초의 표준적인 치수)

ii) 축조(軸組)

축조는 토대, 기둥, 사잇기둥, 가새, 크로스보(cross beam), 층도리, 보로 구성된다. 이들이 일체가 되어 지붕이나 바닥의 하중을 지지하고, 하중을 되도록 균등히 기초에 전달함과 함께 지진이나 바람 등의 수평력에 저항한다.

축조구법(構法)에는 옛날부터 지금까지의 진벽(眞壁)구조와 그 개량구법으로서의 평벽(stud wall)구조가 있으나(그림 2.25), 구조적으로는 가새가 있는 평벽구조의 쪽이 내진성이 현격히 높다.

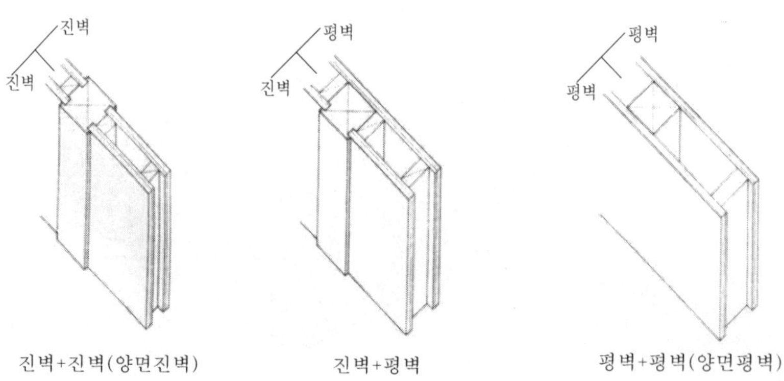

그림 2.25 진벽구조와 평벽구조

iii) 1층바닥조

연결기초 위에는 토대가 깔리고 그 위에 기둥이나 멍에(sleeper)가 90cm정도의 간격으로 놓여진다. 멍에위에는 장선(floor joist)이 30~45cm 정도의 간격으로 배열되어 바닥판을 지지한다. 연결기초 이외의 부분은 밑으로부터 푸팅돌(footing of floor post), 동자기둥, 멍에, 장선의 순으로 짜 올리고, 멍에와 직각방향에 오리목(bridging batten of floor post)을 꿰뚫어 동자기둥을 묶어 놓는다.

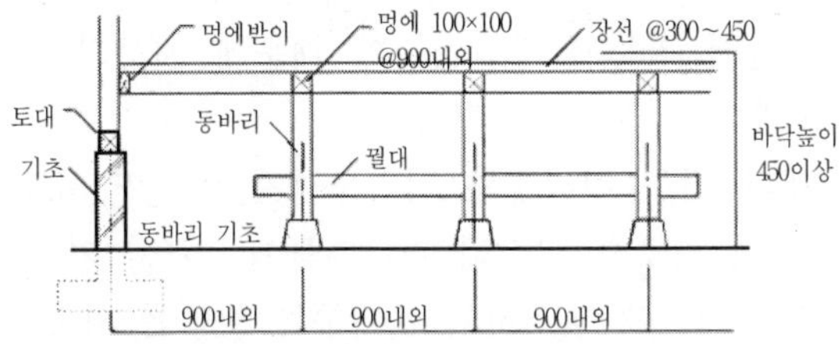

바닥높이가 1m 미만의 경우는 멍에와 직각방향에 꿸대로 묶지 않는다. 바닥높이가 1m 이상의 경우는 멍에와 평행하게 2m 내외의 간격으로 가새를 넣는다.

그림 2.26 1층바닥 구조

iv) 2층바닥조

2층바닥조는 1층평면과의 관계나 기둥의 위치등으로부터 결정하는 경우가 많으나, 바닥하중을 1층기둥에 되도록 균등히 전달하도록 계획하는 것이 기본이다. 2층바닥조 보의 춤은 1층천정과 2층바닥 사이의 천정내부치수에 관계되며, 나아가서는 층고나 천정고에 영향을 미치므로 주의하지 않으면 안된다.

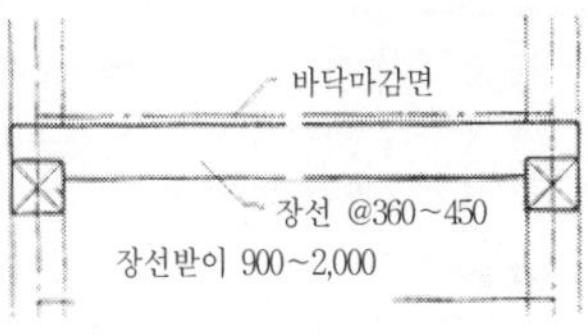

홑바닥(장선바닥)

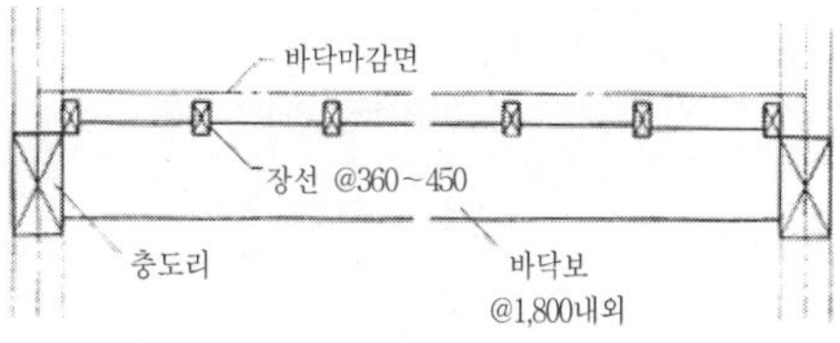

겹바닥

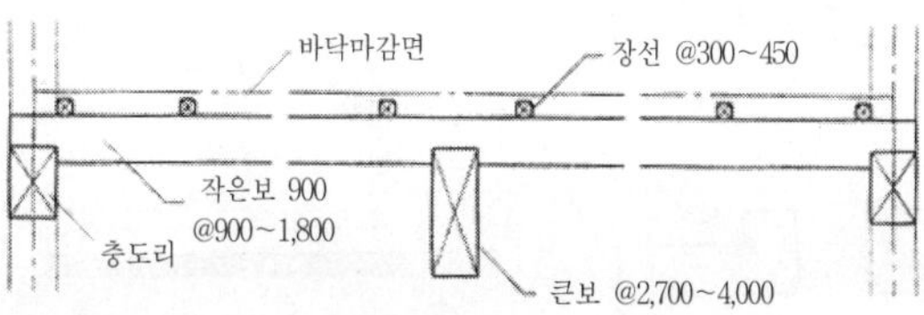

짠바닥

그림 2.27 2층바닥구조

v) 지붕틀구조

지붕틀에는 일본식지붕틀(그림 2.28)과 서양식지붕틀(그림 2.29)이 있다. 일본식은 한 본의 통나무지붕보에 동자기둥을 얹고, 그 위에 중도리를 걸쳐놓아 만들므로 스팬은 세 칸(5.4m 전후)이 한계(限界)이며, 그 이상이 되면 칸내에 기둥을 세워서 지붕의 중량을 분담시킨다. 중도리 간격은 반칸(91cm), 지붕틀의 보간격은 한칸(182cm)이 보통이다. 한편, 서양식지붕틀은 못이나 철물을 사용하여 목재를 트러스로 조립하는 것으로 길고 큰 스팬에도 대응하며, 목재의 소요체적으로보면 일본식지붕틀보다 경제적 · 합리적이다. 단지, 지붕의 중량을 바깥둘레 기둥에 부담시키기 때문에 지붕의 모양이나 방의 배치의 자유도는 일본식보다 못하다.

또한 재래공법의 주택의 경우 평면도와 입면도까지 있으면 목수의 마룻대와 들보가 경험과 지식에 기초를 두어 골조를 생각해내기 때문에, 건축가가 구조계획에 깊이 관계되는 경우는 없다. 그러나, 다음에 열거하여 보여주는 항목은 최소한의 지식으로서 알아둘 필요가 있다.

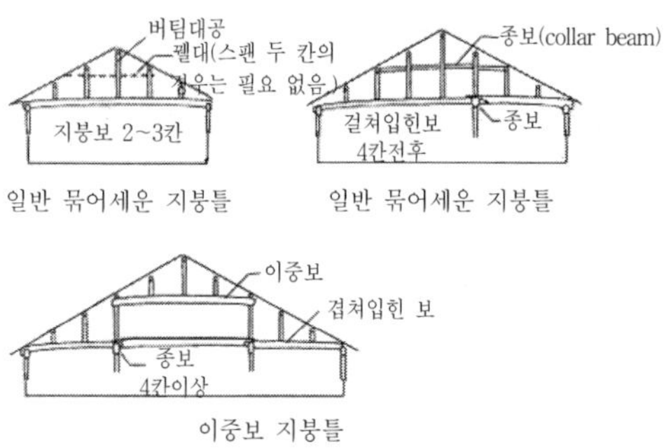

급경사나 스팬이 길어서 버팀대공이 길어질 때는 이중보로 한다.

그림 2.28 일본식 지붕

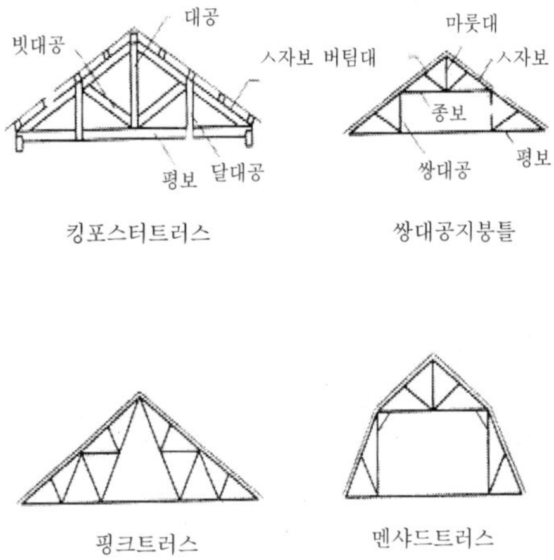

그림 2.29 서양식 지붕

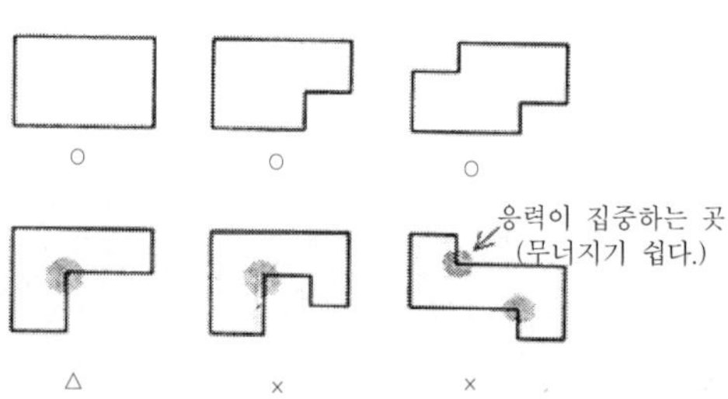

그림 2.30 목조주택의 바람직한 평면형

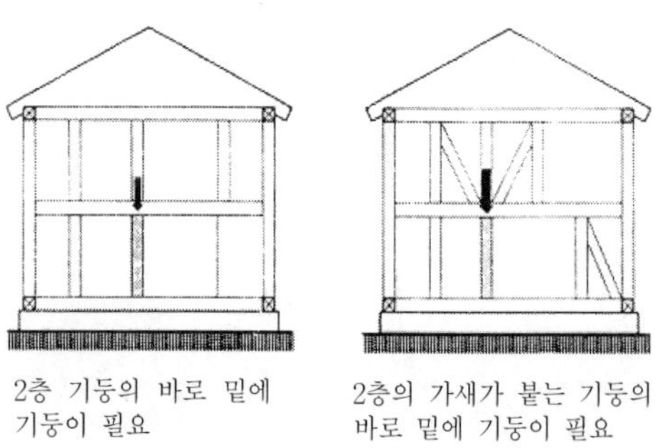

그림 2.31 위 아래층의 기둥의 위치·내력벽의 위치

① 구조적으로 바람직한 평면형으로 한다(그림 2.30).
② 가새가 있는 벽(내력벽)의 배치가 한 쪽으로 치우치지 않도록 한다.
③ 위 아래층의 기둥의 위치·내력벽의 위치를 일치시킨다(그림 2.31). 특히 2층의 모퉁이 기둥 등의 중요한 곳은 1층으로부터 끝까지 통하게하는 기둥(토대로부터 처마도리까지 한 본의 기둥)으로 하고, 2층바닥에서 중단되어 있는 기둥을 피한다.

3. 2 by 4 구법(構法)

미국이나 캐나다를 중심으로 널리 사용되고 있는 공법으로서, 일본에는 1974년에 도입되었으며, 짠틀벽구법이라고도 부른다(그림 2.32). 기초위에 토대를 고정시켜 놓고 바닥을 깔아서, 규격치수로 제작된 부재로 짜맞춘틀에 구조용 합판이나 석고보드를 못으로 세게 박은 벽을 수직으로 세워서 만들어 간다. 고도(高度)의 기술이 없어도 간단히 시공된다. 공기가 짧고 내진성·내화성이 우수하다는 장점이 있다.

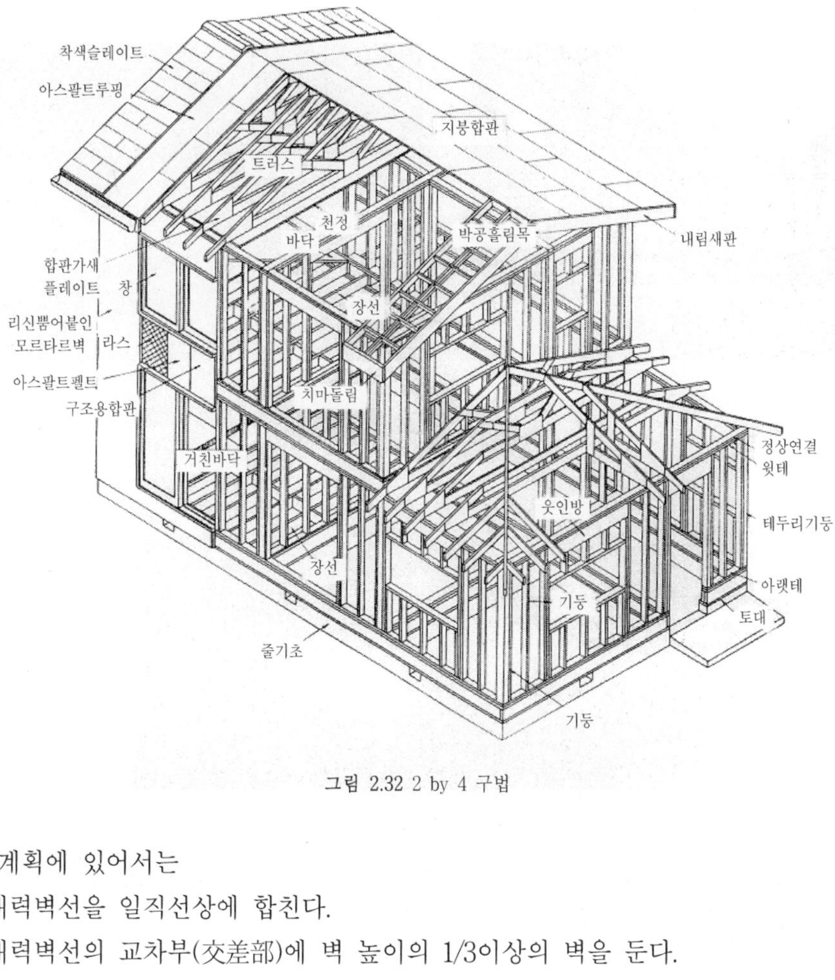

그림 2.32 2 by 4 구법

평면계획에 있어서는
① 내력벽선을 일직선상에 합친다.
② 내력벽선의 교차부(交差部)에 벽 높이의 1/3이상의 벽을 둔다.

③ 내력벽선위에 내력벽을 1/4이상 둔다, 라는 재래공법에는 없는 제약을 받으나

한편,

① 바닥레벨이 자유로히 성정된다.

② 경사지붕이나 완전곡면이 쉽게 만들어지며,

③ 내력벽으로 둘러싸인 면적이 $40m^2$ 이하이면, 그 안쪽의 벽을 비내력벽으로서 자유로히 배치할 수 있다.

등의 일면(一面)은 그다지 알려져 있지 않다.

4. 새로운 목구조

나무는 휨이나 전단에 대해서도 상당한 강도를 보이나, 특히 섬유방향에 대한 인장·압축강도가 강하기 때문에 유럽에서는 옛날부터 트러스부재로 이용되어 왔다. 최근에는 목조부재에 의한 매단구조, 스페이스그리드시스템(space grid system : 격자셸), 집성재(集成材)에 의한 큰 가구(架構)아치 등 여러 가지 시도가 이루어지고 있다(그림 2.33).

그림 2.33 새로운 목조

① 목조를 매다는 구조엣싱의 구조 폭 3.5m, 전장 200m(구조설계 : Richard J.Dietrich, 구서독)
② 목조격자셸구조 : 나라 실크로드박람회(설계:土井鷹雄,1988)
③ 목조격자셸구조 원경

2.2.5 킬(keel)구조

킬이란 나무로 만든 배 밑창 등의 중앙에 한 본 지나가고 있는 긴 곡선의 보이며, 포유동물에서 말하면 척추(脊椎 : 등뼈)에 상당(相當)한다.

보통, 체육관 등의 구조형식은 산형라-멘 아니면 벽+트러스 지붕의 평면가구(平面架構)를 보 사이방향에 두고, 그들을 도리가 지나는 방향으로 늘어 놓아 중도리에서 묶어 놓는 방식이 채용된다. 요컨대, 그림 2.34에서 볼 수 있는 것과 같이 보 사이방향이 메인(main)의 구조체가 된다. 그러나, 이곳에서는 조금 평범하게 약간 뜻을 바꾸어 보자, 그래서 구조형태에 변화를 일부러 그림 2.35에 나타낸 것과 같이 도리가 지나는 방향에 킬을 주(主)골조로서 설치한다. 그래서 보 사이방향을 보조골조에 상당하는 보조적인 가구를 배치한다. 이것이 킬구조의 기본적인 생각이다. 물론, 뜻을 바꾼 것뿐이라고 말하는 것은 다소 말이 지나치다.

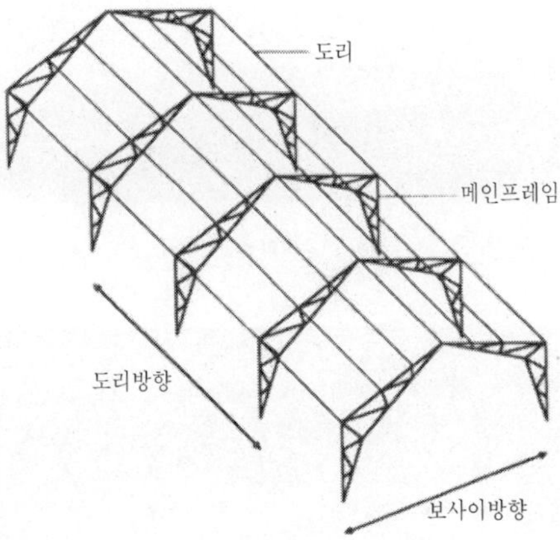

그림 2.34 보사이 방향이 메인의 가구
(보통의 가구)

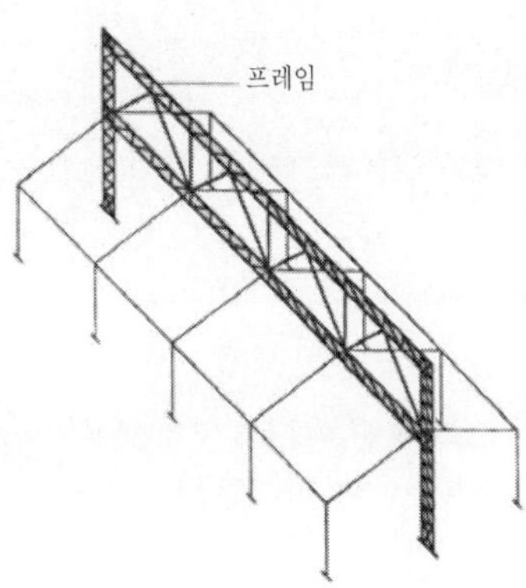

그림 2.35 도리방향이 메인의 가구
(킬구조)

킬구조로 하므로서 도리가 지나는 방향의 벽면에 나타나는 부재를 가늘게 할 수 있으며, 따라서, 곁벽(側壁)의 창나누기 등의 설계가 자유롭게 된다. 또, 킬부분을 궁리하여 천정으로부터 채광용 창으로서도 이용된다. 그림 2.36은 그 실시 예이다. 또, 그림 2.37은 킬부분을 디자인적으로 능숙하게 도입된 예이다.

(a) 외관

(b) 내부

그림 2.36 우라소에 시민체육관
(설계 : 제일공방+에·아루·씨-)

그림 2.37 가와구찌읍 체육관
(설계 : 이께가와)

그림 2.38 예일대학하키게링
(설계 : 에로사리넨)

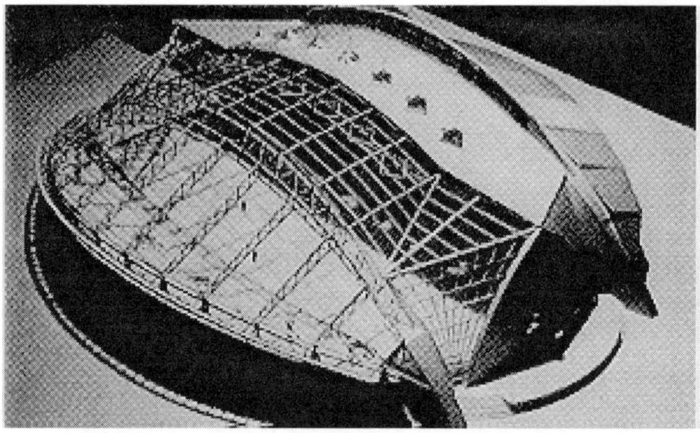

그림 2.39 도야마현립다데야마박물관요망관
(설계:이소기신아또리에)

그림 2.40 후지사와시아끼바다이 문화체육관
(설계 : 전후비고)

그림 2.41 입체트러스에 짜넣어진 킬구조이며 두본의 킬이 두방향에 리브로서 들어있다.

2.3 ······························ 면재(面材)로된 구조

2.3.1 셸구조

1. 셸구조란

셸구조란 명칭으로부터 미루어 생각할 수 있듯이, 조개껍질이나 알의 껍질과 같이 부재의 두께가 폭이나 길이 등에 비하여 대단히 엷은 곡면 모양의 구조형식을 의미한다. 예를 들면, 볼트(vault), 돔(dome), HP셸 등이 있다. 이들의 역학적인 특징은 볼트나 돔에서는 압축력이 중심적인 역할을 다하고 있으며, 한편 HP 셸에서는 압축력과 인장력의 두 힘이 작용하고 있다. 이와 같이 셸구조에 작용하는 힘은 압축력과 인장력, 게다가 면내(面內)전단력이 있으며 이들의 힘을 면내힘(面內力)이라고 한다. 셸구조란 것은 면내힘 만으로 저항하는 구조이다. 면내힘만이 작용하기 위해서는 만곡(湾曲 : 활처럼 휨)된 모양이 필수이며, 보와 같은 직선 형태로는 휘는 힘이 생기므로 불가능하다. 셸구조의 역학적 이점은 이 활처럼휜 모양에 의하여 얻어지는 것이며, 이 현상을 형태저항(形態抵抗)이라고 한다. 그래서 셸구조의 경우를 곡면구조라고도 부른다(그림 2.42).

그림 2.42 근대건축의 대표적인 셸구조
(TWA터미널, 설계 : 에로・사리넨)

2. 셸구조의 특성

셸구조는 만곡된 형태에 의하여, 분포하중을 면내힘 만으로 저항할 수 있도록 힘의 흐름을 바꾼다. 이것이 셸이 엷은 부재임에도 불구하고, 큰 공간을 씌우는 이유이다.

이를 위해서는 적절한 만곡과 적절한 지지가 필요하다. 만곡이 적으면 평판(平板)에 가까워져서 휘는 힘이 생기게 된다. 만곡 즉, 라이즈(rise)가 클수록 부재에 생기는 휘는 힘이 작게 되어 유리하다. 그러나 너무크면 지붕면적이 늘어나기 때문에 부재량(部材量)이 늘어나게되어, 경제적으로 불리하게 된다. 참고로 아치의 라이즈(rise)에 대하여 케이블이 밑으로 드리우는 크기를 새그(sag)라 한다(그림 2.43).

대부분의 셸구조는 단부에 바깥쪽으로 추력(thrust)이 작용하며, 이 응력으로의 적절한 지지반력을 주지않으면 안된다.

대표적인 예로서 돔에 대하여 말하면, 돔은 큰 스팬에 본래 생기는 큰 휘는 힘을 아치의 형태로 하므로서 압축력을 중심으로한 면내힘으로 바꾸므로 부재 단면의 효율을 좋게 이용하는 구조이다. 그림 2.44에서 볼 수 있듯이, 돔의 꼭대기 부분에 하중이 걸릴 때, 꼭대기(부분의)부근은 납작해지면서 압축력이 작용하며, 아랫부분쪽에서는 펴지려면서 인장력이 작용한다. 그 이유는 꼭대기 부분의 압축력이 바깥둘레 부분에서 바깥쪽으로 넓혀지려는 힘(thrust)을 일으키기 때문이다. 돔의 파괴는 이 인장균열에 의하여 일어난다. 따라서, 돔의 설계에는 추력의 처리가 중요하게된다. 이의 대책으로서 바깥둘레 부분에 텐션링(tension ring)을 둘려서 인장력과 평형을 취하는 방법이 잘 사용된다. 돌이나 벽돌이 소재(素材)가 되는 조적돔에서는 두께 1m를 넘는 구조도 적지않으나 철근콘크리트의 경우에서는 두께 10cm정도로서 스팬 수십m를 구축할 수 있다. 라-멘구조와 비교하여도 콘크리트란 압축재를 효율 좋게 사용하므로, 콘크리트의 사용량이 라-멘의 약 1/2로 적게된다. 그러나, 거푸집 사용량이 많아지므로, 전체공사에 대한 가설공사비의 비율이 높게된다.

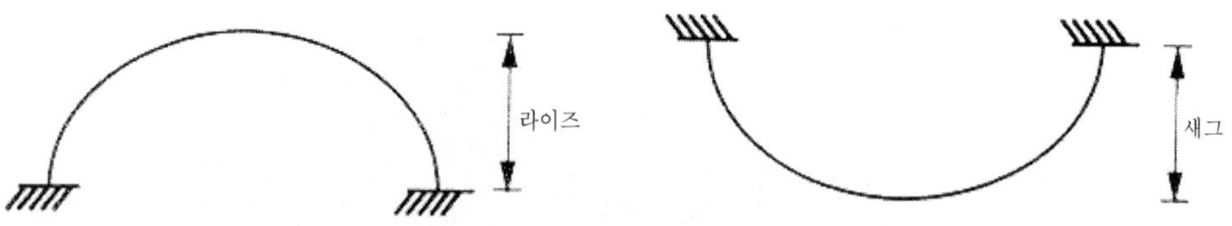

그림 2.43 라이즈와 새그

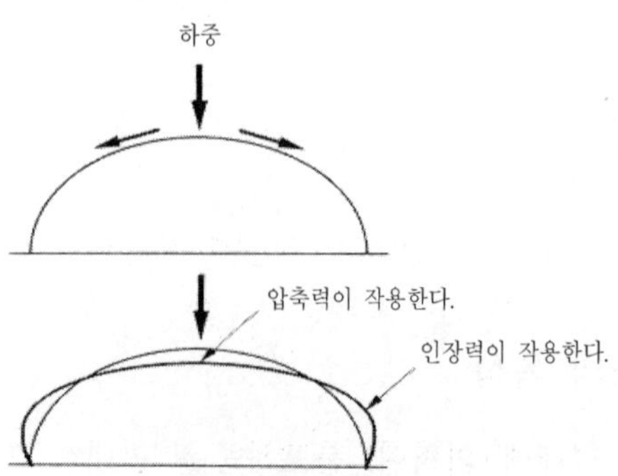

그림 2.44 돔셸의 힘의 흐름

구조치수의 기준으로서는 다음의 수치가 있다. 셸의 두께는 최저 8cm, 적정(適正)스팬은 50m정도, 최대스팬은 200m정도, 라이즈(rise) 스팬비(양지점사이의 스팬에 대한 높이의 비율)는 3/10 이상 등이다.

아리-나의 계획을 상정(想定)한 경우, 구기(球技)에서 볼의 궤적(軌跡)은 포물선을 그리므로 포물선을 기본으로하는 돔셸의 형태는 기능적(機能的)이라고 한다. 그러나, 콘서트 등의 경우에는 음의 집중이 일어나므로 음향적으로는 불리하다.

3. 셸구조의 형태

셸구조는 적절한 만곡(湾曲)이 있으면 그 모양에 제약이 없다. 그러나, 면내힘 가운데 압축력만이 작용하도록 하는 데는 포물선이나 커티너리(catenary : 현수선)의 형태로 한정된다(그림 2.45). 포물선과 커티너리의 역학상의 차이는 포물선은 수평인 등분포하중을 받을 경우 압축력만이 작용하는 형태이며, 한편 커티너리는 자중등 자기의 곡선에 따라서 등분포하는 하중에 대하여 압축력만이 작용하는 형태이다.

압축력 뿐만 아니라 인장력이나 면내 전단력을 포함하여 저항하는 경우는 상당히 자유로운 형태가 가능하다. 그러나 일반적으로는 구면(球面) 등 단순한 형태나 그들을 조합한 사례가 많다. 그 이유로서 설계제도의 쉬움, 해석이 쉬운 것, 거푸집의 형성 시공의 쉬움 등을 들 수 있다(그림 2.46).

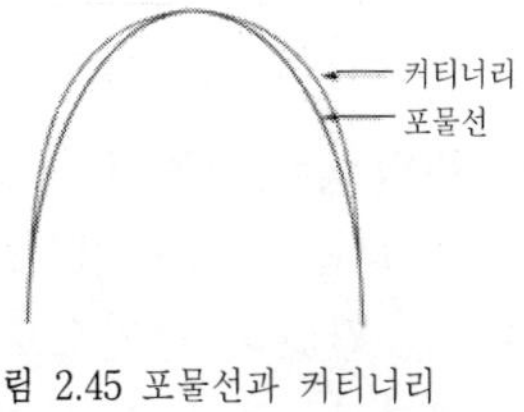

그림 2.45 포물선과 커티너리

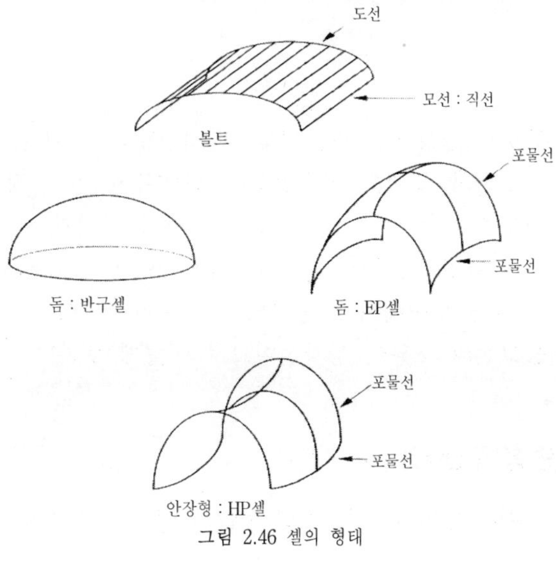

그림 2.46 셸의 형태

i) 볼트(vault)

아치를 평행이동하여 만들어지는 터널(tunnel)모양의 형태이다. 일반적으로 한 본의 곡선(母線)을 다른 곡선(導線)을 따라서 평행이동했을 때 만들어지는 곡면을 추동곡면(推動曲面)이라고 하나, 볼트는 모선이 직선인 때의 형태이다. 다시말하면 한방향만이 곡면이 되어있으며 그것과 직각방향은 직선이다. 이것을 단곡면(單曲面)이라고 한다. 볼트의 주요한 저항력은 아치에 대한(첨가한) 압축력이다.

ii) 돔

두방향 모두 凸형(型)으로 만곡되어 있는 형태이다. 꼭대기 부분으로부터 밑부분으로의 압축력과 그것과 직각방향의 일부(一部) 인장력과의 조합으로 저항한다.

가장 일반적인 돔은 아치를 회전시켜 만들어지는 형태이다. 이것은 하나의 축을 중심으로 곡선을 회전시키는 것으로 회전곡면이라고도 부른다. 이 구조를 채용하면 같은 거푸집이 되풀이 사용되며, 부재의 통일화도 쉽다.

돔의 형태에는 회전곡면 이외에 추동곡면에 의하여 만들어지는 형태도 있다. 예를 들면 아치형(型)의 모선(母線)을 아치형의 도선(導線)을 따라 이동시켜 만들어지는 형태이다. 이때 2방향에서 凸형의 곡면이 된다. EP셸(Elliptic Paraboloid : 타원 포물곡면)은 그 하나의 예이다. 이 곡면을 수평으로 잘랐을 때의 등고선(登高線)의 모양이 타원이 되므로 이렇게 부른다. 이와 같이 2방향에서 곡면이 되어있는 형태를 2중곡면(二重曲面)이라 부른다. 이 가운데 돔과 같이 2방향 모두 같은 방향으로 휘어있는 것은 싱글라 스틱(singular stick)이라 부르며, 반대방향으로 휘어있는 것을 앤티(anti)글라 스틱이라 부른다.

돔과 같이 2중곡면의 구조는 볼트와 같은 단곡면보다 변형이 잘되지 않는다. 왜냐하면 단곡면은 직선 방향에서 자르면 간단히 평면으로 펴지나, 2중곡면에서 그렇게 할려면 여러 방향으로 신축(伸縮)이 생겨서 저항하기 때문이다.

iii) 안장형(鞍裝型)

2중곡면 가운데 1방향이 凸형으로 만곡되고, 또 1방향이 凹형으로 만곡된 형태이다. 요컨데, 추동곡면에서 모선과 도선의 곡율중심이 반대쪽에 있는 경우이다. 凸모양으로 부루퉁함이 있는 방향에는 압축력이 작용하며, 凹모양의 휘어짐이 있는 방향에는 인장력이 작용한다. 안장셸의 대표적인 것에는 HP셸(hyperbolic paraboloid : 쌍곡선 포물곡면)이 있다. HP셸은 모선과 도선에서 역방향의 포물선이 된 때의 형태이다. 이 곡면을 수평으로 잘랐을 때 등고선의 모양이 쌍곡선이므로 이렇게 부른다.

4. 돔의 평면형(平面形)

돔의 평면형태는 원형이 보통이지만, 그림 2.47과 같이 수직으로 절단하므로서 삼각형, 사각형 등 다각형의 평면이 된다. 이때, 절단면은 아치 모양이 되므로 압축력이 작용한다. 이 점이 바깥둘레에 인장력이 작용하는 원형 평면과 다른점이다.

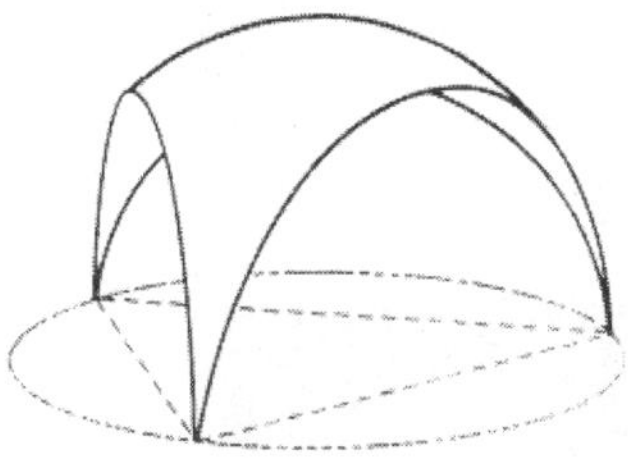

3각평면에서 절단된 돔

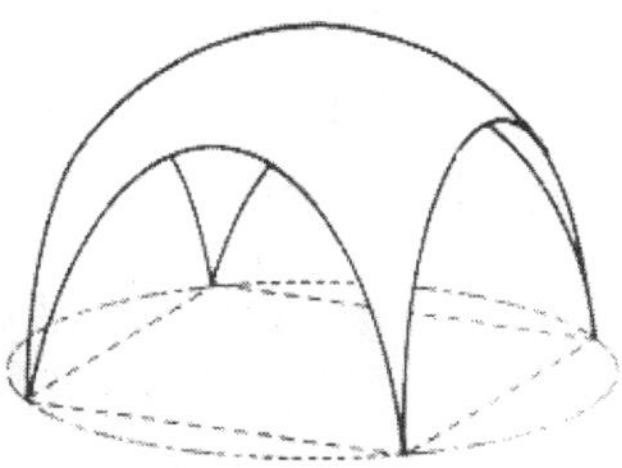

4각평면에서 절단된 돔

그림 2.47 돔의 평면형태

5. 압축 멤브레인・셸

압축력만이 작용하므로서 역학적으로 가장 합리적인 셸의 경우를 『압축 membrane shell』이라고 한다(그림 2.48). 이 형태를 구하는 데는 케이블 모형을 사용하여 다음과 같이 하면 된다.

부드러운 헝겁에 석고를 깊이 배어들게하여 거꾸로 매단다. 이렇게 하면, 헝겁에는 인장력밖에 작용하지 않는다. 석고가 굳은 뒤에 위 아래를 반대로 하면 이번에는 압축력밖에 작용하지 않는 구조가 된다. 이 방법외에는 가우디(Antoni Gaudi)가 사용한 『거꾸로 매다는 아치』의 수법이 있다. 이것은 헝겁의 각처에 실로 구조재료에 상당하는 추를 매달아 거꾸로 가구(架構)를 만든다.

그리고 이것을 사진을 찍어 위 아래를 반대로 하는 것이다.

『압축멤부레인・셸』은 모조하는 방법에서도 알 수 있듯이, 자중에 대해서는 합리적이지만 바람이나 지진 등의 변화하는 하중에 대해서는 고려되고 있지않으며, 설계에서는 이면의 검토를 하고 있다.

그림 2.48 압축 멤브레인·셸
(스위스의 시크리사의 사무소)

6. 셸구조의 예

i) CNIT 홀

한 변 206m의 정삼각형의 평면으로서 높이가 50m이다. 셸의 부재는 두 장의 프리케스트 파도모양판(두께 6cm)과 그 사이에 끼워진 두께 6cm의 칸막이벽 리브이며, 셸두께가 평균 18cm의 이중셸이다.

그림 2.49 CNIT홀
(설계 : R. Camelt, J. Demaily, B. H. Zehrfuss Architects)

ii) 구샌도우삼림관(球泉洞森林館 : 그림 2.50)

비늦방울의 모양을 한 일곱 개의 돔이 높이도 다르고 늘어선 방향도 기러기 행열(비스듬하게 늘어서서가는)을 하면서 포개져 합쳐져 있다.

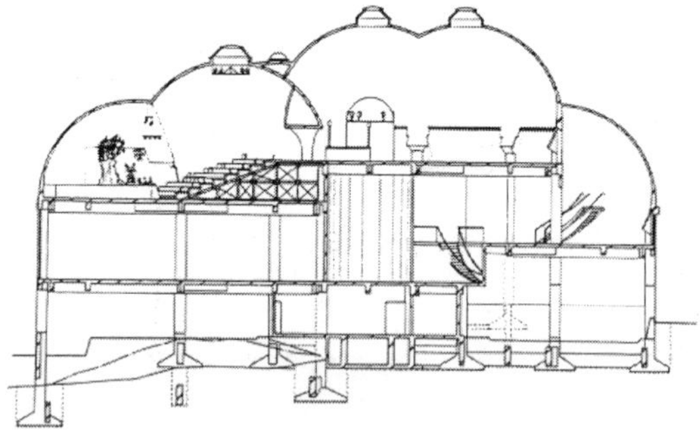

그림 2.50 서로관입된 돔
(큐센도우삼림관 설계 : 기시마)

2.3.2 벽구조

저층(低層)의 건물에서는 라-멘가구(架構)의 기둥, 보가 없더라도 건축물의 평면위에 균형 좋게 내력벽을 배치하므로서, 연직하중 뿐만 아니라 지진에도 충분히 견딘다.

이와 같은 내력벽, 벽보(또는 테두리보) 및 바닥슬래브에 의하여 구성되는 구조를 벽구조라 부르며, 외국에서는 상자(box)구조라고도 불리운다(그림 2.51). 이 구조는 보나

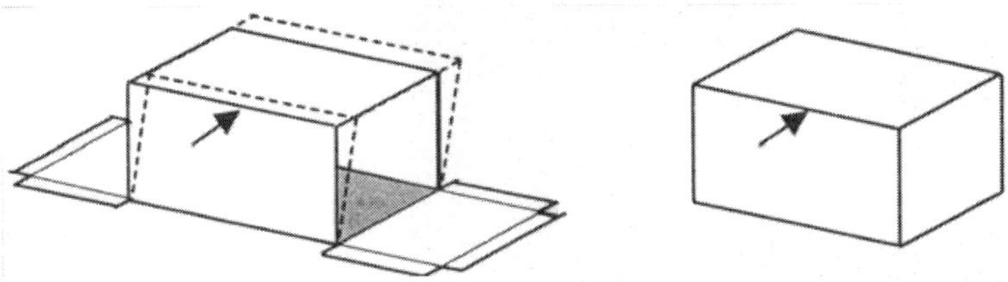

그림 2.51 벽구조(상자구조)의 원리

기둥이 없으므로, 공간을 유효하게 이용할 수 있고, 경제적인 점 등의 특징을 가지고 있다. 칸막이 벽으로서 대부분의 내력벽을 설치할 수 있는 일반주택(그림 2.52), 공동주택(그림 2.53), 기숙사, 호텔, 병동(病棟) 등 그 중요한 방이 비교적 작은 단위의 조합으로 구성되는 건축에 대부분 채용되고 있다.

지진이 없는 구미(歐美)의 건물에는 벽은 적재하중이나 건물 자중에 의한 연직 방향의 하중만을 지지하면 되나, 지진지역에서의 벽구조는 연직방향의 하중보다도 지진에 의한 수평력으로 그 벽의 량, 벽의 두께가 결정된다(벽식 철근콘크리트조 구조규정에 대해서는 3.2절 철근콘크리트를 참조).

위의 규정에 따라서, 설계된 벽식 철근 콘크리트구조 건물의 벽의 연직하중에 의한 평균 압축응력은 10kgf/cm^2 정도로, 연직하중만이 작용한다면 휨응력도를 고려하여도 이 값의 몇 배의 응력은 허용된다. 이 사실로부터 지진지역의 벽구조의 건물은 지진이 없는 구미의 건물보다 상당히 많은 벽을 필요로 한다는 것을 알 수 있다.

벽식구조에는 철근콘크리트조 이외에, 공장생산에 의한 콘크리트블록을 철근으로 보강해 가면서 쌓아올려 벽체를 만드는 보강콘크리트블록조, 벽돌, 돌, 콘크리트블록 등의 조적재(組積材)를 모르타르로 쌓아올린 조적조 등이 있다.

조적조는 조적체(組積体)의 비교적 큰 압축강도를 살린 지진이 없는 나라에서 발달한 구조이다. 지진지역에서 이 구조를 채용하는데 있어서는 내진성을 확보하기 위하여, 건물의 규모·형상, 벽의 배치·량 등에 대하여 여러 가지의 배려가 필요하게 된다.

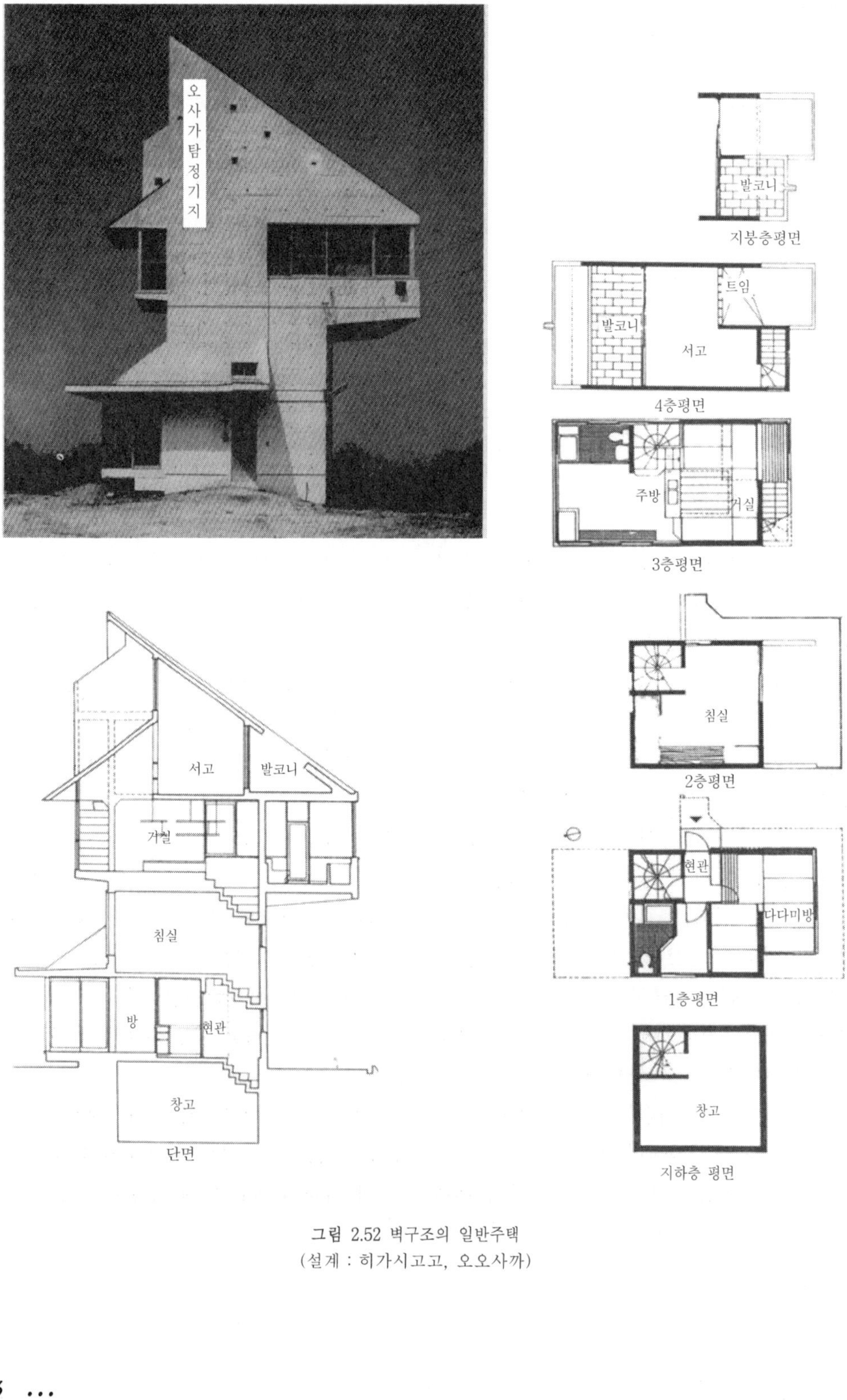

그림 2.52 벽구조의 일반주택
(설계 : 히가시고고, 오오사까)

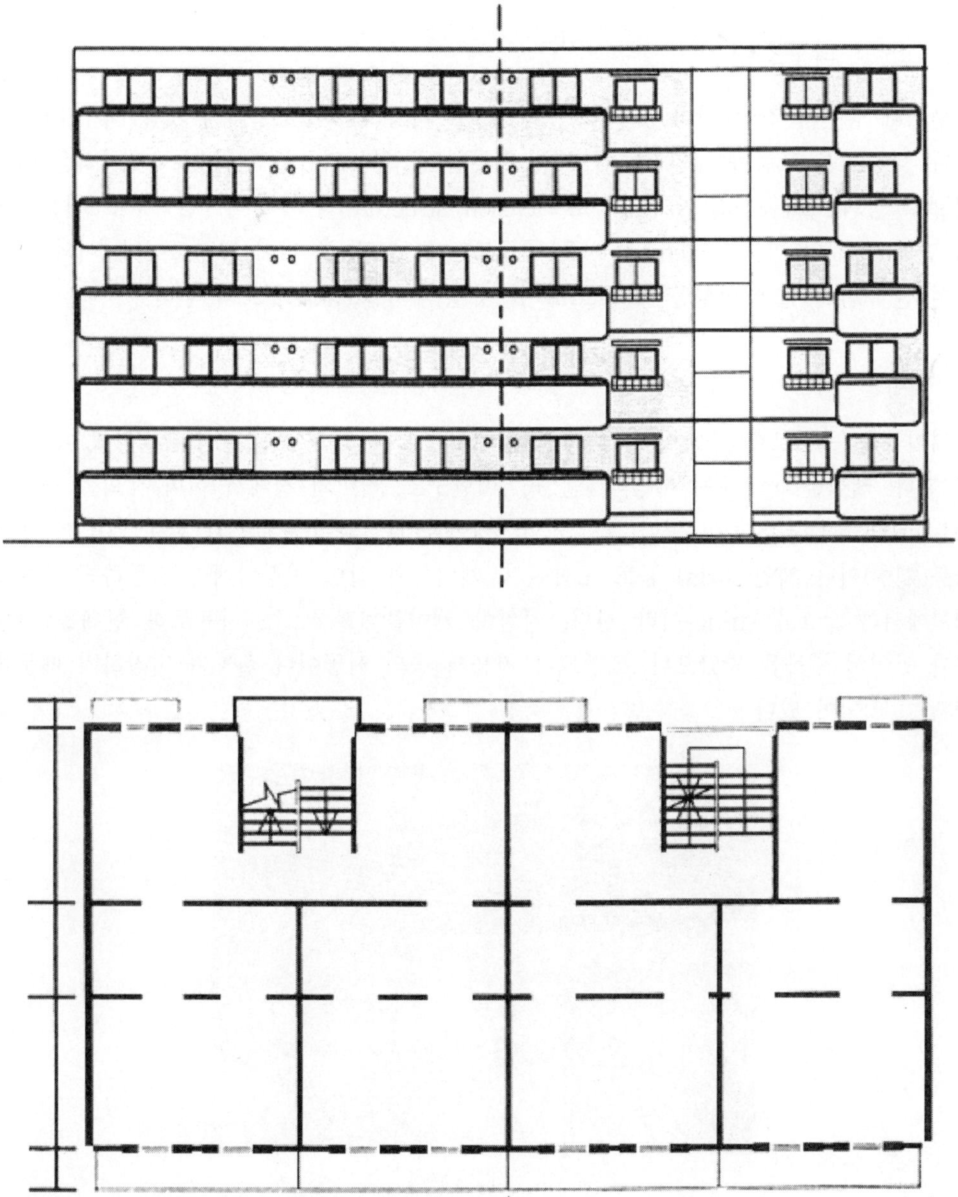

그림 2.53 벽식철근콘크리트조 공동주택(5층건물)

2.3.3 막구조(膜構造) · 케이블 구조

1. 막구조란

텐트나 풍선과 같이 막이 갖인 인장력만으로 저항하는 구조형식의 것을 막구조라 부른다. 막구조를 포함하여 인장력에 의한 저항이 중심적 역할을 다하는 구조형식을 일반적으로 장력구조(張力構造)(텐션구조 : tension structure)라 부른다. 장력구조 가운데에서 면재(面材)인 막(膜 : membrane)을 주구조(主構造)로 한 것이 막구조이다. 이와 관련하여 선재(線材)인 케이블을 주 구조로 한 것을 케이블(cable)구조라 한다.

i) 케이블 구조

케이블을 주체로한 구조이며, 디자인 면에서는 케이블의 가구형식(架構形式)이 테마가 된다. 케이불 구조에는 사장식(斜張式) 매단구조, 거미의 집에서 이미지 되는 케이블네트(cable net)구조 등이 있다(그림 2.54). 케이블이란 와이어·로프와 같은 것을 말하나, 강봉(鋼奉)이나 체인(chain) 등도 포함된다. 케이블과 같이 인장력에만 저항하는 부재를 역학에서는 스트링(string)이라 한다. 일찍이 케이블네트구조는 자유로히 형태를 만들 수가 있어서 주목을 받았으나, 죠인트나 지붕재 등의 시공이나 설계가 번잡하기 때문에 정체(停滯)되어 있다.

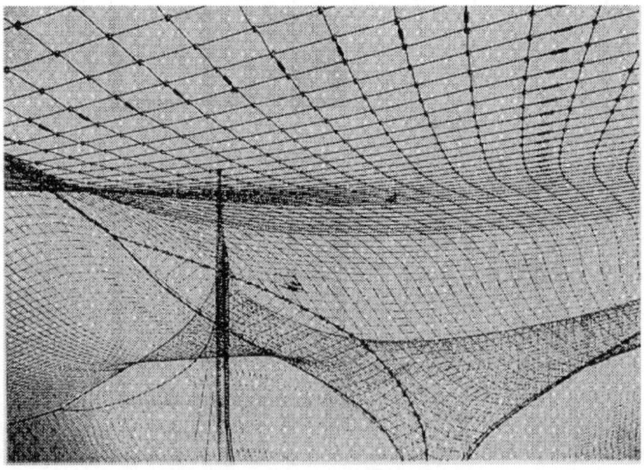

그림 2.54 케이블네트구조의 예
(EXPO'67 독일 파비리온, 설계 : 플라이·옷트)

ii) 막구조

장력(張力)구조 가운데서 막(膜)을 주체로 한 것을 막구조라 부른다. 크게 다음의 세가지로 분류되며, 골조(骨組)막구조, 서스팬션(suspension)막구조, 공기(空氣)막구조(뉴매틱구조)이다. 아주 가까운 물건으로서 예를 들면, 미닫이는 골조막구조, 우산은 서스팬션막구조, 풍선은 공기막구조라 한다. 막구조에서는 막의 투광성(透光性)이나 골조가구(骨組架構)의 디자인이 테마(thema)가 된다(그림 2.55).

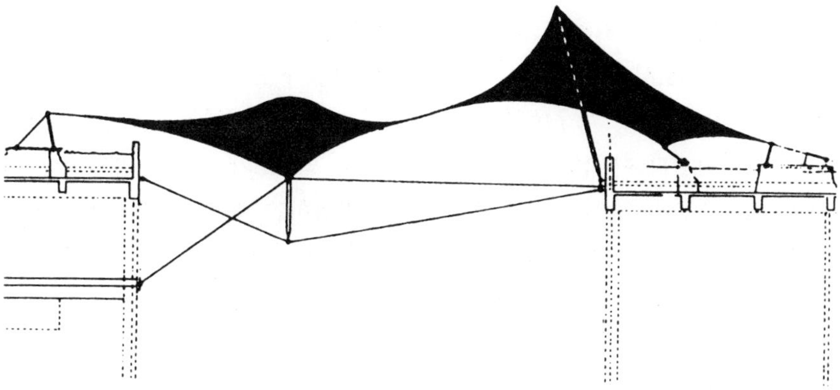

그림 2.55 막구조의 예
(쉬룬베르쥬, 설계 : 렌조·삐아노)

일본에서의 막구조의 본격적인 도입은 1970년의 오오사까(大阪)만국박람회에서 였다. 그 뒤, 여러 가지 박람회의 파비리온(pavilion)이나 스포츠시설 등에 사용되어 보급되었다. 그것에는 막(膜)재료의 개발, 강장력(鋼張力)케이블과 그 정착(定着) 기술의 진보, 컴퓨터에 의한 구조해석법의 진보가 있었다.

그런 가운데서 막구조 건축물의 취급기준(일본 규정)의 구체화와 명확화(明確化)에 대한 요청이 높아지고, 1987년에 건축기준 제38조의 규정에 의하여 막구조기술기준에 근거한 막구조 건축물이 보통 인정되었다. 이것에 의하여 그 기술기준에서 정하는 용도 · 규모 · 구조 등의 범위에 있으면, 보통의 확인수속이 되어 건축되게 되었다.

iii) 막재료, 코팅재료

막재료에는, 일찍이 합성섬유가 사용되었으나, 현재에는 내화재성능(耐火災性能)이 좋은 유리섬유가 이용된다. 그러나 유리섬유는 내절곡성능(耐折曲性能)이 나빠서 보다 내절곡성능이 높은 케브라(kevler)섬유가 개발되었다.

코팅(coating)재료로서는 합성고무, 염화비닐시대로부터, 항구(恒久)재료로서 4불화(沸化) 에틸수지(樹脂)(듀뽄상품명 : 데프론)가 개발되었다.

2. 막구조의 특징

막구조는, 인장력만에 저항할 수 있고, 압축력이나 전단력에 저항할 수 없기 때문에 다음과 같은 특징이 있다.

- 장점으로서 : 접어서 개는성(性)(가설성 : 仮設性, 이동성)(그림 2.56), 거푸집을 필요로 하지 않는다. 경량이며 또한 강철이 갖인 강도를 충분히 활용할 수 있다(공간 $1m^2$를 덮는 중량은 약 1kg이다).

이와 관련하여 목조나 철골조에서는 약 200kg, 콘크리트조에서는 약 1t이다. 막의 반투광성(半透光性)에 의하여 내부공간이 밝다(투광율 10~70%).

- 과제점(課題点)으로서 : 고층에는 부적합하다. 내화구조가 되지 않는다. 단열성 · 차음성(遮音性)이 나쁘다. 항구(恒久)건축물로서 비싼가격이다. 늘 인장력상태가 되도록 모양이 제약된다(이 점에서, 셸보다 모양의 자유도가 작다). 바람이나 지진 등과 같이 작용하중의 방향이나 분포(分布)가 변화하는 하중에 대하여 크게 변형한다(이것은 바람의 호흡 등으로 텐트막이 물결처럼 굽이치는 일 등). 장력(張力)만으로는 완결(完結)된 구조가 되지않으며, 지주(支柱)나 압축링 등의 구조부재가 필요하다.

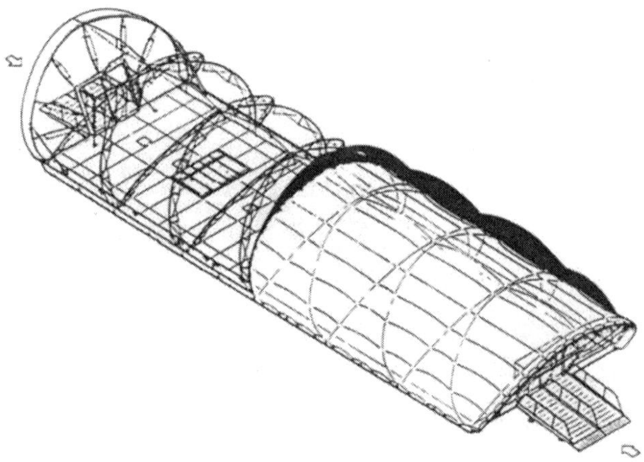

그림 2.56 가설성을 살린 전시장
(홍견텐트, 설계 : 휴-챠-·시스템즈)

3. 막구조의 형태

막구조 가운데 골조막구조는 철골 등의 가구(架構)가 구조체가 되므로 형태는 자유롭다. 그것에 대하여 사스펜션막구조의 경우는 장력(張力)에만 저항할 수 있는 막을 구조재료로 하므로 형태상의 제약이 강하며, 가능한 형태는 (말의)안장모양에 한정된다.

단, 이것은 곡면의 미소부분(微小部分)이 안장모양이면 되고, 전체의 형태는 자유롭다(그림 2.57). 그림에서 볼 수 있듯이 평면형태가 원형인 경우는, 막의 경계가 凸모양이되며, 압축력이 작용하므로 아치로 붙잡혀진다. 직사각형의 경우는 거꾸로 경계가 凹모양이 되며, 인장력이 작용하므로 케이블로 억제된다.

공기막구조의 경우는 공기압(空氣壓)의 작용이 있으므로 사스펜션막구조와 같이 안장모양에 한정되지 않는다(그림 2.58). 공기막구조에는 막모양(膜形)과 튜브(tube)모양이 있다. 막모양은 공기지지형(空氣支持形)이라고도 부르며, 넓여진 막위 주위를 공기가 새지 않도록 고정하여 막면의 안쪽에 공기를 넣어 부풀게하거나, 거꾸로 바깥보다 기압

(氣壓)을 내려서 안쪽으로 공기를 끌어들여서 형태를 안정시킨다. 돔 모양으로 바깥쪽으로 부풀여진 경우 에어돔(air dome)이라 부른다.

튜브모양은 공기팽창형이라고도 부르며, 막으로 만든 튜브에 공기를 넣어서 굳건하게 하는 구조형식이다. 만곡(湾曲)된 튜브의 경우는 아치가 된다(에어아치라 부른다).

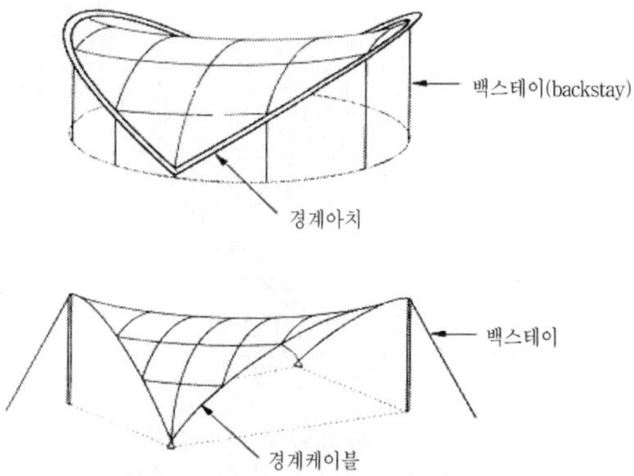

그림 2.57 서스팬션막구조의 형태

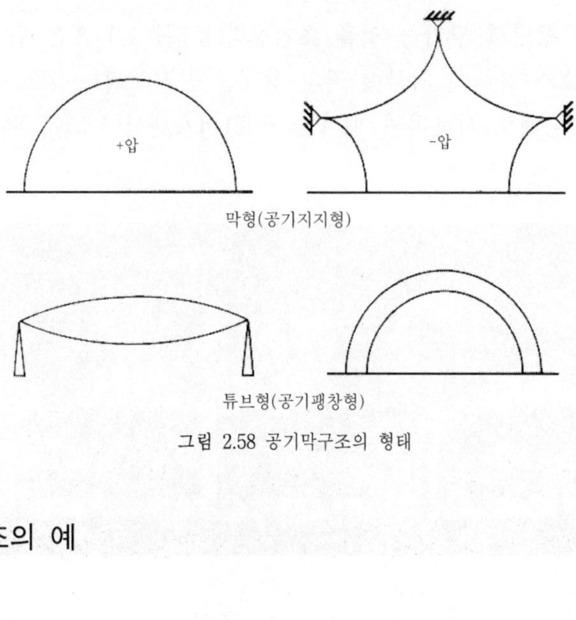

그림 2.58 공기막구조의 형태

4. 막구조의 예

i) 골조막구조

철골 등으로 아치나 입체골조를 만들어 그것에 지붕재(材)나 벽재로서 막재료를 이용한 구조이다. 그림 2.59의 아키다스카이돔은 스팬이 긴변 130m, 짧은변 100m이며, 높이가 30m이다. 골조는 강관(鋼管)으로된 그리드패턴(grid pattern)의 입체아치로 만들어져 있으며, 경계구조(境界構造)에 대해서는 박공면은 큰 아치와 타이빔(tie beam), 평탄한 쪽은 수평아치이다. 지붕막은 4불화(沸化)에치렌 수지(樹脂)코팅을한 유리섬유직물의 띠모양 유니트(unit)로 구성되어 있다.

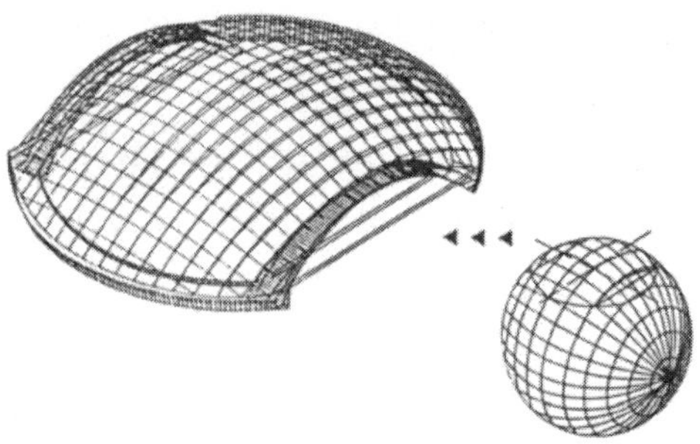

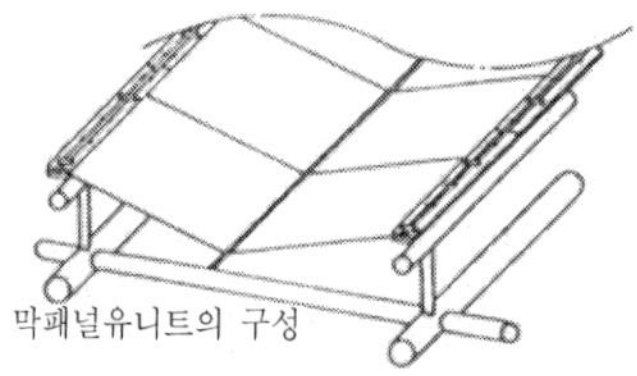

그림 2.59 골조막구조의 예
(아키다스카이돔, 설계 : 로쿠시마 건설)

ii) 서스팬션막구조

텐트와 같이 막을 팽팽히 당기는 것을 초기장력(初期張力) 혹은 원장력(元張力)을 도입한다고 하며, 이 초기 장력에 의하여 막의 형태를 안정시키는 구조이다.

막재료(膜材料)를 주체로 사용하며 매다는 구조(서스팬션구조)에 의하여 형태를 안정시킨다(그림 2.60).

그림 2.60 서스팬션막구조의 예
(하지터미널, 설계 : SOM)

iii) 공기막구조(뉴매틱구조 : pneumatic structure)

풍선과 같이 공기압을 걸어 형태를 만든다. 막재료로 씌워진 공간에 공기를 보내줌으로서, 내부의 공기압을 높여 막을 장력상태(張力狀態)로 하여, 자중 및 외력에 대하여 저항하는 구조이다. 다시말하면, 막의 안쪽과 바깥쪽과의 기압차(氣壓差)를 이용하여 형태를 유지하는 것이다.

그림 2.61 막형의 공기막구조
(동경돔, 설계 : KAD공동설계실)

a. 막(공기지지)형 : 건물안의 공기압을 바깥보다 약간 높이하여(실내의 공기를 물기둥으로 수십mm만큼 높여서) 지붕재(材)의 막을 부풀게 하던가, 거꾸로 바깥쪽 보다 기압을 내려서 안쪽을 끌어들여서 형태를 안정시키는 구조형식이다.

이 형식의 돔은 스팬에 비하여 라이즈(rise)를 낮출 수가 있다. 라이즈가 낮은 돔은 바람하중이 비교적 똑같은 빨아올림 분포가 되므로 구조적으로 유리하다.

공기압이 높아질수록 또 큰 공간이 될 수록 막에 작용하는 힘이 크게되며, 케이블로 보강할 필요가 있다. 이 보강케이블에 의하여 막에 걸린 힘을 바깥둘레의 구체(軀体)에 전달한다. 또, 막형(膜型)의 계획상의 특징으로서 다음의 사항이 있다. 내부의 기압을 일정하게 유지하지 않으면 안되며, 출입시에는 에어록(air lock) 또는 회전문 등이 필요하게 된다. 이 이외에 자연환기가 되지 않는다는 과제가 있다. 그러나 한편 돔내의 기압이 낮아져서 막이 늘어뜨려져도 바닥까지 닿지 않기 때문에 안전히 피난할 수 있다는 이점이 있다.

막형에는 두 가지 방식이 있다. 하나는, 막재료에 유리섬유계(系)의 단단한 막재(膜材)를 사용하는 것으로 도쿄(東京)돔이 이것이다(그림 2.61 : 스팬 201m, 높이 56m).

도쿄돔에서 공기막구조는 일단의 기술적 완성을 보았다.

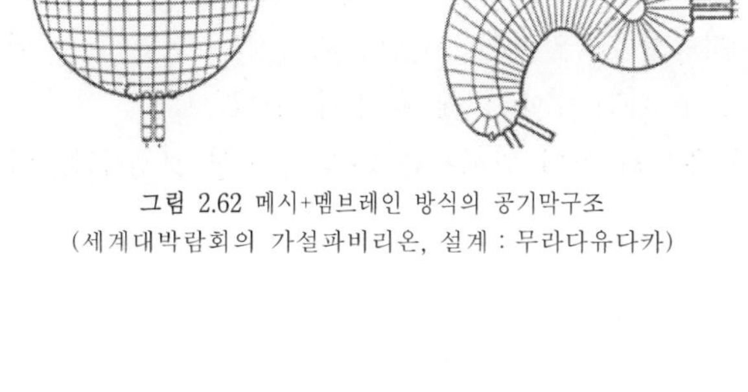

그림 2.62 메시+멤브레인 방식의 공기막구조
(세계대박람회의 가설파비리온, 설계 : 무라다유다카)

또하나는, 막의 유연성을 중요시하는 것으로 메시(mesh)+맴브레인(membrane)방식이다(그림 2.62). 이 방식은 기밀성보지용(氣密性保持用)의 막과 장력전달용(張力傳達用) 어망(漁網)의 두 요소로 나누어지는 구조이다.

b. 튜브(공기팽창)형(型) : 풍선이나 부대(浮袋)와 같이 닫힌 막(膜)에 공기압을 가해(물기둥으로 1,000mm이상의 높은 압으로 한다) 굳건한 부재를 만들고, 이것에 의하여 구조를 구성하는 방법이다. 그림 2.63은 본격적인 튜브형구조의 세계에서 최초의 예이다. 16본의 튜브모양의 공기막아치(air tube)를 늘어놓아 볼트모양의 구조를 만들었다.

튜브단면의 직경은 4m, 튜브안의 공기압은 외기(外氣)보다 물기둥으로 800mm 높게 하고 있다.

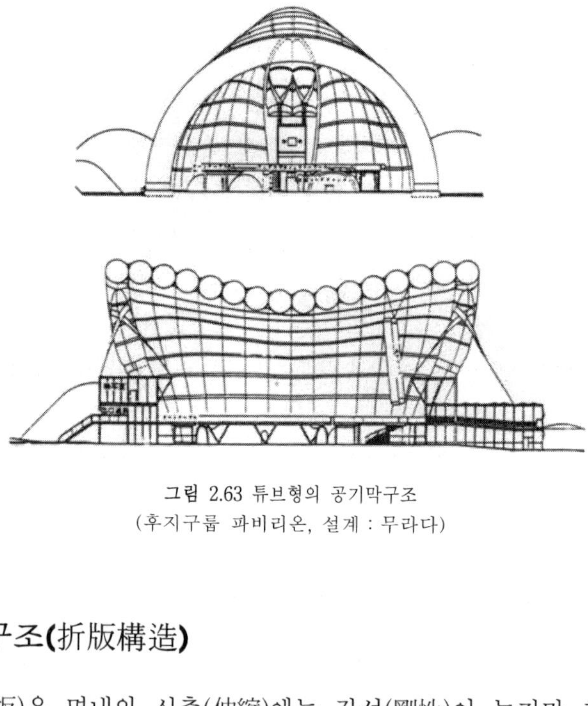

그림 2.63 튜브형의 공기막구조
(후지구룹 파비리온, 설계 : 무라다)

2.3.4 절판구조(折版構造)

일반적으로 판(板)은 면내의 신축(伸縮)에는 강성(剛性)이 높지만 휨에는 강성이 낮다. 그래서, 판을 그림 2.64와 같이 구부리면 구부릴려는 방향에서 서로가 면내강성으로 견제(牽制)하여 전체로서 강성이 올라간다. 이것은 옆에서 보면 일종의 트러스구조를 만들고 있다.

즉, 보를 누이면 휨으로 처짐이 크게 되지만, 보를 두본 묶어 각도를 주어 트러스로 하면 축방향력으로 저항할 수 있어서, 처짐이 작아지는 것과 같은 이유이다(일반적으로 신축강성은 휨강성의 두 자리 수에서 세 자리 수 크다).

단, 절판의 효과를 충분히 얻기 위해서는 다시 상당한 보강(補剛)이 필요하게 된다.

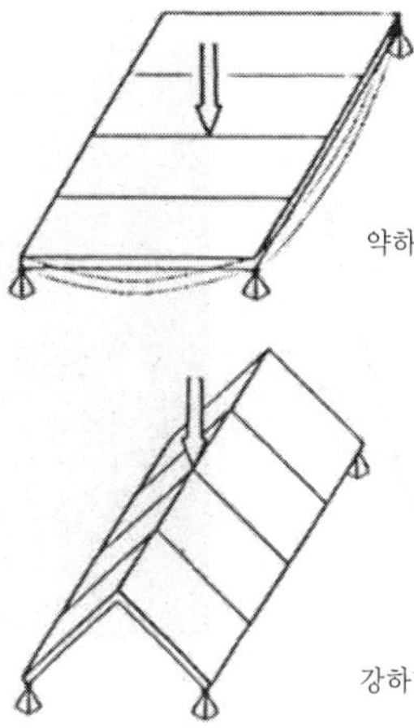

그림 2.64 평판을 구부려 휨강성을 높인다.

1. 리브의 설치에 의한 보강

먼저, 절판의 주변부분이 그림 2.65와 같이 면외방향으로 처지지 않도록 하기위한 보강이다. 그것에는 그림 2.66과 같이 차양이나 테두리보를 둘리는 것이 유효하게 된다.

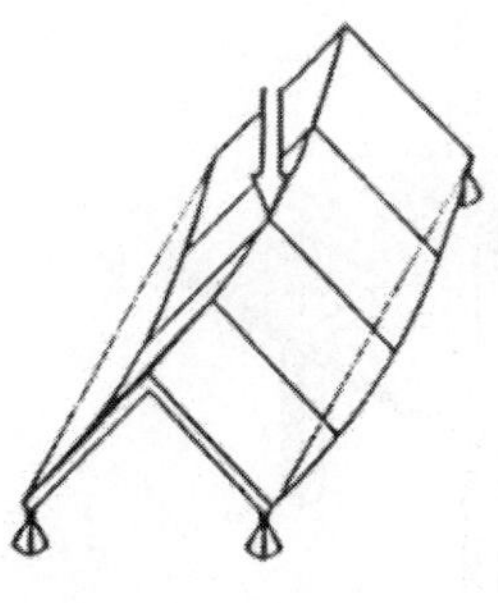

그림 2.65 리브에 의한 보강
(리브가없는 경우 : 면외방향으로 처짐)

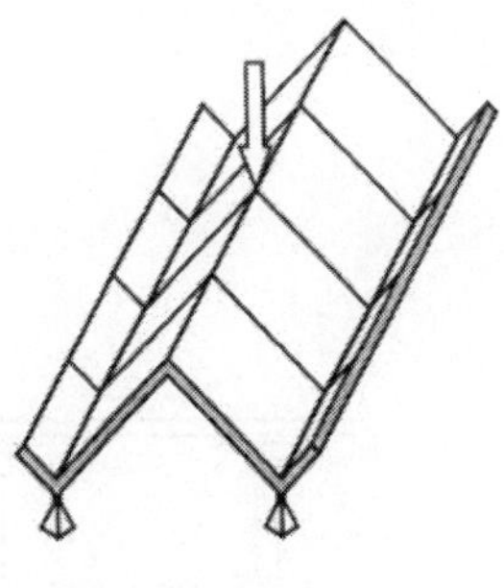

그림 2.66 리브에 의한보강
(차양을 붙인 경우)

2. 원주(圓周)방향의 보강

또, 축(軸)이 대칭적인 절판구조에서는 원주방향으로 전체가 넓어지려는 힘이 작용하므로, 그것을 구속하기 위하여 링(ring)모양의 테두리보나, 혹은 그림 2.67과 같이 지중보 등이 사용된다. 그림 2.68은 O대학의 학생식당의 예로서 테두리보에 의하여 보강되어 있다.

그림 2.67 넓어지려는 힘에 대한 보강

그림 2.68 O대학의 학생식당

2.3.5 플랫슬래브 구조

보가 없는 구조 즉, 플랫(flat)슬래브 구조(그림 2.69)이다. 기둥과 플랫한 슬래브로 되어 있으며, 보가 없어서 바라보면 확실히 간소하고 품위 있는 모양을 하고 있다(사보저택 : savoie 등에서 이미 느끼고 있다).

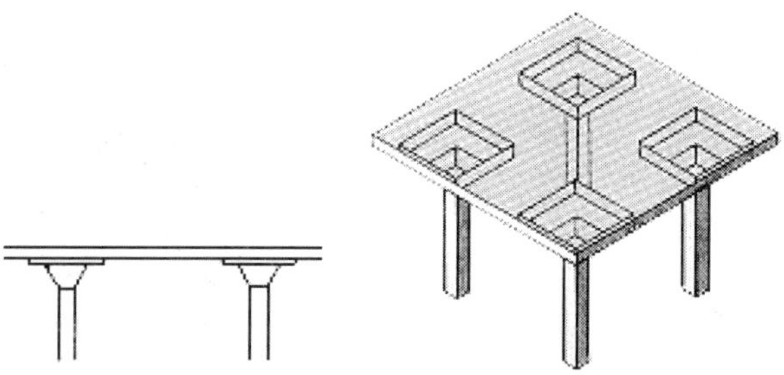

그림 2.69 플랫슬래브

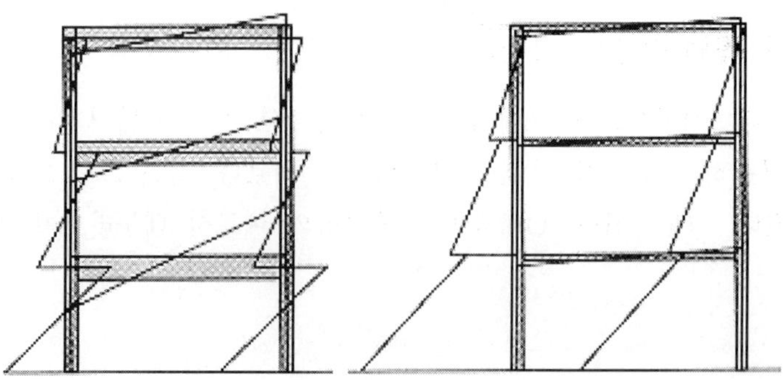

그림 2.70 구형라-멘의 수평력에 의한 휨모멘트

그러나, 일본과 같은 지진국(地震國)의 경우, 플랫슬래브 구조로는 도저히 지탱할 수 없다. 그렇다면, 왜 지탱할 수 없을까? 지진이나 태풍에 견디기 위해서는 당연히 수평방향의 하중에 견디지 않으면 안된다. 그림 2.70은 수평력을 받았을 때의 휨모멘트도의 비교이다. 플랫슬래브에서는 기둥의 휨모멘트가 아래층으로 내려감에 따라 단조롭고 크게된다. 다시말하면, 플랫슬래브 구조에서는 기둥이 외팔보(cantilever beam)와 같이 독립하여 서있는 것과 같은 것이다.

그것은 그렇고 일본에도 무량판구조(無梁版構造)라고 부르는 구조형식은 있다.

이 무량판구조에서는 바닥의 연직하중은 케피틀(capital)이란 원추대(圓錐대 : 원뿔대)를 끼워서 힘이 원활히 기둥으로 전달되도록 되어 있다. 또, 캐피틀 부분에서는 짜임새, 배근도 빽빽하게 된다. 요컨대 지지하는 기둥이 뚫림전단(punching shear)으로 바닥을 꿰뚫지 않기 위해서이다.

2.3.6 오버행형식을 갖인 구조

플랫슬래브구조와 같이 지진 등의 수평력에 약한 오버행(over-hang)형식(形式)이 있다. 그림 2.71은 홍콩에 있는 건물로서 지진이 오면 근본(根本)으로부터 부러질 것 같은 느낌을 받는다.

플랫슬래브구조와는 다르며 이것은 일본에서도 몇 개 있다. 그림 2.72에 그 예를 보여주고 있다. 『모퉁이 땅의 입체성(立体性)을 살려서 길모퉁이를 넓게 밝혀 개방하는것』과 『시가지의 역사를 소중히 하는 것』을 디자인의 테마로 하며, 이것을 능숙하게 처리할 수 있는 오버행 형식의 구조를 채용하고 있다. 능숙하게 이용하면, 면진구조(免震構造)와 같은 효과가 기대된다.

그림 2.71 오버행의 형식
(홍콩)

그림 2.72 대동생명빌딩
(설계 : 히노건설, 오오사까, 1994)

2.4 ································ 조적구조

1. 조적조(組積造)란

조적조(masonry structure)는 세계적으로 가장 많이 보급되어 있는 전통적인 건축 구법(建築構法)의 하나로 돌・벽돌・콘크리트블록이라는 어느 일정의 크기를 갖는 부재를 쌓아올려서 벽체를 만들어 가는 구조이다. 쌓아 올라가는 단계에서 재료가 눌려 무너지던가 허물어지는 일이 없으면, 피라밋과 같은 거대한 것까지 건조할 수가 있다(그림 2.73). 그 때문에 조적조에 사용할 수 있는 재료의 조합도 여러 갈래에 미치며, 흙벽돌로부터 벽돌이나 콘크리트 블록조까지, 또 철근으로 보강된 것과 그렇지 않은 것까지 폭이 넓다. 어느 재료도 질감, 치수, 색채, 텍스츄어(texture) 등에 종류가 많으며, 각각 독특한 맛에 특징이 있고 건축의 용도에 따라서 적절하게 분간하여 쓰이고 있다.

그림 2.73 리파밋

기원전 4500년의 석조의 구축물이지만 단순히 돌을 쌓아올린 구조이기 때문에 왕실 등 특별한 방을 제외하면 내부에 넓은 공간은 없다.

예를 들면, 이집트에서는 단단하여 내구성이 높고 외관이 아름다운 화강암이나 그것에 필적(匹敵)하는 재료인 석회석을, 또 그리스에서는 강도가 크고 아름다운 색이나 모양을 갖는 가공성이 풍부한 대리석을 많이 산출하기 때문에 이들 지역에서는 석조(石造)가 발달했다. 고대 매소포타미아와 같이 돌이 산출되지 않은 지역에서는 점토성(粘

土性)의 단단하고 부드러운 흙에 짚을 혼합하여, 그것을 나무상자에 넣어서 직육면체로 성형(成形)하여 햇볕에 말린 벽돌로된 벽돌 조가 발달했다.

또 서구(西區)에서도 르네상스 이전의 약 2000년간 사원 건축(寺院 建築)을 중심으로 조적조가 눈부신 발전을 이루었다(그림 2.74). 결국, 오늘날과 같은 공업 재료가 없던 시대에는 그 지역에 특유의 재료만 소재로하여 사용해야 하는 제약의 원인으로, 각 재료가 갖인 특성에 알맞는 구조형태가, 갖가지 궁리를 통하여 발달해 온 것이다. 또한, 이들의 조적조를 구성하는 부재는 수직하중을 지지하는데 적합하나, 콘크리트 속의 철근과 같은 인장력을 분담하는 재료가 눈에띄지 않기 때문에, 지진과 같은 수평력에 대해서는 저항력이 거의없다. 그 때문에 조적조는 지진에 약하다고 하지만, 미국 기타의 선진국에서는 공법의 개량에 의하여 고층 아파트나 호텔 등의 건설에도 이용되며, 근대적 건축구법의 하나가 되어있다.

그림 2.74 조적조의 예(콜러시엄과 수도다리)

2. 아치구조

조적조에서는, 개구부(開口部)의 스팬과 비교하여 작은 블록 모양의 재료를 수평으로 건너질러도, 그들은 중력으로 밑으로 떨어져 버린다. 따라서, 개구부의 양쪽에 직육면체의 블록을 밑에서부터 쌓아올려서, 어느 정도 일어선 시점에서 사다리꼴 모양의 블록으로 바꾸어 양쪽으로부터 반원모양으로 놓아서, 최후에 꼭대기에서 요점돌(키스톤 : key

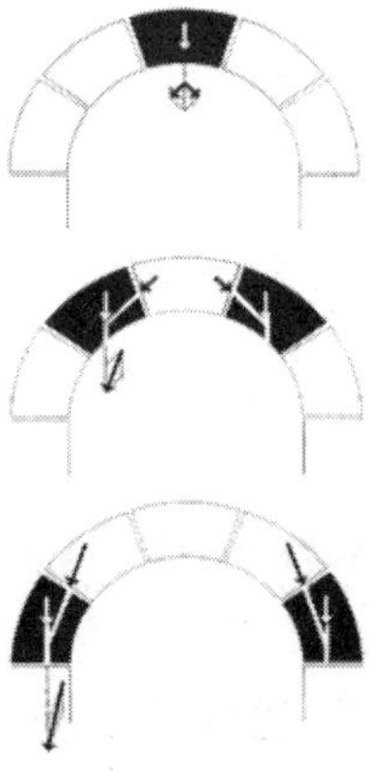

그림 2.75 아치구조

stone)을 끼워넣어 모양을 만든다. 이것이 이른바 『아치』구조이며, 돌·벽돌이란 재료는, 인장강도가 아주 약하나 압축강도는 크다는 특성을 살려서, 상부(上部)로 부터의 하중을 압축력으로 하부(下部)의 재료에 차례차례 전달해가는 구조이다(그림 2.75).

아치는 이와 같이 기본적으로는 축방향력에 의하여 상부의 하중을 지지체로 전달시키려고 하는 구조이다.

그러나, 휨응력을 동반하지 않는 순수히 압축력만으로 하중을 하부로 전달할 수 있는 것은 한정된 곡선뿐이며, 자중뿐이라면 현수선(縣垂線)이 해당한다.

매소포타미아에서는 기원전 4,000년경에 이미 첨두(尖頭)아치가 사용되고 있었다한다.

이 첨두아치는 반원(半円)아치에 비하여 힘의 흐름과의 일치, 추력(推力)의 감소라는 특징을 갖이고 있으며, 바로 플라잉버트리스(flying buttress) 등과도 정교하게 결합되어 많은 교회 건축에 사용되었다.

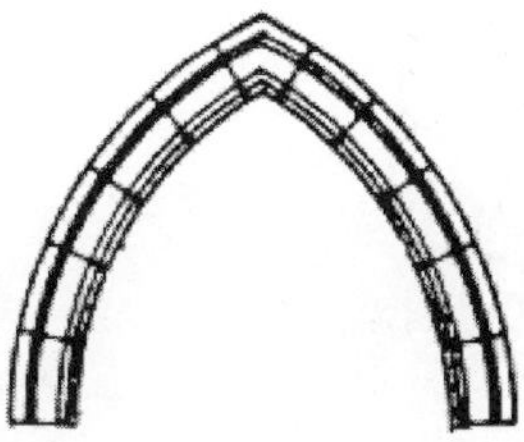

그림 2.76 첨두아치

그림 2.77 파리의 대성당과 피렌째 대성당

그것 이외의 곡선을 가진 아치에서는, 수평방향의 추력을 일으킨다. 그 추력의 처리에는 일반적으로 이웃하는 아치의 무거운 벽이 담당케 되지만, 그것들에 의존하지 않는 교회건축 등에서는 플라잉 버트리스나 인장링이 사용되었다. 교차(較差)볼트나 플라잉 버트리스를 도입한 파리 대성당(1163)에서 볼 수 있는 고딕건축, 이중(二重)돔과 인장링이 특징인 피렌쩨(firenze)대성당(1434)이 유명하다(그림 2.77).

3. 볼트와 돔구조

아치를 수평방향으로 연결해가면 「볼트 : vault」라고 부르는 구조가 된다. 볼트는 역학적으로는 긴 아치로 생각할 수 있다.

이 볼트 구조는 매소포타미아의 시대로부터 지배자(支配者)의 묘에 부수(付隨)하여 사용되었다. 또 고대로-마 사람은 한 방향의 통형(筒型) 볼트로부터, 두 방향의 볼트가 교차(較差)한 교차볼트로도 발전되었다.

또 아치를 중심축(中心軸)주위에 회전시키면 「돔 : dome」이라 부르는 구조가 된다. 이 돔구조는 수평방향과 수직방향의 아치작용으로 성립되며, 그 때문에 돔에서는 꼭대기(頂上)를 열 수도 있다(그림 2.78).

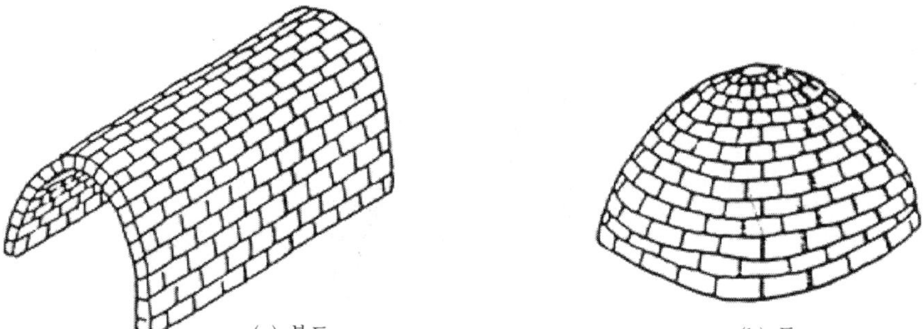

(a) 볼트 (b) 돔

그림 2.78 볼트구조와 돔구조

이 돔의 건설에서 가장 곤란한 문제는 정방형이나 장방형의 공간을 반구형(半球形)의 구조체로 덮는데 있다. 그 때문에 펜덴티브(pendentive, pendentif : 팡당티브)란 구조가 비잔틴 (Byzantine)에서 발명되었다.

비잔틴 건축은 고딕적인 기둥이 있는 양식과 돔 건축의 결합이며, 이 페덴티브로 치켜세워진 큰 돔의 주위에 작은 돔이 배치되는 것이 특징이다(그림 2.79).

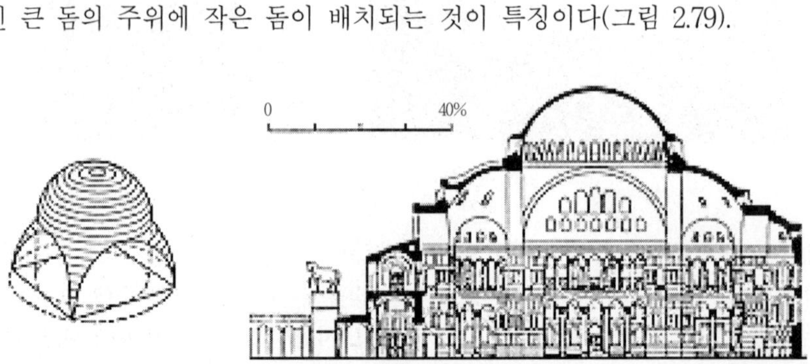

그림 2.79 펜덴티브와 비잔틴건축

이와 같이 아치, 볼트, 돔이라는 인장응력이나 휨응력의 발생을 피한 구조을 사용하면, 조적조에 있어서도 구조적으로 시여(施與)하고, 미적(美的)으로 시여하며, 재료의 크기에 비하여 대규모의 공간을 덮는 가장 적합한 구조체를 완성시킬 수 있는 것이다(그림 2.80).

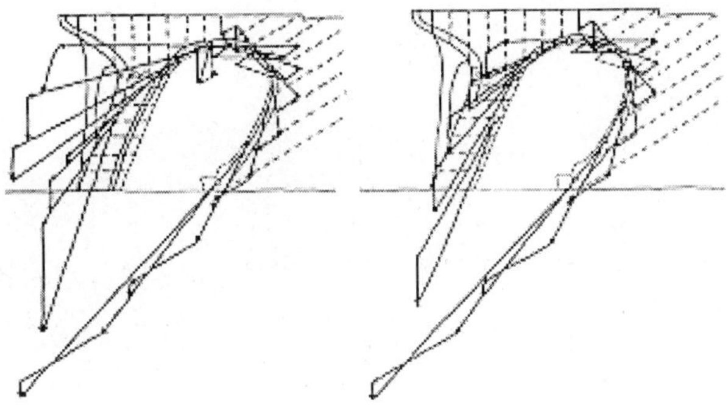

그림 2.80 가우디의 건축(구엘공원)
특이한 장식으로 알려진 가우디의 작품도 구조의 합리성을 추구하여 설계되어 있다.

4. 조적조의 개구부

일반적으로 조적조의 벽의 개구부의 위쪽부분에는 아치가 놓이나, 그 이외의 경우에는 수평인 『웃인방』을 설치한다. 이 때, 힘의 흐름은 개구부의 위에서 나뉘어져서 그 양쪽으로 흘러가게 된다. 즉 『윗인방』에는 개구부 위쪽부분의 대략 이등변 삼각형을 이루는 부분의하중이 걸리게된다. 반대로, 이 이등변 삼각형의 부분을 없애더라도 개구부는 힘을 흘러보내는 작용에 의하여 웃인방재 없이도 성립한다. 이것은 일반적으로 플랫아치라고 부르며, 고대로-마 사람이 고안했다고 한다(그림 2.81).

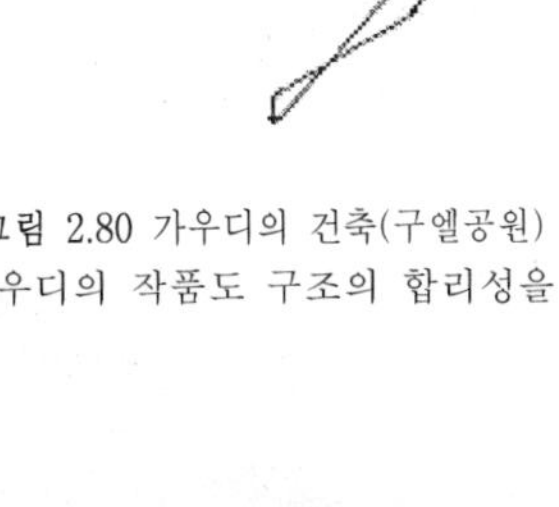

그림 2.81 조적조의 개구부

5. 일본에서의 조적조

일본에서는, 1871년 2월에 동경 중심부에서 발생한 큰불을 기회로 명치정부(明治政府)에 의하여 벽돌조가 도입되었다(그림 2.82). 영국사람 워틀즈를 기사(技師)로하여, 명치 1873년이 저물 무렵에는 긴자(銀座)거리는 2층 건물의 통일된 벽돌집 거리가 되었다.

그 뒤, 1912년이 되어서 야마우찌(山內源吉)씨의 발명에의한 철근블록조가 개발되어

그림 2.82 1871년대의 조적조(게이오의숙대학 도서관)

그림 2.83 RCB조의 건축
(1986년, 야마시다건축연구소)

콘크리트블록을 철근으로 보강한 조적조가 되었으며, 요꼬하마(横兵)시의 나까무라읍(中村町) 제1 공동주택관, 동경시영고석장(東京市營古石場)주택 등이 건설되었다.

이들의 조적조건축은 1924년의 관동대지진(關東大震災)에서도 피해를 면했으나, 당시의 조적조의 대부분이 대진재(大震災)의 피해를 받았으므로 조적조는 내진성이 떨어진다는 것이 상식이 되었으며, 제2차대전까지는 조적조는 일본에서 모습을 감추었다.

전쟁이 끝난 뒤가 되어서 보강콘크리트블록조가 제안되었으며, 그 손쉽고 단단한 성질, 경재성, 내구성, 내화성 등의 이점에 따라 보급이 시작되었다.

1981년에는 3층의 보강콘크리트블록조에서는 필요했던 「테두리보」가 필요없는 철근콘크리트 블록조(RCB조)가 건축기준법 제38조에 따라 건축대신(建築大臣)의 일반인정(一般認定)을 받아들이고 있다.

2.5 ·····································새로운 구조

2.5.1 메가구조 · 스페이스프레임

1. 메가구조 · 스페이스프레임구조란

메가구조(mega-structure)를 스페이스구조(space structure), 또는 스페이스프레임(space frame)이라 부른다.

메가구조란 구조전체를 큰 가구(架構)로 구성하므로서 하중을 한데 모아서 전달해 가는 거대가구(巨大架構)의 구조 형식이며, 대규모 건축이나 초고층 건축에 적합하다.

큰 가구의 방식에는 몇 층분의 바닥하중을 한데 모아서 거대한 보(슈퍼보 : super beam)에서 받아서 그 하중을 몇 본의 기둥으로 짜올린 거대한 기둥(슈퍼기둥 : super-column)에 전달하는 방법 등이 있다(그림 2.84).

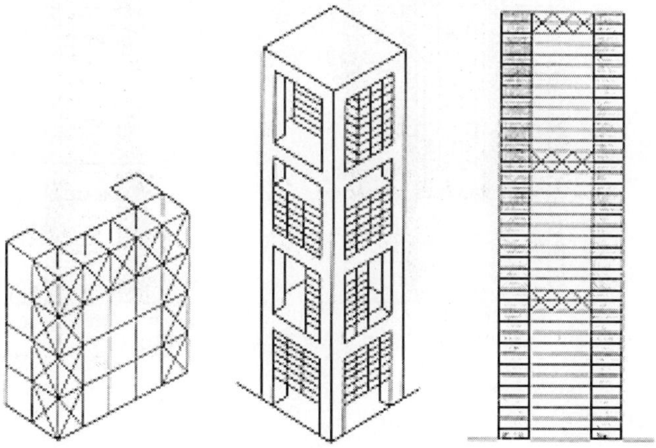

그림 2.84 메가스터락쳐의 구조의 종류

2. 메가구조의 특징

일반적인 라-멘구조와 같이 기둥과 보를 균등히 짜올리는 구조에 대하여, 메가구조는 크게 짠 보와 기둥으로 된 큰 가구에 하중을 집약하여 흐르게 하는 것으로, 그 이외의 기둥과 보(서브구조 : sub-structure)의 가구를 가볍게 만들 수가 있다. 이렇게 하면 기준층에는 기둥이 적은 융통성있는 공간이 확보됨과 동시에, 보의 춤이 낮게 마무리 되므로 층높이를 억제할 수 있다.

건물의 라이프사이클(life cycle)면을 생각하면 메가구조와 서브구조의 두 개로 나눔으로서, 장래 건물을 개축할 때 메가구조를 그대로 두고 서브 구조부분만을 개조하면 되며, 개축, 갱신(更新)이 쉽다.

3. 메가구조의 예

i) 동경도신청사(東京都新廳舍)

평면 계획은 6.4m의 모듈을 사용하고 있다. 그 모듈에 맞추어 6.4m각(角)의 코어(core)를 거대한 기둥(슈-퍼기둥)으로 보고 있다. 그래서, 이 슈-퍼기둥의 사이를 일 층분의 춤을 갖인 가새가 들어간 보(슈퍼보)로 연결하므로서 큰 가구를 형성하고 있다.

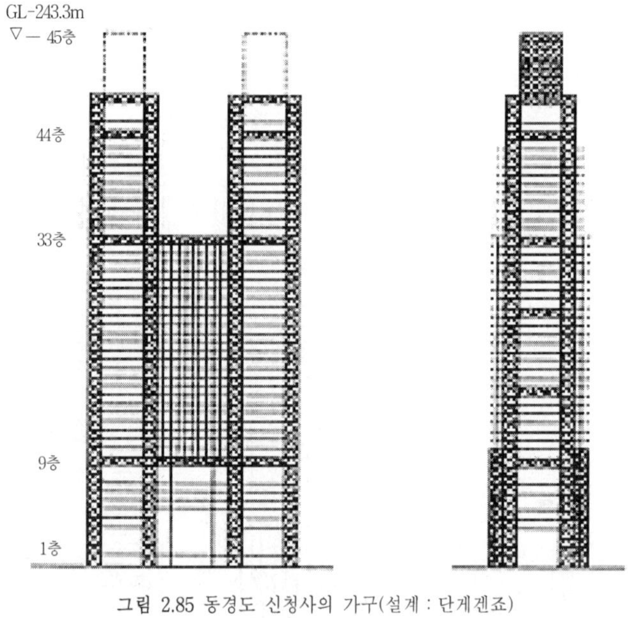

그림 2.85 동경도 신청사의 가구(설계 : 단게겐죠)

ii) 오오사까도쿄해상빌딩

평면계획은 2.7m의 모듈을 사용하고 있다. 그것에 맞추어 4본의 기둥으로 한 조(組)의 마스트 기둥(mast column)(2.7m)을 형성하여 그것을 큰보에 연결한 입체적인 라-멘 구조를 형성하고 있다.

iii) 홍콩상해(上海)은행

4본으로 한조의 큰기둥이 8조 배치되었으며, 그사이를 이층분의 큰보가 몇층 걸러 설치되어있다. 각층의 하중의 반분(半分)은 매다는 부재에 의하여 큰보로 전해지고, 나머지 반분은 직접 큰 기둥으로 흐른다.

그림 2.86 오오사까 동경해상빌딩구조
(설계 : 로구시마건설)

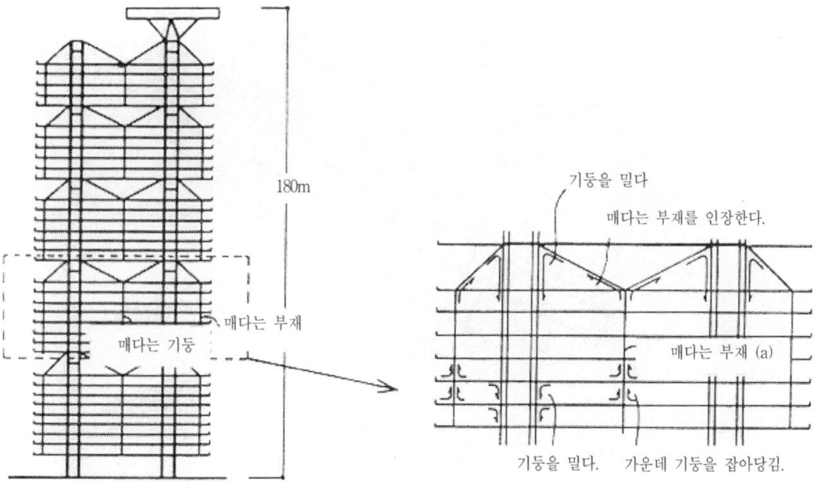

그림 2.87 홍콩상해은행의 구조
(설계 : 노만 · 포스터)

iv) 테드데팡스

폭 106m, 높이 110m, 두께 1.7m의 크기로, 안쪽을 70m폭으로 도려낸 □자형(字型)의 철근콘크리트판(슈-퍼 프레임)을 4장 평행히 배치한 큰 가구이다.

v) 동경도에도(東京都江戸)동경박물관

4본의 슈퍼기둥과 위아래 2본의 슈퍼보로서 길이 158.8m, 폭 64.8m, 높이 37.9m의 큰 지붕모양의 전시공간을 지지하고 있다.

그림 2.88 데드데팡스(그라인·알슈)의 구조
(설계 : 요한·오트, 폰·스뻴게르센, 뽈·안드류)

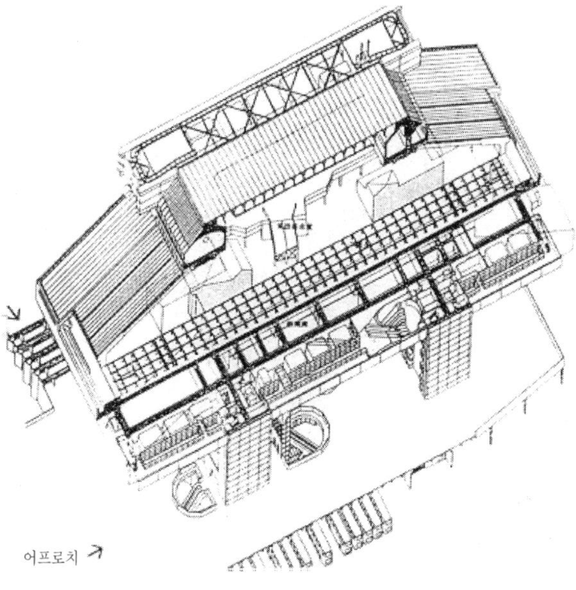

그림 2.89 동경도에도동경박물관(설계 : 기꾸다께)의 구조

2.5.2 튜-브구조

1. 튜-브구조

튜-브(tube)구조는 파즈라·칸이 제안한 초고층 건축의 구조 형식이다.

초고층이 되면 연직하중이 커져 기둥단면이 커지던가, 기둥의 수가 늘어 기둥 간격이 좁아지는 등, 평면 계획상의 제약이 크게 된다. 그래서 기둥을 모두 외벽 위치에 배치하여, 지진이나 바람에 의하여 생기는 수평력을 새장과 같은 구조체로 저항하는 구조가 기본적인 튜-브구조이다(그림 2.90).

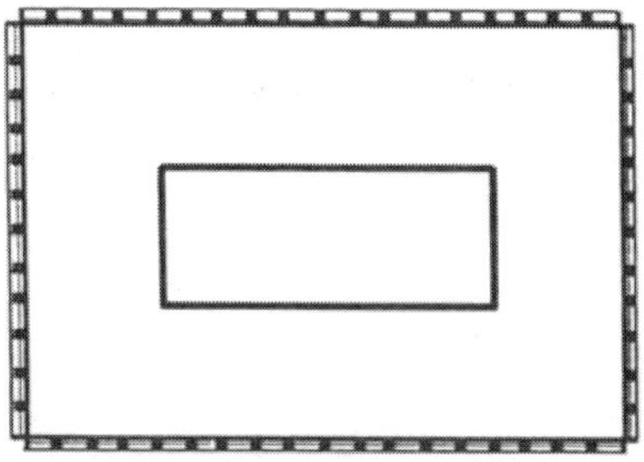

그림 2.90 월드트레이드센타
(설계 : 미노루 · 야마사끼)

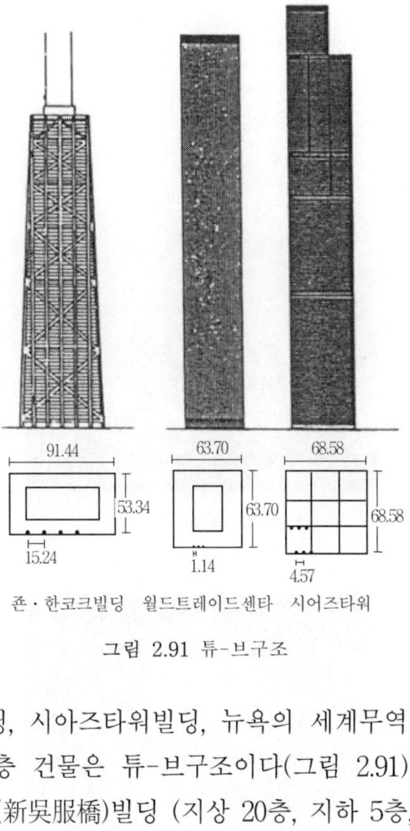

그림 2.91 튜-브구조

시카고의 죤 · 한코크빌딩, 시아즈타워빌딩, 뉴욕의 세계무역센터(world trade center) 등의 세계의 중요한 초고층 건물은 튜-브구조이다(그림 2.91). 일본에서는 철골조로는 1977년에 준공한 신오복교(新吳服橋)빌딩 (지상 20층, 지하 5층, 그림 2.92), 건물의 평면 모양이 원통(円筒)으로 바깥둘레 골조는 문자와 같이 튜-브(筒)로하여 수평력에 저항하는 신요꼬하마(新橫浜) 프린스호텔(지상 43층, 지하3층, 1992년 준공, 그림 2.93), 현재 일본에서 가장 높은 요꼬하마(橫浜) 렌드마크타워(지상70층, 지하3층, 282m, 1993년준공, 그림 2.94) 등이 있다. 철근콘크리트조에는 1992년에 준공한 오오사까사꾸라구 리버시티 · 워터타워 플라자(지상41층, 지하1층, 130m)가 있다.

튜-브 구조는 다음과 같이 생각된다.

초고층의 건물은 수평력에 대하여 상자형(箱型)단면의 외팔보로 볼 수가 있다(그림 2.95).

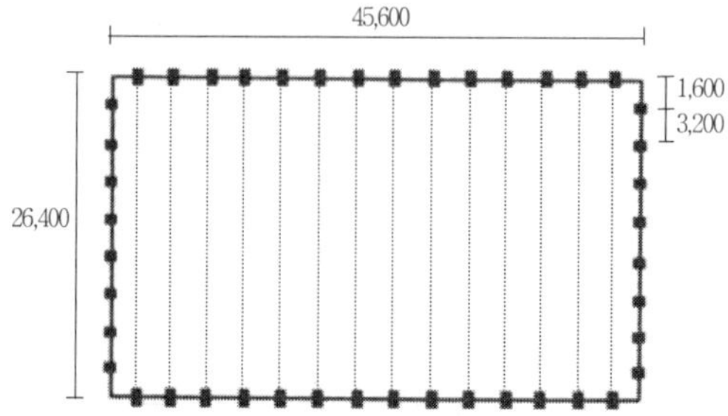

그림 2.92 신오복교빌딩
(설계 : 니혼셋게이)

그림 2.93 신요꼬하마프라자호텔
(설계 : 세이수이건설)

그림 2.94 요꼬하마렌드마크타워
(설계 : 미쯔히시찌쇼)

상자형 단면보에서는 그림 2.95(a)에서 볼수있는것과 같은 휨응력이 생기며, 힘과 평행하는 판(웨브 : web)과 힘과 직교하는 판(플렌지 : flange)에 의하여 힘에 저항하고 있다.

실제로는 플렌지나 웨브의 면내 전단변형에 의하여 플렌지로의 응력전달은 약해지며, 평면단면의 응력분포는 그림 2.95(b)와 같이된다. 그렇지만 플랜지 면내 전단강성을 보지(保持)하고 있는한 플렌지의 협력도 얻는다.

이와 같이 상자형단면에 다수(多數)의 규칙적인 개구(開口)를 설치하여 골조 구조로 한 경우도, 면내 전단강성이 기대되는한 그림 2.95와 같이 힘과 직교하는 구면(構面)도 힘에 저항할 수가 있다.

이와 같은 튜-브구조가 성립하기 위해서는 직교구면(直交構面)에도 평행구면(平行構面)에도 면내 전단강성이 확보되지 않으면 안된다. 이것이 확보되어 있지 않으면 플랜지 중앙부가 유효하게 작용하지 않고 귀퉁이 부분에 응력이 집중하게 된다. 그 때문에 보의 단면을 늘려서 강성을 크게 하던가, 가새를 설치하는 등, 그 구면의 강성을 높이기 위하여 여러 가지의 궁리가 이루어지고 있다. 다시, 바깥둘레골조 안에 튜-브를 설치하는 구조도 나타나고 있다. 다음에 튜-브구조의 종류를 소개한다.

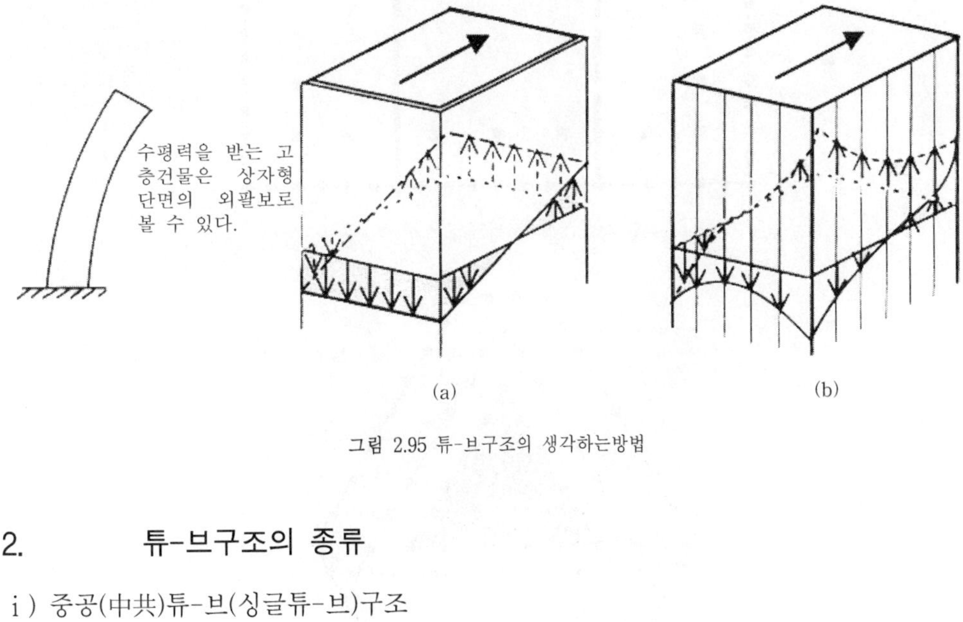

그림 2.95 튜-브구조의 생각하는방법

2. 튜-브구조의 종류

i) 중공(中共)튜-브(싱글튜-브)구조

- 골조(frame)튜-브 : 라-멘 구조가 발전한 형태이며, 건물의 바깥벽면은 가로 세로로 촘촘하게 배치된 기둥 · 보로 구성되어 있다. 안의 기둥은 연직하중만을 지지하고, 수평력은 바깥둘레의 튜-브로 저항한다.
- 트러스튜-브 : 골조 튜-브에서는 앞에 설명한 바와 같이 면강성(面剛性)의 부족 때문에 완전한 튜-브 구조로서는 수평력에 저항하지 않는다. 구면의 강성을 높이기 위해서 골조튜-브에 경사진 가새를 더한 것이 트러스 튜-브 구조이다.

ii) 내부 브레이스 튜-브 구조

- 평행 전단벽이 붙은 튜-브 : 건물내부에 전단벽(Shear Wall)을 추가시켜 건물의 강성을 높인 구조이다. 그 예를 그림 2.96에서 볼 수 있다.
- 튜-브 인 튜-브 : 튜-브 인 튜-브 구조는 속이 비어있는 튜-브에 내부 튜-브코어를 더한 구조로서, 내부튜-브는 연직하중 뿐만 아니라, 수평 하중에 대해서도 저항하도록 설계된다. 게다가 신쥬크수미도모(新宿住友)빌딩(52층, 212m, 그림 2.97)과 같이 3중의 튜-브 구조도 나타났다.
- 묶음 튜-브 : 바깥둘레의 골조 튜-브를 내부벽으로 보강하여 몇 개의 튜-브를 묶은 것같은 구조이다. 건물바닥이 넓은 경우에 사용되며, 개개의 튜-브만으로 충분한 내력을 가진 것같이 설계되며, 여러 가지의 평면형이나 입체 형상에도 대응할 수 있는 특징이 있다. 이 구조는 시카고의 시아즈타워(그림 2.91)에 사용되었다.

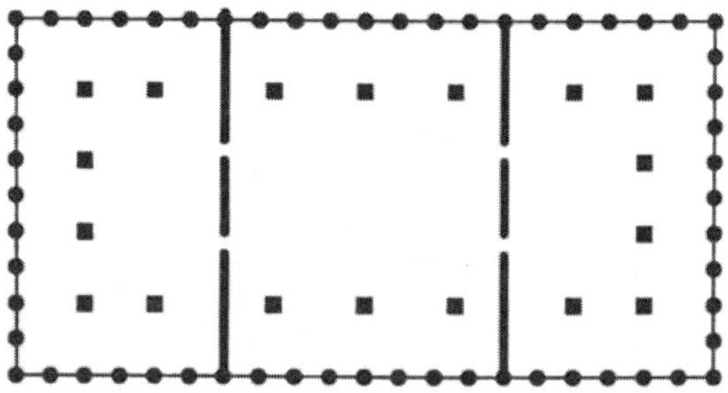

그림 2.96 평행전단벽이 붙은 튜-브구조

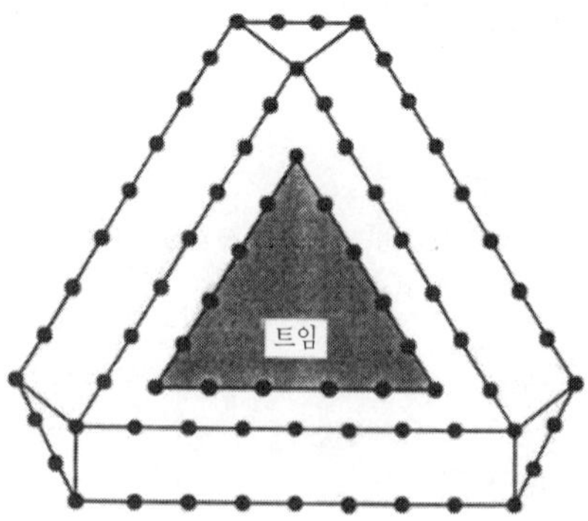

그림 2.97 신쥬크수미도모빌딩
(설계 : 니혼건설)

3

형태와 부재의 치수

EXPO 67. 서독의 퍼빌리언(Pavilion, 설계 : Frei Ott · Rolf Gootbroak)의 전경

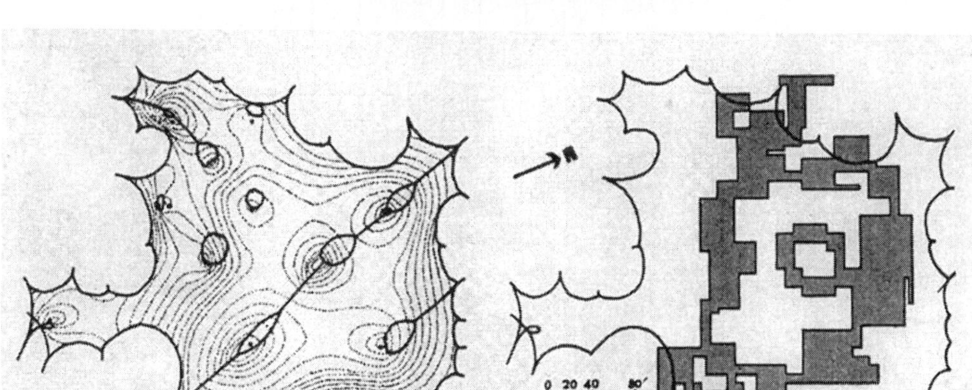

텐트의 등고선(contour line)과 보해자용의 덱 배치

3.1 ·· 목구조

1. 목조 재래 공법

i) 줄기초

건물 중량이나 지내력에 따라 다르지만, 기둥의 위치가 특히 무리가 없는 일반의 주택에서는 지반도 특별히 나쁘지 않는한 2.2.4항의 그림 2.24의 치수로 충분하다.

ii) 토대·바닥동바리·멍에·장선(2.2.4항 그림 2.26)

토대는 기둥과 같은 치수 이상의 단면으로 한다. 바닥동바리는 90mm각 이상(@90cm 내외), 멍에는 90~100mm각(@90cm내외)로 한다. 장선은 45mm각(@45cm)이 표준이나, 다다미 이외의 바닥 부분이나 중량물이 놓이는 바닥은 장선 치수는 크게 하며 피치도 @30cm로 한다.

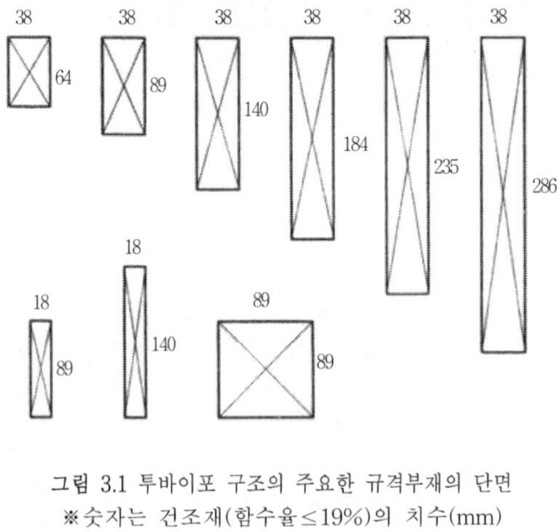

그림 3.1 투바이포 구조의 주요한 규격부재의 단면
※숫자는 건조재(함수율≤19%)의 치수(mm)

iii) 기둥·사잇기둥·가새의 치수

기둥의 치수는 100mm각, 105mm각, 120mm각의 규격재가 일반적이다. 심벽(心壁)구조에서는 120mm각이 사용되나, 큰 벽에는 기둥·사잇기둥·가새를 벽의 안쪽에 넣기 위하여, 105mm각의 기둥이 많이 사용된다. 또, 사잇기둥은 규격재를 둘 또는 셋으로 쪼개서 사용한다. 가새는, 두께가 기둥의 셋으로 쪼갠 것 이상 또 4cm이상의 굵은 가새, 1.5~3cm 정도의 가는 가새가 있다. 가는 가새를 사용할 때는 겉모양을 넓적한 면으로 한다.

iv) 보 · 층도리

보의 단면 치수는 가구 방법(架構方法)이나 바닥 하중, 보의 재질 등에 따라 다르나, 보춤은 스팬의 1/10~1/12정도, 보폭은 보춤의 1/2~1/4을 기준으로 한다. 층도리의 최저 치수의 기준은, 한칸 정도에서 12×12cm, 두 칸 정도에서 12×36cm로 한다.

v) 지붕틀구조

지붕틀의 보치수(마구리의 직경으로 부른다)는 적설량에 따라 지역차(地域差)가 있으나, 1~2칸의 것에 ø15~18cm, 2~2.5칸의 것에 ø21cm, 3칸의 것에 ø21cm정도이다.

도리 간격은 반칸(91cm), 지붕틀의 보 간격은 1칸(182cm)이 보통이다.

또한, 양식지붕틀은 트러스로 짜맞추기 때문에 휨응력이 작으며, 규격화된 작은 단면의 부재가 사용된다.

2. Two by Four 구법(構法)

부재의 중요한 규격 치수는 그림 3.1과 같으며, 각각에 대하여 2.44m(38×89mm부재만), 3.05m, 3.66m, 4.27m, 4.88m, 5.49m, 6.10m의 정측(定尺)이 준비되어 있다.

장선은 긴 단면의 것을 세로로 사용하고, 윗테는 수평 두 장을 포개는 것으로 하는 등, 단면 성능에 따라서 부재를 때와 경우에 따라서 구별하여 사용한다.

3.2 ··································철근콘크리트(RC)조

—라-멘구조, 벽식구조—

1. 라-멘구조

i) 기둥

기둥은 건물 자체의 무게와 실내에 놓여진 여러 가지의 무게를 지지하는 중요한 요소이다. 큰 지진이 일어나던지, 건물이 피해를 받는 일이 있어도 중대한 사고에 연루되는 기둥의 붕괴는 피하도록 설계된다.

기둥은 축방향력, 휨모멘트 및 전단력에 저항할 수 있도록 설계되며, 경제적인 면의 고려도 하지 않으면 안된다.

a. 기둥의 배치

기둥은 건물의 자중이나 적제하중에 의한 연직하중을 지지하며, 게다가 기둥·보로 이루어지는 라-멘 가구에의하여 지진이나 태풍에 의한 수평력에도 저항한다. 따라서 건물의 평면을 x 혹은 y 방향에서 본 경우, 기둥은 직선 상에 배치하는 것이 바람직하다(그림 3.2(a)). 그 간격은 건물의 용도에 따라 같은 간격이 아니라도 괜찮으나 5~8m간격 정도가 표준이다. 그 간격은 주로 보의 길이(스팬)로부터 정하는 값이다.

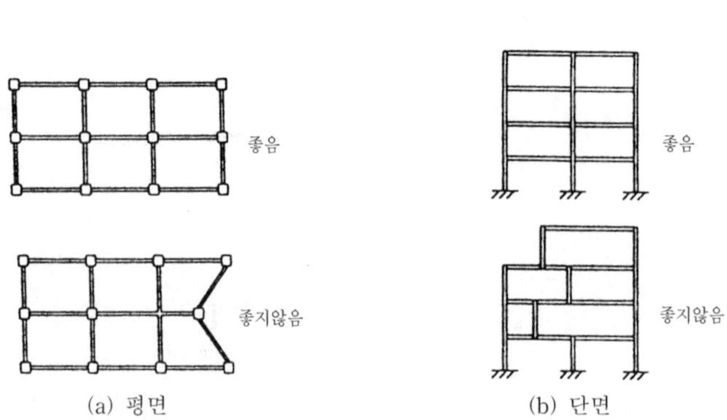

그림 3.2 기둥의 배치

기둥의 배치는 위 아래층 같이한다. 즉, 위 아래층을 통해있는 것이 기본이다(그림 3.2(b)).

단, 윗층은 호텔객실 혹은 집합주택으로하고 아래층은 큰 공간을 필요로 하는 상업시설이 마련될 경우, 그림 3.3과 같이 윗층의 기둥을 그대로 아래층에 내리지 않고, 한 번 큰 보를 마련하여 아래층의 큰 기둥에 힘을 흐르게 할 수도 있다.

b. 기둥의 형상과 치수

기둥에 생기는 지진력에 의한 휨모멘트는, 서로 반대되는 두방면으로부터 작용하며 단면 형상은 정방형, 장방형 혹은 원형이 사용된다. 장방형의 경우, 휨모멘트가 큰 방향, 혹은 내진벽이 있는 건물에서는 내진벽이 없는 방향에 긴 변을 갖게 한다.

기둥의 치수는 구조 설계(계산)뒤에 결정되는 것이지만, 구조 계산을 위해서도 설계도를 그리는 대도 가정 단면이 필요하다. 그 간단한 결정 방법은 부담 면적으로부터 축방향력을 산출하여, 기둥의 필요단면적을 결정하는 방법이다.

즉, 가운데 기둥의 부담단면적 $l_x \times l_y$, (l_x : 슬래브의 짧은변 길이, l_y : 슬래브의 긴변길이), 각 층의 평균 하중(자중과 적재 하중의 합) $\omega(t/m^2)$ 층수를 n라고 하면, 한 층의 기둥의 축방향력 N는 $N=(l_x \times l_y)\omega \cdot n$, 일 층 기둥의 압축응력도 σ_c는 $\sigma_c=N/A$가 된다.

이 응력도 σ_c가 콘크리트의 장기 허용응력도 ($1/3F_c$, F_c : 설계기준강도) 이하가 되도록 기둥 단면적 A를 정한다.

내진벽이 있는 경우는 σ_c를 대략 장기허용응력도 70~80kgf/cm^{2}로, 없는 경우에는 지진에 의한 수평력을 고려하여 40~50kgf/cm^{2}로 하는 것이 좋다.

- 예 : 각 층의 평균 하중 $\omega=1.2t/m^2$, 층수 $n=5$

$$l_x = 5\text{m}, l_y = 7\text{m}$$

$$F_c = 210 \text{ kgf/cm}^2$$

내진벽이 없다면,

$$\sigma_c = 5(5\times7)\times1200/A < 40\sim50 \text{ kgf/cm}^2$$

$$\text{기둥 단면적 } A > 5,250\sim4,200 (\text{cm}^2)$$

$$\text{정방향의 기둥폭 } D > 72\sim65 \text{ cm가된다.}$$

위 층의 기둥의 크기는 일 층의 기둥을 기준으로 하여 한층당 5cm식 정도를 작게 한다.

내진벽이 있는 5층 사무소건물의 일반적인 기둥의 표준치수를 표 3.1와 같다.

실제로는 시공 상의 번잡함을 피하기 위하여 2~3층분마다 작게 하는 경우가 많다. 창고같은 적재 하중이 큰 용도의 건물은 적재하중ω를 크게 가정하여 계산하면 된다. 권말(卷末)의 부표에 6층으로부터 14층 건물의 집합주택의 표준적인 기둥의 치수를 기록하였다.

곁의 기둥은 가운데 기둥보다 부담면적이 작게 되나. 지진에 의한 수평력을 고려하여 가운데 기둥과 같은 크기로 한다.

또한, 구미(歐美)의 건물의 기둥 치수가 지진국(일본)의 기둥 치수와 비교하여 작은 것은 지진이 없으므로 기둥은 연직하중만을 지지하면 되기 때문이다.

표 3.1 기둥의 단면치수
(5층사무소건물, 단위 : cm)

층	기둥의 단면치수
5	45×45 ~ 50×50
4	50×50 ~ 55×55
3	55×55 ~ 60×60
2	60×60 ~ 65×65
1	65×65 ~ 70×70

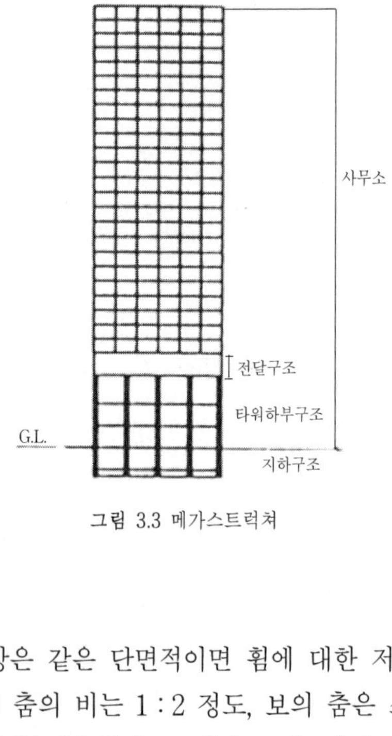

그림 3.3 메가스트럭쳐

ii) 보

일반적으로 보의 단면 형상은 같은 단면적이면 휨에 대한 저항력이 큰 새로가 긴 장방형으로 한다. 보의 폭과 보의 춤의 비는 1 : 2 정도, 보의 춤은 스팬의 1/10이 표준이다.

보에는 휨모멘트와 전단력이 작용한다. 스팬이 크게 되면 작용하는 휨모멘크도 크게 된다. 휨모멘트는 스팬의 2승에 비례하며, 그것에 저항하기 위하여 보의 단면은 크게 되고, 그 자중에 의하여 다시 휨모멘트가 크게 된다. 또, 처짐이나 갈라짐의 문제도 생기게 된다. 따라서 보의 스팬은 구조상 또 경제성의 관점으로부터 5~8m정도가 적절한 스팬이다. 권말(卷末)의 부표에 6층으로부터 14층 건물 집합주택의 표준적인 보의 치수를 기록하였다. 또한 콘크리트 구조라도 미리 부재 단면에 압측응력이 주어진 프리스트레스트 콘크리트에서는 갈라짐이 생기는 콘크리트의 전단면을 유효하게 이용할 수 있으며, 20~40m의 큰 스팬이 가능하게 된다.

게다가 새롭게 개발된 프리스트레스트 철근콘크리트(PRC)는 철근콘크리트(RC)와 프리스트레스트 콘크리트(PC)의 중간에 위치하는 구조로서, 철근 콘크리트에 프리스트레스를 도입하므로서 8m를 넘는 스팬이라도 기능상 문제없이 사용할 수가 있다(그림 3.4, 3.5).

프리스트레스트 콘크리트의 보의 춤은 스팬의 1/20이 표준이다. 프리스트레스트 철근콘크리트에 있어서는 프리스트레스의 정도에 따라 다르지만 1/15이 기준이 된다.

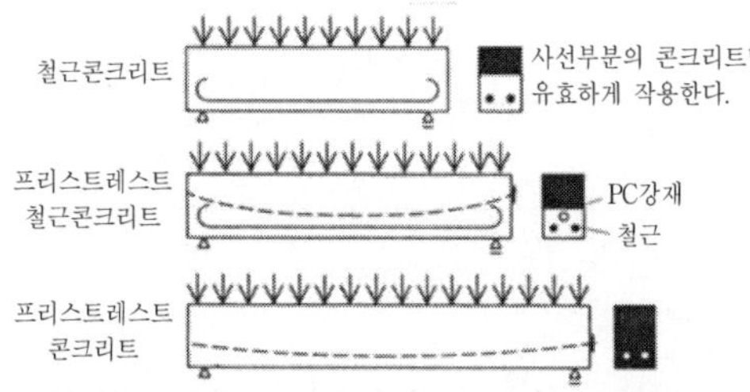

그림 3.4 철근콘크리트, 프리스트레스트 철근콘크리트, 프리스트레스트 콘크리트

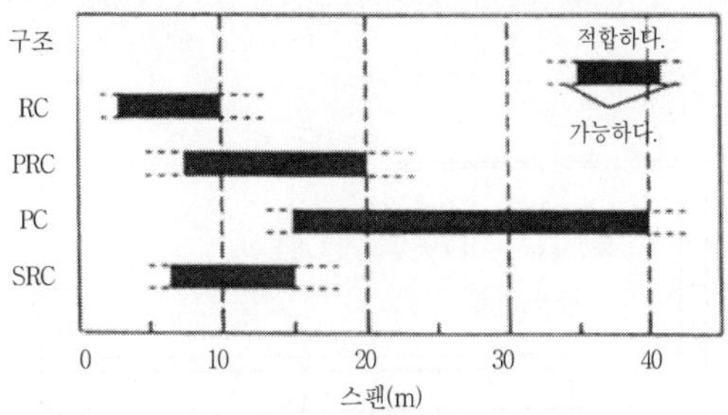

그림 3.5 구조종별에 따른 적응스팬

iii)슬래브(바닥)

바닥 슬래브는 적재 하중을 직접, 지지하는 부재임과 동시에, 위층과 아래층을 구분하는 역할도 가지고 있다. 이와 같은 두 측면으로부터 슬래브의 두께와 크기(넓이)가 정해진다.

건축학회 철근콘크리트 계산규준에서는 철근큰크리트의 바닥 슬래브의 두께를 유해(有害)한 처짐, 갈라짐 혹은 진동 장해 (振動障害)를 일으키지 않도록 표 3.2에 나타내는 값이상, 또 8cm이상으로 하고있다. 이것을 그림으로 나타내면 그림 3.6과 같이 된다. 단, 내화상(耐火上) 필요한 두께는 최저 10cm이다.

한 장의 슬래브는 계획상 큰 쪽이 좋다. 그러나 너무 크며는 진동장해, 유해한 처짐이나 갈라짐이 생기기 쉽고, 또 철근도 많이 필요하게 되므로 코스트도 높게 된다. 따라서 작은보도 포함된 바닥 슬래브의 계획이 중요하게 된다.

건축학회의 균열대책지침에서는 슬래브의 면적을 25m^2 이하로 설계할 것을 추천하여 장려하고 있다. 슬래브의 면적이 이 값을 넘은 때는 일반적으로 작은보를 설치한다(그림 3.7). 작은 보는 큰 보에 지지되는 부재로서 바닥 슬래브의 보강 부재와 같은 것이다. 큰 보와의 강성이 크게 다르면 균열이나 처짐 제어(制御)의 점으로부터 그 역할을 다할 수 없게 되므로, 작은 보의 춤은 스팬의 1/10~1/12 이 표준이 된다.

표 3.2 슬래브 두께 (건축학회·철근콘트리트구조계산 규준)

지지조건	슬래부두께 t(cm)
주변고정	$t=0.02\left(\frac{\lambda-0.7}{\lambda-0.6}\right)\left(1+\frac{w_p}{1000}+\frac{l_x}{1000}\right)l_x$
외 팔	$t=\frac{l_x}{10}$

주1) $\lambda = l_y / l_x$

l_x : 단변유효스팬(cm)

l_y : 장변유효스팬(cm)

단, 유효스팬이란, 보, 기타 지지부재 사이의 안치수를 말한다.

주2) w_p : 적재하중과 마감하중의 합(kg/m^2)

주3) 외팔슬래브의 두께는 지지단에 대하여 제한한다. 기타의 부분의 두께는 적당히 저감해도 된다.

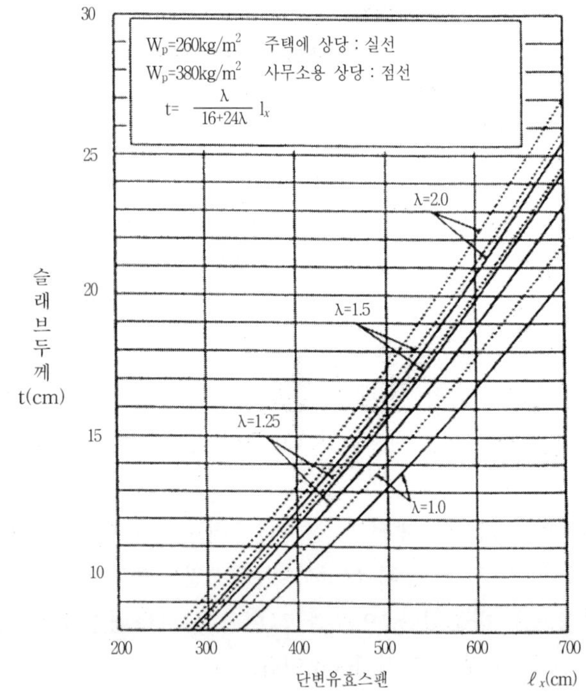

그림 3.6 처짐조건으로부터 정하는 t 와λ, ℓ_x와의관계 · 등분포하중, 주변고정, $\delta_e = l_x/4000$

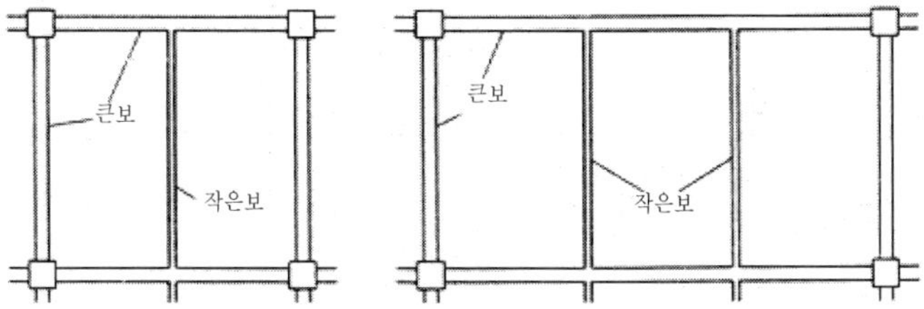

그림 3.7 큰 보와 작은 보

한편, 집합주택등에서는 작은 보는 칸막이를 제약하고, 또 장래의 실내공간의 개조에 대해서는 장해가 된다. 그래서 바닥슬래브에 프리스트레스를 도입하여 균열을 제어하여, 작은 보를 없게 할 수 있는 공법이 보급되고 있다(그림 3.8).

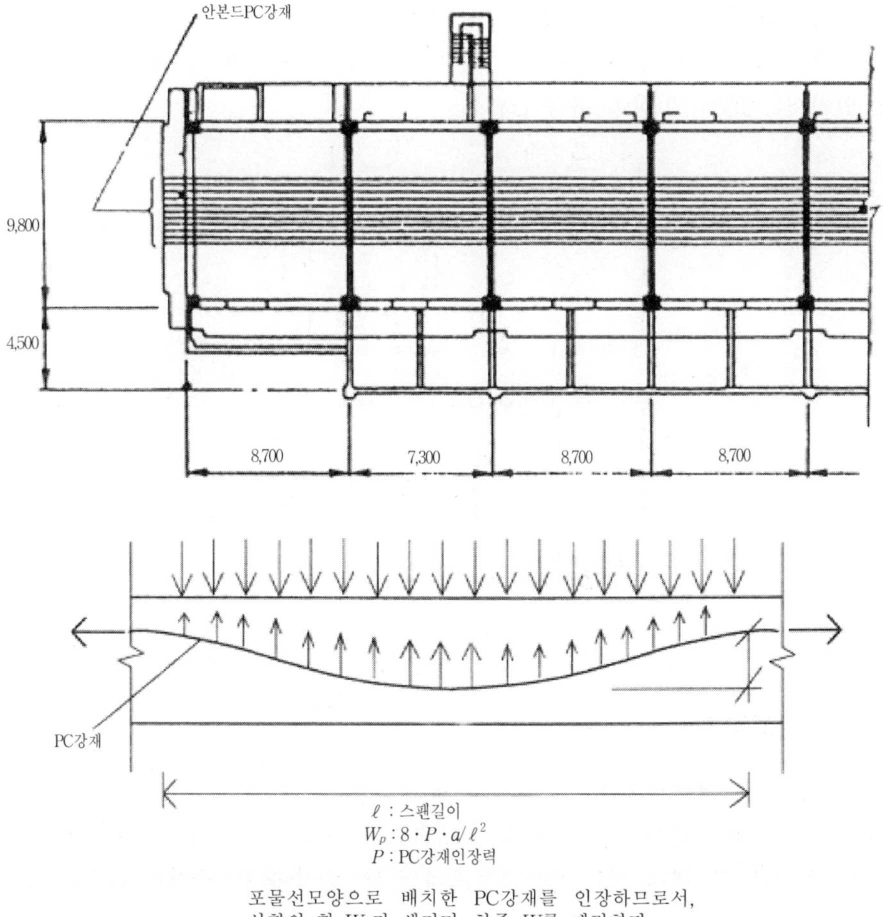

그림 3.8 프리스트레스를 도입한 작은 보 없는 슬래브와 프리스트레스의 효과

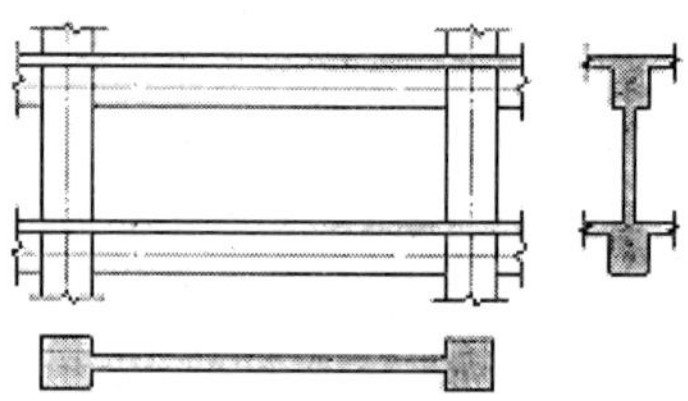

그림 3.9 내진벽

iv)벽

기둥・보로 이루어지는 라-멘 가구(架構)에 있어서도 내진벽을 설치하여 지진에 의한 수평력에 저항시키는 경우가 많다. 내진벽은 그림 3.9와 같이 네(4)둘레가 기둥・보에 구속되어 있는 벽으로, 그렇치 않은 벽은 단지 칸막이 벽이다.

내진벽의 배치는 건물에 비틀림이 생기는 것을 피하기 위하여, x, y 두 방향에 각 평형이 취해지는 배치로 할 필요가 있다(그림 3.10).

또한, 내진벽의 두께는 12~20cm가 표준이며, 균열에 의하여 누수(漏水)가 문제되는 외벽에 있어서는 15cm 이상이 바람직하다.

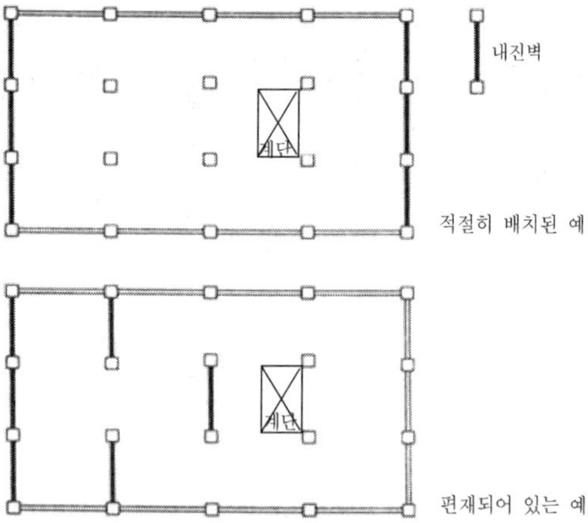

그림 3.10 내진벽의 배치

2. 벽식구조

기둥・보가 없는 벽식 구조에 있어서는 분산하여 배치된 내력벽으로 수평력을 부담한다. 지진시에는 비틀림이 생기지 않도록 내력벽은 건축물의 평면상 균형 좋게 배치하지 않으면 안된다. 또 벽식 철근 콘크리트조의 규모, 벽량(壁量) 등에는 다음과 같은 제한이 있다.

- 벽식RC구조의 규모 : 지상 층수는 5이하, 추녀높이는 16m이하, 각 층의 층고는 일반적으로는 3m이하로 하지 않으면 안된다(지진지역인 일본의 경우).

- 벽량 : x 혹은 y 방향에 대하여 내력벽의 길이의 합계를 그 층의 바닥면적으로 나눈 수치(數値)를 x 혹은 y 방향의 벽량이라 부른다. 그 벽량은 표 3.3의 수치 이상으로 하지 않으면 안된다.

표 3.3 벽식 철근콘크리트조의 벽량(일본건축학회, 벽식철근콘크리트구조설계기준·동해설)

<table>
<tr><th colspan="2">층</th><th>벽량(cm/m²)</th></tr>
<tr><td rowspan="2">지상층</td><td>단층 또는 맨 윗층으로부터 세어서 3번째의 층 이상의 층</td><td>12</td></tr>
<tr><td>맨 윗층으로부터 세어서 4번째의 층 이하의 층</td><td>15</td></tr>
<tr><td colspan="2">지 하 층</td><td>20</td></tr>
</table>

그외 내력벽의 구조에서는 “실제길이는 45cm이상, 벽두께는 층수에 따라 12~18cm이상으로 하지 않으면 안된다” 등의 규정이 있다.

3.3 ······································철골조(鐵骨造)

1. 강재의 역학적 성질

건축철골로 사용되고 있는 강재는 대부분 SS400혹은 SM490이라고 불리우는 종류의 연강(軟鋼)이며, 그 강도에 관한 역학적 성질(기계적 성질이라고 부른다)이나 화학성분 등은 JIS에 규정되어 있다. SS400은 일반 구조용 압연강재, SM490은 용접 구조용 압연강재에 속한다.

강재의 역학적 성질은 예를 들면, 그림 3.11에 나타낸 것과 같은 형상의 인장시험편을 사용한 시험에 의하여 측정된다. 인장 시험 결과의 전형적인 예를 그림 3.12에 나타낸다. 새로의 축은 단위 면적 당의 인장응력(응력도), 가로의 축은 단위 길이 당의 늘어남(변형도)이다. 그림 3.12의 A점까지는 응력도-변형도 관계가 거의 비례 관계가 성립하며,

그림 3.11 인장시험편

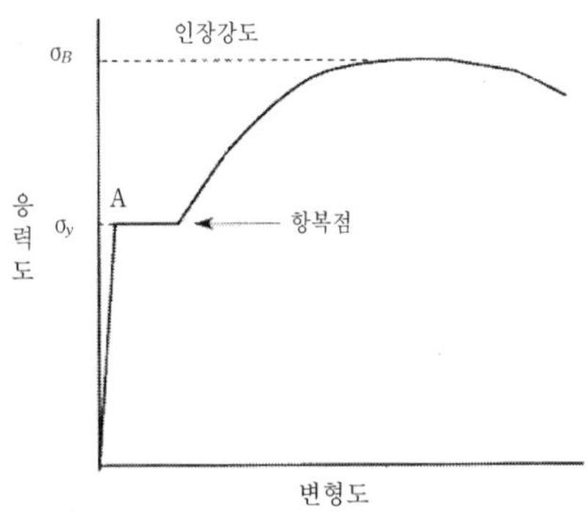

그림 3.12 강재의 응력도와 변형도의 관계

표 3.4 항복점과 인장강도의 JIS규격치

	σ_y(t/cm^2)	σ_B(t/cm^2)
SS400	2.4이상	4.1~5.2
SM490	3.2이상	5.0~6.2

이 사이의 비례 정수를 영계수라 부른다. 영계수는 재료의 강성(剛性) 즉, 변형시키기 어려운 정도를 나타내는 지표(指標)이며, 강재에서는 종류에 관계없이 2,100t/cm^2이다.

구조설계에서 중요한 역학 특성은 그림 3.12의 A점에 대한 응력도(항복점σ_y)와 인장강도(σ_B)이다. A점까지는 탄성역(彈性域), A점 이후를 소성역(塑性域)이라 한다.

앞의 SS400이나 SM490의 기호의 수치는 σ_B의 JIS규격치(단위 : N/mm^2)를 나타내는 것으로, 판의 두께에 따라 약간 다르나 이들의 값을 표 3.4에 나타낸다. 예를 들면, 단면적이 1cm^2의 SM490의 강봉(鋼奉)의 인장강도는 5t 이상이므로, 차(車)의 중량을 1t이라고 하면 이 강봉으로 다섯대의 차를 매달아 올릴 수 있다. 또한, 고층 건물의 기둥에는 SM570클래스(인장 강도가 5.8t/cm^2 이상)의 고강도강이 사용되기도 한다.

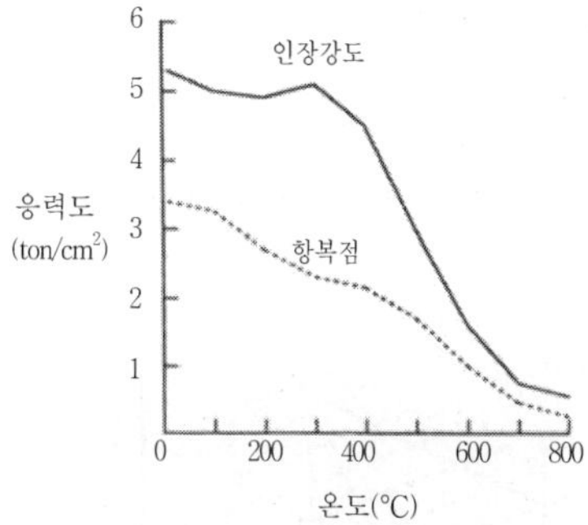

그림 3.13 강재의 고온강도(SM490)

강재의 역학적 성질은 인장을 받을 때와 압축을 받을 때와 거의 같으며, 이 점이 인장에 약한 콘크리트와 다른 특징이다. 강재의 강도나 영계수는 압축력에 대한 콘크리트에 비하여 대강 1자릿수가 크다. 그러나 온도가 상승하면 강재의 역학적특성은 열화(劣化)한다. 그림 3.13에 온도와 항복점 및 인장강도와의 관계의 하나의 예를 보여주고 있다. 온도가 400℃ 이상이 되면 강도가 낮아져서 약하게 된다. 또 영계수도 높은 온도가 되면 낮아진다. 따라서 보통은 기둥, 보 등 연직하중을 지지하는 주요 구조 부재에 두께 50mm전후의 내화 피복을 실시하고, 그 위에 내장재 혹은 외장재가 장착(裝着)되게 된다.

2. 철골조의 축조(軸組)

철골조는 다종다양하나 여기서는 그림 3.14 및 3.15에 나타내는 두 종류의 축조 예를 들어, 축조를 구성하는 각 부재의 명칭과 그들의 역할에 대하여 간단히 다루자. 그림 3.14는 공장 건물 지붕이나 체육관의 전형적인 축조 예이며, 그림 3.15는 빌딩철골의 하나의 예이다.

그림 3.14에 있어서 기둥과 큰 보는 스팬방향의 라-멘 구조를 구성하여, 연직하중과 수평 하중에 저항한다. 노리방향의 수평하중에는 축(軸)가새가 저항한다. 축가새는 단지

브레이스 혹은 가새라고도 불리워진다. 작은 보는 지붕면의 하중을 받아서 큰보에 전달함과 함께 큰 보의 횡좌굴보강재(뒤에 설명함)를 겸한다. 수평가새는 지붕면의 강성(剛性)을 확보하여, 건물지붕 전체가 일체가 되어 외력에 저항할 수 있도록 외력을 각 구면(各構面)에 전달하는 기능을 갖는다.

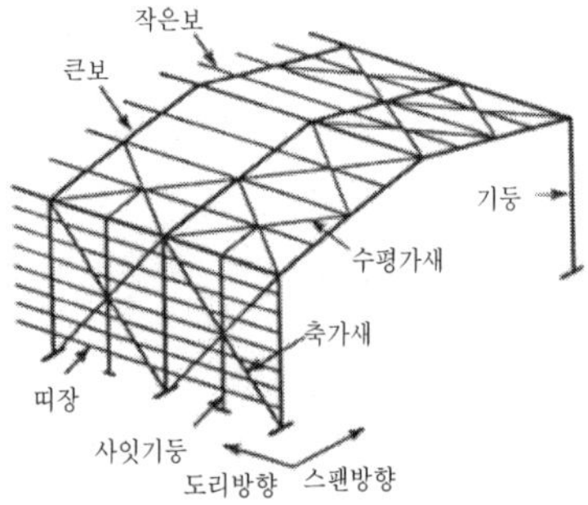

그림 3.14 공장, 체육관의 축조예

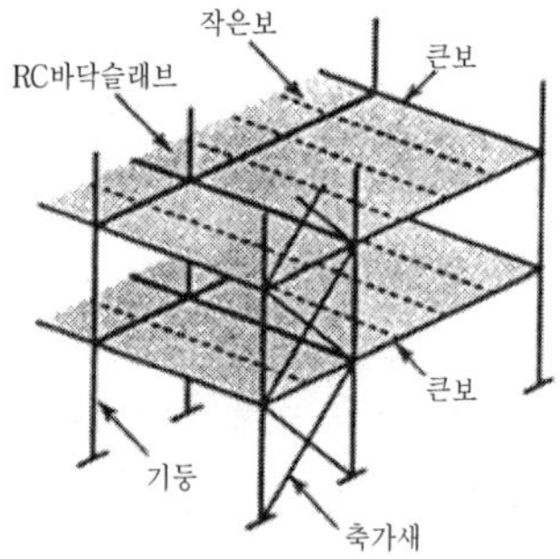

그 림 3.15 빌딩철골의 축조예

측면의 띠장에는 외벽재(外壁材)가 설치되어 외벽에 작용하는 풍하중을 받아서 기둥이나 사잇기둥에 전달한다. 그외에, 지붕 면에는 지붕재를 장착하기 위하여 도리가 설치된다.

이 역할은 띠장과 같다.

그림 3.15의 빌딩철골의 경우도 각 부재의 역할은 그림 3.14의 경우와 같다. 예를 들면, 작은 보는 바닥의 연직하중을 큰보에 전달하고 동시에 큰 보의 횡좌굴을 보강한다.

빌딩철골의 경우는 철근콘크리트(RC)조의 바닥 슬래브가 그림 3.14의 수평가새의 역할을 겸한다.

RC바닥 슬래브는 바닥위의 적재 하중을 지지하는 것이 기본 기능이나, 큰 보와 작은 보의 위에 용접된 머리 붙는 스터드(stud)라 불리우는 쉬어커넥터(shear connector) (3.2절 『접합부』 참조)로 큰 보나 작은 보와 결합되어 건물지붕 전체가 일체가 되어 외력에 저항하는 데 기여한다.

그런데, 그림 3.15에는 축(軸)가새가 설치되어 있으나 빌딩철골에서는 가새가 없는 순라멘 구조로 하는 경우도 많이 눈에 띈다.

3. 부재 단면의 종류와 용도

철골 골조를 구성하는 부재의 역할은 가지가지이며, 발생하는 응력상태도 다르다.

예를 들면, 큰 보나 작은 보에는 주로 휨모멘트와 전단력이 작용하나, 축 가새나 수평 가새의 응력은 축력(軸力)이다. 각각의 역할이나 응력상태에 적합한 단면 형상의 형강이 제조되고 있으나, 각각 부재의 단면은 접합부의 형식 등을 고려하여 적의 선택된다.

철골조 건축에서 사용되는 대표적인 부재 단면의 형상과 그 주된 용도, 표시 방법을 정리한 것을 표 3.5에 나타낸다. 단면형상의 제조방법은 크게 압연(壓延), 용접 조립, 프레스(PRESS)성형(成形)으로 분류된다. H형강, CT형강, ㄱ형강, ㄷ형강, 등은 압연기에서 가압성형되며, 이것들을 압연강재라 부른다. 원형의 강관(鋼管)이나 각형강관(角形鋼管)은 판을 구부린 뒤 용접하여 제조된다. 단, H형강이나 각형강관은 강판(鋼板)을 용접하여 조립되는 경우도 있다. 프레스 성형에서 강판을 구부려서 제조되는 경우에는 각부(角部)에 판두께의 2~3배 정도의 둥그스럼함이 된다. 판 두께 6mm이하의 형강을 경량형강이라 한다. 표 3.5의 립(rip)ㄷ형강은 그 하나의 예이다. 형강의 종류는 표3.5 이외에도 몇 개가 있으며, 또 제조 방법도 열이나 원심력 등을 이용한 여러 가지 방법이 있다.

강관(鋼管)이나 각형강관(角形鋼管)과 같이 닫힌 모양의 것을 폐단면(閉斷面), 다른 형상의 것을 개단면(開斷面)이라 한다. 폐단면 부재는 개단면에 비하여 비트름강성이 높고, 휨에 대한 강성이나 강도가 휨응력이 작용하는 방향에는 거의 영향을 받지 않는다. 단, 폐단면 부재에서는 접합부의 공작(工作)에 품이 든다. 한편, 예를 들면 그림 3.16에서 볼 수있는 폭이 넓은 H형강에서는 약축(弱軸)주위의 휨에 대한 강성이나 강도는 강축(强軸)주위의 경우에 비하여 대강 1/3이 된다. 주로 보에 사용되는 폭이 좁은 H형강에서는 이 값이 1/10 정도가 되나, 큰보, 작은보 둘다 약축 주위의 휨을 받는 경우는 적다.

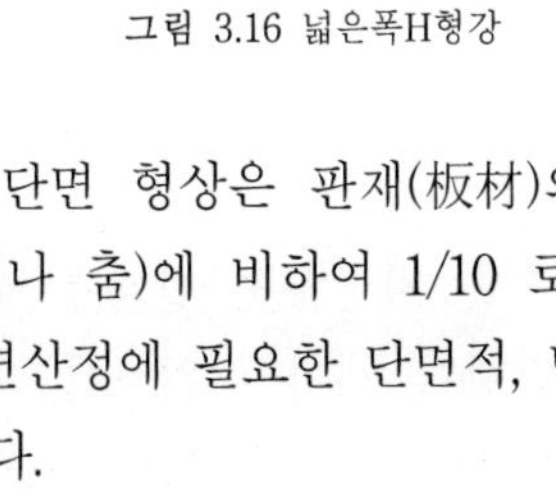

그림 3.16 넓은폭H형강

표 3.5에서와 같이 형강의 단면 형상은 판재(板材)의 조합이다. 일반적으로 강판(鋼板)의 판두께는 단면치수(폭이나 춤)에 비하여 1/10 로부터 1/50정도이며, 단면형은 엷은 판으로 구성되어 있다. 단면산정에 필요한 단면적, 단면 2차모멘트 등의 단면 특성에 대해서는 일람표가 쓰이고 있다.

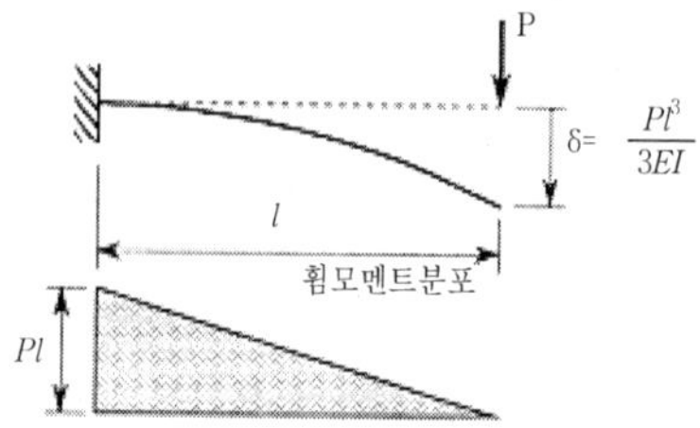

그림 3.17 외팔보의 처짐과 휨모멘트

표 3.5 단면형상의 종류와 용도

형상	명칭	주요 용도	표시방법(치수는 mm단위)
	강관	기둥, 트러스현재, 라티스재	외경Φ×판두께 (216.3Φ×4.5)
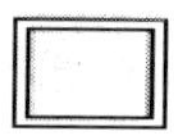	각형강관	기둥, 트러스현재	외경×외경×판두께 (□—300×300×16)
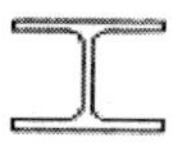	넓은폭 H형강	기둥, 트러스현재, 라티스재, 축가새	춤×폭×웨브두께×프랜지두께 (H—400×400×13×21)
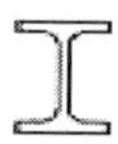	중폭 H형강 좁은폭 H형강	보, 기둥,트러스현재, 라티스재, 축가새	춤×폭×웨브두께×프랜지두께 (H—600×200×11× 17)
	CT 형강	축가새, 수평가새, 트러스현재, 라티스재	춤×폭×웨브두께×프랜지두께 (CT—150×300×10× 15)
	ㄱ형강	축가새, 수평가새, 라티스재, 마감의 바탕재	변길이×변길이×판두께 (L—150×90×12)
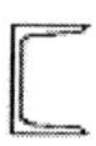	ㄷ형강	축가새, 멍에	춤×폭×웨브두께×프랜지두께 (ㄷ—150×75×6.5×10)
	립ㄷ형강	도리, 띠장	판두께×춤×폭×립길이 (C—3.2×100×50×20)
	평강	축가새, 기타판재일반	판두께×폭 (PL—12×200)

4. 구조치수와 부재치수

축조(軸組)를 구성하는 부재 치수를 지정하는 설계를 행하는 절차에서는, 주어진 설계하중에 대하여 골조에 지나친 변형이 생기지 않도록 충분한 강성을 보지(保持)하는 것, 및 설계하중을 지지할 수 있는 강도를 보유(保有)하는 것이 요구된다. 하나의 예로서 그림 3.17에 나타내는 캔틸레버보를 생각하자. 앞쪽의 끝의 하중P에 대한 처짐이나 휨모멘트 분포는 그림중에 나타나있다. 이 캔틸레버보의 설계에서는, 처짐이 제한값이하가 되도록, 또 최대 휨모멘트 Pl에 대하여 파괴 되지 않토록 사용부재를 지정할 필요가 있다.

그림 3.17 로부터 분명한 것과 같이 캔틸레버보에 생기는 변형이나 응력은 그 길이인 구조치수 l에 직접 영향을 받는다. 이 사실은 그림 3.14, 3.15에 나타내는 골조에 있어서도 같다. 일반적으로 부재의 길이가 길게되면 변형과 응력이 크게 되기 때문에, 강성이나 강도에 관한 설계조건을 만족하기 위해서는 큰부재단면이 필요하게 된다. 큰 보에는 폭이 좁은 H형강이 많이 사용되나, 이 춤의 치수는 그림 3.14와 같은 축조구조(軸組構造)에서는 스팬(기둥사이의 길이)의 1/30 전후, 그림 3.15의 빌딩 철골에서는 스팬의 1/20 전후이다. 또 각형강관(角形鋼管) 혹은 폭이 넓은 H형강의 기둥이 사용되는 경우, 이 춤은 보의 춤과 같거나 또는 1/1.5정도가 된다. 단, 이들의 수치는 어디까지나 하나의 기준에 지나지 않는다.

휨으로 외하중(外荷重)에 저항하는 라-멘 구조는, 축 방향력으로 저항하는 트러스 구조에 비하여 강성이 작다. 또, 트러스에서는 부재응력(축방향력)이 부재 전 길이에 걸쳐서 일정한 것에 대하여, 라-멘 구조의 부재에서는 응력이 큰 것은 부재의 일부이다(그림 3.17참조). 따라서, 예를 들면 그림 3.17의 캔틸레버보를 그림 3.18의 트러스구조로 하면 양자의 앞끝의 처짐이 같은 경우의 강재중량은 트러스의 쪽이 1자릿수 작은 것으로 된다. 라-멘 구조에서는 스팬이 크게 되면 강성이 낮아지기 때문에 그림 3.15에서와 같은 축(軸)가새를 적절히 배치할 필요가 있다.

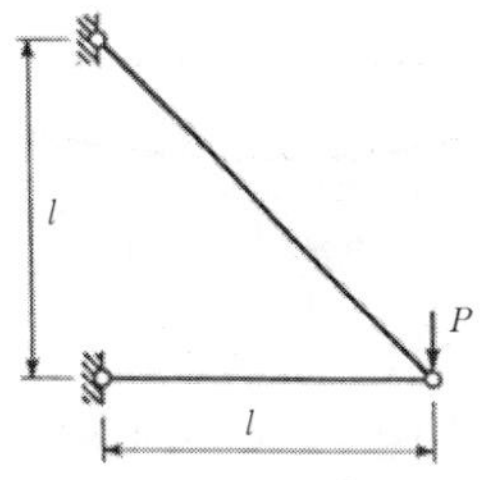

그림 3.18 트러스

5. 좌 굴

철골구조는 비교적 가늘고 긴 부재를 현장에서 접합하여 조립되며, 또 부재는 엷은 판으로 구성 되어있다. 따라서 철골구조의 설계에서는 접합부와 좌굴에 대한 배려가 불가결하게 된다. 가장 단순한 그림 3.19의 예에서 말하면 좌굴이란, 압축력을 받는 봉(棒)이 횡방향으로 휘어서 그이상의 압축력을 지지할 수 없게 되는 현상을 가리킨다.

이 사실은 철사를 손으로 잡아당겨도 끊기는 어려우나, 똑바른 철사를 누르면 간단히 누른 방향과 직각 방향으로 휘는 것을 상상하면 쉽게 이해될 것이다.

좌굴이 발생할 때의 압축력을 좌굴하중(오일러 하중)이라 하며, 오일러 하중 P_{cr}를 단면적 A로 나누어 응력도의 차원으로 나타내면 다음의 식과 같이 된다.

$$\sigma_{cr} = \frac{P_{cr}}{A} = \pi^2 \frac{E}{\lambda^2} \quad \text{(3.1)}$$

여기서 λ는 부재의 세장(細長)을 나타내는 지표이며, (3.2)식으로 정의되는 것을 세장비(細長比)라고 부른다.

$$\lambda = \frac{l}{i}, \quad i = \sqrt{\frac{I}{A}} \quad \text{(3.2)}$$

i는 단면 2차 반경이라 부르며, 단면의 크기를 나타내는 지표이다. 예를 들면 그림 3.20에 나타내는 같은 단면적의 두 종류의 원형 단면에서는, 분명히 왼쪽의 두께가 엷은 원관쪽이 단면 2차 반경이 크고 좌굴되기 어렵다. (3.1), (3.2)식에서 알 수 있듯이 부재가 크고 짧아지면 세장비 λ가 작아져 좌굴하중이 크게 된다.

(3.1)식은 부재에 발생하는 응력도가 그림 3.12의 A점보다 작은 탄성역(彈性域)에 있을 경우에 적용된다. 부재가 크고 짧게 되면 재료가 소성역(塑性域)에 들어가 좌굴하게 된다. 이 현상을 소성좌굴이라고 하나, 좌굴하중은 탄성좌굴의 경우와 같이 세장비에 좌우된다.

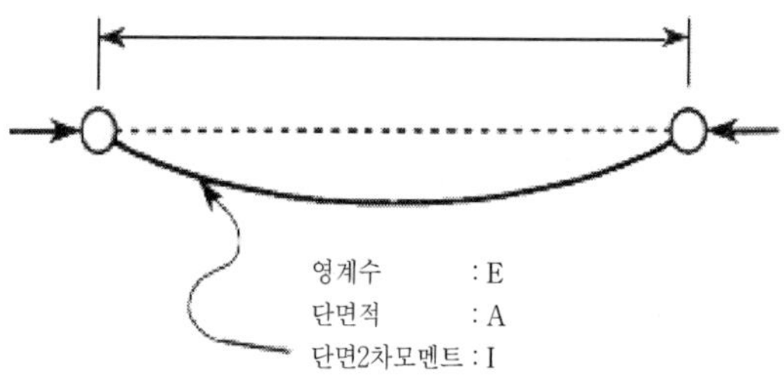

그림 3.19 압축재의 좌굴

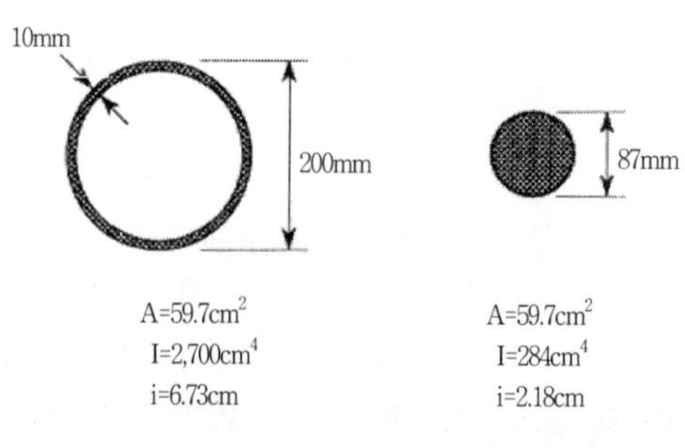

그림 3.20 단면적이 같은 경우의 단면 2차반경의 차이

휨을 받는 보에 있어서도 그림 3.19에 나타낸 압축재의 좌굴과 비슷한 현상이 생긴다. 그림 3.21은 중앙 집중하중을 받는 H형강보의 예이다. 이 경우 위쪽의 플랜지에는 압축응력이 작용하며, 이 압축응력이 어느 값에 달하면 그림에 나타낸 것과 같이 윗쪽의 플

랜지가 횡방향으로 배가 불러온다.

이것을 횡좌굴 혹은 가로로 넘어가는 좌굴이라고 한다.

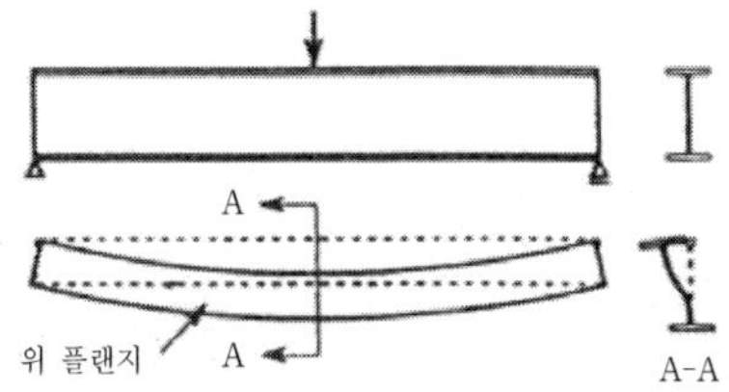

그림 3.21 보의 횡좌굴

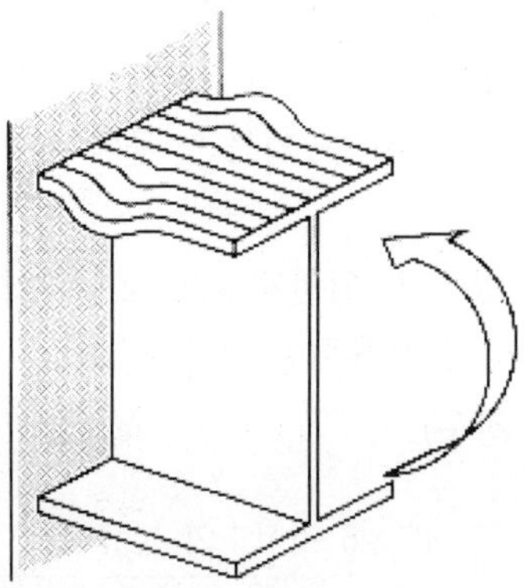

그림 3.22 H형강 압축측플렌지의 좌굴

그림 3.21에서는 윗플랜지의 압축응력이 길이방향으로 변화하며, 또 웨브가 위(上)플랜지의 횡방향 이동을 구속한다. 따라서, 축방향력이부재 전 길이에 걸쳐서 일정한 그림 3.19의 경우와 모양은 다르지만, 원리는 같다.

좌굴을 막기 위해서는, 좌굴이 발생하는 방향의 단면 2차모멘트를 될 수 있는 대로 크게 하고, 다시 보강재를 적절히 배치할 필요가 있다. 앞에 설명한 것과 같이 그림 3.14, 3.15의 작은보는 그림 3.21에서와 같은 큰 보의 횡좌굴을 방지하는 역할도 다하고 있다. 또, 철골의 부재 단면이 얇은 판으로 구성되어 있는 것은 그림 3.20에서 설명한 것과 같이 단면 효율을 높이기 위해서이다. 단면적이 같으면 될 수 있는대로 판두께를 엷게하여 단면 중심으로부터 멀리 강재를 배치하면 단면2차모멘트가 크게 된다. 그리고 (3.1), (3.2)식으로부터 분명한 것처럼, 단면 2차 모멘트가 클수록 좌굴이 잘 일어나지 않으나 이것에도 한도가 있다. 판두께가 엷어지면 그림 3.19나 그림 3.21에 나타낸 좌굴이 일어나기전에 판요소(板要素)에 국부적(局部的)인 변형이 생기는 경우가 있다. 이것을 국부좌굴이라고 하며, 그림 3.22에 H형강플랜지의 국부좌굴의 예를 보여준다.

3.4 조적조

—보강콘크리트 블록조, 벽돌조, 석조—

조적조는 벽을 내력벽으로하여 연직하중 및 수평하중을 지지하는 구조 형식으로서, 철근에 의한 벽보강의 유무에 따라 표 3.6과 같이 분류된다. 이 구조는 지진력 등에 의한 수평하중에는 약하기 때문에 다른 구조에 비하면 구조 기준은 엄하다. 그리고 목조와 같이, 높이 13m(또는 처마높이 9m)를 넘는 건물에는 원칙적으로 사용할 수 없다(일본의 규정).

블록조에는 몇 개의 종류가 있으나, 일반적으로 보강콘크리트블록조가 많이 사용된다.

또, 벽돌조나 석조는 구조체로서 사용되는 경우는 적고, 옹벽·돌담장 등 외부 구조에 사용되는 경우가 많다(일본의 경우).

표 3.6 조적조의 분류

무근조적조	벽돌조	건축기준법시공령 제 4절 제 51조에 규정
	석조	
	콘크리트 블록조	
보강조적조	보강콘크리트블록조	건축기준법시공령제4절의 2 제62조2에 규정
	거푸집콘크리트블록조	위의구조의 텅빈곳을 콘크리트로 채운 구조, 건설성주지발 제1033호
	세라믹블록조	건설성주지발 제63호에 규정하는 점토질조적단체(單體)를 사용한 보강조적조
	보강벽돌조	위의구조와 동등이상과 건설대신이 인정한 벽돌을 사용한 보강조적조
	RM조	Reinforced Masonry조의 약자. 건설성건축연구소를 중심으로 개발된 보강조적조

(※위 표는 일본의 자료임)

1. 보강콘크리트 블록조

i) 콘크리트 블록

콘크리트 블록은, 모래·자갈·화산자갈 등 국산의 원료를 사용한 대량생산에 의하여 전후(戰後)보급된 부재이다. 특징은,

- 속이 비어있기 때문에 자중이 가볍다.
- 열전도율이 작기 때문에 방한(防寒)·방서(防暑)에 우수하다,

- 방음성(防音性), 내화성, 내부식성(耐腐食性)도 우수하다,
- 흡수성이 있으므로 누수(漏水)에는 주의가 필요하며, 철근콘크리트조나 목조 등 다른 구조와의 병용(倂用)도 쉬워서 광범위하게 이용되고 있다.

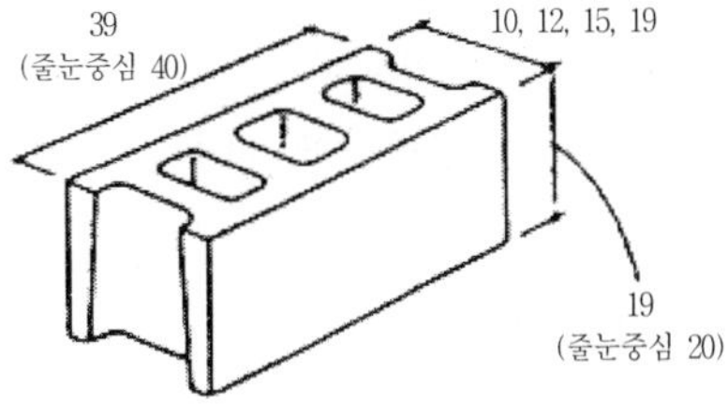

(a) 기본블록

그림 3.23 콘크리트블록의 형상과 치수

보강콘크리트 블록조에 사용되는 블록에는 그림 3.23과 같은 형상·치수가 정해져 있다. 다시 강도의 차이로 A종, B종, C종블록의 세 종류가, 수밀성(水密性)의 차이에 의하여 보통블록·방수블록의 두 종류가 있다.

ii) 보강콘크리트 블록조

이 구조에서는 콘크리트블록을 모르타르 등으로 접착하여 통줄눈 쌓기(그림 3.31)로하여, 각 블록의 사이에 철근을 세로·가로로 배근하여 보강한 블록쌓기의 벽체를 구성한다.

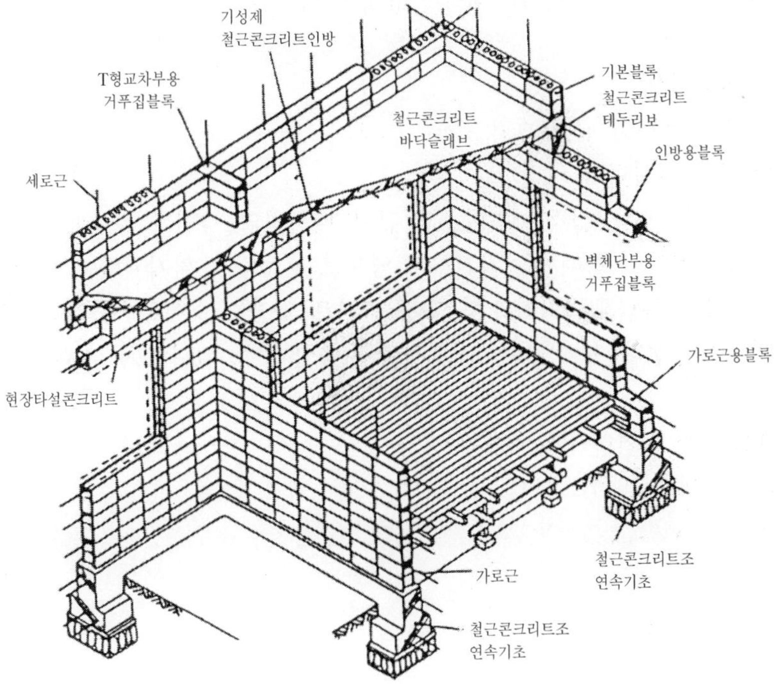

그림 3.24 보강콘크리트블록조

그리고 휨응력에 대하여는 철근이 전단응력에 대하여는 블록의 벽자체가 각각 저항한다. 그리고 이 벽을 내력벽으로하여 철근콘크리트의 기초, 벽상단(壁上端)의 철근콘크리트의 보(테두리보)를 일체로 고안하여 모든 하중을 부담시키는 구조와 라-멘 구조의 커어튼월로서 사용되는 구조가 고안 된다.

어떻든 보강콘크리트 블록조는 값이 저렴하고, 경량, 공기단축이란 특성이 있으며, 주택과 같이 소규모로 칸막이벽이 많은 건축물에 사용된다.

iii) 보강콘크리트 블록조의 구조계획

기본적으로 벽식구조이기 때문에 구조면(構造面)에서 평면계획이나 개구부(開口部)의 크기에 제한이 있다. 또 의장면(意匠面)으로 부터는 블록의 단위 치수로부터 결정하는 블록 나누기도 중요하다. 예를 들면, 입면은 블록 1단의 높이를 줄눈을 포함하여 20cm로 생각하여 쌓는 수로 결정하고, 개구부는 출입구에서 10단정도, 팔걸이벽은 8단정도로 하여 각 단 모두 12~13단으로 끝낸다.

이 구조에서 가능한 층수나 높이는 블록의 종류에 따라 표 3.7과 같이 규정되어 있다.

각 층에 있어서 내력벽의 필요한 길이는, 벽량(壁量;벽길이를 연바닥면적으로 나눈 값)으로 규정되어 있으며, 보 사이방향・도리방향 모두(3.3)식을 만족하지 않으면 안된다. 그리고, 개구부가 한쪽에 치우치지 않게하고 또 벽의 중심선으로 에워쌓인 부분의 면적이 $60m^2$ 이하가 되도록 구조계획을 한다.

각 층의 내력벽의 두께는, 다음의 3개의 규정에 따른다.

① 최저, 15cm 이상

② 평면 구조로 부터의 규정(그림 3.25)
t(두께)≥L(지점사이의 거리)/50

③ 단면구조로부터의 규정 : 그림 3.26과 같이 내력벽의 꼭대기 부분에는 연직하중을 균등히 전달하기 위하여 또, 지진시의 옆으로 흔들림을 막기위하여 테두리보를 설치한다(그림 3.27). 내력벽이 L형, T형로 서로 맞잡는 곳에는 원칙으로 현장 타설 콘크리트로 굳힌다. 또, 블록형 거푸집을 사용할 수도 있다(그림 3.28).

L(벽길이)/S(그층의 연바닥면적)≥ α ………………………………………… (3.3)
(α는, 표 3.8내의 해당하는 수치)

표 3.7 블록의 종류별에서본 건축물의 층수나 높이

블록의 종류 / 강도·층수	A종 블록	B종 블록	C종 블록
전단면압축강도 [kg/cm^2] [N/cm^2]	40(392)이상	60(588)이상	80(785)이상
층 수	2이하	3이하	3이하
추 녀 높 이 [m]	7이하	11이하	11이하

JSC A 5406 및 일본건축학회편『보강콘크리트블록조설계기준』에 의함

표 3.8 벽량의 최소치(단위 cm/m^3)

블록조의 종별	×표를 붙인층의 최소한 벽량		
	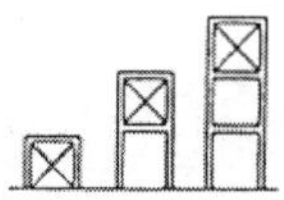	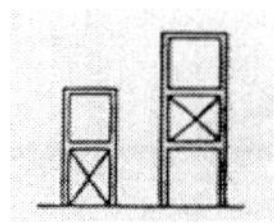	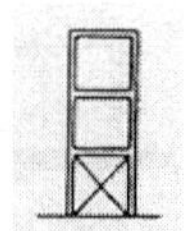
A종블록조	15	21	—
B종블록조	15	18	27
C종블록조	15	18	21

주) 넓은 벽의 가운데 있는 환기구정도의 개구부를 갖이는 내력벽은 거실입구의 내력벽으로서 벽량을 계산할 수 있다.

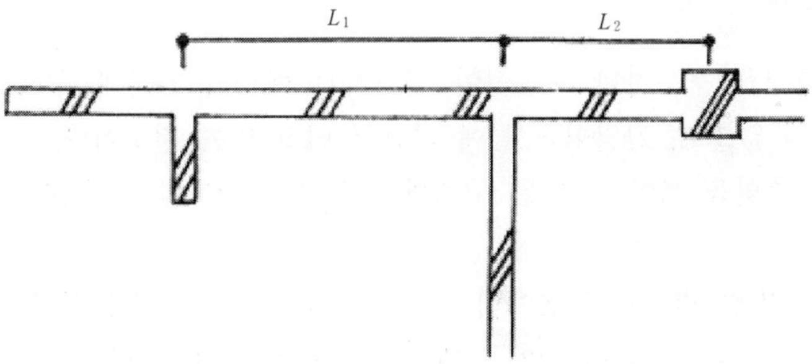

그림 3.25 지점간 거리

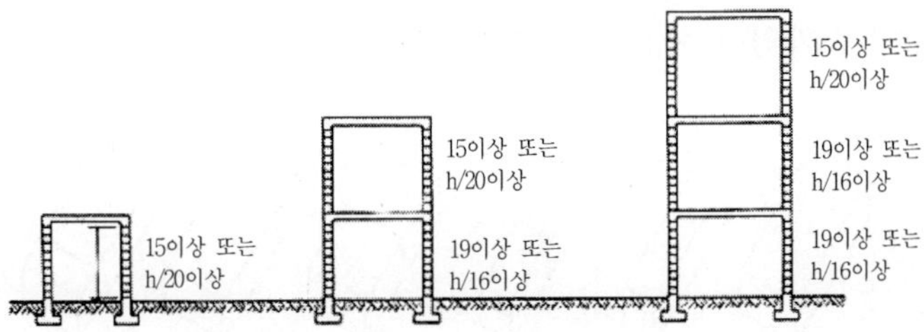

h : 블록쌓기부분의 높이

그림 3.26 높이로부터 규정된 내력벽의 두께

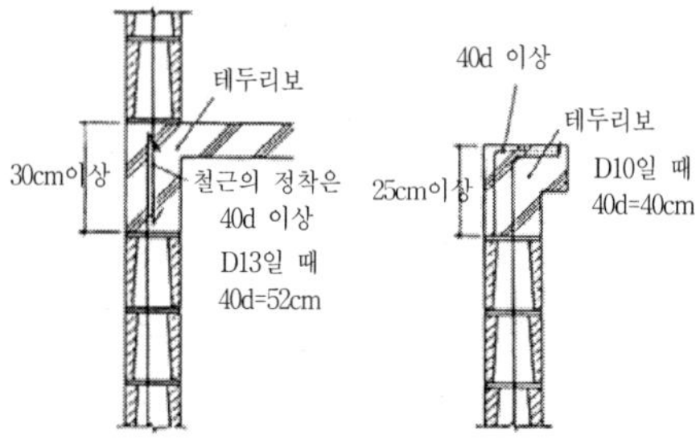

(a) 2, 3층건물 테두리보 (b) 단층건물 테두리보

그림 3.27 테두리보의 단면

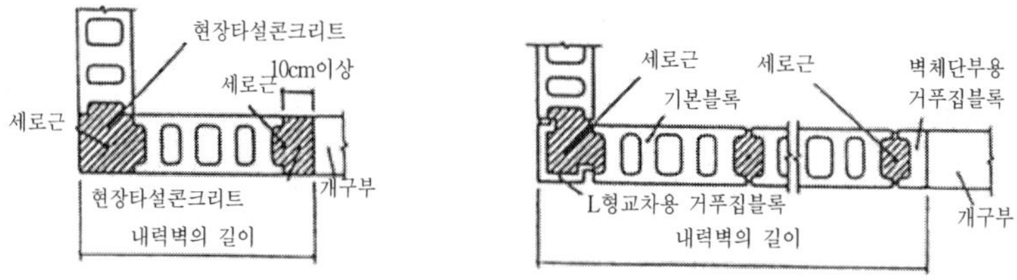

(a) 현장타설콘크리트 (b) 거푸집블록사용

그림 3.28 내력벽의 모퉁이 부분

2. 벽돌조

벽돌조는 내화성은 우수하나 내진성이 떨어지기 때문에 건물의 주요 구조로 사용되는 경우는 그다지 없으며, 칸막이벽 등에 약간 쓰이고 있는 정도이다.

현행의 건축기준법을 보아도, 다른 구조에 비하여 조적조의 규정(51~62조)은 엄격하다(일본의 경우).

벽돌은 햇빛에 말린 벽돌과 고온에서 구워서 만든 벽돌로 대강 분류된다. 또, 보통벽돌 이외에 체리하드(cherry-hard) 벽돌, 내화벽돌 등이 있다. 일반적으로는, 손작업의 효율 때문에도 크기 21×10×6cm의 보통벽돌이 사용된다.

이 길이 21cm에 상당하는 두께를 한장이라 부른다. 조적의 단계에서, 반절 반토막 등의 크기로 나누어 쪼개어서 사용된다(그림 3.29).

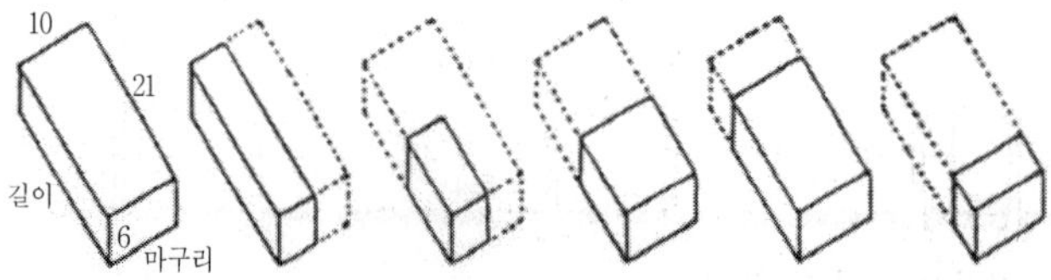

보통벽돌 반절 반반장 반토막 칠오 이오

그림 3.29 벽돌의 크기와 명칭

벽돌의 6×10cm의 면을 마구리, 6×21cm의 면을 길이면이라 부르며, 마구리면을 보이는 마구리쌓기, 길이 면을 보이는 길이 쌓기, 각단마다에 길이면과 마구리면을 교대로 나타내는 영식쌓기, 같은 단에 길이와 마구리를 교대로 쌓는 프랑스쌓기가 있으며, 디자인의 목표에 맞추어 적당한 것을 선택한다.

또한 마구리쌓기는 경제적인 이유에서, 영식 쌓기와 함께 많이 사용되는 쌓기방법이다(그림 3.30).

접합에는 모르타르를 사용하고, 줄눈은 7mm 정도로 막힌 줄눈으로 한다.

막힌줄눈으로 하는 것은 벽체의 줄눈가운데에서도 통줄눈이 구조적으로 약하며, 일직선(一直線)으로 갈라지는 것을 막기위해서이다(그림 3.31).

벽두께는 기준법(55조)에서 허용하는 구조강도의 최소두께를 한도로하는 정도가 타당하다(그림 3.32).

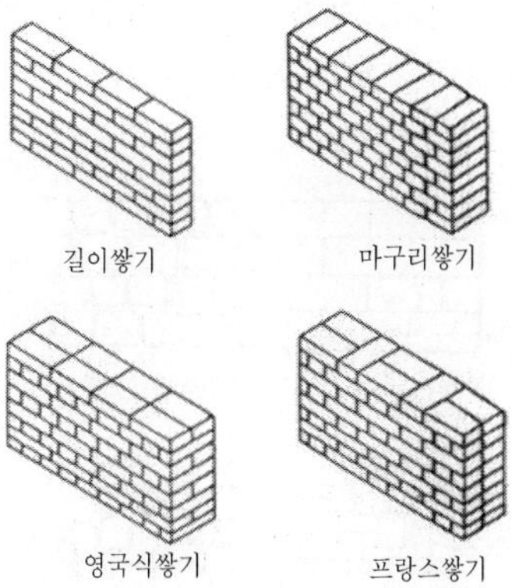

그림 3.30 벽돌조의 쌓는 방법

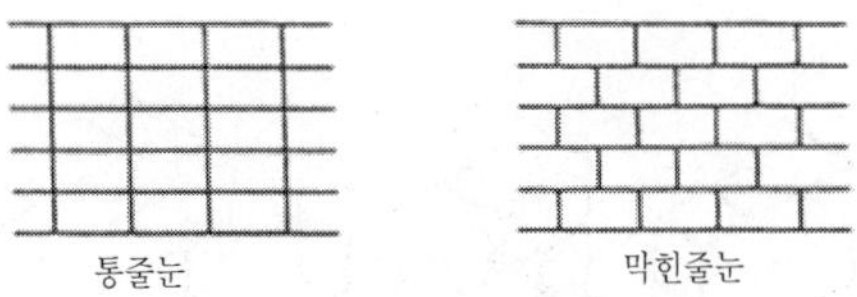

그림 3.31 줄눈

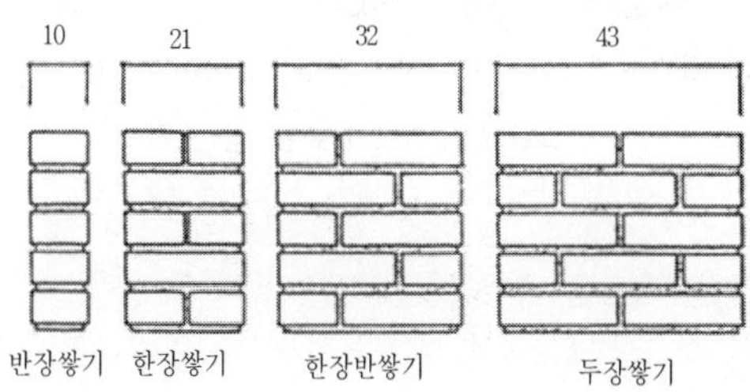

그림 3.32 벽 두께

3. 석 조

석재로서는 석회암 이외에도 사암, 현무암, 대리석, 화강암, 응회암 등이 있으며, 강도나 외관, 내구성 등의 요인(要因)에 따라 선택된다.

석조는 벽돌조와 같이 내진성이 부족하기 때문에 철근콘크리트조의 벽면 붙이기에 사용되는 정도이다. 구조체로서 사용하는 경우 기본적으로는 벽돌조와 같다고 생각하면 되나, 중량이 큰것이나 흡수율이 적은 것 등에 주의한다.

석재는 막힌 줄눈으로 쌓아 올린다. 돌과 돌은 모르타르로 이으며 1cm정도의 줄눈을 취한다. 석재를 불규칙하게 쌓는 막쌓기는 디자인적으로 뛰어나지만, 문이나 울타리 등 가볍고 작은 것에만 사용한다. 또 거친 돌쌓기는 다듬돌 쌓기에 비하여 지진력 등에 약하므로 주요한 벽체에는 사용하지 않는다. 석재의 끝손질에는 거친면, 혹따기와 같은 거친(조잡한)끝손질로부터 거울과 같은 물갈기 까지, 끝손질의 종류가 많으며, 그것에 따라서 외면적인 느낌이 전혀 달라진다. 예를 들면, 거친돌 쌓기가 소박하여 맛이 깊은 것에 대하여 다듬돌 쌓기에는 세련된 스마트함이 있다(그림 3.34).

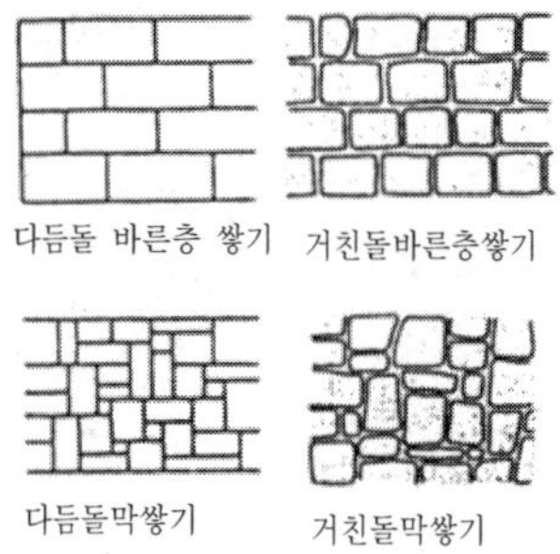

그림 3.33 석조의 쌓는 방법

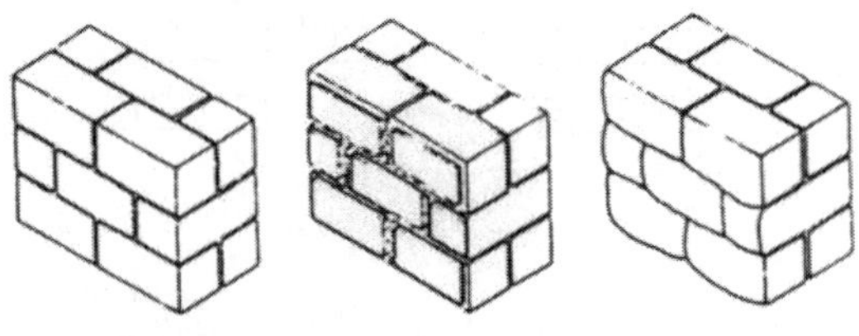

그림 3.34 석조의 표면마감

3.5 ······························통계로부터 본 구조와 치수

지금까지 구조기술의 진보에 동반하는 큰 가구(架構)나 초고층이란 갖가지 건축공간이 실현되어 있으며, 현재에는 높이 800m란 초초고층 건축도 기술적으로는 가능한 단계까지 이르렀다. 그러나, 건축은 경제 행위란 측면을 갖고 있으며, 이러한 건축은 전체로부터 보면 조금은 수(數)에 불과하다.

1 : 시아-즈타워
2 : 월드트레드센터
3 : 가수미가간빌딩
4 : 산샤인60
5 : 뻬레리빌딩
6 : 고가와 현청사
7 : 고단8층벽식아파트
8 : 제퍼슨 기념관
9 : 트리노전시장
10 : 유네스코회의장
11 : SIA격납고
12 : 새이까이국제무역센터
13 : 미네아포리스연방은행
14 : 국립옥내종합경기장
15 : EXPO70후지구룹관
16 : 달라스공항터미널
17 : EXPO오사이광장큰지붕
18 : 오크란드체육관
19 : 본디악스타디움
20 : 로-마소 스포츠패리스
21 : 도다이지 대불전
22 : EXPO미국관
23 : 시드니오페라하우스
24 : 퐁피두센터
25 : 신지도메이까이교조전
26 : 크리스탈커티더를
27 : 신쥬크미쯔세이빌딩
28 : 도쿄도청제1청사
29 : 킹돔
30 : 프로스펙틀·밀 실내종합스타디움
31 : 요꼬하마랜드마크타워
32 : 도쿄돔

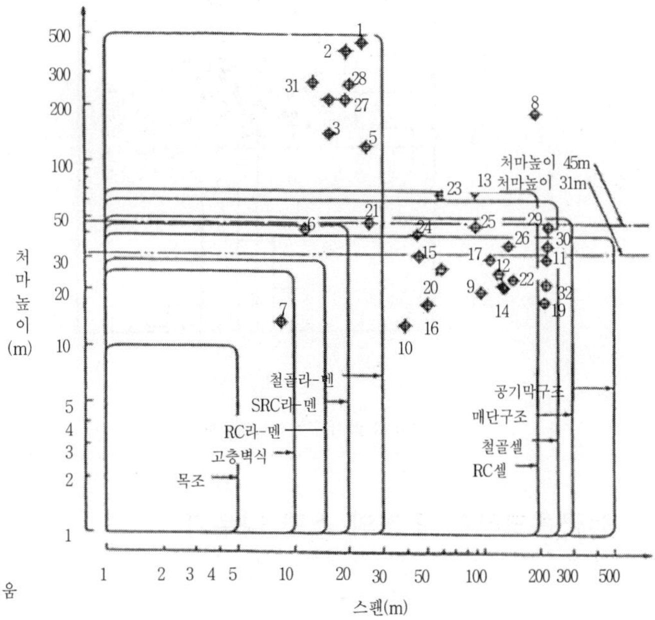

그림 3.35 구조형식과 규모

여기서는 일반적인 건물의 사례를 모아서 구조적인 테이터를 기초로 통계적으로 정리하므로서, 현실의 건물의 구조와 치수가 어떠한 대응관계에 있는가를 본다.

1. 구조형식과 규모

구조형식과 규모는 밀접한 관계가 있으며, 각 구조 형식으로 건축 가능한 규모는 한정되게 된다. 그림 3.35는 각 구조형식과 규모의 관계를 나타낸 것이다. 그러나 구조 규모는 기술적 진보 또 재료 강도나 부재 치수의 선정의 다름에 따라 변화하기 때문에, 각 구조형식에 관한 영역(領域)의 수치표시(數値表示)는 절대적인 것은 아니다.

그림 가운데의 번호는 세계의 대표적인 건물의 최대 스팬과 최고 처마높이를 보여주고 있으나, 모든 건물이 단일의 구조형식을 구성되어 있는 것은 아니므로 형식은 기록되어 있지않다.

각 구조형식은 경제성, 거주성, 안전성, 디자인의 자유도 등, 규모 이외의 지표(指標)에 관해서도 일장일단이 있다. 구조형식의 결정에 즈음해서는 계획하는 건물에 있어서 그들의 지표를 어떤 위치에 기입할 것인가 충분히 검토한 뒤에 가장 적합한 형식을 선택하는 것이 중요하다.

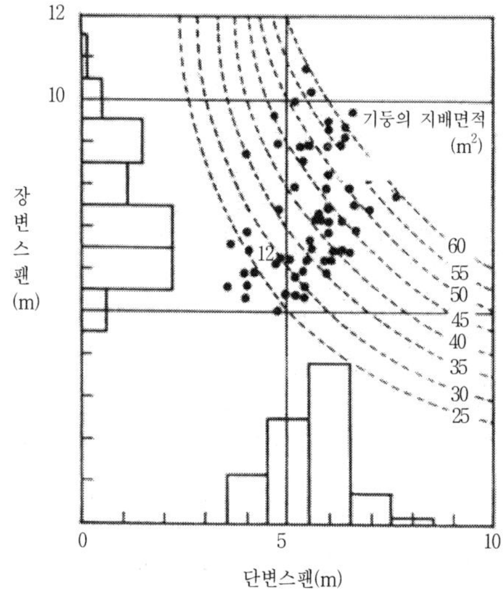

그림 3.36 철근콘크리트구조의 스팬나누기

2. 철근콘크리트 구조의 스팬 나누기

-라-멘 구조-

철근 콘크리트 구조는 라-멘구조·벽식구조·기타의 특수구조로 크게 나뉘어진다. 그 가운데에서도 라-멘구조는 가장 많이 사용되는 구조 형식이다.

그림 3.36은 라-멘 구조에 의한 설계의 기본이 되는 스팬나누기에 대하여, 일본 건축학회의 철근콘크리트 구조계산 규준이 개정된 1971년 이후에 설계된 건물 가운데, 일반적인 사무소 건축에서 또 적당량의 내진벽을 가지는 건축의 테이터를 통계적으로 정리한 것이다.

단변(短邊)스팬 6m, 장변(長邊)스팬 6~7m정도가 많다. 경제적인 스팬은 6~6.5m라고들 한다.

3. 철골구조의 스팬 나누기

그림 3.37은 주구조를 철골구조로한 사무소 건축으로, 1991년부터 1993년에 걸쳐서 준공된 건물의 사례를 모아서 스팬나누기에 관한 데이터를 통계적으로 정리한 것이다.

장변 스팬은 철근 콘크리트 구조의 테이터와 비교하면 길게 잡은 것이 많다. 장변 스팬이 길게 될수록 단변 스팬은 짧게 설정하는 경향이 보인다.

4. 층수와 보춤·기둥단면의 관계

－철근철골콘크리트 구조－

철근철골콘크리트구조는 철근콘크리트구조와 철골구조를 겹쳐 합한 것이며, 그 역학적 특성도 철근콘크리트구조의 단단함과 철골구조의 끈질김을 겸해 갖춘 것이다.

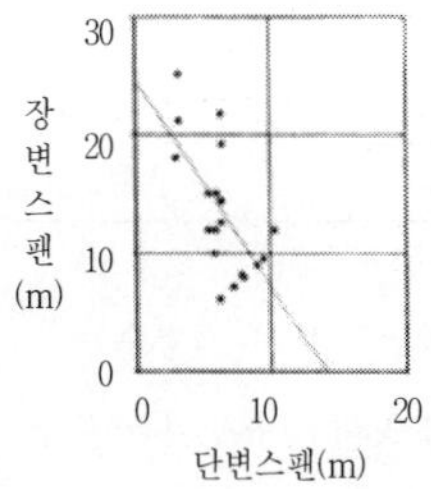

명　　칭	주된 스팬	층　　수
요코하마 렌드마크 타워	15.0m × 6.0m	70
아쁘로즈 타워	9.0m × 9.0m	34
P&G 일본본사	21.2m × 3.2m	31
동경MI빌딩	12.6m × 6.3m	27
NTT마꾸바리빌딩	14.4m × 6.4m	26
일본클럽타워	8.2m × 7.8m	22
후지다본사빌딩	25.2m × 3.2m	20
시포드스퀘어	14.4m × 6.3m	20
사사즈가NA빌딩	6.2m × 6.2m	18
매이지자(하마쪼센타빌딩)	21.8m × 6.3m	18
아사히신문동경본사신관	19.2m × 6.4m	17
오시제지본사빌딩	18.0m × 3.0m	15
겐쇼빌딩	12.0m × 10.4m	12
마루단본사빌딩	7.2m × 7.2m	10
가부기프로젝트	8.0m × 8.0m	10
바론벨	10.0m × 8.4m	8
고모구·교구쪼빌딩	12.0m × 5.9m	8
YKK R&D센터	9.5m × 9.5m	8
쯔요다오쨔노수이빌딩	12.0m × 6.4m	8
세기쇼쯔구바아넷크스	10.0m × 5.8m	5

그림 3.37 철근구조의 스팬나누기

일반적인 철근철골콘크리트구조의 사무소건축 6사례에 대하여, 맨 윗층으로부터 센 층수와 보춤 및 기둥의 단면의 관계를 정리한 것이 그림 3.38와 그림 3.39이다. 각사례의 스팬의 다름을 고려하여 각 그림의 세로축은 보춤 d_i를 장변스팬 l_i로, 또 스팬으로 에워싸인 면적S를 기둥의 단면적A로 각각 나눈값으로 하고 있다.

맨 위층으로 가까워짐에 따라 보춤·기둥단면이 함께 작아진다. 바로 지상층(地上層)에서는 보춤은 장변스팬의 1/10~1/7, 기둥단면은 스팬으로 에워싸인 면적의 1/60~1/50 정도에 모이고, 맨 윗층이 되면 보춤은 장변스팬의 1/13~1/10, 기둥단면은 스팬으로 에워싸인 면적의 1/140~1/100정도에 모이고 있다.

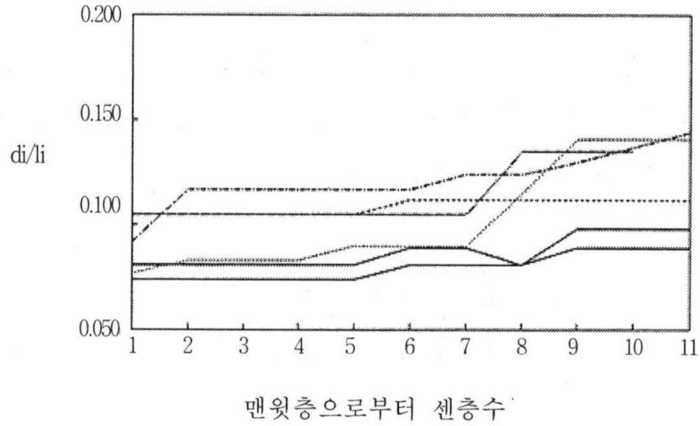

그림 3.38 층수와 보의 춤

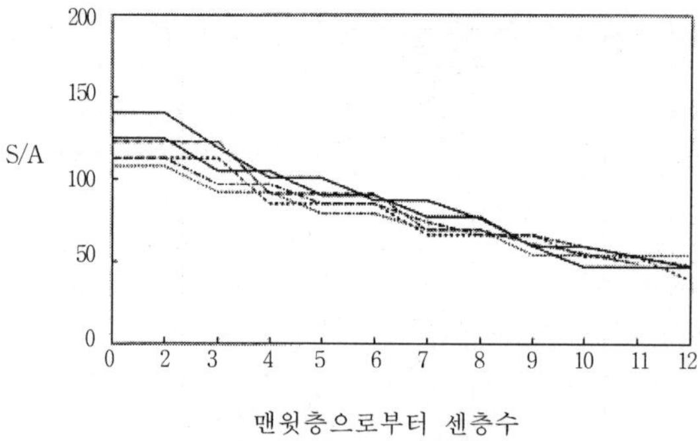

그림 3.39 층수와 기둥단면

4

형태로 나타내기 어려운 구조형식

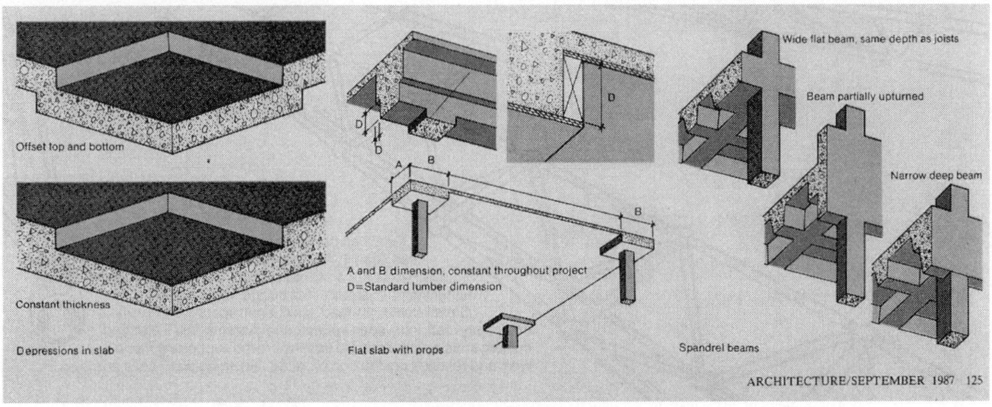

플랫 슬래브와 스팬드럴빔

4.1 ·································· 기초구조

1. 기초구조의 역할

건축공사는 기초공사로부터 시작되며, 공사가운데 가장 중요한 공정의 하나이나 공사가 진척됨에 따라서 기초구조가 보이지 않게 되므로, 건축의 기초의 중요함이 자주 잊어버리게 된다. 그러나, 건물이 부동침하를 일으키던가, 지진 등의 자연재해에 의하여 건물이 피해를 입었을 때는 기초의 중요성을 새삼스럽게 인식하게 된다.

기초란 기초슬래브와 말뚝의 총칭이다(그림 4.1). 기초슬래브는 상부구조의 응력을 직접 또는 말뚝을 매개로하여 지지지반에 전달하는 역할을 맡으며, 상부구조의 종류에 관계없이 철근콘크리트로 만들어진다.

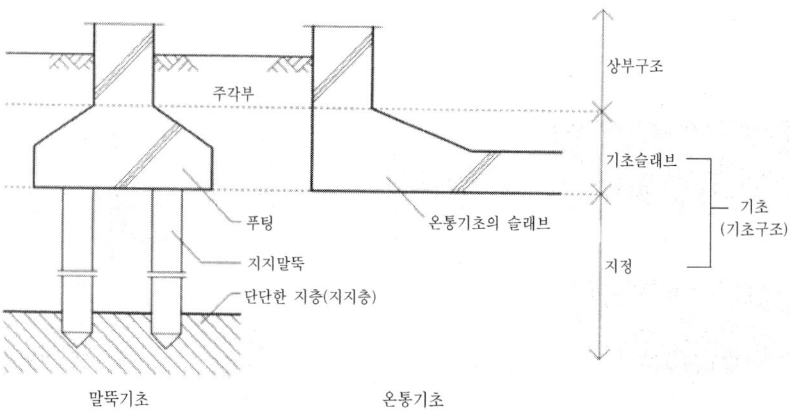

그림 4.1 기초의 명칭

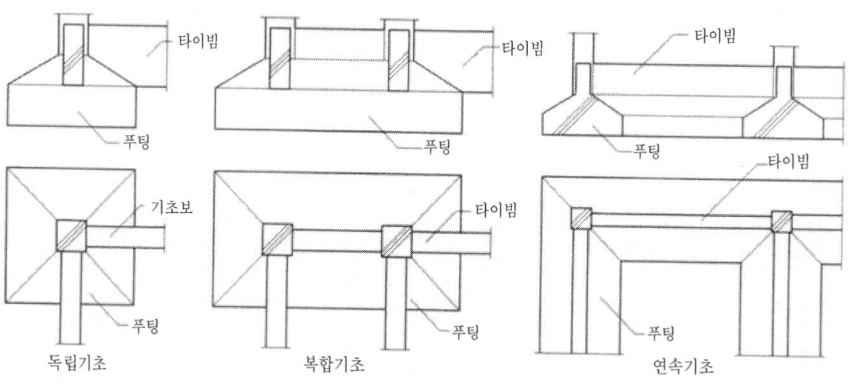

그림 4.2 푸팅기초

기초의 형식에는 기초슬래브를 지지층에 직접 싣는 직접기초와, 지지층까지 박아넣은 말뚝위에 슬래브를 놓는 말뚝기초가 있다. 어떤 기초를 선택하는가는 상부구조의 하중이나 지반의 지내력외에, 공사비, 공사기간, 지반의 교란(攪亂)방지의 필요성 등으로 결정한다.

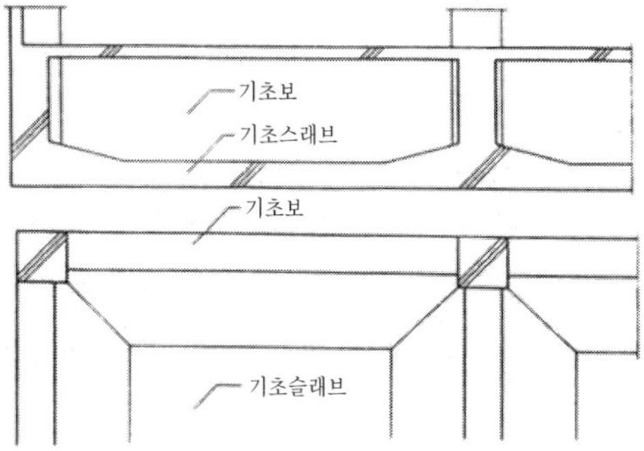

그림 4.3 온통기초

2. 직접기초

직접기초는 푸팅기초(footing foundation)와 베터(mat foundation : 온통)기초로 대별된다.

i) 푸팅기초

독립푸팅기초(한 본의 기둥의 하중을 하나의 기초슬래브로 지지한다), 복합푸팅기초(복수의 기둥의 하중을 하나의 기초슬래브로 지지한다), 연속푸팅기초(기초슬래브와 기초보가 일체화되어 있다)가 있다. 복합푸팅기초는 인접하는 기둥이 접근해 있을 때에 사용되며, 연속 푸팅기초는 건축물의 외주부(外周部)나 벽밑의 기초에 사용된다(단면은 역T자형).

ii) 온통기초

지반이 연약하던지 상부의 설계하중이 대단히 클 때 인접하는 기초슬래브의 저면이 서로 만나는 정도로 크게되는 경우가 있으며, 이와 같은 경우에는 온통기초가 채용된다. 그 이외, 지하구조물의 위에 기초슬래브를 직접싣는 경우나, 건축예정지에 출토(出土)한 지하유적을 매설보존(埋設保存)하지 않으면 안되는 경우에도 기초슬래브의 밑부분의 상처를 적게내는 온통기초가 채용된다.

3. 말뚝기초

직접기초로 상층부의 지반에서 필요한 지지력이 얻어지지않는 경우에는 기초슬래브의 저면내(底面內)에 말뚝을 박아 그것에 기초슬래브를 싣는 말뚝기초로 한다. 또한 말뚝은 선단(先端)을 지지지반에 도달할 때까지 박아 넣는 지지말뚝과 말뚝의 표면과 주변의 지층의 마찰로 지지하는 마찰말뚝으로 나누어진다.

4. 목구조의 기초

목조주택은 자중이나 고정하중이 작으므로 대부분의 경우 독립기초 또는 연속기초로 마무리된다(3.1항참조). 단, 지반이 특히 나쁠 때나 서고, 피아노 등의 무거운 물건이 있을 때는, 지반개량이나 온통기초에 의한 소요의 지지력을 확보하지 않으면 안된다.

4.2 ·········· 접합부

철골구조는 갖가지 단면형이나 치수의 부재를 현장에서 접합하여 조립된다. 한편, 철근콘크리트구조에서는 거푸집에 콘크리트를 타설하여 구조체가 짜올려지며, 철근의 접합을 제외하면 접합이란 개념이 희박하다. 여기서는 주로 철골구조를 대상으로하여 접합부의 구성예를 몇개 소개해둔다.

1. 강재와 강재의 접합

강재와 강재의 접합에는 용접 또는 고력(高力)볼트가 사용된다. 용접에도 갖가지 종류・방법이 있으나, 철골구조의 용접에 가장 많이 사용되고 있는 것은 아크용접이다.

이것은 그림 4.4에서 볼 수 있듯이, 피접합재(모재)의 사이에 전기로서 아크를 발생시켜, 그 열에 의하여 모재(母材)의 일부와 용접봉의 금속을 용융(溶融)하여 접합하는 방법이다.

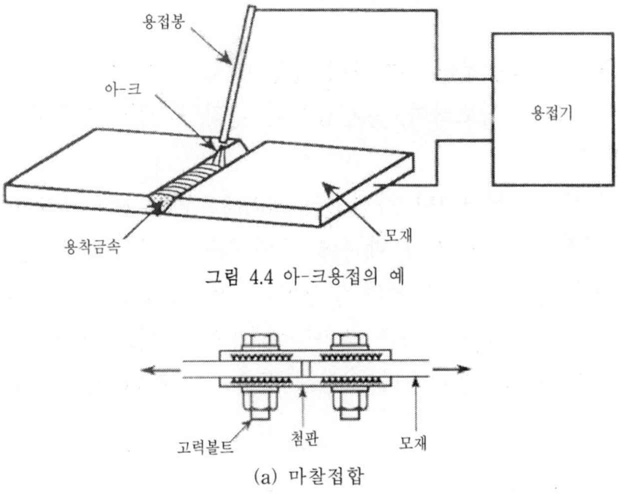

그림 4.4 아-크용접의 예

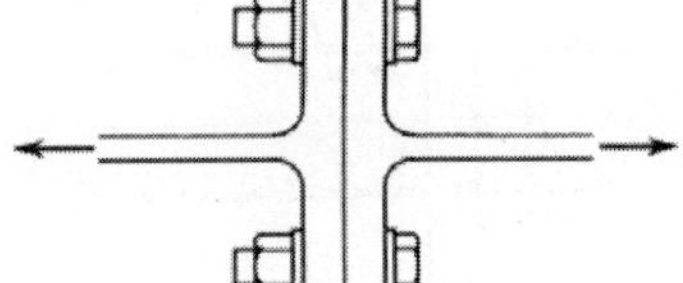

(a) 마찰접합

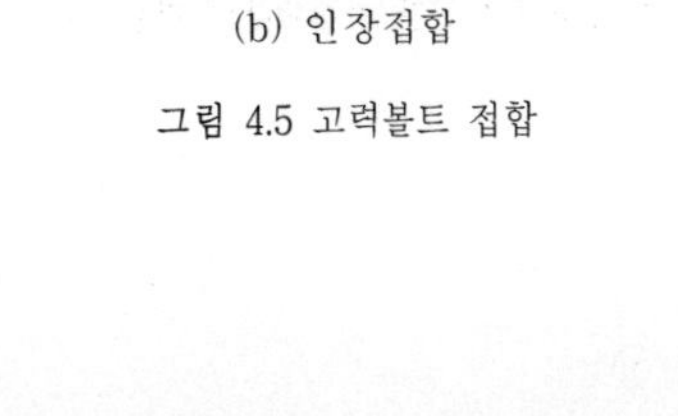

(b) 인장접합

그림 4.5 고력볼트 접합

고력볼트에는 10t/cm^2 정도의 강도의 강재가 많이 사용되고 있으며, 기둥이나 보 등에 사용되는 강재에 비하여 약 2배의 강도이다. 고력볼트 접합에는 그림 4.5에 나타내는 마찰접합과 인장접합의 두 종류의 형식이 있다. 고력볼트에는 단단히 죄는 공구(tool)를 사용하여 소정의 축력(軸力)이 도입되어, 피접합재(그림 4.5(a)의 모재와 첨판)의 사이에는 큰 재간압축력(材間壓縮力)이 작용하고 있다. 마찰접합은 이 재간압축력을 이용하여 재간에 생기는 마찰에 의하여 고력볼트의 축(軸)과 직교방향의 힘을 전달하는 접합형식이다. 마찰접합에서는 소정의 마찰계수(미끄럼계수)를 확보하기위한 마찰면의 처리가 중요하다. 한편, 그림 4.5(b)의 인장접합에서는 고력볼트의 축방향의 힘이 전달된다.

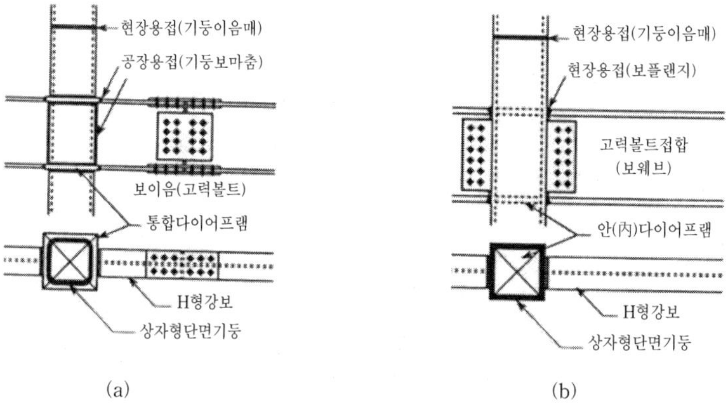

그림 4.6 라-멘구조의 접합부 예

용접접합과 고력볼트 접합에는 저마다에 특징이 있다. 용접접합에서는 치명적인 결함이 발생하지 않게 관리가 필요하며, 용접금속이 냉각할 때의 수축에 의한 변형에 대한 배려도 필요하다.

고력볼트 접합에서는 마찰면이나 축력도입(軸力導入)에 관한 관리가 요구된다. 또, 부재에 볼트구멍을 뚫을 필요가 있기 때문에 단면결손이 생긴다. 역(逆)으로 단면결손을 생각하지 않아도 되는 것이 용접접합의 장점이다. 철골구조를 고력볼트 혹은 용접의 어느 쪽인가 한 쪽만으로 조립하는 것은 불가능에 가깝다. 어느 부분에 어느 쪽을 채용할 것인가는 접합부에 작용하는 응력이나 시공성 등을 고려하여 결정된다.

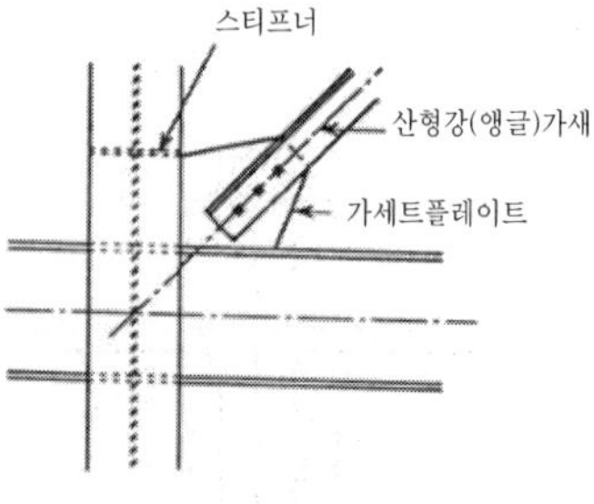

그림 4.7 산형강 가새단부의 접합 예

기둥이 상자모양단면인 경우의 라-멘구조의 기둥·보의 접합 예를 그림 4.6에 나타낸다. 같은 종류의 부재접합부를 이음매라 하며, 예를 들면 보 이음매나 기둥 이음매 등으로 부른다. 또, 기둥과 보의 접합부는 기둥·보 맞춤이라고 한다. 그림 4.6(a)는 현장에서 H형강보를 고력볼트 마찰접합하는 경우이다.

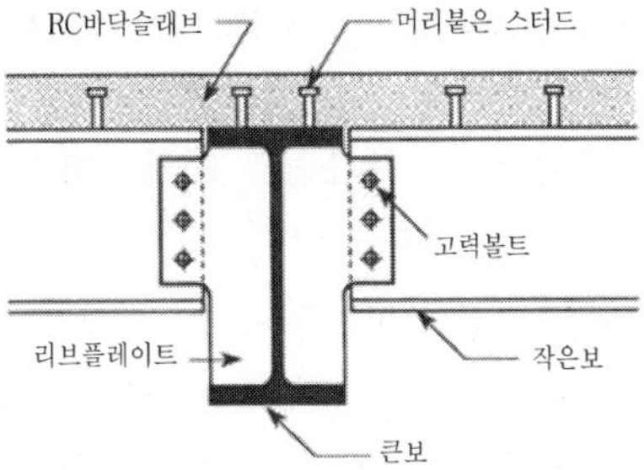

그림 4.8 작은 보 단부 및 바닥슬래브와 보의 접합

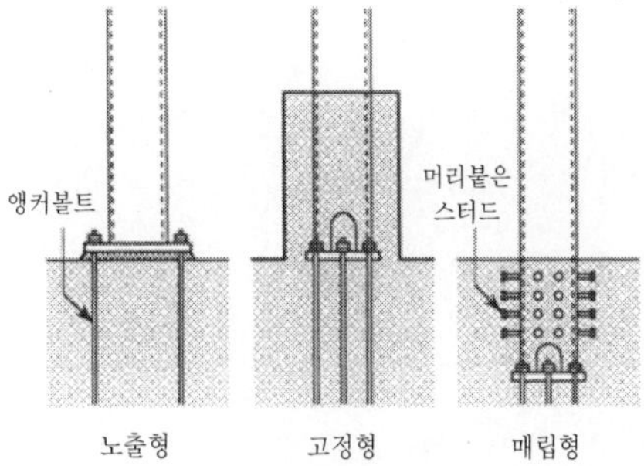

그림 4.9 주 각

고층건물에서 보 플랜지의 두께가 상당히 두껍게 되어 보 이음의 고력볼트 본수가 너무 많아지는 경우에는, 그림 4.6(b)에서 볼 수 있는 것과 같은 접합형식이 채용된다.

철골부재는 단면치수에 비하면 엷은 판재로 구성된다. 판요소(板要素)는 면외방향(面外方向)의 힘에 약하여 적절한 스티프너(stiffner)(보강재)의 배치가 필요하게 된다. 그림 4.6의 예에서는, 보 플랜지의 응력을기둥에 원활히 전달하기 위하여, 통합(처음부터 끝까지 이어짐) 다이어프램(diaphragm)이나 안(內)다이어프램과 같은 스티프너가 배치된다.

그림 4.7은 산형강(山形鋼 : angle) 가새 끝부분의 접합 예이다. 가새에 작용하는 힘이 크게되면 H형강이 사용되는 경우가 있다. 이 때의 끝부분 접합은 그림 4.6(a)의 보이음매와 같은 고력볼트 마찰접합형식이 일반적이다.

작은 보는 보통 단순보로 설계되며, 큰 보와의 접합부에서는 전단력의 전달만이 요구된다. 이 경우 그림 4.8에 나타낸것과 같이 웨브만을 고력볼트 마찰접합으로 한다.

2. 강(鋼)과 콘크리트의 접합

철골구조에 있어서도 기초나 바닥슬래브는 철근콘크리트조이다. 바닥슬래브는 그림 4.8에서와 같이 보플랜지 위에 용접된 머리붙은 스터드에 의하여 철골보와 결합된다.

철골기둥과 철근콘크리트 기초의 접합부인 주각(柱脚)의 대표적인 형식을 그림 4.9에 나타낸다. 철골기둥의 주각에는 휨모멘트, 전단력, 축방향력이 작용한다. 이들의 응력을 기초에 원활히 전달하기 위하여 응력의 크기에 따라 적의(適宜) 주각의 형식이 선택된다. 건물에 지하층이 있을 경우에는, 철골기둥은 지하층까지 묻어 넣어서 철골철근콘크리트 기둥이 된다.

여기에 나타낸 접합부는 기본의 한 예에 지나지 않는다. 한층 더 상세한 것에 대해서는 강구조의 전문서를 참조하도록 한다. 어느 것이든 철골구조의 접합부는 현장작업을 동반하며, 약점이 되기쉬운 부분이다. 철골구조의 설계에서는 단지 계산된 응력에 대하여 부재단면을 결정하지 않고, 접합부의 가공성(加工性)이나 시공성을 배려하면서 설계작업을 진행하는 것이 중요하다.

4.3 ············ 면진구조(免震構造)

일본과 같은 지진국(地震國)은 대부분의 건물들이 튼튼하지만 서로 비슷하여 좀처럼 경쾌한 이미지를 주는 설계가 어렵다는 핸디캡이 있다. 다시말하면 내진성능의 요구로부터, 자유로운 형태를 선택하는 여지가 작다. 그러나, 최근에는 이 핸디캡을 극복하는 하나의 광명(光明)이 보이기 시작했다. 면진구조라고 불리우는 구조형식이다.

중고층(中高層)건물의 자유진동의 1차주기(周期)는 대략 0.2초로부터 0.7초 정도로서, 지진의 탁월(卓越)하는 주기와 공진(共振)하지 않는 영역에 있다. 그래서, 중고층의 건물의 1층바닥과 기초와의 사이에 패킹(packing)과 같은 재료를 끼워넣어(정식으로는 아이스레이터 : isolator, 혹은 면진지지) 건물의 1차고유주기(固有周期)를 길게하여(2~3초) 지진의 탁월하는 주기로부터 떼어놓으므로서 지진과 공진하는 것을 피하는데 목적을 두고 있다.

지진을 받았을 때에는 건물은 흔들리나, 그림 4.10과 같이 그것은 덜커덩 덜커덩 지면과 함께하여 심하게 흔들리지 않고, 1층바닥으로부터 윗부분은 서서히 강체적(剛體的)으로 흔들린다.

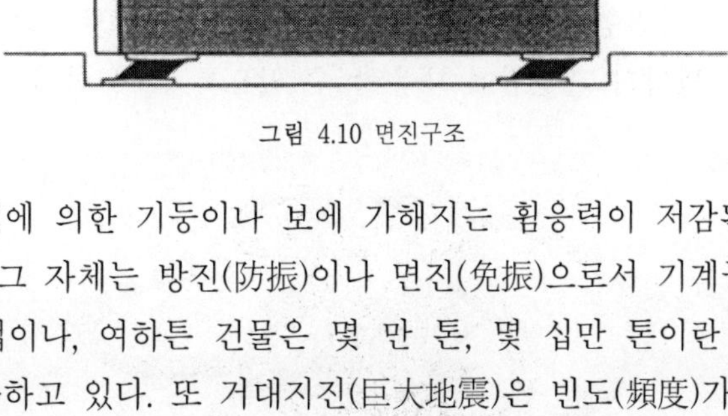

그림 4.10 면진구조

그 때문에 수평력에 의한 기둥이나 보에 가해지는 휨응력이 저감된다는 간단한 원리가 응용된다. 원리 그 자체는 방진(防振)이나 면진(免振)으로서 기계공학 등에서 옛날부터 알려져있는 방법이나, 여하튼 건물은 몇 만 톤, 몇 십만 톤이란 무게이며, 그 안에 대부분 인간이 거주하고 있다. 또 거대지진(巨大地震)은 빈도(頻度)가 적고, 주파수(周波數)의 스펙트르(spectre)도 제각각이다. 그것이야말로 일발승부(一發勝負)에 가까운 도박과 같은 것이다. 따라서, 기계장치의 방진등과는 자연히 다른 딴 검토과제(檢討課題)가 생기며, 그 해결을 위해 많은 구조기술자의 심혈이 기우려져왔다.

1. 적층(積層) 고무형 면진지지

면진지지로서 가장 많이 사용되는 형태는 적층고무형이다. 수(數)mm 두께의 철판과 고무시트를 각각 30장정도 교대로 겹쳐진 것으로, 직경이 50cm로부터 1m정도, 높이가 50cm정도의 드럼모양을 하고 있다. 철판과 고무는 접착되어 있으며, 고무층이 수평방향의 전단변형을 담당하고 철판이 완수해야할 역할은 고무가 압축에 의하여 바깥쪽으로 불룩해지는 것을 구속하여, 아래위방향으로 강성을 어느 정도 보지(保持)하는데 있다.

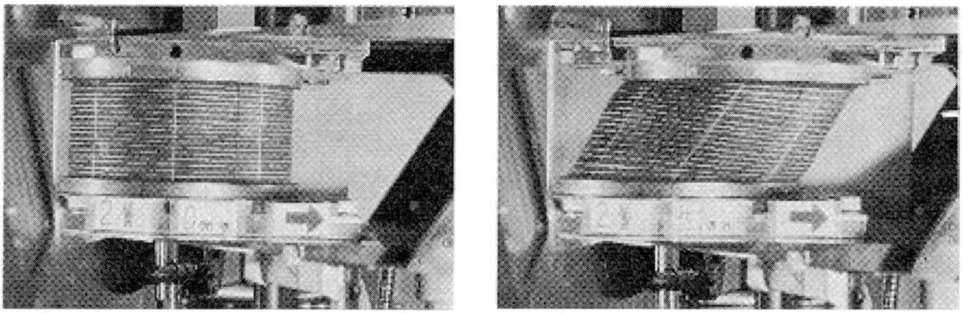

(a) 수평 재하전　　(b) 수평 재하후

그림 4.11 적층 고무형 면진지지의 재하실험

2. 감쇠장치(減衰裝置)

구조상으론 문제가 없을 것같은 서서히 흔들림이라도, 안에 거주하는 사람에 있어서는 지진이 지나간 뒤 언제까지나 흔들리고 있다고 하면 기분이 나쁘다.

또, 건물의 설비기계 등에도 나쁜영향을 미친다. 그래서 면진지지에는 감쇠장치가 아울러서 쓰인다. 감쇠장치에는, 철의 소성변형에 의한 에너지흡수를 이용한 것, 높은 감쇠고무를 면진지지의 코어(core)부분에 넣은 것, 보통의 오일덤퍼(oil dumper)를 아울러 쓰는 것, 등 많은 형식이 고안되어있다.

그림 4.12는 철의 소성변형에 의한 에너지 흡수로 감쇠를 얻는 양파모양의 강성(鋼性) 덤퍼이며, 수평의 두 방향의 흔들림에 대응할 수 있도록 되어 있다.

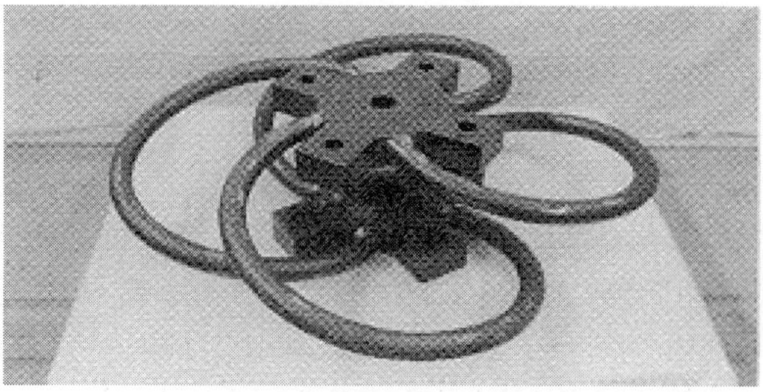

그림 4.12 강성의 소성변형이용의 덤퍼

그림 4.13 면진구조에 의한 맨션

그림 4.14 면진지지의 해석 예

면진구조에 의한 맨션(mansion)의 예를 그림 4.13에서 보여준다. 외관으로부터는 보이지 않으나 이 맨션의 맨 아래층의 바닥보의 밑에는 면진지지나 덤퍼가 끼워넣어져 있다.

현재의 건축법규에서는, 100년에 한 번정도의 지진에 대하여 건물의 다소의 파괴는 허용되어 있다. 기둥이 무너지던지 압축파괴되어 건물안의 사람이 죽기까지하지 않으면, 건물이 균열 투성이가 되어도 괜찮다고 되어 있다. 따라서, 건물의 소유주는 100년에 한 번정도의 지진이라면 재산가치가 거의 없어지는 것을 각오하지 않으면 안된다.

그러나, 면진구조에서는 100년에 한 번의 지진을 받더라도, 맨아랫층의 바닥보의 밑의 소성화(塑性化)된 덤퍼를 교환하는 것만으로 주거공간은 거의 손상을 받지않을 가능성이 있다. 그와 같은 의미에서 면진구조는 인명의 보호와 동시에, 자산가치의 보호도 동시에 그 목적으로서 포함하고 있다. 당초는 면진구조에서도 상부구조의 지진수평력의 경감은 이루어지지 않았다. 그때문에 코스트가 비싸지고 좀처럼 보급되지 않았으나, 최근에는 건물을 면진구조로 했을 경우 상부구조의 설계용 지진하중이 저감되도록 면진구조 본래의 목적이 이루어지기 시작하고 있다.

3. 면진구조에 남겨져있는 과제

건물의 로킹(locking) 등에 대한 대응이나, 고무의 경년변화(経年變化)에 의한 열화(劣化)나, 게다가 화재시에 있어서의 대응 등, 생각해서 판정하여 얻은 여러 가지의 경우에 대하여 검토되어 있다. 또, 면진구조는 소규모의 지진에 대하여 유효하다는 것도 관측결과로부터 실증되기 시작하고 있다. 그러나, 아직도 거대(巨大)지진의 세례를 받고 있지 않는 것이 다소 마음에 걸리는 곳이다.

또, 면진지지는 전체구조의 사명(死命)을 짊어지고 있음에도 불구하고 그 역학적거동에 대해서는 실험으로서만 검토되고, 해석면으로 부터의 검토는 늦어지고 있다. 그 이유는 고무라는 것에 익숙하지 않아서 취급하기 어려운 재료를 사용하고 있는 것, 전단변형이 400%까지 달한다는 큰 변형 문제를 포함하고 있는 것, 3차원적 해석이 되므로서 컴퓨터의 계산시간이 팽대(膨大)해지는것 등에 기인하고 있다. 따라서, 큰 변형시에 있어서 면진지지의 내부의 상태가 아직 정확히 파악되어 있지 않다. 그림 4.14는 일본학자들이 실행한 해석의 예로서, 아이스레이터(isolator)의 변형에너지 분포를 중앙단면에서 조사한 것이다. 이들의 결과를 참고로하여 최적(最適)인 형상 등을 검토하고 있다.

4.4 ······························ 제진구조(制震構造)

앞의 절에서 설명한 면진구조는 지진에 대하여 주기를 길게하여 비공진(非共振)으로 하는 아이디어이며, 층간변형(層間變形)이나 입력가속도(入力加速度)를 줄이는 것을 할 수 있어도 전체적인(강체적인 : 剛體的) 흔들림을 멈추게 할 수는 없다. 또, 근년(近年)의 건물은 경량화, 고층화하고 있으며, 바람에 의한 흔들림이 거주성(居住性)의 면에서 문제가 되나, 면진구조는 그러한 흔들림의 억제에는 역할을 하지 못한다.

그래서, 흔들림 그 차제를(강체적인 흔들림도 포함하여) 억제하는 제진구조라 부르는 구조방식이 있다. 이것은 크게 다음의 두 종류의 방식으로 나눌 수가 있다.

그것은 패시브(passive)제진(바깥으로부터 제어를 위한 에너지를 주지않는 방식)과 액티브(active)제진(바깥으로부터 제어를 위한 에너지를 주는 방식)이다.

1. 패스브(passive)형 제진

패시브형 제진의 전형적인 것은 진자형(振子型)이다. 옥상층 등에 수십톤으로부터 수백톤의 진자를 설치하여, 진자의 주기를 건물의 1차고유주기에 맞춘다. 건물이 바람 등에 의하여 진동하기 시작하면 진자가 공진(共振)하며, 건물의 진동에너지를 흡수한다.

그리고, 진자에 붙어있는 감쇠용(減衰用)의 장치(점성덤퍼)를 통과하여 에너지가 흩어져서 일부가 빠저없어지는 구조이다. 그림 4.15는 진자형제진장치이다. 무거운 것으로 빙축열조(氷蓄熱槽)를 이용하고 있으며, 야간의 전기 이용에 의한 에너지와의 일석이조(一石二鳥)를 노리고 있다.

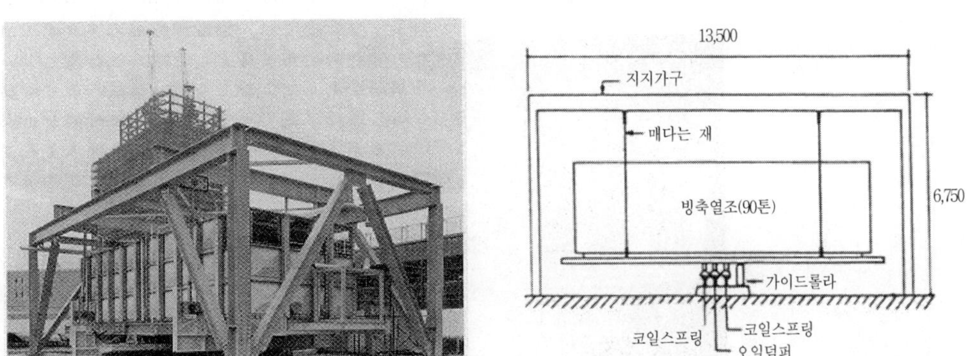

그림 4.15 크리스탈타워의 진자식 장치
(설계 : 다나까공무점, 오오사카, 1990)

같은 일석이조라도 오오사까 우메다(大阪梅田)의 아프로즈 타워에서는 옥상층에 설치된 헬리포트(heliport)를 진자(振子)의 무게 대신에 이용하고 있다.

수조자체(水槽自體)는 고정되어 있으나, 안에 있는 물이 좌우로 흔들리는 주기(周期)(sloshing의 주기)를 건물의 1차고유주기에 맞추므로서 건물의 진동에너지를 흡수하는 방식이 있다.

그림 4.16은 그 장치의 하나의 예로서, 하이아트・리젠스・오오사까남항(大阪南港)의 팬트하우스(penthouse)안에 설치된 것이다.

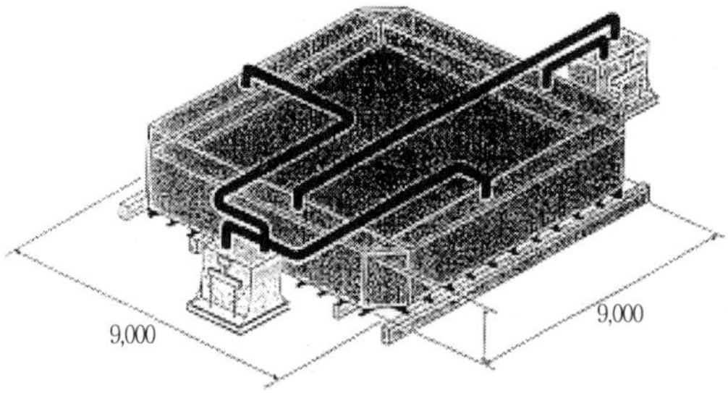

그림 4.16 하이아트·리젠스·오오사카의 제진 장치
(설계 : 다이린소, 오오사까, 1994)

그 이외에 원호(圓弧)위의 레일의 위에 철제(鐵製)의 무게를 놓는 방식이나, 거꾸로선 진자(振子)를 사용하는 방식 등이 있다.

그림 4.18은 히고다리(肥後橋)(오오사까)의 도사보리다이(土佐堀大) 건물에 설치된 거꾸로선 진자형(振子型)의 장치이다.

이들은 모두 맨 윗층부근에 설치되나, 각 층의 벽과 골조사이에 덤퍼(damper)를 끼워넣어서 1차의 고유주기 뿐만아니라, 고차(高次)의 고유주기까지 멈추는 방법 등도 제안되었다.

단, 진자형 등과 같이 보통의 설계계획이 대략 끝난 단계에서 추가적으로 옥상층에 설치할 일이 아니며, 처음단계로부터 마음을 정하여 구조계획을 세우지 않으면 안된다.

그림 4.17 주기조정용의 장치

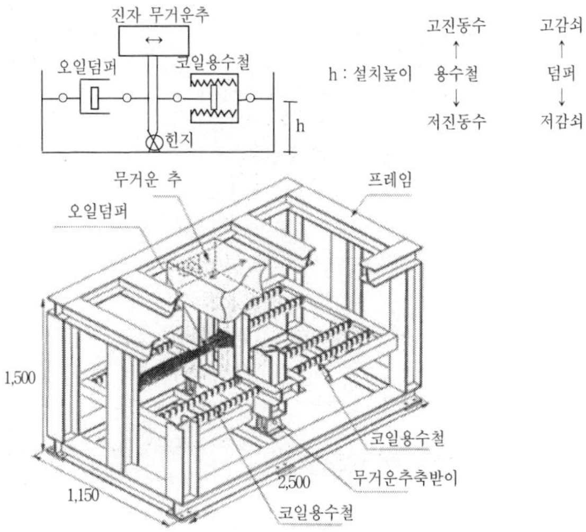

그림 4.18 도사미호리다이빌딩의 도립(倒立) 진자식 장치

2. 액티브 제진(制振)

패시브형제진에서는 주기조정용(周期調整用)의 엑츄에이터 등 대수롭지않은 전력(電力)만 필요로 하는 장점이 있으나, 상당히 무거운 무게의 추가 필요하게 된다. 또, 어디까지나 1차의 고유진동을 중지시키는 것에만 머문다(각 층에 덤퍼를 끼워넣는 경우는 별도). 따라서 2차, 3차 등의 고차의 진동을 자극하여 일으키게하는 지진진동(地震振動) 등에 대한 제어효과는 그다지 기대할 수 없다.

액티브제진에서는 건물의 진동이 허용레벨은 넘으면 자동적으로 사브 유압장치(油壓裝置)나 모터 등의 인위적인 가력장치가 작동하여, 진동을 제어(制御)한다. 그것도 단지 1차의 고유주기에 맞추는 것뿐만이 아니라 복잡한 진동까지 억제가 가능하도록 컴퓨터 등을 이용해 시시각각으로 제어한다. 그림 4.19는 오-크200(오오사까)에 설치된 액티브 제진장치이다. 철제의 추를 컴퓨터제어에 의하여 사브모터로 흔들어 진동을 제어한다.

그림 4.19 오-크 200에 설치된 장치

그림 4.20 오-크 200 일번가
(설계 : 야스세이 건축설계)

그림 4.21 액티브핀 방식

그림 4.20은 오-크 200의 외관이다. 상층부(上層部)가 상당히 날씬하게 되어 있다. 이것들은 모두가 상당한 경비가 들지만 비교적 값이 싼 방법에 액티브핀방식이 있다.

그림 4.21에서 볼 수 있는 장치를 옥상층에 설치하여, 회전식의 바람받이 패널을 컴퓨터로 제어하여 바람에 의한 흔들림을 억제한다. 풍동(風洞)실험에서는 제어에 의하여 50%정도의 억제효과가 얻어지는 것이 확인되었다. 새로이 가까운 미래형(未來型)으로는 복수(複數)의 건물을 신축(伸縮)제어 가능한 바(bar)로 연결하여, 두 동을 동시에 진동억제를 꾀하는 방법이며, 각 층의 가새를 강제적으로 신축시키는 것이다. 말하자면, 건물의 여기저기에 근육을 첨부하여 제어하는 방법 등의 연구개발이 진행되고 있다.

4.5 ························ 혼합구조

－합성구조, 복합구조, 하이브리드구조－

1. 혼합구조란

서로 다른 종류의 구조를 조합한 구조의 전부를 총괄하여 일컫는 말로서 혼합구조, 합성구조, 복합구조, 하이브리드(hybrid)구조 등 갖가지 말이 사용되고 있다. 다른 용어로 쓰여지는 경우도 있으나, 확정된 정의는 현재 없으므로 여기서는 일괄하여 혼합구조(混合構造)라고 부르기로 한다. 또, 조합된 구조는 3장에서 설명되어 있는 목조, 철근콘크리트(RC)조, 철골(S)조가 주가되나, 여기서는 RC와 S를 조합한 혼합구조에 대해여 설명한다.

2. 혼합구조의 종류

RC와 S의 혼합이라고 하여도 다양하며 조합되어 구성되는 대상물로서 다음의 셋이 있다.

i) 단일부재

기둥이나 보 등의 단일부재가 RC와 S로서 구성되어 있는 구조의 경우에 대하여 설명한다. 그 가장 일반적인 부재는 철골철근콘크리트(SRC)부재이며 최근에는 여러 가지 형태가 개발되어 실제로 시공되어있다. 최근 사용되고 있는 중요한 것은 다음과 같다.

기둥에 대해서는 다음의 세 가지가 있다.

① SRC 기둥

② 충진형(充塡形)콘크리트(CFT)기둥(그림 4.22)

③ 피복형(被覆形)콘크리트 기둥

그림 4.22 충진형 콘크리트 기둥(CFT 기둥)

표 4.1 CFT기둥의 다른구조와의 성능비교

	RC조	SRC조	S조	CFT조
공간의 자유도	□	○	◎	◎
지진,태풍시의 흔들림	◎	◎	□	○
내화성능	○	○	□	○
고층건축으로의 적합성	□	○	◎	◎
시공성	○	□	◎	◎

◎ 매우 우수하다 ○ 우수하다 □ 보통

그림 4.22의 CFT기둥은 원형 또는 각형의 강관(鋼管)의 내부에 고강도의 콘크리트를 충진한 복합(複合)기둥이다. 그 효과는 큰 내력을 갖이기 때문에 단면이 작게 되어 비용을 줄일 수 있다.

높은 축력을 받는 기둥에 알맞기 때문에 고층건축, 큰스팬 건축, 공장이나 창고에 알맞다. 다른 구조와의 비교의 하나의 예를 표 4.1에 나타낸다.

보에 대해서 다음의 것들이 있다.

① SRC보
② 단부 SRC 중앙부 S보(그림 4.23)
③ 단부 SRC 중앙부 RC보
④ 단부 SRC 중앙부 프리빔보(그림 4.24)
⑤ 단부 S 중앙부 프리빔보
⑥ 단부 RC 중앙부 S보

그림 4.23에서 볼 수 있는 단부SRC 중앙부S 보는, 중고층(中高層)건물의 큰 스팬구조에 있어서 층강성(層剛性) 및 바닥진동에 대한 강성의 확보를 목적으로 하여 S보의 단부를 SRC조로 보강한 보이다.

그 효과는 SRC조 부분의 길이를 변화시키므로서 가변강성(可變剛性)보가 되어 자유로이 강성을 콘트롤할 수 있으며, 철골량을 줄일 수 있는 것에 있다.

기둥은 S조, SRC조 어느 쪽으로도 가능하며, 추녀높이 80m정도 이하의 한스팬 라-멘구조에 효과적이다.

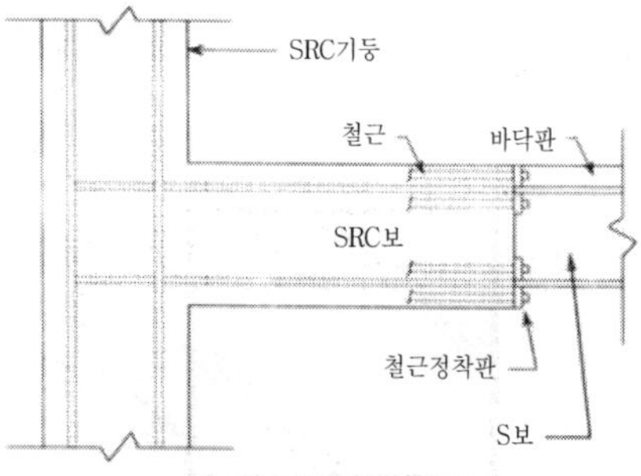

그림 4.23 단부 SRC 중앙부 S 보

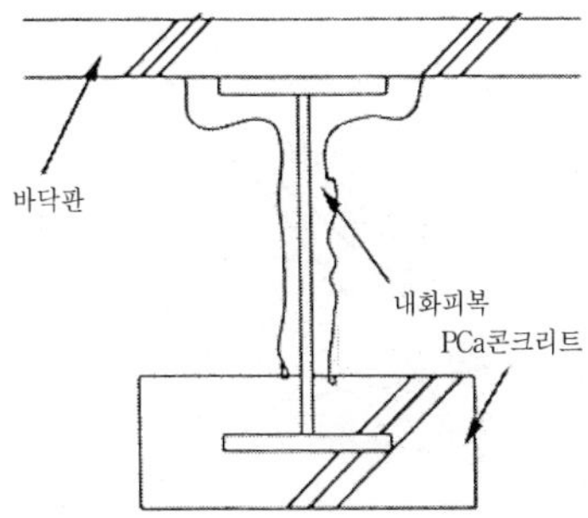

그림 4.24 단부 SRC 중앙부 프리빔 보(중앙부 단면)

그림 4.24에 나타낸 프리빔보는, S보의 밑 플랜지를 제법상(製法上)의 고안에 의하여, 압축력에 의한 프리로드(pre-load)를 걸어 큰 스팬에 적합하도록한 복합보로서, 큰 스팬 보의 과대한 응력이나 처짐 및 보행시(步行時)의 진동장해(振動障害)의 방지를 주목적으로 하고 있다.

그 효과는 보츰이 축소(縮小)되기 때문에 층고의 저감이 꾀하여져, 철골량이 저감되고, 캠버(camber : 솟음)가 붙어있기 때문에 처짐의 콘트롤이 쉽게 된다. 스팬 15m이상에 적합하다.

벽에 대해서는 PCa판에 내장(內藏)된 언본드가새가 그 대표적인 예로서, 그림 4.25에서 볼 수 있드시 평강(平鋼 : Flat bar)가새나 형강(形鋼)을 언본드 가공하여, 좌굴되지 않도록 PCa판에 보강한 복합가새이다.

그 효과는 작은 단면으로 압축가새에 사용되기 때문에, 보통의 가새보다 유효면적이 늘어 고층 호텔 등 칸막이벽을 겸용할 수 있는 경우 코스트의 저감효과가 크게 된다.

계단실 주위의 벽이나 고층호텔의 칸막이 벽에 적합하다.

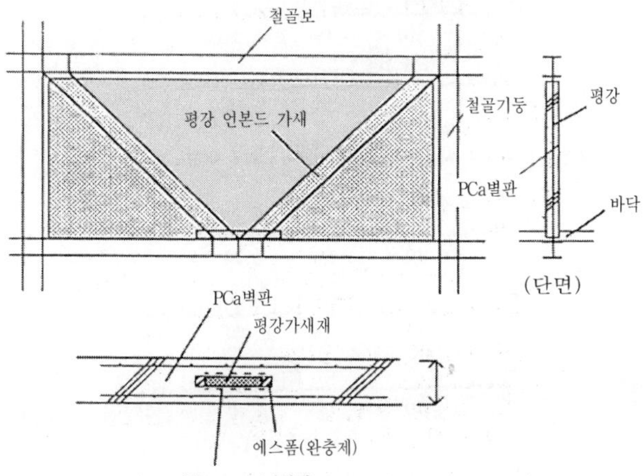

그림 4.25 PC 판에 내장된 언본드 가새

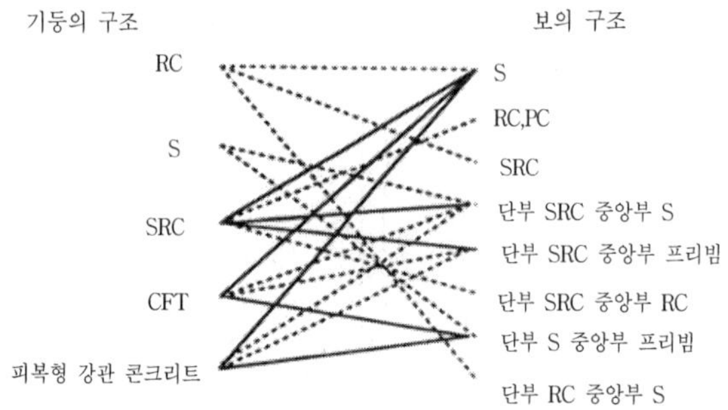

그림 4.26 이종(異種)구조의 조합

ii) 서로 다른 종류의 구조를 조합한 가구(架構)

다른 종류의 부재를 기둥, 보, 벽 등에 조합하여 사용된 구조의 경우에 대하여 설명한다. 그림 4.26에서 볼 수 있는 것과 같은 조합이 사용되고 있으나, 실선으로 이어진 조합이 자주 채용되고 있다.

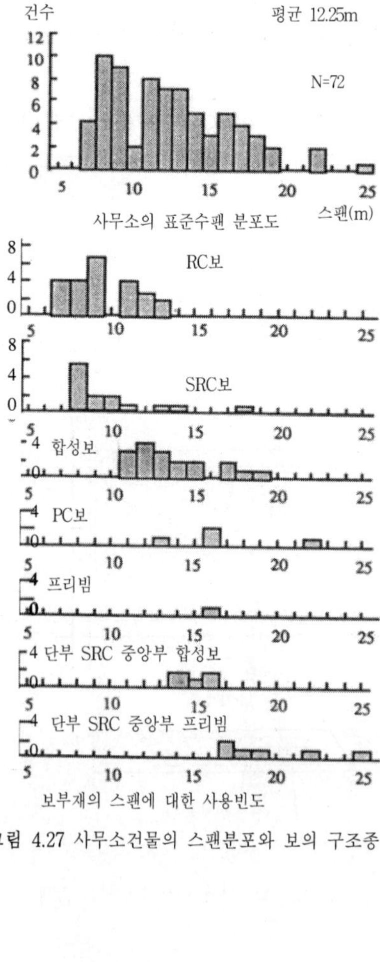

그림 4.27 사무소건물의 스팬분포와 보의 구조종별

iii) 서로 다른 종류의 구조의 가구를 조합한 경우

건물의 용도가 높이 방향으로 달라져 있을 때나 같은 평면내에서 필요로 하는 공간에 대하여, 각각의 위치에 있어서 적절한 가구형태를 조합한 구조의 경우이다.

평면에 대해서는,

① 외주부(外周部) RC + 내부 S

② 중앙 코어부 RC + 일반부 S

의 조합이 있다.

단면에 대해서는,

① 하부(下部) SRC + 상부 RC, S

② 하부 RC + 상부 S

③ 가구 RC + 지붕 S

의 조합이 있다.

3. 혼합구조의 필요성과 알맞은 성질

i) 왜 혼합구조가 필요한가

건물의 설계에서는 미(美)·쓰임(用)·튼튼함(强)의 조화는 가장 중요한 것의 하나이다.

최근 자주 볼 수 있는 구조부재를 직접 디자인 요소로 하는 예를 별도로하면, 구조종별(種別)의 선택에 있어서는 쓰임과 튼튼함의 조화(調和)가 큰 웨이트를 차지하고 있다고 한다. 그것에 더하여, 건물을 사회에 제공하므로 당연히 코스터와 공기(工期)를 균형잡을 필요가 있다. 이 품질·코스터·공기의 종합판단에 의하여 설계안이 결정된다. 이 판단에 있어서 재례구조에 더하여 혼합구조의 이점을 살려 적재적소에 채용하므로서, 보다 좋은 설계를 목표로 할 필요가 있다. 혼합구조가 채용되는 하나의 예로서 기둥 스팬과의 관계를 생각해보자. 연(延)바닥면적 1,000m^2 이상의 사무소 건물의 스팬 분포와 그 스팬에 대한 구조종별(構造種別)을 그림 4.27에 나타낸다. 이 예를 보면 스팬이 크게 됨에 따라 내진동성(耐振動性) 등 때문에, 단부에 강강(剛强)한 SRC와 중앙에 가볍고 강한 철골이나 프리빔이 사용되고 있음을 알 수 있다.

ii) 혼합구조의 알맞은 성질

철골조의 큰 이점은 경량으로 강도가 높고 짧은 공사기간에 시공되는 것이다. 한편, RC조는 강성이 높고 값이 싸며, 외벽 등 그대로 마감재도 되는 것이다. 이들의 이점은 부재나 가구, 또한 건물의 부위(部位)에 효과가 있도록 구조종별(構造種別)을 선택하면 된다. 혼합구조가 자주 사용되는 용도에 대한 그 필요성능과 구조종별의 하나의 예를 표 4.2에서 보여준다.

표 4.2 중요한 용도에 대한 성능과 구조종별

용 도	필요조건	구조종별
점포, 창고, 공장	큰 내부공간 창이 작은 외벽	외주부 RC 내진벽 + 중앙부 S
사 무 소	융통성이 높은 내부공간(넓은 스팬) 엘리베이터나 계단등 반드시 코어부를 차지한다	· 다블튜브 구조(내부코아부 내지벽 또는 가새 외주부 라-멘구조) · 단부 SRC 중앙부 S 구조 · 단부 SRC 중앙부 프리빔 구조
고층건축물	가볍고 높은 강성과 강도	· CFT 기둥 · 단부 SRC 중앙부 S조 · 언본드가새

혼합구조는 다른 종류의 구조의 혼합이기 때문에 역학적으로는 다른 종류의 구조사이의 힘의 전달이 명확히 되어있는지 어떤지, 지진이나 바람에 대하여 저항하는 기둥, 보에 사용될 때는 그 반복하중에 대한 성능이 확인되어 있으나, 법적인 규제는 만족하고 있는가 등을 확인할 필요가 있다. 그렇지만, 적재적소(適材適所)에 채용하면 짧은 공기(工期), 낮은 코스트로 높은 성능을 가지는 건물을 탄생시키는 것에 크게 공헌하는 구조이다.

5

구조 계획

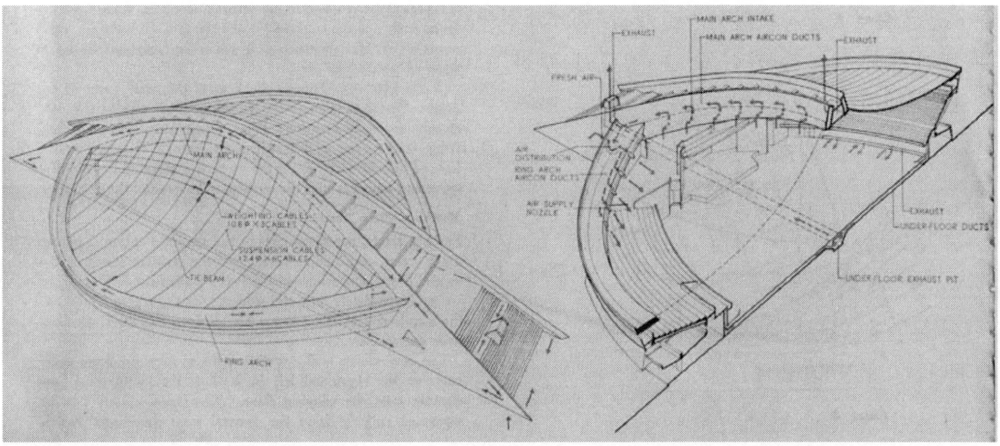

실내체육관(이와다현 실내체육관)
『네 개의 철근콘크리트 아치와 두 개의 서스펜션 지붕판넬로 구성되어 있다.』

5.1 ····································· 개 요

5.1.1 건축기획과 건축계획

건축에 관련이 있는 계획이란 말은 이전에는 건축계획과 도시계획의 두 개 정도만 사용되었다. 단지 계획이라고 하면, 그것은 건축계획을 가리키고 있는 것으로 이해해 온 정도였으나, 최근에는 이들 이외에 구조계획을 시작하여 예를 들면, 시공계획·설비계획·환경계획·음향계획·농촌계획 등, 계획이란 말을 써서 관용(慣用)하고 있는 용어는 대단히 많아서 한정이 없을 정도의 수가 있다.

한편, 계획에 대하여 기획이란 아주 비슷한 말도 있다. 기획이란 말과 계획이란 말을 사전에 의하여 비교해 보면, 그 의미는 둘 다 『일을 행하기 전에 그 방법·순서 등을 생각하는 일』이며, 전혀 같은 것을 의미하고 있다. 그러나, 이것이 건축기획이란 용어와 건축계획이란 용어가 되어, 양자를 비교해 보면, 그 내용은 상당히 달라진다.

즉, 건축기획이란,

『건축주가 의도하고 있는 목적이나 내용을 충분히 파악하여, 법률적, 기술적, 혹은 경제적인 조사를 행하여, 그 목적에 가장 적합한 건축을 실현시키기 위한 조직을 만드는 일이다』라는 것이 된다.

이것에 대하여 건축계획이란,

『인간의 생활이나 행동 혹은 의식과 건물의 공간과의 관계를 함께 생각하여 이것을 총괄하는 일』이 되지만, 보통은 건축기획은 건축계획의 행위를 하기 이전의 단계를 가리킨다.

5.1.2 구조계획과 구조계산

앞의 항에서 설명한 건축계획은 당연히 건물의 구조에 대해서도 어느 정도 의식하면서 진행되어야 하며, 구조계획은 건축계획에 대하여 건물의 구조를 어떤 모양으로 할 것인가를 고안하는 일이다.

즉, 구조계획(Structural Planning)이란,

『건물의 사용목적에 적합하면서, 모든 외력·하중에 대하여 또 지반에 대하여 안전한 구조체의 종별·골조의 형식·기초 구조 등을 선택하고, 동시에 경제성을 고려하여 건물을 조형하며, 창작하는 일이다.』

즉, 구조계산(Structural Calculation)이란,

『구조물에 가해지는 고정하중·적재하중·설하중·풍하중·지진하중 그 밖에 토압·수압·충격 등, 실상(實狀)에 따른 외력에 대하여 안전성을 확인하기 위하여, 구조역학을 구사(驅使)하고 그 응력을 계산하여 부재의 단면 등을 결정하는 일이다.』 이와 같이, 건물의 구조체를 어떤 모양으로 할 것인가를 계획하고, 이것을 계산하는 두 가지의 일을 하나로 합쳐 구조설계(Structural Design)라고 한다. 구조설계는 건물 전체를 설계하는 각 분야 가운데에서도 그 안전성을 좌우하며, 직접 인명에도 관련되는 대단히 중요한 위치를 차지하고 있는 행위이나, 최근과 같이 골조의 계산이나 부재의 단면, 접합부 등의 산정을 비롯하여 구조도의 제작까지 컴퓨터에 의존하게 되면, 구조계획이야말로 구조가(構造家)의 가장 중요한 역할임을 알 수가 있다. 그리고 최근의 구조기술, 재료의 생산기술과 시공기술은 저마다 별개로 발전하고 있음과 동시에, 서로 밀접히 관련되어 있어서 명료한 경계는 찾아낼 수 없을 정도로 되어 있으므로 구조가는 재료의 생산계획과 시공계획을 동시에 파악할 필요를 강요당하고 있음을 깨닫지 않으면 안된다.

5.1.3 건축설계와 구조설계

건축기획으로부터 건축계획으로 그리고, 구조계획으로부터 구조계산으로 처럼 건물이 차츰차츰 구체화 되어가는 단계를 순서대로 설명하면 다음과 같다.

먼저, 건축주가 의도하는 건축의 기획이 있으며, 이것에 인간의 생활이나 행동을 의식하여 건축을 생각하는 곳의 건축계획이 잇따른다. 그리고, 동시에 그것에 가장 적합한 건물의 구조체의 종별이나 구조재료가 경제성의 범위내에서 선택되고, 그 건물이 지어질 부지의 상황에 따라 기초구조도 선택되는 구조계획에 의하여 건물의 전체의 모양이 창작된다.

이 단계까지 틀이 잡히면 이것에 작용하는 외력이나 하중의 크기가 계산되고, 구조역학의 이론에 의하여 그 구조체의 응력이 구해지며, 목조인지 철골조인지, 혹은 철근콘크리트조인지 철골철근콘크리트조 인가에 따라서 부재단면이 산정된다. 그리고, 접합부의 계산이나 기초의 설계를 거쳐서 구조계산을 끝내고, 시공상 필요한 구조도가 그려져서 실시(實施)로 옮겨진다. 이들의 구조계획이나 구조계산은, 그 과정에서 끊임없이 건축계획이나 설비계획으로 환원되며, 그럴 때마다 재검토가 되풀이됨으로써, 소요의 조건에 대하여 최적의 건축설계가 완성된다. 그리고, 이 때, 구조설계는 말할 필요가 없이 안전성이 높은 것이 아니면 안됨과 동시에 항상 미의식(美意識)도 고려한 것이 아니면 안된다. 다음에 이들의 순서를 종합하면 그림 5-1과 같이 된다. 이 그림에 따르면, 넓은 뜻의 건축설계 가운데에서 건축계획과 구조계획과는 확연히 구분되어 있는 것 같이 보이나, 그 사이의 관계에 대하여 약간 설명을 더해보자.

옛시대 이래, 좋은 건축이라 일컬어지는 것은 어느 것을 보아도 그 건물 속의 건축적

요소와 구조적 요소와는 언제나 일체화되어 있으며, 이 두 요소는 그 건축이 뛰어나면 뛰어날수록 구별되지 않고 재료와 구조, 구조와 디자인 등 항상 불가분(不可分)의 것이 되어 있다.

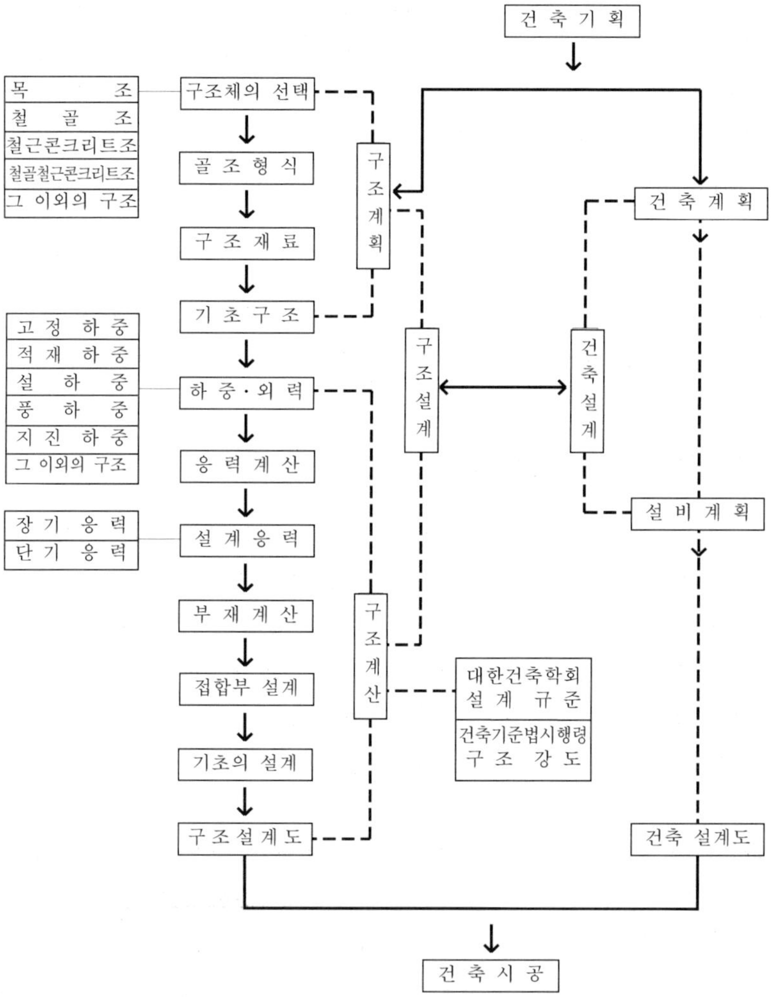

그림 5.1 건축설계의 순서

즉, 그 재료에 적합하지 않은 구조 혹은 그 구조에 적당하지 않은 표현 등이 허위(虛僞)인 디자인은, 뛰어난 건축에는 전혀 존재하지 않는다. 사회의 일부에서 요구가 있다면 목조의 양식복원(樣式復元)만을 중시한 철근콘크리트조의 건물 등은 정말로 기묘(奇妙)한 존재임을 알 수 있다.

건축계획과 구조계획은 개념적으로는 원래 동일의 출발점을 갖고 있었던 것이며, 최근에서와 같이 이것을 구분해야 하는 것은 아니었던 것이다. 그러나, 현재에는 구조공학이나 재료공학은 각각이 독자의 발전을 이루었고, 더욱이 장래에 더욱 더 세분되고 고도화해 갈 방향에 있으며, 매우 특별한 경우를 제외하고 건축계획과 구조계획이 분리되어 건축설계에 참여하게 되는 것은 어쩔 수 없는 것이 되었다.

실제의 건축설계에 대해서도 건축디자이너와 구조설계자가 분업하여 이것을 맡고 있으나, 이와 같은 일은 가장 중요한 안전성에 대한 책임의 전가에 까지 연루될 염려가 있다. 종래, 자칫하면 건축의 디자인은 구조계획에 우선하는 것 같은 입장을 취하는 일도 있었으나, 말할 필요없이 양자는 저마다 독자의 자질을 가지면서 유기적으로 협력하지 않으면 진실로 뛰어난 건축의 창조는 있을 수가 없다. 이제, 여기에 단적인 하나의 예를 든다면, 최근의 초고층 건물의 설계 혹은 매단 지붕구조의 옥내 경기장이나 체육관, 또 절판구조나 곡면판구조에 의한 아주 넓은 실내 건축의 설계 등에서는 구조계획상의 가능성이야 말로 건축설계의 최우선적인 존재로 되어 있는 것을 보아도 양자의 우열의 순서 등은 있을 수 없는 일이며, 디자인과 구조의 종합이야 말로 진실로 뛰어난 건축의 창작에 연결된다는 사실을 알 수 있을 것이다.

또, 그림 5.1에는, 경제성에 대하여 언급되어 있지 않으나, 구조계획이 공학인 이상 경제성도 중시하는 것은 당연한 것이다. 현재와 같이 구조공학이 발달해 있으면, 중력·눈·바람·지진 등에 대하여 절대 안전한 건물을 짓는 것은 비교적 쉬운 일이다. 그러나, 그것이 지나치게 비싼 것이며, 경제성이 무시되어 있으면, 사회적으로 성립되지 않을 것임이 분명하다. 요는 안전하며, 또 경제적이 아니면 안되고, 공학적 판단으로서 이율배반의 해결이 아니면 안된다. 그리고, 지금 여기에서 말하는 경제성이란 건물을 짓는 시점에서 건설비가 저렴해야할 뿐만 아니라 오랜 기간 사용되는 건물의 유지관리비도 고려되어야 한다.

또한, 경제성에 대하여 건물 전체의 총공사비를 생각하면, 최근의 건물과 같이 총공사비의 30~40% 가까이의 비용이 설비공사에 소요된다는 사실로부터 가장 중요한 안전성의 확보를 위하여, 건축구조에 약간의 비용의 증가를 아까워 하는 일은 없을 것이다.

5.2 건물의 안정성

5.2.1 개 요

구조설계 가운데 가장 중요한 것은 말할 필요도 없이 어떻게 하여 안전한 건물을 설계하는가 라는 것이다. 여기서, 안전이란 인체에 위해(危害)를, 건물에 손상·손해를 받을 걱정이 없다는 것이며, 건물의 안전성이란 인간의 생명과 재산의 안전을 보전하여 잘 지닌다는 것이다. 그리고, 이것에는 자연재해에 대하여 안전할 것과 인간에 의하여 야기되는 재해에 대하여 안전할 것의 두 가지가 있다. 전자는 눈·바람·지진 등 자연현상에 기인하는 각종의 재해이며, 후자는 예를 들면, 화재·폭발 등의 사고 즉, 인위적 재해이고, 여기서는 주로 전자에 대하여 고찰하기로 한다.

먼저, 구조설계는 안전성과 경제성 양자의 균형이 아니면 안된다고 설명했으나, 그렇다면 어느 정도의 집을 목표로 설계를 진행해야 하는가? 기본적인 생각은 때때로 내습하는 자연재해에 대해서는 거의 피해가 생기지 않도록 설계하고, 수십년에 한 번 일어나는 재해에 대해서도 인명에는 절대로 손상이 없도록 한다. 따라서, 이 때 건물에는 다소의 피해가 있더라도 건물이 무너지는 것만은 막지 않으면 안되도록 하는 것이다.

한편, 건물은 그 재료의 성질, 건물의 성능, 또 설비나 기능 등으로 보아도 영구히 사용할 수 있다고 생각되지 않으므로, 치명적인 재해를 초래하는 것과 같은 폭풍이나 지진 등의 재현기간(再現期間)과, 건물의 내용연한(耐用年限)을 감안하면서 설계하고 있다. 예를 들면, 짧은 기간 동안 필요로 하는 건물이라면 폭풍도 지진도 소규모인 것에 대하여 안전하면 되고, 중요한 건물에는 그 중요도의 정도에 따라 용도계수(用途係數;중요도계수)를 곱하여 더욱더 안전한 것을 설계하여 재해시에도 그 건물의 기능을 완전히 유지할 수 있도록 하는 방법을 택하고 있다.

건축의 설계가 모든 자연재해에 대하여 진실로 안전한 설계였는지 아니었는지 또, 건축공사가 설계대로 확실히 시공되어 있는지 아닌지는 아쉽게도 현재의 건설기술의 총력을 다하더라도 이것을 충분히 테스트 할 방법은 없다. 같은 구조물에서도 항공기·선박·차량 등에는 제조를 끝낸 뒤에 설계대로의 하중을 작용시키는 일이 가능하며, 그 성능은 즉시 평가할 수 있는 것이다. 그리고, 이들 구조물은 건물 등과 비교하면 단기적(短期的)인 소모품이지만, 건물의 경우에는 가설구조물은 어떻든 간에 토목 구조물과 같이 오랜 세월 동안에 한 번이란 폭풍의 내습이나 격진(激震)의 직격(直擊)에 의하여 비로소 그 진가가 논의 된다. 건물이 상시의 연직하중만으로 사고를 일으키는 일은 극히 특수한 경우 이외는 없다. 이와 같은 배경으로 부터 어쨌든 건물의 공사에는 손이 덜 가는 공사가 문제가 되던가, 또 공사감리도 날림인 것이 될 경향이 있다. 구조설계나 공사감리를 아무리 신중히 하여도 지나치지 않는다. 또, 최근의 건축공사에 있어서는 과당 경쟁에 의한 무리한 단가의 저하 즉, 완전한 공사가 되지 않는 정도의 공사비의 저하가 안전성에 크게 관계하고 있는 것도 잊어서는 안되는 일이다.

5.2.2 구조계획의 기본방침

최근의 건축설계는 건물에 강재나 콘크리트 그리고 대량의 유리가 사용되는 것과 구조법의 눈부신 진보가 상승되어 그 규모나 형태가 점점 자유롭게 되어가고 있기 때문에, 구조계획상 오히려 곤란을 느끼는 것이나 무리한 것이 눈에 띄게 되었다. 여기에 구조계획상 무익하게 건축의 디자인 만에 추종하는 일이 없이 어디까지나 건물의 안전성을 중시하는 입장에서 그 기본적인 조건을 나타낸다.

i) 건물의 형상(평면・입면)은 단순하며 역학적으로 명쾌한 것으로 한다.

최근에는 상당히 복잡한 골조도 해석할 수 있게 되었으며 건축재료나 구조법도 현격한 발전을 이루고 있으나, 건물의 평면도나 입면도가 단순하여 힘의 흐름이 명확한 형상의 것은 안전성이 높은 건물로서 설계하기 쉬운 것이다.

단지, 여기서 주의하지 않으면 안되는 것은 평면형상은 단순하더라도 X・Y 두 방향의 강성이 현저히 다른 경우에는 특별한 검토가 필요하게 되며, 고층이 아니더라도 두드러지게 장대(長大)한 평면을 가진 건물의 경우에는 지진동(地震動)의 입력이 위상차(位相差)가 어떠한 영향을 미치는가 등도 현시점에서는 분명하지 않은 상태이다. 따라서, X・Y 두 방향의 강성은 건물의 기능도 당연히 다르게 되므로 될 수 있는 대로 비슷해지게 하는 배려가 필요하며, 장대한 건물의 경우에는 적당히 분할하는 방법을 택하는 것도 중요한 구조계획의 하나이다.

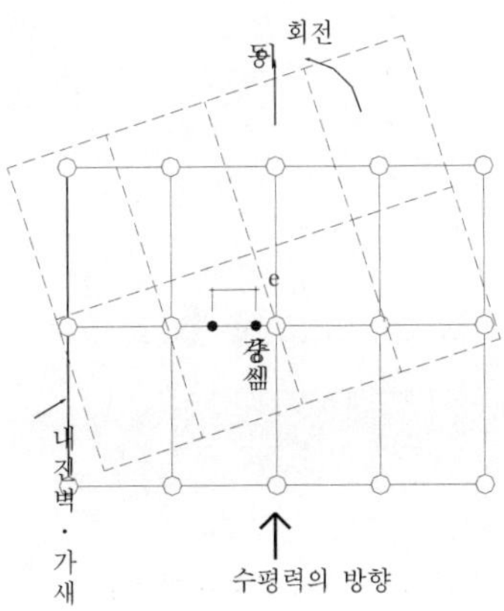

그림 5.2 건물의 비틀림

건물의 형상이 평면・입면이 둘 다 현저하게 복잡하고, 그 강성・강도가 충분히 평가되지 않는 것은 한 번 잠깐 보아서 아무리 디자인이 뛰어나게 보이더라도 진실로 뛰어난 건축이라고 할 수 없으므로, 이와 같은 경우의 안이한 타협은 극력 피하여야 한다.

ii) 건물의 수평력에 대한 저항요소는 건물의 비틀림 변형이 될 수 있는 대로 생기지 않도록 배치한다.

각 층의 내진벽이나 가세의 배치를 고려할 때, 그 강성의 중심과 건물의 중심이 일치하지 않을 경우에는 그림 5.2와 같이 수평면 내에 비틀림 모멘트가 일어난다. 또 그림 5.3과 같이 건물 윗 층의 일부의 층 수만이 많으면 아래 층의 전단력의 중심은 건물의 한 쪽으로 치우쳐서 비틀리며, 이것에 의하여 골조에 불리한 응력을 일으키게 되면 내진성이 약해지므로 편심을 피하는 계획을 하지 않으면 안된다. 부득이 편심배치가 될 때는 그것과 직교(直交)방향의 양단부에 강성이 높은 저항요소를 배치하여, 비틀림 모멘트에 저항하도록 계획하여야 한다.

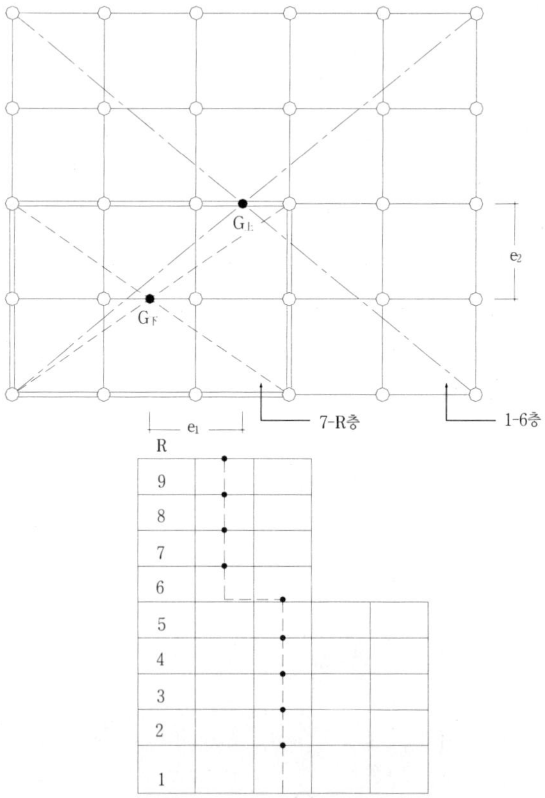

그림 5.3 건물의 중심의 어긋남

iii) 건물의 골조는 강도 이외에 충분한 인성을 갖는 것이 바람직하다.

현행의 설계법에서는 건물의 골조에 생기는 응력도가 재료의 허용응력도 이하가 되도록 부재단면을 결정하며, 이것으로 소요의 강도를 가지는 것으로 생각하는 일이 많으나 반복하는 힘에 의한 변형에 대하여 충분한 끈질김이 필요하다. 특히 철근콘크리트조에 있어서는 지진 에너지의 흡수능력을 충분히 갖도록 설계하는 것이 바람직하다.

iv) 건물에 생기는 변형은 보안상·사용상 지장이 일어나지 않도록 한다.

빈도가 많은 강풍이나 중정도의 지진에 대해서는 구조체 각 부에 큰 손상이 생기지 않도록 한다. 그리고, 빈도가 적은 폭풍이나 대지진에 대해서도 복구가 가능한 정도의 손상에 그치도록 설계하는 것은 이미 설명했다. 그러나, 철골부재의 내화피복 등의 손상이 있다면, 지진 바로 뒤의 화재에 대하여 수복의 시간적 여유는 없으므로 치명적인 재해를 받을 가능성이 있다. 또, 유리나 외벽의 파괴낙하 등은 소위, 비구조재의 손상에 의하여 건물의 골조는 붕괴되지 않는다 하더라도 사람이 다치거나 건물의 손상으로 사용하지 못하게 되는 경우가 있으므로 그 건물이 사용에 견디지 못하게 되는 경우도 있으므로 특히 유의하여 이와 같은 손상이 생기지 않는 범위의 변형을 유지하던가 그것에 상응하는 대책을 강구하지 않으면 안된다. 또, 부재의 강도가 충분하더라도 강성이 부족하면, 건물의 흔들림이 커서, 사용할 수 없는 경우도 있으므로 충분한 주의가 필요하다.

v) 건물의 기초는 단단한 지반에 지지케 하는 것이 좋다.

건물의 기초는 연약한 지반보다 단단하고 강한 지반에 지지케 하는 것이 좋은 것도 자명한 것이다. 그러나, 단단하고 강한 지반에 직접 지지케 할 수가 없어서 부득이 연약한 지반에 건축할 경우에는 충분한 지지력을 갖기가 어렵고 혹은, 피어 등 강강(剛强)한 지정을 사용하여 건물을 견고한 지반으로 지지케 하여 부동침하나 지반의 변동 등에 의한 피해가 생기지 않도록 하는 주의가 중요하다.

5.3 구조방식의 선택

5.3.1 개 요

석조 아치의 기술은 기원전 수천년 경부터 존재했다고 하나 어느 스팬에 하나의 보를 건너 걸쳐서, 양단을 잇는 기술로부터 전혀 달리 다수의 개재(個材)를 집결하여 이것 보다 훨씬 큰 스팬을 덮어 가릴 수 있는 경탄할 만한 발상은 어떻게 하여 생겼을까.

아치에 작용하는 응력은 거의 모두 압축응력이므로 석재 등의 압축에 강한 소재로 공간을 형성하는 데는 아치는 더없이 좋은 구조법이다. 지난날에 있어서 이 착상은 구조학의 역사 가운데에서도 가장 뛰어난 것의 하나이다. 그리고 로마시대에는 이미 상당히 넓게 사용할 수 있는 아치로부터 볼트로, 다시 돔으로 발전하고 있는 것은 역사가 보여주었으나 이들 아치의 역학이 르네상스(Renaissanice)의 근대 구조학에 의하여 해명되었으며, 그 기술이 현재의 철근콘크리트조나 철골조의 아치까지 응용되고 있는 것은 정말로 흥미가 깊은 것이다.

현재의 건물에 이제와서 석조나 벽돌조가 실시(實施)되는 것은 없지만, 디자인상 종종 이것의 모방이 받아들여지고 있다. 그리고, 이 때의 돌이나 벽돌을 붙이는 방법에 전혀 구조를 무시한 방식이 여기저기서 보인다. 구조에는 직접관계가 없더라도 구조기술자는 이들에도 무엇인가 주의를 기울여야 하며, 그렇지 않으면 보는 사람에게 불안감을 주기 때문이다.

한편, 트러스의 발명은 당초 목조다리로서 르네상스 시대에 시작되었으나, 역시 17~18세기의 주철이나 연철의 출현에 의하여 급속한 진보를 보였으며, 나무와 철의 혼용(混用)트러스로부터 철제 트러스가 제작되게 되었다. 그리고, 이 시대에 이미 오늘날 사용되고 있는 하우(Howe)트러스, 프래트(Pratt)트러스, 와랜(Warren)트러스 등이 고안되었다.

이들 아치나 트러스 구조에 비교하면 라-멘구조나 판(版)구조 등은 아직 매우 새로운 구조법이라 할 수가 있을 것이다.

그런데, 여기서 말하는 구조방식의 선택이란, 건물의 기능상으로부터 또, 의장상으로부터의 요구에 따라서 하중·스팬·층수·지반·공사기간 등을 감안하면서, 가장 안전성이 높고 또 경제적인 구조방식을 결정하는 것이다. 말할 필요 없이 구조방식을 선택하는 데는 동시에 구조종별(構造種別)을 결정하지 않으면 안된다. 즉, 앞의 것은 트러스·라-멘·아치·판 구조 등의 구조요소와 그 조합의 선택이며, 뒤의 것은 이것에 가장 알맞는 목조·철골조·철근콘크리트조(프리스트레스트 콘크리트조)·철골철근콘크리트조·특수구조 등의 결정이다.

어떠한 구조방식으로 그 건물을 설계할 것인가의 선택은 컴퓨터가 발달한 현단계에서는 그렇게 곤란한 작업은 아닐 것이다. 즉, 주어진 설계조건에 따라서 가장 합리적이라고 생각되는 몇 개의 골조와 그것에 적합한 구조종별과의 조합에 의하여, 가장 경제성이 높은 구조방식은 시대와 함께 크게 변한다 하더라도 비교적 용이하게 결정될 것이다. 그러나, 특수한 구조, 예를 들면 절판구조(折版構造)를 사용할 것인가 혹은 셸구조를 선택할 것인가는 조형을 위함인지, 기능을 위함인지, 당연히 이것에는 필연성이 없으면 안된다. 디자인을 중시할 것인가, 구조를 우선할 것인가는 앞에서도 설명한 것과 같이 양자의 균형이 잡히지 않으면 안되지만, 최근의 지진의 재해조사에 따르면 붕괴된 것에 디자인을 중시한 기발한 구조나 복잡한 것이 많은 것도 간과할 일은 아니다.

구조방식의 선택에 있어서 그 안전성이란 관점에서 보면 트러스 구조는 비교적 부정정 차수가 적은 구조이므로, 그 일부의 파손(절점의 파손·부재의 좌굴·부재의 절단 등)에 의하여 구조 전체의 파손으로 이어질 염려가 있다.

이 점은 단순보에 대해서도 마찬가지이며, 철근콘크리트조의 켄틸레버보의 경우 등에는, 특별한 주의를 기울이지 않으면 안된다. 또 매단구조 등은 그 일부의 파괴와 구조 전체의 붕괴가 동시에 일어나므로, 엄중한 검토가 필요하다.

시공에 관한 안전성의 문제점은 시공시의 순서나 시공하중 혹은, 공사중의 골조의 안정 등 이외, 그 건물의 총공사비, 규모, 입지조건 등에 따라서 결정되는 시공업자의 선택이다. 예를 들면, 철골구조 등의 경우 이것을 모두 용접구조로 하면 건물은 규모가 작더라도 내용은 상당한 정도의 높은 작업이 필요하게 되므로, 시공업자의 기술의 정도에 따라서는 오히려 용접을 사용하지 않고 거의 전부를 고력볼트 접합으로 하면 계획상의 공사비는 약간 상승하더라도 매우 안전성이 높은 것이 될 것이다.

또, 여기서 말하는 경제적인 것이라는 생각 가운데는 최근과 같은 급격한 기술혁신시대의 장례를 간파할 때 현재 지어지고 있는 건물을 장래 언젠가 다시 지을 것으로 본다.

당초, 영구적인 구조로 생각된 철근콘크리트조도 실제로는 50년 전후의 내구력밖에 없는 것이 많으며, 기능상의 결함으로부터 오는 경상비(經常費)의 부담의 증대도 함께 겹쳐서 최근은 다시 짓는 일이 많으며, 이렇게 되어 가면 해체하기 쉬운 구조법으로 설계하는 것이 이롭다는 생각도 떨쳐버리기 어렵지 않을 것이다.

위에서 설명한 것과 같은 상부구조의 방식과 종별의 선택은 당연한 것이므로 지반의 상황에 따라서 좌우된다. 지반조건이 명확하여 이것이 양질의 지반인 경우에는 단지 상부구조를 어떠한 기초로 지지할 것인가가 검토되지만, 연약지반의 경우에는 상부구조를 어떻게 가벼운 것으로 할 것인가가 중요한 과제가 된다. 일반적으로 상부구조에 대하여 가장 적합한 기초구조를 선정하는 것은 쉬운 일은 아니며 특히, 연약지반의 경우에는 대단히 곤란하므로 설계자의 풍부한 경험과 딱 들어맞는 판단에 힘입는 점이 크다.

이 장에서는 목구조·철골구조·철근콘크리트구조·철골철근콘크리트구조·특수구조 등 각종 구조법의 대체적인 요점을 설명하고, 지반의 성질을 감안하여 어떠한 구조방식을 채용할 것인가의 개요를 설명하였다.

5.3.2 구조방식과 구조종별

1. 목 조

최근에는 목조는 오로지 1·2층(3층 목조주택은 소수의 실시 예가 있으며 금후 증가하는 경향을 볼 수 있다)의 일반주택에 사용되고 있으나, 종래로부터의 축조공법(築造工法)이외에 주로 캐나다·미국 방면으로부터의 2×4구법(wood frame construction)이 진출하기 시작하였으며, 금후의 되어가는 형편이 주목되고 있다. 우리 나라의 건물도 차츰 내화구조로 옮겨가지 않으면 안되지만, 주택 등에 있어서는 목조건물의 살기 좋다는 기분이나 건축주가 원한다는 특수한 조건이 늘어나는 일이 많으므로, 목조주택의 수요는 금후도 오래동안 이어질 것이다. 그러나, 최근에는 목조 트러스의 긴 스팬 구조 등은 거의 발견할 수 없으며 모두 철골조로 바뀌어 가고 있다.

집성 목재구조(集成木材構造)에 의하면 긴 스팬구조로서의 아치·라-멘 등도 목조의 대상이 되고 있다.

2. 철골조

철골조는 저층으로부터 초고층까지의 라-멘구조는 말할 필요도 없고, 긴 스팬구조로서의 트러스·아치·스페이스 프레임·매다는 구조, 그 이외 철탑·굴뚝·탱크·사이로에 이르기까지 아주 자유로이 모든 구조물에 사용되는 구조법이다.

철골조는 중층으로부터 고층 정도의 건물에는 철근콘크리트조나 철골철근콘크리트조와 비교하여 내화피복이 필요한 것이나, 콘크리트가 강재보다 값이 싸다는 것 때문에 총공사비는 약간 상회하나, 공사기간의 단축, 공사현장의 청결 등의 이점도 많아 금후, 내화처리 등의 연구에 따라 가까운 장래에 이것들과 같은 정도로 사용될 가능성이 있다.

또, 철골조는 다른 구조법과 비교하여 가벼우며, 주지(周知)와 같이 초고층 건물에 사용되는 것 이외, 연약지반 위의 구조물로서, 더없이 좋은 편의의 것이다.

경량 철골조는 한 때 제법 왕성하게 각 종의 건물에 사용되었으나, H형강의 대량 공급에 의하여 최근에는 1·2층 주택의 골조 등을 제외하고는 주요한 구조재로서는 거의 사용되지 않고, 2차부재에 사용되는 경우가 많아졌다.

강관구조(鋼管構造)에는 원형강관과 각형강관의 두 종류가 사용되고 있다. 원형강관은 임의의 축에 관한 단면의 성질이 같아서 좌굴로 내력이 결정되는 구조부재로는 아주 유리하기 때문에, 라-멘골조의 기둥부재나 트러스·스페이스프레임에 자주 사용되고 있다. 또, 주강(鑄鋼)에 의한 두께가 두꺼운 원형강관은 고층 라-멘의 기둥부재로 사용되고 있다. 각형강관에는 열간 가공재와 용접 조립재가 있으나, 모두 다 중고층으로부터 초고층 건물의 기둥부재로서 유효하게 사용되고 있다.

3. 철근콘크리트조

철근콘크리트조의 라-멘은 저층으로부터 중고층 건물에 가장 널리 사용되고 있는 것은 여기서 설명할 것도 없으며, 최근에는 고강도 철근콘크리트설계 시공지침안도 발표되어 고층건축에도 사용하게 되어 있다(일본의 경우). 또, 철근콘크리트조는 긴스팬구조로서 아치·셸에도 자주 사용되고 있다.

플랫슬래브 구조는 보를 없애고 철근콘크리트의 슬래브가 보를 겸하는 형식인데, 창고의 짐쌓는 높이에 유리하므로 창고 건축에 자주 사용되고 있다.

벽식 철근콘크리트조는 주로 저층으로부터 중층의 건축에 사용되고 있으나, 철근콘크리트조는 이미 알고 있듯이 거푸집 속에 콘크리트를 흘려 넣는 일종의 주물이므로, 기둥·보·바닥과 같은 축조식 구조법(築造式構造法)보다는 차라리 벽구조나 셸·돔과 같은 일체식 구조에 사용하는 쪽이 오히려 본질적인 구법인 것은 이미 금세기의 초 스위스의 기술가 마이얄(Robert Maillart)의 말에도 있는 것이다.

게다가 프리스트레스트 콘크리트조는 프리텐션·포스트텐션 각 공법이 함께 긴 스팬 구조로서 널리 사용되고 있다.

그러나, 현재의 상태에 있어서는 같은 철근콘크리트조임에도 불구하고 라-멘식 구조·플랫 슬래브식 구조·벽식 구조·프리스트레스트식 구조에서는 응력계산의 입장을 달리하고 있으므로, 안전성에 대한 생각하는 방법도 상당한 차이가 있는 것을 지적해 둔다.

4. 철골철근콘크리트조

이 구조법은 주로 중고층 혹은 고층 라-멘에 사용되고 있으나, 철골이 사용되고 있기 때문에 그 인성(靭性)이 합성되어 파괴에 대하여 철근콘크리트조 보다 끈기가 있다.

또, 일반적으로 철골철근콘크리트 단면은 전단면에 대한 강재 단면의 비율이 철근콘크리트 보다 커서, 부재 길이에 대하여 부재 춤을 작게 할 수가 있으므로 고층화를 비롯하여 긴 스팬 구조나 장대기둥(長大柱)에도 자주 사용되고 있다.

일본의 간또 대지진에서는 이 구조법의 안전성이 증명되었으며 그 이후의 지진에 있어서도 큰 피해는 없었고 현시점에서 가장 신뢰성이 높은 구조법이다.

그런데, 구조계획상 철골철근콘크리트조와 철근콘크리트조는 어떻게 구분하여 적용되고 있는가.

애초, 건물의 높이에 관하여 양자에 명확한 구분은 없는 셈이나 철근콘크리트조는 보통 6층 이하로 하는 것이 정착되어 있으며, 철골철근콘크리트조는 14층까지에 사용되고 있다. 최근의 고강도 철근콘크리트조를 고려하면 양자의 적용구분은 여전히 명확하지 않게 된다. 철근콘크리트조의 적용 층수를 6층 이하로 한 것은 단순한 행정지도(일본의 경우)이며, 법령에서도 학회규준에도 없으나 전국적으로 가장 수가 많은 이 종류의 구조로는 시공업자의 역량까지 고려하여 대체로 타당한 제한으로 생각된다.

철골철근콘크리트조가 초고층 건축의 기둥에만 사용된 예는 있으나 콘크리트의 중량을 문제시하여 최근에는 그다지 채용되고 있지 않다. 초고층 건축에서는 고층부의 철골조와 저층부(지하층)의 철근콘크리트조와의 중간에 이 구조를 사용하는 일이 많다.

강관콘크리트조도 철골철근콘크리트조의 일종으로서, 콘크리트를 강관에 채워 넣는 경우와 피복하는 경우가 있으나 각각 강관의 보강 또 내화피복을 겸한 합성구조를 유효하게 사용되고 있다.

5. 특수구조

이른바 특수구조 가운데는 콘크리트블록조, 프리패브 구조 등이 있다. 콘크리트블록조는 주로 1·2층의 주택이나 그 이외 소규모 건축에 사용되고 있으며, 구조방식으로 분류하면 벽구조이다. 최근 지진의 피해를 보면 건물의 경우에는 기초를 비롯하여 테두리보 등의 설계와 감리도 비교적 빈틈없이 하고 있고, 동(棟)수도 적으므로 그렇게 큰 손상을 입고 있지 않으나 부속물로서의 울타리의 무너짐이 두드러지므로, 이것들에 대해서도 충분한 설계감리가 필요하다.

이 현상은 보강콘크리트블록 울타리의 구조가 간단하기 때문에 안이하게 생각하고 있는 것과, 건물의 수에 비교하여 울타리의 수가 지나치게 많기 때문에 피해의 절대수도 현저하게 눈에 띄므로 앞으로는 아주 신중하게 다루지 않으면 안된다.

프리패브 구조에는 목질계(木質系), 철골계(鐵骨系) 콘크리트계가 있으나, 각 계통마다 종류는 대단히 많으며 대표적인 것은 철골계로서 프리패브 골조가 있고, 콘크리트계에는 벽식 프리케스트 철근 콘크리트조가 있다. 앞의 것에는 공장·창고·체육관 등에 사용되는 산형 또는 아치형 골조나 빌딩용 라-멘이 있으며, 뒤의 것에는 공장에서 제작된 철근콘크리트 판을 현장에서 조립하는 것인데, 층수는 4·5층 이하의 것과 다시 특별한 조사연구에 의하여 6층~8층까지도 지을 수 있게 되어 있다.

6. 구조방식과 구조종별과의 관계

이 장에는 목구조를 비롯하여 철골구조, 철근콘크리트구조 등 각종 구조법의 대체적인 요점을 설명했으며, 이것들을 총괄하여 나타내면 표 5.1과 같이 된다.

이 표에 따르면 철골구조 가운데 보통 강구조라고 부르는 중량형강에 의한 구조법이 가장 많은 구조방식에 적용되어 있는 것을 알 수가 있다.

또 그림 5.1에 참고로 이웃 일본의 사무소 건축의 기둥간격을 나타낸다. 그림 가운데 초고층 건축의 마룻대(ridge direction) 기둥간격이 현저히 좁은 것은 튜브구조의 경우가 스팬방향이 현저히 장대(長大)한 경우이다.

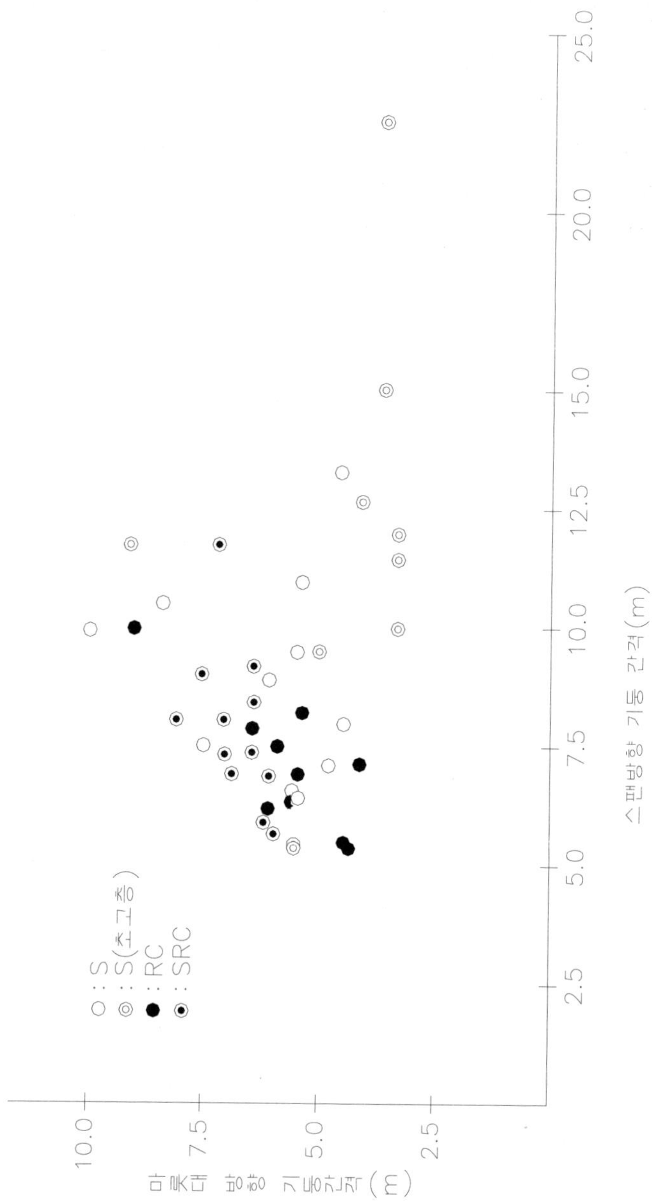

그림 5.1 사무소 건축의 기둥간격

표 5.1 구조방식과 구조종별의 관계

구조 방식 / 구조 종별		높이에 의한 분류				큰 스 팬 구 조					라 - 멘				탑상구조물		기 초	
		저층	중고층	고층	초고층	트러스	아치	스페이스스트락처	셸·돔	매단구조	라-멘	유벽라-멘	가새붙은라-멘	큰스팬라-멘	굴뚝	탑	기초보	푸-딩
목조	축 조 구 조	◎				△	△											
	투바이포 공법	◎					△				○			△				
	집성재 구조	◎																
조 적 조		△																
콘크르트블록조		◎																
철근콘크리트조		◎	◎	△	△	△	◎		◎		◎	◎	○		◎	△	◎	◎
P.S 콘크리트		○	○	△		△	○	○	○	△	○	◎	○	◎			△	
철골철근콘크리트조		○	◎	◎			○				◎	◎	◎				○	
철골구조	강 구 조	○	◎	◎	◎	◎	◎	◎	◎	◎	◎	◎	◎	◎	◎	◎		
	경량형강구조	○				○					○		○					
	강 관 구 조	○				◎	○	◎	○	○				○	○	◎		

◎ 자주 사용된다. ○ 사용된다. △ 드물게 사용된다.

5.4 ·······································지반과 기초

5.4.1 개 요

건물의 설계를 시작하는 데는 상부구조를 위한 여러 조건도 당연하지만 먼저, 그 부지의 지반의 상황을 알지 않으면 안된다. 지반의 조건을 고려하면서 실행되는 상부구조의 합리적인 설계에 따라 비로소 가장 적절한 기초구조의 설계가 가능하게 된다. 따라서, 맨 처음으로 지반조사를 충분히 실시하여 지반의 구성이나 성질을 명확히 파악하지 않으면 안되며, 이것에는 보통 다음에 설명하는 예비조사와 본조사가 실시된다.

예비조사에서는 먼저 부지가 건물건설용지로서 적당한지 않은 지의 판단이 이루어짐과 동시에, 지반도(地盤図) 등의 문헌조사나 현지답사, 혹은 기존 구조물의 조사(인접 또는 부근에 있는 건물의 지반조사재료) 등을 실시하여 우선 기초의 형식을 상정(想定)하고, 부지내의 대략의 지반구성, 각 층의 토질의 단단함과 부드러움 및 지하수의 위치 등이 구해진다. 다음에 건물의 배치계획을 결정하여 보링이나 표준관입시험 등을 적당히 실시하며, 이것들이 다음에 실시되는 본조사의 예비적인 조사가 된다.

본조사는 기초의 설계 및 시공에 필요한 모든 자료를 예비조사를 기초로 하여 보다 자세하게 구하기 위하여 행해지는 것이며, 부지의 정확한 지반구성을 보링에 의하여 구하고 흙의 물리시험이나 역학시험도 행하여 기초의 지지력, 침하, 또 시공에 영향을 미치는 범위내의 지반의 성질 등을 구하는 것이다.

다음에 기초를 포함한 건물전체의 구조계획에 관계되는 요점을 설명한다.

기초의 설계에 있어서의 기본적인 방침은 기초가 상부구조를 안전하게 지지하고, 유해한 침하나 경사(傾斜) 등이 일어나지 않도록 그 형식을 선정하는 것이다.

건물의 중량에 대하여 지반의 강도가 부족하더라도 지반의 파괴를 일으키지 않는 설계를 하지 않으면 안될 뿐만 아니라, 파괴에 이르지 않는 경우에도 지반이 과대한 변형을 일으키면 건물은 큰 침하나 경사를 일으키게 된다.

이런 현상은 기초 저면의 접지압과 지반의 지지력과의 관계 뿐만아니라 말뚝기초에 있어서 말뚝의 지지력과 그 침하량에 대해서도 아주 같은 배려가 필요함과 동시에 말뚝의 수평내력에 대하여도 충분히 안전함을 확인하지 않으면 안된다.

기초에 가해지는 수평하중에는 장기하중으로서는 옹벽 또는 높낮이차가 있는 부지에 세워진 건물에 가해지는 토압을 비롯하여, 아치 등의 각부(脚部)에 생기는 수평력이 생각되며, 단기하중으로서는 건물에 작용하는 지진력 또는 풍압력에 의한 수평하중이 있으나 특히, 최근의 지진에 의한 피해는 수평력에 의한 말뚝의 파괴가 두드러지므로 충분한 여유를 갖고 본 설계를 하여야 한다.

여러 외국에서의 많은 지진재해의 조사에서 붕괴를 모면한 건물에 강강(强剛)한 지하실을 가진 건물의 예가 많은 것도 묵과해서는 안되는 중요한 구조계획의 하나의 시점이다. 또, 현단계의 구조설계 이념에서는 대지진에 대하여 건물은 다소의 피해를 받을 수밖에 없다는 생각으로 설계하고 있으나, 기초는 상부구조보다 견고하게 설계해 두는 것이 바람직하다. 그것은 상부구조, 기초구조가 함께 피해를 입었을 경우 기초구조의 복원은 대단히 곤란하며 상부구조에 비교하여 비용도 막대한 것이 되기 때문이다.

5.4.2 부지와 지반

1. 부지의 선정

부지의 선정은 건축의 기획상 더없이 중요한 일이다. 건물의 종류에 따라서는 부지가 나중에 결정되는 경우도 있으나, 일반적으로 건축이 기획되는 단계에서는 이미 부지가 주어져 있는 경우가 많다.

건축을 기획하는 사람은 먼저 부지를 입수하는 것이 보통이지만, 이 경우 건축 총공사비에 대하여 부지에 소용되는 비용은 통상 상당히 큰 비율을 차지하므로, 허용된 범위내에서 될 수 있는대로 값이 싼 부지를 선택하는 것은 당연한 일이다. 그러나, 이와 같은 부지는 자칫하면 지반이 나쁜 곳이 많을 것이다.

부지의 선정에는 먼저 지반의 상황을 고려하여야 하며, 부지의 값이 싸더라도 건물의 기초에 막대한 비용이 덜던지, 건물이 건설되어도 그 뒤에 재해가 일어난다면 굳이 싸다고 할 수 없게 된다.

옛 시대에는 건물을 짓지 않았던 산 사이 등의 토지도 최근에는 개발이 이루어져 건축부지로 되는 일이 많으나, 이와 같은 곳은 거의가 이미 이전에는 강이나 밭이던가, 충적층(沖積層)이 깊은 곳이었던가, 소위 문제가 많은 곳이다.

최근의 기초구조는 특히 말뚝지정의 진보에 따라 지반이 나쁜 곳에도 고층 건축이 지어지게 되었으나, 이와 같은 경우에는 지진의 피해가 많은 것도 과거의 많은 지진재해가 나타내 보이는 곳이다.

2.. 지반의 선정

건물의 기초는 양질인 단단한 지반에 지지되도록 하는 것을 원칙으로 하지만, 지반조사의 결과를 바탕으로 건물을 어느 지층에 지지되게 할 것인가는 기초구조의 선정의 문제와도 관련되어 건물설계상의 기본문제이다.

앞에서 설명한 것과 같이 지진의 재해는 여러 외국에서 지반이 좋은 곳에는 적고, 충적층 등의 지반이 나쁜 곳에 집중하여 일어나고 있다.

근년의 도시에 인구집중과 양질지반의 부족의 결과 지반이 나쁜 곳에도 건물이 지어져 지진재해는 오로지 감소하는 일은 없을 것 같다. 건물의 기능에 따른 상부구조의 특성과 지반의 여러 조건에 따라 기초의 형태는 여러 가지로 변화하지만, 지지지반이 얕을 경우에도 직접기초가 마련되므로 거의 문제는 없다. 그러나 지지지반이 깊은 경우 지지말뚝기초를 채용하면 확실한 안전성이 얻어지는 것이 명백하더라도, 보통은 총공사비의 관계도 있어서 실시되지 않는 경우가 종종 있다. 이와 같은 경우에도 안전하고 비용이 적은 방법을 찾아내는 것이 설계자의 기량이다.

중간층에 N치가 상당히 높은 층이 존재할 경우, 그 층 두께와의 관련에서 여기에 지지시컬 것인지 아닌 지의 판단 또, 깊은 확실한 지지층까지의 말뚝기초로 할 경우에는 이 중간층을 구멍을 뚫을 수 있는 말뚝의 종류의 선택 등은 가장 고심(苦心)을 요하는 점이다. N치가 높은 확실한 지지지반이 극단으로 깊은 경우, 혹은 상부구조가 비교적 가볍고 건축비도 적은 경우에는 어쩔 수 없이 연약지반에 지지케하는 일도 있으나 이와 같은 경우에는 장래 건물이 침하하던지, 경사지던지 할 가능성이 있으므로 충분한 배려를 해두지 않으면 안된다. 기초의 지지지반이 사질토(砂質土)이면 지진시에 액상화(液狀化)하여 지지지반으로서의 능력을 잃어 건물이 침하하던가, 경사나 전도하는 등의 피해가 일어난다. 이것을 사질토의 액상화라고 한다.

액상화 현상을 일으킬 가능성을 지배하는 요인은 아직까지 완전히 규명되지 않았지만 대략의 요점은 다음과 같다.

(a) 지표로부터 15m~20m의 깊이 이내의 느슨한 모래층의 경우.
(b) 순수한 모래층으로 입경(粒徑)이 균일한 중립사(中粒砂)의 경우.
(c) 지하수위 밑에 있으며 물로 포화되어 있는 경우.

이 이외 액상화의 위험성은 N치의 쪽에서 보면 대략 15이하의 경우에 일어나기 쉽다고들 한다.

이와 같은 경우의 대책으로서는 대상이 느슨한 모래층이므로 짜서 단단히 하여 지반개량을 하던가, 액상화하지 않는 지지층까지 말뚝을 박는 등의 방법이 생각된다.

5.4.3 기초와 말뚝의 종류

1. 기초의 종류

(1) 직접기초

기초에서 오는 하중을 직접지반으로 전하는 것이며 다음의 두 개로 나누어진다.

푸팅기초 : 독립푸팅기초 · 복합푸팅기초 · 연속푸팅기초

온통기초 : 푸팅기초의 크기가 차츰 넓어져서 평면적으로 연속되어 건물 바깥둘레로 에워싸인 면적과 같던가 또는, 이것보다 조금 바깥쪽으로 튀어나오게 하여 지지면적을 크게 한 기초

(2) 말뚝기초

지정으로서 말뚝을 사용하는 것이며, 기초의 형상은 직접기초와 거의 같다.

(3) 피어(pier)기초

종래, 말뚝은 박아넣는 것, 피어는 굴착(掘鑿)하여 시공하는 것으로 구별하였으나, 최근에는 시공법이 잇달아 증가하고 진동이나 소음을 피하여 미리 오거(auger) 등을 사용하여 구멍을 뚫은 뒤에 기성말뚝을 속에 넣는 방법 등이 있으며, 말뚝과 피어와의 명료한 구별은 하지 않게 되었고, 큰 직경의 현장타설콘크리트말뚝을 사용한 기초를 피어기초라고 한다. 웰(well)기초, 정통(井筒)기초라는 것도 피어기초이다.

(4) 잠함(caisson)기초

뉴메틱 케이슨(Pneumatic caisson)과 오픈 케이슨(Open caisson)의 두 종류가 있으나, 같이 케이슨의 내부로부터 지반을 굴착하여 케이슨이 양질의 단단한 지반에 직접 지지될 때까지 침하시키는 것이다. 앞의 것은 압축공기를 이용하여 케이슨안으로 침입하는 물을 막으면서 시공되나, 뒤의 것은 지하수가 적은 지반의 경우에 압축공기를 이용하지 않고 굴착된다.

(5) 지반개량

기초 그 자체는 아니지만은 두드러지게 연약한 지반을 다음에 가리키는 각 종의 공법으로 개량하여 기초의 설계를 쉽게하려는 방법이다. 즉, 지반의 강도의 증대, 침하의 억제, 물막이 등을 목적으로 흙을 죄어 단단히 하는 것 · 압밀(壓密) · 탈수(脫水) · 뭉치어 굳힘(固結) · 치환 등의 처치를 하는 것이다.

i) 죄어 단단히 하는 공법 : 밀도가 작은 사질토에 기계적인 힘을 가하여 그 밀도를 상승(上昇)시켜 안정된 지반으로 개량하는 것. 바이브로플로테이션 공법(Vibro-floatation method), 모래압입 공법(砂壓入工法) 등이 있으며, 개량 깊이의 최대치는 각각 8m, 15m 정도이다.

ii) **강제압밀탈수 공법** : 연약한 점성토(粘性土) 속에 충격하중 또는 진동하중으로 모래를 눌러 넣어서, 이 모래를 타고 이동하게 물을 놓아주어 강제적으로 압밀하여 사전에 침하를 일으켜서 강도를 증가시키는 공법이며, 샌드드레인(Sand drain) 공법이라고도

한다. 개량 깊이는 20m~30m 정도이다.

iii) 탈수공법 : 연약한 점성토 속에 탈수제 또는 열을 가하여 탈수시켜 강도 증가를 꾀하는 공법

iv) 굳혀 맺는(固結) 공법 : 시멘트나 약액(藥液)을 주입 또는 동결(凍結)에 의하여 지반의 불투수화(不透水化)나 강도의 증가를 꾀하는 공법

v) 치환공법 : 저질 흙을 양질의 흙으로 끼워넣는 공법

2. 지반의 허용지지력도

지반의 허용지지력도를 결정하는 방법에는 다음과 같은 방법이 있다.

(a) 허용지지력도의 계산식(일본학회의 건축기초구조설계에 따른 식)
(b) 지지지반에서의 평판재하 시험

표 5.2 지반의 허용응력도 (건축기준법 시행령)

지　　반	장기응력에 대한 허용응력도 (t/㎡)	단기응력에 대한 허용응력도 (t/㎡)
암　　반	100	장기응력에 대한 허용응력도의 각각의 수치의 두배로 한다.
굳혀맺힌(固結)모래	50	
토 단 반 (土丹盤)	30	
밀 실 한 자 갈	30	
밀실한사질지반	20	
사 질 지 반	5	
딱딱한 점토질 지반	10	
점 토 질 지 반	2	
딱 딱 한 롬 층	10	
롬　　층	5	

허용지지력도는 어떤 경우에도 지반조사에 의하여 구한 흙의 내부마찰각·점착력·단위체적중량이나 기초의 뿌리가 들어가는 깊이 등에 의하여 결정되지만, 대상으로 하는 지반의 밑부분에 연약지반층이 존재하는 경우, 지지력의 저하 등 지반의 성층상태(成層狀態)가 크게 관계되므로 충분한 배려를 하지 않으면 안된다.

이들의 조사에 의하지 않는 경우에는 건축기준법 시행령에 나타나 있는 지반의 허용응력도 표 5.2에 따를 수가 있다.

3. 말뚝의 종류

말뚝의 종류에는 나무말뚝·콘크리트 말뚝·강(鋼) 말뚝의 세 종류가 있으나, 말뚝의

지지력을 생기게하는 기구로부터는 마찰말뚝과 지지 말뚝의 두 종류로 나누어진다.

(1) 나무말뚝

나무말뚝의 재료는 소나무 · 미송 등의 생나무가 있으나, 최근에는 가격의 상승과 입수난으로 사용되는 일은 거의 없다. 나무말뚝은 완전히 물 속에 담궈두면 내용연한(耐用年限)은 현저히 길지만, 최근과 같이 지하의 깊은 공사가 많아지면 지하수위의 변화가 심하여 공사 중에는 물 속에 있더라도, 영구히 물 속에 있다고는 장담할 수 없으므로 특수한 경우 이외에는 사용하지 않는 것이 좋다. 가장 최근의 조사에 따르면 지하실 밑의 기초에 사용되고 있는 경우 등, 건물의 준공 뒤에 수위가 내려가 오랜 세월을 지나서도 산소의 공급이 없으면 부식되는 일은 없다고 한다.

(2) 기성콘크리트말뚝

기성콘크리트말뚝은 거의 대부분 원심력 성형 말뚝이지만, 통상의 철근콘크리트 말뚝과 프리스트레스트 콘크리트말뚝의 두 종류가 있다. 최근의 기성콘크리트말뚝의 대부분은 고강도 콘크리트를 사용하며, 다시 프리스트레스트를 가하여 오터크레이브(autoclave) 양생시키는 등의 고강도 콘크리트말뚝이다. 따라서, 말뚝 그 자체에는 거의 걱정할 일은 없으나 박아 넣는 작업은 소음이나 진동 등 때문에 특수한 장소이외에는 사용하지 않고 가끔 억지로 밀어 넣는 방법도 사용되지만, 시가지 등에서는 파묻어 넣는 말뚝으로서 프리보링(preboring) 공법이 사용되고 있다.

이 공법은 먼저, 어스오거(earthauger)로 지반을 굴착하고 시멘트 밀크를 주입하면서 어스오거를 끌어올려 그 속에 기성콘크리트말뚝을 빽빽이 들어차게 하여 주위의 지반과 밀착시키는 공법이다. 따라서, 이 말뚝은 지지 말뚝으로서 뿐만 아니라 마찰말뚝으로서도 지지력을 기대할 수가 있다. 그러나, 박아 넣는 말뚝과 비교하면 시공관리가 어렵고 지반이 죄어 단단해지지 않기 때문에 지지력은 박아 넣는 말뚝보다 작다.

그 이외에 워터제트(water-jetting) 공법, 안구멍 뚫기(中掘) 공법도 사용되고 있으나, 이것들에는 둘 다 끝이 트인 기성콘크리트말뚝이 사용된다. 앞의 것은 말뚝의 내부로 물을 압입(壓入)하여 굴착하며, 뒤의 것은 내부에 어스오거를 넣어 굴착하면서 말뚝을 가라 앉혀가는 공법이다. 또, 마디붙은 말뚝이 있으나 이것은 연약지반에 사용되는 것이며, 박아 넣을 때 흙과 모래를 적당히 섞은 자갈을 집어 넣어 마찰말뚝으로 하기보다는 오히려 주변 지반을 죄어 굳히는 효과로 말뚝 지지력을 증대시키는 것이다.

(3) 강철말뚝

강철말뚝에는 H형강 말뚝과 강관(鋼管) 말뚝이 있는데 둘 다 파묻어 넣는(埋込) 말뚝이다. 강관은 가운데를 파는 공법으로도 사용되지만, 해머로 박아 넣을 때는 말뚝박는 기계에 붙은 방음커버를 사용하더라도 매립지 등 소음이나 진동의 걱정이 없는 특수한 장소이외는 사용하지 않게 되었다. 또, 녹막이 조치를 하지 않고 부식(腐植) 시험도 실시하지 않는 경우에는 부식재료(값)를 2㎜ 이상 취하도록 되어 있다.

(4) 제자리 박기 콘크리트말뚝

제자리 박기 콘크리트말뚝에는 옛날부터 각 종의 패데스탈(Pedestal) 말뚝이 있었으나, 이것은 이중강관(二重鋼管)의 앞쪽의 끝에 신을 매달아서 박아 넣으며, 배근 위의 내관(內官)을 뽑아 내어 콘크리트를 타설하고 내관으로 눌러 굳히며 외관을 끌어 올리는 방식이다. 그러나, 최근에는 타설시의 소음, 진동 등 때문에 거의 사용되지 않는다.

소음이 없고 진동이 없는 방식의 제자리 박기 콘크리트말뚝을 분류해 보면 대강 다음과 같다.

- 제자리박기 철근콘크리트(모르타르)말뚝
  - 케이싱 없음
    - 흙탕물 사용
      - 리버스서큘레이션(reverse circulation drill)공법
      - 어스드릴(earth drill)공법
    - 흙탕물 사용 않음 — 프리팩트 모르타르 말뚝(prepacked mortar pile)(SPIP),B.H공법
  - 케이싱 사용 — 흙탕물 사용 않 — 베노토(benoto)공법

4. 말뚝의 허용지지력

말뚝의 허용지지력은 말뚝의 종류나 형상에 따라 다소 방법이 다르지만, 말뚝 자체의 재료의 허용응력도 선단(先端)지지력, 말뚝 둘레면의 마찰저항, 말뚝 직경과 길이의 비 및 이음의 방법과 이음의 수 등에 의하여 구해진다. 또, 현장에서 박아 넣을 때의 침하의 측정값으로부터 지지력의 추정도 할 수 있으나, 마찰말뚝의 경우에는 지지 말뚝과 같은 명료한 끝냄도 없어서 불안한 점이 있으므로 공사 때 재하시험에 의하여 이것을 확인하는 것이 좋다.

(1) 재하시험

재하시험은 실물 시험이라는 점에서 우선 신뢰성이 높으나, 마찰말뚝의 경우에는

다음의 두 가지 점에서 충분한 주의를 기울일 필요가 있다.

ⅰ) 재하시험 : 보통 수십시간내에 끝내지만 상부 구조로부터 오는 재하는 영구적인 것이므로, 그 침하량은 짧은 시간 재하에 의한 침하량보다 크게 된다.

ⅱ) 마찰말뚝 : 보통의 경우 무리 말뚝이다. 말뚝이 접근되어 박혀져 있으면 실제로는 각 말뚝에 동시에 재하되는 결과로, 말뚝 서로의 지중응력(地中應力)의 겹침으로 해서 말뚝의 지지력은 한 본의 말뚝만에 재하되는 재하시험의 값보다 분명히 감소한다. 따라서, 재하시험에 의하여 얻어진 값에서 허용지지력을 결정할 경우에는 무리 말뚝 효과 등을 고려하여 충분한 여유를 보아 두지 않으면 안된다.

⑵ 말뚝 재료의 허용응력도

종래, 말뚝의 허용지지력은 예를 들면, 철근콘크리트 지지 말뚝의 경우에는 지름 300㎜ 정도일 때 장기허용지지력으로서 한 본에 대하여 25t 이라든가, 30t 등이라는 일단의 목표가 있으며, 이것에 말뚝박기 시험, 재하 시험에 의하여 그 내력이 확인되어 왔으나, 최근에는 말뚝의 제법(製法)이나 재료 등이 다양화되는 점에서 일본의 경우 건설성(建設省)은 말뚝체(体)의 허용응력도 등을 정하여 말뚝의 지지력을 구하도록 하였다.

즉, 1970년 6월 19일 건설성 주지발(住指發) 제 245호『말뚝체의 허용응력도 등에 관한 취급에 대하여』로 보여주고 있다. 이 기준은, 말뚝체에 대한 허용응력도 등을 정한 것이므로 최종적인 말뚝의 지지력의 결정에 있어서는 말뚝체의 내력(耐力)이외에 말뚝 선단(先端)의 지지력 등 지반 조건을 충분히 고려할 필요가 있다. 그런데, 이 기준의 적용에 대하여 다음의 각 항을 고려하도록 되어 있다.

ㄱ. 지반의 토질 및 지반상황
ㄴ. 재하시험, 말뚝박기 시험 자료
ㄷ. 말뚝체의 허용응력도와 특성
ㄹ. 지지하는 건축물 등의 구조, 규모 등의 특성
ㅁ. 시공방법 및 숙련도, 난이성(難易性)
ㅂ. 공사관리의 상황

말뚝체의 강도, 허용응력도, 이음 및 세장비에 의한 지지력의 저감율을 표 5.3에 언급한다.

표 5.3 말뚝체의 허용응력도

<table>
<tr><th colspan="2" rowspan="2">말뚝의 종류</th><th colspan="2">재료의 품질</th><th rowspan="2">이음에 의한 저감</th><th rowspan="2">세장비에 의한 저감율</th></tr>
<tr><th>콘크리트의 강도 (kg/cm²)</th><th>콘크리트의 허용응력도 (kg/cm²)</th></tr>
<tr><td colspan="2">진동채움 철근콘크리트 말뚝</td><td>400 이상</td><td>65 이하</td><td rowspan="8">· 용접이음 5%/개소
· 볼트식 이음 10%/개소
· 충진장부식이음 최초의 2개소까지 20%/개소 3개번째부터 30%/개소</td><td>용접 및 볼트식 이음 (L/D-60)%</td></tr>
<tr><td colspan="2">원심력 철근콘크리트 말뚝</td><td>400 이상</td><td>JIS 제품 및 JIS와 동등품
75 이하</td><td>JIS 및 동등품
용접 및 볼트식 이음 (L/D-60)%
JIS 이외의 제품 (L/D-60)%
충진장부식 이음 (L/D-50)%</td></tr>
<tr><td rowspan="3">원심력 프리스트레스트 콘크리트말뚝</td><td>A종</td><td rowspan="3">500 이상</td><td>105 이하</td><td rowspan="3">JIS제품 및 JIS동등품 (L/D-80)%
JIS 이외의 제품 (L/D-70)%</td></tr>
<tr><td>B종</td><td>100 이하</td></tr>
<tr><td>C종</td><td>95 이하</td></tr>
<tr><td colspan="2">고온고압 증기양생말뚝</td><td>700 이상</td><td>165 이하</td><td>JIS제품 (L/D-75)%</td></tr>
<tr><td rowspan="2">강철말뚝</td><td>강 관</td><td colspan="2" rowspan="2">장기허용응력도
1,000~1,400</td><td>(L/D-100)%</td></tr>
<tr><td>H형강</td><td>(L/D-70)%</td></tr>
</table>

(3) 말뚝의 허용지지력

앞에서 설명한 것과 같이 말뚝의 지지력은 여러 가지 방법으로 구해지지만, 참고로 일본의 도쿄도의 행정지도에 의한 말뚝의 허용지지력을 표 5.4~표 5.8에서 언급한다.

표 5.4 기성콘크리트말뚝, 장기연직최대내력표 (지반 및 말뚝재) (t/본)

<table>
<tr><th colspan="3">말뚝지름
종 별</th><th>300</th><th>350</th><th>400</th><th>450</th><th>500</th><th>600</th><th>길이지름비에 의한 저감율</th><th>길이지름비의 한계</th><th>용접이음에 의한 저감율</th></tr>
<tr><td colspan="3">말뚝의 연직 내력</td><td>45</td><td>60</td><td>80</td><td>105</td><td>130</td><td>160</td><td></td><td></td><td></td></tr>
<tr><td rowspan="5">말뚝재의 허용내력</td><td colspan="2">원심력콘크리트말뚝</td><td>30</td><td>40</td><td>50</td><td>60</td><td>75</td><td>100</td><td>(L/D-70)</td><td>90</td><td rowspan="5">1개소
5%</td></tr>
<tr><td rowspan="3">원심력 프리스트레스트 콘크리트 말뚝</td><td>A종</td><td>45</td><td>60</td><td>80</td><td>95</td><td>120</td><td>160</td><td rowspan="4">(L/D-80)</td><td rowspan="4">105</td></tr>
<tr><td>B종</td><td>45</td><td>55</td><td>75</td><td>90</td><td>115</td><td>155</td></tr>
<tr><td>C종</td><td>40</td><td>55</td><td>70</td><td>85</td><td>110</td><td>145</td></tr>
<tr><td colspan="2">고온고압양생말뚝</td><td>75</td><td>90</td><td>110</td><td>135</td><td>170</td><td>235</td></tr>
</table>

기호 L : 말뚝의 실제 길이 D : 말뚝의 지름

주1) 말뚝의 연직내력은 말뚝의 지지지반과 지반 속의 말뚝 둘레의 마찰력을 더한 값으로 한다.
주2) 말뚝재의 허용내력은 말뚝재의 장기허용응력도에 최소 단면적을 곱하여 구했다.
주3) 말뚝재의 장기연직최대내력은 말뚝재의 허용내력으로부터 길이 지름비, 용접이음의 저감을 한 값으로 한다.
주4) 고온고압양생된 말뚝에서 건설 대신 인정을 받은 것은 길이 지름비 L/D-85, 길이 지름비의 한계 110으로 한다.

표 5.5 강관말뚝의 장기연직 최대내력표 (재료)(t/본)

바깥지름 (mm)	두 께 (mm)	유효 두께 (mm)	유효 단면적 (cm^2)	앞쪽끝 폐쇄단면적 (cm^2)	표준 내력 (t)	최대 내력 (t)	길이지름 비에의한 저감율	길이지름비의 한계	용접이음에의한저감율
406.0	9.0	6.5	80.8	1271	95	100	L/D-100	130	1개소 5%
	12.0	9.5	117.2		140	160			
500.0	9.0	6.5	99.9	1932	115	135			
	12.0	9.5	145.1		170	200			
	14.0	11.5	175.0		210	245			
508.0	9.0	6.5	101.5	1995	120	140			
	12.0	9.5	147.5		175	205			
	14.0	11.5	177.9		210	245			
	16.0	13.5	208.0		245	290			
600.0	9.0	6.5	120.3	2789	140	165			
	12.0	9.5	175.0		210	245			
	14.0	11.5	211.1		250	295			
	16.0	13.5	247.0		295	345			

주1) 부식값은 지반의 부식성 시험으로 구하는 연간 부식값에 80을 곱한 수치(상부구조등의 내 용년수가 명확한 경우에는 이것에 연수에 의한 연간부식값을 곱한 수치)이상으로 한다.

주2) 위의 표의 유효두께, 유효단면적의 수치는 바깥쪽 2㎜, 안쪽 0.5㎜ 의 살두께를 뺀 수치이다. 단, 폐쇄강관 말뚝의 경우는 관의 바깥쪽 2㎜만고려하면 된다.

주3) 표준 내력은 유효단면적에 1200kg/cm^2를 곱하여 구했다.

주4) 최대 내력은 유효단면적에 (0.80×2.5t/r)×1600kg/cm^2을 곱하여 구했다. 단, 상한(上限)은 1400kg/cm^2

주5) 강관 말뚝의 장기연직 표준 내력(재료)은 이 표준 내력(재료)으로부터 이 지름비에 의한 저감율, 용접이음에 의한 저감율을 저감한 값으로 한다.

주6) 강관 말뚝의 장기연직최대 내력(재료)은 이 최대 내력으로부터 길이 지름비에 의한 저감율, 용접이음에 의한 저감율을 저감한 값으로 한다.

표 5.6 장기연직최대내력표(t/본)

말 뚝 종 류	지 지 지 반	말뚝 지름 (m)													
		0.7	0.8	0.9	1.0	1.1	1.2	1.3	1.4	1.5	1.6	1.7	1.8	1.9	2.0
어스드릴리버스베노토 (earth drill ri-verse benoto)	도쿄 자갈층	100	130	160	200	240	280	325	375	425	480	535	590	655	720
	가는 모래층	85	110	135	170	205	235	280	320	360	410	455	550	555	610
B.H	도쿄 자갈층	85	110	135	170	205	235	280	320	360					
	가는 모래층	75	95	120	150	175	205	235	270	300					
케이슨형 말 뚝	도쿄 자갈층	150 t/㎠													
	가는 모래층	100 t/㎠													

주1) 이 표의 취급은 말뚝 길이 10m 이상, 또 L/D가 10 이상의 경우로 한다(기호 L : 말뚝 길이, D : 말뚝 지름).

주2) 어스드릴 말뚝, B.H 말뚝의 취급은 1.50m 까지로 한다.
주3) 베노토 공법에 의한 설계에서 특히 신중한 지반조사와 시공·관리를 행할 때는 장기연직최대내력표의 베노토 말뚝의 값을 125% 로 할증(割增)할 수가 있다. 이 경우는 확인시에 시공시방서를 제출하는 것으로 한다.
주4) 케이슨형 말뚝 공법에 의한 설계에서 평판재하 시험에 의한 지지력을 확인한 경우는 장기연직최대내력을 도쿄자갈층 180t/㎡, 가는모래층 130t/㎡ 로 할 수 있다. 단, 지지지반 이하(以下)가 똑같은 지층으로 한다.
주5) 말뚝 길이가 L/D>60을 넘을 때의 장기연직최대내력은 장기연직최대내력표의 값으로부터 길이 지름비 L/D-60을 저감한 값으로 한다. 또한, 길이 지름비의 한계는 80으로 한다.
주6) 보링 조사 및 표준관입시험은 지지 지반보다 5.0m 이상의 깊이에 걸쳐서 조사할 것.
주7) 말뚝의 앞쪽의 끝은 질이 좋은 지지 지반안에 1.0m 이상, 또 말뚝 지름 관입(貫入)할 것. 질이 좋은 지지지반이란, N값이 50 이상의 지층으로 한다.

표 5.7 묻어 넣는 말뚝(시멘트 밀크 주입공법)의 최대내력표(t/본)

말뚝지름 / N 값	300	350	400	450	500	600
50	35	50	65	80	100	140
40	30	40	50	65	80	110
30	20	30	40	50	60	85

표 5.8 마찰말뚝의 최대내력표

공 법	N	말뚝길이 / 토질	4.0m	5.0m	5.4m	6.0m	7.0m	8.0m	t/m
시-링 공법	N ≥ 10	모래·가는 모래	8.0t/본	9.0	10.0	11.0	12.0	14.0	(2.00) 1.75
	10> $\overline{N}$ >1	점토질 모래 실트질 모래	6.0t/본	7.0	8.0	9.0	10.0	12.0	1.50
		모래질 점토 (모래질 실트)	4.0t/본	5.0	6.0	7.0	8.0	10.0	(1.00) 1.25
시멘트 밀크계 공법	·위에 쓴 것의 내력×(0.7~0.8)……원칙으로 말뚝의 재하시험이 필요 ·시-링 그 공법과의 비교 재하시험의 결과로부터 동등 이상의 내력이 얻어진다고 인정될 때는 0.7을 곱하지 않고 0.8을 곱한다.								

주1) $\overline{N}$ 는 말뚝 전길이의 N 값의 평균값
주2) $\overline{N}$ ≤1 (모래질 점토·모래질 실트·실트·점토) 또는 많은 부식토를 포함하는 토질에서는 원칙으로 마찰말뚝은 인정하지 않는다.
주3) 말뚝 앞쪽의 끝 지반의 성상(性狀) 등은 일체 고려하지 않는다.
주4) 이음 말뚝은 인정하지 않는다.

(4) 네거티브(負) 마찰력

말뚝이 지반에 박혀 들어갈 때는 말뚝과 흙과의 마찰력은 말뚝의 박아 넣는 힘에 저항하며, 말뚝을 밀어올리려는 방향으로 작용하나, 지지 말뚝의 주변의 연약지반이 어떤 원인으로 해서 침하를 시작하면, 말뚝과 흙과의 마찰력은 말뚝을 밑방향(下向)으로 당겨 내리려고 작용한다.

앞의 것은 그림 5.1(a)와 같이 마찰말뚝의 지지력이 되는 것이며, 뒤의 것은 같은 그림(b)와 같이 이것과는 거꾸로 향하는 힘이며, 이것을 네거티브 마찰력

(negative friction) 이라고 한다. 네거티브 마찰력은 최초에 생겼던 정(正)의 마찰력과 상쇄되며, 지표로부터 지지층까지의 말뚝 전 길이에 걸쳐서 작용하는 것은 아니고 같은 그림(b)와 같이 중간에 중립점이 만들어진다.

지반 침하는 층의 종류에도 기인하지만, 그 깊이가 상당히 깊은 경우에는 말뚝의 네거티브 마찰력이 작용하는 것으로 생각되므로, 긴 지지 말뚝의 설계에는 통상의 하중에 네거티브 마찰력을 더하여 검토할 필요가 있다. 계산의 상세는 학회(일본)의 설계기준에 따라 지지층이 깊은 경우에는 매우 큰 힘이 되므로 충분한 주의를 하지 않으면 안된다. 또한 네거티브 마찰력이 생기지 않토록 특수한 표면처리를 한 강철말뚝 등도 연구되고 있다.

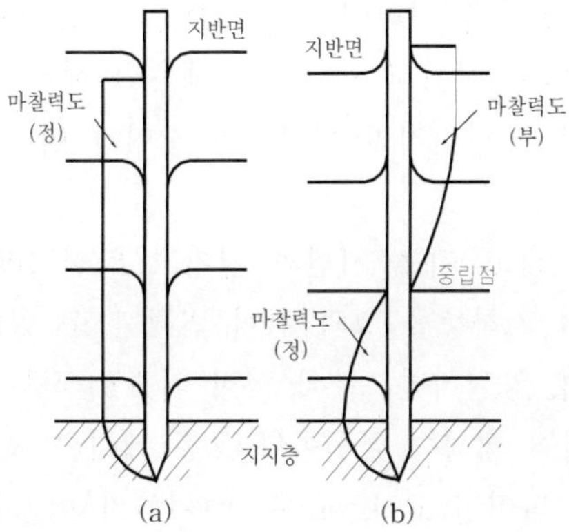

그림 5.1 정・부(正・負)의 마찰력이 일어나는 쪽

5.4.4 기초구조의 선택

지반의 조건과 상부구조의 용도・규모・형상・구조 등의 종류에 따라서 어떠한 기초구조를 선택할 것인가는 총공사비나 공사기간에도 영향을 미치는 점이 크고, 구조계획상 설계자로서 매우 중요한 결단이 강요되는 것이다.

기초구조를 선택하기 위한 가장 중요한 조건은 상부구조가 다소 침하하더라도 구조상・사용상・장애를 일으키지 않은 것이다. 지반에 하중이 작용하면 반드시 다소의 침하를 일으키지만, 구조물이 전체적으로 똑같은 침하를 하는 경우에는 그 값이 현저히 크지 않은 한 그렇게 큰 지장은 생기지 않는다.

그러나, 일단 부동침하가 일어나면 건물의 균열이나 변형의 원인이 되므로, 기초구조의 선택에 있어서는 다소의 공사비를 아끼지 말고 침하량이 작은 방법을 택하지 않으면 안된다. 또, 가장 알맞은 기초구조의 선택에 있어서는 상부구조의 변경도 중요한 조건의 하나가 되므로, 상부구조의 계획시에 기초구조를 상정(想定)해 둘 필요가 있다. 그것은 지반의 상황에 따라서는 상부구조의 극도의 경량화나 평면계획의 변경을 비롯하여, 경우에 따라서는 지하층의 유효한 이용법 등이 기초의 설계를 현저히 쉽게 할 수 있기 때문이다.

1. 연약지반에서의 대책

연약지반에도 여러 가지가 있으나 상부구조의 상황에 따라서는 건물을 직접 기초로 지지할 수 있는 경우도 있으므로, 먼저 상부구조를 가능한 경량화하는 것을 연구할 필요가 있다. 이 경우의 직접 기초에는 온통 기초와 플로팅 기초가 생각되지만 온통 기초도 일종의 플로팅 기초이며, 건물을 연약지반 위에 떠있게 하는 것은 다르지 않다.

또, 지반개량에 의하여 그 부근의 지내력을 상승시켜 직접 기초를 설치하여 개량된 지반으로부터 깊은 층으로 응력을 전하여 분산시키는 방법도 있다.

지반이 연약하여 양질지반이 현저히 깊은 경우에는 위에서 언급한 플로팅 기초 이외에 마찰말뚝 기초가 사용되나, 양질지반이 말뚝의 길이가 미치는 범위에 있으면 지지말뚝 기초가 채용된다.

건물의 지하층의 층수가 많고 기초 저면의 깊이가 양질지반까지의 깊이에 가깝던가 할 때에는 설계를 검토하여 지하층을 그와 같이 변경할 수 있다면 케이슨 기초를 사용하는 것도 하나의 방법이며, 양질지반으로의 직접 기초로 하는 것이 생각된다. 이 경우, 지하수의 다소에 따라 뉴메틱 케이슨 공법이나 오픈 케이슨 공법이 선택된다.

큰 스팬구조의 경우에는 타이빔(tie beam)을 설치하기 어려우므로 주각을 핀 구조로 하여 기초의 설계를 쉽게 하는 것도 하나의 방법이지만, 이와같은 경우에는 주각의 축방향력도 전단력도 상당히 크며, 말뚝 머리에 작용하는 수평력 등, 특히 신중한 배려가 필요하다.

또, 최근 자주 문제가 되는 것에 해안지대의 매립지가 있다. 매립공사가 끝난 뒤 바로 건축공사가 시작되면 지반의 침하량은 수 m에 이르며, 설계에 곤란을 초래하는 경우가 있다. 이와같은 경우, 건물의 기초에 지지말뚝을 사용하면 연약지반은 침하하더라도 건물의 골조는 염려가 없다. 그러나, 보통은 바닥이 크게 침하하여 여러 가지 지장이 생긴다. 이것에는 지반 개량 등 각종의 대책이 생각되지만 구조적 해결법의 구체적인 하나의 시안(試案)을 보여주면 그림 5.2의 방법이 있다. 그것은, 먼저 바닥이 되는 부분에 지지말뚝을 박고 두부(頭部)에 지반의 침하량을 예상한 세로로 긴 철근콘크리트조의 기초를 설치하여, 이것을 가로세로로 철근콘크리트조의 기초보로 연결하고 바닥은 슬래브로 하는 방법이다.

지반의 침하가 진행되면 수시로 지반과 슬래브 밑과의 사이를 강도가 극단히 작은 소일 시멘트(soil cement)계의 재료 등을 가득 채우는 것이지만, 바닥밑의 배관 등에 대해서는 지반 침하로부터 절연된 피트(pit)를 설치하는 등, 특별한 대책이 필요하다.

그러나, 위에 설명한 것과 같은 방법은 공사비의 점으로부터도 쉬운일은 아니며, 또 무엇인가 지장이 생기기 쉬운 것이므로 가능한 매립 후에 긴 세월을 지낸 뒤에 건물의 건설을 시작하는 것이 좋다.

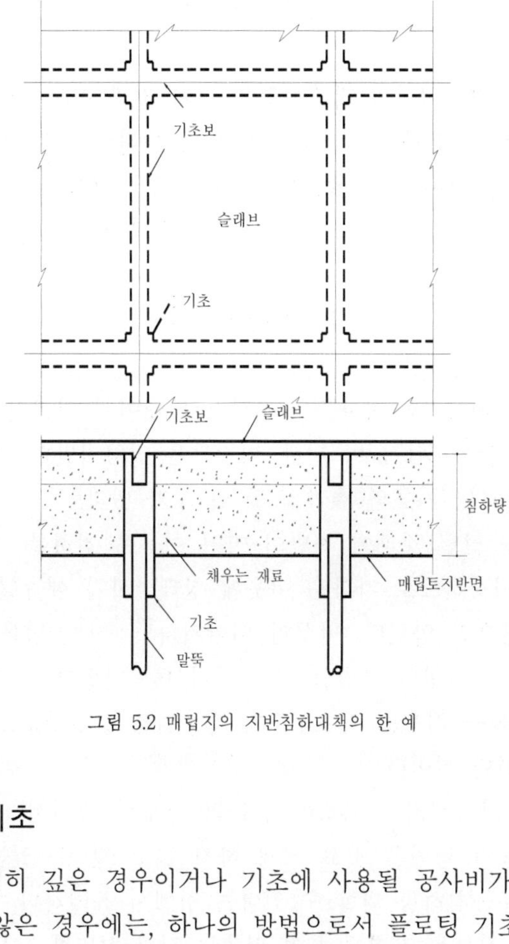

그림 5.2 매립지의 지반침하대책의 한 예

2. 플로팅 기초

양질의 지반이 현저히 깊은 경우이거나 기초에 사용될 공사비가 비교적 적고 상부구조도 그다지 무겁지 않은 경우에는, 하나의 방법으로서 플로팅 기초가 사용된다.

플로팅 기초는 뜬 기초라고도 하며, 온통 기초로도 불리운다. 이는 역시 지반의 지지력이 부족한 경우 온통 기초의 밑에 반지하실과 같은 공간을 두어, 이중 슬래브로 하여 배토량(排土量)의 중량과 건물의 중량을 평형을 이루게 하여 건물을 지반 위에 뜨게 하는 방식의 것이다. 따라서, 지하실이 있으면 건물을 뜨게 하는데 형편이 좋은 것은 말할 필요도 없으며, 상부구조의 계획에 있어서 이 점을 충분히 고려할 필요가 있다.

하나의 예로서, 철근콘크리트조의 지상 4층, 지하 1층의 건물에 대하여 개략의 수치를 나타내 보이면 각층의 고정하중・적재하중의 합계를 $1.2t/m^2$, 지붕의 중량을 $0.8t/m^2$으로 가정하여 건물의 중량은

$$1.2 \times 5 + 0.8 = 6.8t/m^2$$

이 된다.

흙의 중량을 $1.7t/m^2$로 가정하면, 지반 면으로부터 기초저면까지의 깊이 4m로 보아 배토량의 전 중량은

$$1.7 \times 4 = 6.8t/m^2$$

이 되어 깊이 4m의 위치에서의 지중응력은 파기 전과 어느 것도 변하지 않았으므로 침하가 생길 염려는 없고, 건물은 이 지반 위에 떠 있다고 생각된다. 그러나, 실제의 설계에서는 상당한 여유를 보아 두지 않으면 안되는 것은 말할 필요가 없다.

이 경우, 지하실을 취소하여 지상 4층으로 하면 이 건물을 온통 기초로 하여도

$$1.2 \times 4 + 0.8 = 5.6t/m^2$$

의 지내력이 필요하게 된다. 또 지하층을 지상으로 내어서 연면적을 일치시키면 지상 5층이 되고, 앞의 것과 같이 6.8t/㎡이 된다. 이것들은 연약지반의 허용응력도로서는 생각할 수 없는 값이며, 플로팅 기초의 효과를 잘 알 수가 있다.

그렇지만, 이 공법은 만일 장래에 지반이 어떤 이유로 침하를 일으키는 일이 있으면, 즉시 건물도 침하를 시작하므로 가까운 이웃에 장래공사가 예측될 경우에는 아주 신중한 배려를 해 두지 않으면 안된다. 바꾸어 이야기하면, 이 공법은 부지 바깥의 이웃의 지반의 상황을 의지한 불안정한 공법인 것을 잊어서는 안된다.

이제, 이와 같은 건물을 띄우는 기초구조의 경우에는 상부구조도 가능한 가볍게 하도록 연구하는 것은 당연한 일이다.

기둥의 축방향력을 감소시키기 위하여 건물의 층수를 줄여서 건축면적을 넓히는 것이 가능하더라도, 건물의 평면은 길고 크게 하지 않고 할 수 있는한 정방형에 가까운 쪽이 뒤에 설명하는 부동침하를 피할 수 있다는 점에서 유리하다.

그렇지만, 여기서는 건물을 가볍게 하여 띄우는 것만 설명했으나, 이것과 거꾸로 지하수위가 얕으면 건물이 떠올라서 곤란한 경우도 있다는 것을 덧붙여 둔다.

3. 마찰말뚝 기초

양질의 지반이 현저히 깊은 경우에 건물을 연약지반에 띄우는 방법은 앞에서 설명한 것과 같으나, 플로팅 기초 공법을 사용할 사정도 지하실을 필요로 하지 않는 건물에 있어서는 현저히 공사비가 증대하게 되므로, 마찰말뚝으로 건물을 지지하는 경우도 종종 있다.

그러나, 마찰말뚝 기초는 플로팅 기초와 같이 전체적으로는 연약지반 위에 떠 있는 공법이므로, 지반의 침하가 있으면 앞에서 언급한 플로팅 기초와 아주 같은 모양의 침

하현상이 생기기 쉬우므로, 상부구조의 설계도 플로팅 기초의 경우와 같은 주의를 할 필요가 있다.

플로팅 기초와 마찰말뚝 기초 어느 쪽이 공사비가 많이 들것인가는 상부구조의 종류·규모·형상 등과 지반의 상황에 따라 여러 가지로 변화하며, 일률적으로는 이야기할 수 없으므로 구조계획상 양자의 비교를 충분히 하지 않으면 안된다.

4. 지지말뚝 기초

지지말뚝 기초에는 앞에서 설명한 말뚝 종류의 항에서 설명한 각 종의 말뚝이 사용되나, 상부구조의 기둥의 축방향력의 크기와 말뚝의 지지력과의 관계에서 기초는 독립기초, 연속 기초 및 온통 기초의 3종으로 나누어진다.

말뚝의 수가 적으면 독립 기초가 되고, 많으면 온통 기초도 되지만 지반의 상황이나 환경에 따라서 각 종의 말뚝이 상부구조와 기초의 총공사비와의 관련등을 고려하여 사용된다.

다음에 지지말뚝 기초의 경우, 말뚝의 종류의 선택에 대하여 주의를 언급한다.

i) 기둥의 축방향력의 크기에 대하여, 말뚝의 허용지지력이 비교적 작은 것을 사용하는 쪽이 각 기초에 필요 최소한의 경제적인 본 수를 배치할 수가 있다.

ii) 최근에는 일반적으로 소음이나 진동을 피하기 위하여 지름이 작은 박아 넣는 말뚝을 사용하는 경우는 적고, 무소음, 무진동의 제자리 박기 콘크리트 말뚝이 사용되게 되었다. 그러나, 이들 말뚝은 보통 지름이 크고 허용지지력도 커서 상부구조가 비교적 가벼운 경우에는 말뚝에 요하는 비용의 비율이 현저히 증대된다. 예를 들면, 벽식 철근콘크리트조의 경우에 있어서는 라-멘 구조와 같이 축방향력이 기둥에 집중되어 있지 않으므로 지지력이 작은 말뚝을 다수(多數) 필요로 하는 경우가 많으며, 어떤 말뚝을 선택하는가가 총공사비에 큰 영향을 미친다는 것을 생각하지 않으면 안된다.

iii) 말뚝의 수평내력에 대하여는 학회(일본)의 설계기준에도 상세하게 설명되어 있으며, 한 예로 일본의 미야지로 현의 피해 가운데 기성 콘크리트 말뚝의 파손이 두드러져 이런 종류의 말뚝 기초의 설계에는 지진에 의한 말뚝 머리의 수평력을 잡는 방법을 충분히 고려할 필요가 있다.

지진에 의하여 건물이 흔들리면 말뚝에는 플러스·마이너스의 휨모멘트, 전단력 및 축방향력이 생긴다. 말뚝머리의 파괴는 연직하중에 의하여 말뚝에 작용하고 있던 축방향력이 건물의 동요에 의한 플러스·마이너스의 휨모멘트에 의하여 교대로 크게 되는 것이 반복하여 진행하는 것으로 생각된다.

특히, 지하층이 없는 경우에는 지하실 옆벽에서 기대되는 주위의 지반의 수평저항이 없으므로 말뚝에 작용하는 수평력은 지하층이 있는 경우보다 크게 된다.

이 현상은 이 장의 모두에서도 언급한 것처럼 지하층을 가진 건물의 내진성능이 좋다는 사실과도 연관되어 있다.

5. 부동침하

종래로부터 부동침하가 생기고 있는 건물의 예는 아주 많으나, 그 원인은 실로 다종다양하다.

지반조사의 소홀로 인한 설계상의 잘못은 논외로 하더라도, 어떤 원인에 의한 연약지반의 침하에 기인한 것이나, 서로 다른 종류의 지정에 의한 것 등을 비롯하여 각종의 원인이 생각되지만, 그것들은 모두 다 구조계획상의 배려의 부족이나 가까운 이웃의 열악한 기초 공사 등이 중요한 원인이 되는 경우가 많다. 다음에 부동침하의 여러 양상을 열거한다.

(1) 건물 중앙부의 침하

건물의 길이가 길면 그림 5.3과 같이 전체가 활모양으로 굽혀져서 현저한 부동침하를 일으킬 위험이 있다. 이 현상은 긴 건물을 그림 5.4와 같이 분할하여 생각하면 서로의 지중응력(地中応力)이 포개짐으로서 단부보다 중앙부가 크게 침하하는 것을 알 수가 있다.

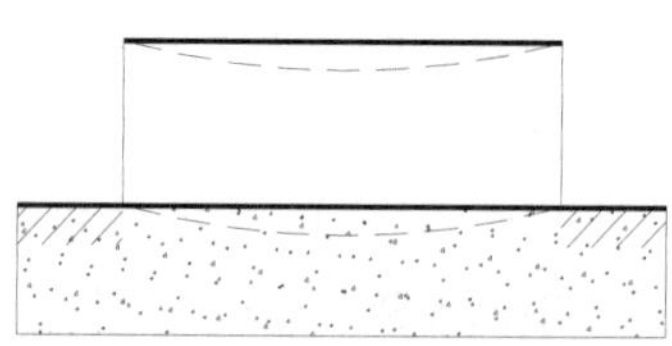

그림 5.3 건물 중앙부의 침하

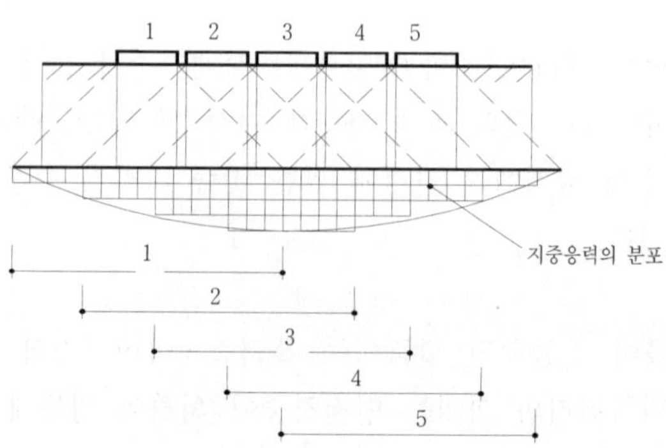

그림 5.4 건물 중앙부의 침하 이유

이와 같은 부동침하를 적게하기 위해서는 건물의 강성을 높이는 것도 하나의 방법이다.

구체적으로는 그림 5.5(a)와 같이 보의 강성 특히, 기초의 타이빔의 강성을 높이는 것은 효과가 있다.

또, 같은 그림 (b)와 같이 지하실을 설치하면 외벽은 길게 연속되어 강성도 아주 높아진다.

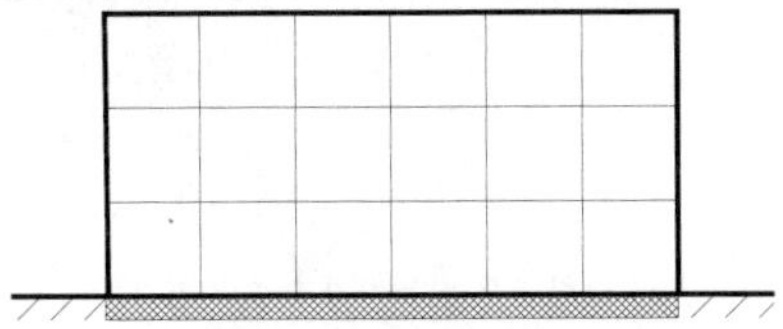

(a)

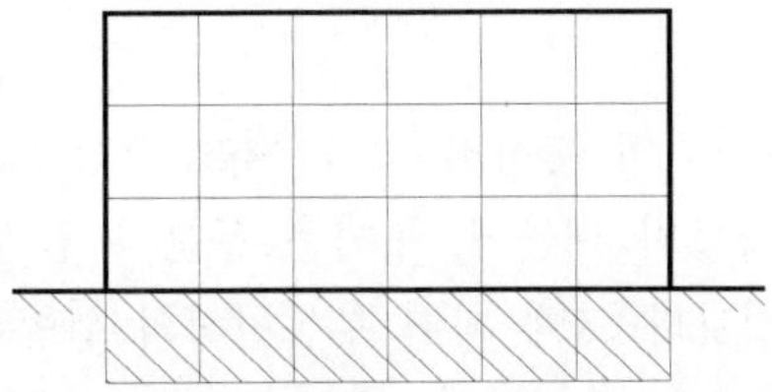

(b)

그림 5.5 건물의 강성을 높이는 방법

게다가 침하가 적은 양단부에 중량이 많은 계단실이나 펜트하우스, 내진벽 등을 배치하던가, 건물의 중앙부 부근에만 지하실을 설치하여 배토량(排土量)에 의한 부력을 유효하게 이용하여 중앙부의 침하를 경감하는 등, 상부구조의 구조계획에 의하여 피할 수 있는 경우가 많다.

하지만, 일부에 지하실을 설치하면, 그 경계부분에 침하성상(沈下性狀)의 차가 생겨 도리어 상부구조의 약점이 될 위험성이 있으므로, 그림 5.6에 나타낸 것과 같은 응력 집중의 분산을 꾀하는 지중벽을 설치하는 등의 배려가 필요하게 된다.

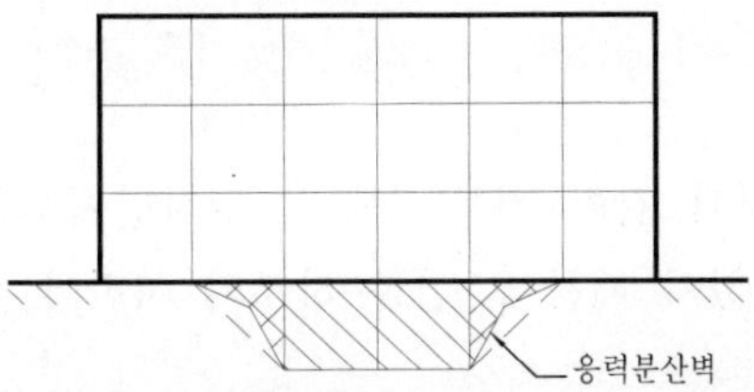

그림 5.6 건물 중앙부의 침하에 대한 배려

(2) 인동간격

그림 5.7과 같이 인동간격이 작으면 그림 5.4의 경우와 같이 양 건물의 지중응력이 겹쳐져서 부동침하의 원인이 되므로, 연약지반 위에 기초를 갖는 건물의 경우에는 이 현상을 충분히 고려하여 건물의 배치계획을 생각하지 않으면 안된다.

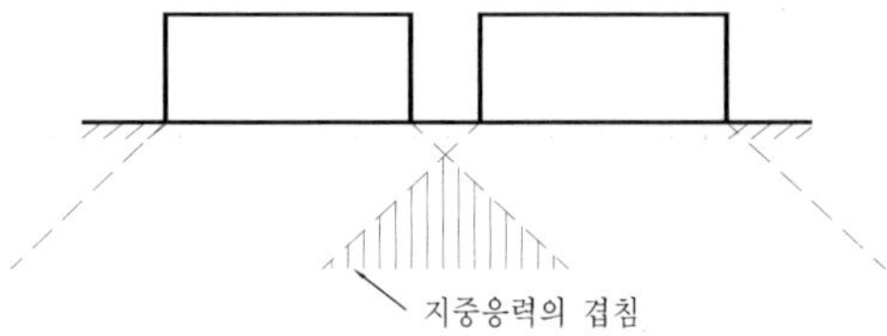

그림 5.7 인동간격과 부동침하

(3) 연약지반 층의 두께

연약지반 밑의 양질지반이 경사져 있을 때는 그림 5.8에 나타낸 것과 같이 연약지반 층의 깊이가 다르기 때문에, 두꺼운 부분의 압밀침하(壓密沈下)나 압축변형이 얇은 부분의 그것보다 크게 되어 부동침하의 원인이 된다.

또, 이와 같은 경우에는 지지말뚝 기초이더라도 말뚝의 길이가 현저히 다르면, 그 변형량에 차가 생기는 것을 잊어서는 안된다. 이와 같은 경우에는 (1)에서 설명한 것과 같이 건물의 연구에 의하여 안전한 것으로 할 수가 있다.

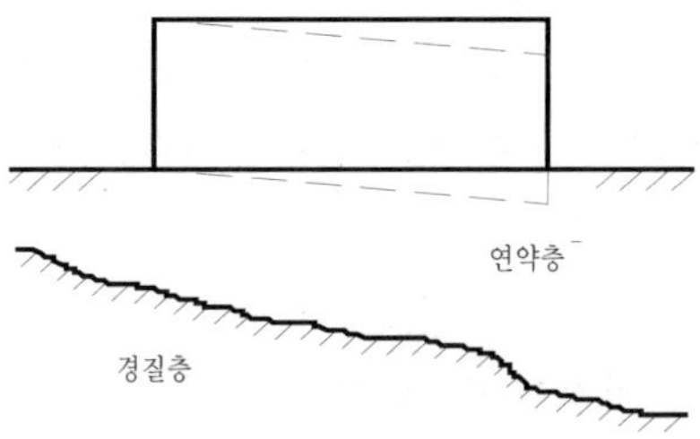

그림 5.8 연약지반 층의 두께와 부동침하

(4) 급한 경사지

그림 5.9에 나타낸 것과 같이 건물 하부의 경사면에 따르는 지중응력에 평형을 이루는 흙의 중량이 없기 때문에, 건물 하부의 지반이 이 방향으로 이동하는 경향이 있다.

또, 히-빙(터파기 밑바닥의 지반면이 이웃의 흙의 중량에 의하여 부풀어오르는 현상)에 가까운 현상도 일어날 가능성이 있으며, 경사지 쪽의 지반은 침하할 경향이 있다.

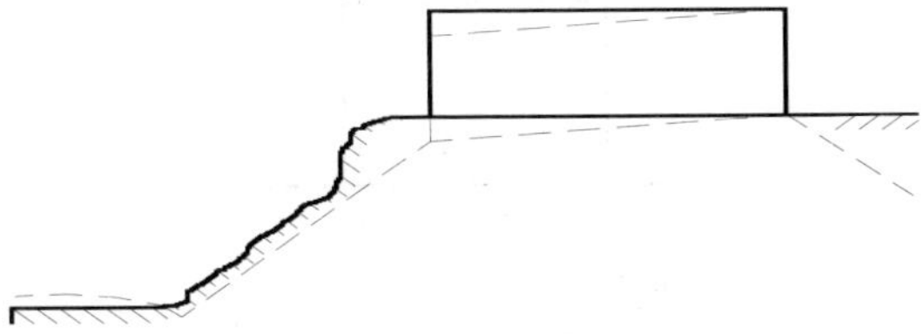

그림 5.9 급한 경사지와 부동침하

(5) 다른 종류의 기초구조

다음에 열거하는 것과 같은 다른 종류의 기초구조의 경우에는 큰 피해가 일어나기 쉬우므로 이와 같은 설계는 극력 피하지 않으면 안된다.

그러나, 현실이 꼭 피할 수 없는 경우에는 양자의 침하의 상황을 재하시험 등에 의하여 충분히 확인하던가, 양자의 경계부분의 상부구조를 보강하던가, 혹은 이 부분에 익스팬션 조인트(expansion joint)를 설치하는 등의 처치를 하여 안전을 기하지 않으면 안된다.

i) 연질지반과 경질지반에 기초가 걸쳐있는 경우나 산지(山地)와 매립토에 걸쳐있는 경우도 같다.

ii) 건물의 일부가 양질지반 위의 직접 기초에 다른 부분에는 지지말뚝 기초가 사용되어 있을 때(그림 5.10)에는 지지말뚝의 굵기를 아주 굵게 하던가, 강강(强剛)한 지하연속벽을 설치하는 등의 연구가 필요하다.

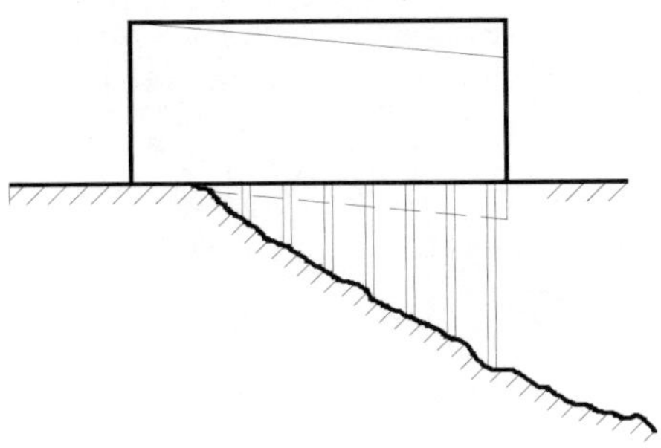

그림 5.10 다른 종류의 기초에 의한 부동침하

iii) 건물의 부분에 따라 마찰말뚝과 지지말뚝이 아울러 사용되는 경우(그림 5.11), 또 박아 넣는 말뚝, 파묻어 넣는 말뚝 및 현장박기 말뚝의 혼용, 재종이 다른 말뚝을 사용하는 경우

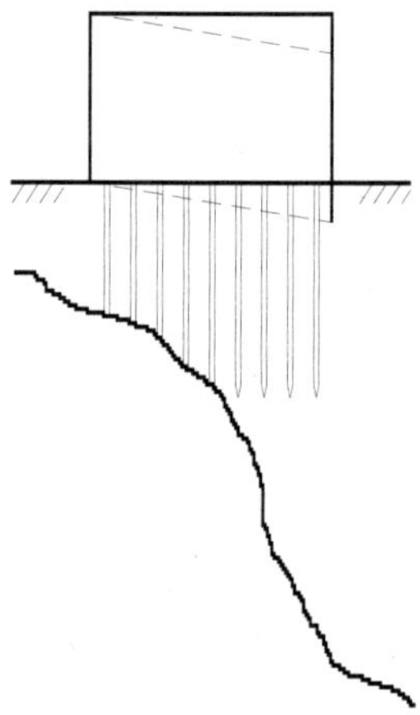

그림 5.11 다른 종류의 말뚝과 부동침하

iv) 상부구조의 기둥의 축방향력의 크기가 현저히 다르기 때문에 극단적으로 지름이 다른 말뚝 기초로 하는 경우

⑹ 가까이 닿은 터파기 공사

건물의 기초에 근접하여 터파기 공사를 하면 보통은 물이 짜내어져 압밀침하를 일으키며, 건물 침하의 원인이 된다. 또, 이와 같은 경우에는 터파기 밑바닥의 히-빙에 의하여 이미 지어져 있는 건물의 침하를 일으킨다.

또한, 이들 현상은 이미 지어져 있는 건물이 지지말뚝 기초인 경우에는 침하의 원인의 되지 않지만은 기초 저면과 저면 밑의 지반면과의 틈의 발생을 촉진하며, 수평력에 대한 말뚝의 강도를 현저히 감소시키게 된다.

6

구조계획의 실례(實例)

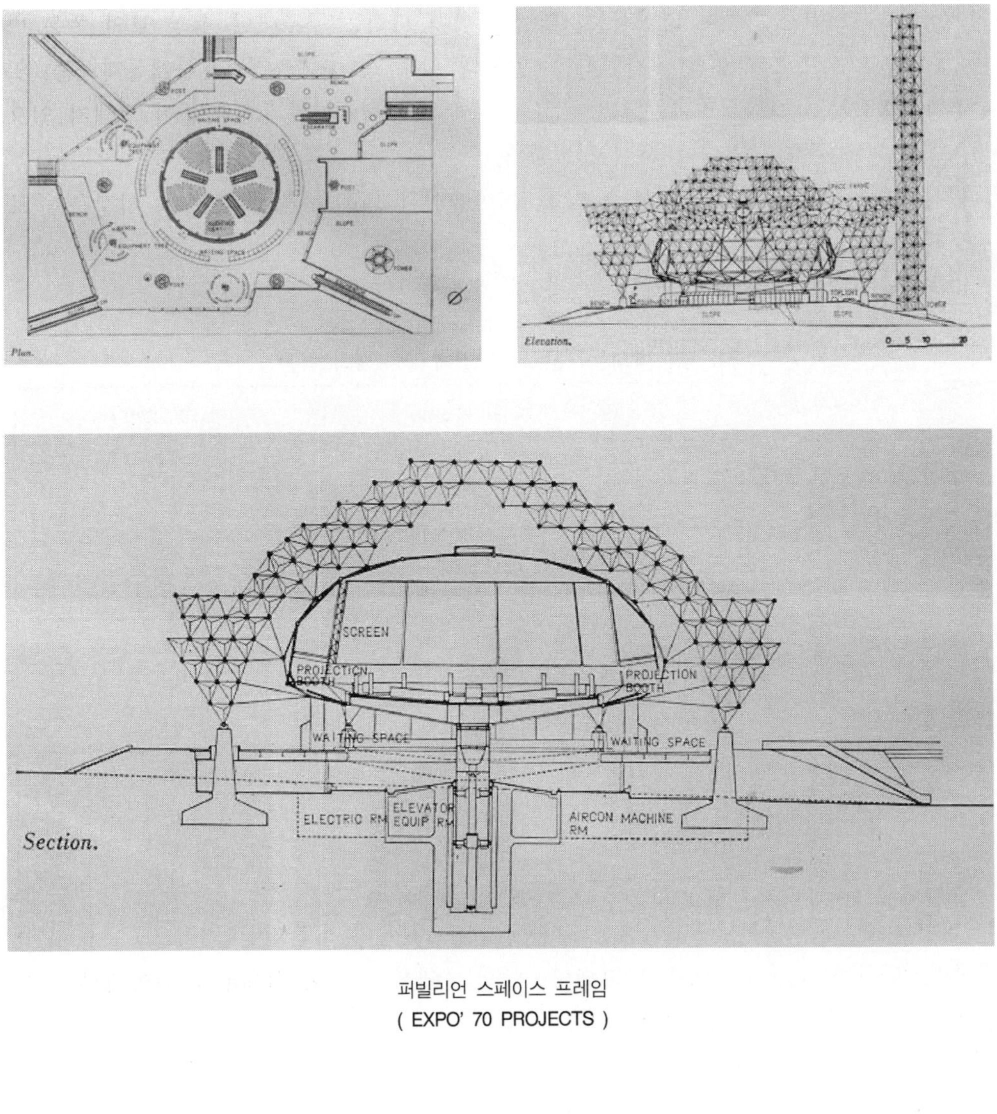

퍼빌리언 스페이스 프레임
(EXPO' 70 PROJECTS)

6.1 주 택

주택은 다른 건축에 비하여 방의 크기가 그다지 크지 않은 것이 특징이다. 따라서 칸막이벽이 많아지므로 이것을 구조로 사용하는 것이 유리하다.

철근콘크리트조의 경우

주택의 칸막이벽이나 외벽을 수직하중 및 지진시의 횡력에 저항케하는 벽식구조는 경제적인 구조이다. 기둥이 없어서 그 역할을 벽이 다하는 구조이며, 통상 보의 폭은 벽의 두께와 같으므로 거푸집이 간단하다. 일본의 경우 『특수콘크리트조관계설계규준』(일본건축학회)가운데 『벽식철근콘크리트조』의 항에 여러 가지 설계의 규준이 정해져 있으며, 그 가운데 중요한 것에 대하여 설명한다.

먼저 높이에 대해서는 『지상 5층 이하, 처마높이 14.5m』로 정해져 있다. 이것은 주로 전도되지 않기 위한 조건이다.

다음에 중요한 것은 『벽두께』와 『벽량』의 최소가 결정되어 있다(표 6.1).

표 6.1 벽식철근콘크리트조의 벽두께와 벽량

		벽 두 께(cm)	벽 량(cm/m^2)
1 층		12	12
2 층	2층	15	12
	1층	15	12
3 층	3층	15	12
	2층	18	12
	1층	18	12
4 층	4층	15	12
	3층	18	12
	2층	18	12
	1층	18	15

『벽량』이란, 도리방향, 보사이방향 각각에 벽의 길이의 합을 바닥면적으로 나눈값을 말하며, 단위는 (cm/cm^2)으로 나타낸다. 3층건물에서 각층이 100m^{2}의 건물에서는 표 6.1에 따라 벽량은 12이므로, 벽의 길이의 합은

$$2 \times 100 = 1{,}200\text{cm} = 12\text{m}$$

가 되며, 도리방향, 보사이 방향 각각 12m가 필요하다. 벽두께와 벽량이 결정되어 있는 것은 단위바닥면적당의 벽단면적이 결정되어 있는 것이다.

벽식구조의 건물중량은 대략 1.2t/m^{2}정도이며, 지진시 횡력은 그것에 진도를 곱한 값이되므로 바닥면적에 비례한다. 또 이 구조의 벽기둥은 폭이 넓고 짧은 모양이 되므로, 휨에 대한 저항은 커서 문제가 되지 않고, 전단으로 단면이 결정되며, 전단저항은 단면적에 비례한다. 이상의 이유로 해서 벽단면적이 규정된 것이다.

벽의 상・하는 『벽보』 및 『기초이음보』에 연결되어 수직하중, 지진시의 횡력에 안전하게 할 필요가 있다. 특히 횡력에 의한 벽의 전도를 막기 위하여 이들 보의 역할은 중요하다. 도리방향에는 대개 큰 개구를 필요로 하나 벽량이 결정되어 있으므로, 자연히 보춤이 작아지게 되지만 너무 작아지면 벽의 전도를 막는 역할을 할 수 없게 된다. 사진 6.1은 2층건물의 벽식가구의 광탄성등색사진이며, 벽기둥에 비하여 보의 줄무늬수가 많이 나와 있어서 응력이 크다는 것을 보여주고 있다. 통상 벽식가구도 보통의 라-멘과 같은 약산이 행해지고 있으며(그림 6.1(b)), 이것과 실험값(그림 6.1(a))을 비교하면 위험쪽이 되는 보가 있다. 이것은 벽식가구(壁式架構)의 약산은 상당히 곤란하다는 것을 보여주는 것이며, 보는 계산값에 여유를 주어 배근하는 쪽이 좋다.

또, 벽기둥과 보와의 접합부의 모퉁이는 가구(架構)로 하게되면 필요가 없으나, 개구(開口)가 있는 어느 한 장의 판의 성질을 가지고 있으므로 개구부모퉁이의 경사진 보강근은 필요하며, 규정된 보강근을 넣지 않으면 안된다.

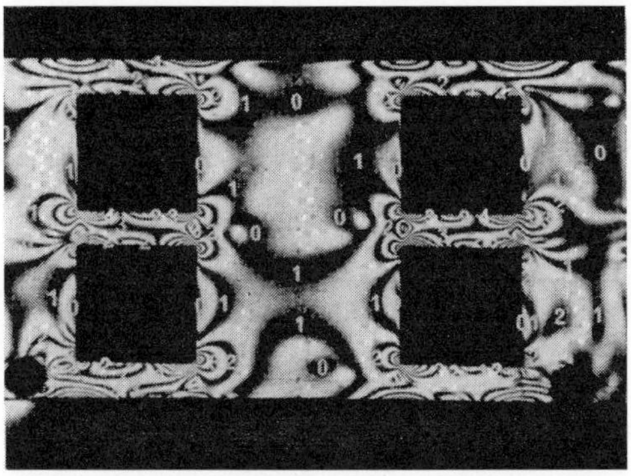

(어두운 시야)

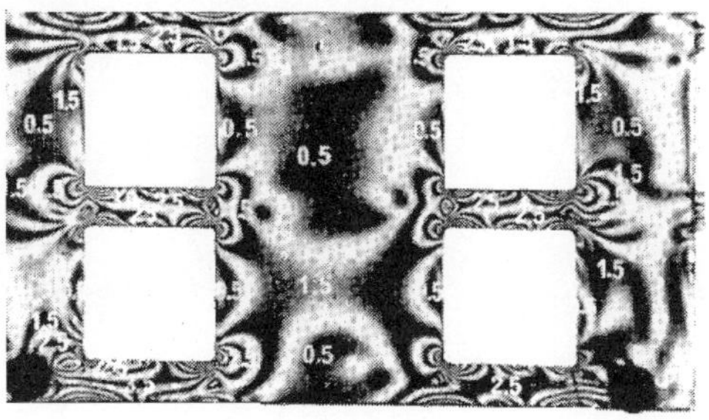

(밝은 시야)

사진 6.1 2층벽식구조의 횡력을 받을 때의 광탄성등색선

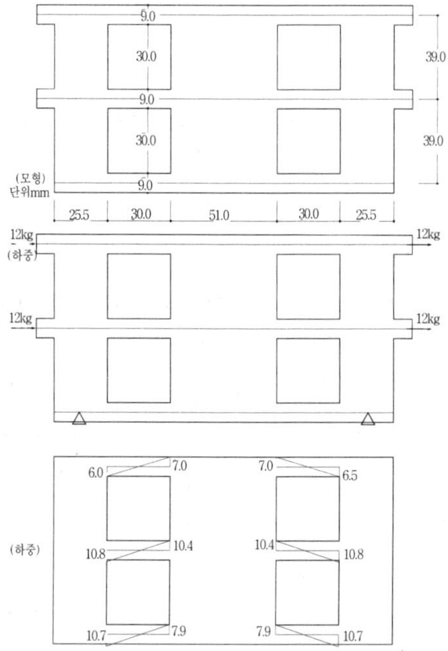

그림 6.1(a) 2층벽식구조의 광탄성 실험

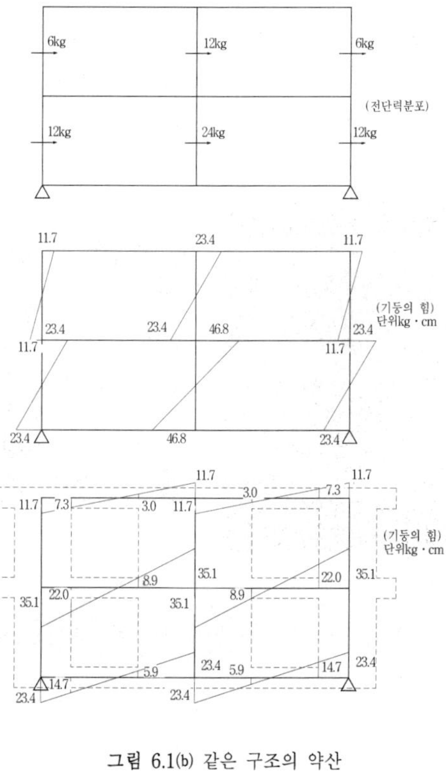

그림 6.1(b) 같은 구조의 약산

6.1.1 M씨의 주택

M씨 주택은 3층 벽식철근콘크리트조이다.

그림 6.1.1(a).(b) 및 (c)는 그 평면도와 복도(伏図 : framing plan)이며, x방향(그림에서 횡방향) 및 y방향(종방향)의 1층의 벽길이의 합은 각각 2,070cm, 2,600cm이고, 바닥면적은 156.0m^{2}이므로 벽량은

(x방향벽량)=2,070/156.0=13.3cm/m^2
(y방향벽량)=2,600/156.0=16.7cm/m^2

이 되어, 규정의 12cm/m^{2}보다 많다. 2, 3층은 1층보다 벽량이 많으므로 전층이 규정을 만족하고 있다. 또 벽두께는 규정에 의하면 1, 2층은 18cm, 3층은 15cm이상으로 되어 있으나, 이 설계에서는 모든 층을 18cm로 하고 있다. 또한 슬래브는 5m×11.0m, 5m×12.0m로 큰 것을 한 장 슬래브로 하고 있으나, 이 설계는 『철근콘크리트계산규준』의 옛 규정에 따른 것이며, 새로운 규정에 따르면 중앙에 한 본의 작은 보를 넣어서 두 장으로 하도록 되어 있다.

사진 6.1.1(a)

사진 6.1.1(b)

벽식구조는 경제적이지만, 도리방향, 보사이방향 두 방향에 벽량을 필요로 하므로, 경우에 따라서는 불편하다.

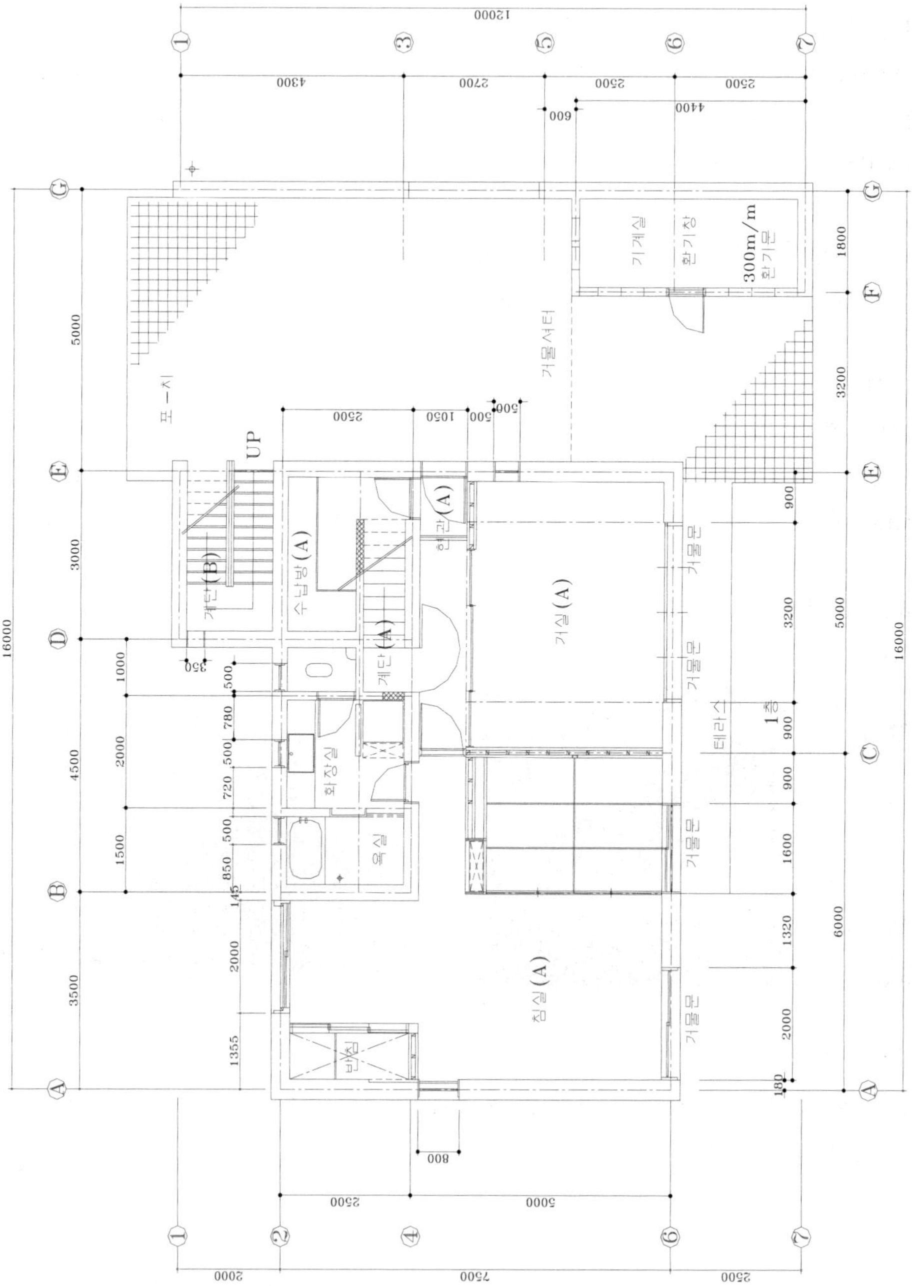

그림 6.1.1(a) M씨 주택평면도(1층)

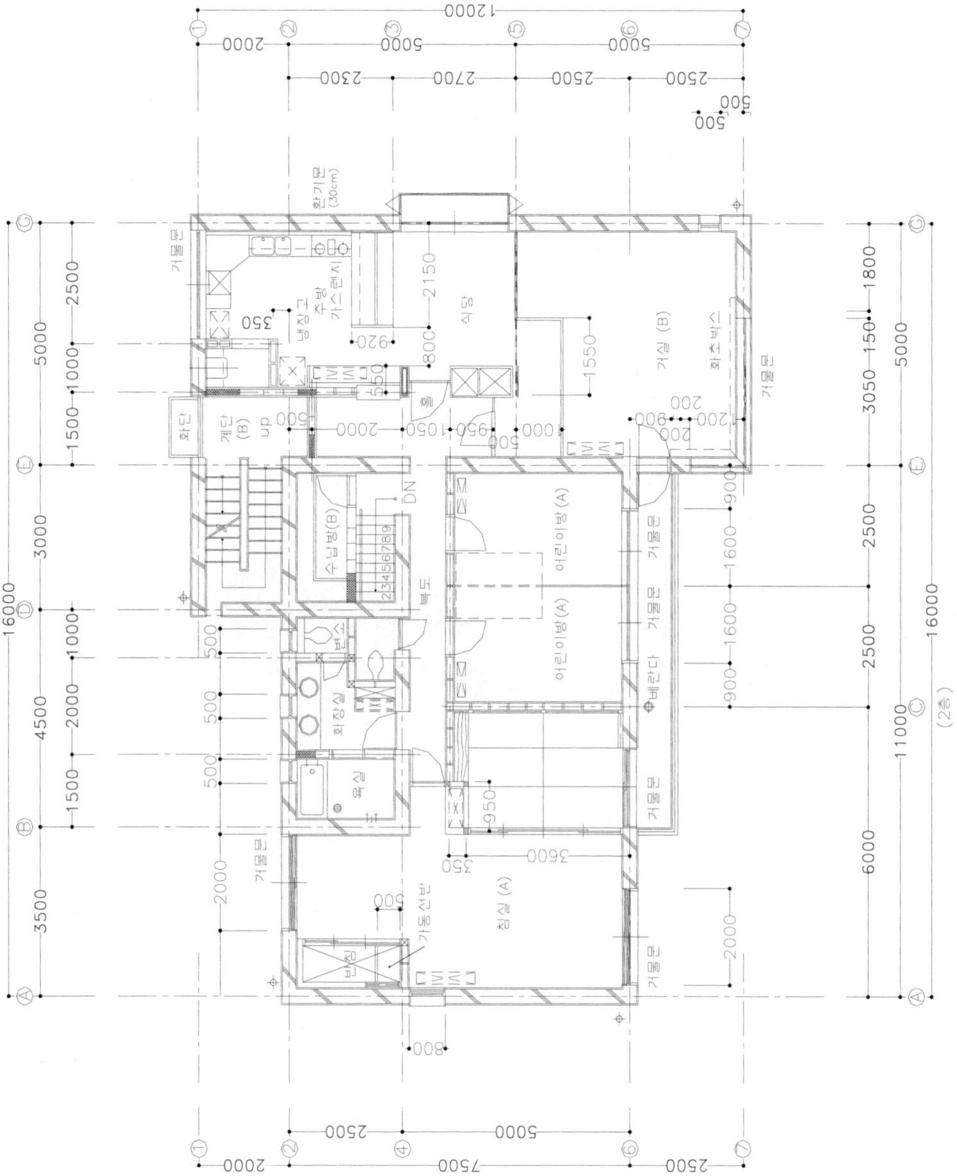

M씨 주택평면도(2층)

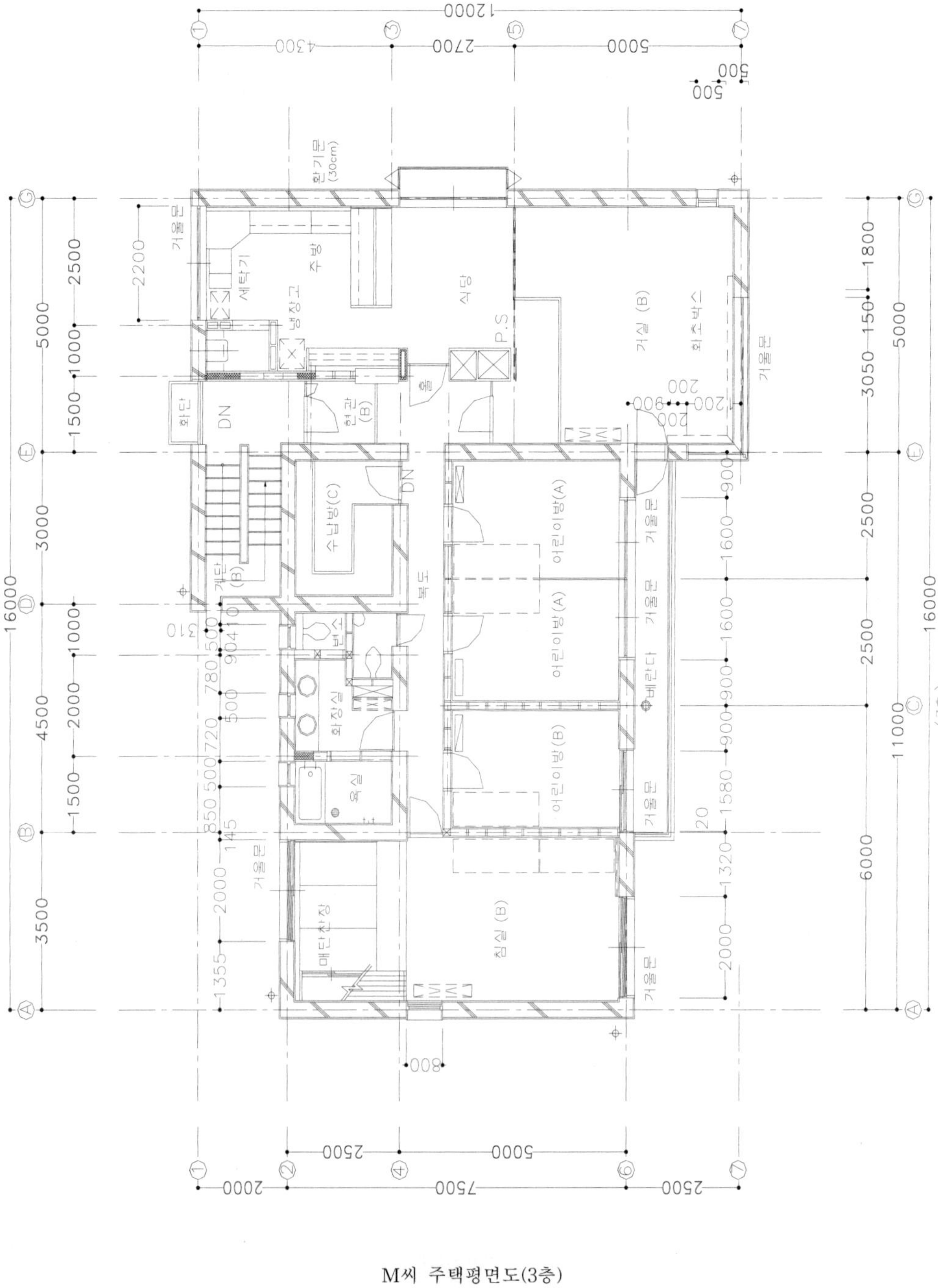
주방
식당
거실 (B)
세탁기
냉장고
현관 (B)
수납방(C)
복도
어린이방(A)
어린이방(B)
화장실
욕실
침실 (B)
베란다
화단
P.S
DN
12000
16000

M씨 주택평면도(3층)

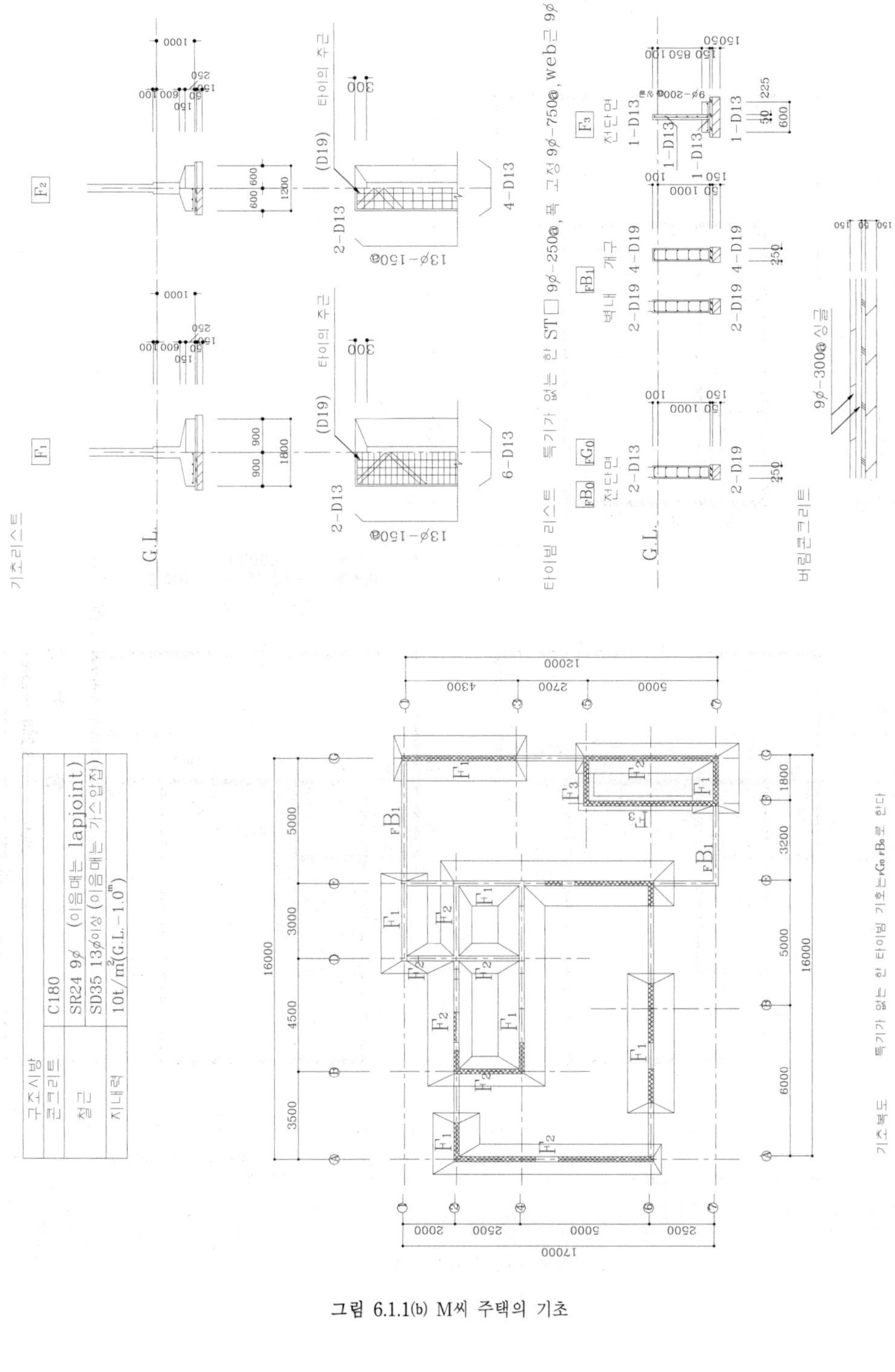

구조시방	
콘크리트	C180
철근	SR24 9φ (이음매는 lapjoint) SD35 13φ이상 (이음매는 가스압접)
지내력	10t/m²(G.L.-1.0m)

그림 6.1.1(b) M씨 주택의 기초

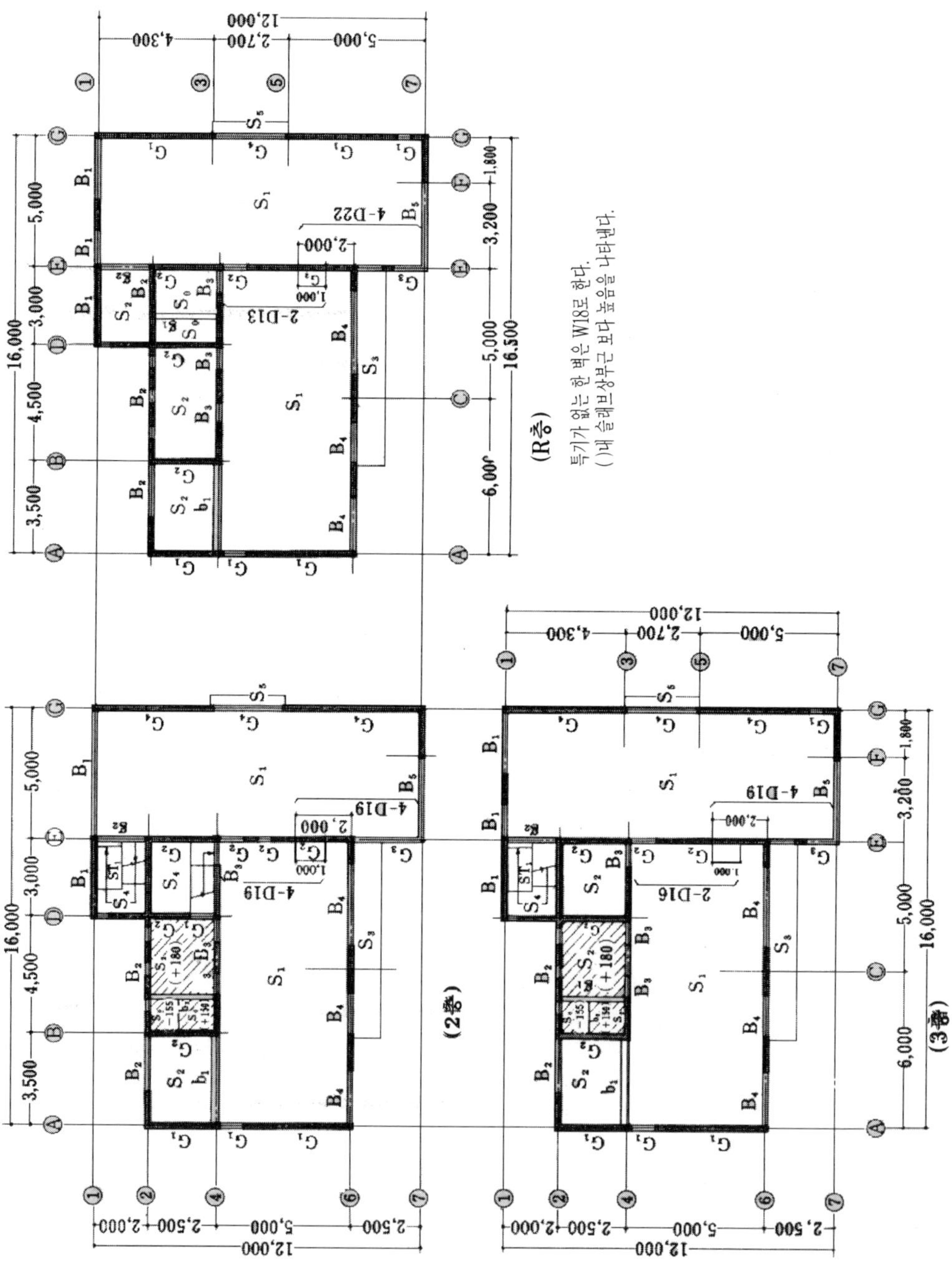

그림 6.1.1(c) M씨 주택의 복도

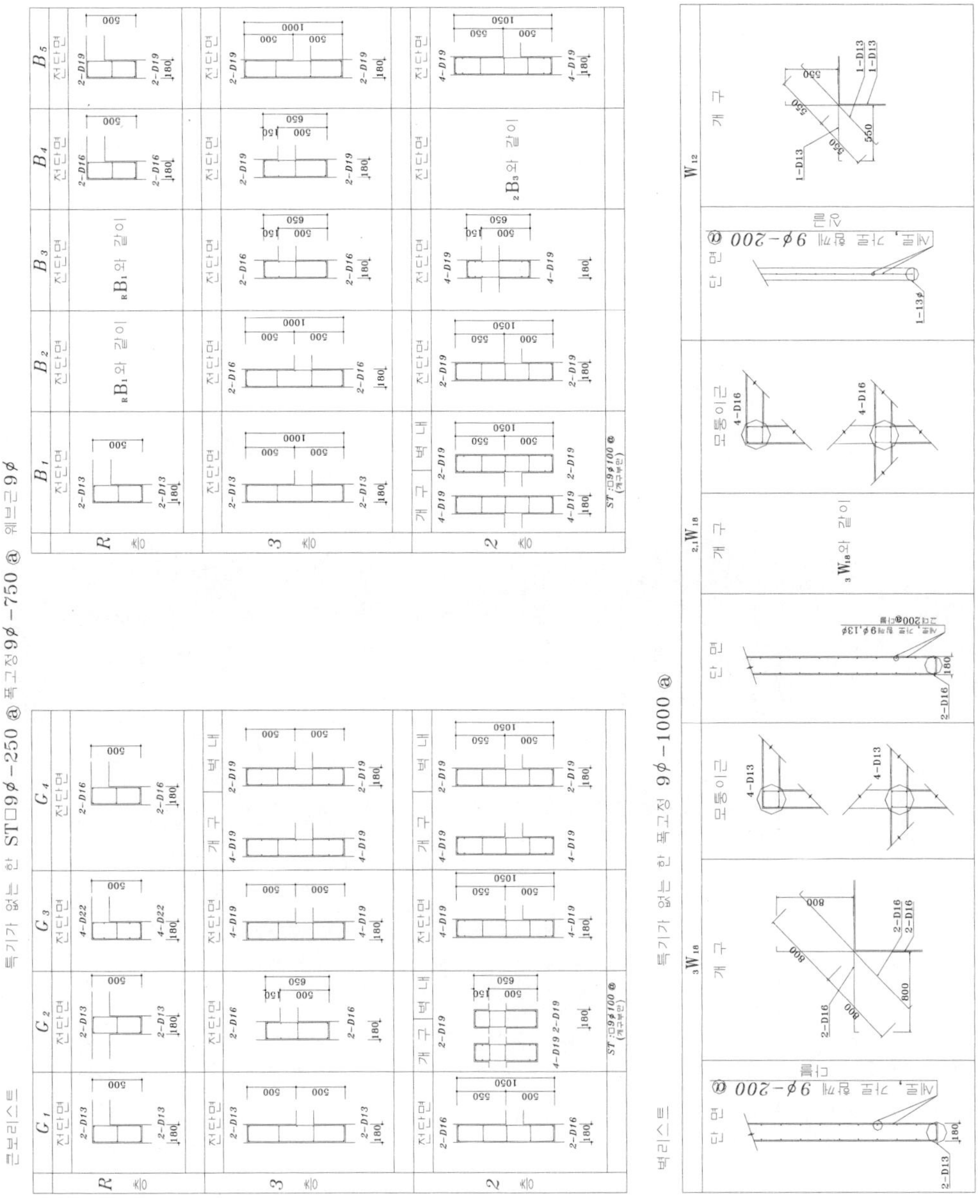

그림 6.1.1(d) 같은 건물의 큰보, 벽리스트

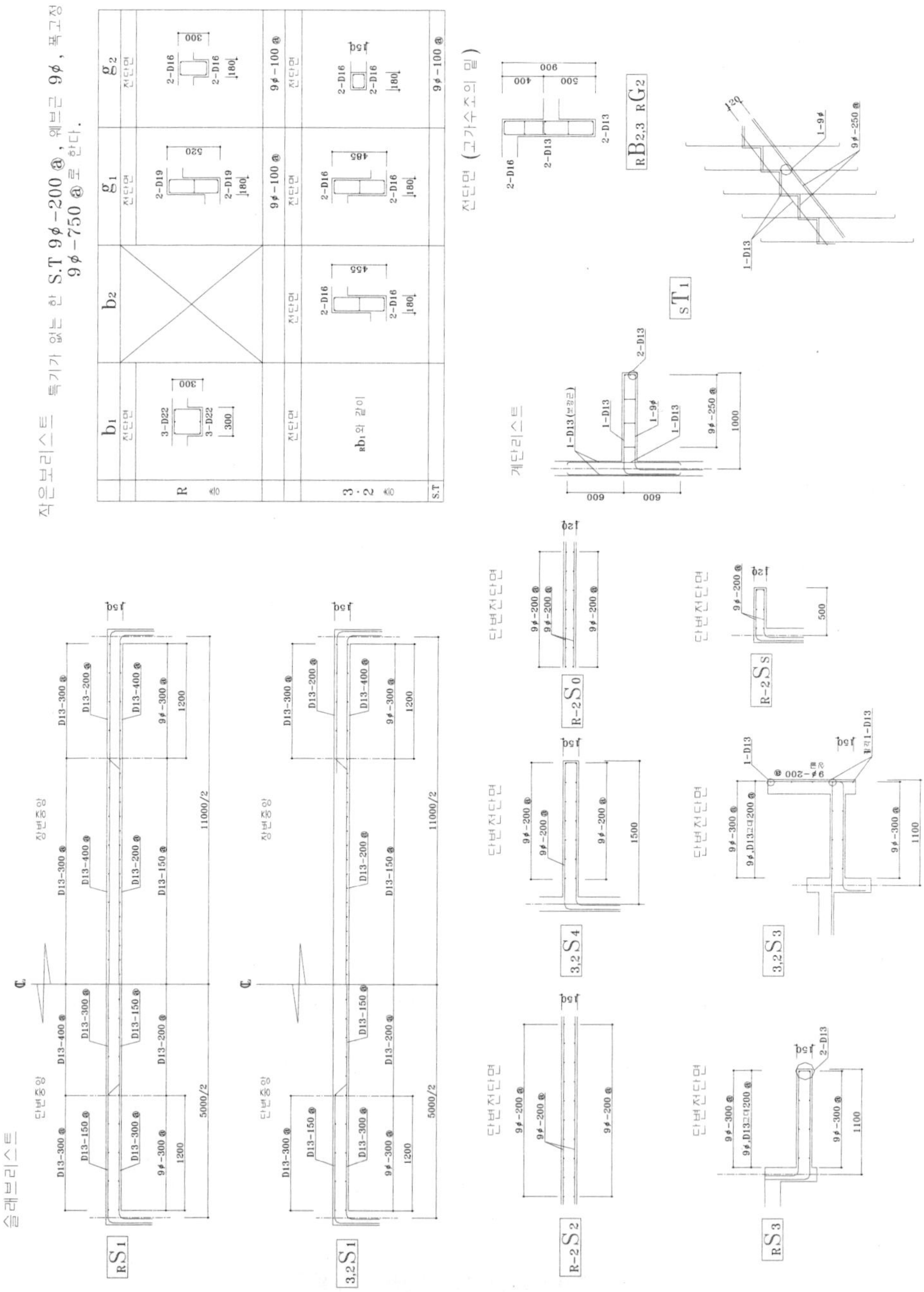

그림 6.1.1(e) M씨 주택의 슬래브, 작은보, 계단리스트

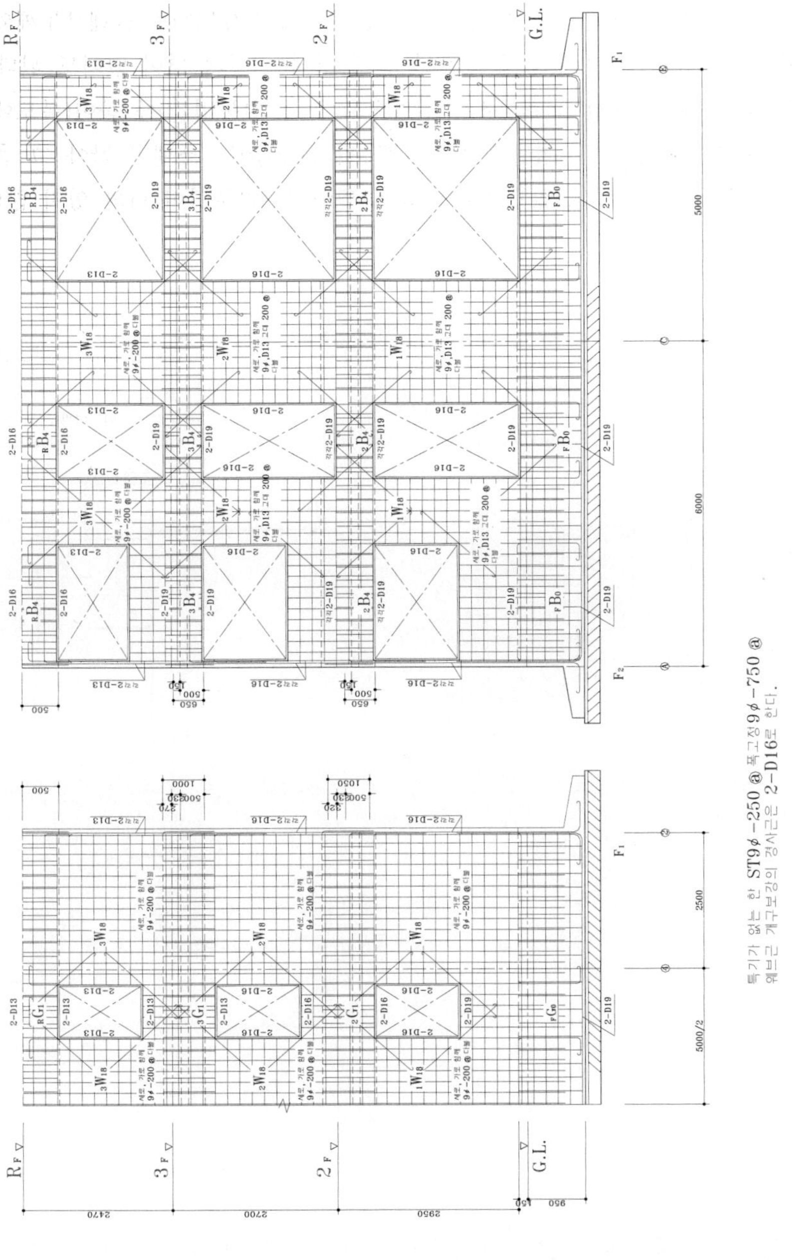

그림 6.1.1(f) M씨 주택의 가구상세

6.1.2 S씨의 주택

S씨 주택은 중공(中空)슬래브구조이며, 벽두께를 두껍게 하여,슬래브를 보, 벽을 기둥으로 한 넓적한 라-멘을 형성한 것이다(그림 6.1.2(a), 사진 6.1.2(a)). 슬래브두께와 벽두께는 30cm로 하고 있으며, 이 방법에 따르면 한 방향에는 전혀 벽이 없어도 된다. 슬래브에는 와인딩파이프(winding pipe : 엷은 철판으로 만든 원통형틀)를 묻어(복도에서 화살표방향으로)중공부를 만든다. 벽방향의 개구부 위의 보(g)는 스팬이 작아 그 춤을 슬래브 두께와 같은 30cm로 하고 있으므로 슬래브 밑에 보 거푸집이 나와 있지 않다.

그림 6.1.2(a) S씨 주택 평면도

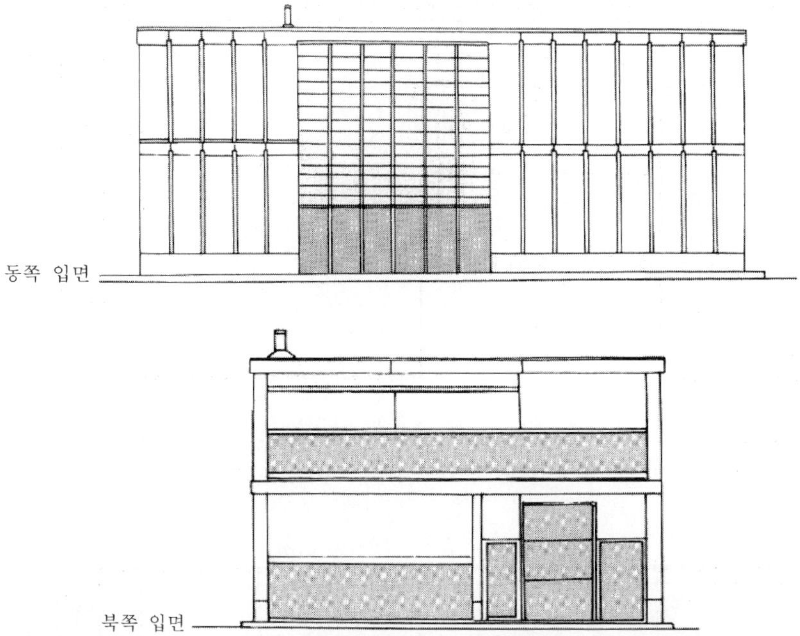

그림 6.1.2(b) S씨 주택 입면도

사진 6.1.2(a) S씨 주택 북쪽 정면

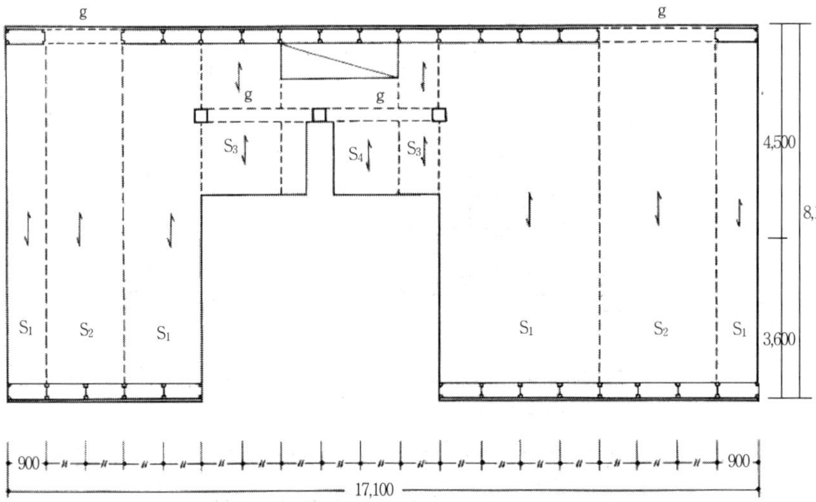

(2층)

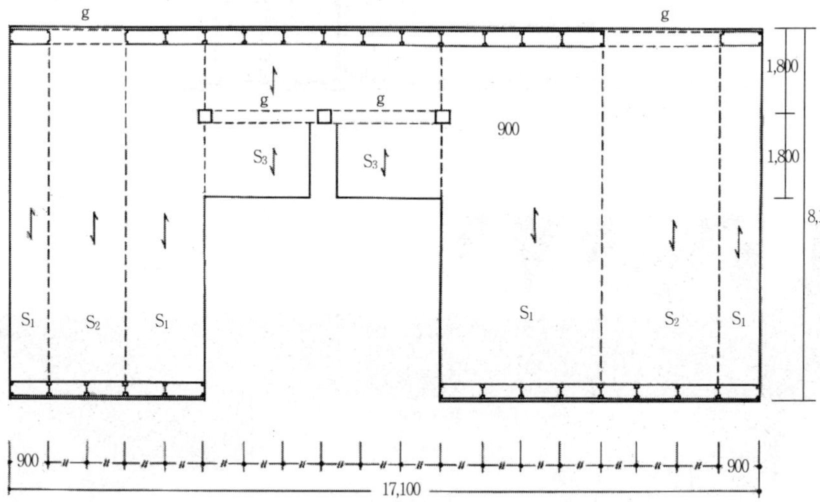

(R층)

그림 6.1.2(c) S씨 주택의 복도

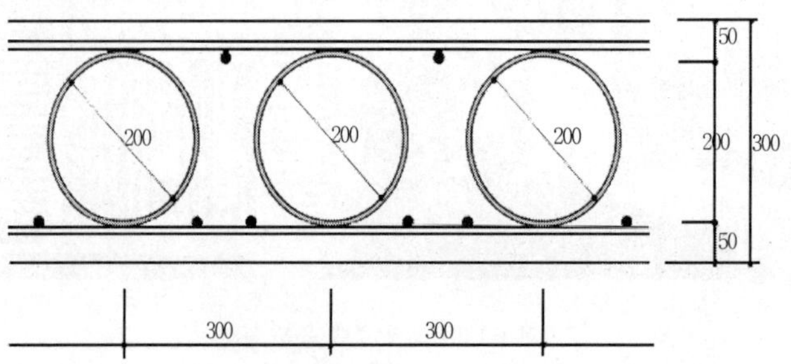

그림 6.1.2(d) S씨 주택의 슬래브 단면도

사진 6.1.2(b) S씨 주택의 중정

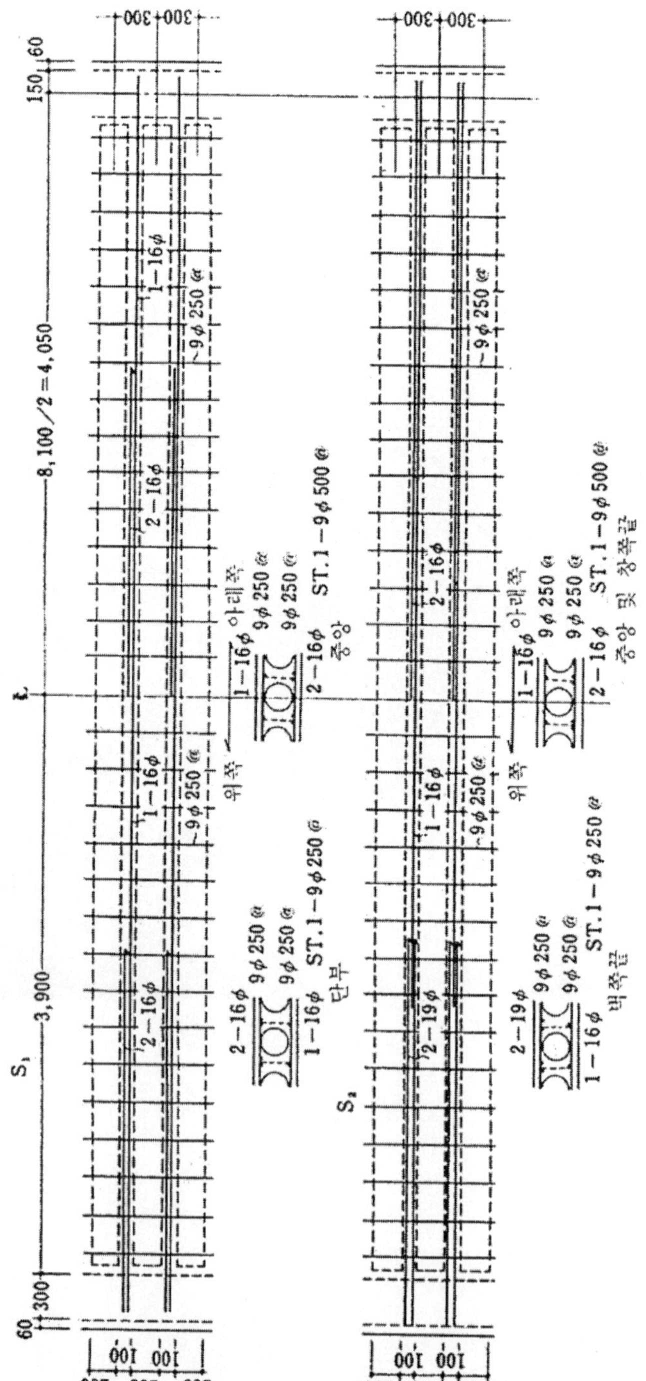

그림 6.1.2(e) S씨 주택의 슬래브 배근도

6.1.3 R씨의 주택

R씨 주택도 중공슬래브를 사용한 구조이나, 이 주택은 네모퉁이의 L자모양의 기둥만으로 벽이 없다(그림 6.1.3(a), 사진 6.1.3(a)). 짧은 변 방향은 이 기둥을 보에 이어, 지붕슬래브를 받아, 둥근 구멍의 위치에서 밑의 슬래브를 잇고 있다. 짧은 변 방향의 지진에 대하여는 기둥과 이 보로 문형(門型)의 가구를 형성하여 저항하고 있다. 긴 변 방향의 수직하중은 중공슬래브에서 전달하기 위한 보가 없으므로, 지진시에는 기둥은 다리를 고정으로 한 캔틸레버로 설계되었다. 외벽, 칸막이벽은 모두 목조이며 구조로는 취급하지 않으므로 나중의 변경이 아주 자유롭다.

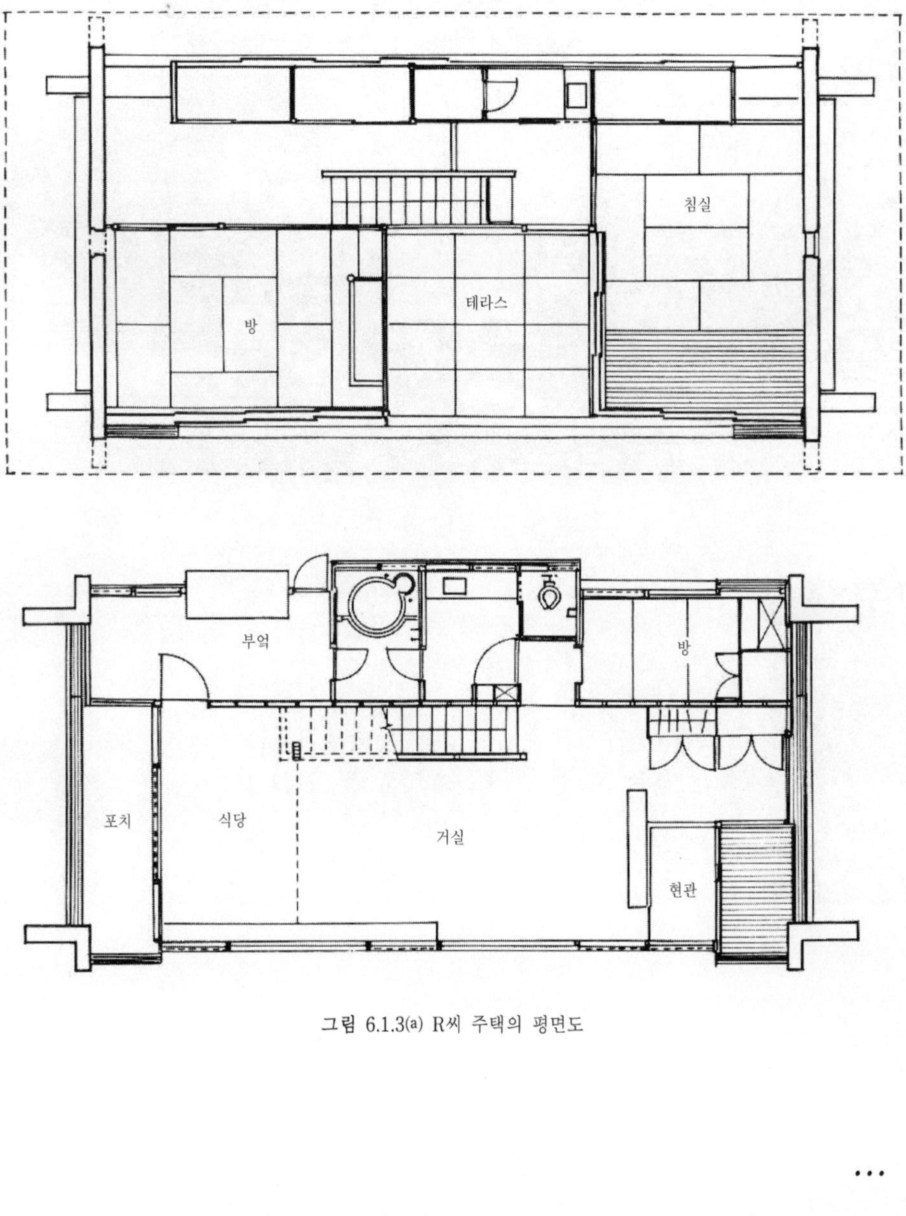

그림 6.1.3(a) R씨 주택의 평면도

사진 6.1.3(a) R씨 주택 외관

사진 6.1.3(b) R씨 주택 외관

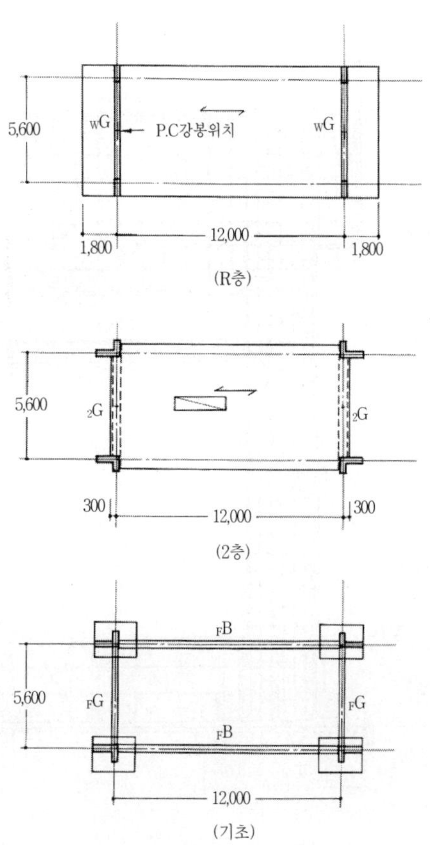

그림 6.1.3(b) R씨 주택 복도

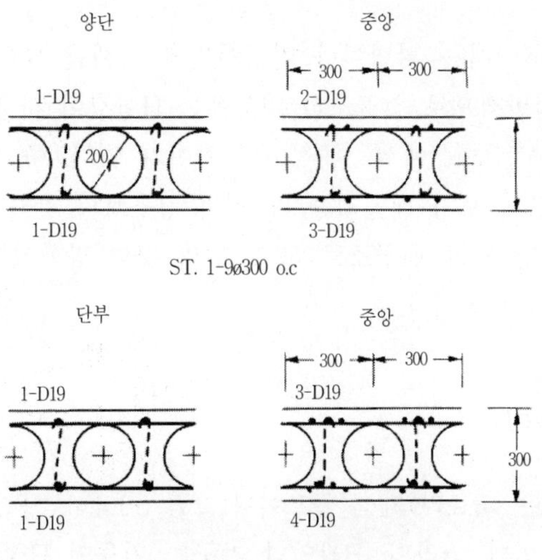

그림 6.1.3(c) R씨 주택 슬래브배근

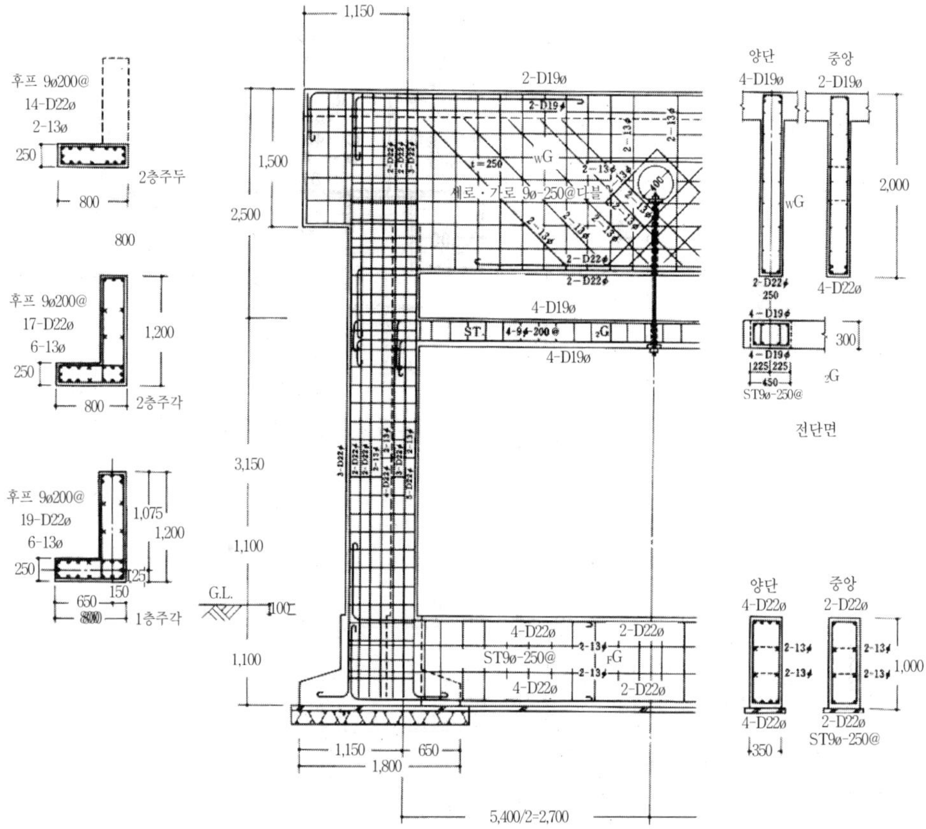

그림 6.1.3(d) 1, 2라인 가구 배근상세

철골조의 경우는 주택에서는 외벽이나 칸막이벽에 가새를 넣어 횡력에 저항하게 하는 것은 경제적이다. 일반적으로 철골조의 기둥에는 H형강이 사용되고 있으나, 그 단면성능은 강축(强軸)과 약축(弱軸)에서 3배정도의 차이가 있다. 즉, 플랜지에 보가 매달리는 라-멘의 경우는 웨브에 보가 매달리는 라-멘의 경우보다 3배나 기둥은 강하다.

따라서 앞의 것의 방향을 라-멘구조로 하고, 뒤의 것의 방향에는 기둥이 아닌 가새에 횡력을 부담시키는 것이 보통이다.

6.1.4 M씨의 주택

M씨 주택은 3층(1층은 피로티)의 철골조이다(그림 6.1.4(a), 사진 6.1.4(a)). 기둥 및 보는 H형강을 사용하고 있다. A라인, B라인의 가구는 기둥인 H형강의 강한 방향이므로 이 방향은 전횡력을 이 2개의 라-멘이 부담하고 있다. 1라인, 2라인의 기둥인 H형강이 약한 방향이므로, 이 라-멘에는 횡력을 부담시키지 않고 띠강(帶鋼 : band steel)의 가새가 전횡력을 부담하고 있다. 바닥은, 큰 부분은 A.L.C.판, 작은 부분은 덱플레이트(steel deck)와 모르타르이며, 함께 철근의 수평가새를 넣어서 수평강성을 가지게 하였다. 외벽은 A.L.C.판을 사용하고 있으나 마감재로 생각하여 횡력에는 저항하지 않는다. 기초 및 연결보(tie beam)는 철근콘크리트조이며, 1층의 주각은 고정으로 하고 있다.

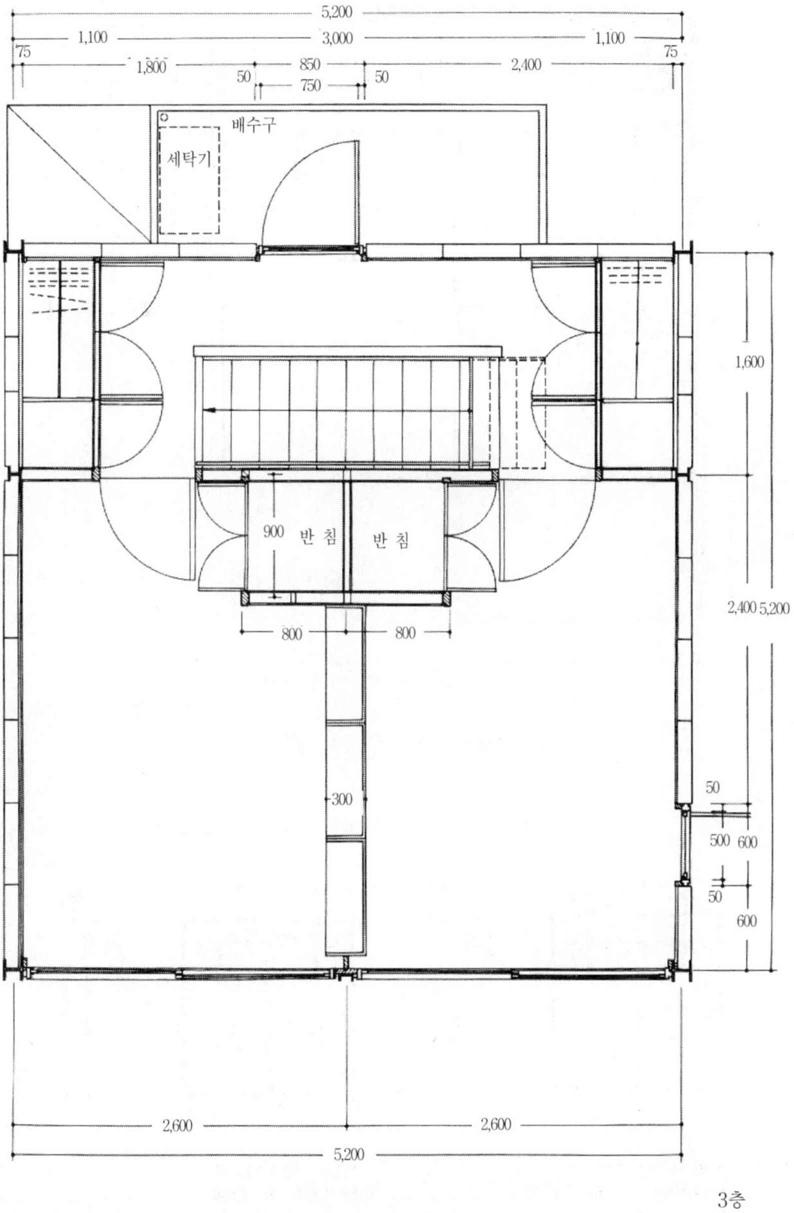

그림 6.1.4(a) M씨 주택 평면

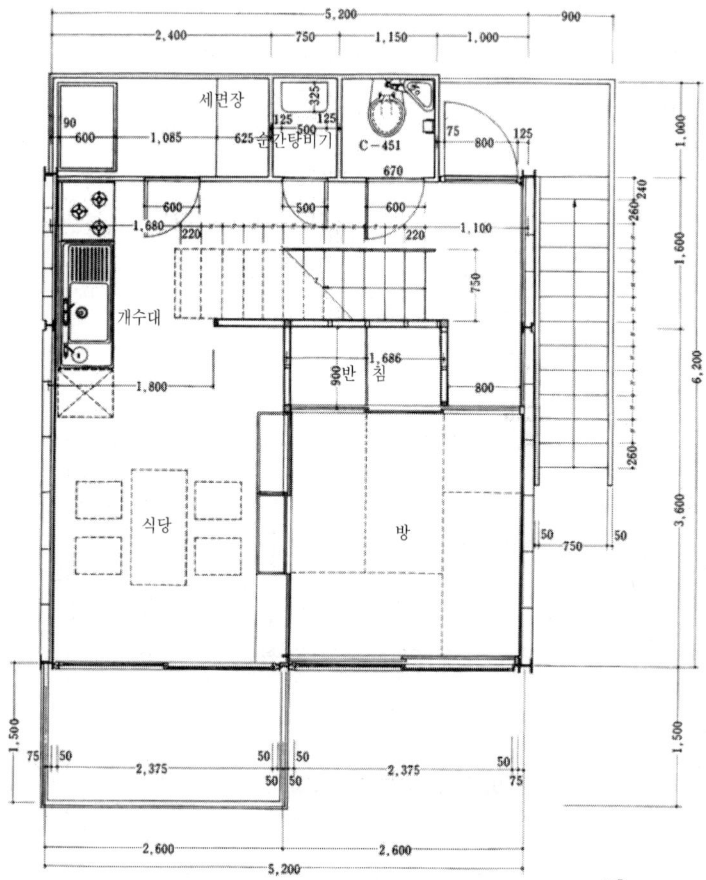

그림 6.1.4(a) M씨 주택 평면

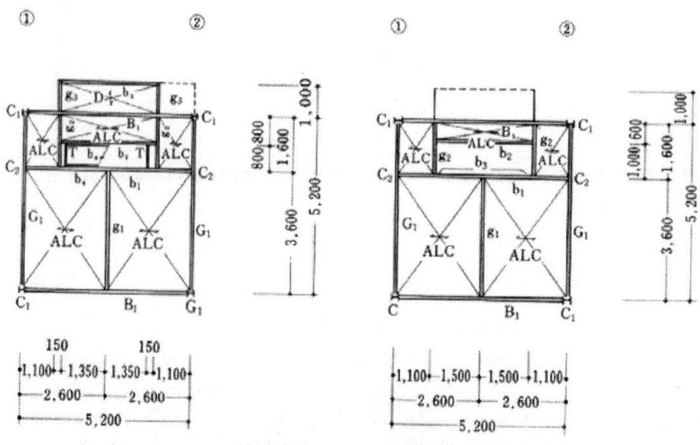

그림 6.1.4(b) M씨 주택의 복도

사진 6.1.4(a) M씨 주택

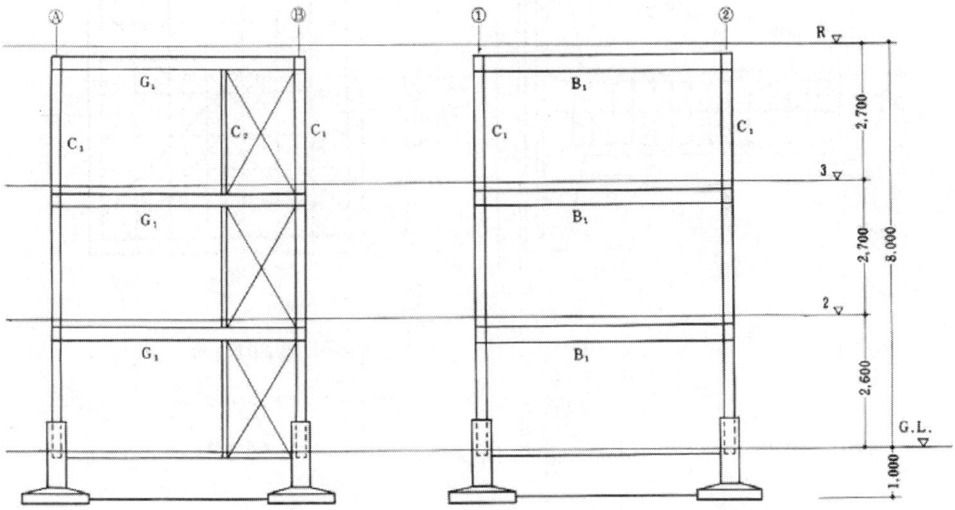

② 라인 Ⓐ 라인

그림 6.1.4(c) M씨 주택 골조

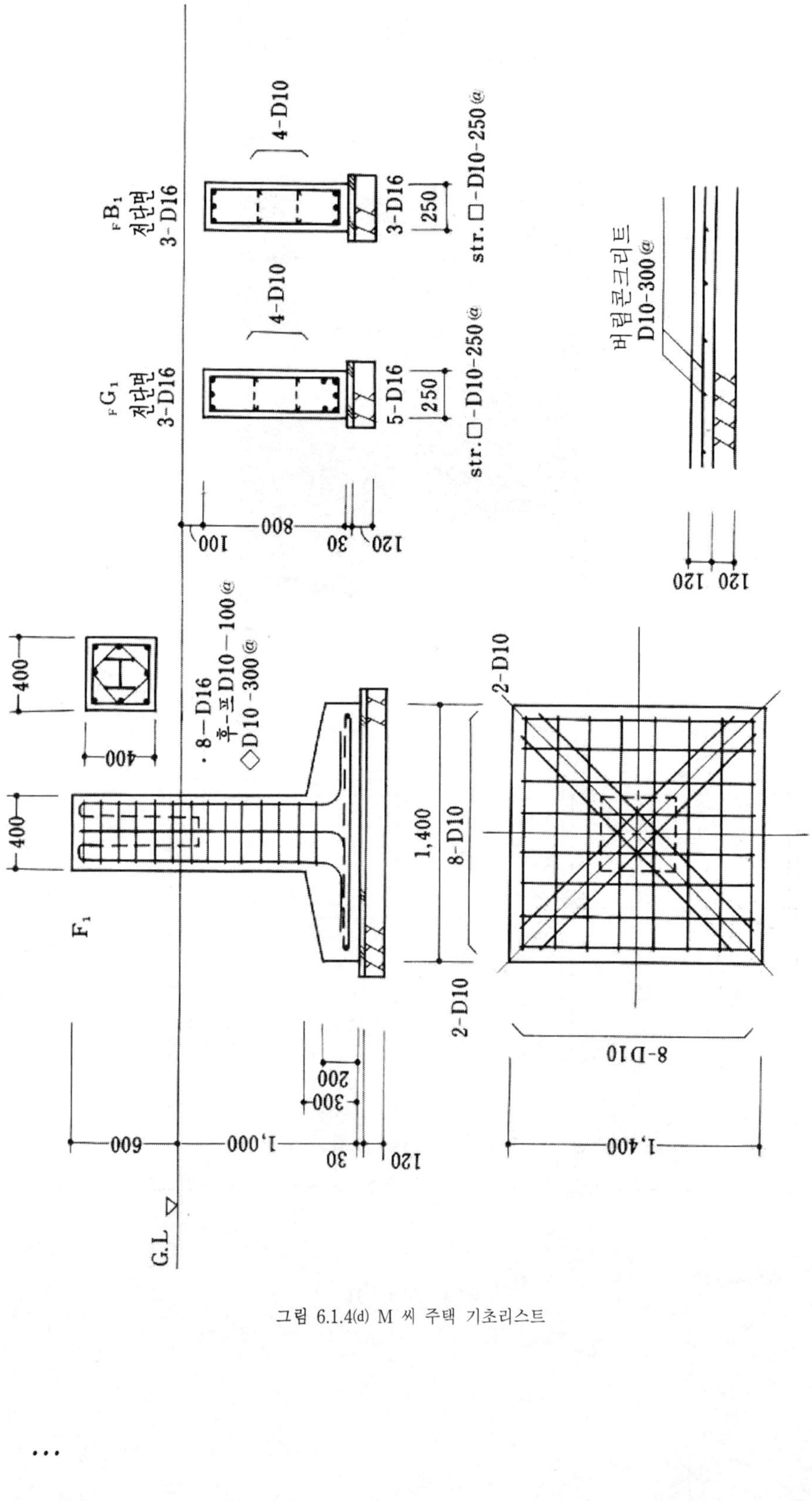

그림 6.1.4(d) M 씨 주택 기초리스트

$_{2,3,R}g_1$	$_{2,3,R}b_1$	$_{2,3,R}g_{2,3}g_{3,2}g_{4,2}g_5$	$_{2,2R}b_{2,2,3}b_{3,2}b_4$	$_2g_3$	$_Rb_3$ $_Rb_3$	$_Rg_{3,R}g_4$	$_2b_5$ $_2g_7$
H－200×100×5.5×8	H－250×125×6×9	H－100×50×5×7	H－100×50×5×7	H－125×60×6×8	L－90×90×7	L－65×65×6	L－75×75×6
$_3b_{4,2}g_b$	$_2b_{6,2}g_8$	T	G_1	B_1	C_1	C_2	C_A
□90×45×3.2	L－90×90×10	$2L_S$－50×50×6	H－250×125× 6×9	H－250×125×6×9	H－150×150×7×10	H－100×100×5×7	L－65×65×6

그림 6.1.4(e) M씨 주택 철골보, 기둥리스트

6.2 ······································집합 주택

주택의 집합이므로 주택의 특징인 칸막이벽이 많은 것이 보통이며, 벽식구조가 잘 쓰이고 있다. 공영아파트의 대부분은 벽식이라고 해도 좋을 정도이다. 아파트의 경우 다음의 조건이 만족될 때는 5층의 벽식구조가 가능하다(일본의 경우)(표 6.2(a) 참조).

1. 내력벽의 중심선으로 둘러싸인 부분의 면적이 $60m^2$ 이하
2. 벽량은 $15cm/m^2$ 이상
3. 내력벽의 지진시의 평균전단응력은 $4.0kg/cm^2$ 이하

제 3의 조건은 건물중량을 $1.2t/m^2$로 하면 5층 건물의 1층 횡력은

$1.2\times5\times0.2=1.2t/m^2=1,200kg/m^2$

평균전단응력을 $4.0kg/cm^2$로 하기 위해서는 벽단면적은

$1,200/4.0=300cm^2/m^2$

가 필요하게 된다. 벽량을 $15cm/m^2$로 하면 벽두께는 20cm, 벽두께를 18cm로 하면 벽량은 $16.7cm/m^2$가 필요하게 된다.

사진 6.2(a)은 어느 5층 아파트 남측 벽식가구의 광탄성등색선이다. 2층 건물의 경우와 같이 벽기둥에 비하여 보의 줄무늬 수가 많으며, 이것은 보의 응력이 큰 것을 그림 6.2(b)는 실물 실험결과를 나타낸 것이며, 역시 윗층의 보는 약산의 경우 위험측에 있으므로 여유를 두어 설계해야 한다.

표 6.2(a)

	벽두께(cm)	벽량(cm/m^2)
5층	15	12
4층	18	12
3층	18	12
2층	18	15
1층	18	15

※ 일본 건축학회의 개정안에서는 5층일 때 윗표에 규정되어 있다.

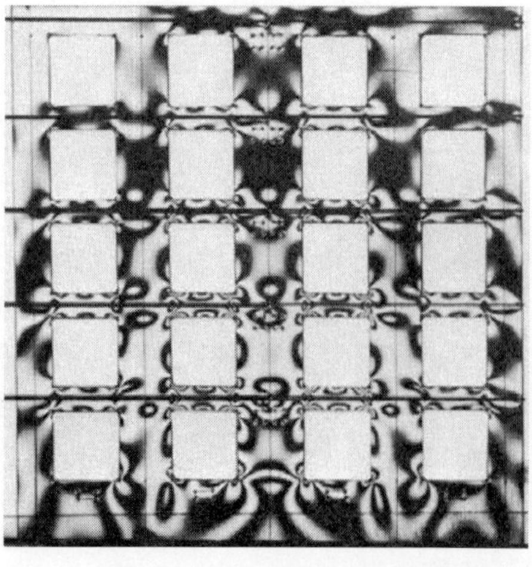

사진 6.2(a) 5층 아파트의 광탄성등색선

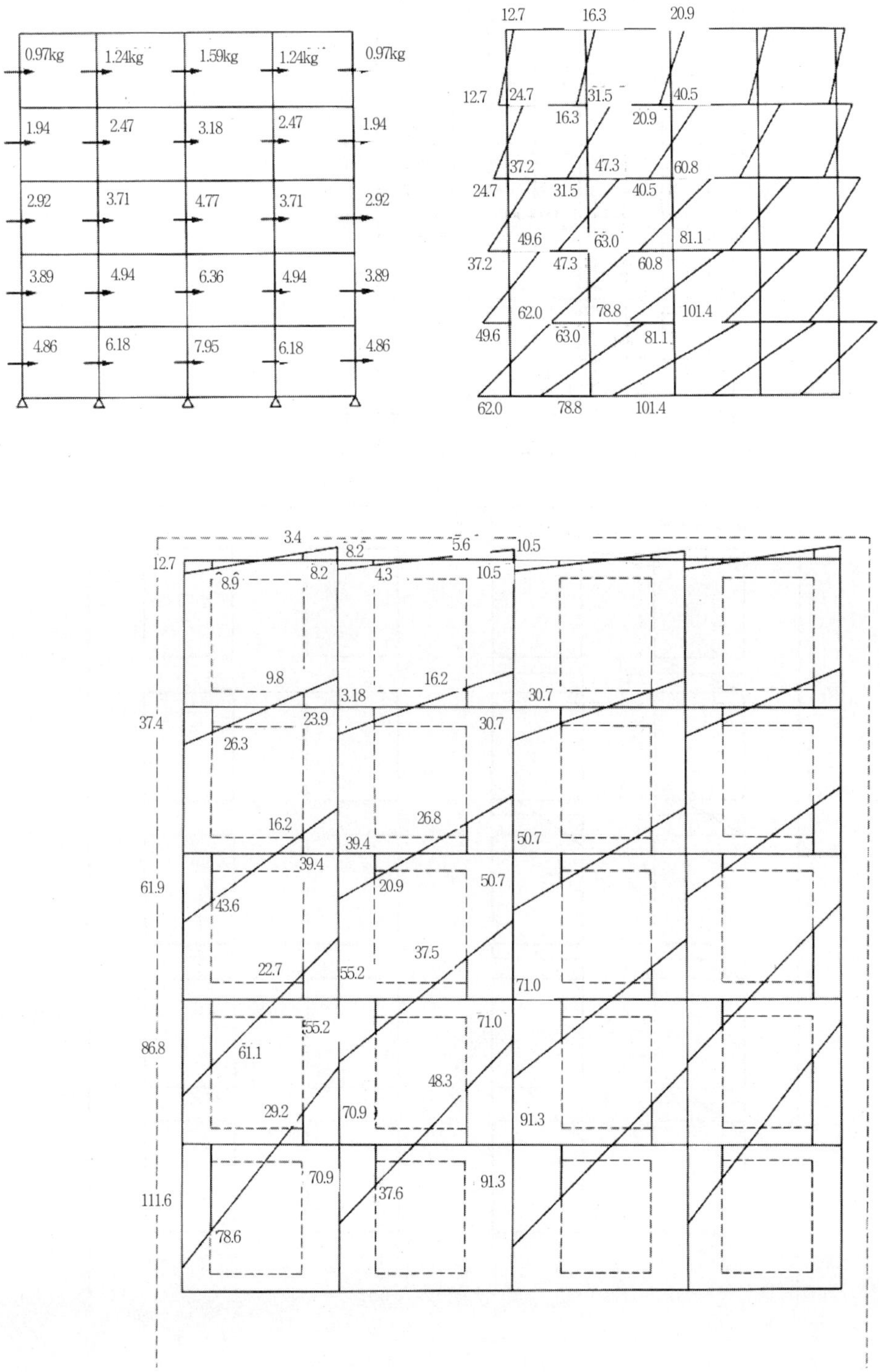

(단위 kg · mm)

그림 6.2(a) 약산에 의한 휨모멘트

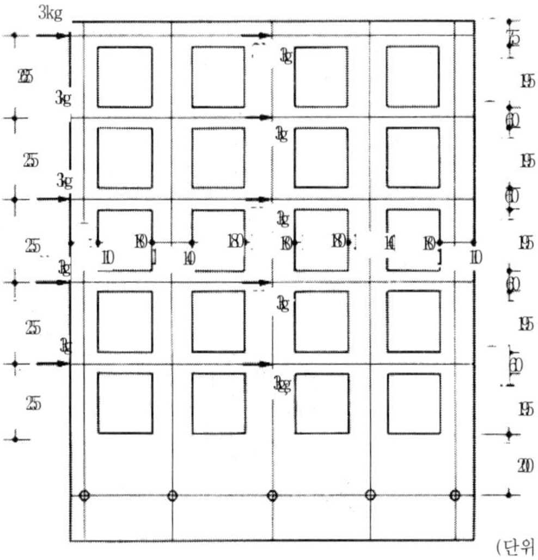

(단위 mm)

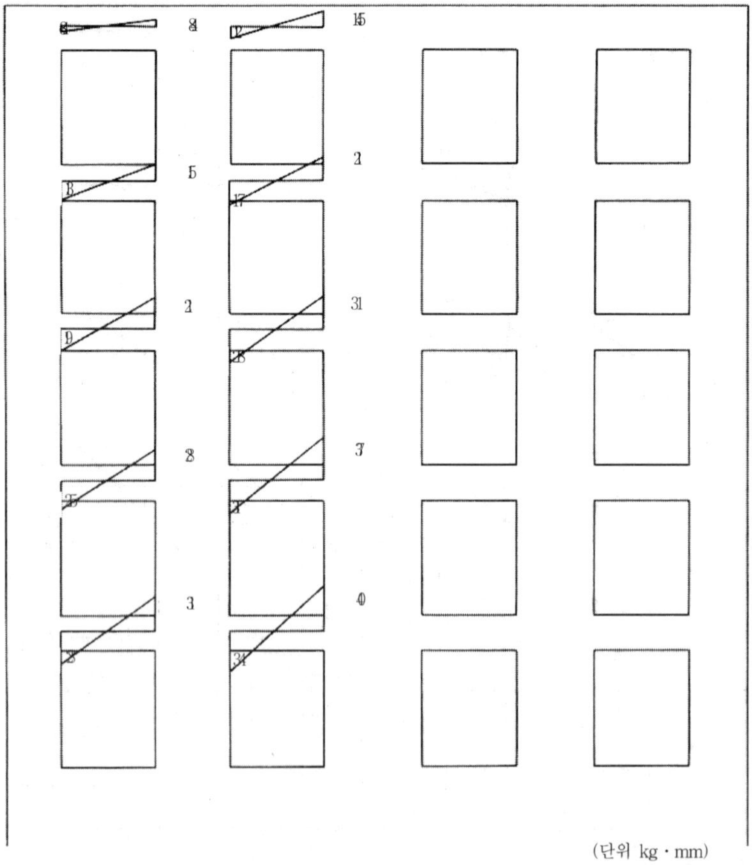

(단위 kg · mm)

그림 6.2(b) 실험에 의한 휨모멘트

6.2.1 M빌리지

『M빌리지』

이 건물은 벽식이 아닌 라-멘구조의 철근콘크리트 6층, 5층의 집합주택이다. 4동(棟)으로 이루어져 있으며 가동은 각각 독립되어 있다(그림 6.2.1(a), 사진 6.2.1(a)). 복도(伏図)에 서의 세로의 방향에는 벽이 많아서 이것을 내진벽으로하여 라-멘의 보조로 생각되지만, 가로의 방향은 벽이 적어서 거의 라-멘만으로 저항하지 않으면 안된다. 그 때문에 기둥의 모양은 가로로 긴 장방형단면으로하여 이 방향에서 크게 저항할 수 있게 했다. 이 경우는 라-멘구조이긴하지만 기둥과 보의 폭을 같이 30cm로 하여 거푸집의 단순화를 꾀하고 있다. 벽구조의 개구(開口)가 크게 되고 그 대신에 벽두께를 늘린 것으로 생각된다. 물론, 기둥도보도 라-멘구조로서의 규정에 따르고는 있다.

사진 6.2.1(a) M빌리지

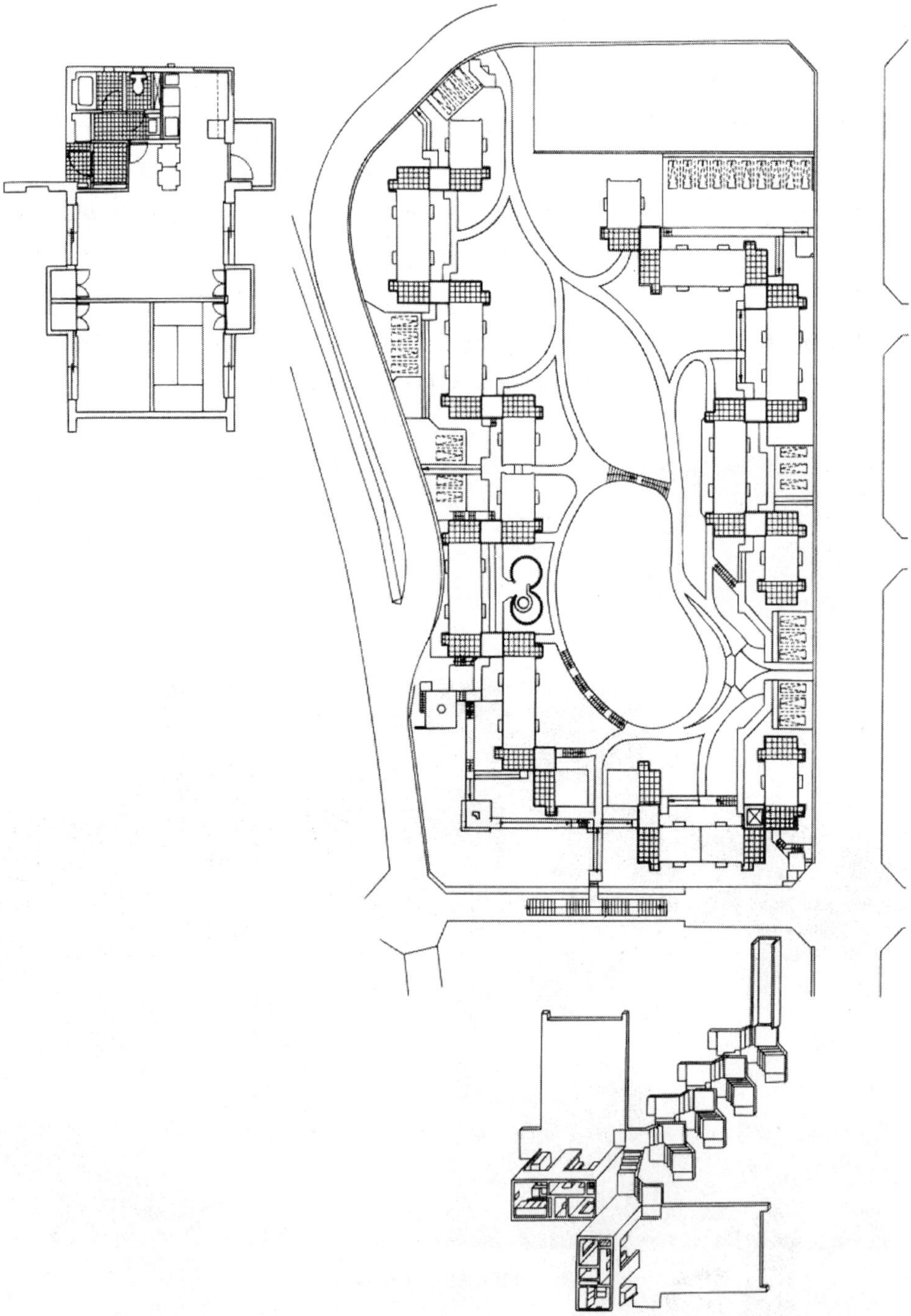

그림 6.2.1(a)

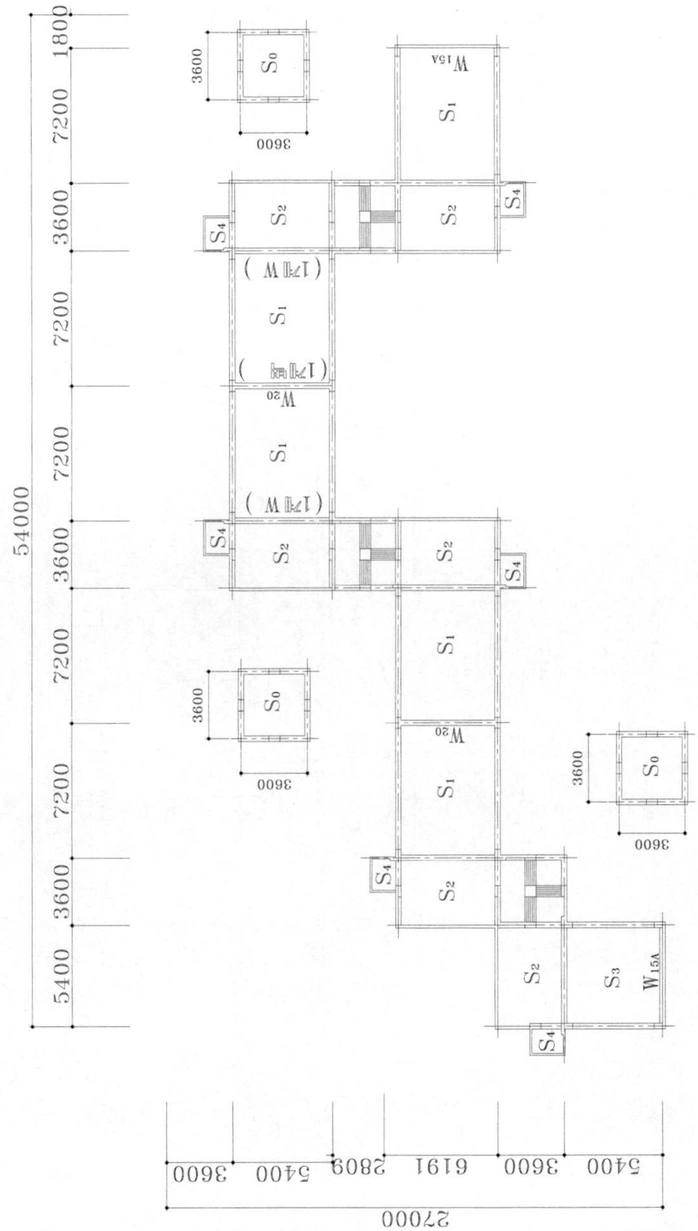

그림 6.2.1(b) M빌리지 복도(伏圖)(일부)

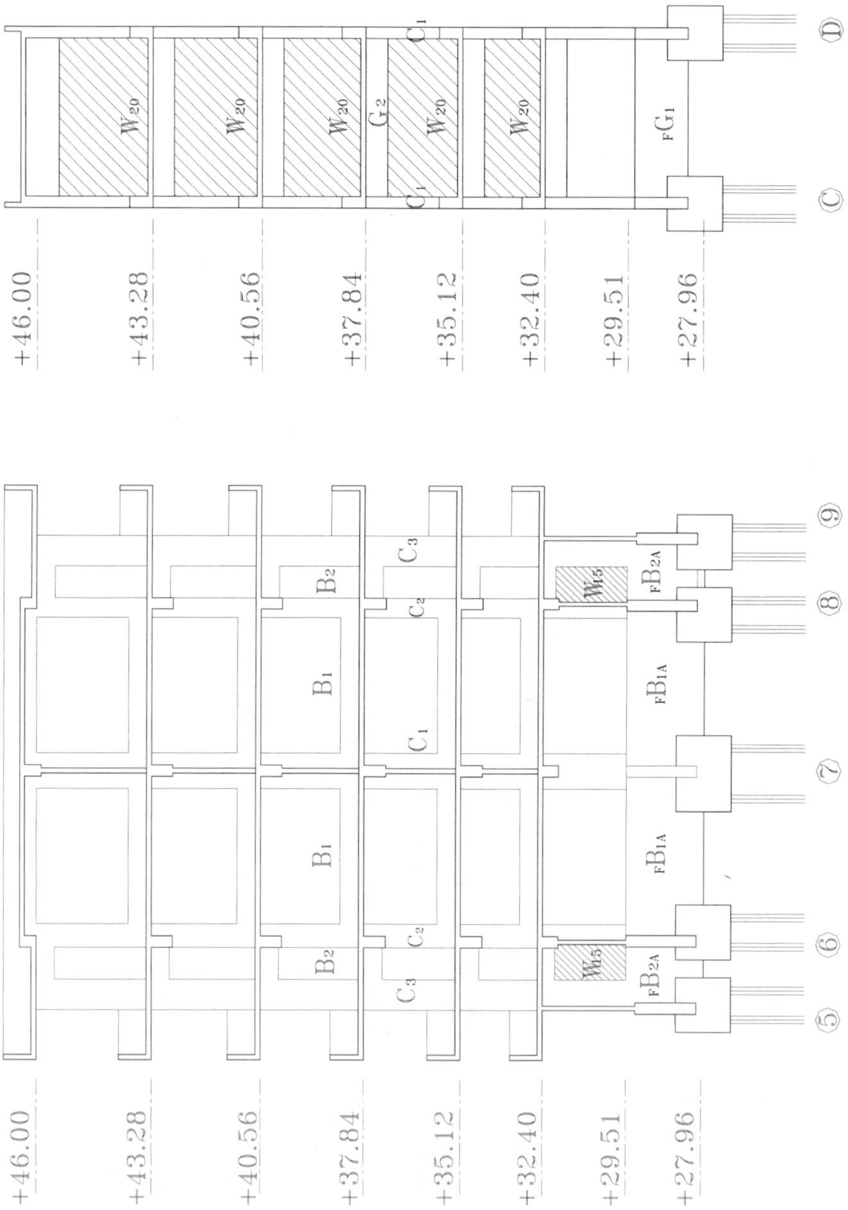

그림 6.2.1(c) M빌리지 축조(軸組)(일부)

6.2.2 N캅셀타워빌딩

『N캅셀타워빌딩』

이 건물은 약 5m×5m의 계단, 엘리베이터의 코아샤프트 2본이 독립하여 세워져 있고, 이것에 캅셀맨션을 사방에서 설치한 건물이다(그림 6.2.2(a), 사진 6.2.2(a)). 샤프트는 철골철근콘크리트조로 하고, 맨션입구의 개구부가 거리가 멀기 때문에 5m의 중앙에 기둥을 세워서 보로 엮은 밀도가 높은 라-멘구조이다. 이 중앙의 기둥은 2층에서 λ형의 가새로 양측의 기둥에 하중이 전해지고 있다(그림 6.2.2(d)). 캅셀은 가새가 들어간 경량철골조의 철판붙이기이며, 마무리와 장치를 포함하여 약 5t이다. 탑상(塔上)구조물이며 10층까지는 설계진도 0.3, 그보다 위는 0.45로 하여 안전을 꾀했다. 진동해석을 하여 검토했으며 일차(一次)의 고유주기는 1.1초이고, 강성도 상당히 있음을 알았다. 또한 2층이하가 평면적으로 넓어져 있으므로 지진시의 전도에 대한 저항은 크다.

사진 6.2.2(a) N캅셀타워빌딩(공사중)

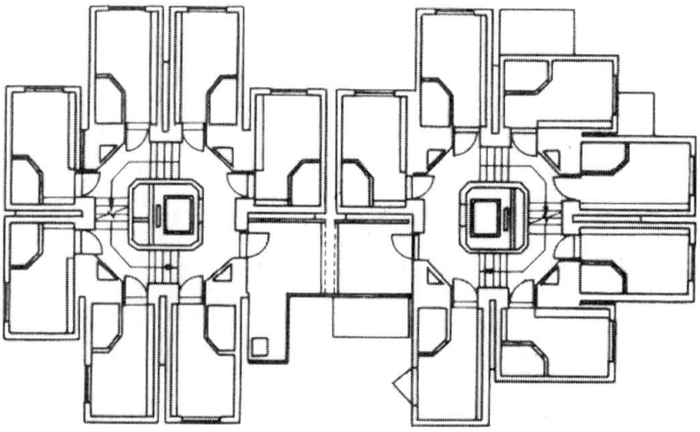

6, 9, 12층 평면

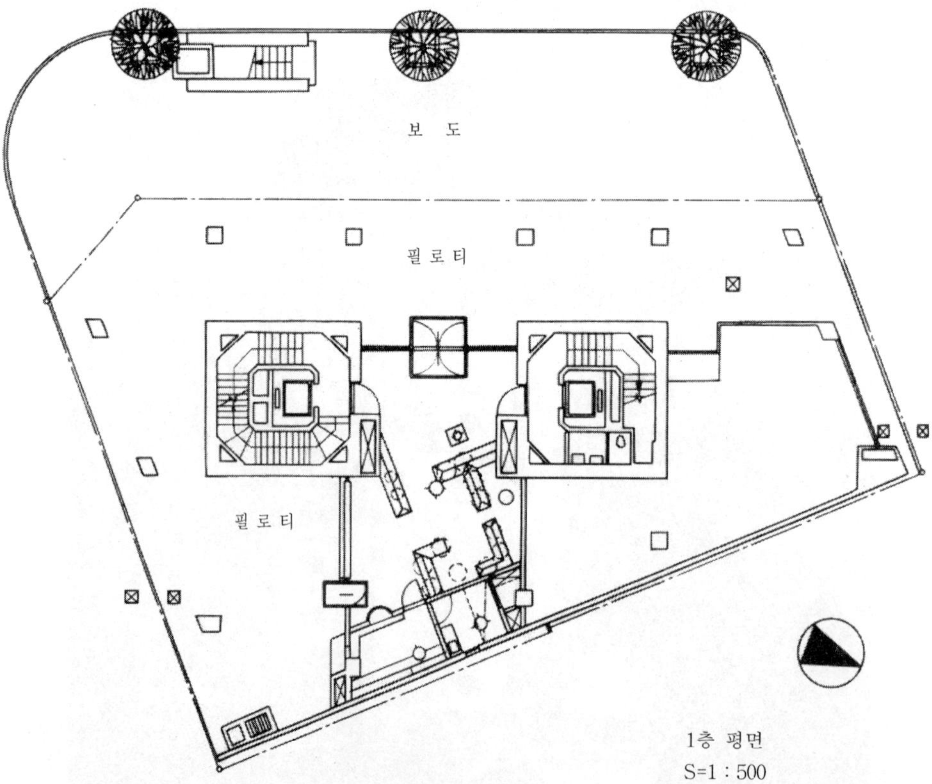

1층 평면
S=1 : 500

그림 6.2.2(a) N캅셀타워빌딩의 평면

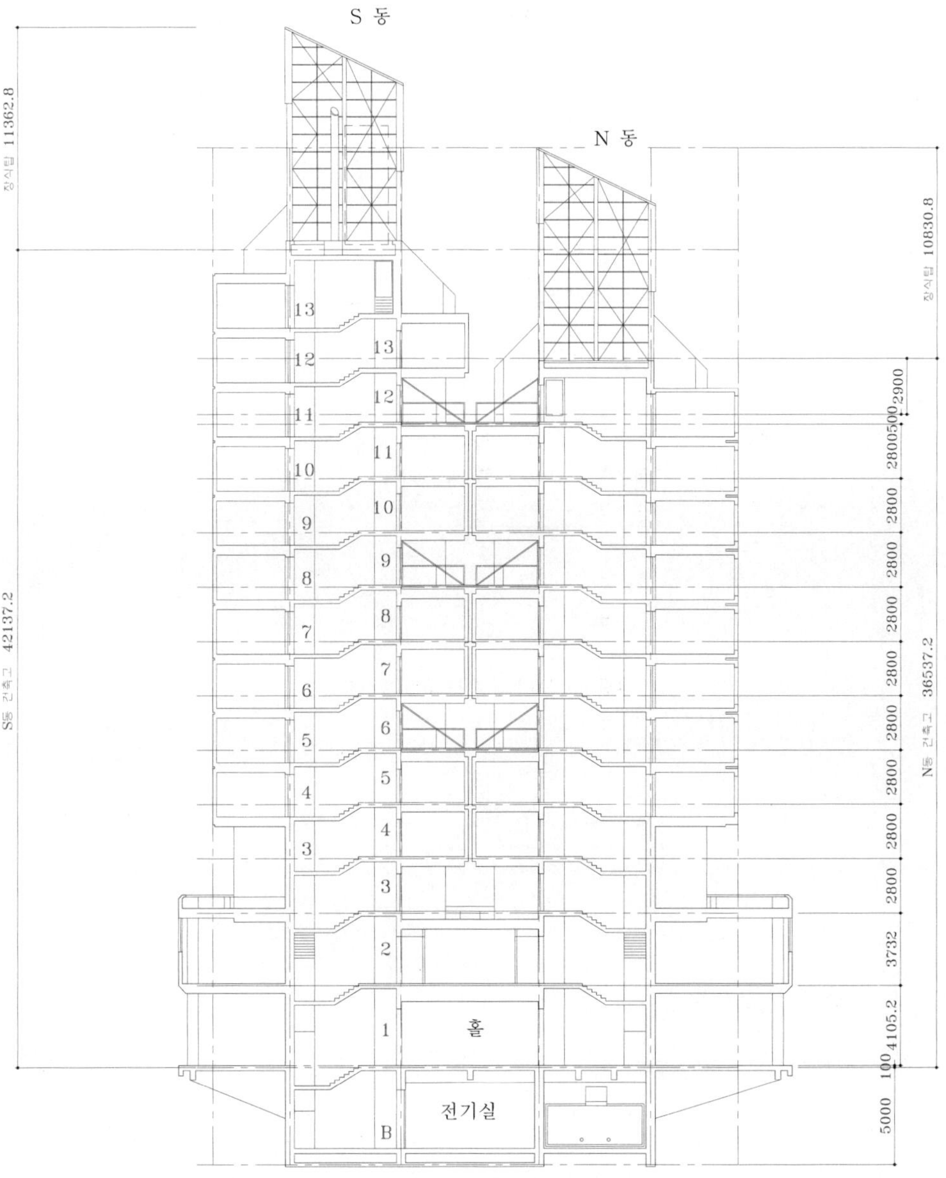

그림 6.2.2(b) N캅셀타워빌딩 단면

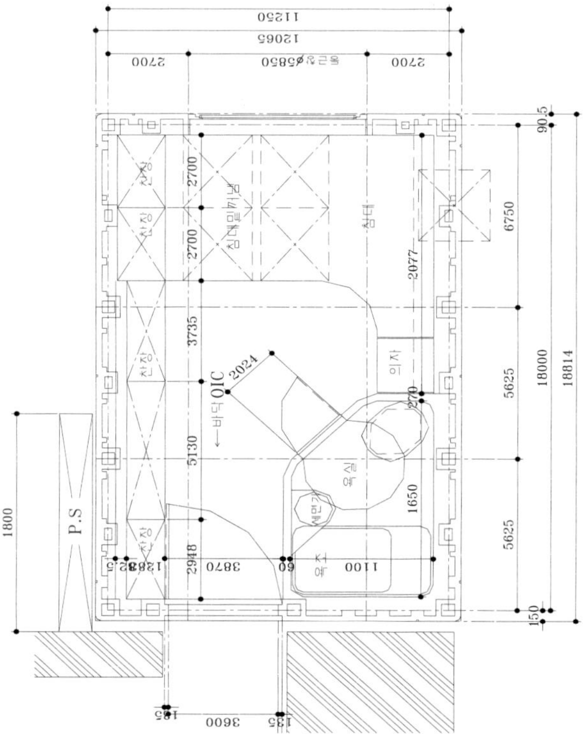

그림 6.2.2(c) N캅셀타워빌딩 캅셀평면

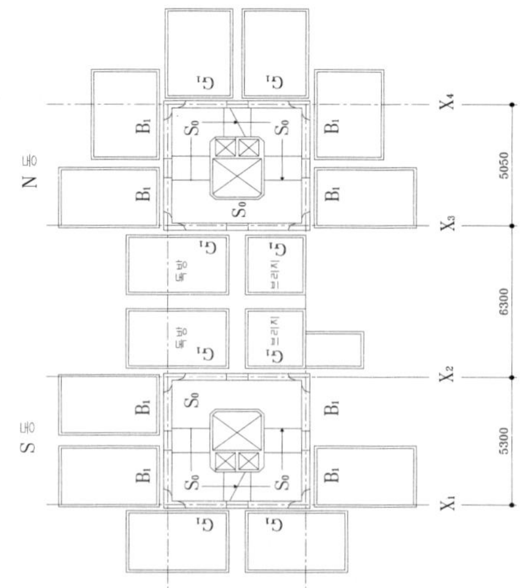

그림 6.2.2(d) N캅셀타워빌딩 기준층 복도

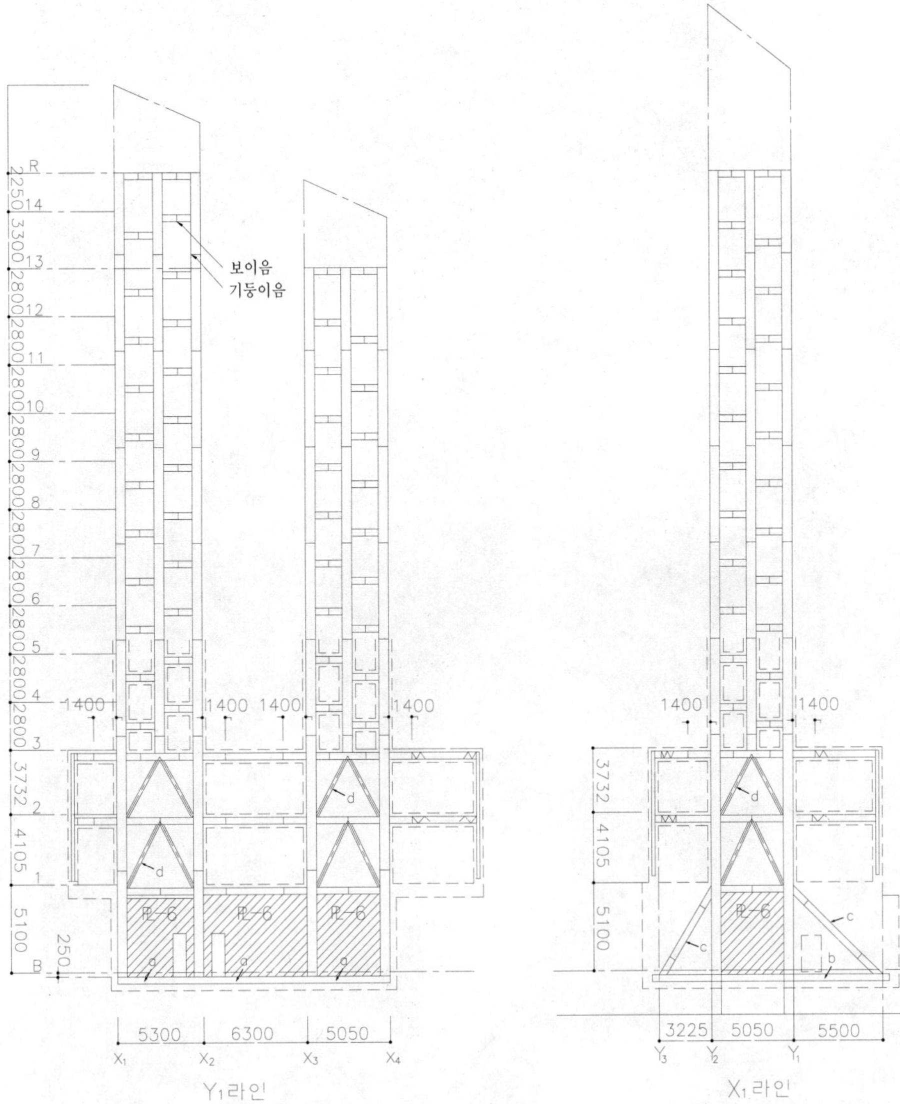

그림 6.2.2(e) N캅셀타워빌딩 철골축조

사진 6.2.2(b) N캅셀타워빌딩 완성

6.2.3 C 집합주택

『C 집합주택』

4층건물의 벽식구조에 의한 집합주택이다(그림 6.2.3(a)). 벽식구조란 라-멘구조의 보, 기둥의 역할을 벽에 부담시키는 구조형식으로서, 기둥모양이나 보모양이 툭튀어나오지 않기 때문에 공간을 구석구석까지 이용할 수 있는 이점이 있다. 그러나 벽만으로 외력에 저항하기 때문에 내력벽은 여러 가지 조건이 붙는다.

① 지상층수가 5이하로 하고 처마의 높이는 16m이하, 각 층의 층고는 3m이하로 한다(일본의 경우).

② 평면형이 장방형모양의 개념으로부터 두드러지게 동떨어지지않는 건물일 것.

③ 적재하중은 주택정도로 한다.

④ 라-멘구조와는 원칙으로 혼용하지 않는다.

⑤ 내력벽이 균형좋게 배치되어 있어야 함.

⑥ 벽량(壁量) 및 벽두께가 규정되어 있다.

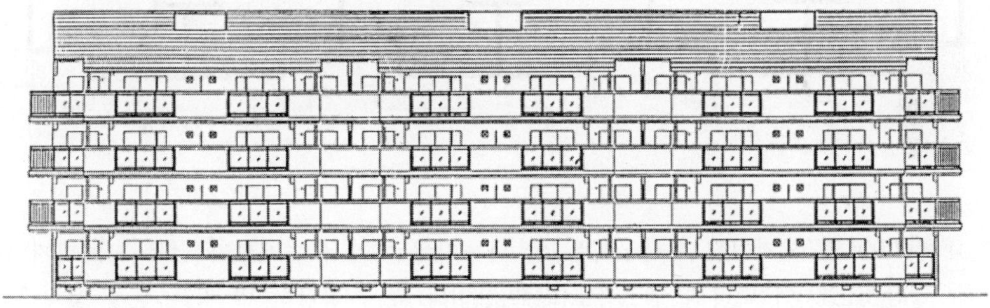

그림 6.2.3(a) 벽식구조의 C 집합 주택의 입면도

이 건물의 경우는 이상의 규정을 만족하고 있으므로 벽식구조를 채용했다(그림 6.2.3(b)). 일반적으로 철근은 가는 것(19mm 이하)으로 설계할 수 있으므로 경제적인 경우가 많다. ⑥의 규정에 따라 벽두께는 각 층 18cm로 하고, 벽보의 보폭도 같은 두께로 설계되어있다.

또, 이 설계 예에서는

$$x\text{방향에서} \quad \sum l_x / \sum A = 16.1 > 15\text{cm/m}^2$$

$$y\text{방향에서} \quad \sum l_y / \sum A = 20.3 > 15\text{cm/m}^2$$

정도로 규정의 벽량을 만족하고 있다. 여기서 $\sum l_x$, $\sum y_x$는 x방향, y방향의 내력벽의 길이의 합계, $\sum A$는 그층의 바닥면적, 15 cm/m^2은 규정의 벽량이다.

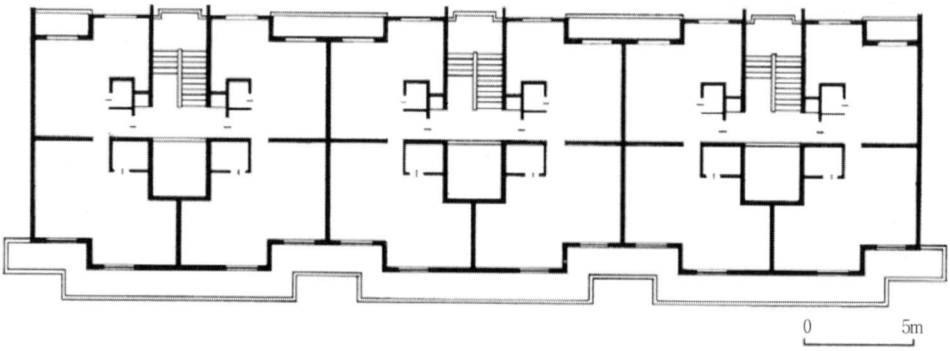

그림 6.2.3(b) C 집합 주택의 배치

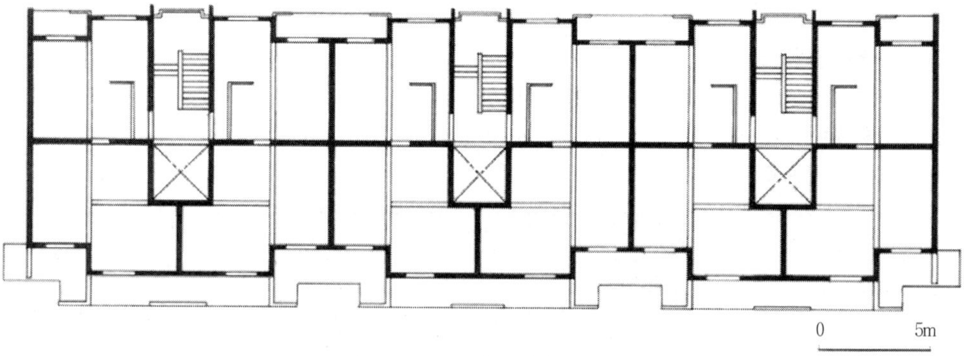

그림 6.2.3(c) C 집합 주택의 구조복도

내력벽으로 구획지어진 바닥구획은 방 나누기에 따라서 슬래브가 너무 크게되지 않도록, 그림 6.2.3(c)에 나타낸 구조복도(構造伏圖)와 같이 적당히 벽 작은 보를 설치하여 바닥을 구성한다. 벽식구조의 기초는 원칙적으로 벽밑에 줄기초를 설치한다.

그림 6.9(c) C 집합주택의 외관

6.2.4 N 집합주택

『N 집합주택』

14층건물의 단동형식(單棟形式)의 집합주택이다. 이 정도의 규모가 되면 전층(全層) 철골철근콘크리트조(SRC조)로 설계하는 것이 일반적이다(지진지역). 그러나, 지진지역이 아닌 경우 건물의 높이가 31m이상의 높이의 경우에도 전층 철근콘크리트조로 설계하는것도 가능하다. 이 건물의 경우는 SRC조로 했기 때문에 순 라-멘가구로 되는 도리방향은 기둥과 보에 H형의 철골이 내장된다. 최근에는 SRC조에 적격인 바깥목치수 일정 H형강(H shape steel with standard gauge of out side deepth)이 널리 생산되기 시작했기 때문에, 이 강재를 사용하고 있다. 기둥의 정면 폭은 각 층 일정하게 하고, 밑층에서 윗층으로는 측면 치수를 감소시키므로서 기둥단면을 조정하고 있다(표 6.2.4(a)).

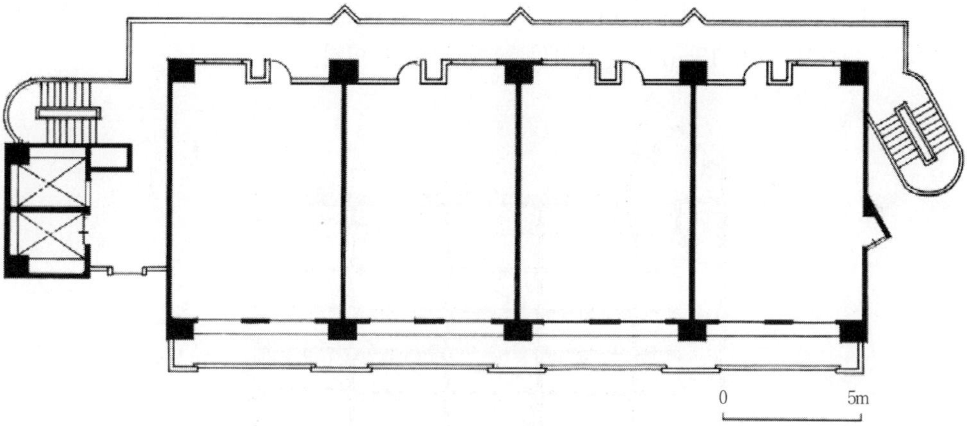

그림 6.2.4(a) SRC조의 N 집합주택의 기준층 평면도

표 6.2.4(a) 기둥의 단면치수(cm)

층	단면
	(깊이)×(폭)
7~14	70×100
1~6	75×100

표 6.2.4(b) 큰보의 단면치수(cm)

층	도리방향	스팬방향
12～R	45×70	40×60
10～11	45×75	40×60
8～9	45×80	40×65
5～7	50×85	40×70
2～4	50×90	40×75

스팬 방향의 세대간 경계벽은 모두 내진벽으로 이용하고 있으며, 건물을 짓는데 철골이 들어 있을 뿐 구조상으로는 RC조로서 설계되어 있다.

또 건물의 경량화를 꾀하기 위하여 7층 이상은 제1종 경량콘크리트를 사용하고, 기초는 제자리 박기 철근콘크리트 말뚝을 채용하여 수평가력시(水平加力時) 건물의 뽑힘에 대처하고 있다.

바닥구조에 대해서는 구조복도(그림 6.2.4(c))에 나타낸 것과 같이, 적당한 작은 보를 배치하여 슬래브 두께 15cm의 일반적인 설계로 하고 있다.

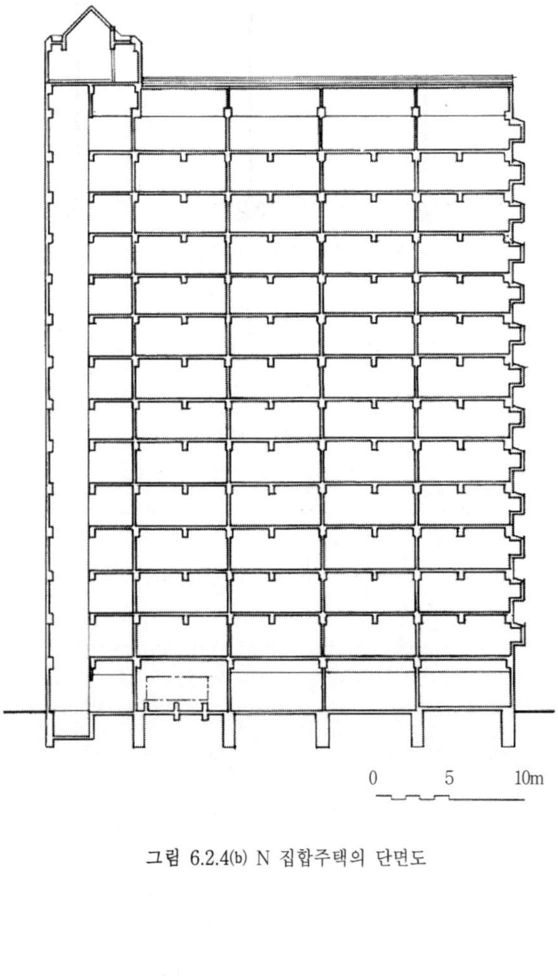

그림 6.2.4(b) N 집합주택의 단면도

큰 보의 단면치수를 표 6.2.4(b)에 나타낸다. 예에 따르면 방의 모양을 바꿀 때에 대응하기 위하여, 작은 보를 없에고 한 세대에 한 장의 슬래브로 설계하는 경우도 있다. PC 강봉(鋼奉)을 사용한 언본드슬래브나 중공(中空) 슬래브 구법(構法) 등이 그것이다.

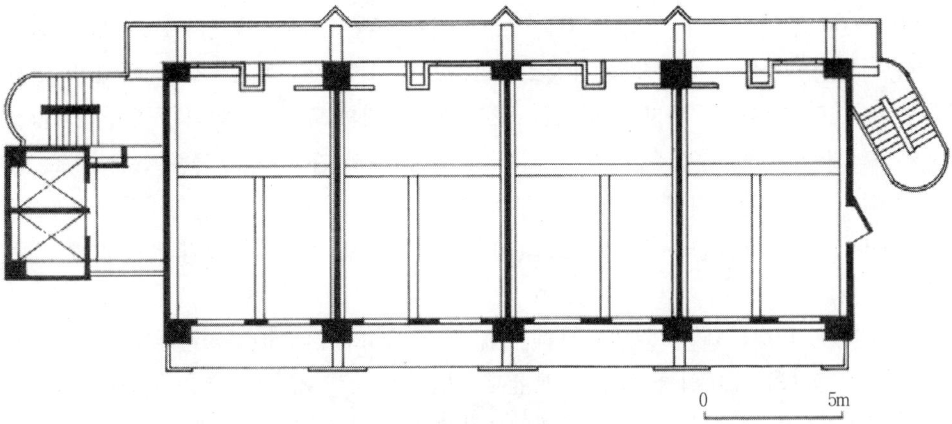

그림 6.2.4(c) 같은 건물의기준층 구조복도

사진 6.2.4 N 집합주택의 외관

6.2.5 사꾸라구 리바시티 · 워터 타워플라자 (River City Water Tower Plaza)

-철근콘크리트조, 튜브구조-

사꾸라구(桜宮)리바시티는, 1986년에 오오사까시 호-프 계획의 일환으로서, 미래지향의 다종다양한 주택의 제안과 환경창조형의 도시 재개발을 목표로하여 행해진 도시형 집합주택 프로젝트이다. 부지는 시내를 흐르는 큰 내의 워터 앞쪽의 구일본 국유철도 화물역유적지이다. 그 중심을 이루는 것이 41층 건물의 초고층 철근콘크리트구조 집합주택의 워터 타워 플라자이다. 그림 6.2.5(a)에 사꾸라구리바시티의 전경을, 그림 6.2.5(b)에 워터타워 플라자의 건물외관을, 그림6.2.5(c)에 입면도, 단면도, 그림 6.2.5(d)에 기준층 평면도를 나타낸다.

그림 6.2.5(e)에 나타낸 주동계획(住棟計劃)은 시티 리조트(city resort)의 풍부함을 연출하는 공용공간의 네트워크 형성을 목표로 하였다. 또한 최대한으로 자연과 접하는 공간을 마련하는 것으로 채광, 통풍, 개방성(開放性), 조망(眺望)의 요새를 낳는 입안을 실행하여, 매우좋은 거주성(居住性)을 확보하는 계획으로 하고 있다. 또, 주동특성(住棟特性)을 나타낸 버라이어티가 풍부한 높은 수준의 주택공간을 구성하고, 변화에 대응하는 융통성이 많은 공간구조를 주택계획의 기본으로 하고 있는 것은 그림 6.2.5(f)에 나타낸 것과 같다.

그림 6.2.5(a) 사꾸라구리바시티전경

그림 6.2.5(b) 워터·타워플라자건물외관

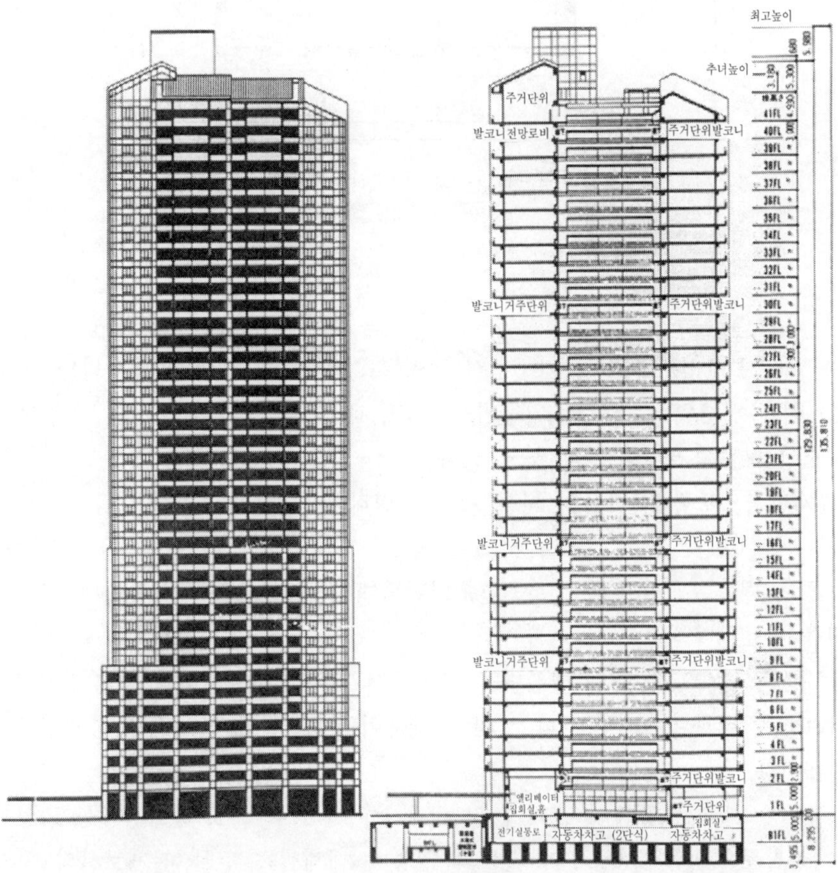

그림 6.2.5(c) 워터·타워플라자 입면·단면도

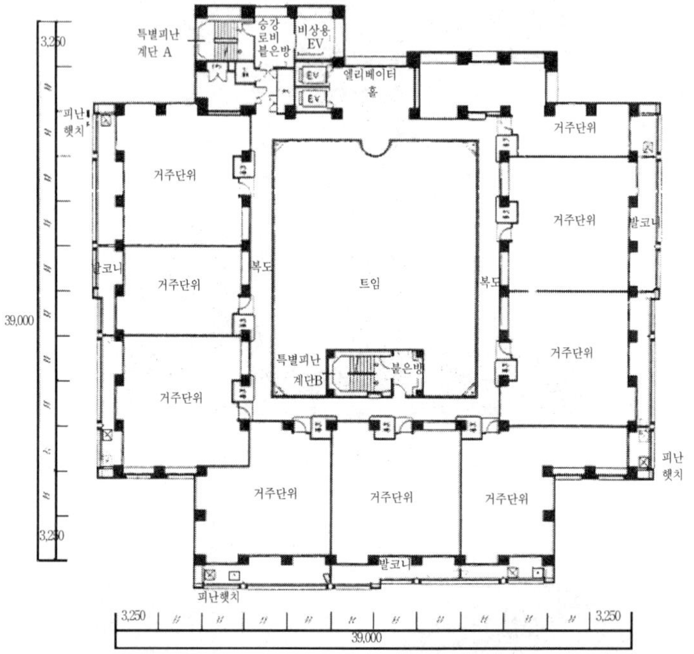

그림 6.2.5(d) 같은 건물의 기준층 평면도

1. 구조계획

구조는 철근콘크리트조로서, 가구형식(架構形式)은 그림 6.2.5(d)에 나타낸 것과 같이 외내주(外內周)에 3.25m 스팬의 기둥열을 두고, 대형 한 장의 슬래브를 채용했다. 더불튜브(doble tube) 순 골조구조로 하고 있다.

내진설계방침으로서는, 다음의 다섯 가지가 있다.

① 기초는 철근콘크리트구조 지중연속벽말뚝(地中連續壁杭)을 사용하여, 강성 및 내력을 확보한다.
② 지하층은 굿세고 튼튼한 내진벽을 균형좋게 배치하여 상부구조를 지지한다.
③ 지하층은 원칙으로 기둥보다 보의 휨항복이 먼저 일어나는 전체 붕괴형이 되도록 설계한다.
④ 기둥・보 부재는 충분히 끈기가 있는 우수한 구조로 하고 종국강도를 확보한다.
⑤ 큰 지진동을 받았을 경우의 건물의 성능에 대해서는 건물 전체로서의 평가에 더하여 골조로서의 상세한 검토를 행하고, 구조 안전성을 확보하고 있다.

2. 구조상의 특징

i) 초고층 철근콘크리트 구조

초고층을 가능케한 기술적 배경으로서,

① 철근 콘크리트 구조에 대한 해석프로그램의 개발과 대형계산기의 출현,
② 성능이 우수한 기둥·보 부재의 개발,
③ 고강도 콘크리트 제조 기술의 진보,
④ 시공의 품질관리 기술의 향상등,

이 있으며, 본 구조물에서는 초고층 철근콘크리트 구조를 채용하고 있다. 다시 부재내력을 높이기 위하여 큰 압축축력을 받는 1층 기둥에는 강판(鋼板)으로 콘크리트의 횡방향의 변형을 구속하여 내력을 높인 높은 구속기둥을 채용하고, 보의 주근에는 X형배근(그림 6.2.5(g))을 사용한다.

ii) 더블 튜브 순골조구조

본건물의 건축계획상의 포인트이다.

① 다양한 거주단위 바리에이션(variation)의 대응
② 라이프 스타일(life-style)의 변화에 따르는 칸막이의 변경에 대응

등의 모든 조건을 고려했을 때, 거주 단위내에 기둥, 보가 종횡으로 배치되는 종래의 양방향 라-멘 구조로는 지나치게 제약이 많아서 대응이 어려우므로, 튜브구조를 채용했다.

튜브구조에는 외주(外周)의 골조만을 튜브로 구성한 싱글튜브구조와, 싱글튜브로는 소요의 강성과 내력이 부족할 때 내부에도 튜브를 사용하는 더블 튜브구조, 한층더 튜브의 효과를 좋게하기 위하여 튜브를 묶은 밴들 튜브구조 등이 있다. 본 건물에서는 그림 6.2.5(e)에 나타낸것과 같이, 빈공간을 중앙에 가지는 평면계획상으로부터, 내외주(內外周)에 골조 튜브를 배치하여 튜브사이를 한 장의 대형 슬래브로 구성하는 골조 더블 튜브구조를 채용하고 있다.

기본 평면형상은 6.5m기본 모듈로 하여 구성하고 전면폭은 1 및 1.5모듈, 깊이는 1.5모듈이 기본의 거주단위 규모이다.

동서 및 남북의 블록은 9.75×26.0m의 한 장(一枚) 슬래브로 구성된 대형슬래브(그림 6.2.5(h), 6.2.5(i))이며, 차음성(遮音性) 및 진동장해(振動障害) 등을 배려하여 두께 300mm의 얇은 두께의 PC중공(中空) 언본드슬래브로 하여, 바닥진동에 대해서는 미진동 평가(微振動評價)를 행하고 동시에, 실제크기 차음 실험으로 차음성능을 확인하고 있다.

표 6.2.5(c) 주기둥의 단면치수(B×Dmm)

바깥기둥	가운데기둥
800×800	750×850
900×850	850×850
950×900	900×900

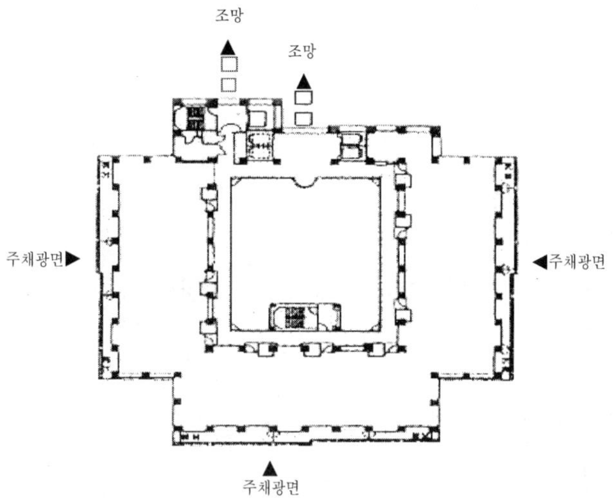

그림 6.2.5(e) 주동계획

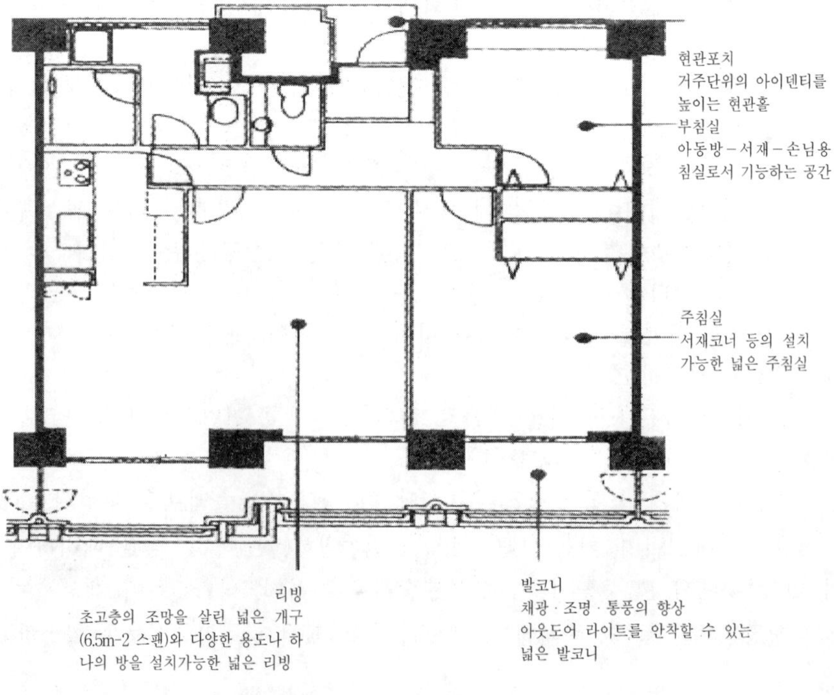

그림 6.2.5(f) 거주단위계획

표 6.2.5(d) 주보의 단면치수(mm)

층	B×D
40	600×850
30	600×850
10	600×850
2	600×850

그림 6.2.5(g) 보의 주근

그림 6.2.9(h) PC관

그림 6.2.9(i) 슬래브 배근

6.3 ······························ 호 텔

호텔의 기능은 크게 나누어, 숙박과 집회의 둘이다. 앞의 것은 작은방으로 층고가 낮으나, 뒤의 것은 넓으며 높은 층고가 필요하다. 부지가 넓고 방의 수도 그다지 많지 않을 때 등, 이 두 기능을 분리하여 별개의 구조로 할 수 있으면 구조적으로는 명해(明解)하다.

6.3.1 K.S 프린스 호텔

『K.S 프린스 호텔』

이 호텔은 숙박과 집회 및 관리의 동(棟)이 분리되어 있는 예이다(그림 6.3.1(a)). 『객실동』은 벽식 철근콘크리트조 4층 건물(일부 지하1층)이다(그림 6.3.1(b)). 앞에서 설명한 바와 같이 벽식에는 벽두께와 벽량의 규정이 있으며, 이 건물도 그것에 따르고 있다. 벽두께는 지상 층은 모두 18cm로 하고 지하층은 25cm, 벽량은 지상 층은 모두 15cm/mm^2 이상, 지하층은 20cm/mm^2 이상으로 되어 있다.

복도를 가로지르는 보를 설치하지 않기 때문에 단변방향의 가구(架構)는 칸막이 벽이 수직의 외팔보가 되어, 이것의 횡력에 의한 전도는 모두 강강(剛强)한 지중보가 담당하고 있다. 그런데, 이 벽의 꼭대기 부분은 복도의 상부에서 작은 보(g_1)로 연결되어 있으나(그림 6.3.1(c)), 이것은 여력(餘力)으로서 안전을 기했다. 지붕은 철골조의 금속판 덮기이며, 빗대공으로 철근콘크리트조에 지지되어 있으며, 부재는 적설(1m) 때를 기준으로 결정되었다(그림 6.3.1(d)). 이와 같이 천장 속의 공기층을 슬래브의 위에 두는 수법은 설국(雪國)에서는 곧 잘 사용되는 것이며, 철근콘크리트 창고 등은 지붕슬래브는 콘크리트로 하고 그 위에 목조로 받침기둥을 세워 지붕을 만들고 있다.

사진 6.3.1(a) K.S 프린스 호텔 외관

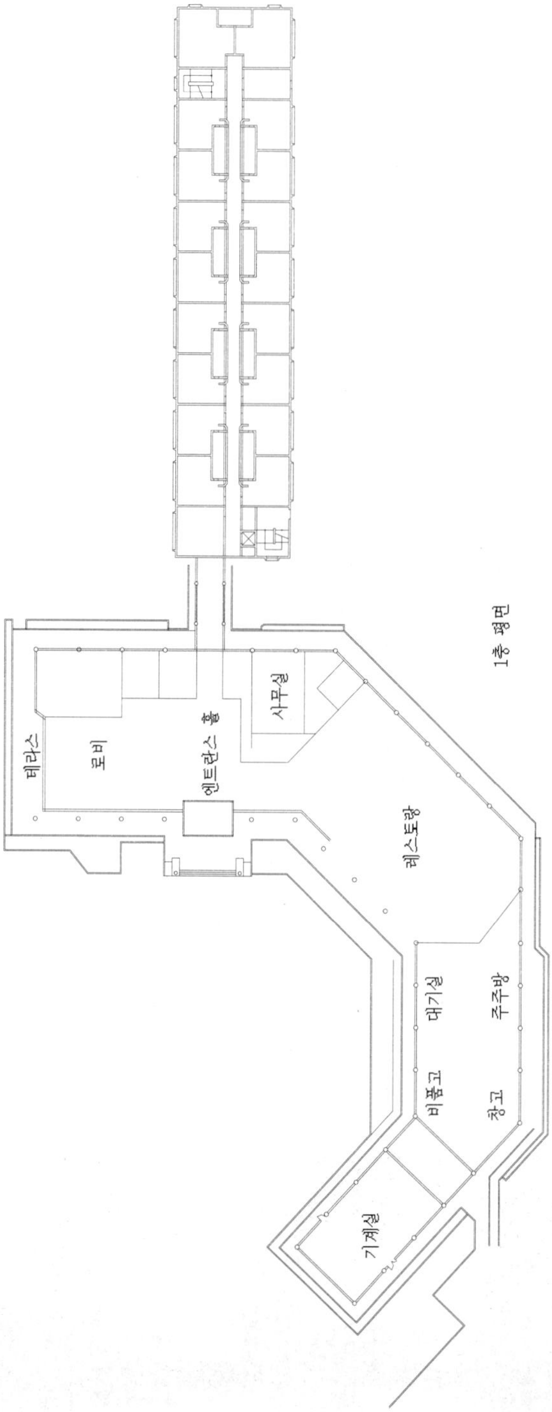

그림 6.3.1(a) K.S 프린스 호텔 평면도

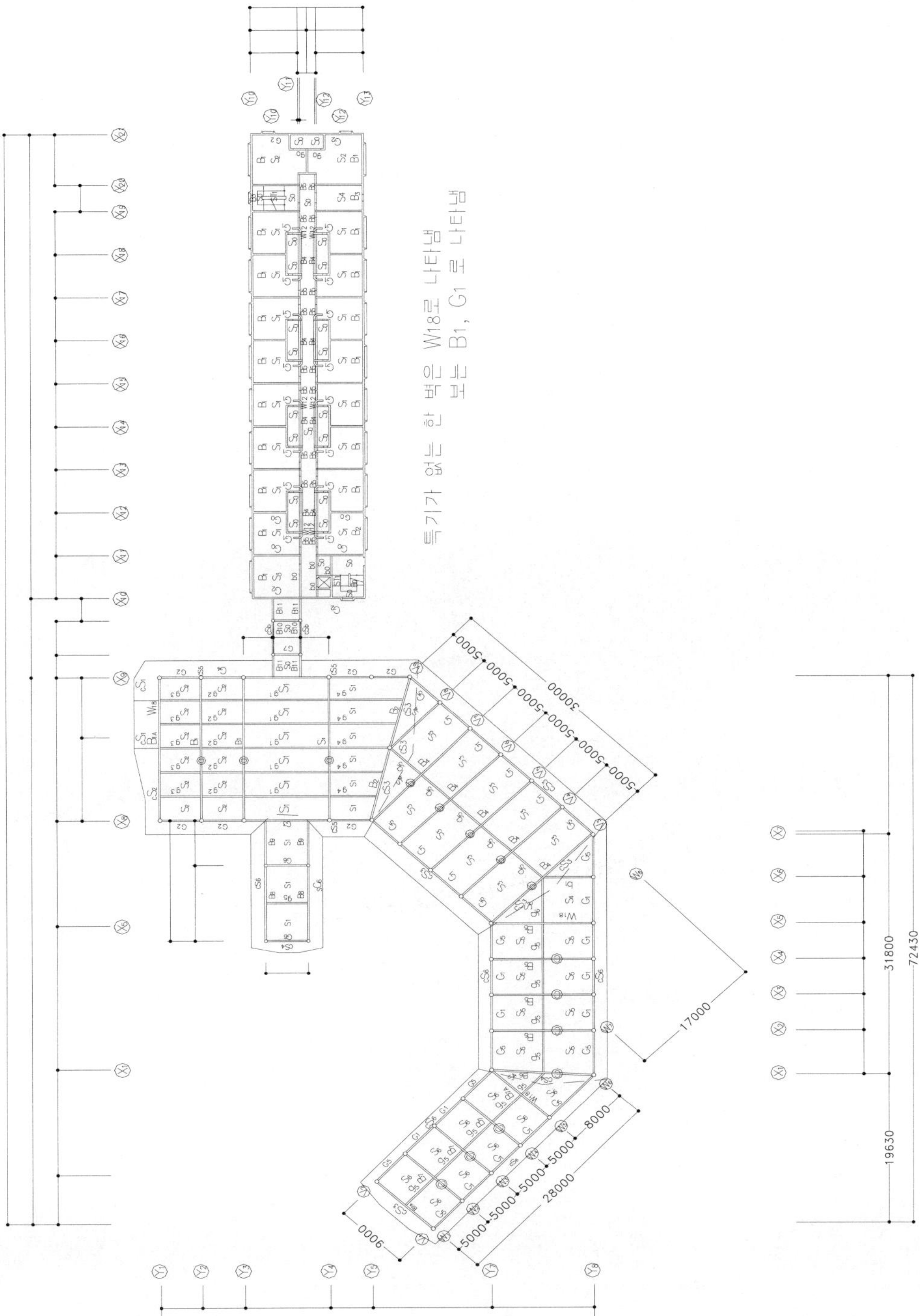

그림 6.3.1(b) K.S 프린스 호텔 보복도

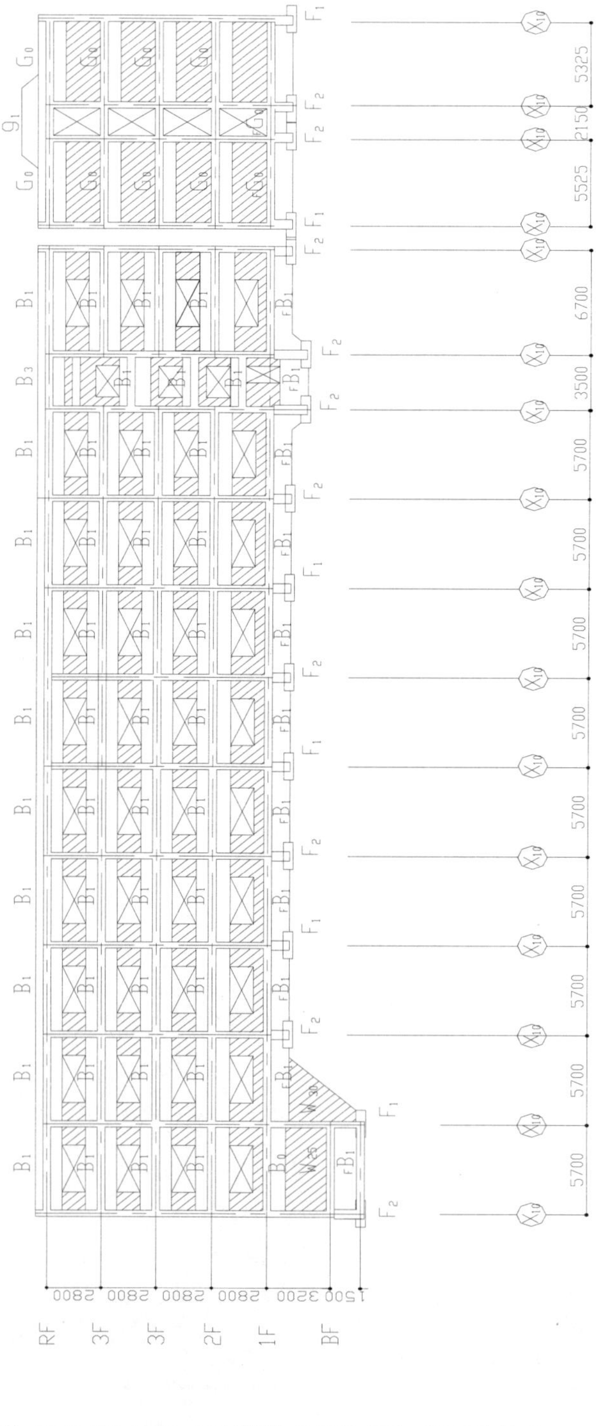

그림 6.3.1(c) K.S 프린스 호텔 객실동 축조(Y10라인 , X13라인 골조)

사진 6.3.1(b) K.S 프린스 호텔의 객실동

사진 6.3.1(c) K.S 프린스 호텔 레스토랑

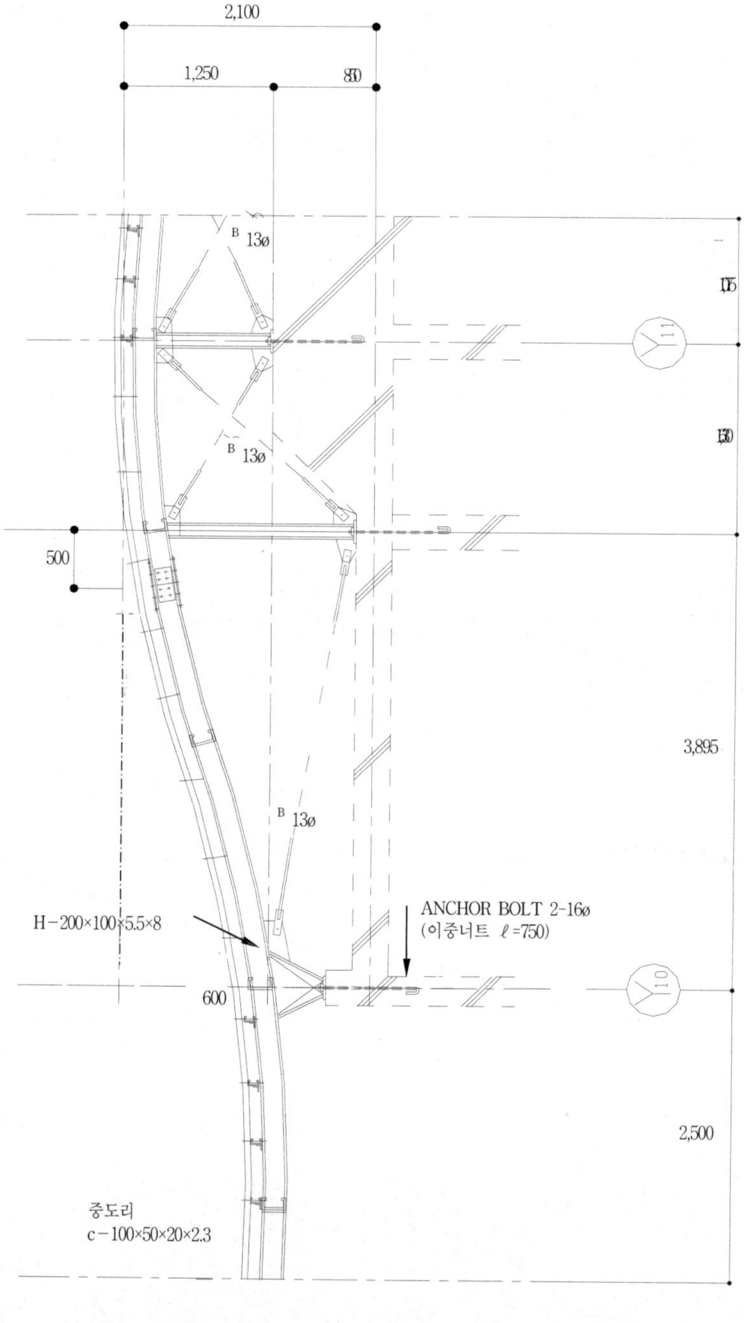

그림 6.3.1(d) K.S 프린스 호텔 지붕(X13라인 단면)

『레스토랑 동』은 스팬이 크므로, 그림 6.3.1(e)와 같이 아치지붕의 가구(架構)를 사용하고 있다. 아치지붕이나 산형(山形)지붕은 그 자체는 수직하중에 유리한 형(形)이지만은, 기둥 위에 실릴 때는 주두(柱頭)가 좌우로 열리(펼치)려고 하므로 그림 6.3.1(f)와 같이 상당히 큰 모멘트가 생기며, 그림 6.3.1(g)와 같이 주두를 좌우로부터 닫히도록 힘을 가했을 때는 앞의 모멘트와 반대의 모멘트를 일으키므로 이들의 합계는 그림 6.3.1(h)와 같이 모멘트는 거의 없어지게 된다. 즉, 주두부분에 인장재를 넣어 이것을 죄게 되면 이 역할을 하게 된다. 이 건물에서는 이 인장재로서 P.C 와이어를 사용하고 있으며, Y_2의 가구에서는 허용인장 하중이 267.9t의 F270T라는 와이어로 콘크리트의 강도가 나온 뒤 66.9t으로 죄어 설치되어 있다(그림 6.3.1(i)).

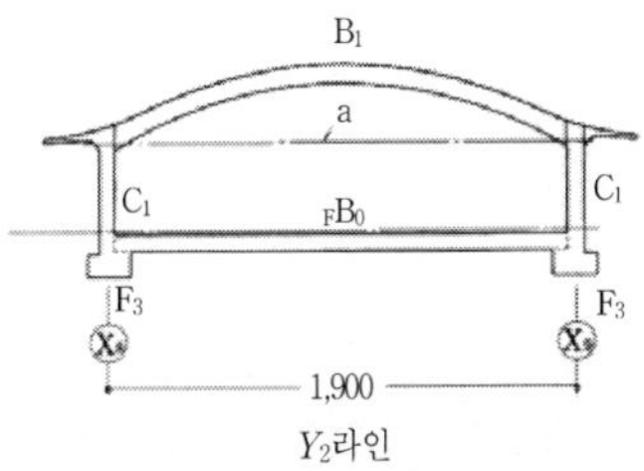

그림 6.3.1(e) 레스토랑 동 축조

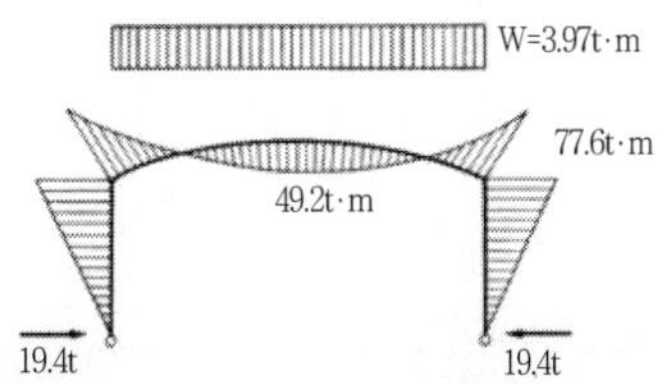

그림 6.3.1(f) 주두가 닫히도록 힘을 가했을 때의 휨 모멘트

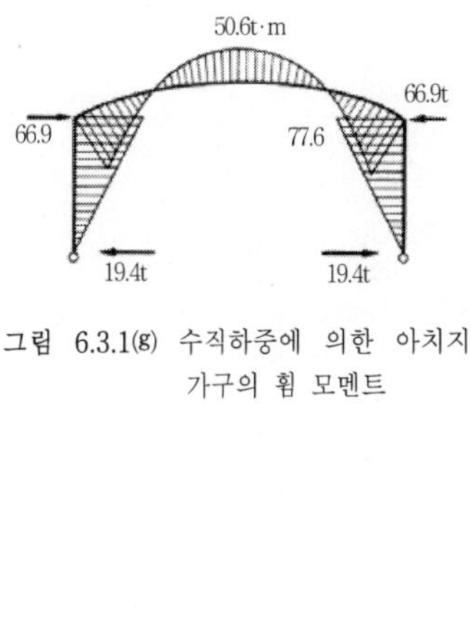

그림 6.3.1(g) 수직하중에 의한 아치지붕 가구의 휨 모멘트

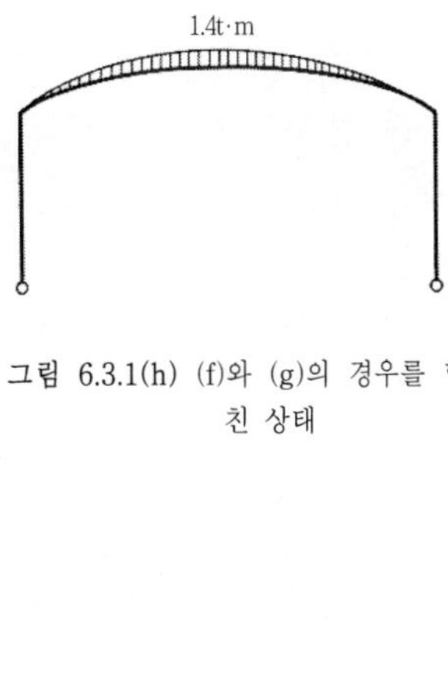

그림 6.3.1(h) (f)와 (g)의 경우를 합친 상태

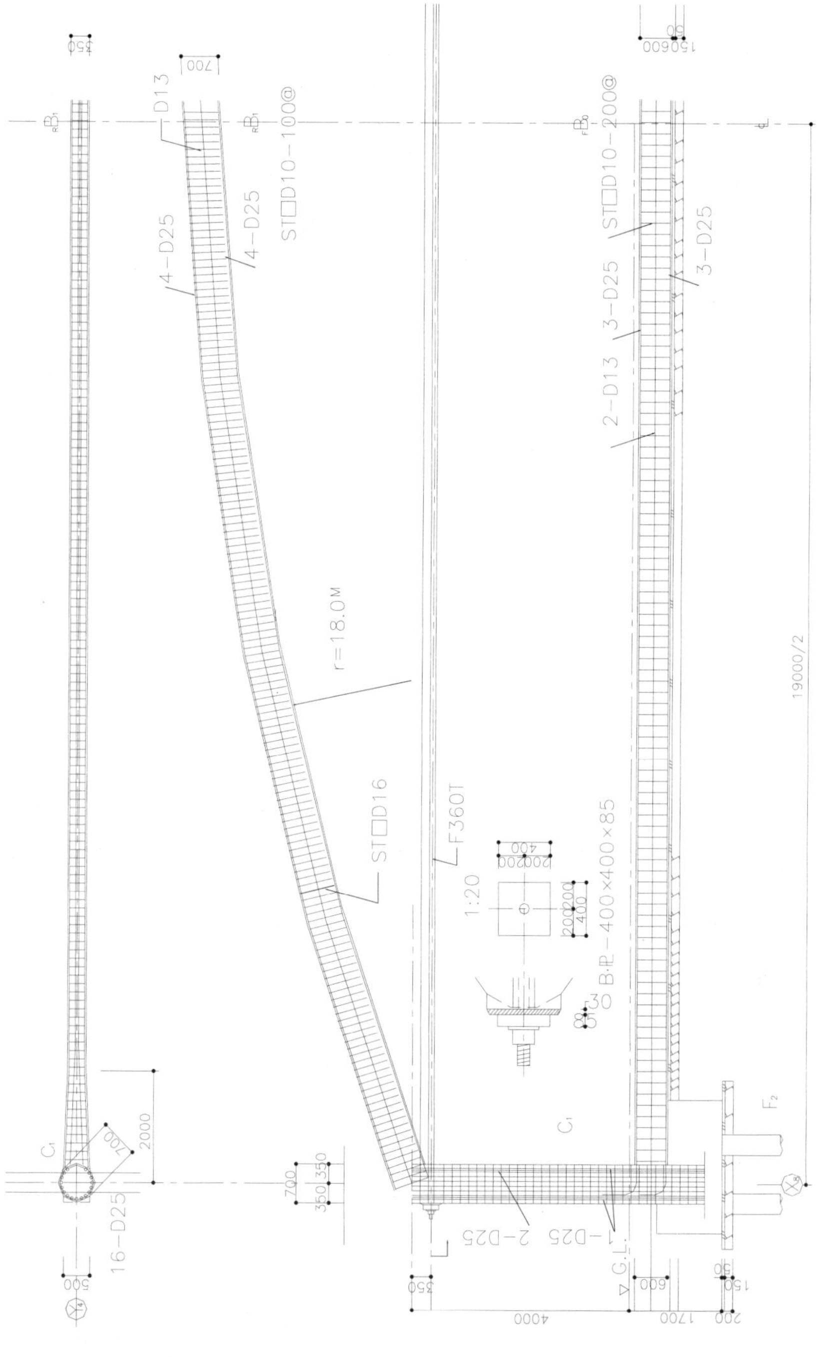

그림 6.3.1(i) 아치지붕 가구의 상세

6.3.2 S.K 그랜드 호텔

『S.K 그랜드 호텔』

이 호텔은 숙박부분, 집회 및 관리부분이 분리되지 않고 일체가 되어 있는 예이다.

철근콘크리트조 3층 건물, 일부 지하 1층의 건물이며, 위의 2층, 3층이 객실이고, 1층 이하가 집회 및 관리부분이다(그림 6.3.2(a)). 1층은 스팬이 클 필요가 있으며, 위의 객실 부분도 이것에 맞추어 객실 3실 걸러 구조벽으로 하고, 이 사이의 스팬 12m는 중공(中空)슬래브로 하고 있다(그림 6.3.2(b)). 이 부분의 구조는 앞에서 언급된 S저택과 같으며, 중공슬래브(두께 35cm)가 넓적하게 보이고, 구조벽(두께 30cm)이 넓적한 기둥인, 라-멘으로 생각하여 전횡력을 부담시키고 있다. 단, 그림 6.3.2(c)와 같이 C열에는 벽이 있으므로 상당한 강성(剛性)이 있으며, 복도 부분의 수직하중을 부담시켜 횡력에 대해서는 전횡력이 이것에 가해졌다고 보고, 광탄실험(光彈實驗)을 행하여 배근하고 있다(사진 6.3.2(c) (그림 6.3.2(d)). 개구(開口)는 출입문이며 상하의 층에서 서로 어긋나 있기 때문에 유리한 형상이 되어 있어서 응력이 그다지 집중되지 않는다. 라-멘과 벽으로 각각 전횡력을 받도록 하고 있으므로 2배의 횡력을 가하고 있는 것이 되지만 벽의 형상이 복잡하며, 또 한쪽으로 치우쳐 있는 것 등으로부터 안전을 기한 것이다. 1층에서는 L자형의 기둥으로 상부를 떠받치고 있고 강강(剛强)한 2층 보가 이것을 묶어 연결하여 라-멘을 형성하고 있다.

사진 6.3.2(a) S.K 그랜드 호텔 외관

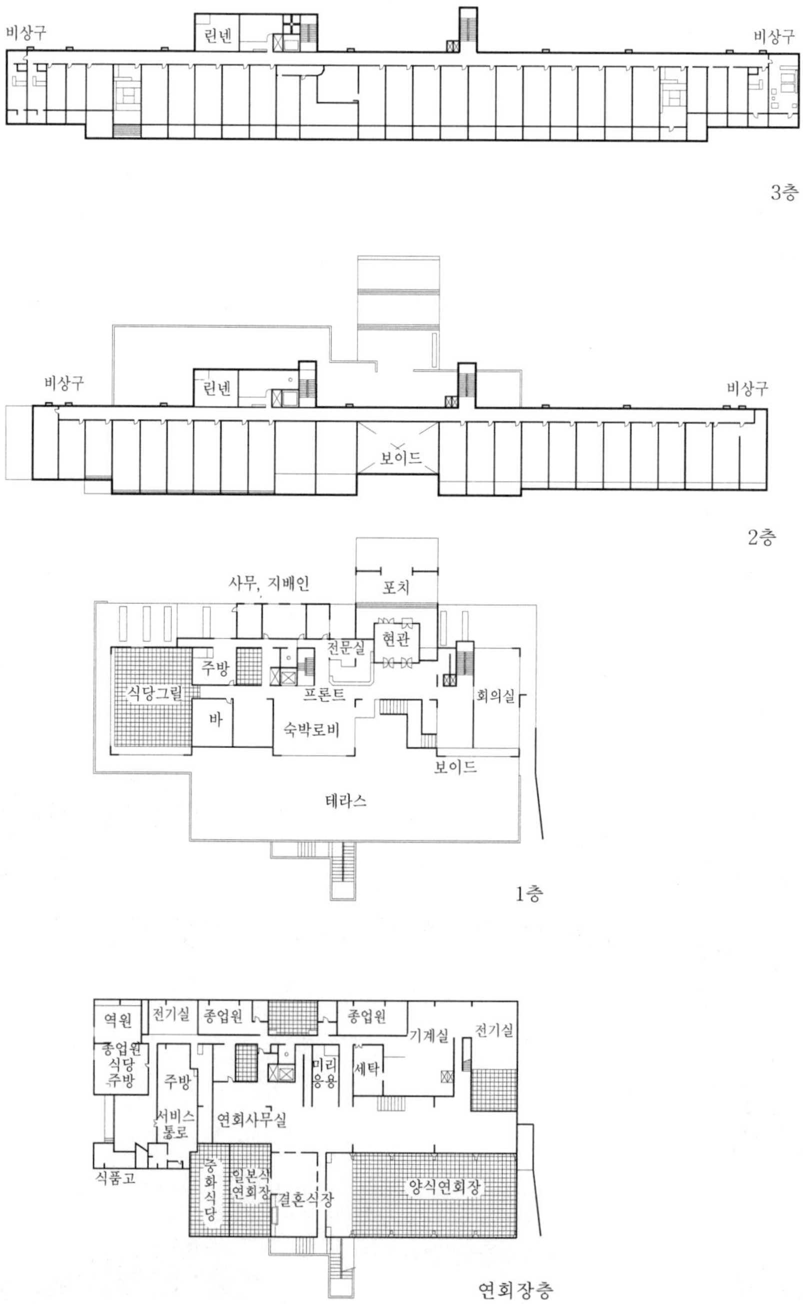

그림 6.3.2(a) S.K 그랜드 호텔 평면도

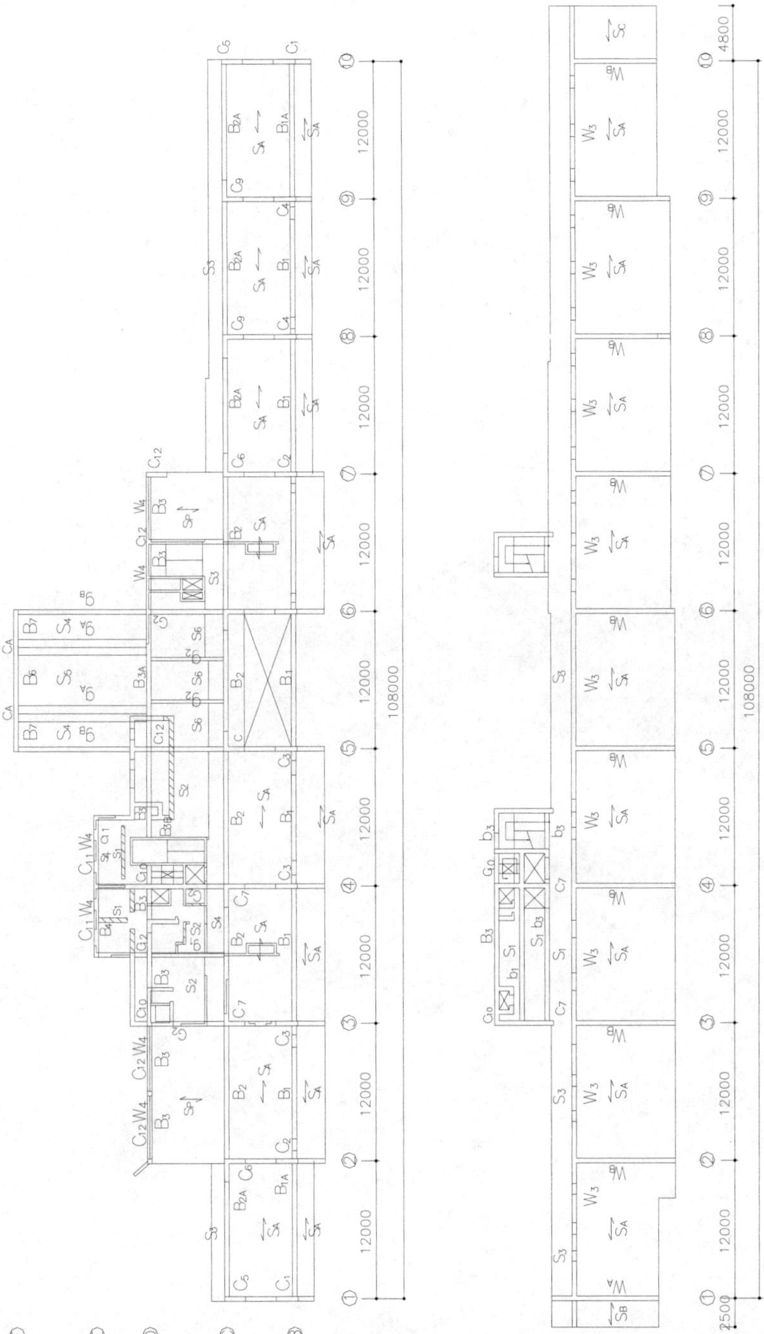

그림 6.3.2(b) 같은 건물의 복도(伏図)

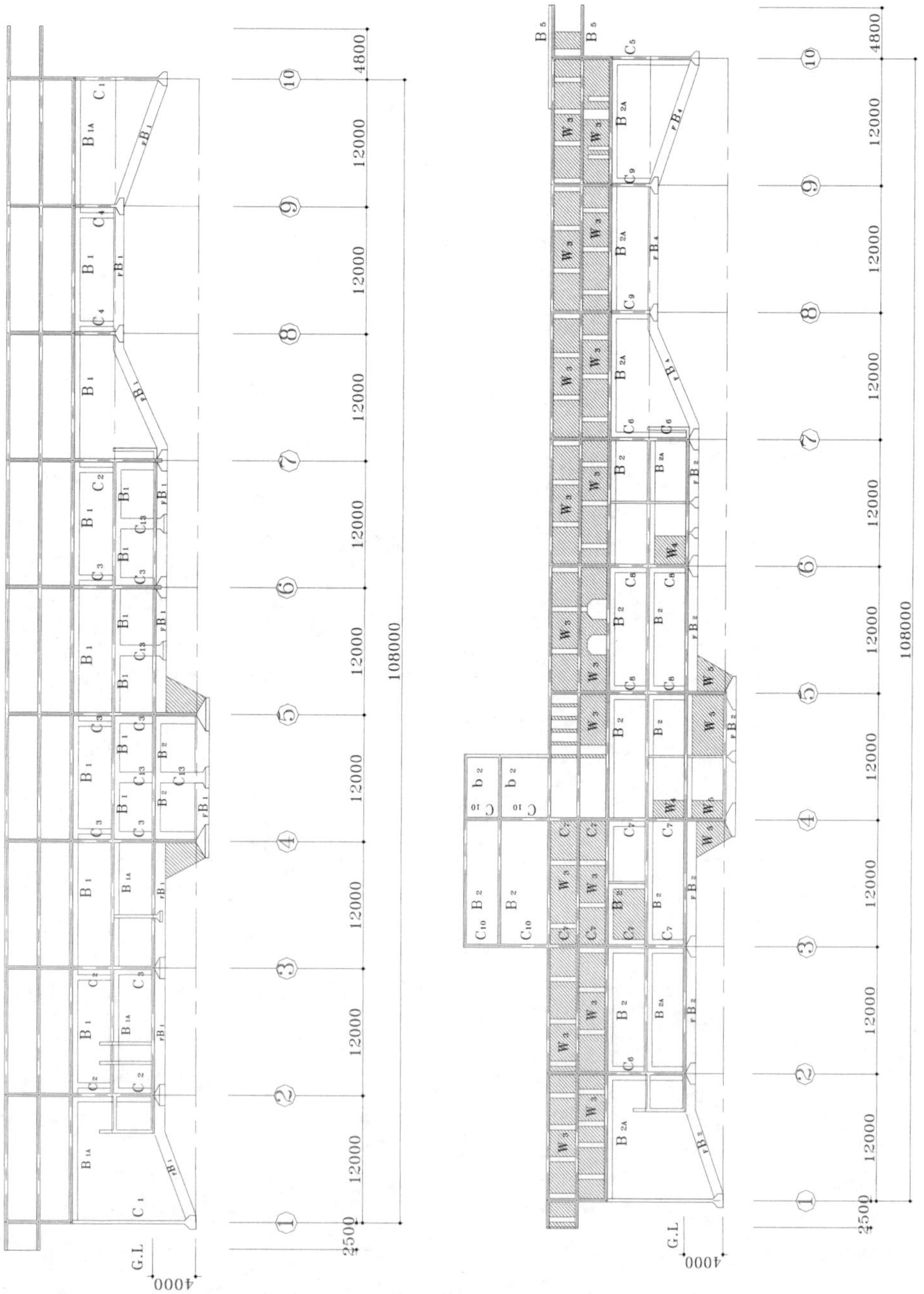

그림 6.3.2(c) 같은 건물의 축조(軸組)

사진 6.3.2(d) 같은 건물의 뚫린부분

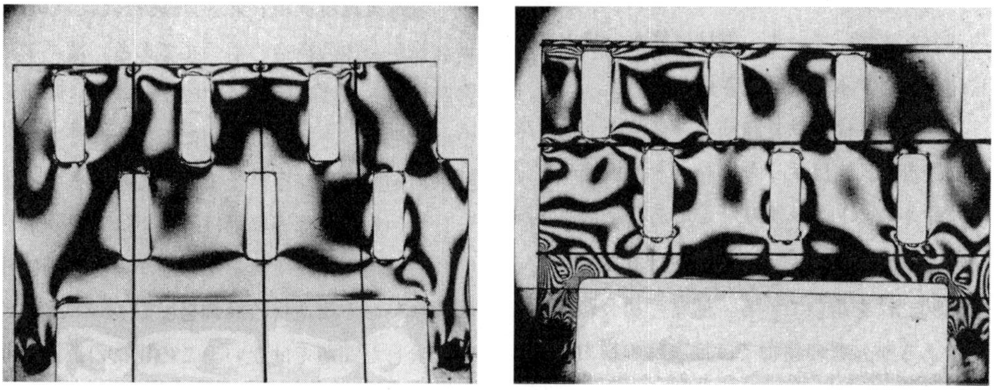

(a) 수직 하중시 (b) 지진시

사진 6.3.2(c) C라인의 광탄성

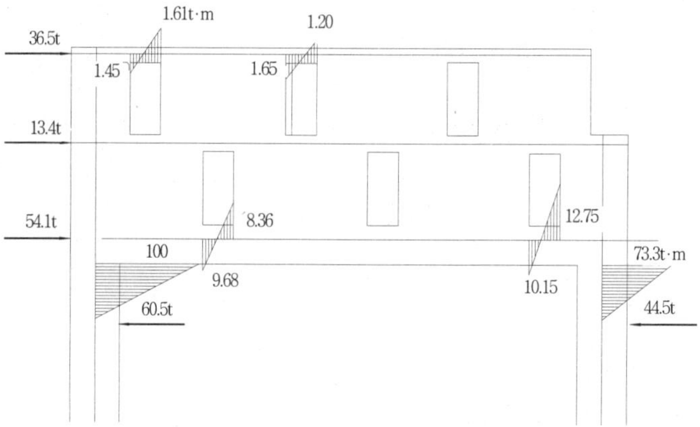

그림 6.3.2(d) C라인의 지진시 휨 모멘트

6.3.3 L.Q 호텔

『L.Q 호텔』

이 호텔도 상부의 객실과 하부의 집회부가 일체로 된 구조의 호텔이다. 지하 1층, 지상 11층이며, 3층 이상이 객실이다. 객실부분은 중복도 형식이며, 복도의 양쪽에 기둥을 세워 칸막이벽 안에 가새를 넣어 횡력에 저항하도록 되어 있다(그림 6.3.3(a)). 2층 이하에는 이 복도의 양쪽의 기둥이 그대로 내려오면 방해가 되므로 하나로 합쳐 한 본으로 하고 있다. 상부 객실부의 가새는 플랫바(flat bar)를 촘촘하게 넣은 것으로 인장력에 저항하므로 가새의 양쪽에 기둥이 필요하게 된다. 이 상부 9개층은 가새로 구조재를 절약하고 있으므로 기둥의 본 수가 변하는 부분의 보강비(補强費) 등이 특별한 문제가 되지 않는다. 이 건물의 장변방향은 라-멘 뿐이지만은, 호텔에는 창문이 작아도 된다는 점을 이용하여 그림 6.3.3(c)와 같이 버팀대를 사용하여 라-멘을 보강하고 있다. 버팀대는 가새 정도는 아니지만은 보의 스팬을 작게하여 기둥을 보강하는 효과는 크다. 이 건물의 기둥은 철골철근콘크리트조, 보와 벽면 가새는 철골조의 내화피복이며, 바닥은 덱플레이트 버림바닥판의 철근콘크리트 슬래브, 외벽은 프리캐스트콘크리트 이다. 설계지진진도는 16m 이하는 0.1, 이상은 4m마다 0.01을 더하여, 옥탑은 0.2로 하고 있다. 설계용의 바람의 속도압은 $g=90\sqrt{h}$ 를 사용하고 있다. 보통의 경우에 비하여 풍압은 1.5배, 지진력은 약 1/2이지만, 이 건물에서는 지진시의 횡력의 쪽이 크게 되므로 설계용 횡력으로는 지진시의 것을 채용하고 있다.

사진 6.3.3(a) L.Q 호텔(공사중)

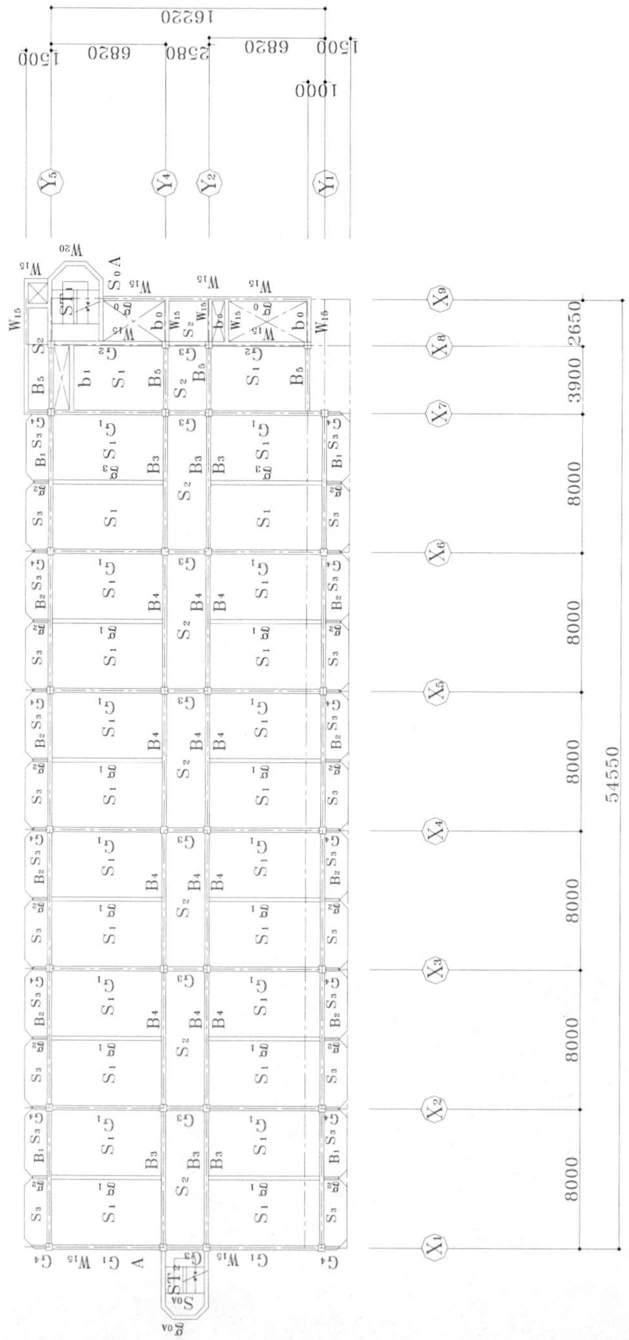

그림 6.3.3(a) L.Q 호텔, 4~11층 복도

사진 6.3.3(b) L.Q 호텔(완성)

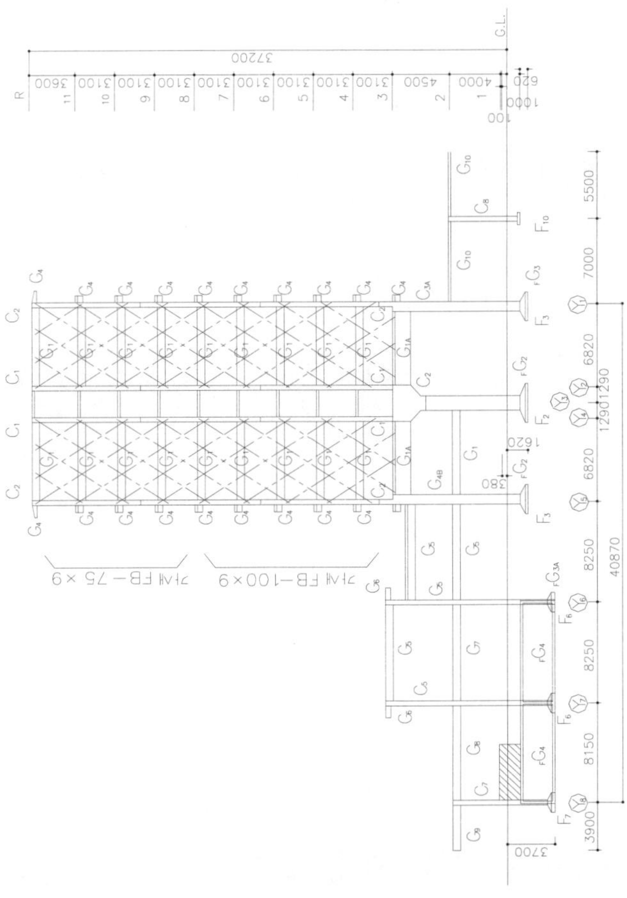

그림 6.3.3(b) L.Q 호텔의 X_5라인의 축조도

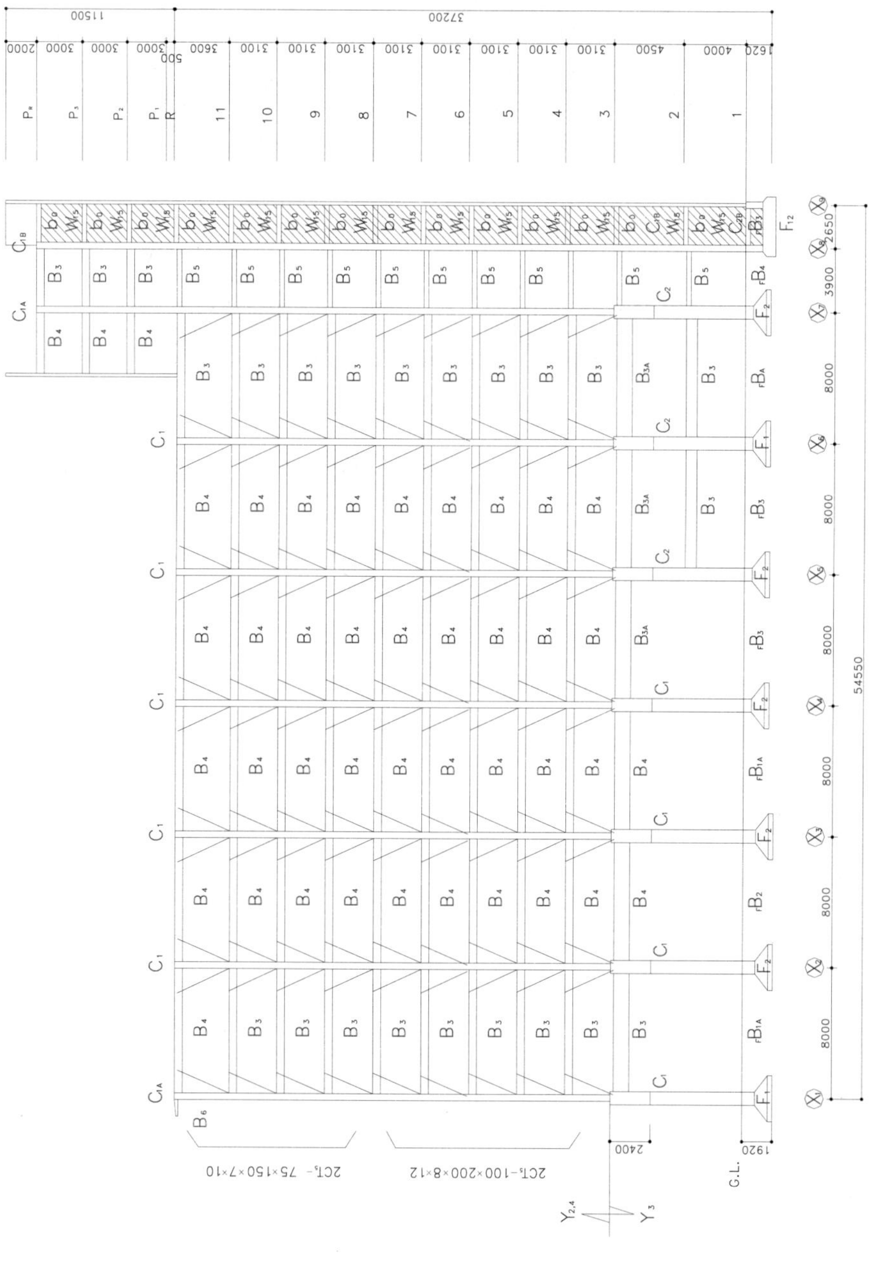

그림 6.3.3(c) L.Q 호텔의 $Y_{2,3,4}$ 라인의 축조도

6.3.4 S 프린스 호텔

『S 프린스 호텔』

지하 1층, 지상 12층의 철골철근콘크리트조의 호텔이며, 역시 상부 3층 이상이 객실이고 1,2층에 집회관계가 있다. 이 호텔에는 객실부의 기둥을 그대로 집회부로 내리고 있다. 큰 스팬을 필요로 하는 집회부는 이 고층부의 옆에 있는 저층부에 마련하고 있으므로 고층부 밑에는 큰 스팬을 필요로 하지 않는다. 이 고층부는 지진시 횡력에 대해 단변방향은 객실의 칸막이벽을 이용하여 내진벽으로 하고, 장변방향은 복도의 양쪽(X_9, X_{10}라인)에 버팀대를 상하에 사용한 모양의 브레이스가 들어 있다(그림 6.3.4(b)에 점선으로 나타낸 것이 브레이스이다). 마름모꼴 브레이스에는 출입문을 두고 있으므로 출입구의 폭만큼 떼어놓은 것이다. 이와 같이 브레이스의 중심선이 보의 중심선과 어긋나 있을 때는 브레이스의 축방향력에 의하여 보에 전단이 일어나 휨이 생긴다. 그러나, 이 브레이스에 의하여 보의 스팬이 짧게 되므로 휨의 응력은 작아지고, 가구(架構)의 강성은 브레이스가 없는 경우에 비하여 훨씬 증대된다. 그림 6.3.4(e)는 이 경우의 브레이스

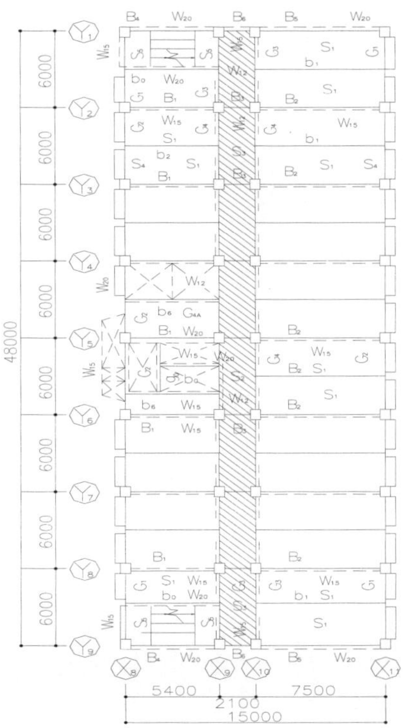

그림 6.3.4(a) S프린스 호텔 5~11층 보복도

의 모형이며, (b), (c)는 브레이스를 차례 차례로 제거한 모형이다. 사진 6.3.4(c)는 이 경우의 가구에 같은 횡력을 가했을 때의 광탄성등색선(光彈性等色線)이며, (a)(b)(c)의 순서대로 줄무늬의 수가 많아져 응력이 증대하고 있음을 보여주고 있다. (b)와 (c)와의 비교에서 브레이스가 사용되지 않은 중간기둥은 바깥기둥의 약 1.2배의 횡력을 부담하는 것에 불과하지만, 브레이스가 사용되면 약 2배의 횡력을 부담하는 것을 알 수 있다.

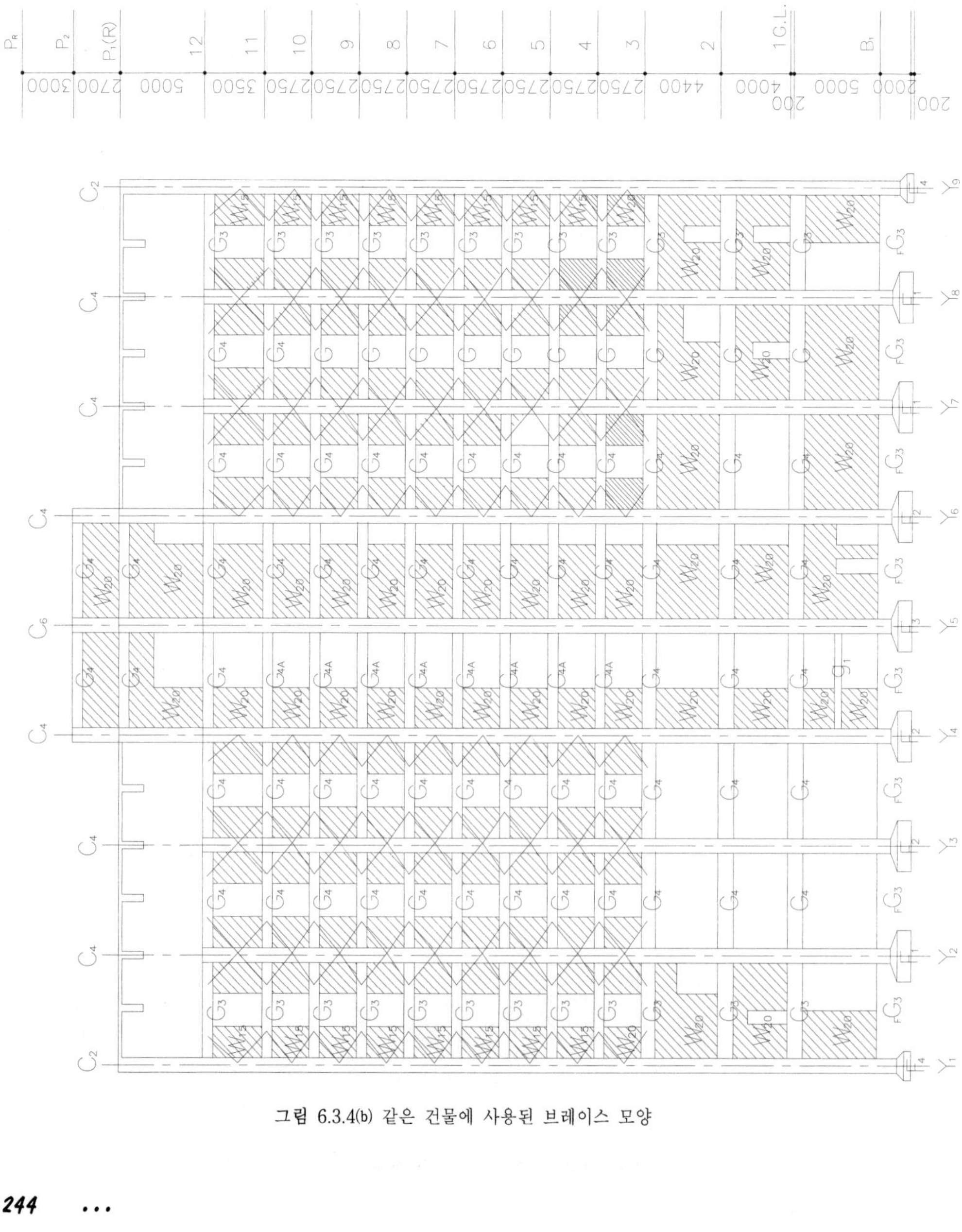

그림 6.3.4(b) 같은 건물에 사용된 브레이스 모양

3, 4, 5층	6~11층
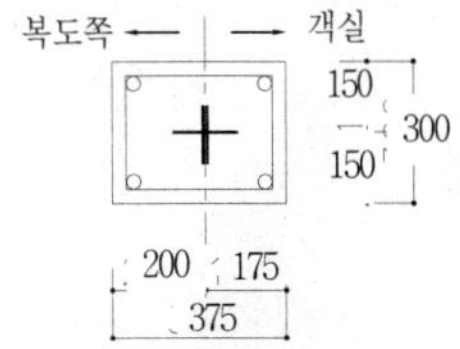	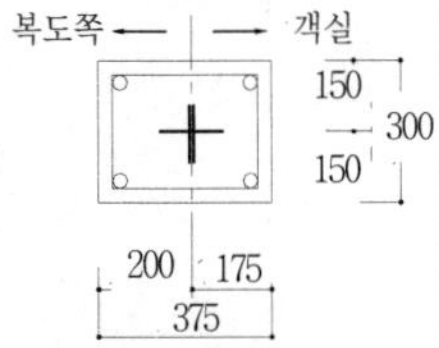
$2CT_s$－625×125×6.5×9 4-D19 띠근□ 9ø－200@	$2CT_s$－50×100×6×8 4-D19 띠근□ 9ø－200@

그림 6.3.4(c) 브레이스 단면

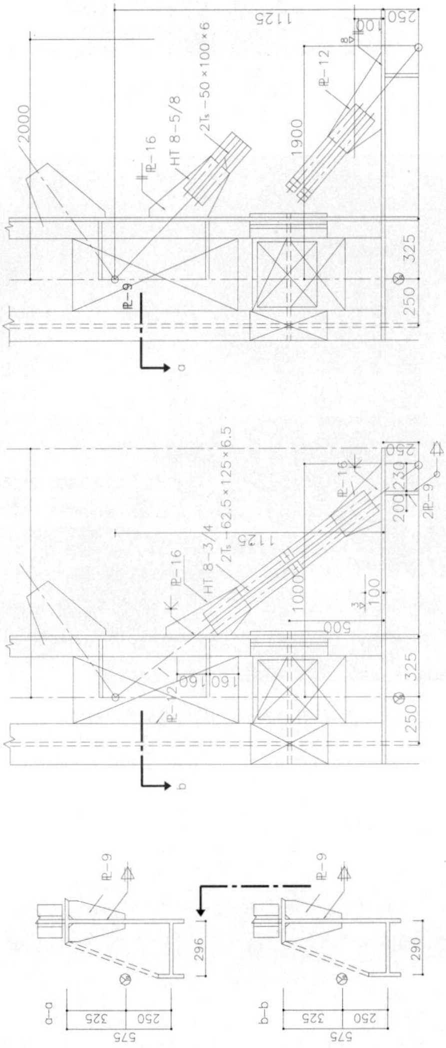

그림 6.3.4(d) 브레이스 철골상태

사진 6.3.4(a) S프린스 호텔(정면)

사진 6.3.4(b) 같은 건물의 배면

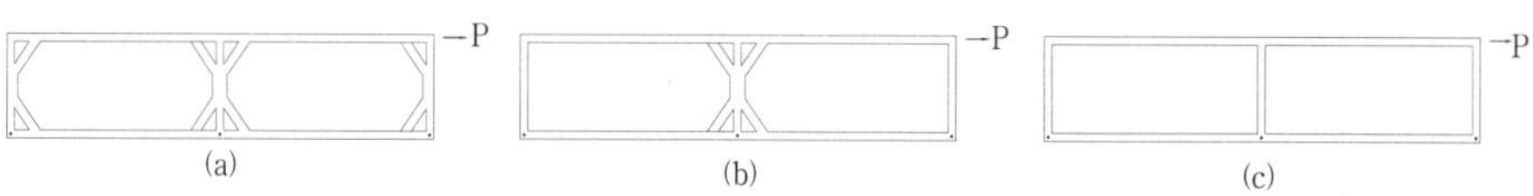

그림 6.3.4(e) S프린스 호텔 브레이스 붙은 가구 모형
(・표시는 핀 지지)

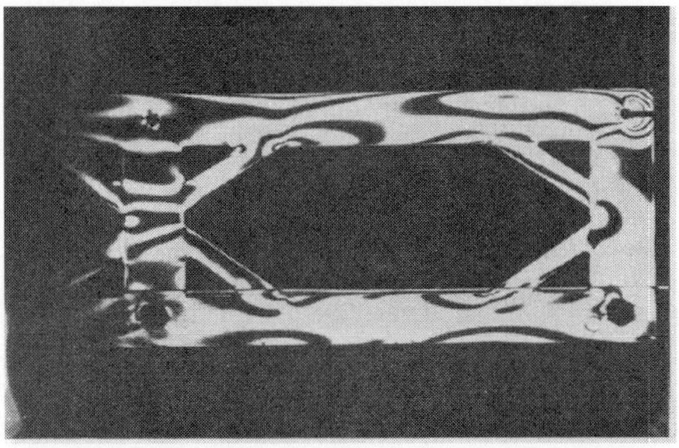

(a)

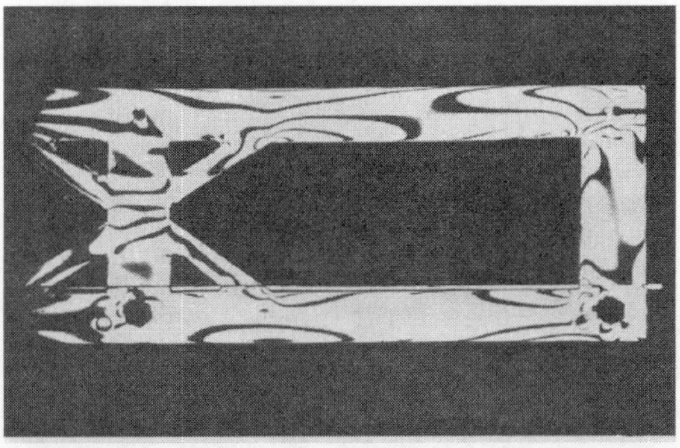

(b)

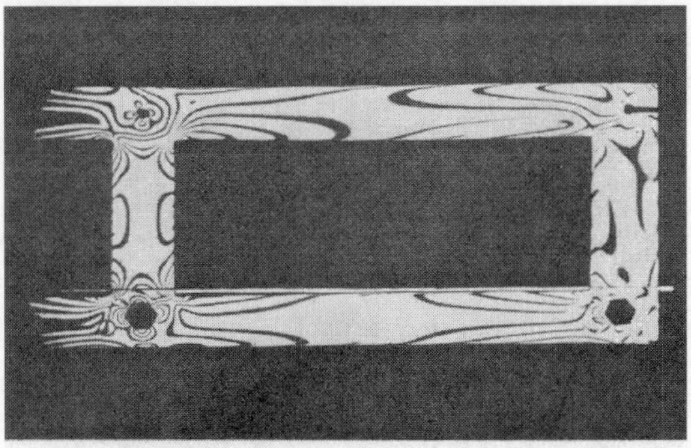

(c)

사진 6.3.4(c) S프린스 호텔의 브레이스 붙은 가구의 광탄성등색선

유스호스텔도 숙박을 목적으로 하는 곳으로는 호텔과 같지만은 이용자의 이용가치에 대한 어느 조사에 따르면 『미지의 친구를 알 수 있다』라는 대답이 가장 많았다는 일이 있으며, 집회에 대한 비중이 호텔보다도 큰 것이다.

6.3.5 K 유스호스텔

『K 유스호스텔』

K 유스호스텔은 2층 건물의 철근콘크리트조이며, 홀과 숙박실은 트임(void)에 의하여 연결되어 있고, 또 숙박실은 점점 높아져 가는 모양이어서 1층의 집회부와 계단으로 확실하게 나누는 것으로 되어 있지 않다. 이것은 집회를 위한 숙박임을 의도했기 때문이다. 이 때문에 구조는 벽식구조이긴 하지만은 꽤 복잡하다. 특히 그림 6.3.5(b)(c)에서 1, 2라인 및 A, B라인의 벽가구는 개구(開口)가 있어서 그것이 계단모양이 되어 있다. 이것에 대하여는 그림 6.3.5(d)와 같이 개구의 상하에 벽의 두께와 같은 폭의 비스듬한 보를 두어 배근하고 있다.

사진 6.3.5(a) K 유스호스텔 외관

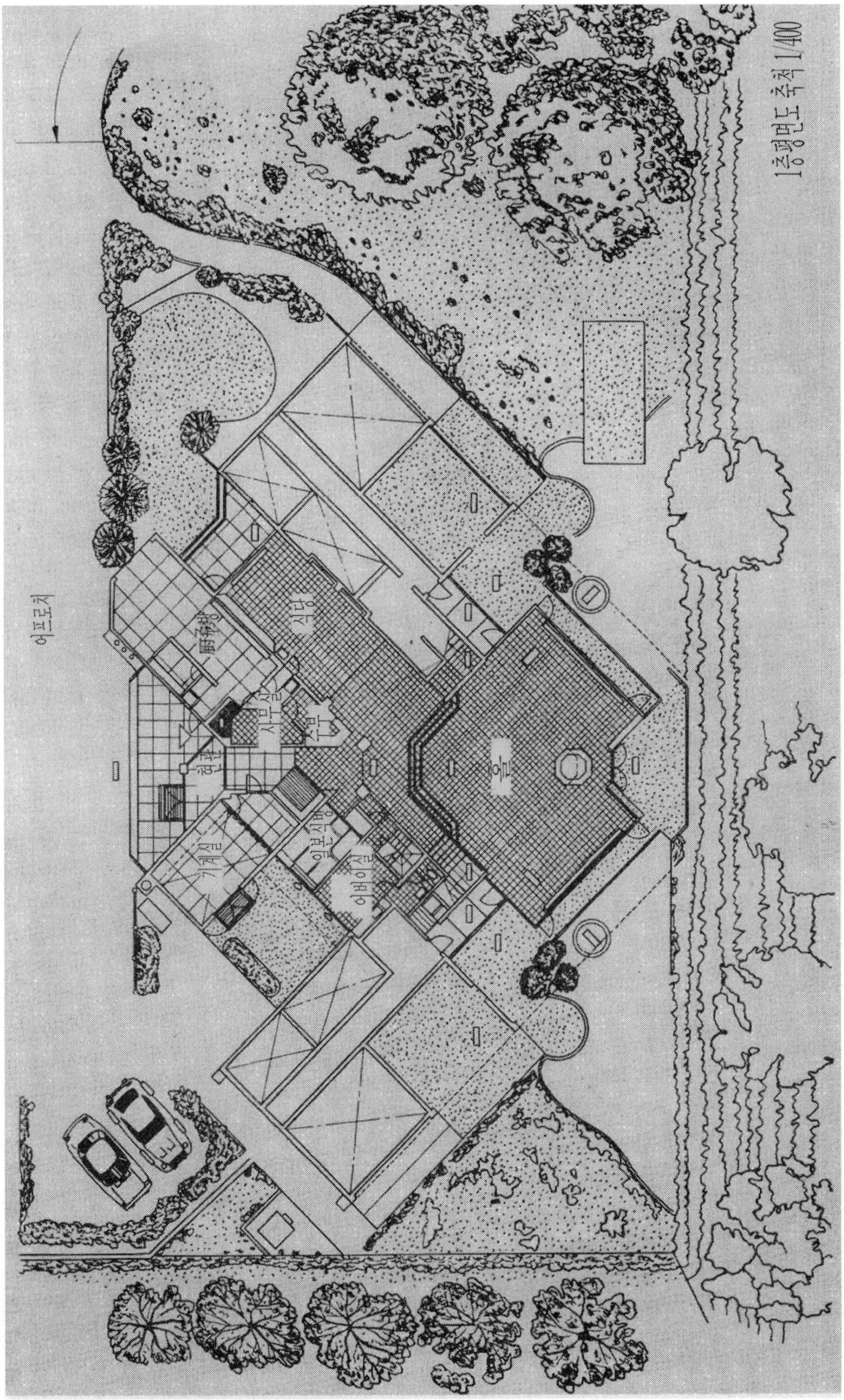

그림 6.3.5(a) K 유스호스텔 평면

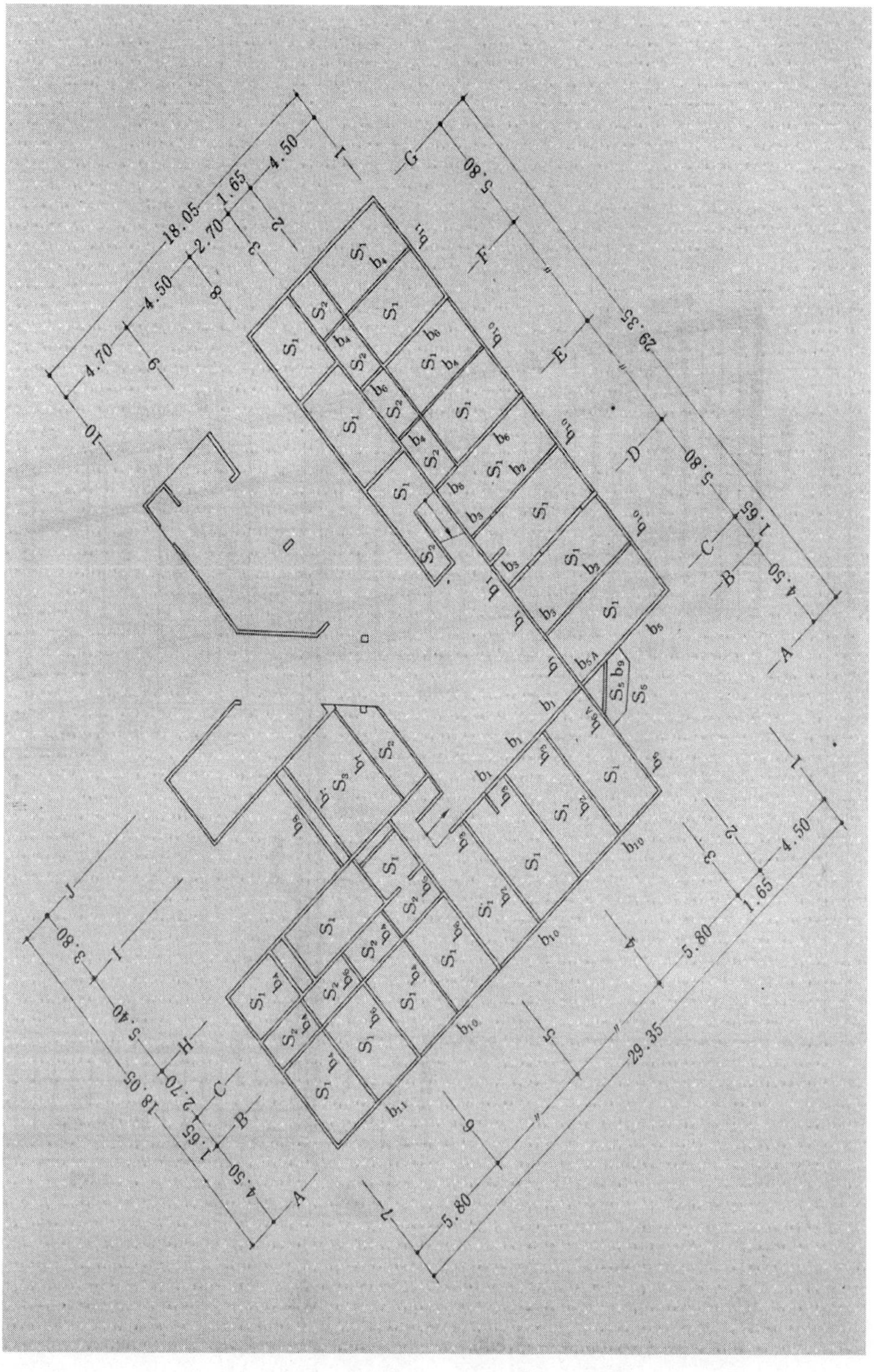

그림 6.3.5(b) 같은 건물의 지붕 복도

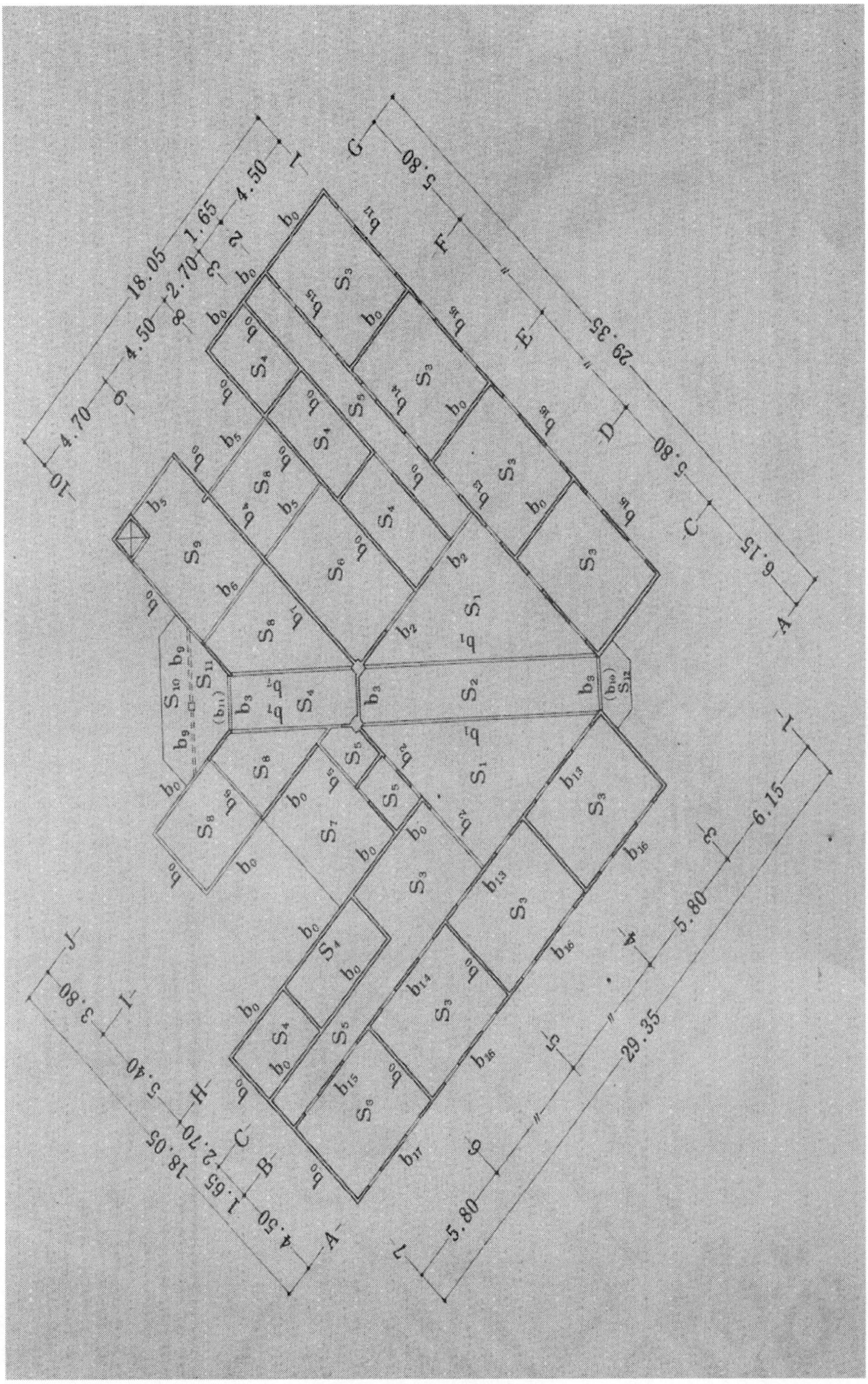

그림 6.3.5(c) 같은 건물의 2층 복도

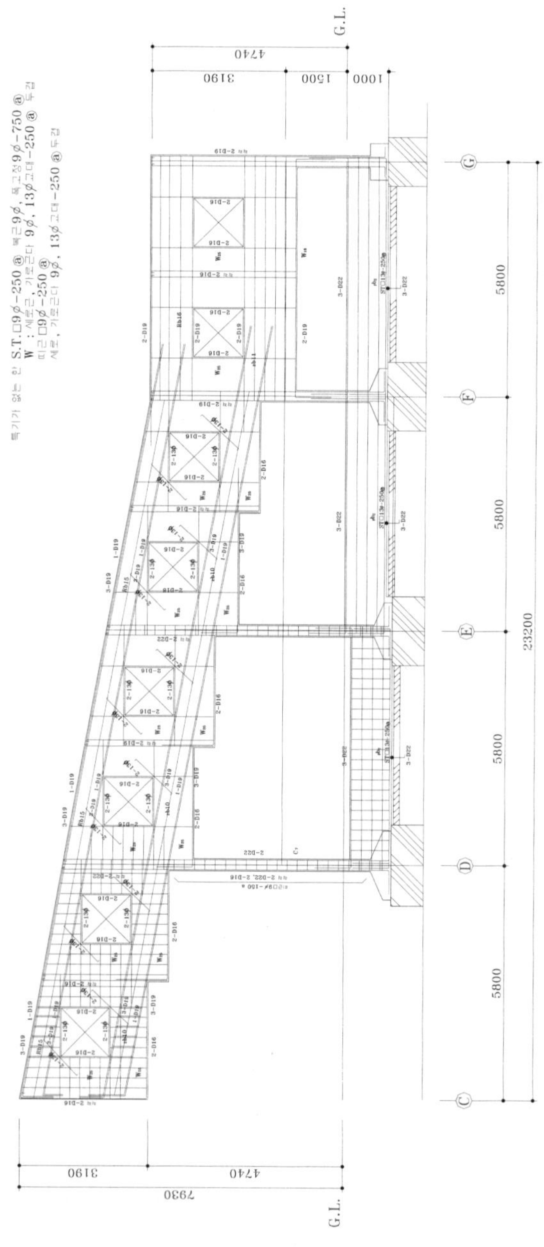

그림 6.3.5(d) 같은 건물 1라인 가구 배근 상세도

사진 6.3.5(b) 같은 건물의 홀

6.4 ·····································사 무 소

사무소 건축은 맨 앞장의 주택에서 거실이 중심인 건물과 달리, 내진벽으로 이용되는 칸막이 벽이 적으며, 스팬도 크고, 층고도 상당히 높다.

사무소 건축에 있어서 지진시 횡력에 저항하는 형식은 크게 나누어 두 가지 방법이 있다. 그 하나는 계단, 엘리베이터 등의 주위의 벽을 코어로 하여 저항하는 방법이며, 또 하나는 건물 바깥둘레의 벽(창은 있지만)으로 저항하는 방법이다. 일반적으로 앞의 방법은 건물중심의 일부에 불과하지만, 뒤의 방법은 폭이나 면적이 퍼지므로 유리한 경우가 많다.

6.4.1 T 본사빌딩

『T 본사빌딩』

이 건물은 뒤의 방법의 경우에 상당한다.

이 건물은 지하2층, 지상8층, 옥탑3층의 사무소건축으로, 지하는 철근콘크리트조, 지상 1~7층이 철골철근콘크리트조, 8층이 철골조이다. 평면은 약 30m의 정방형이며 두 방향 모두 3스팬이다. 이 건물에 있어서 가장 큰 구조적제약은 층고가 제한된 것이며, 게다가 스팬은 약 10m로 상당히 크다. 건물내부에 큰 보가 있으면 그 춤을 크게 할 수가 없으므로 비경제적인 보가 되어버린다. 이 해결책으로서 2층이상의 외벽에 모든 지진력을 부담시켜서, 건물 내부의 기둥이나 코어는 수직하중만 부담시키는 것으로 했다. 그렇게 하면 건물내부의 보는 모두 작은 보가 되며, 그 작은 보를 약 2.0m 간격의 격자보로 하여 보춤을 작게 하고 있다. 2층이상의 외벽은 창은 있으나 작게 하고, 육각형으로하여 버팀대(brace)를 넣으므로서 강강(剛强)한 벽체 소위 베어링월(bearing wall)로 하고 있다.

이렇게 하므로서 2층 이상은 전체로서 상자모양의 구조가 되는 것이다. 1층은 출입구 등 때문에 완전한 라-멘 구조로 하여 견고한 기둥과 보를 설치하고 있다. 지하는 또 지하외벽에 의하여 상자구조가 된다. 요컨대 이 건물은 2층 이상의 상자와 지하의 상자를 1층의 기둥이 매고 있는 구조이다.

1층이란 본래 어디서든지 들어갈 수 있어야 하며 빠져나갈 수 있어야 하므로, 기둥만의 구조가 바람직한 것이다. 1층에 내진벽이나 가새가 있는 것은 불편하다. 그러나, 2층 이상은 출입의 필요가 없으며 베어링월이 가능하므로, 2층 이상에서 절약한 구조비(構造費)를 1층에 아까워하지 않고 사용하더라도 전체로서의 구조비는 경제적이 된다.

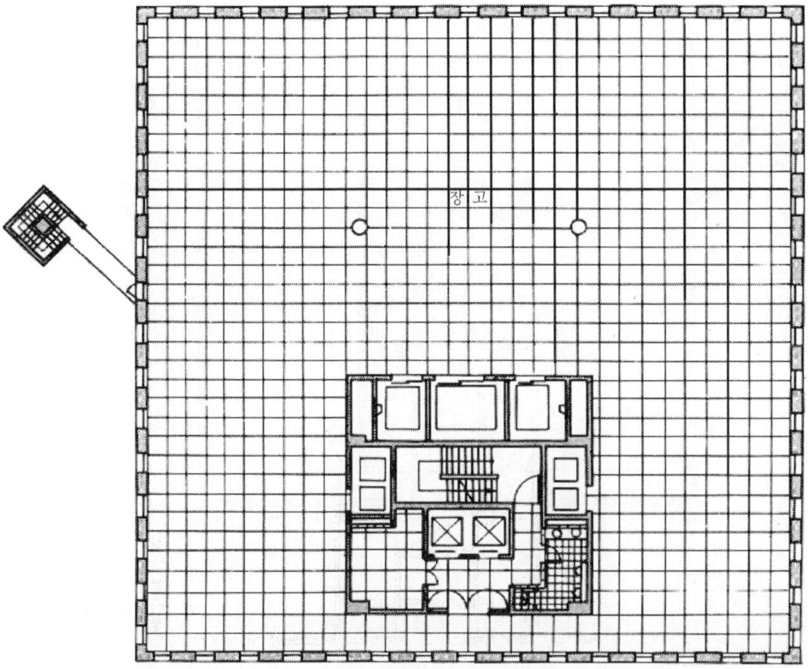

3층 평면도

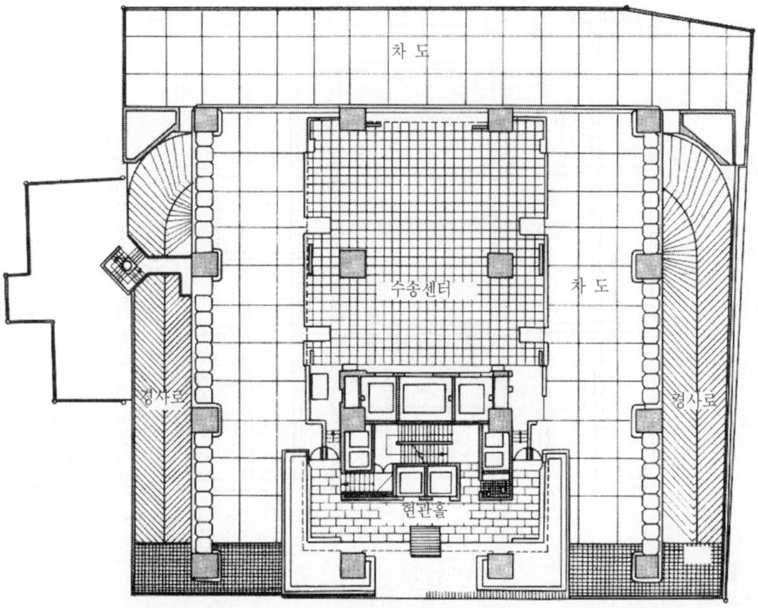

1층 평면도

그림 6.4.1(a) T본사 빌딩의 평면도(기준층 및 1층)

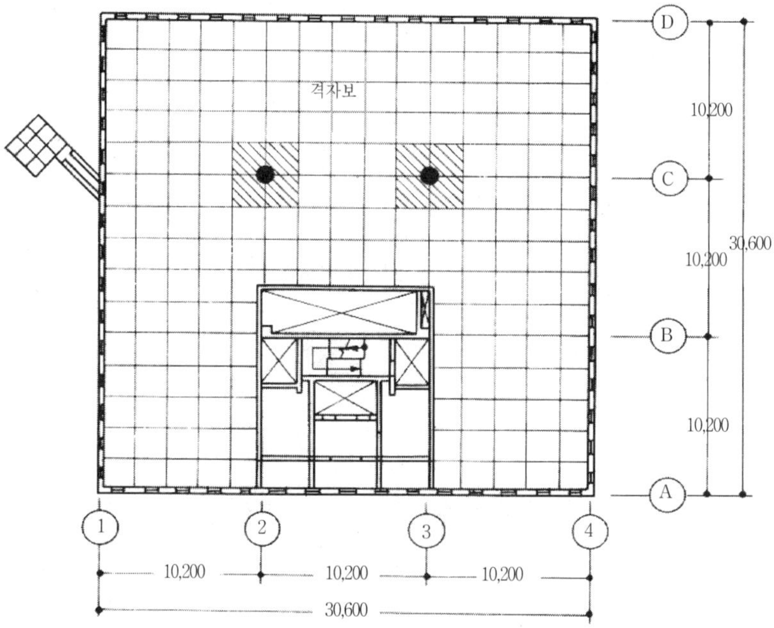

그림 6.4.1(b) 같은건물의 기준층복도

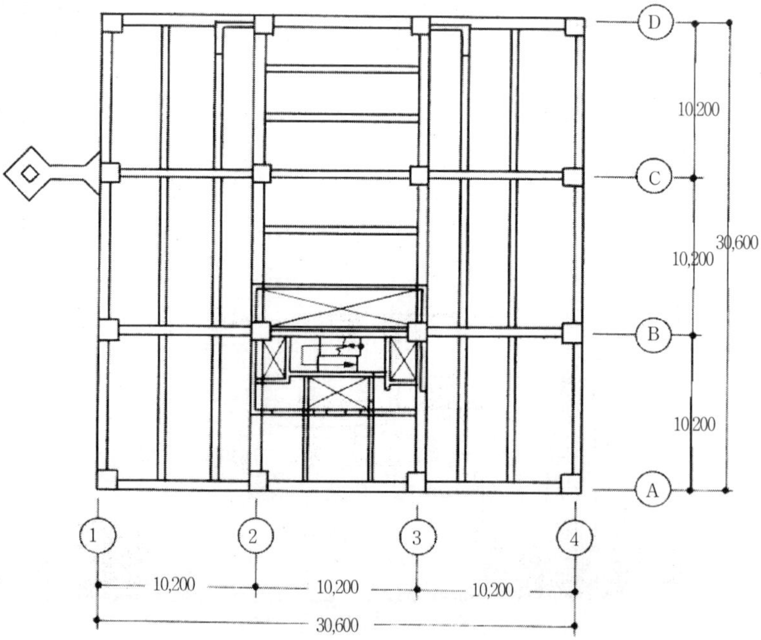

그림 6.4.1(c) 같은건물의 2층복도

사진 6.4.1(a) T본사 빌딩외관

그림 6.4.1(d)는 기준층의 격자보의 휨모멘트를 나타낸 것이며, 외벽이 강성이 높아서 상당히 큰 부(-)의 휨이 일어나고 있고, 또 내부기둥의 주두부(柱頭部)에서는 대단히 큰 부(-)의 휨이 집중되어 있다. 앞의 것(외벽)에 대해서는 외벽의 철근으로 저항케하고, 뒤의 것(내부기둥)에 대해서는 그림 6.4.1(b)의 사선부분(斜線部分)을 보의 춤과 같은 두께로 하여 그 휨에 저항케하고 있다. 뒤의 것에 대해서는 플랫슬래브(flat slab)의 주두와 같은 고안방법이다. 그런데, 이 격자보, 내부기둥, 내부코어는 모두 철근콘크리트조이며 철골은 들어 있지 않다.

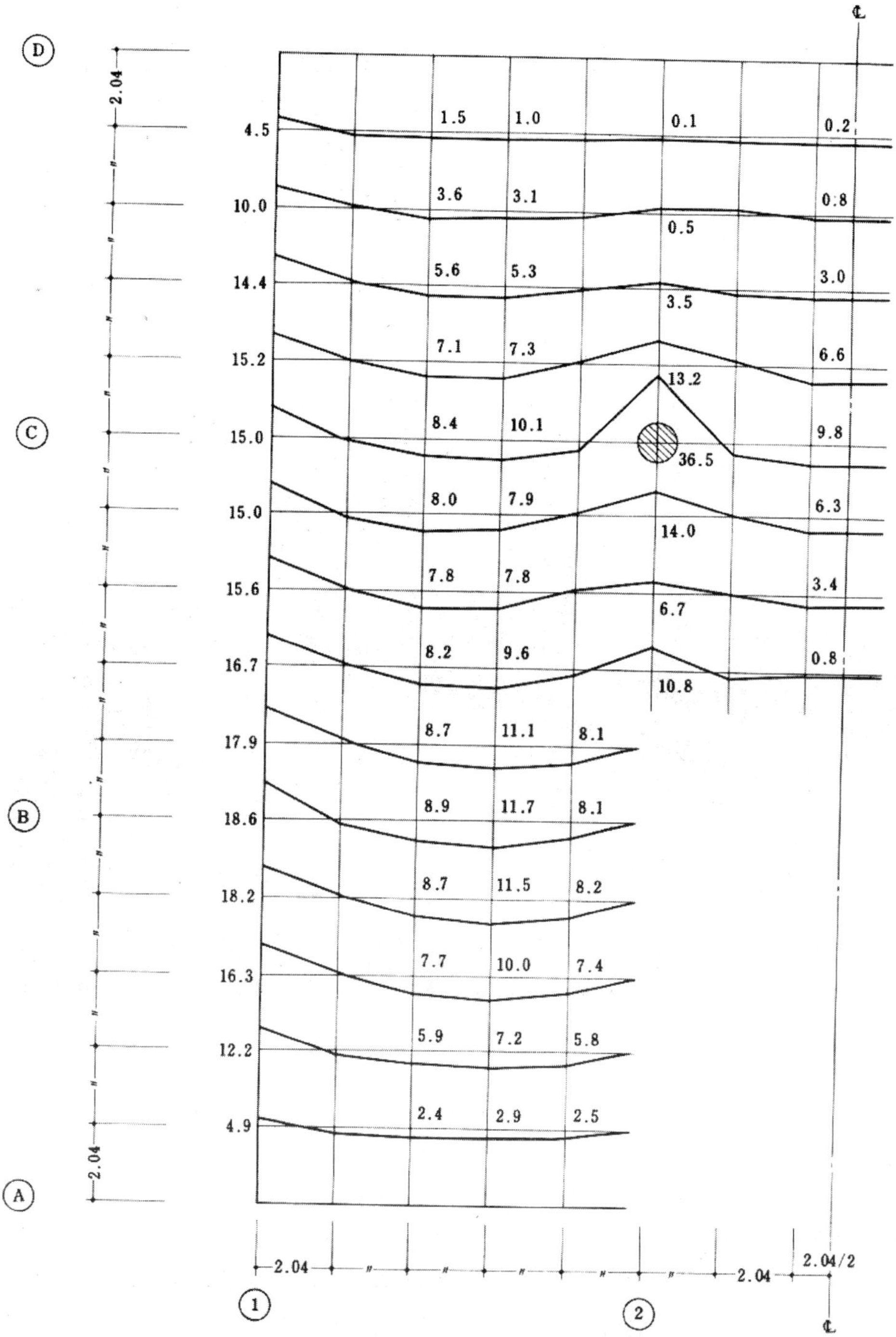

그림 6.4.1(d) 기준층 격자보 휨모멘트도(단위 t·m)

외벽은 창을 피하여 철골의 사재(斜材)를 넣어 2층에서부터 7층까지를 한 장의 판으로 한 베어링월(bearing wall)이다. 그림 6.4.1(e)는 수직하중시의 외벽의 수직전단력의 분포를 나타내고 있다. 한 장의 춤이 높은 보로서의 성질을 가지며, 바깥쪽보다 안쪽의 편이 큰 경향이 있다. 2층은 보가 있기 때문에 윗층과는 다른 분포를 나타내고 있다. 그림 6.4.1(f)는 지진시의 전단분포이다. 아래층일수록 큰 것은 물론이지마는 윗층에서는 외측(外側)보다 내측(內側)의 쪽이 크며, 역시 한 장의 판으로서의 성질에 따른 것이다. 아래층에서는 1층 기둥의 영향으로 스팬의 중앙이 크게 되어 있다. 그런데, 1라인의 외벽에는 바깥계단 근처에 출입문이 있어서 사재(斜材)가 지나가지 않으므로, 수직재를 넣어 특별히 해석하고 있다.

그림 6.4.1(g)(h)는 이들의 해석에 의하여 설계된 가구상세의 일부이다. 계산결과의 응력을 모두 철골에만 부담시키고 철근콘크리트는 철골의 1/2을 부담시켜 설계되었다. 즉, 통상(通常)설계보다 1.5배 안전하게 된다는 의미이다.

사진 6.4.1(b) 같은 건물

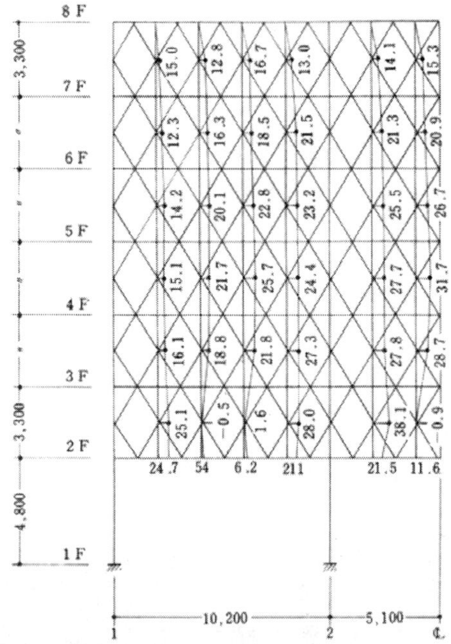

그림 6.4.1(e) 수직하중시 외벽의 전단력분포(단위 t)

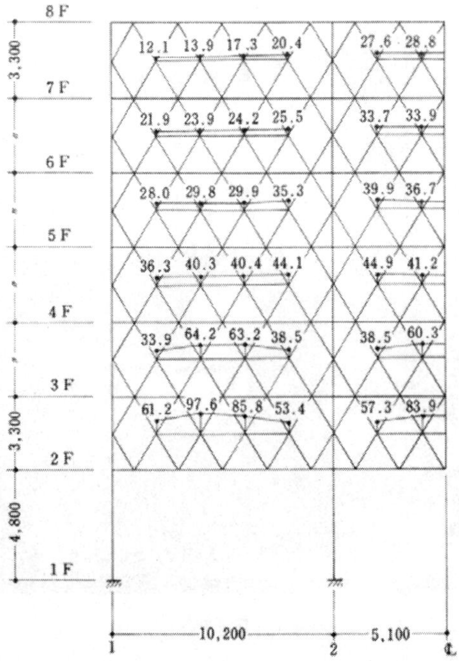

그림 6.4.1(f) 지진시 외벽의 전단력분포(단위 t)

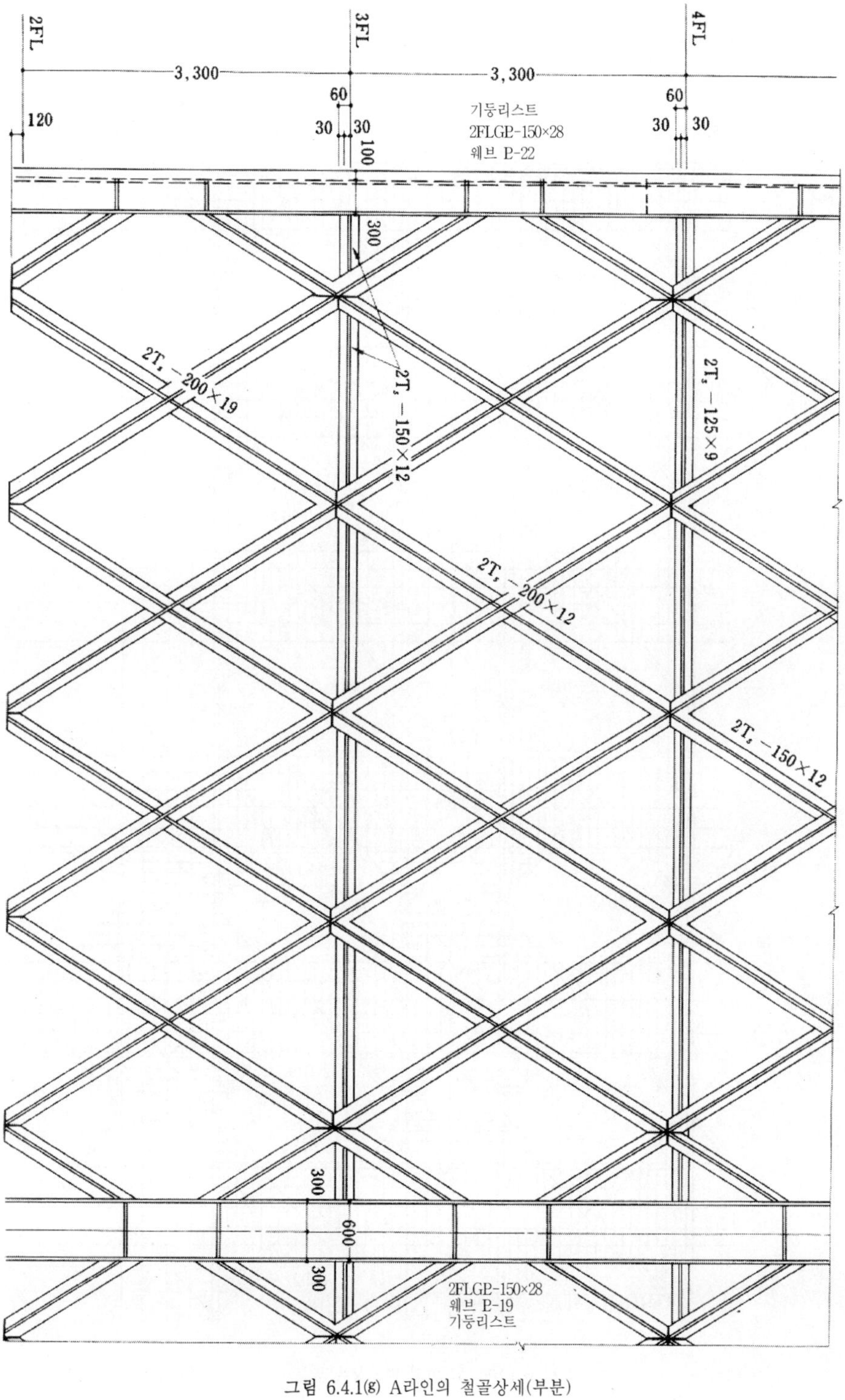

그림 6.4.1(g) A라인의 철골상세(부분)

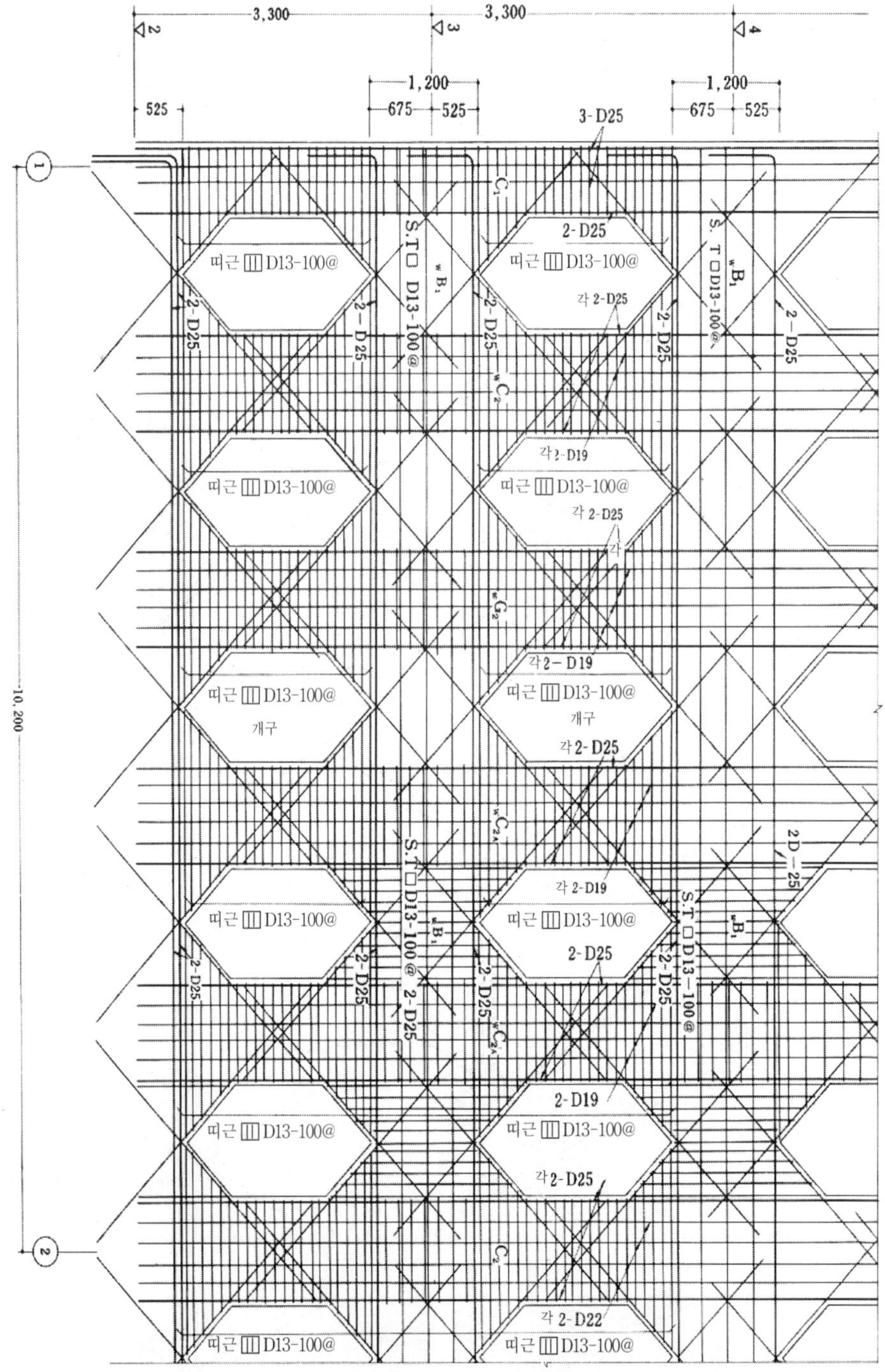

그림 6.4.1(h) A라인의 배근상세(부분)

사진 6.4.1(c) 같은 건물의 내부

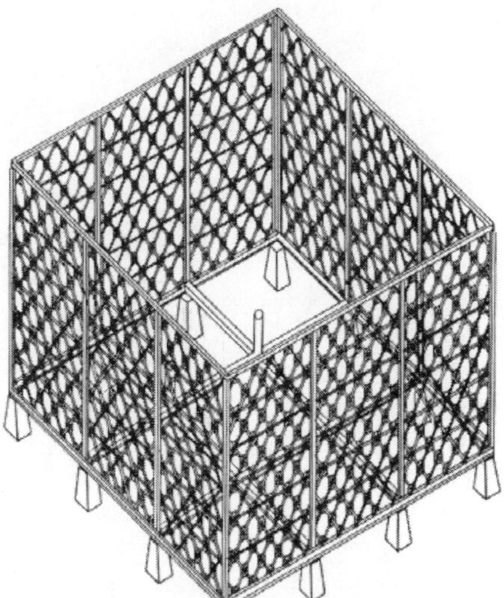

그림 6.4.1(i) 상자(box)의 구조 스케치

6.4.2 모타보트회관

『모타보트 회관』

이 회관은 코어를 양쪽에 나누어 이것을 스팬이 큰 보로 엮어 넓은 공간으로 한 사무소건축이다. 하부(下部)에 큰 회의장이 있고, 상부에 사무소 부분도 칸막이를 자유로히 하기 위하여 큰 스팬으로 되어 있다. 이 건물은 지하3층, 지상12층(높이 62.65m)로, 4~12층은 순철골조, 1~3층은 기둥이 철골철근콘크리트조, 보가 철골조, 지하는 철골철근콘크리트조이다.

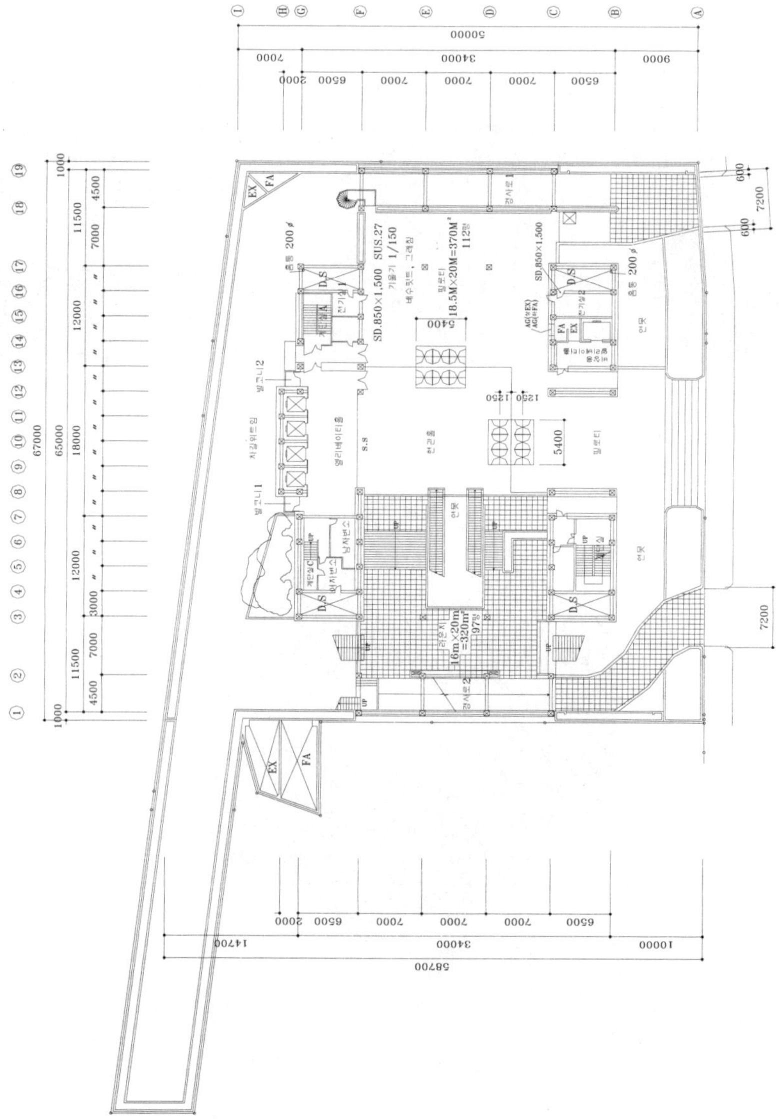

그림 6.4.2(a) 모타보트회관(1층평면도)

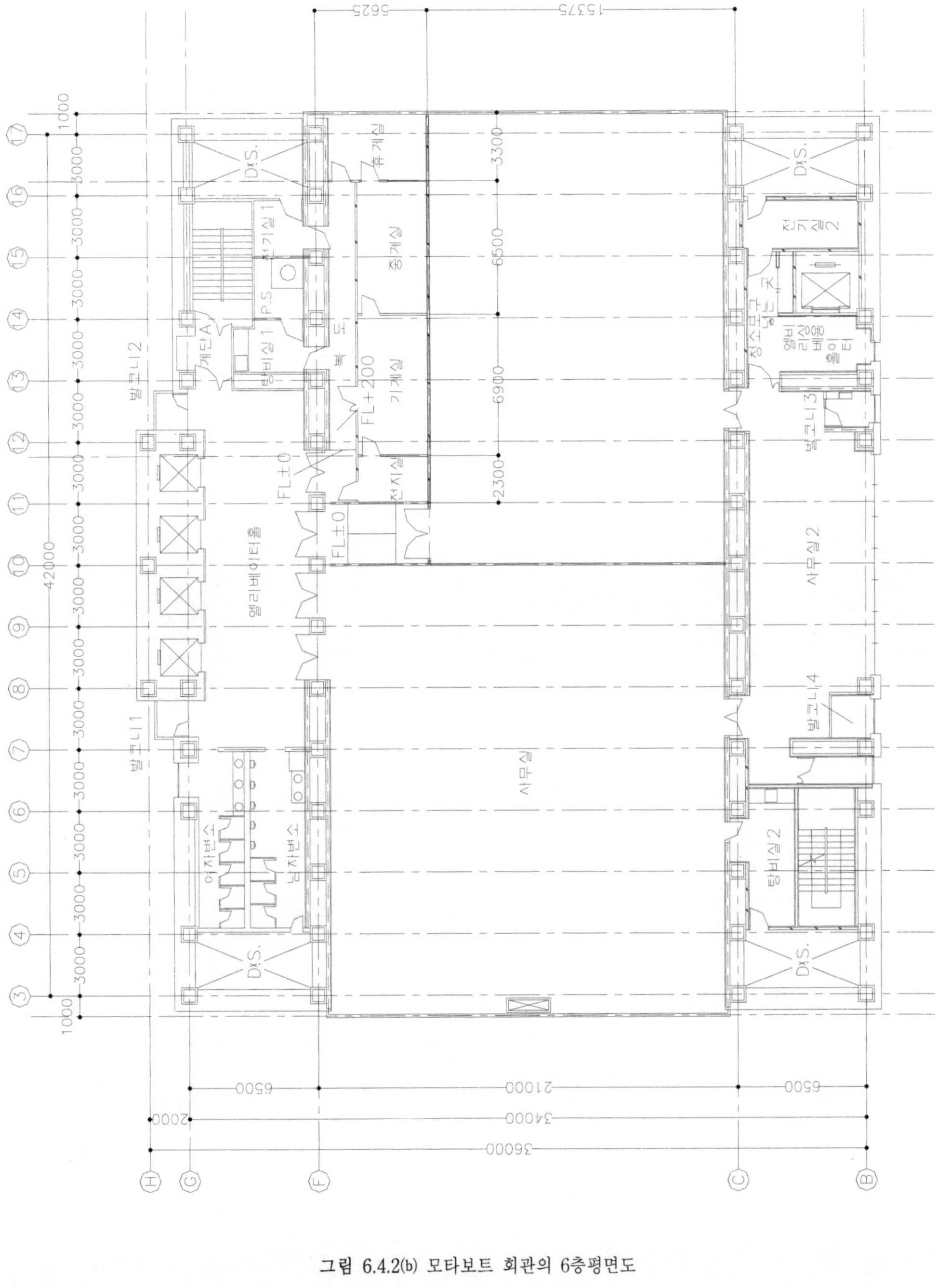

그림 6.4.2(b) 모타보트 회관의 6층평면도

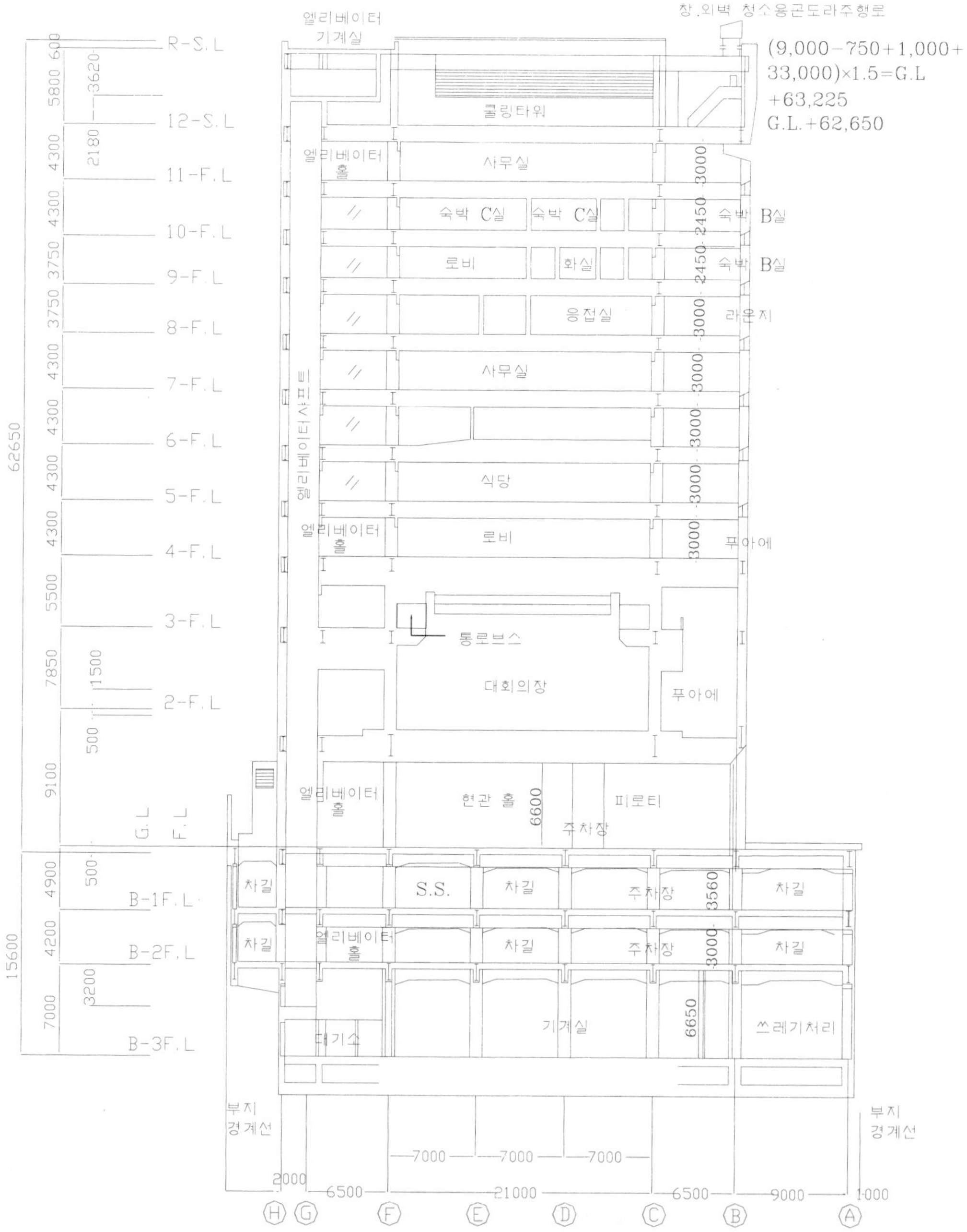

그림 6.4.2(c) 모타보트 회관의 단면도

그림 6.4.2(f)는 단변방향의 철골축조이며, 양쪽의 코어 부분에 세로로 계속해서 버팀대(brace)를 넣어 이것을 스팬 21m의 보로 잇고 있다. 세로로 계속된 버팀대가 붙은 가구(架構)는 기둥의 신축이 크므로 전단변형보다도 휨에 의한 변형이 크며, 직립(直立)한 봉(棒)과 같이 작용한다. 이 두 본의 봉은 각 층의 보로 이어져있지만, 그것으로는 충분하지 못하므로 지하 3층에서 춤이 7m의 큰 보를 설치하고 이것을 연결하여 전도에 대하여 저항하고 있다. 그림 6.4.2(g)와 같이 장변방향에 대하여도 코어일부에 버팀대를 넣어 가구의 강성을 높이고 있다. 그림 6.4.2(e)에 라-멘과 버팀대의 횡력분담율을 보여주고 있으며, 장변방향에는 위에서부터 밑에 까지 버팀대의 효과가 변하지 않으나, 단변방향에서는 위로 올라갈수록 버팀대는 그 효과가 작아지고 있다. 이것은 앞에서 설명한 봉으로서의 휨변형에 기인한 것이다.

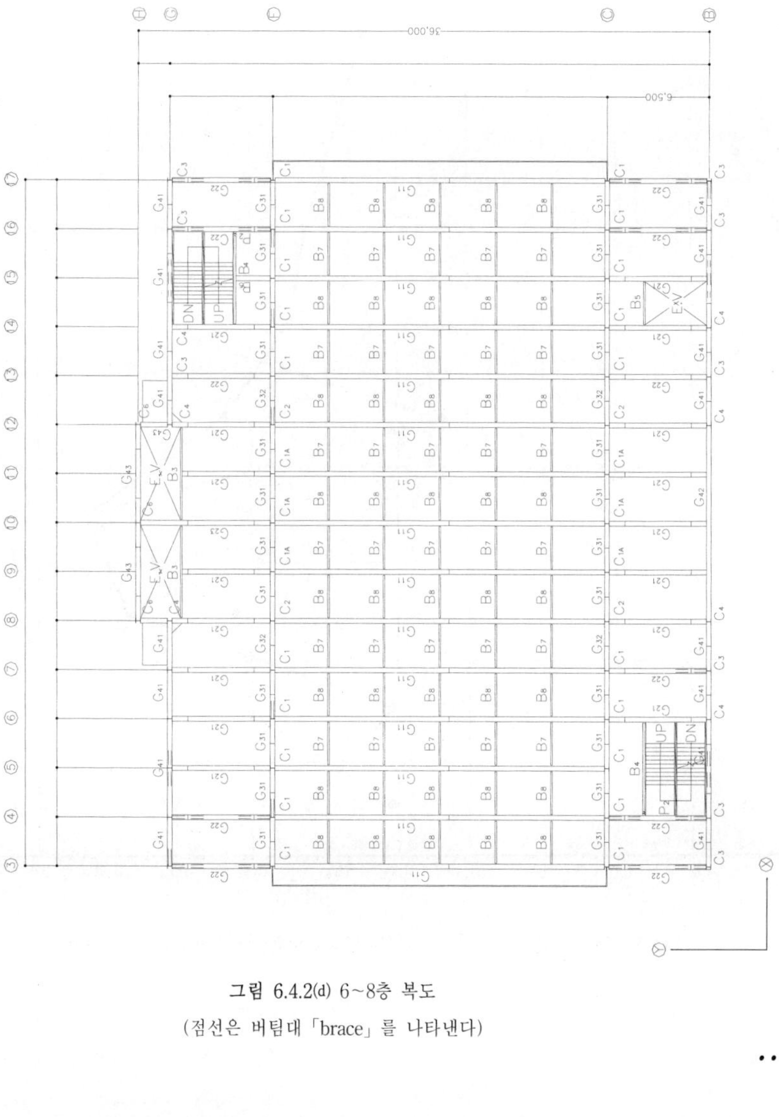

그림 6.4.2(d) 6~8층 복도

(점선은 버팀대「brace」를 나타낸다)

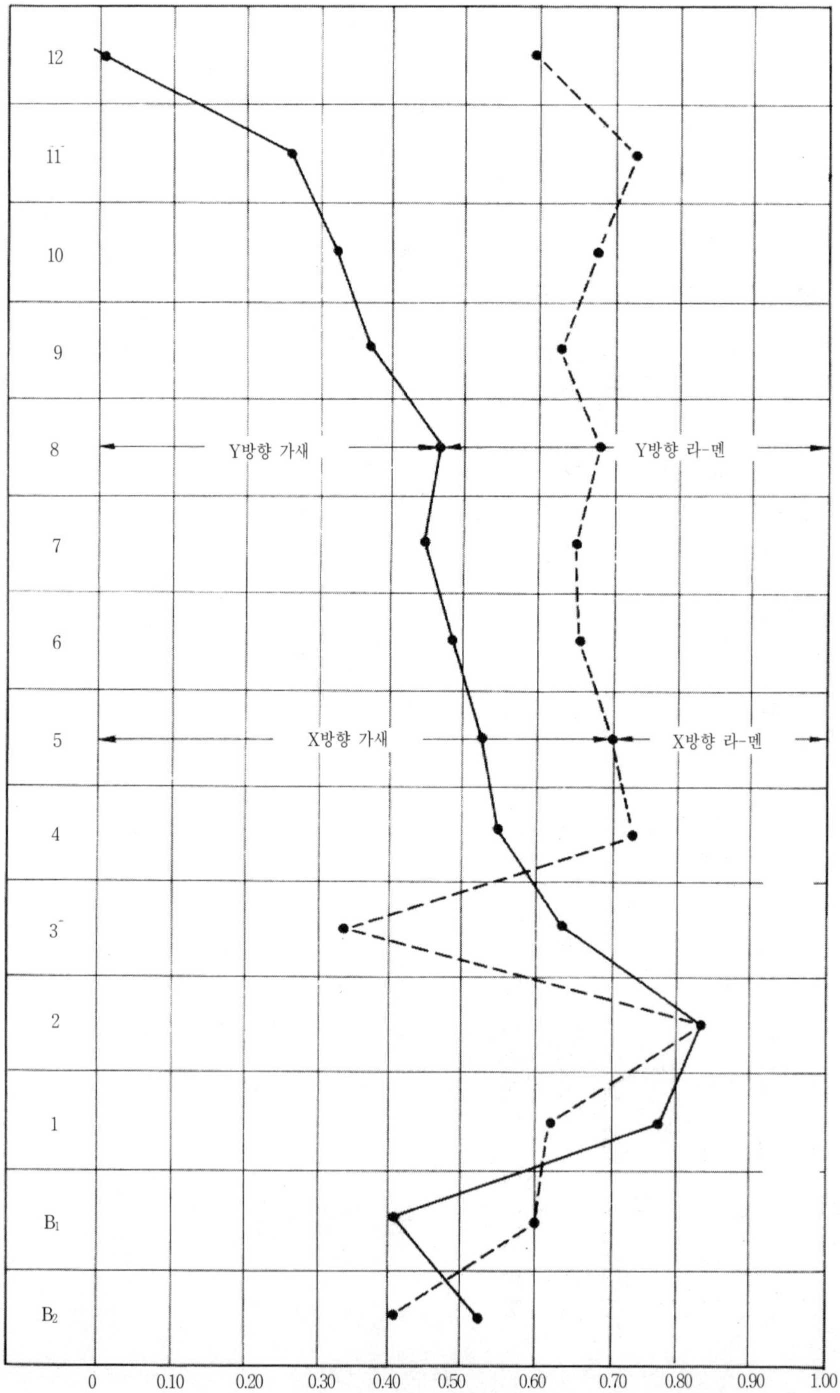

그림 6.4.2(e) 라-멘과 브레이스의 횡력분담율 X방향(장변방향), Y방향(단변방향)

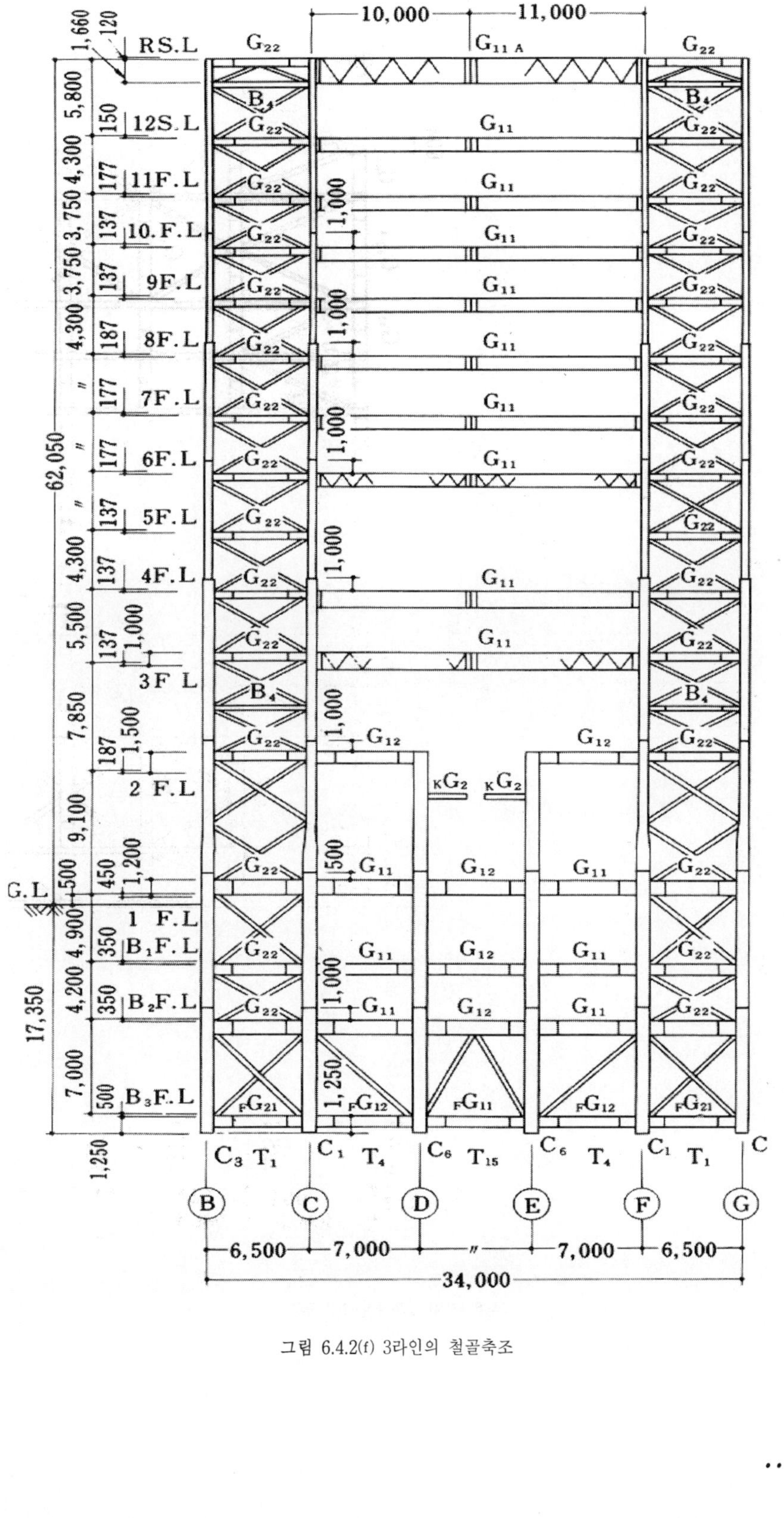

그림 6.4.2(f) 3라인의 철골축조

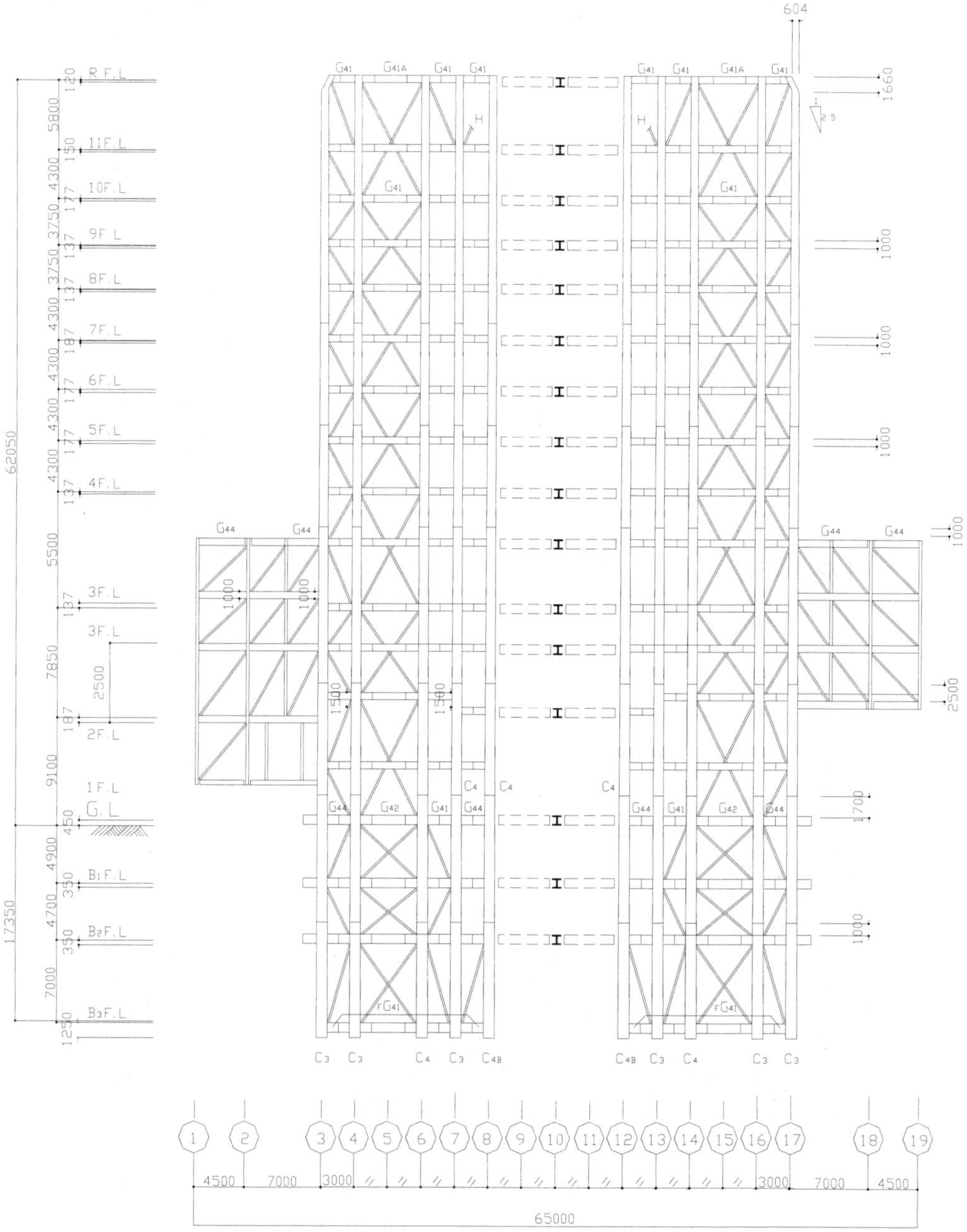

그림6.4.2(g) G라인의 철골축조

이 건물은 45m를 넘는 높이이므로 동적해석을 하였다. 진동모델은 그림 6.4.2(h)와 같이 B_2층 바닥위치를 고정으로 하였다. 각 층 바닥위치에 질량을 생각한 14절점계와 정적해석에 의하여 구해진 처짐으로부터 용수철정수(스프링상수)를 구했다. 또한, 설계의 층전단력계수(이 계수는 그것보다 위의 중량을 곱하면 횡력이 된다)로는 여러 차례의 응답과 반복하여 그림 6.4.2(*i*)와 같이 하고 있다. 이하 X방향(장변방향)에 대한 해석결과를 설명한다.

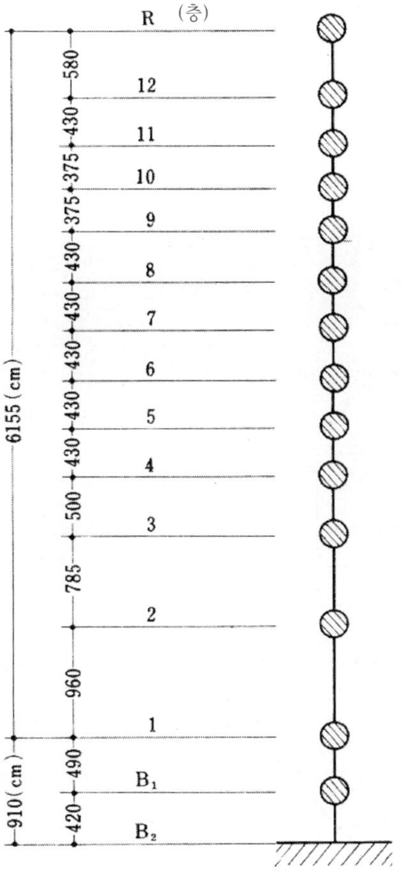

(층)	질량 (t·cm/sec²)	스프링정수(t/cm) X방향	스프링정수(t/cm) Y방향
R	0.807	606	254
12	1.688	1079	672
11	1.178	1397	949
10	0.959	1250	1044
9	1.048	1023	873
8	1.058	1083	978
7	1.127	1139	1054
6	1.126	1355	1105
5	1.098	1478	1244
4	1.779	2303	1378
3	2.033	2718	778
2	2.850	2185	1027
1	2.959	13857	10116
B_1	2.959	24667	22446

그림 6.4.2(h) 진동모델

이 모델의 진동모양(振動形)과 진동모양주기는 그림 6.4.2(j) 강진(强震)의 경우로 하여 지동(地動)최대가속도를 200 gal로 하고, 각 지진파(地震波)에 의한 탄성응답결과를 그림 6.4.2(k)(l)에 나타낸다. 응답전단력은 3지진파 모두 설계의 것보다 낮은 값이 되어 있다. 또, 층간변위(層間變位)의 최대는 1.72cm (6층)로, 층고의 약 1/250이다.

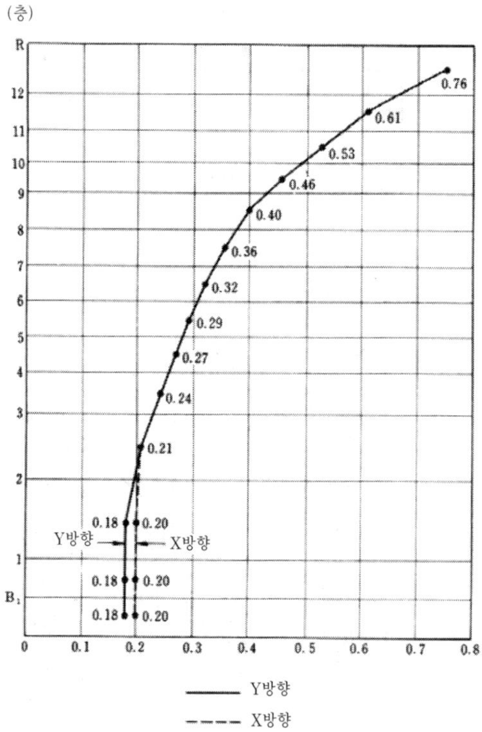

그림 6.4.2(i) 설계용 층 전단력계수

치수	주 기
1차	1.371
2차	0.509
3차	0.328

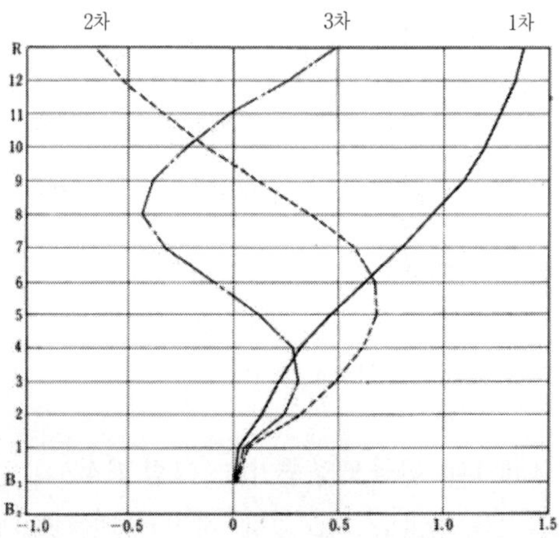

그림 6.4.2(j) 진동모양과 주기

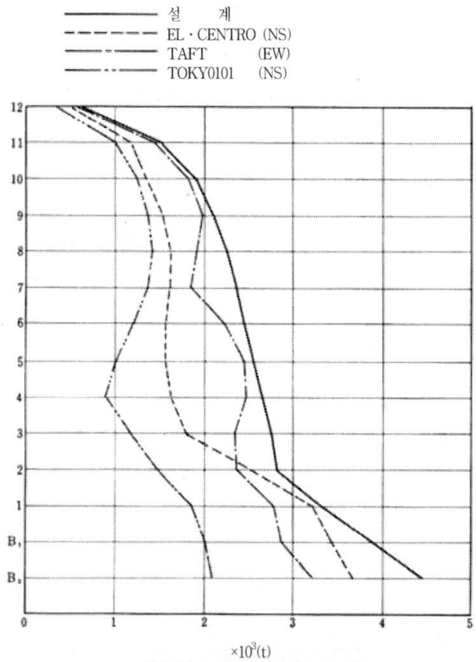

최대가속도 200gal 감쇠정수 h=0.02

그림 6.4.2(k) 응답전단력

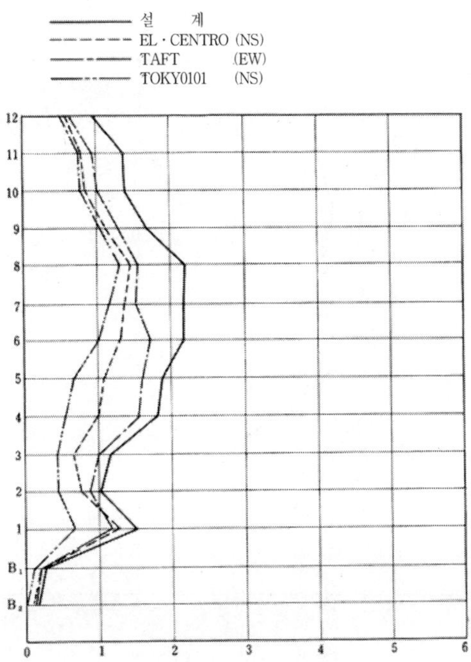

최대가속도 200gal 감쇠정수 h=0.02

그림 6.4.2(l) 응답층간변위

열진(烈震)의 경우로 하여 진동최대가속도를 400gal로 하면, 이 경우는 탄소성(彈塑性)으로 하고 그 복원력 특성은 그림 6.4.2(m)로 하고 있다.

그 응답결과를 그림 6.4.2(n)~(p)에 나타낸다. 응답전단력은 설계를 초과하여 소성역에 들어가 있으나 보유내력(전부재가 항복하는 경우의 내력) 보다도 작다. 또 층간변위의 최대는 3.41cm로 약 1/130이며, 소성율(塑性率)의 최대는 1.35이다. Y방향(단변방향)에 대해서도 거의 같은 결과가 얻어졌다. 이들의 결과로부터 충분히 안전하다고 판단된다.

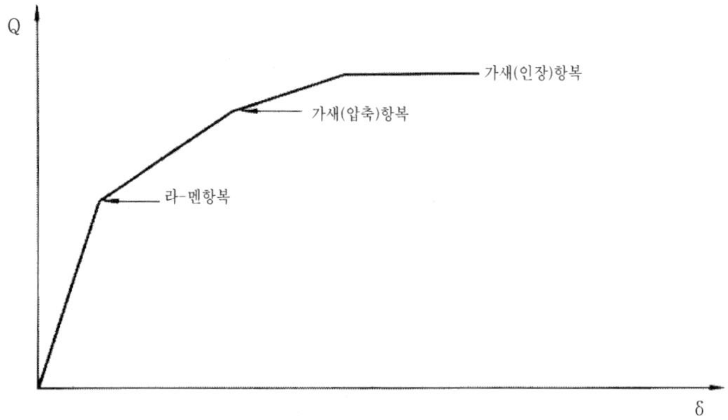

그림 6.4.2(m) 복원력 특성

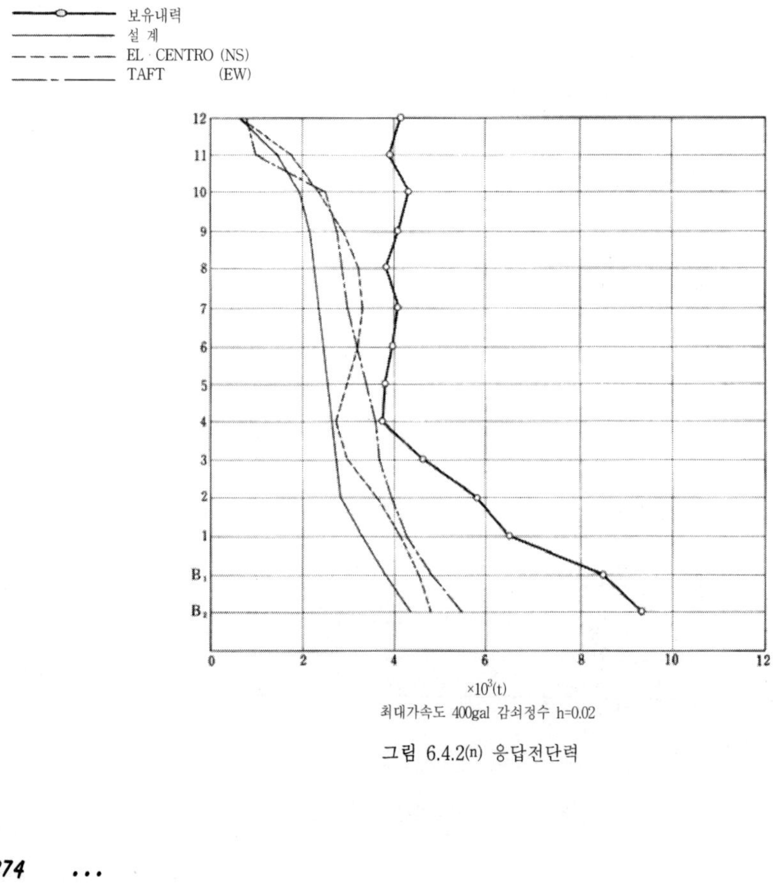

최대가속도 400gal 감쇠정수 h=0.02

그림 6.4.2(n) 응답전단력

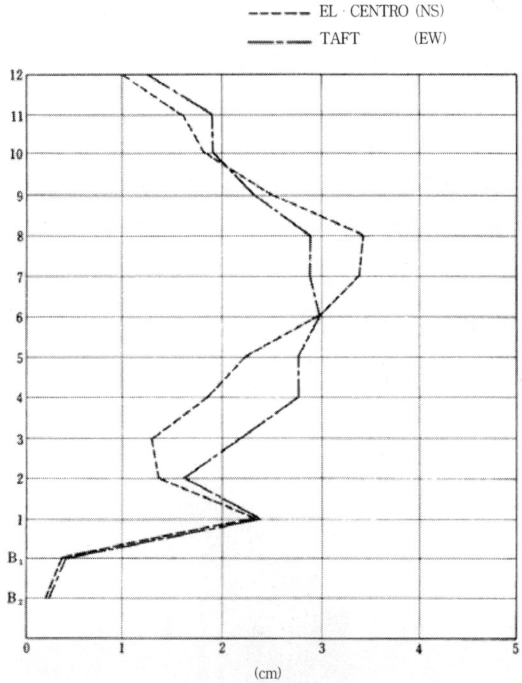

최대가속도 400gal 감쇠정수 h=0.02

그림 6.4.2(ㅇ) 응답층간변위

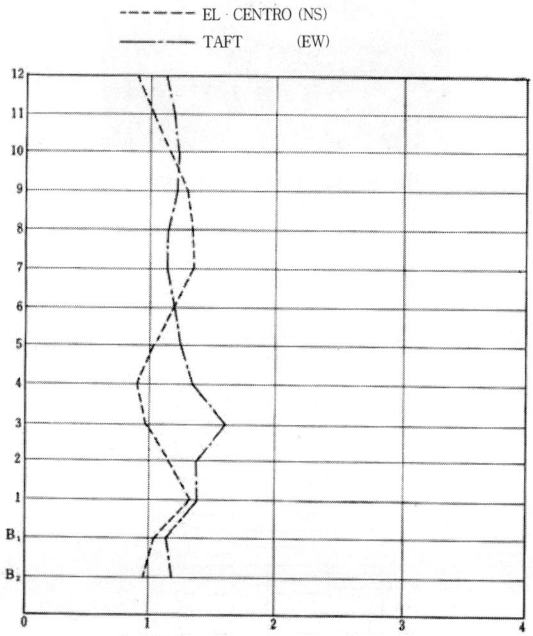

최대가속도 400gal 감쇠정수 h=0.02

그림 6.4.2(ㅍ) 소성율

6.4.3 "O"센터건물
사무소건물+집합주택

『"O" 센터건물』

지상 17층, 지하 2층 건물의 사무소건물과 집합주택이 접속된 복합건축이다(사진 6.4.3(a)). 옆에서 보면 두동(二棟)으로 보이나(그림 6.4.3(a)) 사무소동은 3층마다, 주택은 4층마다에 수평가새를 배치하여 구조적으로는 일체(一体)의 건물이다. 이를 위하여 3.92m(사무소동 층고)×3층=2.94m(주택동 층고)×4층이란 층고설정(層高設定)을 하고 있다.이 건물은 일반의 사무소 건물에서 잘 눈에 띄는 것과 같이 기둥은 SRC조로 하고 보는 S조이다.

사진 6.4.3(a) 복합건축의 외관(SRC)

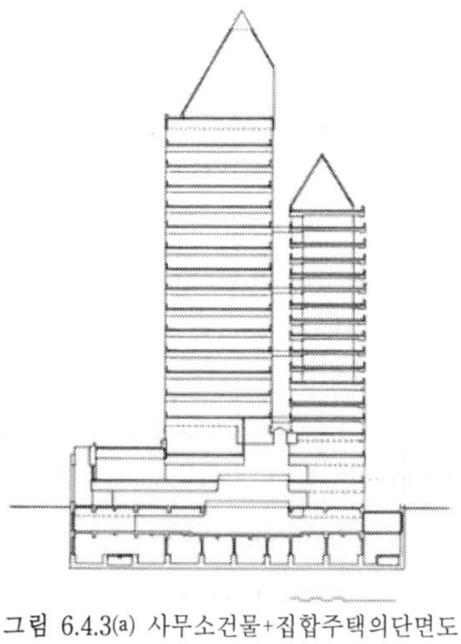

그림 6.4.3(a) 사무소건물+집합주택의단면도

이유는 기둥은 주로 축방향력은 콘크리트가 부담하고, 휨모멘트는 철골이 부담한다는 합리적인 생각에 따른 것이다. 보는 S조로 했기 때문에 18.9m×37.8m의 가운데 기둥이 없는 사무소 공간을 가능하게 하고 있다. 단, 고층건물의 경우 지진시 1/200 이내의 층간변위를 초과할 수도 있으므로, 이 예에서는 양쪽의 엘리베이터 공간에 기둥을 여분으로 세워서 더블코어(double core)로 하여, 건물의 강성을 늘리는 처치를 하고 있다.

기둥은 표준기둥으로서 각 층 사무소 동에서 100×100cm, 또 주택에서 85×85cm로 하고, 사무소동 18.9m 스팬의 보는 H-1000×300의 H형강을, 또 주택동 12.6m 스팬의 보는 H-650×300의 H형강을 사용하고 있다. 주택동은 거주성(居住性)을 높이기 위하여 각층 사잇기둥으로 연결되어 흔들림을 멎게하고 있다. 바닥은 덱플레이트를 사용한 합성바닥판이다.

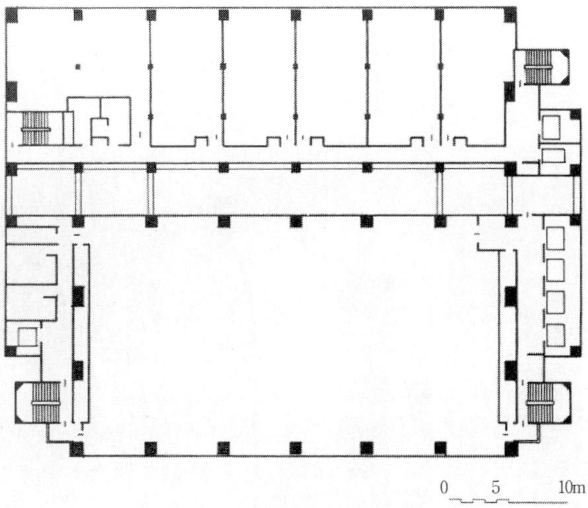

그림 6.4.3(b) 기준층 평면도

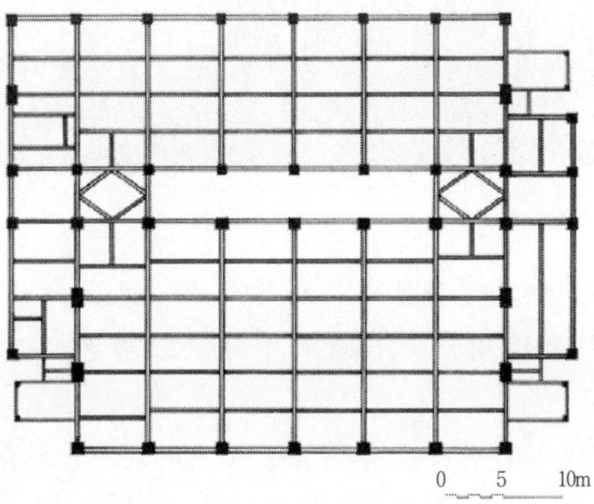

그림 6.4.3(c) 구조복도

6.4.4 센츄리타워(Century Tower)

『센츄리타워』

센츄리 타워는 영국의 저명한 건축가인 노만·포스터에 의하여 설계되었다. 오픈 아트리움(open atrium)을 가진 철골조의 사무소 건물이다. 사진 6.4.4(a)에 건물외관을, 사진 6.4.4(b), 6.4.4(c)에 내부공간, 그림 6.4.4(a)에 단면도, 그림 6.4.4(b)에 기준층 평면도를 나타낸다. 본 건물은 지상 21층 건물의 남(南)타워와 18층 건물의 북(北)타워를 아트리움 공간을 사이에 두고 있으며, 1층걸러 홀수층에서 연결한 트윈타워(twin tower) 건물이다.

각 타워의 상부에는 옥상 펜트하우스나 설비가대(設備架臺)를, 남타워에는 마스트(mast)가 설치되어 있다.

사진 6.4.4(a) 센츄리 타워의 외관

기준층은 서쪽에 승용(乘用)엘리베이터, 동쪽에 특별피난계단, 비상용 엘리베이터, 화장실 등의 서비스 코어를 설치한 더블코어 형식으로 거실플로어는 22.5×18.0m의 기둥이 없는 공간이다.

각 거실은 2층에서 하나의 단위를 구성하고 있으며, 또한 윗층의 바닥은 아트리움과 외벽 유리창에 따라서 약 3m 세트백(set back) 되어 있기 때문에, 이 부분에서 아트리움과는 별도로2층의 트인 공간이 만들어져 있다(사진 6.4.4(b), 6.4.4(c)).

높이 약 72m, 18층에 이르는 아트리움은 중간의 11층 바닥레벨에서 망입(網入) 유리에 의하여 상하 두 개의 존(Zone)으로 구획되며, 각 플로어와 아트리에(atelier)의 사이는 방화구획이 없는 트이게 구성되어 있다.

사진 6.4.4(b) 내부공간

사진 6.4.4(c) 아트리움 부분

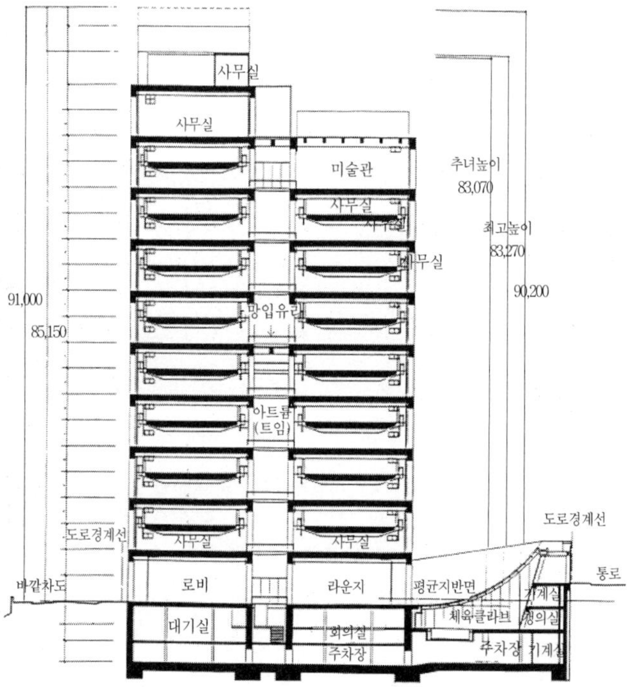

그림 6.4.4(a) 단면도

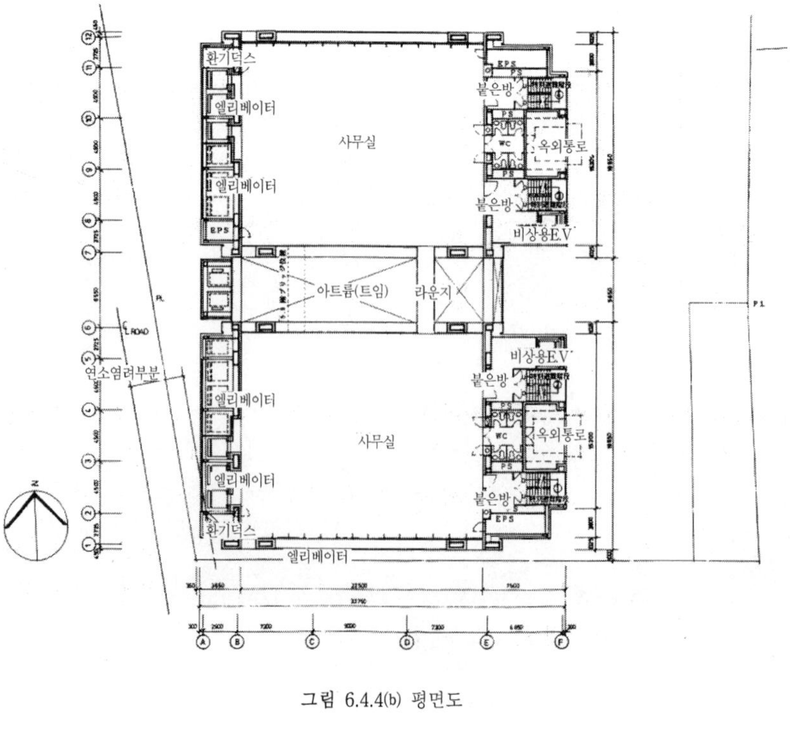

그림 6.4.4(b) 평면도

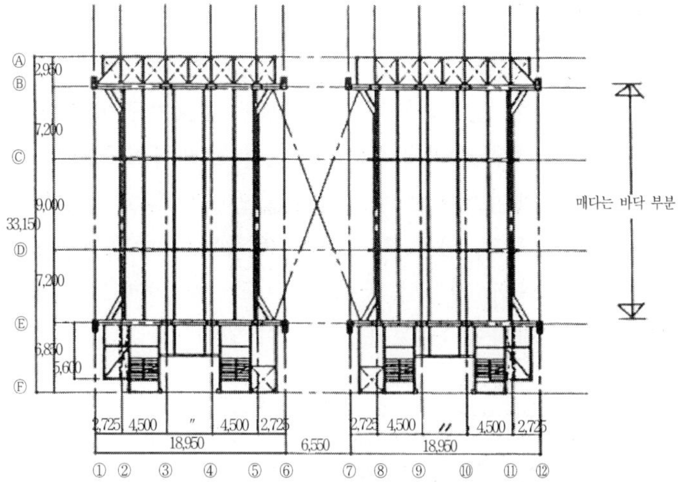

그림 6.4.4(c) 바닥보복도

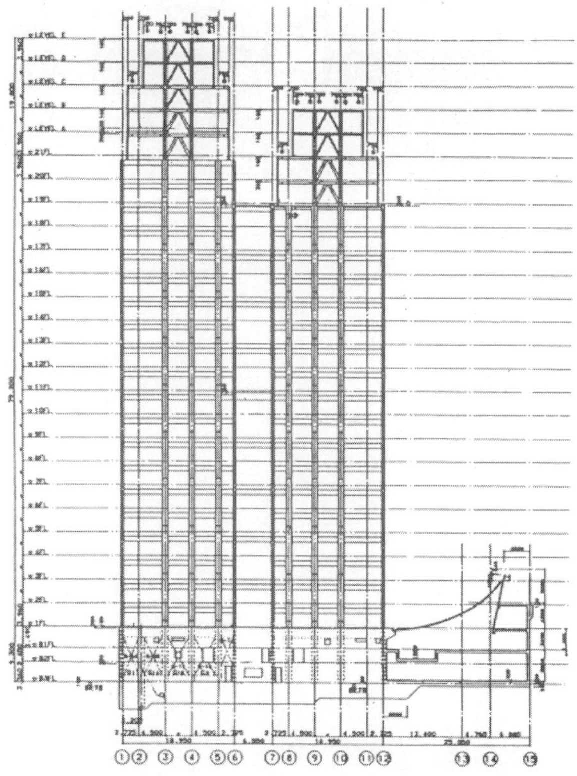

그림 6.4.4(d) 축조도

1. 구조계획

상부가구형식(上部架構形式)은 그림 6.4.4(e), 6.4.4(f)에 나타낸 것과 같이 남북방향은 철골조의 순 라-멘구조이며, B, E의 2열은 라-멘이 주요가구가 되어 수평력의 대부분을 분담한다. 동서방향은 철골조의 편심(偏心) K형 브레이스구조(사진 6.4.4(d))에 나타낸 것과 같이, 한 조의 브레이스가 보의 중앙에서 만나지 않고 편심하여 八자 모양으로 보에 접합되는 것)를 채용하고, 남북 각 타워의 양측면의 합계 4열의 브레이스 구면으로 구성되어 있다. 건축계획에 따라서 구조적으로도 2층 1유니트의 시스템을 채용하고, 편심 K형 브레이스는 2층마다에 큰 보와 교차되어 있다.

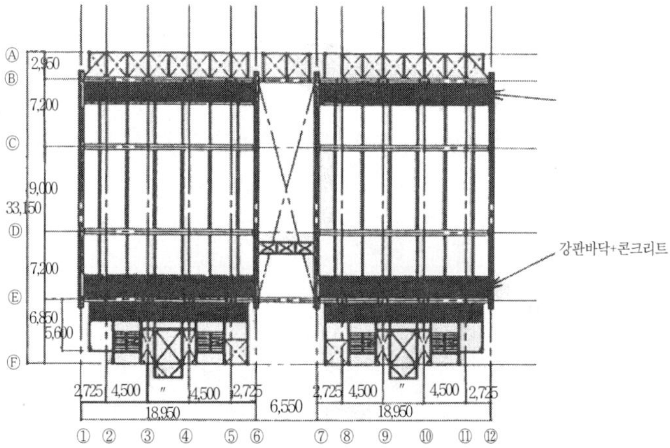

그림 6.4.4(e) 바닥보복도

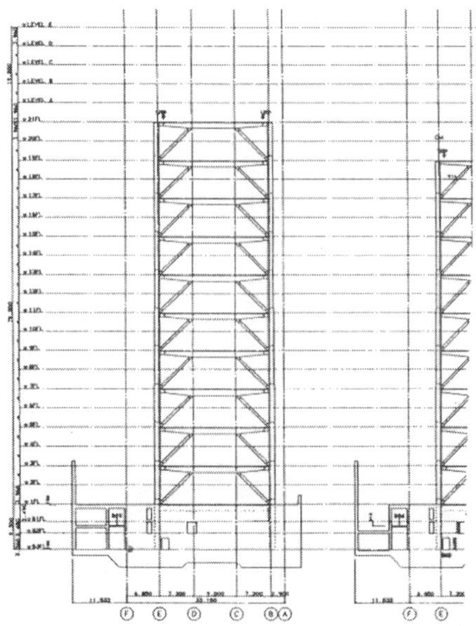

그림 6.4.4(f) 축조도

브레이스 사이의 이음재로서의 기능을 부담시킨 작은 보를 이 교차위치에서 지지하고, 이 작은 보로부터 매달은 부재를 끼워서 중간층의 바닥을 지지하고 있다(사진 6.4.4(d)).

기초구조는 철골철근콘크리트조 및 철근콘크리트조로 하고, 지상가구를 벽두께 50~110cm의 지하외벽 또는 내벽으로 단단히 굳힌 상자모양의 지하가구로 지지하고 있다.

특히, 고층 바로밑의 높은 축방향력이 되는 부분의 기초에는 강강(剛强)한 지중벽체 말뚝을 채용하고 있다.

2. 구조설계상의 특징

i) 트윈타워(twin tower)구조

선대칭의 평면형을 가지는 남북양쪽 타워의 바닥슬래브는 아트리움 공간 때문에 불연속이며, 두 타워가 지진이나 바람에 의한 수평력을 받았을 때의 상대변형량을 극력 작게할 필요가 있다. 또 방재상의 요구에서 아트리움의 공간내에는 수평바리아를 설치할 필요가 있으며, 건물의 거의 반분의 높이 위치(11층)에 수평바리아를 설치하고, 최상층(19층)의 바리아와 함께 구조적인 다이아프램(diaphragm)으로서 일체화를 꾀하고 있다.

이 다이아프램은 철골조의 K형트러스로 구성되어 양쪽 타워의 바닥부분과 굳게 연결되어 있다. 또한, 이 층의 바닥부분에는 콘크리트 슬래브 밑에 거푸집 겸용의 구조강판을 깔아서 수평면내방향의 강성을 확보하고 있다.

다시 양쪽타워는 남북방향의 2열의 라-멘을 홀수층 큰 보로 연결되어 연속된 골조를 구성하고 있다.

수평력을 받았을 때에 부분적으로 연결된 양쪽타워의 비틀림동작을 최소로 할 필요가 있다. 단, 남북 양쪽타워의 높이와 하중조건이 서로 틀림을 고려해서 편심브레이스가구 혹은 순 라-멘가구의 부재단면은 해석에 의하여 검토하고난 뒤, 강성과 내력에 대하여 조정하여 단면을 결정하고 있다.

ii) 2층 구성의 편심 K형 블레이스(사진 6.4.4(e))

2층마다에 23.4m의 큰 스팬을 구성하고, 짝수층을 매어다는 매다는 부재의 반력을 처리하는 八형상의 브레이스는 편심 K형 브레이스라고 부르는 것이다.

두 본의 브레이스에 끼워진 큰 보부분의 내력에 의하여 브레이스에 생기는 축력을 제어하는 것으로, 큰 변형에 이르기까지의 가구의 내력이나 강성의 급격한 저하가 일어나지 않고, 큰 지진에너지 흡수능력을 기대할 수가 있다.

브레이스 단면은 500mm 각의 용접조립박스재로서 최대두께는 36mm이다. 큰 보와 브레이스의 교점위치에는 좌굴막이(좌굴을 못하게 하는)의 작은 보를 배치한 것 이외, 보단면을 박스모양으로 하여 안정된 변형성능이 얻어지도록 배려했다.

iii) 매다는 바닥구조

편심 K형(型)브레이스가구로 구성되는 23.4m스팬에서는 홀수층에는 브레이스와 큰 보의 교점을 목표로하여 2열의 작은 보(메인빔 : main beam)를 배치하고, 브레이스 방향에 큰 보가 없는 짝수층에서는 같은 위치에 같이 메인 빔을 배치하고, 그 양단부(兩端部)는 바로 위 홀수층의 메인 빔 단부로부터 매달아 내렸다(사진 6.4.4(e)).

매다는 부재의 설계에 있어서는 상하 방향의 지진력에 의한 검토를 행하여 단면설계를 했으며, 슬래브의 강성을 확보하고 하중전달을 확실히 하기위하여, 슬래브에 강판(鋼板)을 깔아 넣어 슬래브의 면내강성(面內剛性)과 내력의 보강을 했다.

매다는 바닥구조를 채용하므로서 1층과 최상층에는 2층분의 층고가 얻어지고, 순 라-멘방향, 편심 브레이스방향 모두 내진가구가 높이 방향에 균등한 간격으로 배치되어 있으므로 매우 좋은 건물특성이 얻어졌다.

사진 6.4.4(d) 2층구성의 편심k형 브레이스

사진 6.4.4(e) 매다는 바닥구조(홀수층바닥)

6.4.5 우메다 스카이빌딩

『우메다 스카이빌딩』

우메다 스카이빌딩은 이제부터 발전이 기대되는 JR 오오사까역 북측지구에서 그 선구(先驅)로서 계획된 것이며, 꼭대기 부분을 연결한 여태껏 없던 형태를 가진 초고층 건물을 첫 번째로 하여, 새로운 도시공간의 창조를 목표로 갖가지 기획에 의하여 구성되어 있다(사진 6.4.5(a)).

사진 6.4.5(a) 우메다스카이빌딩의 외관

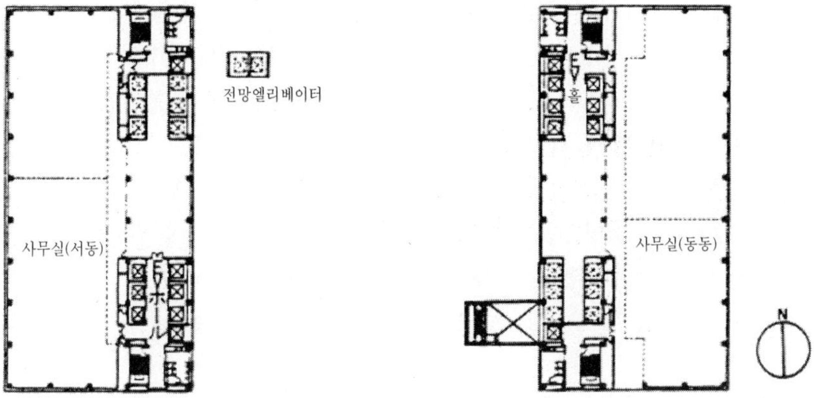

그림 6.4.5(a) 기준층 평면도

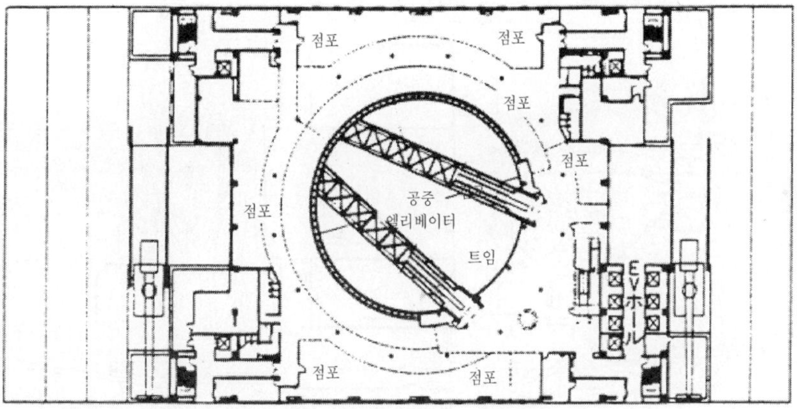

그림 6.4.5(b) 39층 평면도

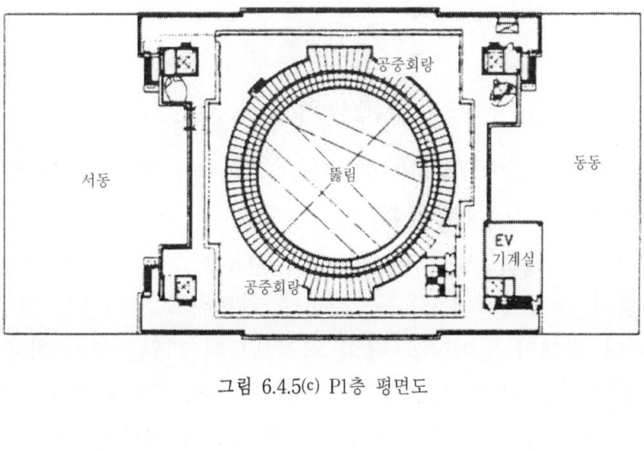

그림 6.4.5(c) P1층 평면도

부지의 남쪽에는 높이 6m의 작은 산이며, 느릿하게 흐르는 작은 내, 혹은 조용히 산책할 수 있는 좁은 길로 구성되는 직경 70m의 『안쪽 자연』을 배치하고 있다. 부지 중앙에는 고층동(高層棟)과 사람들이 모이는『중앙포럼(forum)』을, 북쪽에는 사계절 가지각색의 화초가 피는 『꽃이 핀 들판』을 배치하고 있다(그림 6.4.5(d)).

고층동 부분에는 동서(東西) 2동을 22층에서 연결하는 『공중 브리지』 이외에 1층으로부터 35층까지 오르는 『전망 엘리베이터』나 꼭대기 부분의 연결부분에 있는 39층의 『공중 정원(空中庭園』에 연결하기 위한 『공중 에스컬레이터』 등 모든 장치가 계획되어 있으며, 건물 완성 뒤에도 방문하는 사람들이 충분히 즐길 수 있는 구성으로 되어 있다(그림 6.4.5(e)).

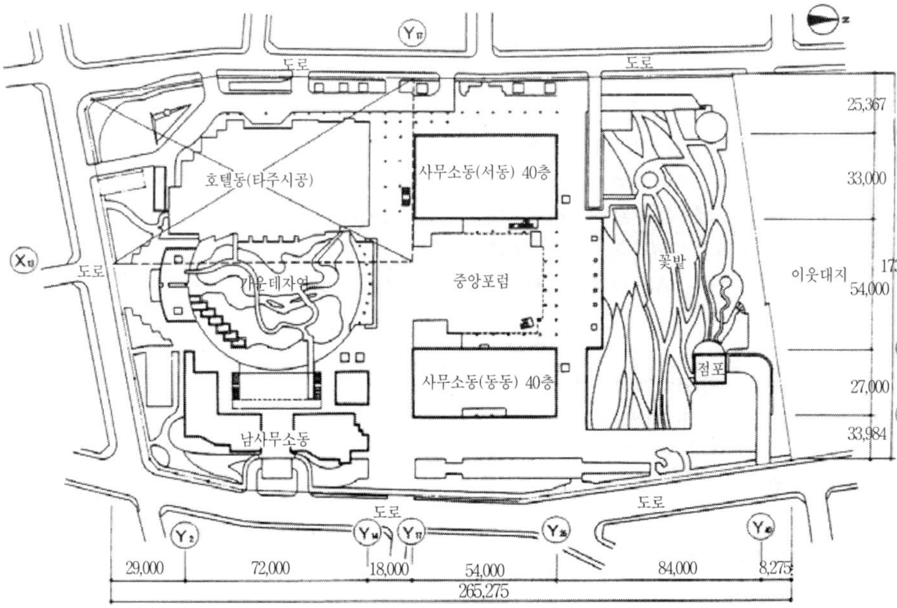

그림 6.4.5(d) 배치도

공중정원에서 휴식한 뒤 옥상까지 발을 뻗으면, 그곳은 바깥 공기에 개방된 회랑(回廊)이 이루어져 있으며, 지상 173m의 높이에서 오오사까(大阪)의 시가지를 360도에 걸쳐 전망할 수가 있다(그림 6.4.5(a)~6.4.5(c)).

1993년 2월의 뉴욕의 세계무역관(World Trade Center)에서의 재해(災害)에서도 보여주고 있는 것과 같이, 지금까지의 초고층 건물은 위로위로 뻗어가는 일방이였기 때문에, 밑의 층에서 화재나 재해가 일어났을 때의 지상으로의 피난통로의 확보는 대단히 중요한 문제가 되어 있다. 꼭대기 부분의 연결초고층의 경우, 아래층에서 재해가 일어나더라도 꼭대기 부분의 공중정원을 통하여 이웃건물에 안전히 피난할 수가 있으며, 안전상의 의미뿐만 아니라 심리면의 효과도 대단히 큰 것이다.

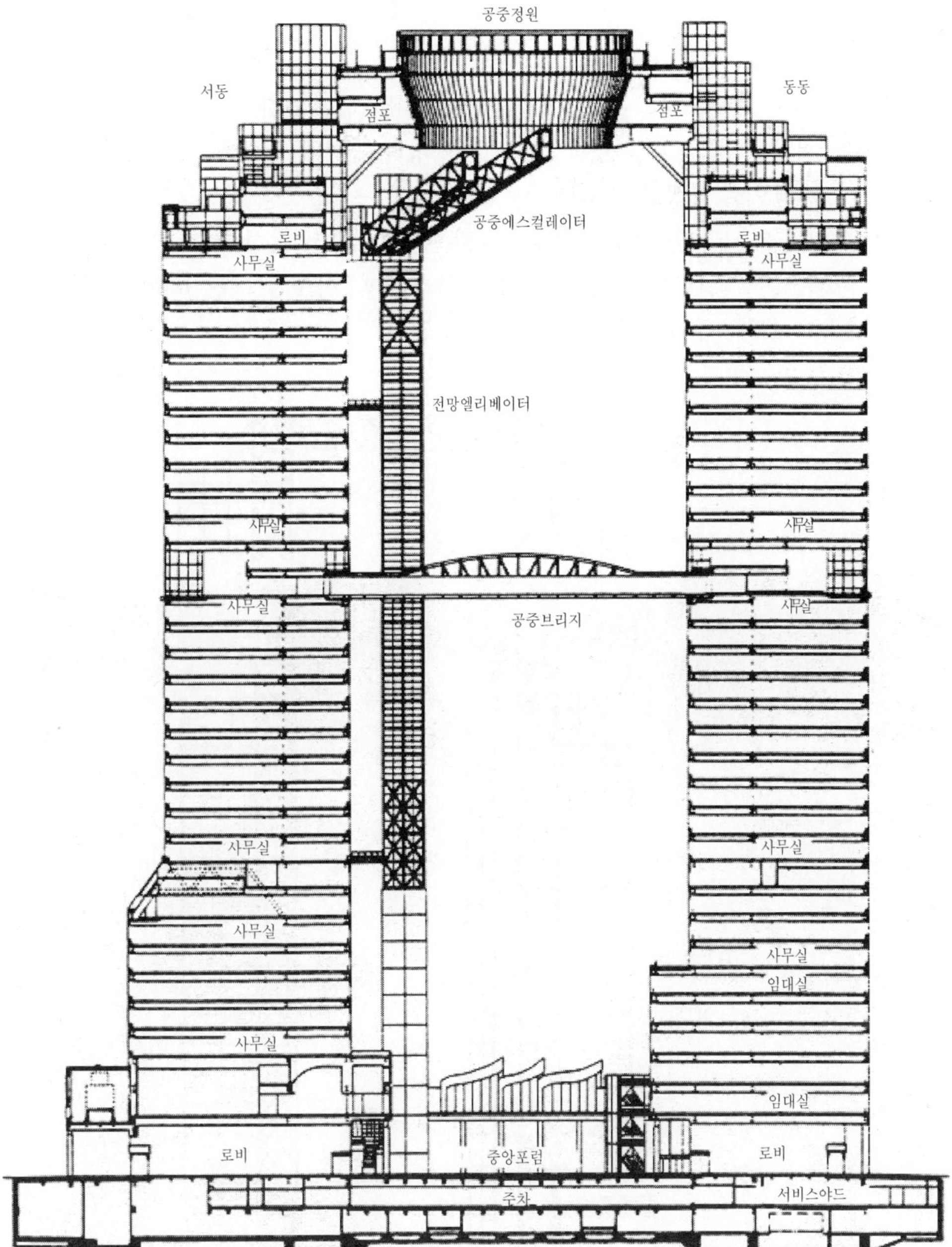
공중정원
서동
동동
점포
점포
공중에스컬레이터
로비
로비
사무실
사무실
전망엘리베이터
사무실
사무실
사무실
사무실
공중브리지
사무실
사무실
사무실
사무실
임대실
사무실
임대실
로비
중앙포럼
로비
주차
서비스야드

그림 6.4.5(e) 단면도

1. 구조계획

i) 주체구조

고층동 부분은 지상, 지하 모두 철골구조(S조)로 하고 있다. 동서동 모두 장변방향 가구는 35층 이상을 제외하고 순 라-멘으로 구성하고, 단변방향은 편심 K형 브레이스를 포함하는 라-멘으로 구성하고 있다.

일반적인기둥의 크기는 650×650mm의 박스이며, 10층 이하의 기둥은 650×800mm의 박스로 하고 있다. 최대판 두께는 55mm이다. 기준층 사무실(스팬 18m)의 보는 조립 H 형보로서 800×400×9×32mm의 단면을 가지고 있다.

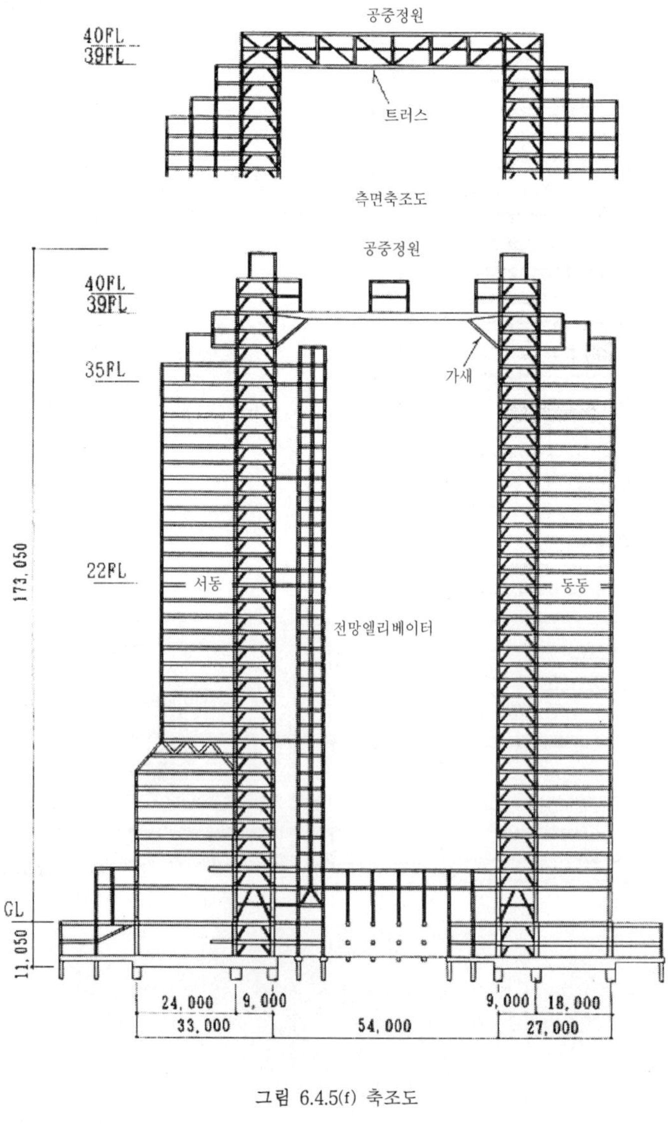

그림 6.4.5(f) 축조도

역시 저층동 부분은 철근콘크리트조(RC조)로 하고 있다. 이 때문에 양자(兩者)의 경계부분의 철골조의 기둥, 보에 대해서는 철근콘크리트로 피복하여, 힘의 전달에 대하여 배려하고 있다.

ii) 기초 및 지정

기초구조에 대해서는, 고층동, 저층동을 함께 하나의 기둥 한 본의 제자리 타설 콘크리트 광저(擴底) 말뚝으로 하고 있다. 가장큰 말뚝은 축부(軸部)직경 2.4m, 광저부직경 3.8m, 장기내력 2,700t/본이다. 말뚝의 앞쪽끝은, GL-28m의 N치 50 이상의 댄만(天滿) 자갈모래층에 지지되어 있다.

iii) 서쪽동 10~12층의 트러스(그림 6.4.5(g))

서쪽동에서는 바깥기둥을 12층 바닥으로부터 10층 바닥에 걸쳐서 비스덤하게 하므로서 스팬을 6m 확장하여, 10층 이하의 층을 스팬 24m의 큰 사무실 및 다목적 공간으로 하고 있다. 기둥이 비스덤 해지므로서 생기는 편심모멘트에 대처하기 위하여 10, 11층 부분에, 2층분에 걸친 강강(剛强)한 트러스를 설치하고 있다. 이 비스듬한 기둥의 기둥머리에 걸리는 윗층으로부터의 장기연직하중에 의하여 약 1cm의 수평이동이 생기고 있다.

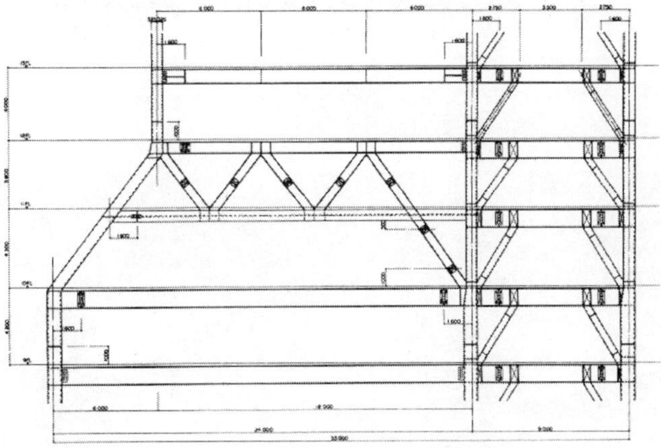

그림 6.4.5(g) 서동트러스 상세도

iv) 공중정원

a. 공중정원의 구조(그림 및 사진 6.4.5(h)~6.4.5(j))

공중정원은 39층의 레스토랑, 40층의 전시장 및 옥상의 전망 스페이스로 구성되어 있다. 맨윗층의 39층 바닥부분을 강강(剛强)한 구조를 가진 인공대지(人工臺地)로 하여, 40층, P1층과 합친 계(計) 5000t의 하중을 54m의 스팬에서 지지케 하고 있다. 39층 큰 보는 1800mm의 춤을 가진 H형 보이며, 단부(端部)에서 9m의 위치에서 가새에 의하여 지지되어 있다. 이 가새에 의하여 공중정원의 실질 스팬은 36m가 된다. 남북 양박공면에는 2층분의 춤을 가진 트러스를 배치하고, 두 동의 초고층 건물을 강하게 연결하고 있다.

공중정원의 바닥부분 구조체는 수평하중시에 약 800t의 수평력을 전달하며, 박공면의 트러스는 휨회복 작용에 의하여 건물의 수평강성을 약 10% 증대시키고 있다.

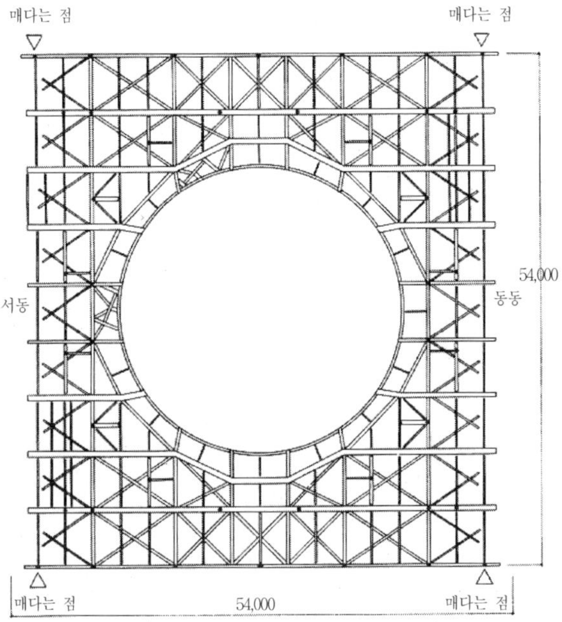

그림 6.4.5(h) 39층 철골복도

그림 6.4.5(b) 39층 바닥 철골

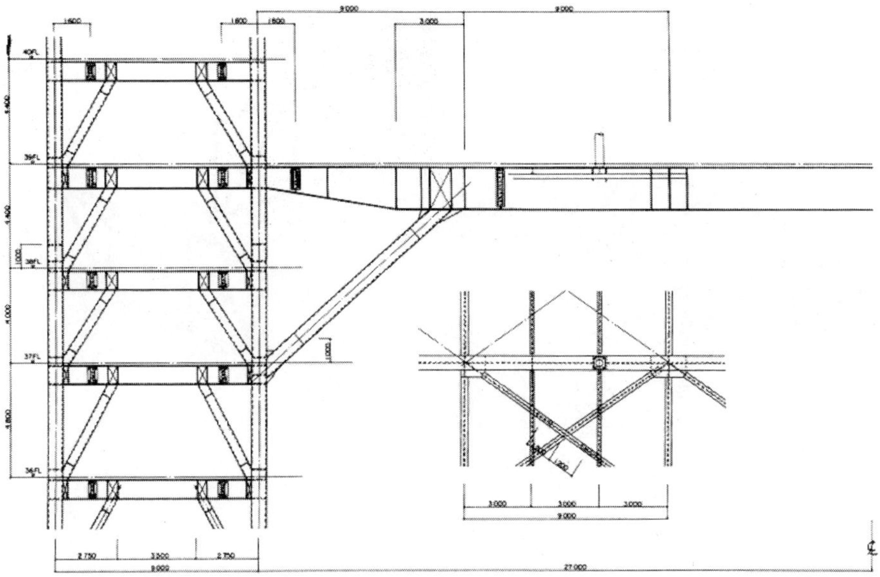

그림 6.4.5(i) 공중정원 철골 상세도

b. 리프트업(lift up)의 구조계획(그림 6.4.5(j)~6.4.5(k), 사진 6.4.5(c)~(e))

공중정원의 시공법으로서 와이어 리프트업 공법을 채용했다. 지상에서 조립된 1040t의 공중정원을 4모퉁이의 와이어와 윈치로 매달아 올렸다. 이 공법에 대응하기 위하여, 박공면 트러스에 직교하는 가설트러스를 2열 배치하여 공중정원을 우물보 모양에 지지시켜 평판(平板)으로서의 면강성(面剛性)을 확보하고 있다. 가설트러스의 위치는 가새위치와 일치시켜 가설트러스를 철거해도 바닥면이 크게 내려가지 않는 계획으로 하고 있다. 39층의 큰 보는 그 단부(端部) 및 가새가 본동(本棟)에 정착된 상태에서 비로소 큰 강성을 가지며, 따라서 리프트업중에 중앙부에서 큰 처짐을 일으킨다. 이 처짐과 정착완료뒤에 행해지는 바닥콘크리트의 타설 등에 의한 처짐에 대처하기 위하여, 39층 바닥면에 최대 13cm의 불룩꼴(camber)을 설치하고 있다.

1040t을 4점에서 매달아 올리면 1개소당 260t과 전차(戰車) 9대분의 하중이 된다. 이 때문에 동활차(動滑車)를 사용한 기구(機構)를 채용하므로서 와이어로프에 발생하는 장력(張力)을 약 11t으로 작게하고, 직경 겨우 33.5mm의 와이어로프로 매달아 올릴 수가 있었다. 이번의 리프트업은 교량분야의 시공기술을 건축에 응용한 것이며, 앞으로 늘어날 것으로 생각되는 다른 분야 기술의 활용사례이기도 하다.

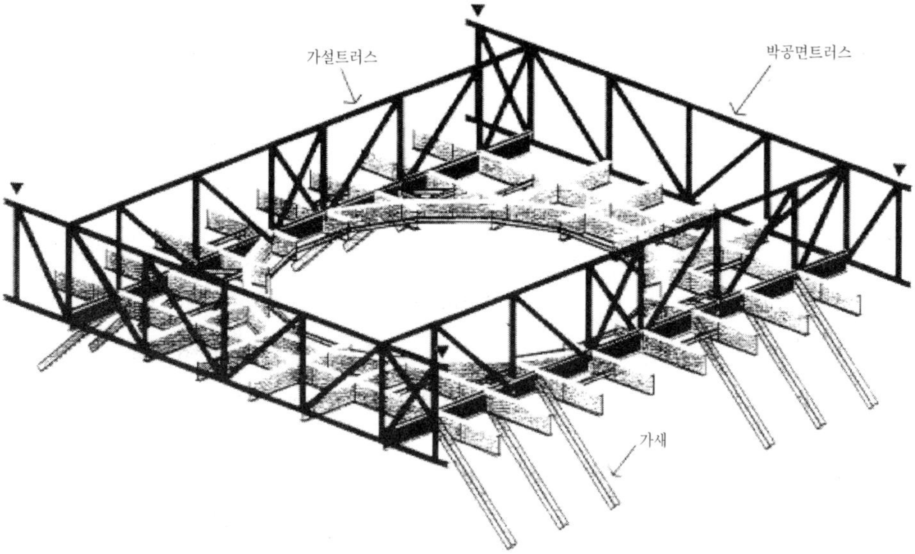

그림 6.4.5(j) 리프트업시의 골조

사진 6.4.5(c) 리프트업전의 공중정원(위에서봄)

사진 6.4.5(d) 리프트압중인 공중정원

사진 6.4.5(e) 본동과 접합전의 상황

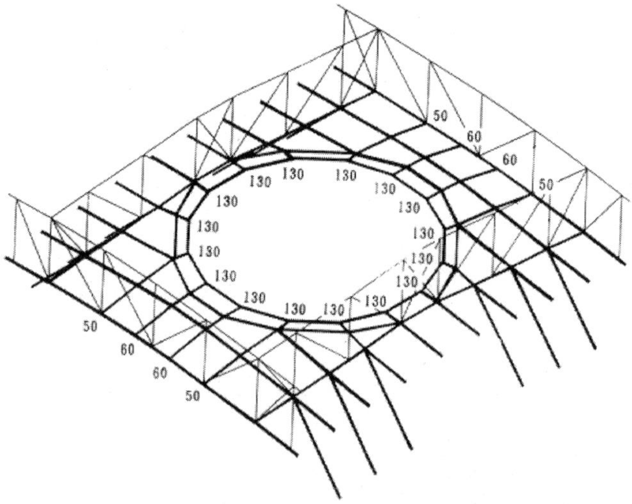

그림 6.4.5(k) 39층바닥 불록골(comber)도(mm)

2. 바람, 지진에 대한 거동

공중정원에서 두 동의 초고층 건물의 꼭대기 부분을 강(剛)하게 연결하므로서 강풍, 지진에 대하여 흔들림이 작은 건물이 되어 있다.

i) 강풍시의 거동(그림 6.4.5(l))

바람이 불 때의 상황으로서는 마라톤 주자가 선두의 사람의 바로 뒤에서 바람을 받지 않고 달리는 모습을 떠 올리면 납득할 수 있을 것이다. 독립된 2동의 건물이 나란히 섰을 경우 바람이 정면에 부딪치는 바람 윗쪽의 건물은 큰 변형을 일으키나, 바람 아랫쪽의 건물에는 바람이 거의 부딪치지 않기 때문에 조금밖에 변형하지 않는다. 본 건물에서는 다시 꼭대기 부분을 연결하므로서 바람 아랫쪽의 건물이 바람 윗쪽의 건물을 떠 바치는 모양이 되며, 그 변형량은 꼭대기 부분을 연결하지 않는 독립된 2동의 경우의 절반의 양으로 작게 된다. 무로도(室戶) 태풍 클래스의 대형 태풍의 경우, 독립건물에서는 약 80cm 일으키는 꼭대기 변형은 연결 초고층에서는 약 40cm로 절반이 된다.

그림 6.4.5(l) 강풍시의 거동

그림 6.4.5(m) 지진시의 거동

ii) 지진시의 거동(그림 6.4.5(m))

전차에 타고 있을 때 지진이 일어났다면, 한 사람이 서있는 것보다도 두 사람이 서로 손이나 어깨를 맞잡고 서있는 쪽이 덜흔들린다는 것에서 실감할 수 있듯이, 윗층의 변형이 독립동(獨立棟)의 경우에 비하여 큰 폭으로 작게 되는 효과가 있다. 설계수법으로서는 100년에 몇 회정도의 지진에 대해서는 소위 탄성설계를 했을 때의 꼭대기 부분의 변형량은 약 40cm가 된다. 또 오오사까(大阪)에서의 과거 및 장래에 걸친 최대급(最大級)의 지진에 대해서는, 탄소성응답해석(彈塑性応答解析)을 사용한 설계에 의하여 안전성을 확보하고 있다.

iii) 고유주기(固有周期)와 고유(固有)모드(그림 6.4.5(n), 표 6.4.5(a))

고층동의 고유주기는 x방향 4.26초, y방향 4.34초이다. 연결방향 2차모드는 연결구조물 특유의 반발(反撥)모드가 되어 있다. 이것은 건물높이의 중간부분이 넓어졌다 좁혀졌다하는 모드형이다. 꼭대기 부분이 연결되어 있지 않을 때의 y방향 고유주기는 서동(西棟) 4.29초, 동동(東棟) 4.78초이다.

표 6.4.5(a) Y방향 고유주기(초)의 비교

차수	꼭대기연결 했을 때		꼭대기연결 안했을 때	
	굳건한연결	핀연결	서동	동동
1	4.33	4.53	4.29	4.78
2	1.88 (반발1차모드)	1.89 (반발1차모드)	1.45	1.58
3	1.45	1.50	0.79	0.81

주)고유치해석은 등가 휨전단봉모델에의함

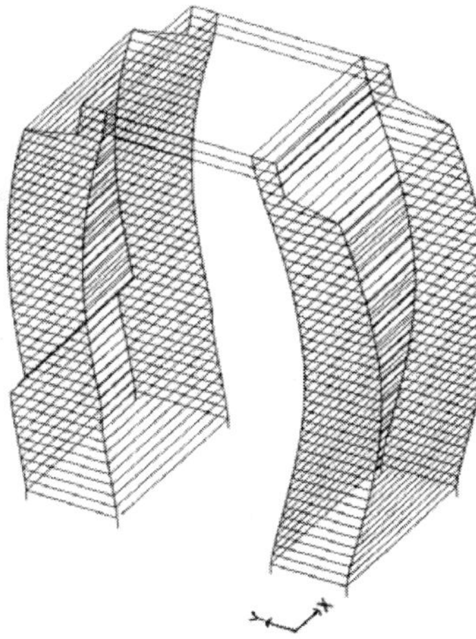

그림 6.4.5(n) y방향2차모-드

3. 공중(空中) 브리지(bridge)

두 동을 연결하는 것으로는 공중정원이외에 22층의 공중브리지가 있다. 공중브리지는 철골로 조립된 무게 약 200t의 강강(剛强)한 아치모양의 트러스 다리이다. 안쪽에는 유리로 덮어 씌워진 통로가 있다.

그렇지만 두 동에서 약 80,000t이나 되는 초고층 건물 사이에서 공중브리지를 강(剛)하게 연결하면, 두 동 사이의 상대변형에 의하여 공중브리지는 간단히 무너져 버리고 만다. 이것을 방지하기 위하여 공중브리지의 한 쪽은 건물의 위에 실려서 지지되는 소위 로울러 지지로 되어 있다. 따라서 두 동 사이에 상대변형이 발생하더라도 공중브리

사진 6.4.5(f) 공중브리지방진뎀버

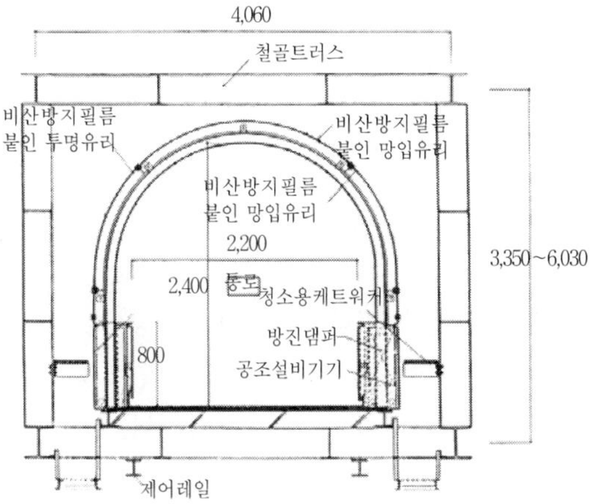

그림 6.4.5(ㅇ) 공중브리지 단면도

지는 단지 미끄러지듯 움직일 뿐이며 무너지는 일은 없다. 대형 태풍시에 약 12cm의 이외의 작은 값이 되어 있다. 이것은 두 개의 건물의 꼭대기부분이 연결되어 있기 때문에 상대적으로는 그다지 크게 변형하지 않기 때문이다.

공중브리지의 아래위방향 진동수는 약 3Hz로 사람의 보행주기(약 2Hz)에 가깝다. 공진(共振)에 의한 흔들림을 방지하기 위하여 공중브리지 중앙부에 진동(振動)에너지를 흡수하는 방진뎀퍼(damper)를 설치하고 있다.

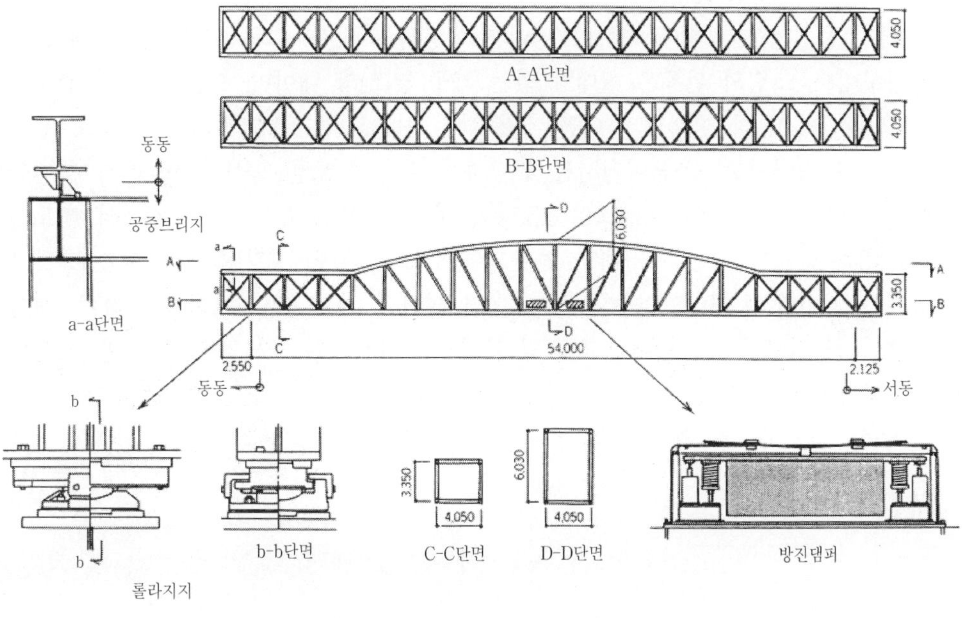

그림 6.4.5(ㅍ) 공중브리지 철골복도와 축조도

6.5 ································ 청사(廳舍)

시청사, 동청사는 사무공간 이외에 회의장이나 홀 등의 큰 공간도 필요하게 되며, 사무소 건축보다도 구조적으로 복잡하게 된다. 여기에 열거하는 두 개의 예 가운데, 처음의 『G동 청사』는 한 동(棟)안에 이들을 통합하고 있는 청사이며, 뒤의 『D시 청사』는 이들을 전부 별동(別棟)으로 한 것이다. 규모, 부지의 넓이 등에 따라서 이들 중의 어느 쪽이 되던가, 또는 중간적인 것이 되는가는 건물 개개에 따라서 다르게 된다.

6.5.1 "G"동 청사

『G동 청사』

이 청사는 지하 1층, 지상 3층, 옥탑 1층의 철근콘크리트조로서 큰 스팬은 중공(中空) 슬래브가 사용되고 있다. 사무실, 소회의실 등은 스팬 9.9m의 두 부분에서 수용하고, 이 두 부분은 작은 보 및 중공 슬래브로 3층 및 지붕 층에서 잇고 있으며, 이 부분을 회의장이나 밑부분의 트임(void)으로 이용하고 있다.

또, 이 건물에서는 횡력에 대하여 꿸대를 이용하고 있다. 그림 6.5.1(f)는 꿸대의 효용의 설명도이다. 그림의 왼쪽은 꿸대가 없는 가구(架構)의 예이며, 오른쪽은 2, 3층에서는 1본, 1층에서는 2본의 꿸대가 들어간 경우로서 꿸대를 넣음으로서 보도 기둥도 휨모멘트의 크기가 적어지고 있다(여기서는 간단하기 때문에 보를 충분히 크게 하여 기둥의 반곡점은 중앙으로 가정했다). 그림 6.5.1(g)는 G동 청사의 A라인의 지진시의 휨모멘트이며, 2, 3층 라인의 기둥은 꿸대로 연결되어 있고, 이것을 강강(剛强)한 R층보 및 1층 보로 맺은 것이다. 2, 3라인의 기둥은 꿸대에 의하여 1본의 기둥처럼 거동하며, 게다가 이 부분에 큰 휨모멘트가 일어나고는 있지 않다. 꿸대는 밀도가 높은 라-멘을 구성하는 역할을 한다.

사진 6.5.1(a) G동 청사의 정면

사진 6.5.1(b) 같은 건물의 측면

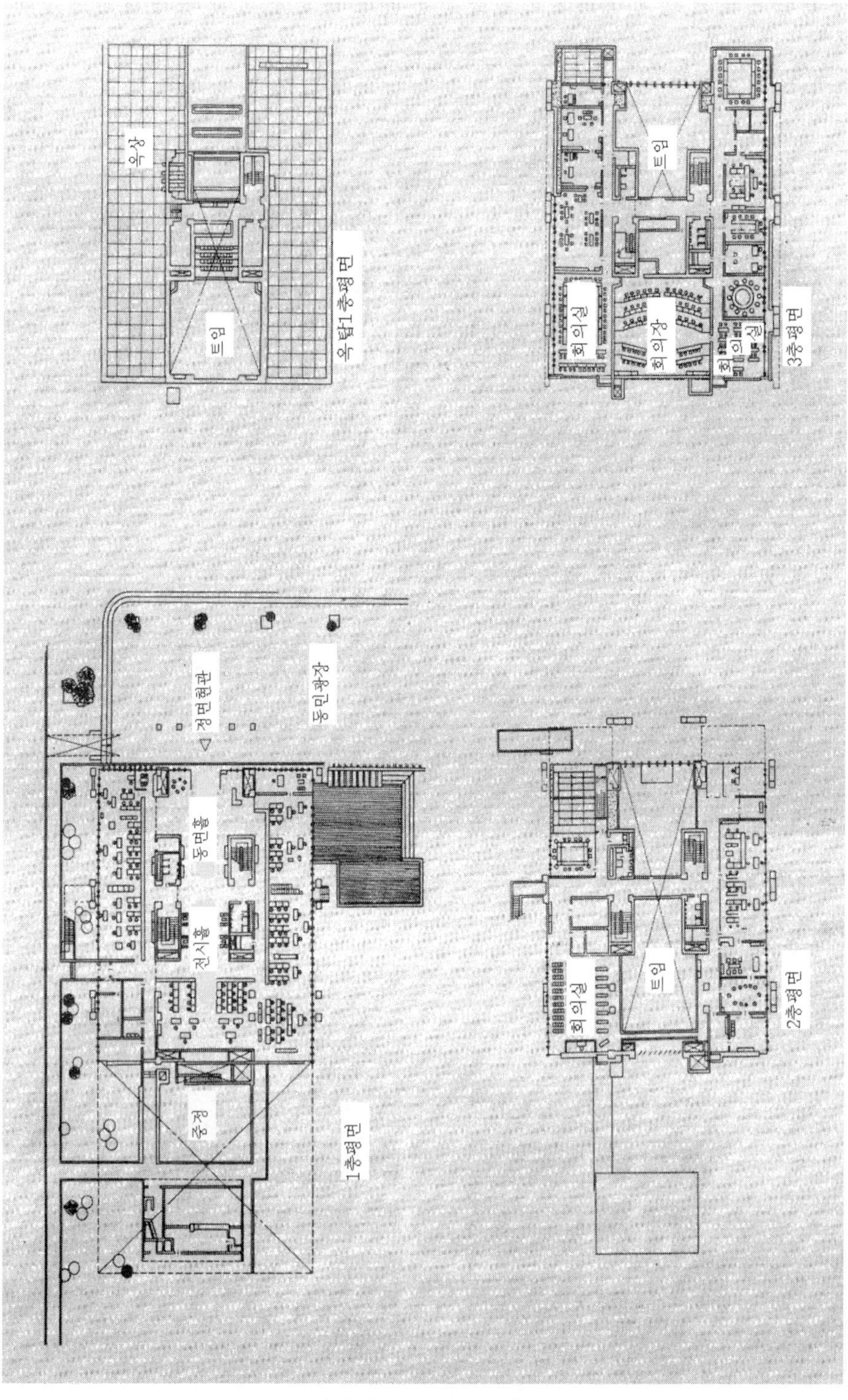

그림 6.5.1(a) G동 청사 평면도

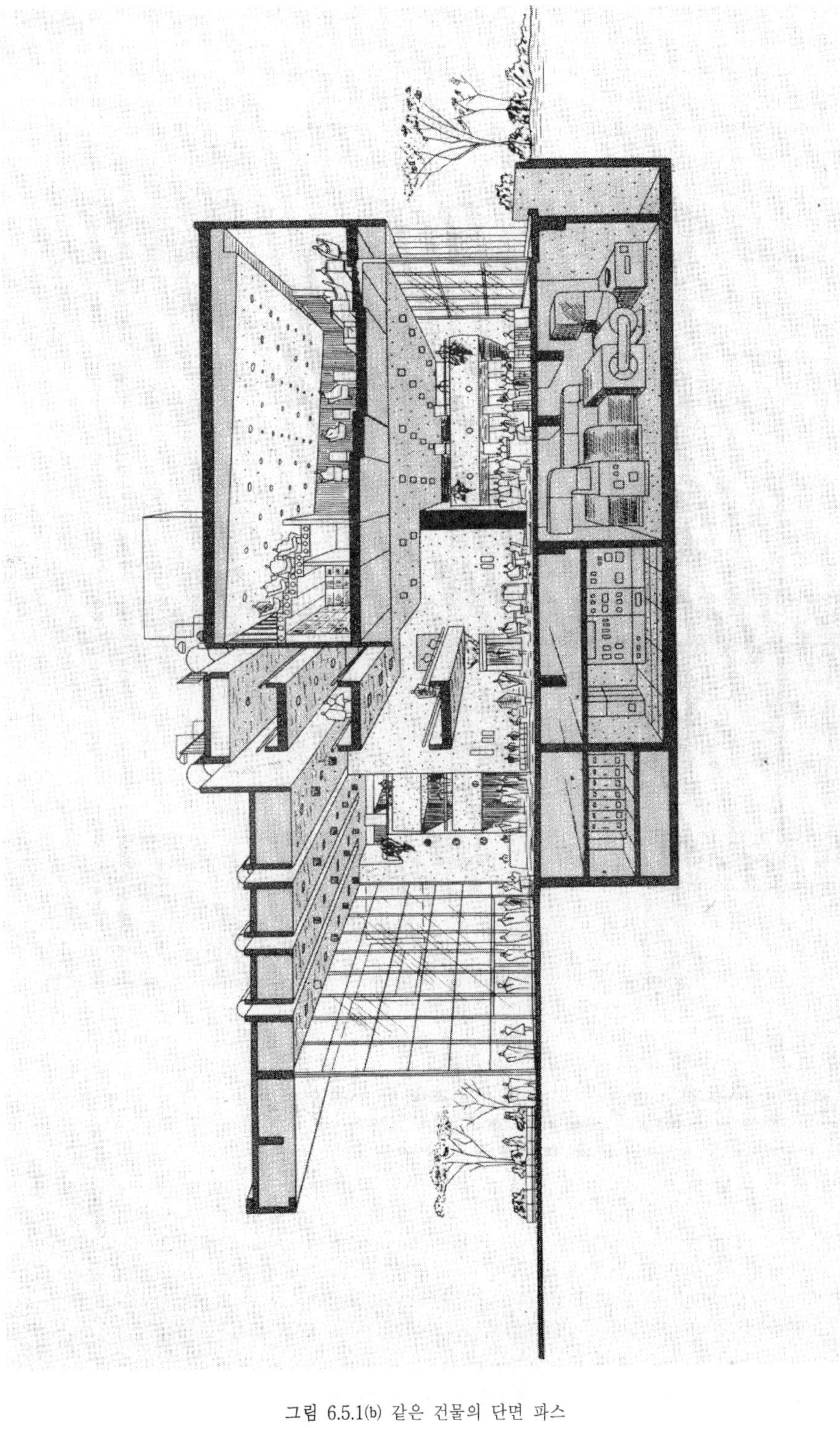

그림 6.5.1(b) 같은 건물의 단면 파스

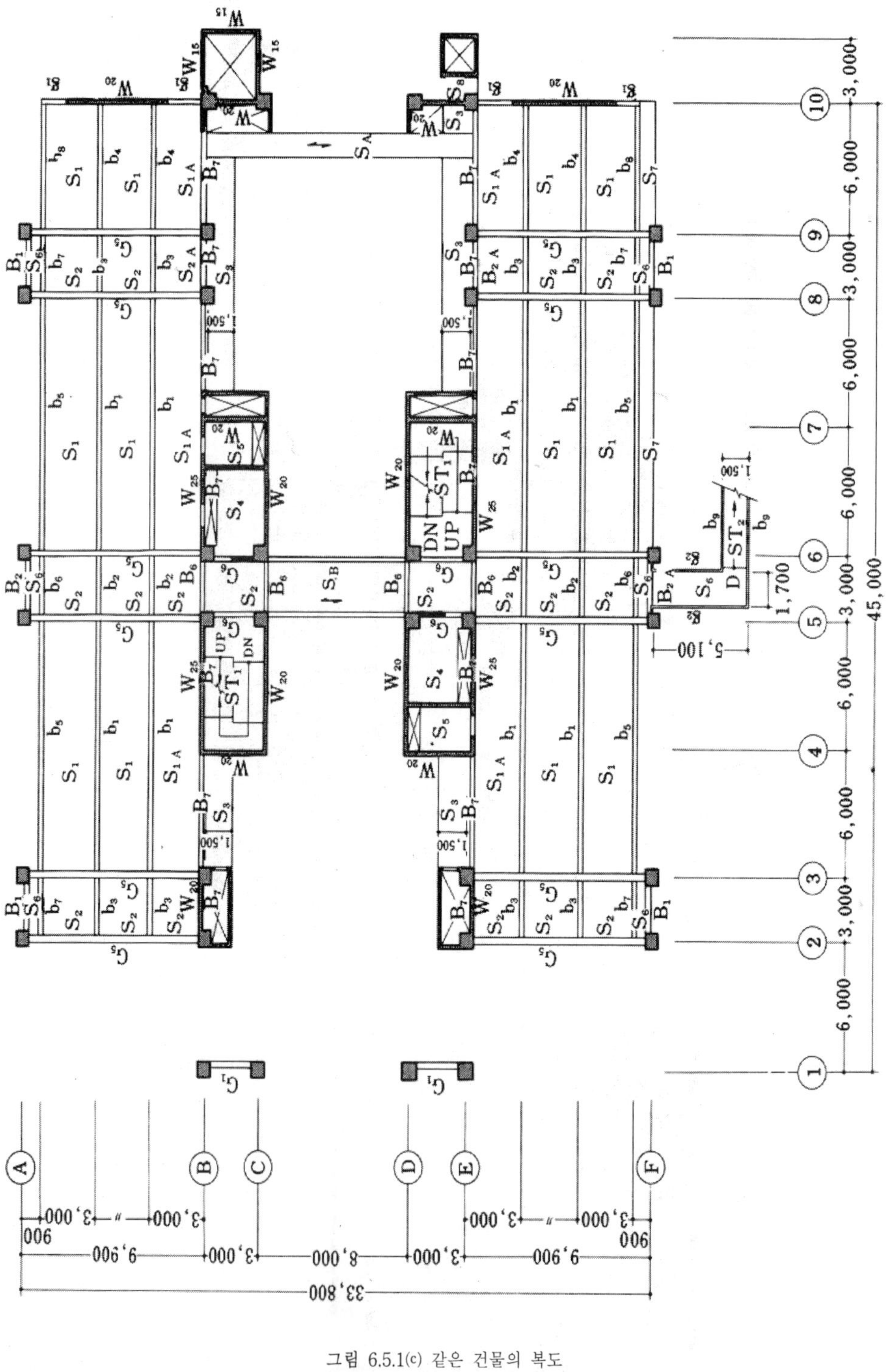

그림 6.5.1(c) 같은 건물의 복도

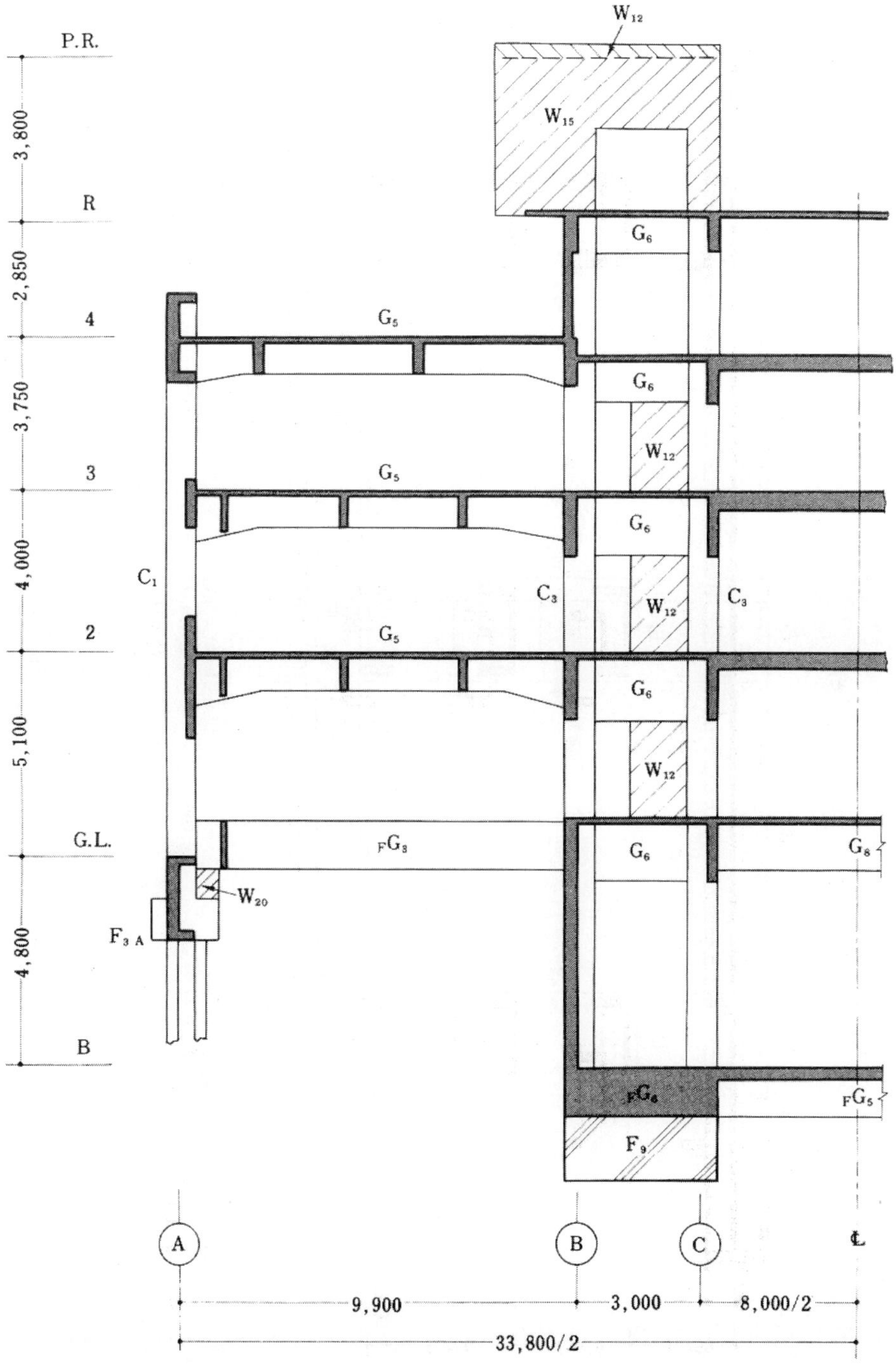

그림 6.5.1(d) 6 라인 축조

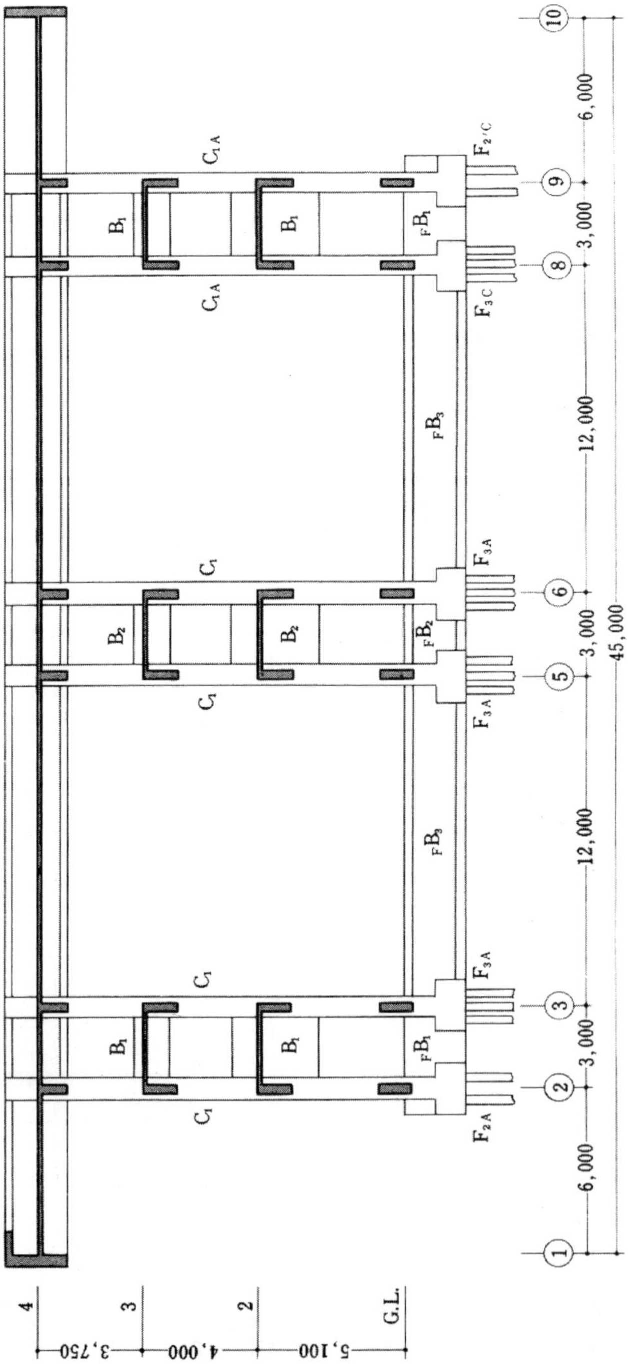

그림 6.5.1(e) A라인 축조

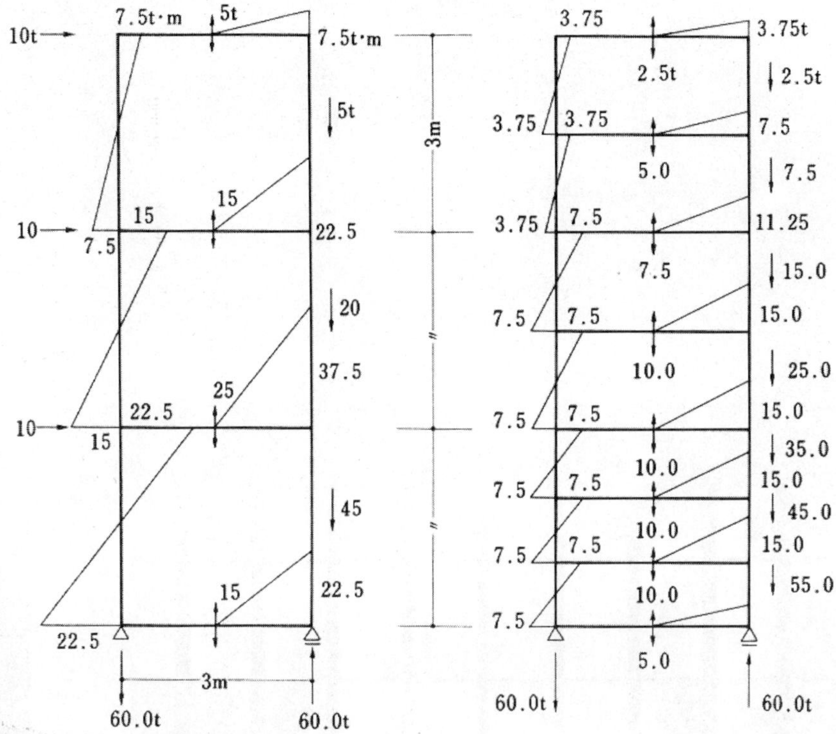

그림 6.5.1(f) 겔대가 없는 가구와 있는 가구의 예

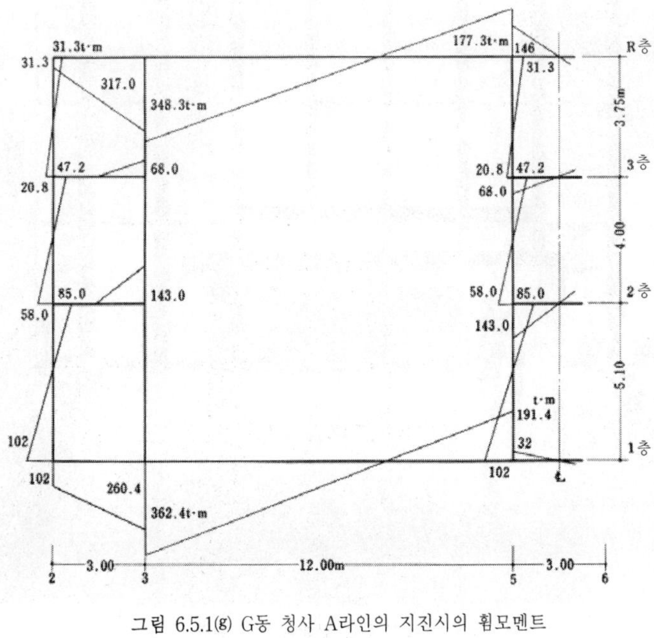

그림 6.5.1(g) G동 청사 A라인의 지진시의 휨모멘트

사진 6.5.1(c) 같은 건물의 정면 현관

그림 6.5.1(d) 같은 건물의 동민 홀

6.5.2 "D"시 청사

『D시 청사』

이 청사는 교외의 넓은 대지를 부지로 하고 있으며, 사무동(事務棟), 창구(窓口) 사무동, 회의장이 각각 별동으로 되어 있는 철근콘크리트조로서, 이들은 복도로 연결되어 있다. 구조적으로는 다른 구조이며, 각각의 목적에 따른 구조형식을 택하고 있다.

『창구 사무동』은 약 19m의 정방형의 평면이며 2층 건물이다. 이 동은 바깥쪽이 많은 벽으로 둘러싸여 있으며, 지진시의 횡력은 이것들로 충분히 저항할 수 있으므로 내부의 4본의 기둥은 수직하중만 지지하면 된다. 이 기둥을 강관(鋼管)으로 하고 바닥은 보가 없는 워플(waffle) 슬래브(리브가 붙은 슬래브)로 했다. 또한 주두(柱頭) 부분은 워플폼(waffle form) 4개분을 리브 두께의 플랫(flat)으로 하고, 이것을 철판으로 받아서 강관기둥으로 전하고 있다. 이 플랫 부분이 이른바 주두이다.

『사무동』은 지상 6층, 지하 1층이며, 양쪽 끝의 계단실에 코어가 있다. 이 코어를 지하실의 외벽으로 연결하여 코어는 보없이 자립(自立)할 수 있도록 했다. 이 시청사에서는 이 동(棟)만이 높으며 공기단축을 위하여 코어는 슬라이딩폼으로 건축하고, 코어사이의 슬래브는 지난번에 밑에서 제작하여 둔 것을 슬래브 리프트로 하였다. 슬라이딩폼(sliding form)은 사일로의 공사 등에 자주 사용되는 방법으로, 형틀을 잭(jack)으로 밀어 올리면서 콘크리트타설을 하는 방법이다. 높이 30m의 사일로 등은 한 주일사이에 타설을 끝낸다. 형틀이 미끄러지며 올라가기 때문에 사일로와 같이 요철이 없는 것이 아니면 곤란하나, 이 경우의 코어는 보, 기둥의 거푸집이 없고 벽 뿐이므로 이것을 슬라이딩폼으로 건축하고 바닥이나 계단은 프리캐스트로 뒤에 설치한다. 리프트 슬래브(lift slab)는 지상에 슬래브를 제작하고 이것을 소정의 위치까지 들어 올리는 방법이며, 보가 있으면 포개어 둘 수 없으므로 공기단축, 형틀절약의 효용이 없다. 여기서는 중공(中空) 슬래브를 사용하여 그것을 해결하고 있다. 즉, 2m의 양쪽에 튀어나온 부분이 있는 스팬 15.3m의 중공슬래브를 두께 50cm로 하고, 이 슬래브를 받는 보는 스팬이 짧아 보 춤 35cm의 H강(鋼)으로 하므로서, 보는 슬래브 두께 안에 자리잡아 전체가 플랫이 되어 있다. 이 중공슬래브를 1층 바닥에서 포개어 두고, 10본의 강관기둥(鋼管柱)에 잭을 설치하여 슬래브를 한 장씩 들어올리고 있다. 일본과 같은 곳은 공사 중의 지진도 고려하여야 하며, 이 경우는 이미 코어가 건축되어 있으므로 강관기둥은 꼭대기 부분을 코어와 연결하여 횡진(橫振)을 방지했다.

사진 6.5.2(a) D시 청사 외관

사진 6.5.2(b) D시 청사 창구 사무동

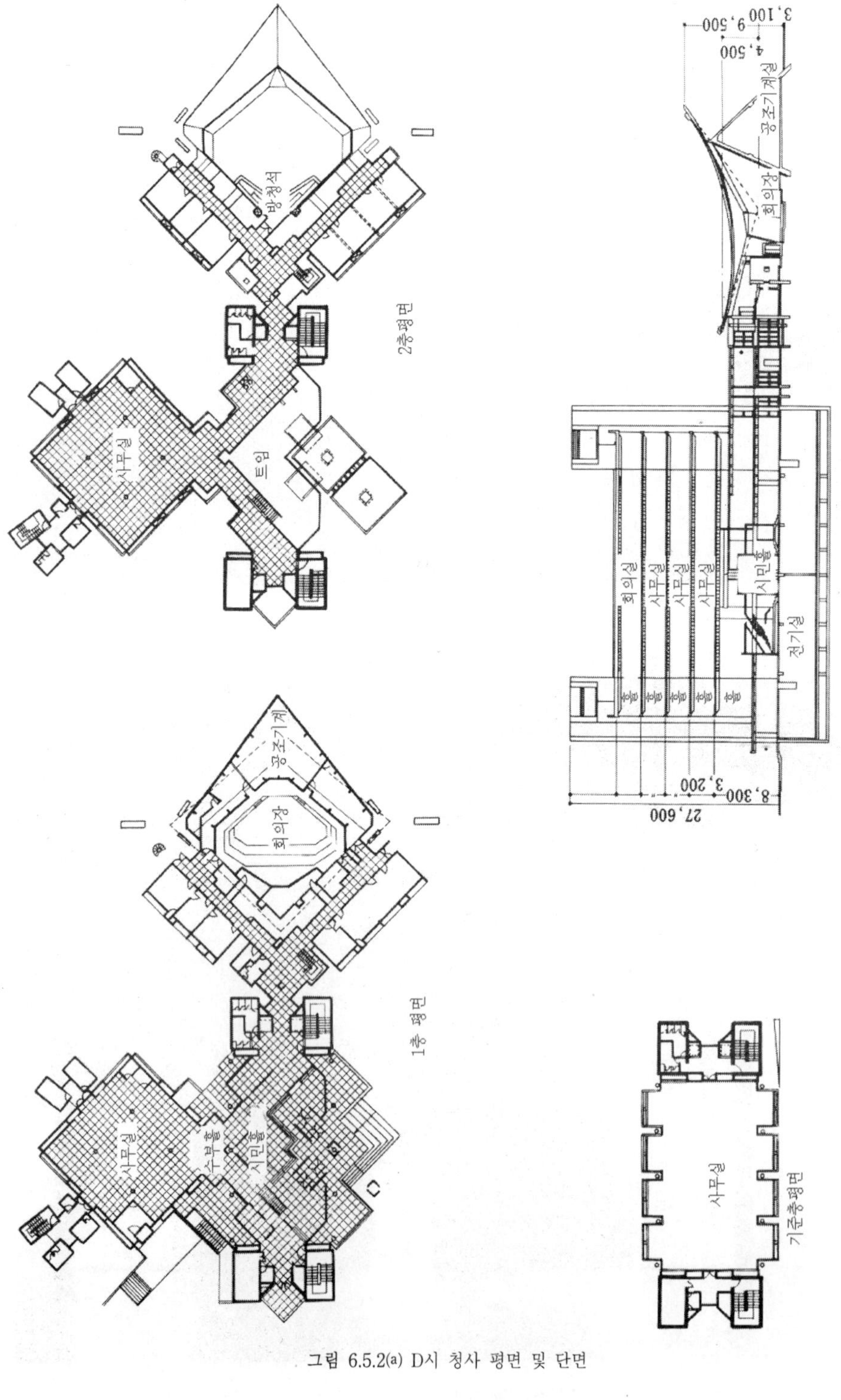

그림 6.5.2(a) D시 청사 평면 및 단면

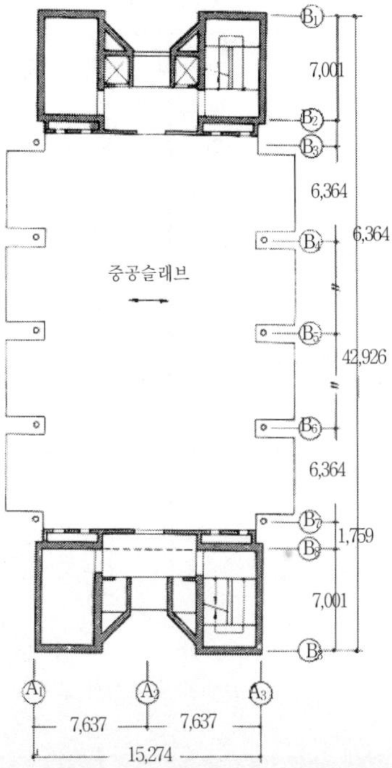

그림 6.5.2(b) D시 청사 사무동 4~6층 복도

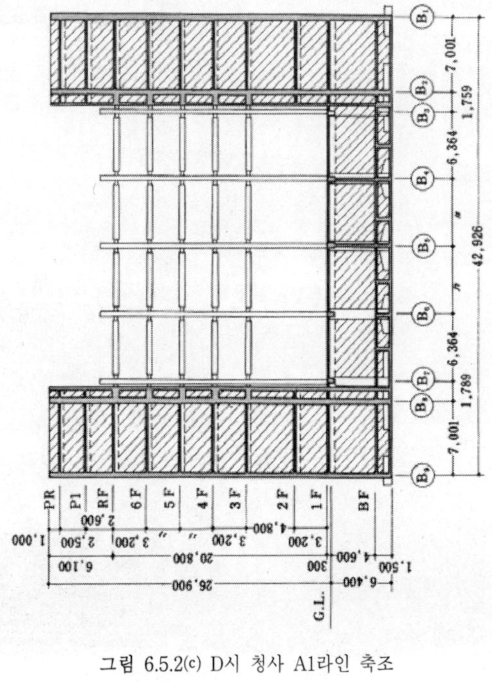

그림 6.5.2(c) D시 청사 A1라인 축조

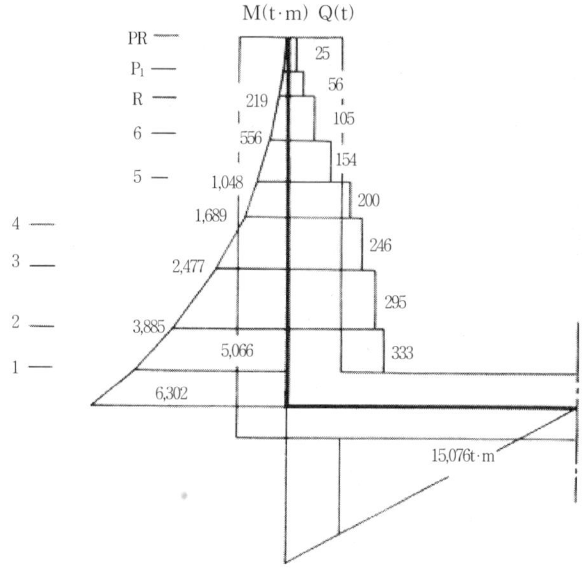

그림 6.5.2(d) D시 청사 지진시 코어 응력

사진 5.2(c) D시 청사 사무동 외관

사진 6.5.2(d) D시 청사 시민홀

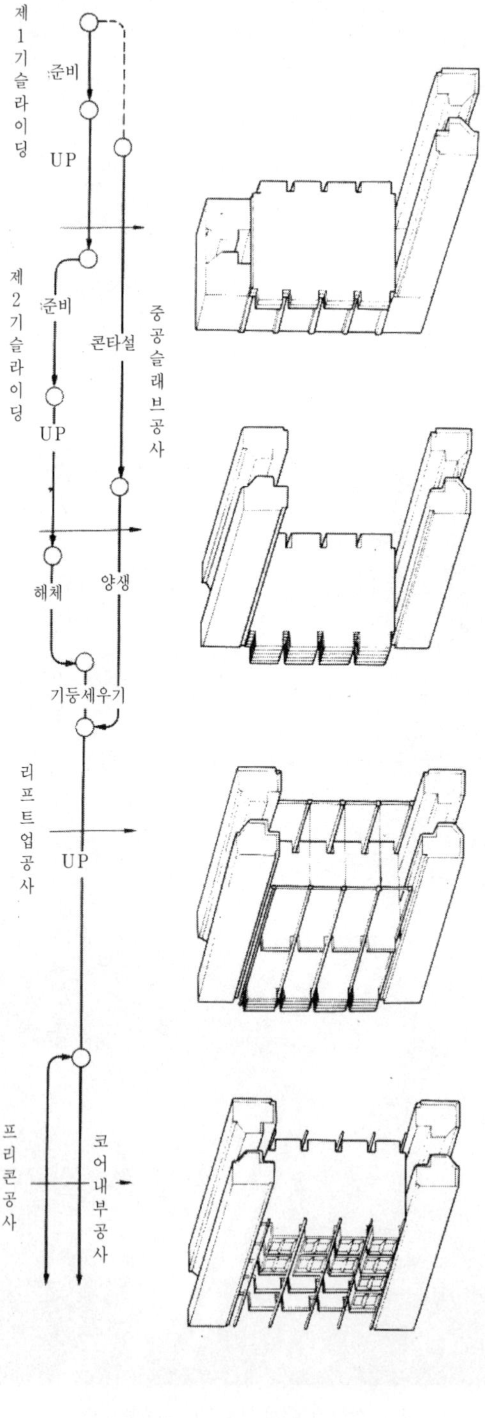

그림 6.5.2(e) 같은 건물의 사무동 시공순서

사진 6.5.2(e) D시 청사 중공슬래브 시공

사진 6.5.2(f) D시 청사 슬래브 리프트

『회의장』은 철근콘크리트조의 H.P.셸이다. 그림 6.5.2(f)에서 정방형 평면의 두 개의 B점을(h/2) 들어 올려 나타나는 곡면이 H.P.셸이다. 마주 대하는 두 변을 등분하여 이은 곡면상의 선은 직선이다. 이 모양은(곡면상의 선이 직선인 것) 철근콘크리트의 경우, 거푸집을 짜기 쉬어지며 H.P.셸이 자주 사용되는 이유이다. 등분포 하중을 받는 H.P.셸면에서는 그림 6.5.2(f)와 같이 똑같은 전단응력이 생기며, 이것은 그림 6.5.2(g)의 파선(破線)의 방향에 인장이 그림 6.5.4(h)의 파선의 방향에서는 압축이 생기고 있는 것과 같다. 곡면에 생긴응력은 주위의 리브가 담당하지 않으면 안된다. 그림 6.5.4(i)는 이것을 나타낸 것이며, 전단응력은 등분포이나 그것에 의한 축력(軸力)은 B점에서 0이고 A점에서 최대이며 직선적으로 변화하고 있다. 또, 지지점인 A점에서는 그림의 화살표와 같은 반력을 필요로 한다. 이 건물에서는 셸의 한변 (a)가 23m, B점의 오름(h/2)이 7m이며, 약간 셸을 기울게 하고 있다. 즉, 하나의 B점을 4.5m, 다른 점을 9.5m로 하고 있다(평균 7m). 이 정도의 기울기에서는 수직하중에 의한 응력은 기울지 않은 경우와 거의 같다. 주변의 리브는 B점보다도 A점에서 단면을 크게 하고 있다. 이것은 앞에서 설명한 수직하중에 의한 곡면으로부터의 축력이 A점에서 최대인 것과 지진시의 상하 움직임에 대해서도 필요하게 된다.

또, A점에 필요한 수평반력에 대하여 두 개의 A점을 지중(地中) 보에서 잡아 이것이 인장력을 받게 하므로서 해결하고 있다.

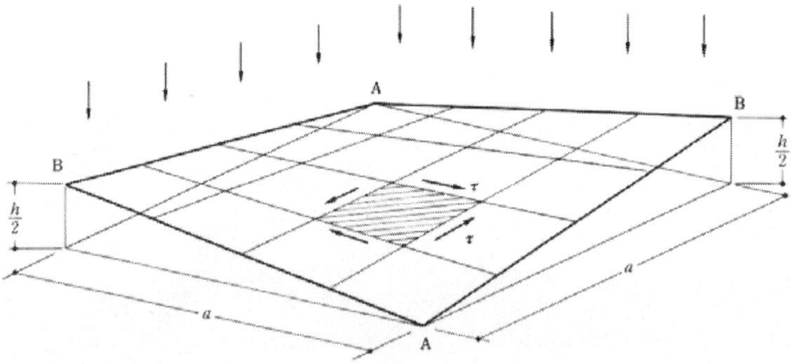

그림 6.5.2(f) H.P.셸과 응력

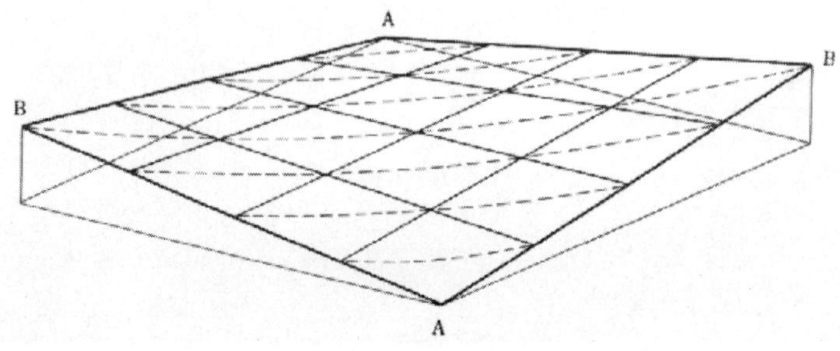

그림 6.5.2(g) 파선은 인장의 방향

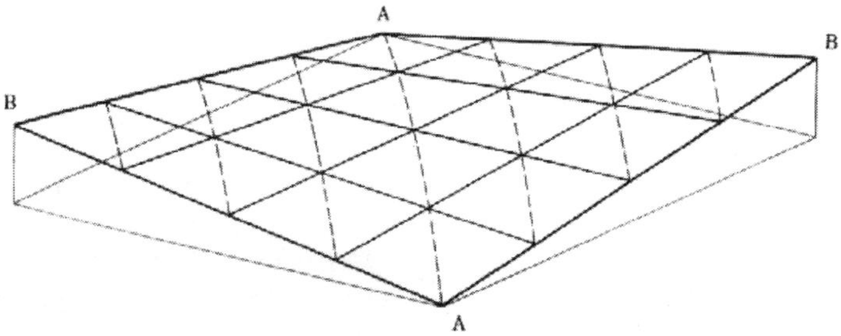

그림 6.5.2(h) 파선은 압축의 방향

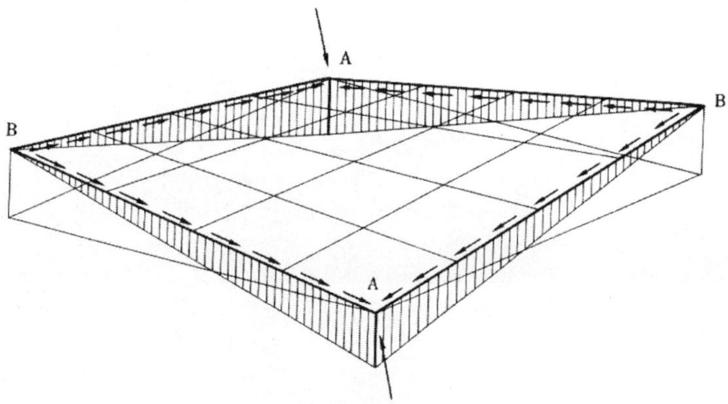

그림 6.5.2(i) 주변의 리브의 응력과 지지점의 반력

사진 5.4(a) D시 청사 회의장 내부

사진 6.5.2(h) D시 청사 공사중

6.6 ··은 행

은행은 건물은 일반적으로 넓은 공간의 영업홀과 그다지 크지 않은 회의실, 사무실과 작은 구획된 부속실이 있다. 여기의 두 은행의 예는 넓은 공간을 필요로 하는 부분을 철골조로 하고, 다른 것은 철근콘크리트조로 하고 있다.

6.6.1 "K"신용금고 지점

『K신용금고 지점』

이 건물은 영업홀 부분을 H.P셸 4개를 1조로 하며 중앙에서 지지하는 양산모양가구를 4개 조합한 것으로 형성되어있다. 이 은행의 대부분의 지점을 같은 구조로 지을의도로, 『큰 지점에서는 이 양산모양가구가 많으면 쉬우며, 또 철골조이므로, 증·개축이 쉬워서, 필요에 따라서 그 수를 증감하면 된다』는 생각이다.

사진 6.6.1(a) K신용금고지점

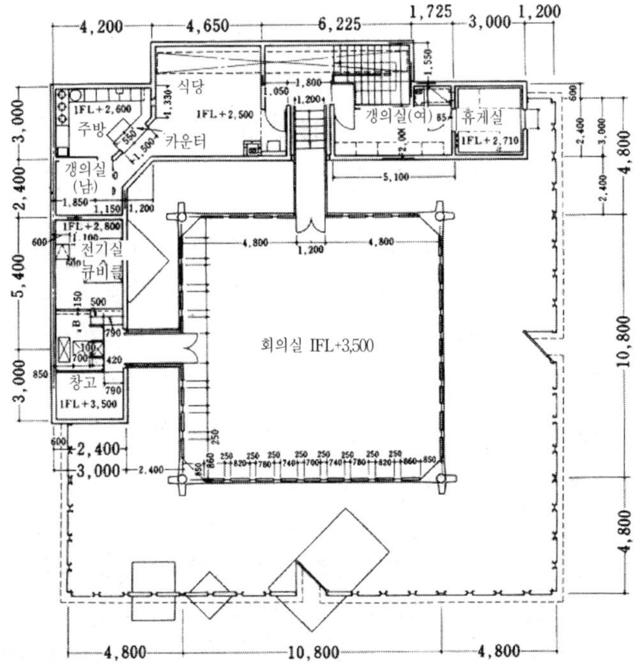

2층 평면

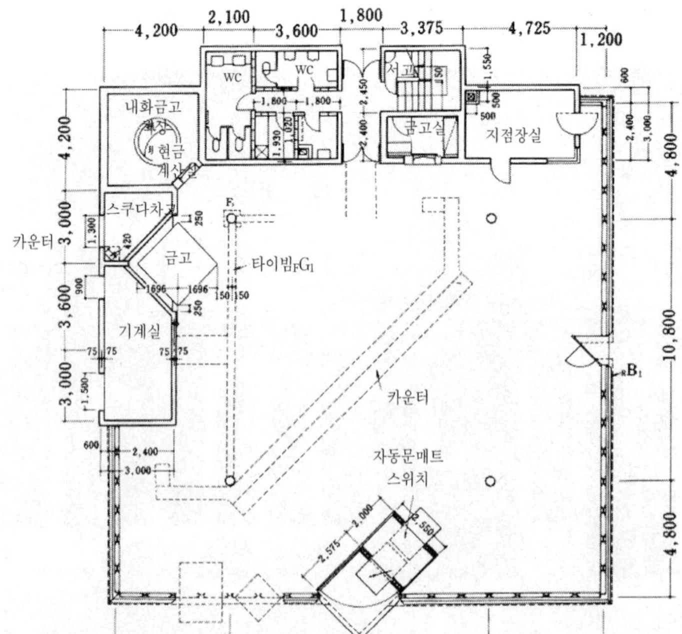

1층 평면

그림 6.6.1(a) K신용금고지점 평면

앞의 장에서 1개의 H.P셸에 대하여 설명했으나, 자주 사용되는 방법으로서 4개를 1조로 하는 방법이 있다. 그림 6.6.1(b)(c)의 형식과 그림 6.6.1(e)의 형식이 있다.

1개의 H.P셸은 앞의 장에서 설명한 것과 같이 등분포의 수직하중에 의하여 곡면은 일정한 전단응력이 일어나며, AB 및 AC의 곡면의 주위의 리브는 이 전단응력에 의하여 축력(軸力)을 받는다. 그림 6.6.1(b)의 경우는 A점에서 지지되었을 때의 리브의 축력을 나타낸 것이며, B점에서는 축력이 0이 되어야 하므로 그림과 같은 축력분포가 된다. ⓒ는 압축력을 의미하고 있다. 이 경우 A점에서는 AC의 방향에 반력이 작용하지 않으면 안된다. 이것에 대하여 그림 6.6.1(c)와 같이 중앙의 C점에서 지지할 때는 경사진 리브는 인장력ⓣ를 받으며, 수평리브는 압축력을 받는다. 이 경우는 다른 점에서 아무런 반력을 필요로 하지 않으며, C점에서 수직으로 지지하는 것만으로 충분하므로 대단히 간단하다. 그러나, 이 양산모양 1개로는 바람이나 지진에 대하여 불안정하게 되므로, 이 건물은 양산 모양 4개를 결합시키고 있다. 그림 6.6.1(d)는 그림 6.6.1(c)의 절반의 모양이므로 자주 외팔(cantilever)지붕으로서 사용되고 있는 것이다. A′에서는 BA′의 방향에, C에서는 AC의 방향의 반력을 필요로 한다. 그림 6.6.1(e)는 또 하나의 형식의 조합이며, 모든 리브가 압축력을 받고 있다. 지지점 B에서는 각각 AB의 방향에 반력을 더하지만 이것의 합력으로서 작용할 필요가 없다.

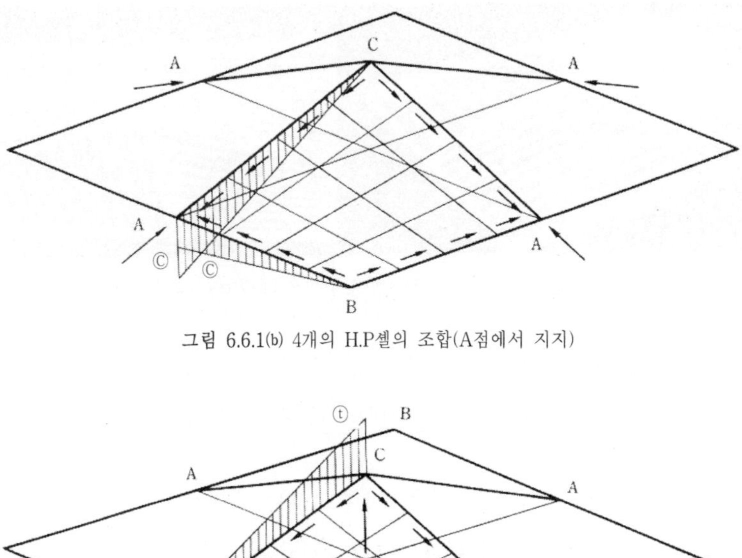

그림 6.6.1(b) 4개의 H.P셸의 조합(A점에서 지지)

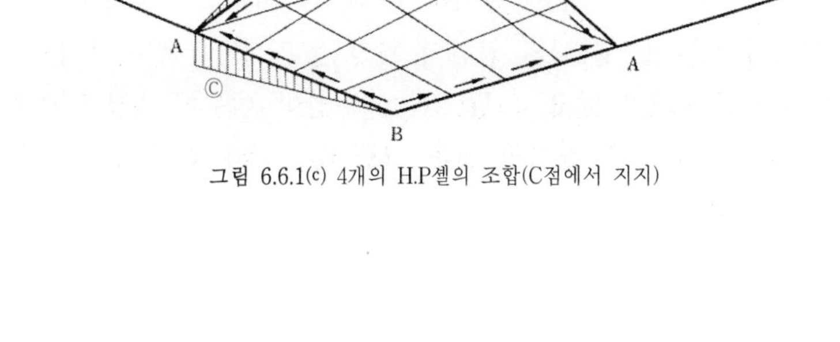

그림 6.6.1(c) 4개의 H.P셸의 조합(C점에서 지지)

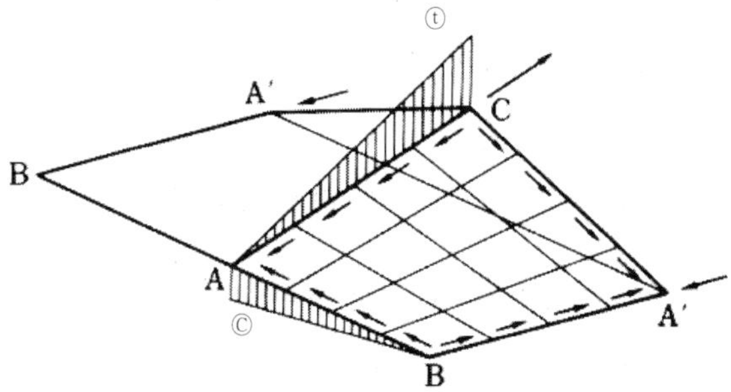

그림 6.6.1(d) 2개의 H.P셸의 조합(A′ 및 C′점에서 지지)

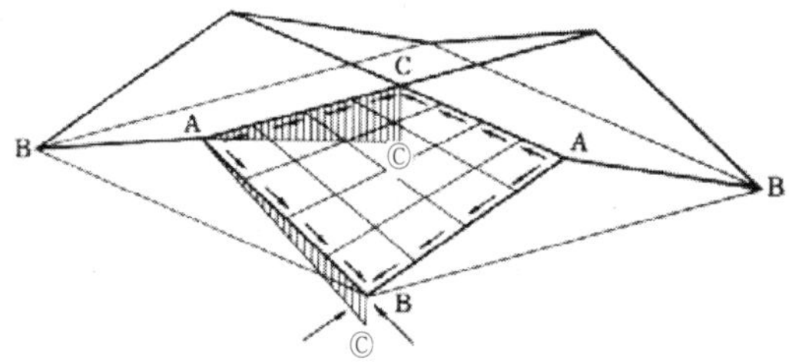

그림 6.6.1(e) 4개의 H.P셸의 조합의 또 하나의 형식

사진 6.6.1(b) 4개 1조의 H.P셸 사진 6.6.1(b) 같은 것

그림 6.6.1(f)~6.6.1(i)는 H.P셸의 지점을 묶은 부재로 연결한 경우의 설명이다. 파선(破線)으로 나타내는 묶은 부재(T : tie member)를 사용한 경우는 어떤 경우에도 지점을 수직으로 지지하면 충분하다.

그림 6.6.1(f)는 1개의 H.P셸의 경우이며, 마주대하는 A점사이를 연결하면 A점에서는 수직의 지지로 충분하다. 앞의 장의 D시청사의 회의장은 이 형식이며, A점이 기초이고 묶은 부재는 지중보이다. 그림 6.6.1(g)는 4개 1조의 경우이며, 마주대하는 A점을 각각 연결하면 수직지지가 되지만, 셸 밑의 공간의 가장 높은 곳을 묶는 부재가 교차하게되어 체육관 등에서는 적당하지 않고, 그림 6.6.(h)와 같이 이웃이 A점과 연결한 형식의 쪽이 적당하다. 4개 1조의 다른 형식의 것은 그림 6.6.1(i)와 같이 주변에 묶은 부재를 돌리면 충분하므로 간단하다.

이 은행의 양산모양가구는 그림 6.6.1(c)의 형식이다(사진 6.6.1(c)).

통상(通常) H.P셸은 콘크리트로 지어지는 경우가 많다. 이것은 모선이 직선(사진 6.6.1(b))이므로 거푸집을 짜기 쉬우므로, 이 은행의 경우는 이것을 이용한 철판 H.P셸이다. 콘크리트와 달리 철판은 얇어도 좋으나 좌굴이 일어나므로 보강하지 않으면 안되며, 보강재가 직선이면 간단하다. 등분포의 수직하중을 받는 H.P셸면은 앞에서 설명한 것과 같이 균일한 전단응력이 생기며, 철판은 전단강도는 커서 얇어도 좋으나 전단에 의하여 좌굴이 일어나 비스듬히 물결처럼 굽는다. 미끄럼이 거칠은 미닫이를 무리하게 잡아당겼을 때 미닫이 문종이가 물결처럼 굽는 것이 그것이다.

두께 1.2mm의 철판을 구부려서 ㄷ형강(ㄷ－300×90×1.2)을 만들고, 이것을 깔아늘어 놓으므로서 H.P셸면을 구성한다. ㄷ형강은 평판에 비하여 훨씬 휨강성이 커서 전단에 의한 좌굴을 방지할 수가 있다. ㄷ형강은 서로 볼트로 접합되고 끝(가장자리)도 리브에 볼트로 접합되어 있어서 완전히 전단을 전달할 수 있도록 되어 있다.

우산모양의 경우의 리브의 응력은 그림 6.6.1(c)에 나타낸 것과 같이 꼭대기 부분일수록 큰 인장력을 받는다. 따라서 꼭대기부분일 수록 단면도 클 필요가 있다. 한편 셸면을 형성하는 모선(母線)의 길이는 일정하지 않고 꼭대기 부분일 수록 길어지는 것이다. ㄷ형강의 길이를 일정하게 하기 위해서는 경사진 리브의 폭을 꼭대기에 가까워짐에 따라 넓히면 된다. 이 현상과 꼭대기에 가까워질 수록 단면이 클 필요가 있다는 것과는 아주 일치하고 있다. 즉, 이 리브의 모양을 H형으로 하고 플랜지를 일정하게 하여 웨브를 위로 감에 따라 넓혀서 단면을 크게 하고 있다.

이 철판 H.P셸은 "B회관"의 지붕에 그림 6.6.1(d)의 형식으로 채택되었으며, 한 개의 셸이 8.55m×8.90m의 것의 두 개가 철근콘크리트조에서 외팔(cantilever)로서 내밀고 있다.

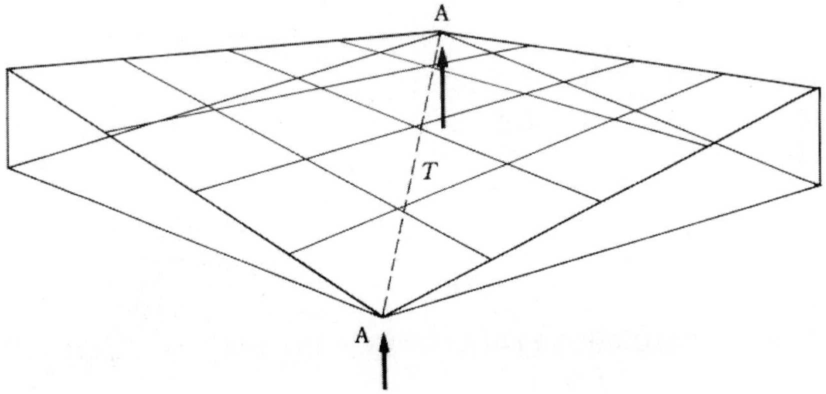

그림 6.6.1(f) 한 개의 H.P셸의 지지로 연결하는 것

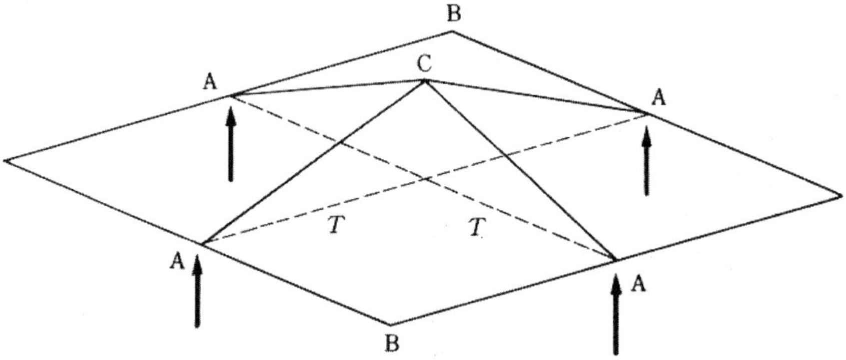

그림 6.6.1(g) 4개의 H.P셸의 지지로 연결하는 것

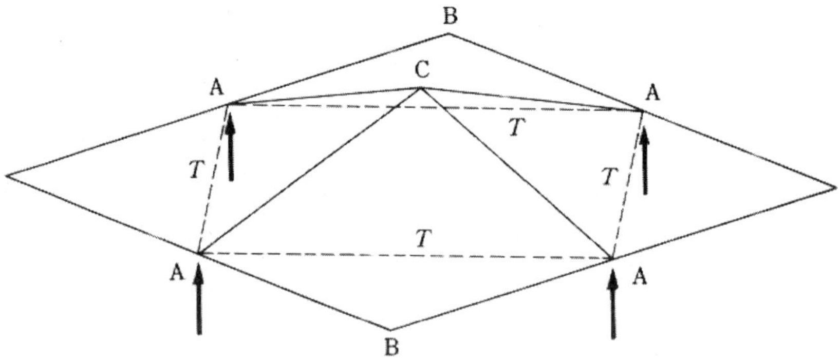

그림 6.6.1(h) 같은 것

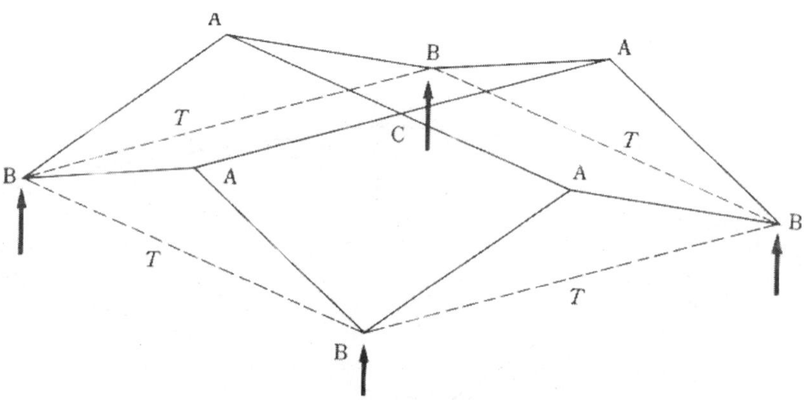

그림 6.6.1(i) 4개의 H.P셸의 다른 형식의 지지로 연결하는 것

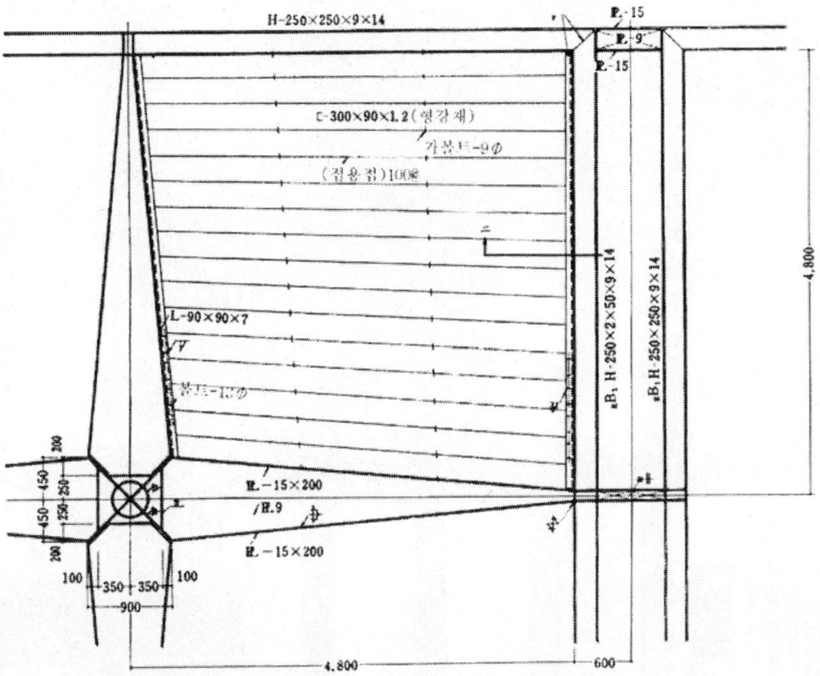

그림 6.6.1(j) K신용금고지점 지붕의 철판 H.P셀

사진 6.6.1(c)

사진 6.6.1(d) K신용금고지점 내부

6.6.2 모은행지점

『모은행지점』

이 은행지점은 지하1층, 지상3층의 철근콘크리트조이다. 지하층의 주차장, 1층의 영업실, 2층의 사무실은 스팬 10.8m의 넓은 공간이며, 이것을 보가없는 중공슬래브로 걸쳐놓았다. 코어 부분의 작은 슬래브는 보통슬래브이다.

↕방향의 지진시의 횡력에 대해서는 A라인 및 B라인의 코어주위의 벽과, 이것을 지붕층 및 지하에서 강강(剛强)한 보로 맺어 □자 모양의 가구(架構)가 되어 저항하고 있다.

↔방향은 벽구조이며 지붕층의 지붕은 가볍게 철골조로 되어 있다.

사진 6.6.2(a) 모은행 지점

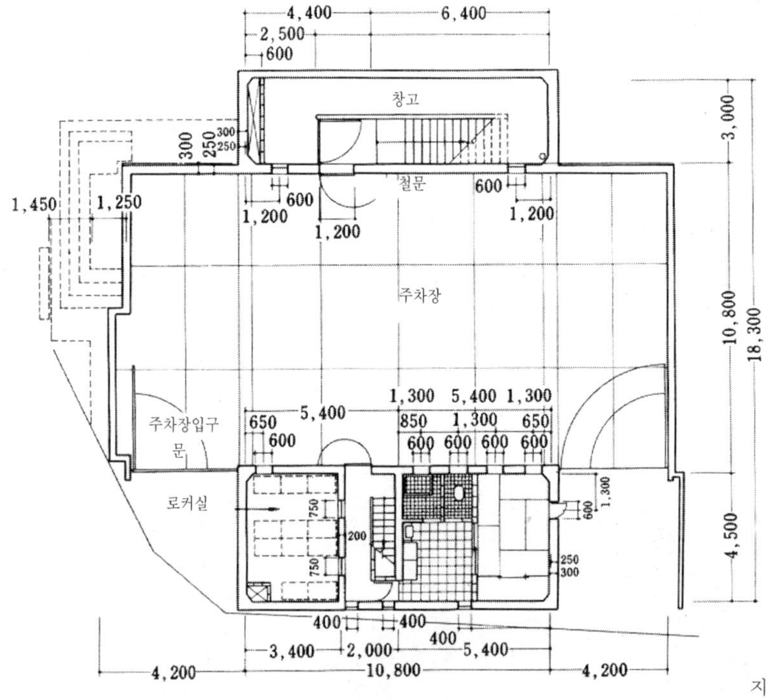

지하층평면도

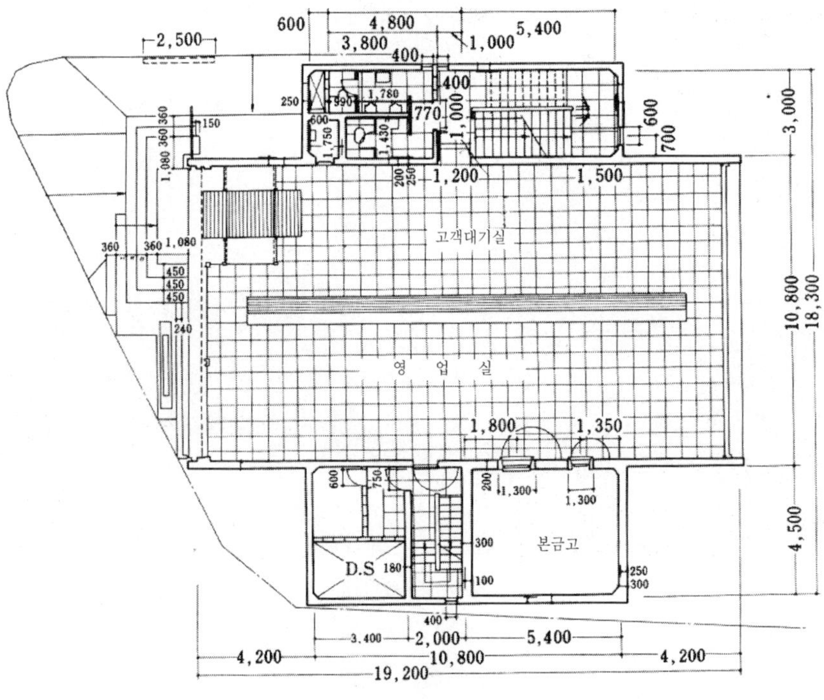

1층평면도

그림 6.6.2(a) 모은행지점 평면

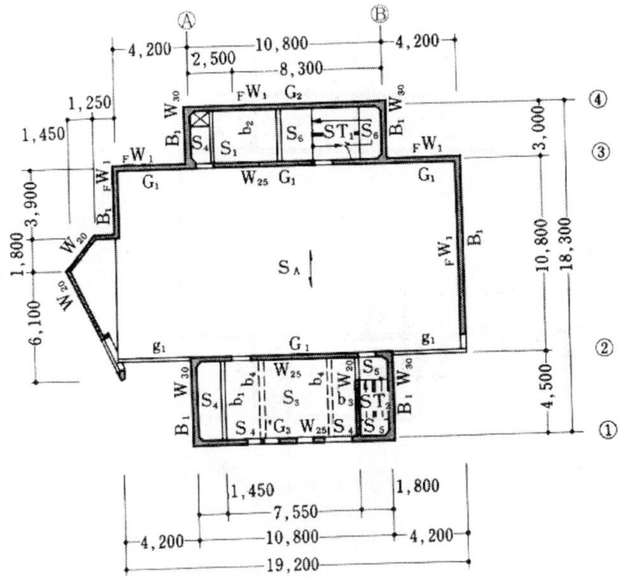

1층복도

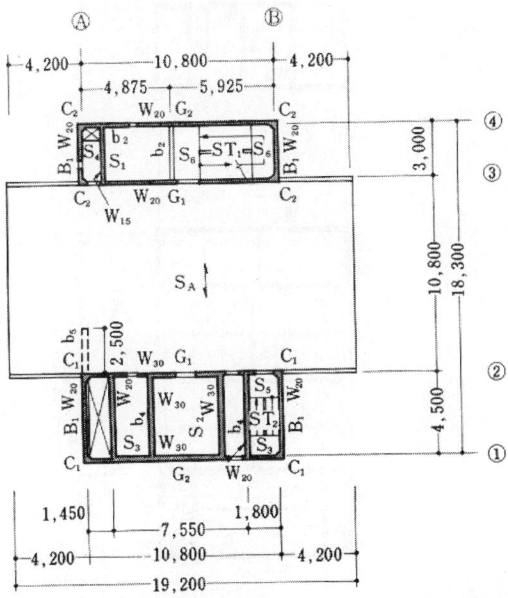

2층복도

그림 6.6.2(b) 모은행지점복도 및 축조도(軸組圖)

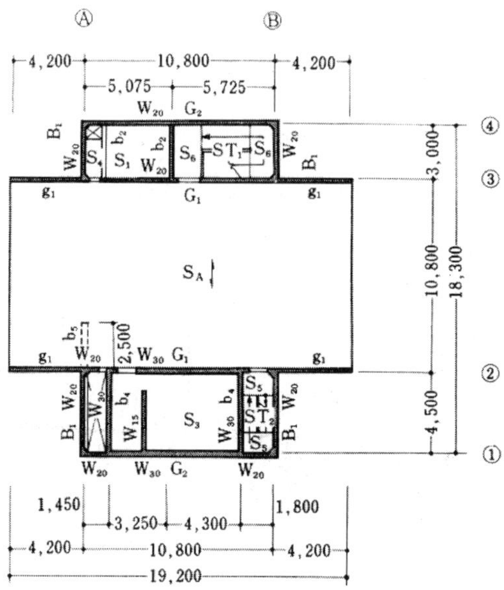

3층복도

P층복도

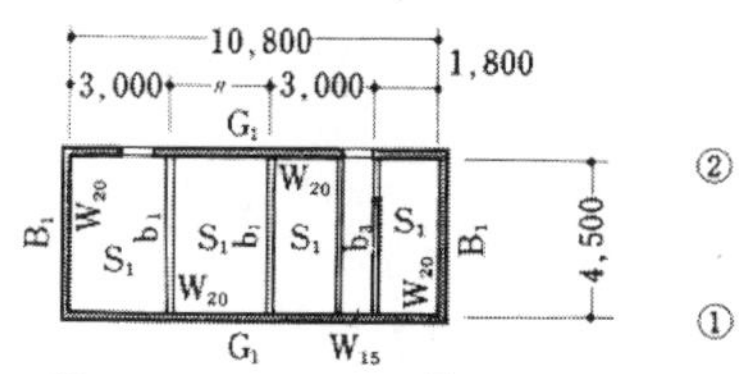

수평가새 13ø

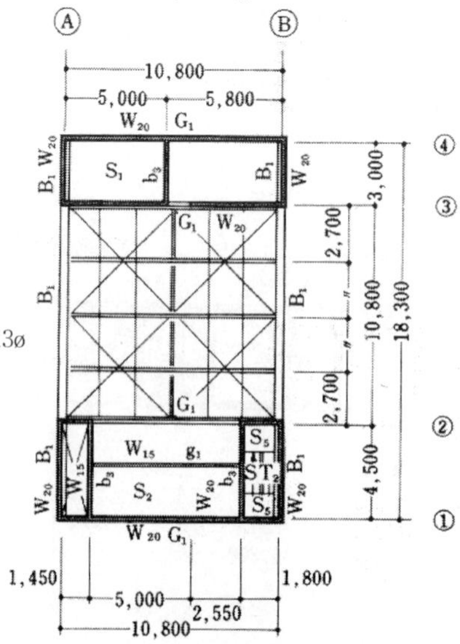

그림 6.6.2(b)

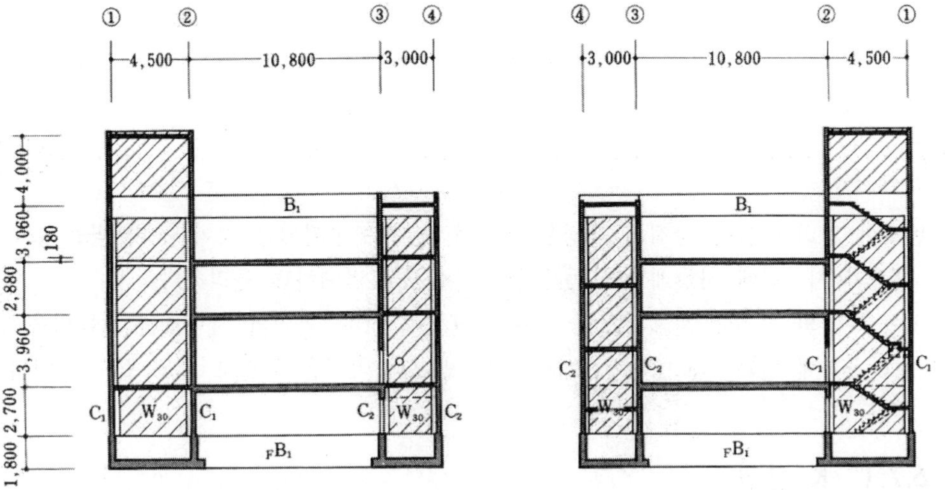
①
②
③
④
4,500
10,800
3,000
4,000
3,060
180
2,880
3,960
2,700
1,800
B_1
C_1
W_{30}
C_2
$_FB_1$

그림 6.6.2(b)

6.7 ·· 상 점

번화한 거리에 있는 상점의 특징은 이웃과 벽으로 구획되는 것이다. 이 벽을 그 길이의 방향의 지진력에 저항케함과 동시에 수직하중도 받게하면 유리하다.

벽이 부지의 경계에 서게되므로 기초는 편심이 되며, 벽밑의 지붕보는 비틀림을 받던가 여기저기에 벽과 직교(直交)한 지중보를 받아서 이것을 휨으로 받을 필요가 있다.

6.7.1 K 상점

『K 상점』

이 상점은 3층의 철근콘크리트조이다. 각 층의 바닥은 중공슬래브로 하여 그림 6.7.1(b)와 같이 B라인에서 C라인까지의 9.3m의 스팬에 설치되어 있으며, B라인에서는 이것을 작은보에서 받고 있다. A라인, B라인사이의 작은 슬래브는 보통 슬래브이다. 횡력에 대해서는 깊이방향은 A라인, D라인의 벽이 저항하고, 폭방향에 대하여는 2라인, 3라인에 벽기둥을 설치하여 이것을 강강(剛强)한 지중보 40×200cm로 연결한 U자형가구로 만들어 전횡력을 부담시키고 있다. 2라인, 3라인가구는 지상부분에서는 중공슬래브로 각 층에서 이어져 있으나, 지중보의 강성에 훨씬 못 미치므로 이것을 무시하고 지중보만을 고려하여 U자형가구로 만든 것이다.

중공슬래브는 두께 35cm, 보이드(void)의 지름 22.5cm, 그 피치(pitch) 35cm이다(그림 6.7.1(c)).

사진 6.7.1(a)

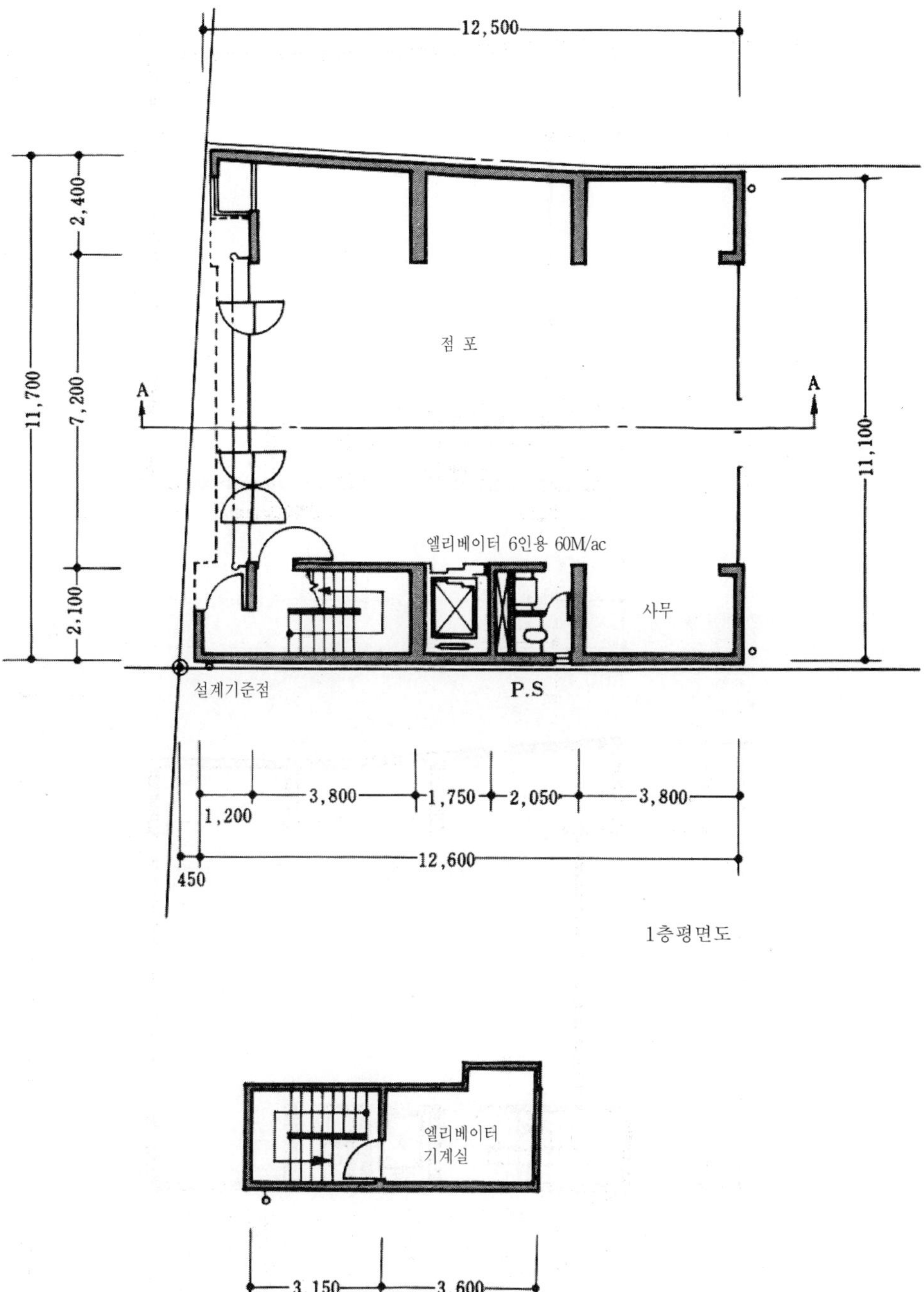

그림 6.7.1(a) K상점의 평면, 단면 및 입면

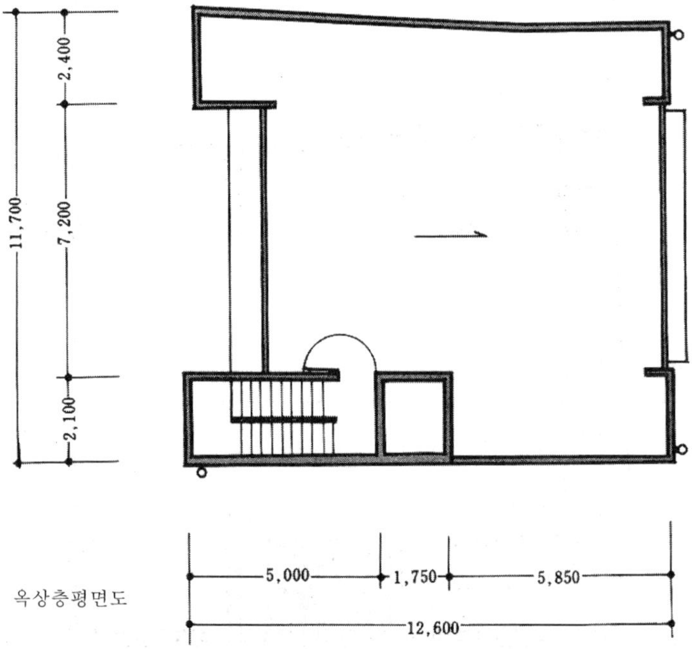

옥상층평면도

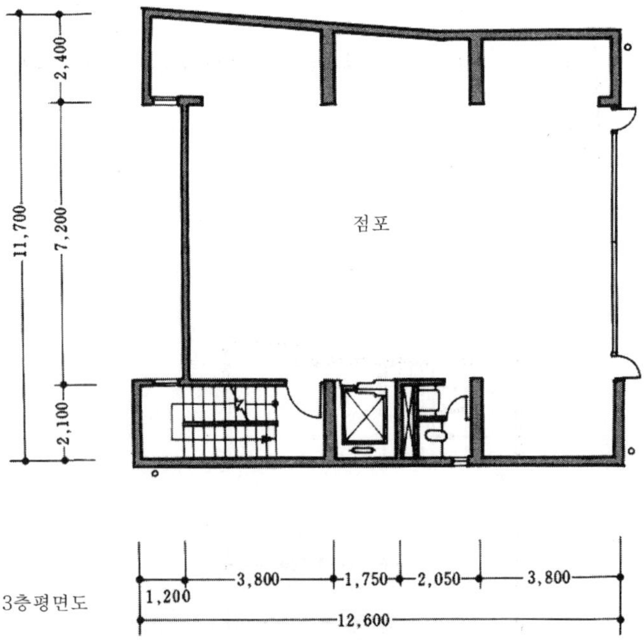

3층평면도

그림 6.7.1(a)

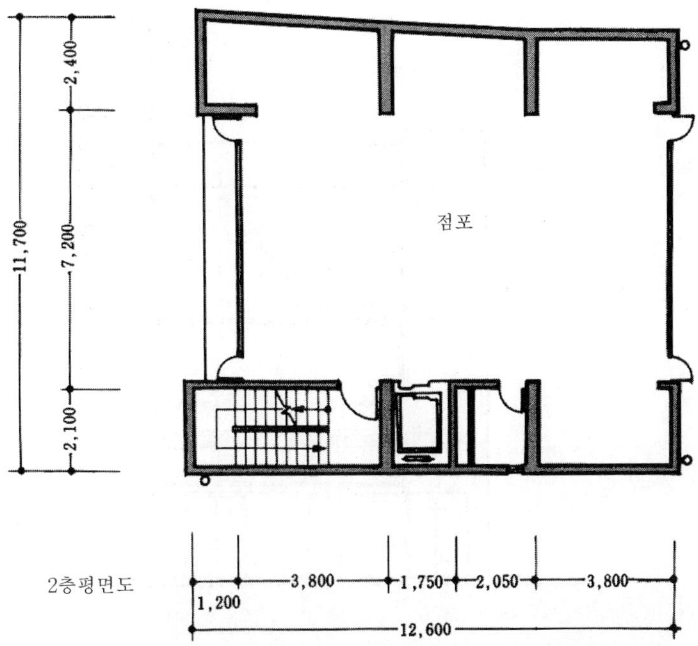

2층평면도

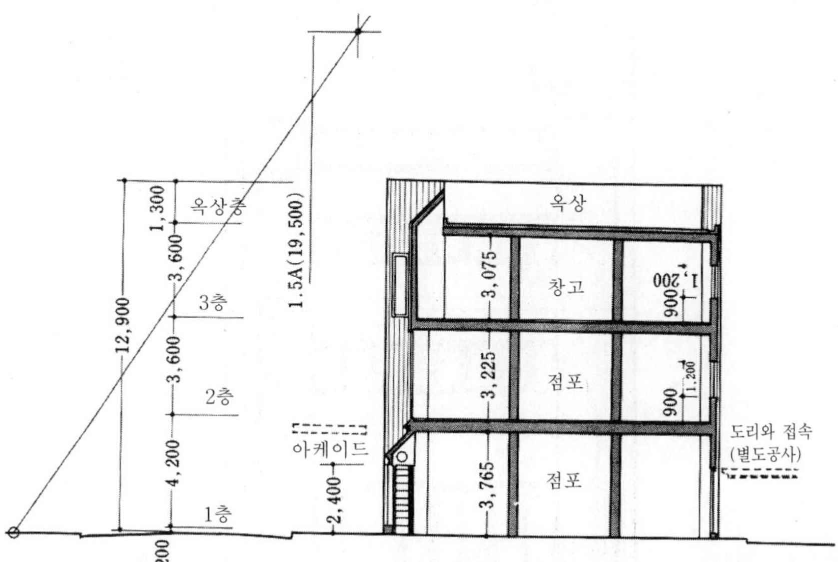

A-A′단면

그림 6.7.1(a)

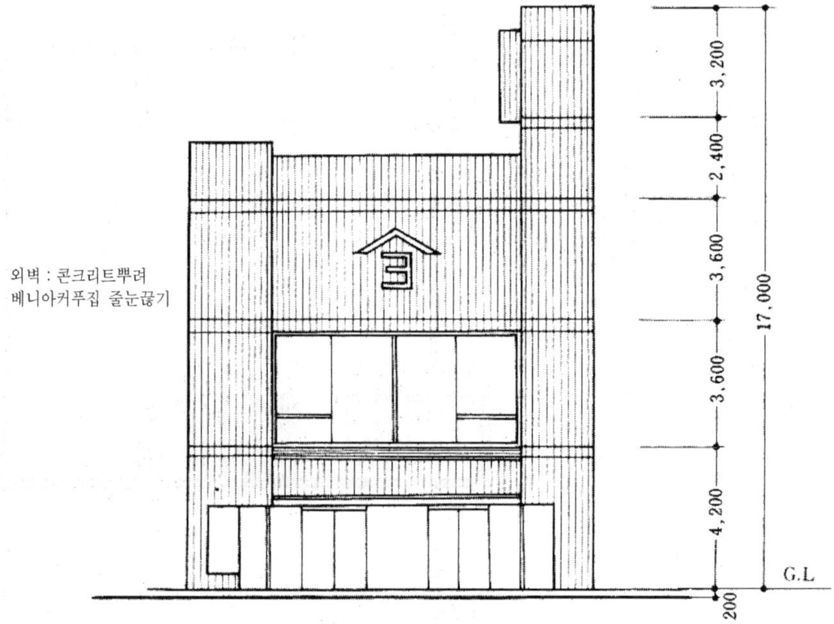

북입면도

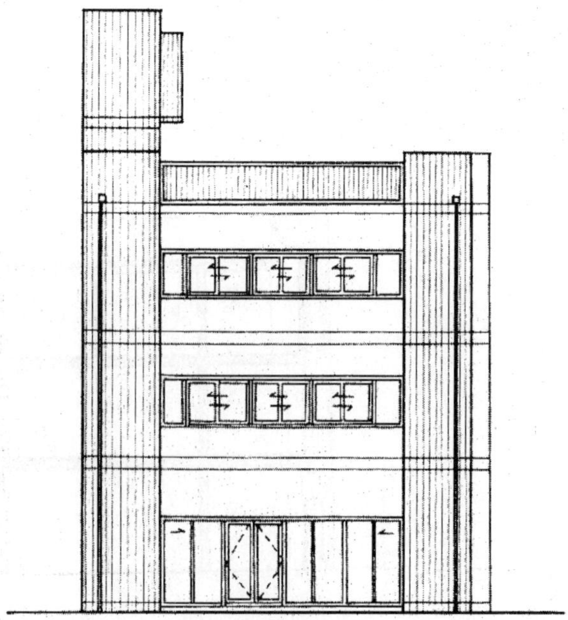

입면도

그림 6.7.1(a)

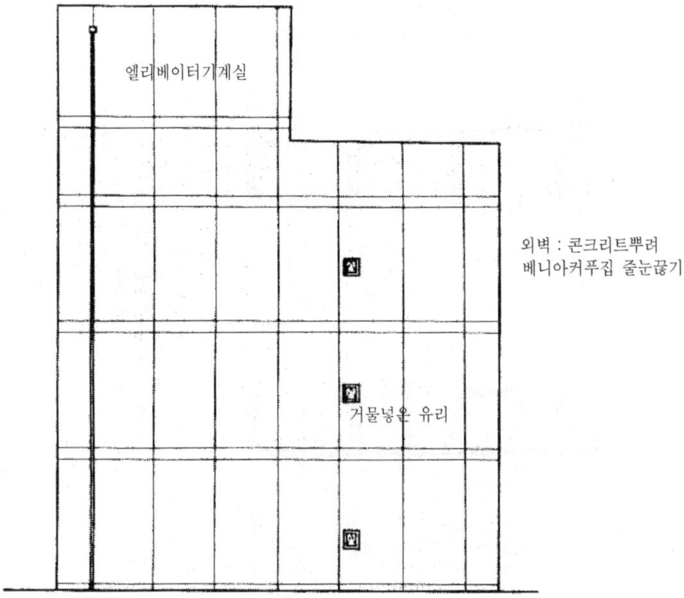

서입면도

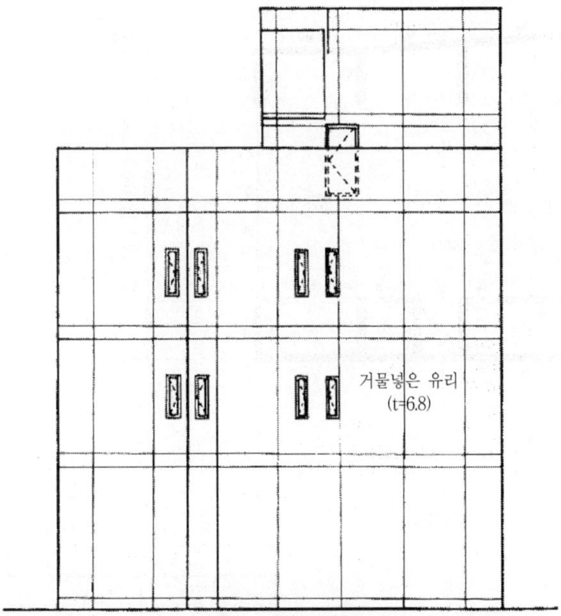

동입면도

그림 6.7.1(a)

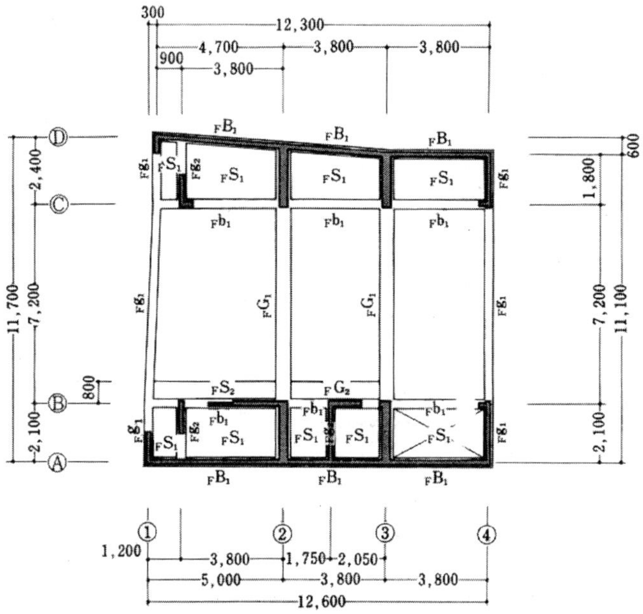

기초복도

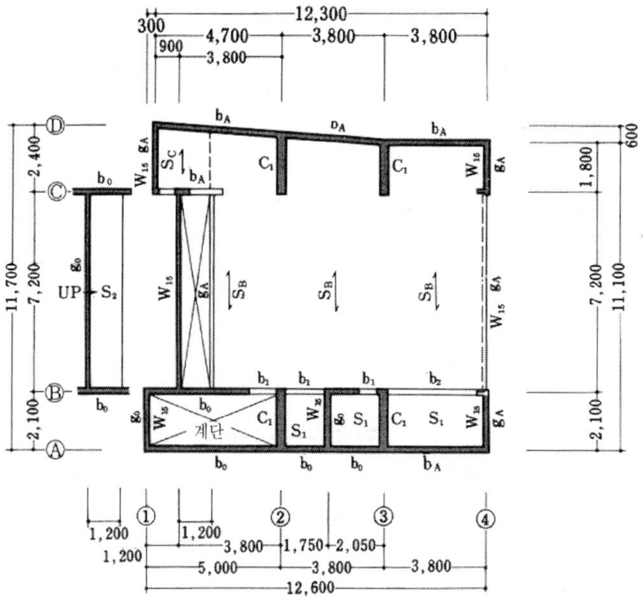

R층바닥복도

공통사항 특기가 없는 한 벽 W_{20}

구조시방	
콘크리트	C210
철 근	SD35
지내력	$f_e = 20t/m^2$

그림 6.7.1(b)

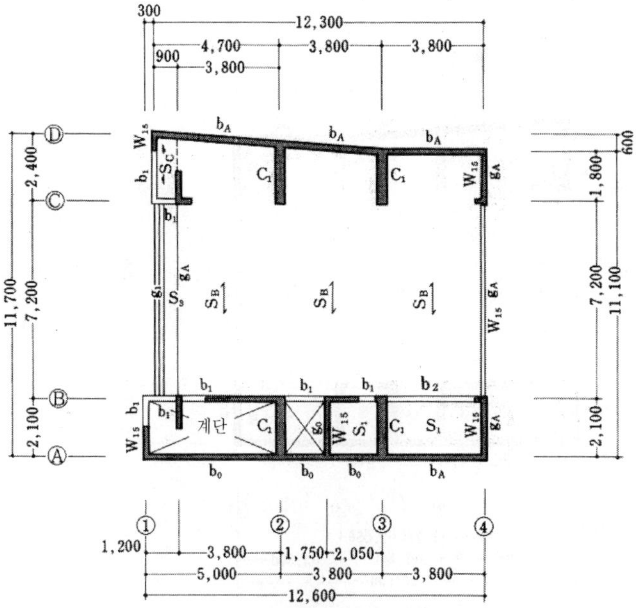

2층바닥복도

P₂층바닥복도

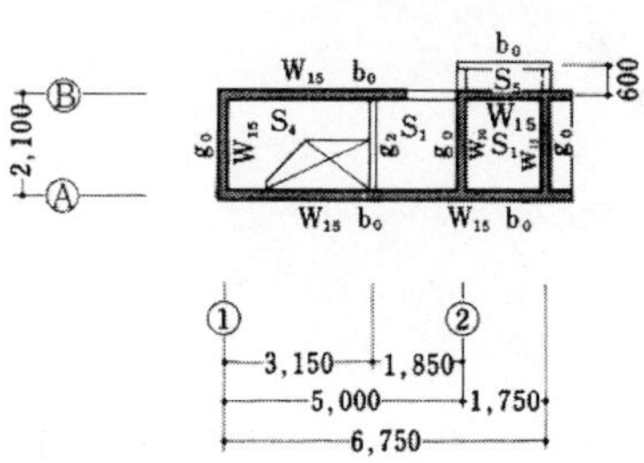

공통사항 특기가 없는 한 벽 W_{20}

구조시방	
콘크리트	C210
철 근	SD35
지내력	$f_e = 20t/m^2$

그림 6.7.1(b)

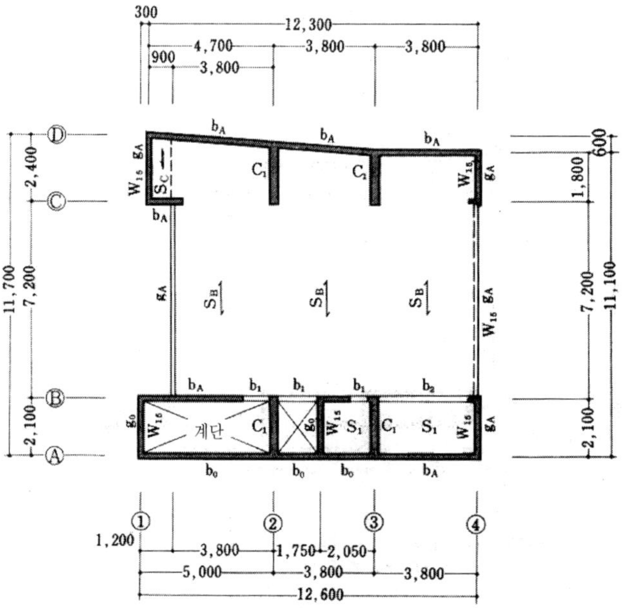

3층바닥복도

P_R층바닥복도

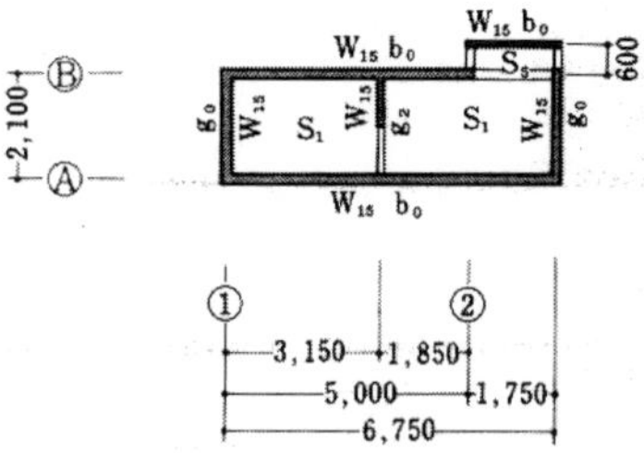

공통사항 특기가 없는 한 벽 W_{20}

구조시방	
콘크리트	C210
철　근	SD35
지내력	$f_e = 20t/m^2$

그림 6.7.1(b)

슬래브리스트

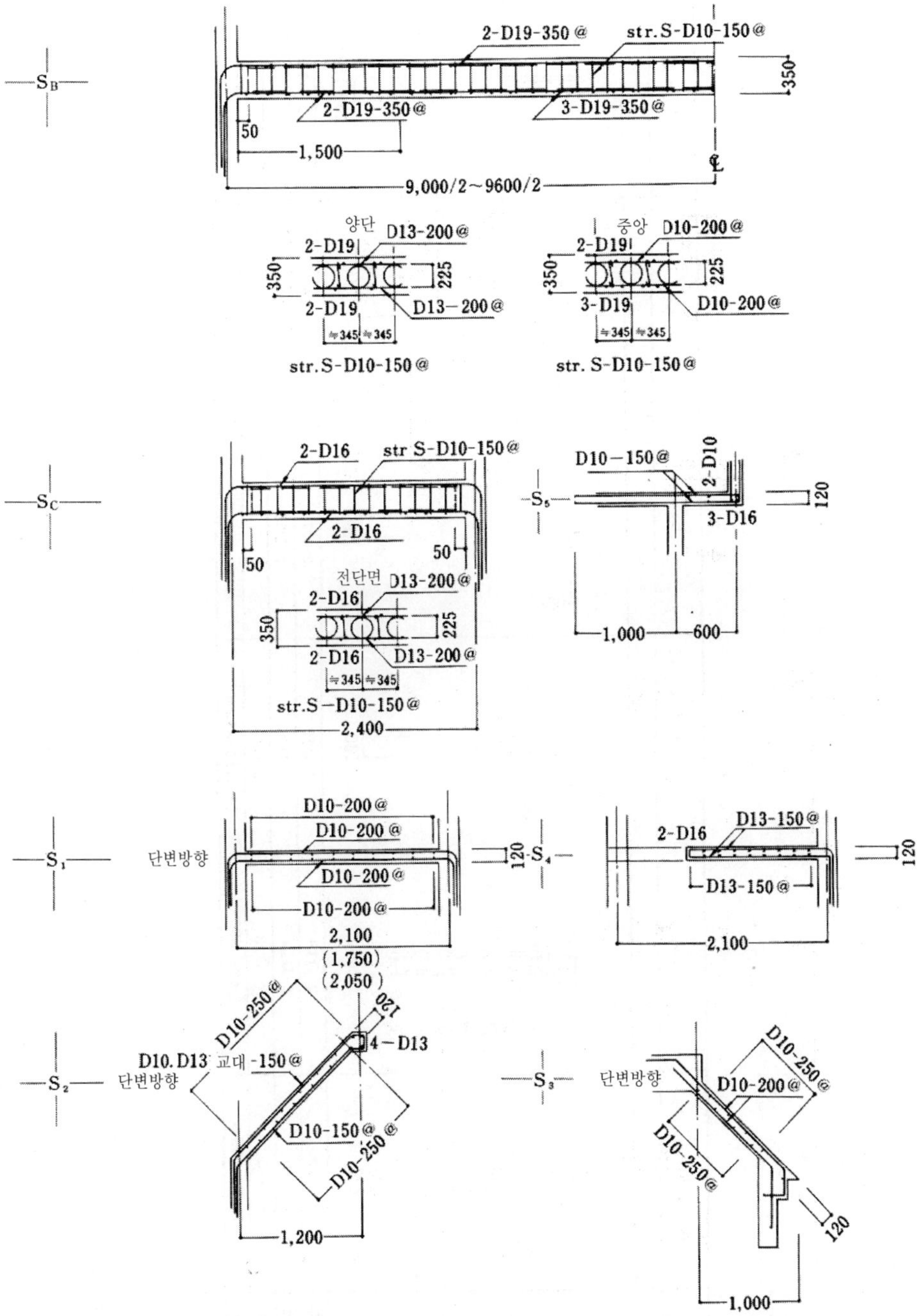

그림 6.7.1(c) 같은 건물 리스트

	$_{R,3}b_1$	$_2b_1$	$_2g_1$	b_A	g_A	$b_0 \cdot g_0$
	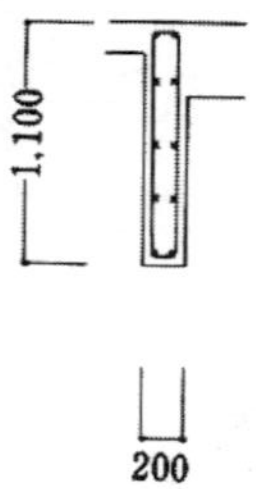	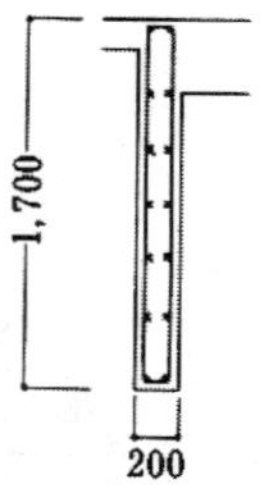	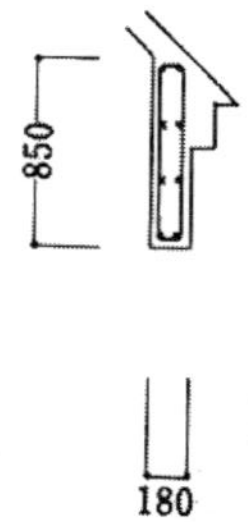		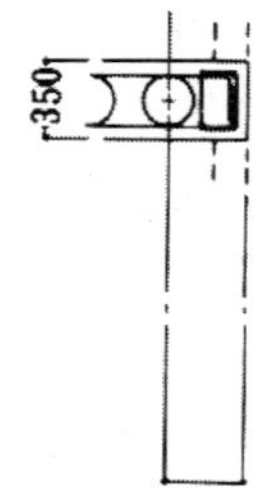	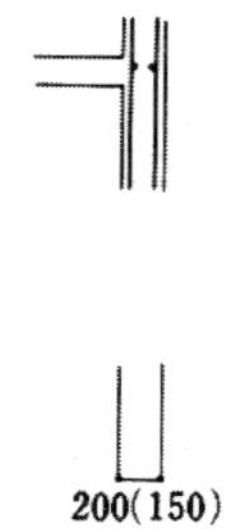
上 端	2-D16	2-D19	2-D19	2-D16	2-D19	2-D16
下 端	2-D16	2-D19	2-D19	2-D16	2-D19	
腹 筋	6-D13	10-D13	4-D13			
S.T	□-D13－250@	□-D13- 250@	□-D10-250@		□-D10-150@	

그림 6.7.1(c) 같은건물 보 리스트

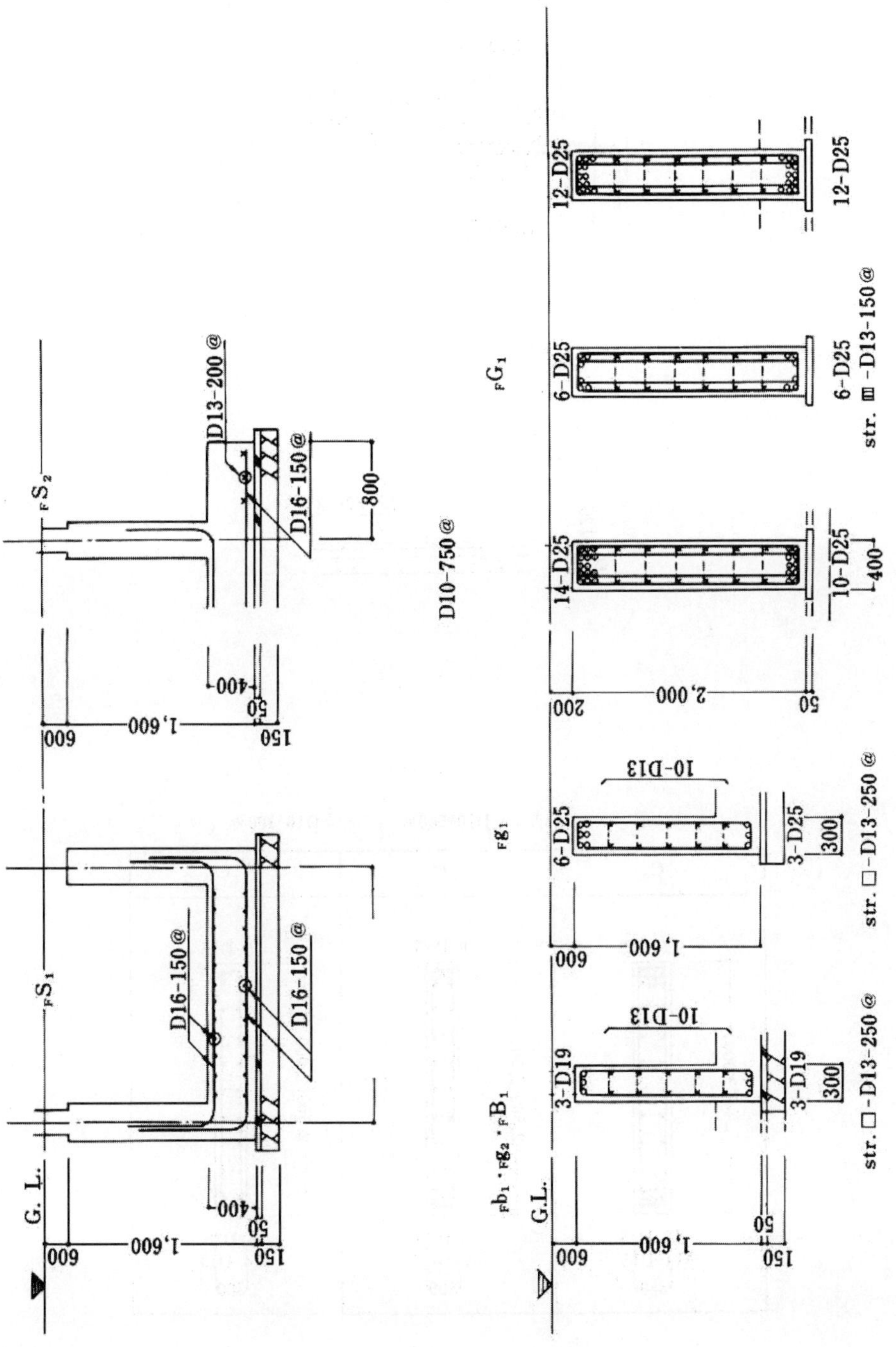

그림 6.7.1(c) 같은건물 기초, 연결보 리스트

계단리스트

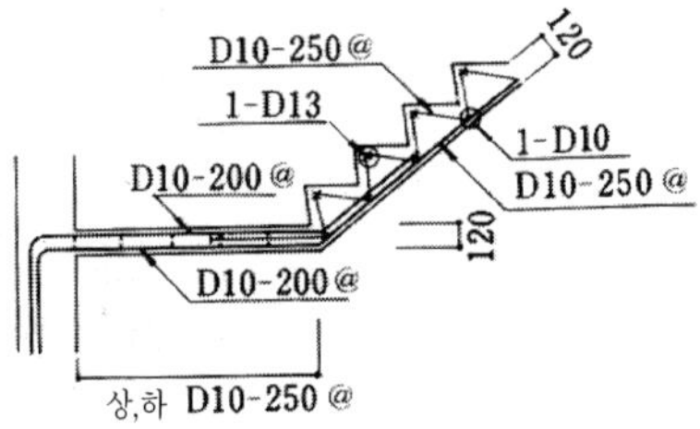

버림콘크리트리스트

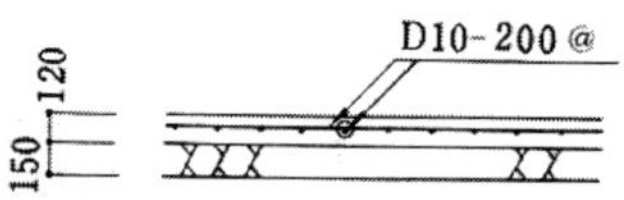

기둥리스트 폭고정 D10-500@ 후-프 D10-100@

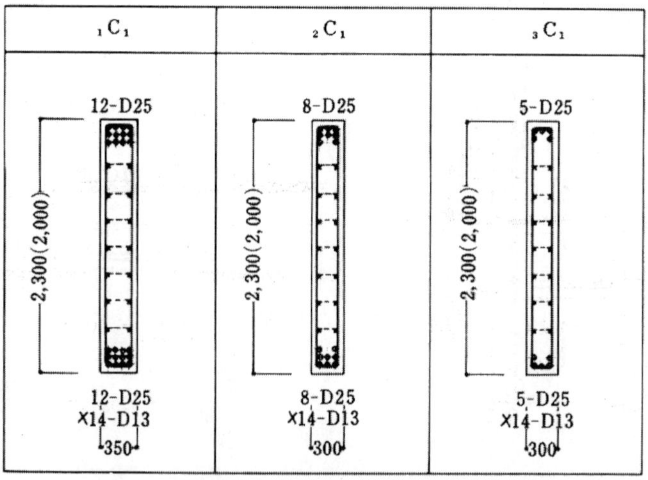

그림 6.7.1(c) 같은건물 계단, 기둥 리스트

벽리스트

D10-600@

W_{20}	W_{15}
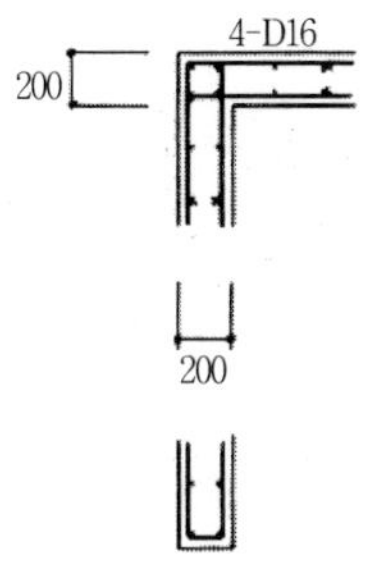 가로단면	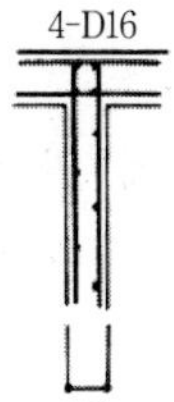 가로단면
세로 D10,D13 교대 200@ 다블	세로 D10-300@ 다블교차
가로 〃	가로 〃

보리스트(2)

b_2	g_2
전단면	전단면
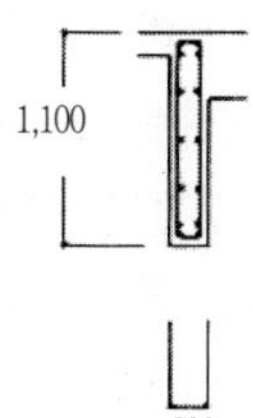	
4-D16	4-D13
4-D16	4-D13
6-D13	2-D13
□-D13-250@	□-D10-200@

그림 6.7.1(c) 같은건물의 벽 · 보 리스트

6.8 ··································· 공 장

공장건축에서는 다른 건축에 비하여 구조비의 비중이 크다. 따라서 구조계획이 보다 중요한 요소라 하겠다. 통상 스팬이 큰 경우가 많으며, 철골조가 주로 사용되나, 내구, 내화 등 때문에 철근콘크리트조도 사용된다. 공장은 무엇을 생산하는가에 따라 형태가 달라지므로 공통된 구조가 없으며, 경우에 따라서 그 구조의 특징을 살린 가장 알맞은 것을 선택하여야 한다.

6.8.1 G 흄관 공장

『G 흄관 공장』

이 공장은 콘크리트공장이지만, 그 가운데 한 동을 골라, 철골공장의 예로서 각부의 구조를 설명한다. 그림 6.8.1(a)~(j)는, 그 구조도 이다. 이 공장과 같이 비교적 스팬이 긴 공장의 지붕은, 지붕재로서 석면 슬레이트 골함석이나 파도모양철판 등의 가벼운 것이 선택된다. 이들 지붕재는 60~90cm간격으로 도리위에 실린다. 도리는 대부분의 경우, 『처짐』으로 단면이 결정되며 강성(鋼性)이 높은 경량철골(L.G.S)이 유리하다. 지붕재로서는 『절판 : 折板』이라고 부르는 골이 큰 철판을 사용하면 그 스팬 7~8m까지 도리가 필요하지 않게 된다. 물론, 보통의 골함석과 도리를 사용하는 쪽이 경제적이지만, 천장을 덮지 않고 밑에서 직접처다보게 되는 경우 등에 이 『절판』이 사용되고 있다. 이 공장에서는 지붕재로서 석면슬래이트 골함석을 사용하고, 85cm 간격에 도리를 넣었다. 도리의 스팬은 3m이며, C-100×50×20×1.6을 사용하고 있다. 도리는 다시 작은 보(서브빔 : sub beam)와 큰 보에서 받게 된다. 도리스팬은 3~4m가 보통이나 도리스팬 마다 큰 보를 설치하는 것은 유리하지 않으며, 1개나 2개의 서브빔을 설치한다. 즉, 큰 보의 간격은 도리스팬의 2~3배로 하는 쪽이 유리하다. 큰 보 대신에 트러스가 사용되는 경우에도 같이 서브빔을 2~3개, 트러스 간격을 도리스팬의 3~4배로 하는쪽이 유리하다. 크레인이 없는 공장에서는 보통 트러스를 보로하여, 기둥과 가세(knee brace)로 접합한 라-멘을 구성하여 풍압에 의한 횡력에 저항토록 한다. 이 공장과 같이 크레인이 있는 경우는 크레인을 매다는 부분보다 위의 기둥은 가늘게 하고 밑부분을 굵게 하는 것이 보통이다. 이 경우, 윗부분은 크레인을 매다는 위치에서 힌지로 취급하는 것이 보통이며, 이 공장에서는 위를 산형라-멘(gabled roof frame)으로 하고 밑부분은 지상으로부터 캔틸레버로 취급하고 있다. 좌우의 기둥은 철근콘크리트의 지중보로 연결되고, 주각의 휨은 모두 이 지중보가 담당하고 있다. 공장의 대들보(cross-beam)방향의 횡력은 가세가 저항하고 있다. 이 공장에서도 대들보방향에서 가세를 넣을 수 있는 곳은 넣었으나, 사용상 넣을 수 없는 부분(Y_o라인 밑부분)에는, 보(G_4)와 기둥으로 라-멘을 구성하여 횡력에 저항하고 있다.

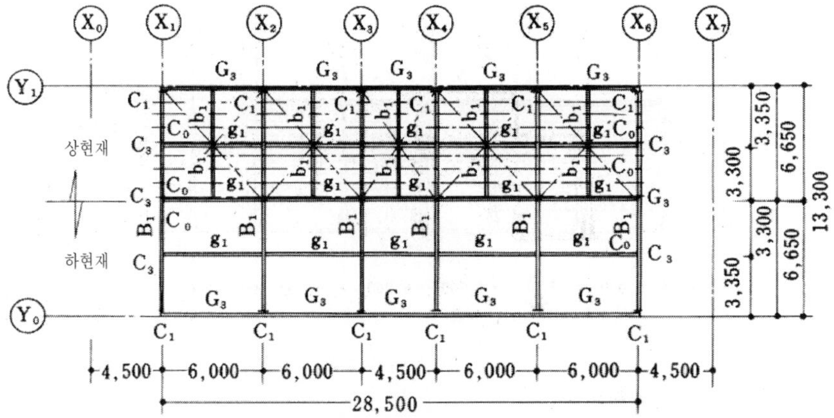

그림 6.8.1(a) 지붕복도

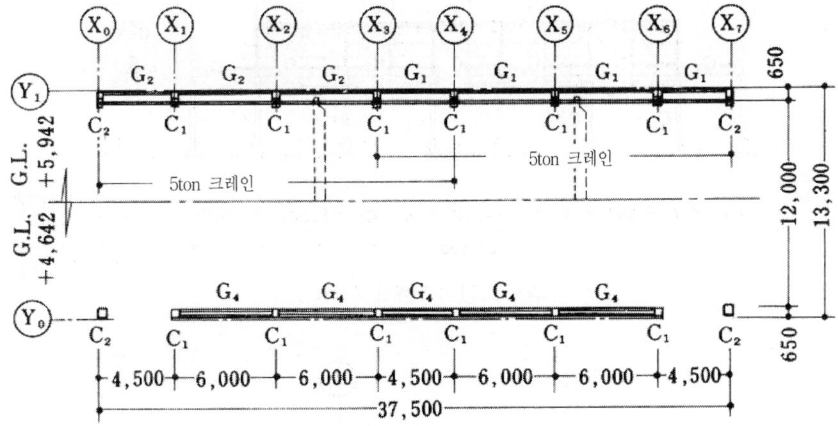

그림 6.8.1(b) 보복도

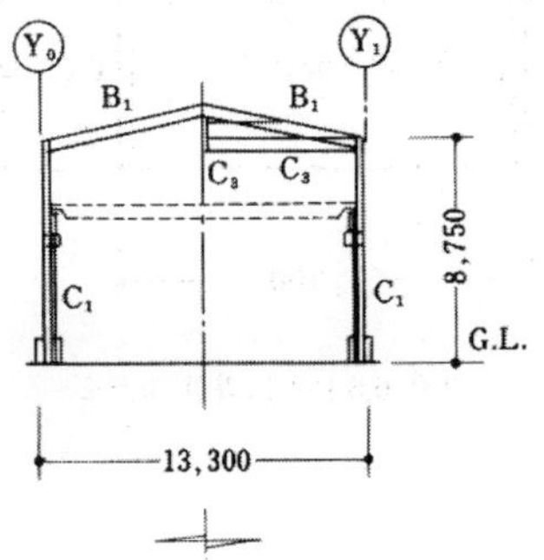

그림 6.8.1(c) X_2라인, X_{16}라인 축조도

공장의 외벽은 지붕재와 같은 것이 선택되는 경우가 많다. 벽은 풍압을 받으므로 지붕에서의 도리와 같이 띠장(furring strips)이 필요하다. 이 공장에서는 83.5cm간격, 스팬 3m의 띠장 C−100×50×20×1.6을 사용하고 있다. 기둥간격 6m사이에 한 본의 사잇기둥을 두어, 기둥과 함께 띠장으로부터의 풍압을 받도록 하고 있다.

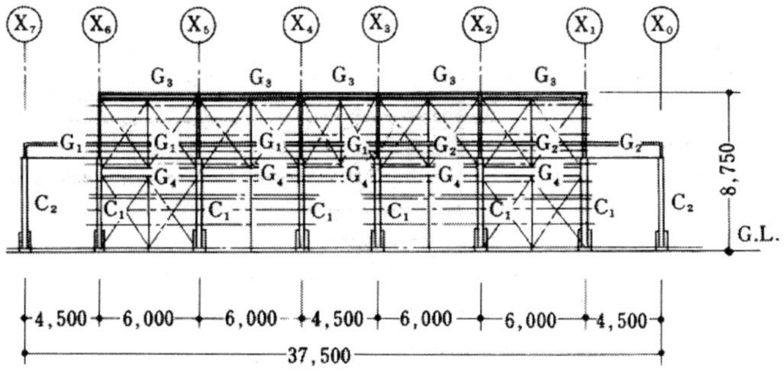

그림 6.8.1(d) Y_1라인 축조도

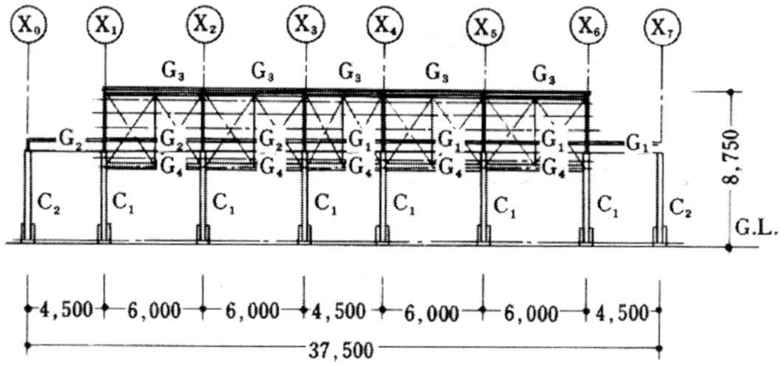

그림 6.8.1(e) Y_0라인 축조도

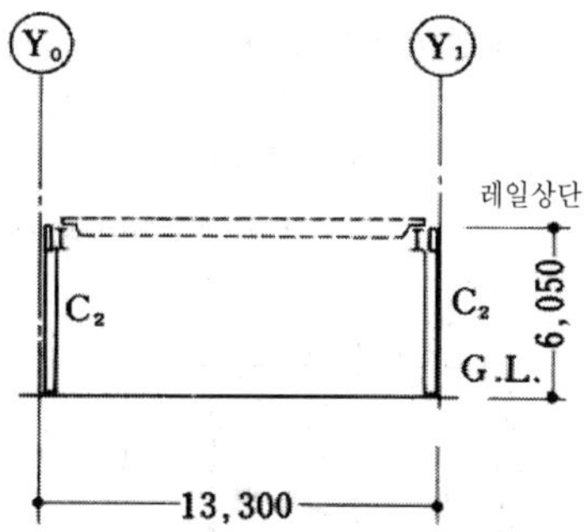

그림 6.8.1(f) X_0라인 축조도

$C_{1\cdot2}$			C_3	$G_{1\cdot2}$
a 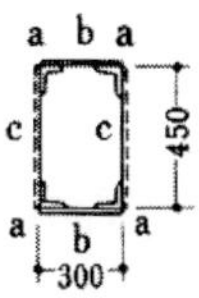	b 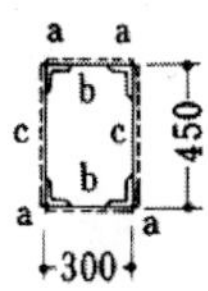	c 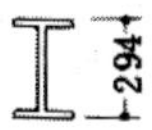		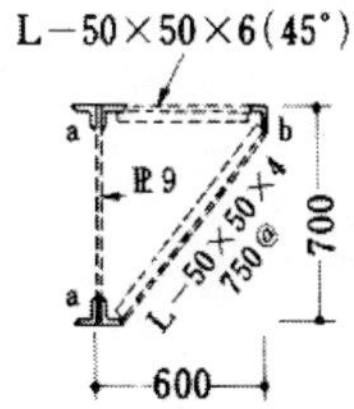
a. 4Ls-100×100×13 b. 2PL-300×12 c. 래티스 2PL-75×12(60°)	a. 4Ls-100×100×13 b. 래티스 2PL-75×12 c. 래티스 2PL-75×12(60°)	H-294×200×812	C-120×60×20×3.2	a. 4Ls-75×75×9 b. L-65×65×6

G_3	G_4	B_1	g_1	b_1
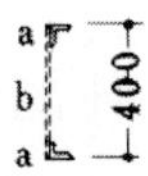	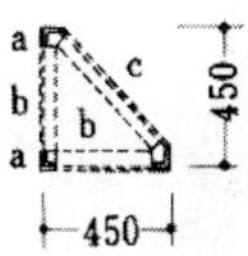	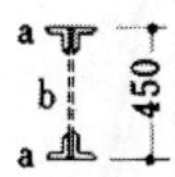	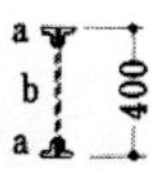	
a. 2Ls-50×50×6 b. 래티스PL-50×90(60°C)	a. 3Ls-50×50×6 b. 래티스 2PL-50×4(60°) c. L-50×50×4 · 500@	a. 4Ls-75×75×9 b. 래티스 PL-75×12 · (60°)리벳19ø	a. 4Ls-50×50×6 b. 래티스 PL-50×9(60°)	a. 2Cs-120×60×20×3.2

도 리	띠 장	가 세	사잇기둥	C_0
		벽면 · 지붕공통 		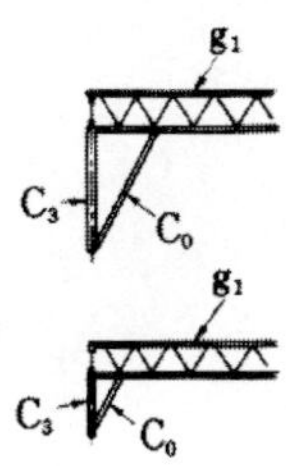
C-100×50×20×1.6	C-100×50×20×1.6	L-50×50×4	C-120×60×20×3.2	2Cs-60×30×10×2.3

그림 6.8.1(g) 철골상세도

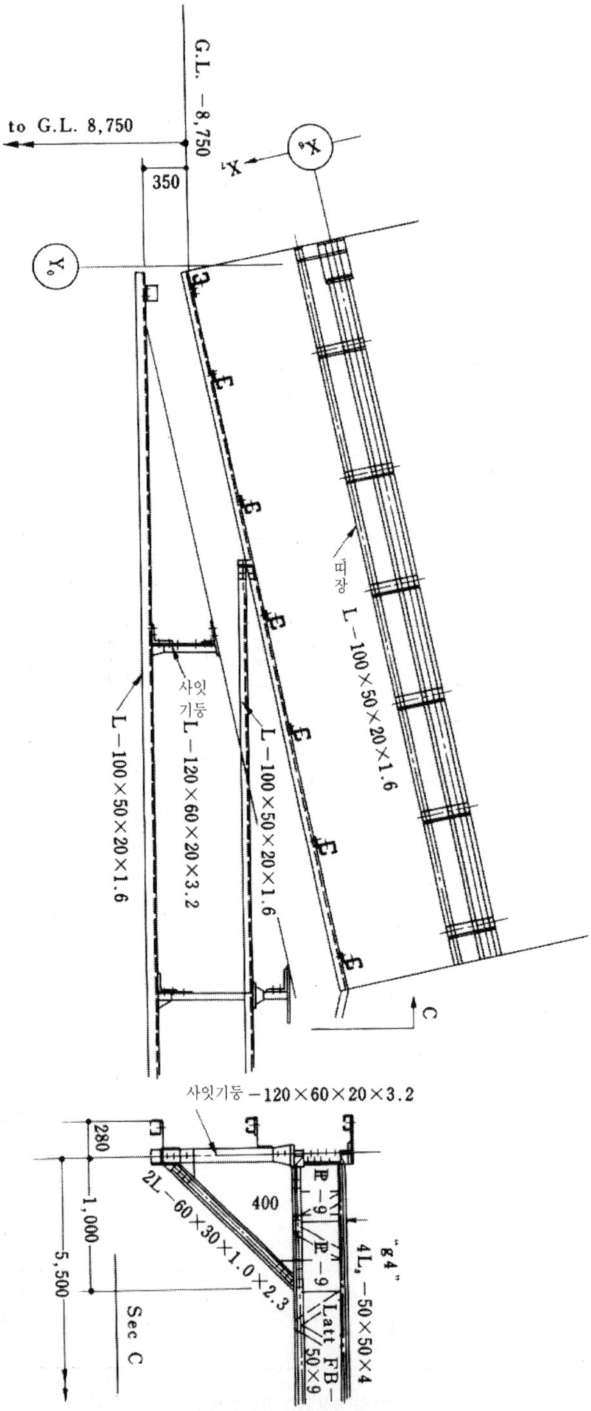

그림 6.8.1(h) 철골리스트

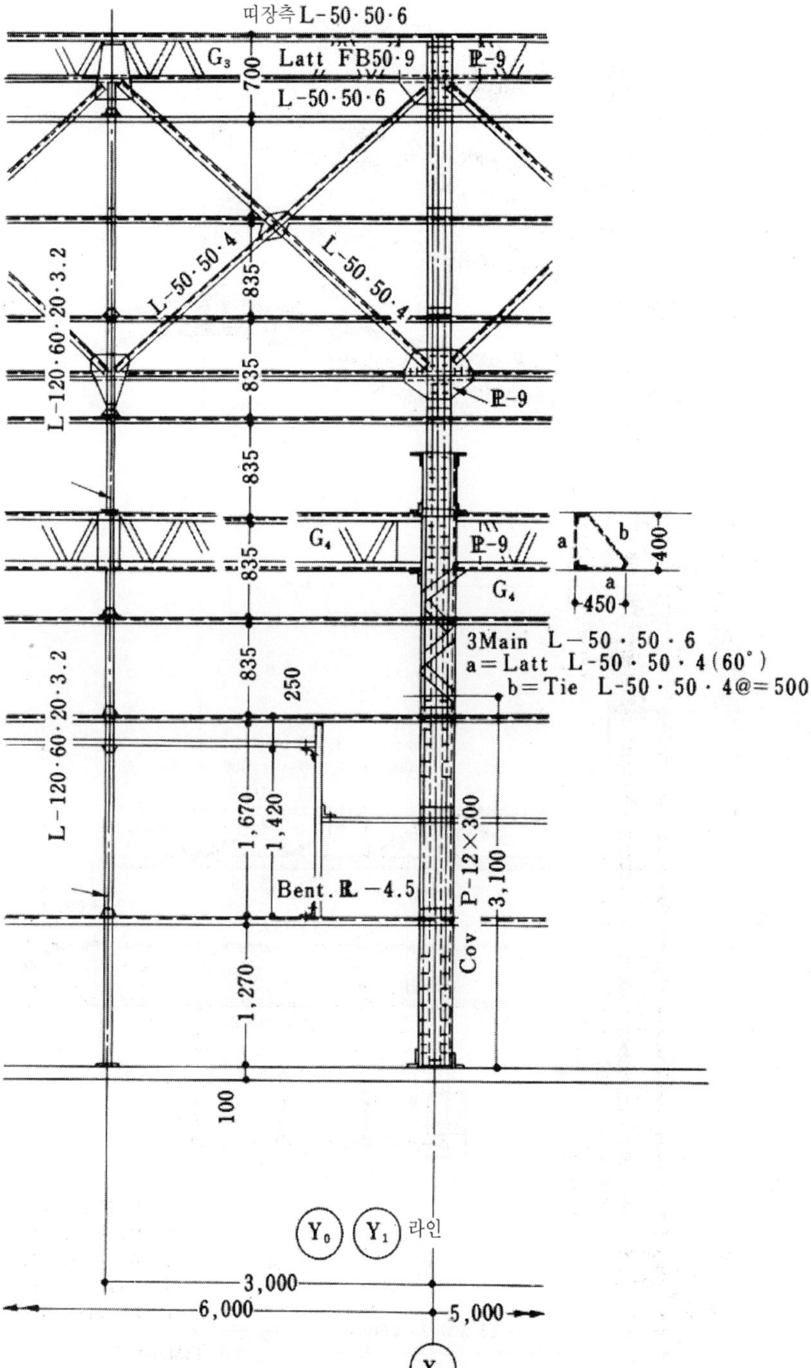

띠장측 L-50·50·6
G₃
Latt FB50·9
PL-9
700
L-50·50·6
L-50·50·4
L-50·50·4
835
835
835
835
835
L-120·60·20·3.2
PL-9
G₄
PL-9
G₄
a
b
400
a
450
3Main L-50·50·6
a=Latt L-50·50·4(60°)
b=Tie L-50·50·4@=500
250
L-120·60·20·3.2
1,670
1,420
Bent.PL-4.5
P-12×300
Cov
3,100
1,270
100
Y₀
Y₁
라인
3,000
6,000
5,000
X₅

그림 6.8.1(i)

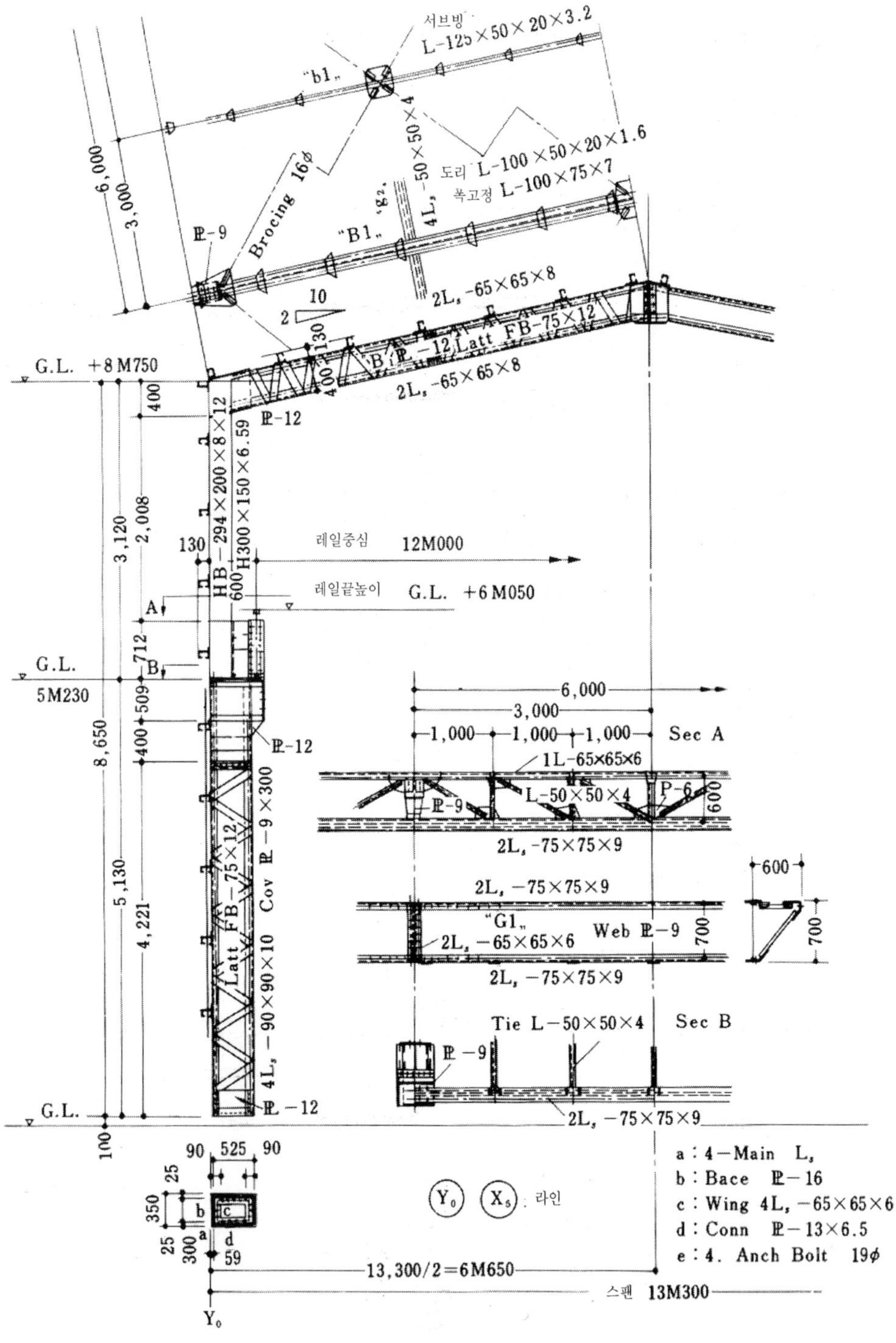
서브빔
L-125×50×20×3.2
"b1"
4L, -50×50×4
도리 L-100×50×20×1.6
폭고정 L-100×75×7
Brocing 16φ
"B1"
ℙ-9
6,000
3,000
2L, -65×65×8
Latt FB-75×12
2L, -65×65×8
ℙ-12
G.L. +8M750
400
HB-294×200×8×12
H300×150×6.59
2,008
3,120
130
레일중심 12M000
레일끝높이 G.L. +6M050
600
712
G.L.
5M230
509
400
ℙ-12
8,650
5,130
4,221
Latt FB-75×12
Cov ℙ-9×300
4L, -90×90×10
ℙ-12
G.L.
100
6,000
3,000
1,000 1,000 1,000
Sec A
1L-65×65×6
L-50×50×4
P-6
ℙ-9
600
2L, -75×75×9
2L, -75×75×9
"G1"
Web ℙ-9
2L, -65×65×6
700
2L, -75×75×9
600
700
Tie L-50×50×4
Sec B
ℙ-9
2L, -75×75×9
90 525 90
25
350
25
300
59
a : 4-Main L,
b : Bace ℙ-16
c : Wing 4L, -65×65×6
d : Conn ℙ-13×6.5
e : 4. Anch Bolt 19φ
라인
13,300/2=6M650
스팬 13M300

그림 6.8.1(j)

이 공장의 지반은 양호한 롬 층이므로 지내력 $10t/m^2$(장기)로 하여 「직접기초」로 했다. 기둥으로부터의 휨은 모두 이 지중보가 담당하게 하고 기초는 직압(直壓)만으로 설계했다. 지반이 나쁜 경우에는 지지층까지의 말뚝이 필요하게 된다. 또한, 기계의 기초와 건물의 기초는, 보통 잘라서 따로 따로 되게 한다. 이것은 기계의 진동이 건물에 전달되지 않게 하기 위해서이다. 기계의 기초 때문에 지중보가 연결되지 않는 경우나 스팬이 아주 긴 지중보를 설치하므로서 비경제적이 되는 경우 등에는, 기초는 주각의 휨을 담당하도록 설계하지 않으면 안된다. 하지만 이와 같은 경우에 기초의 조건이 아주 나쁜 경우에는 기초저면위치를 핀으로 하고, 기초는 직압만으로 설계하여 기둥 및 위의 보가 보다 큰 휨을 받도록 설계하는 쪽이 유리한 경우가 있다.

사진 6.8.1 G 흄관공장

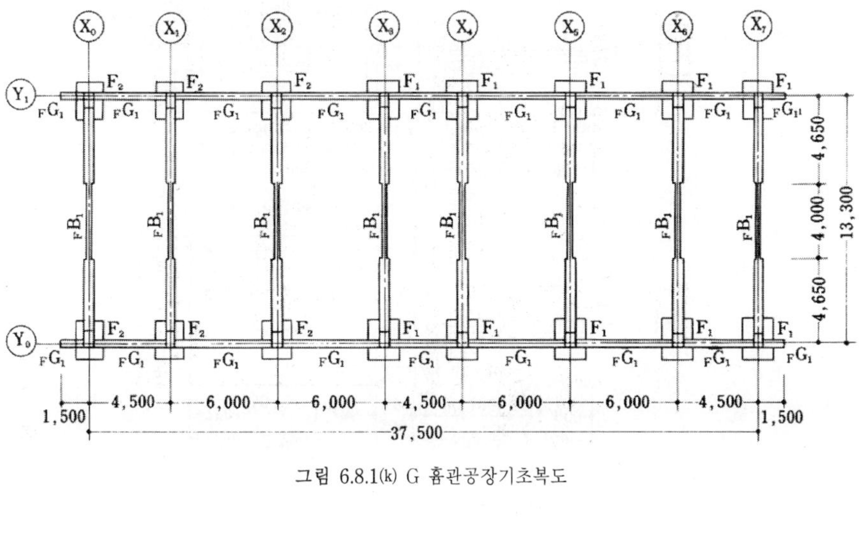

그림 6.8.1(k) G 흄관공장기초복도

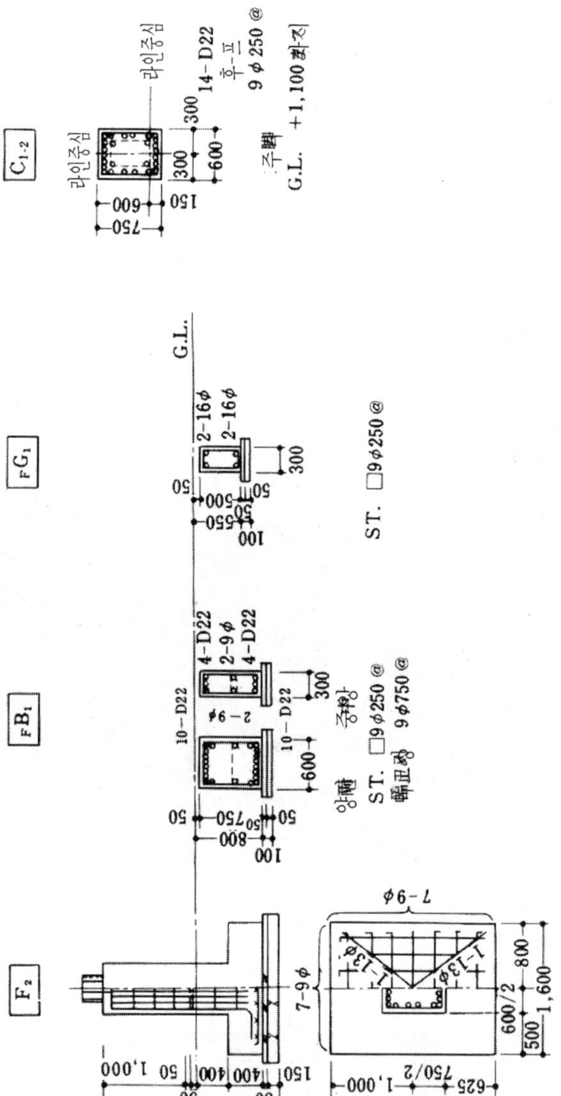

그림 6.8.1(1) 기초연결보리스트

6.8.2 Z팬 공장

『Z팬 공장』

이 건물은 30m×60m의 공장이며, 외벽은 철근콘크리트조이고 지붕은 스팬 30m의 강관(鋼管)구조이다. 강관의 삼각형단면의 트러스이고 이것을 연결하여 사용했으며, 지붕의 모양은 절판(折板)이 되어 있다. 트러스의 상하현재 함께 직경 216.3mm 굵기의 것을 사용하고 있다. 이 트러스보는 철근콘크리트 기둥위에 일단(一端)지지, 타단(他端)롤러로 하여 설계되었으며, 롤라쪽의 끝은 베이스 플레이트에 타원형 구멍을 뚫어 수평이동이 되지 않도록 하고 있다.

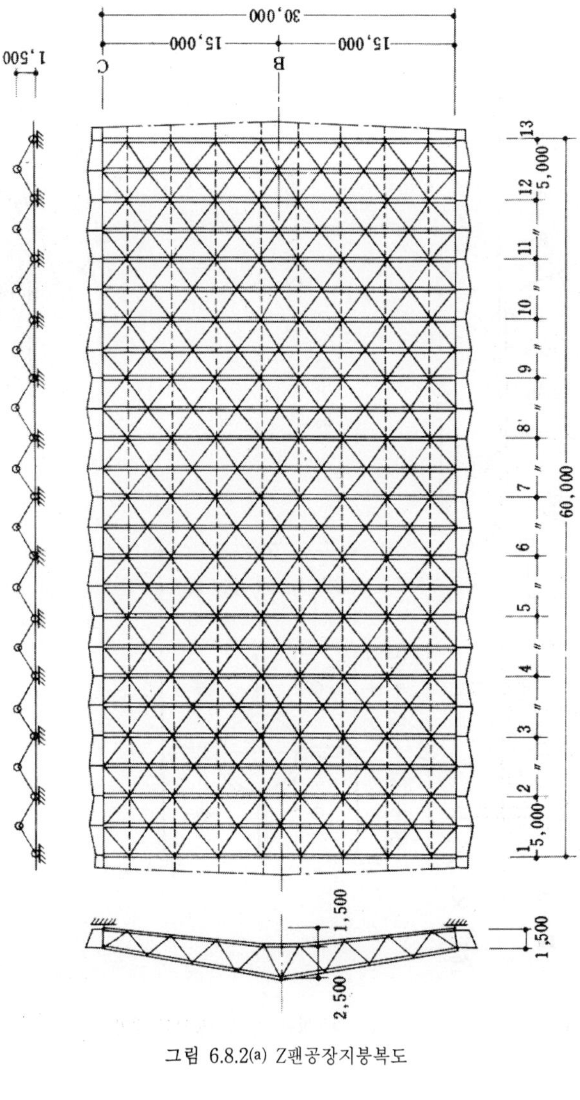

그림 6.8.2(a) Z팬공장지붕복도

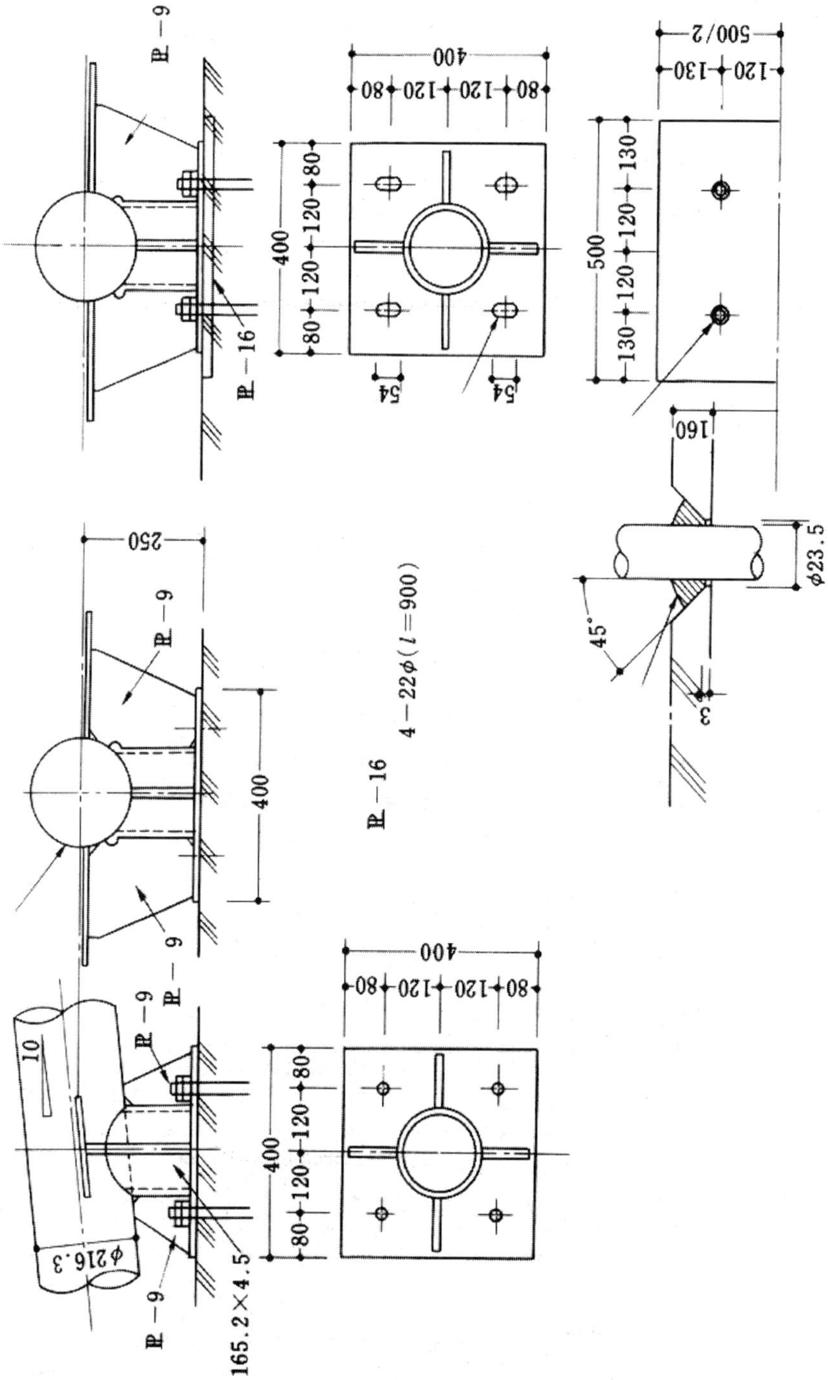

그림 6.8.2(b) Z팬공장콘크리트기둥과의 접합

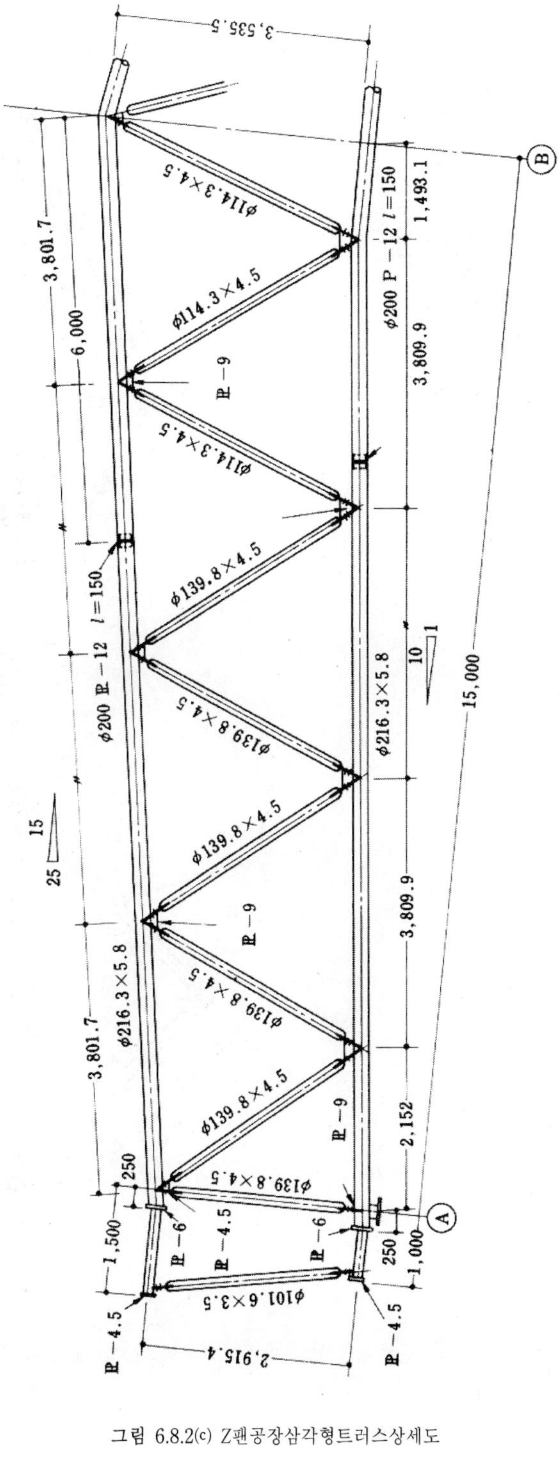

그림 6.8.2(c) Z팬공장삼각형트러스상세도

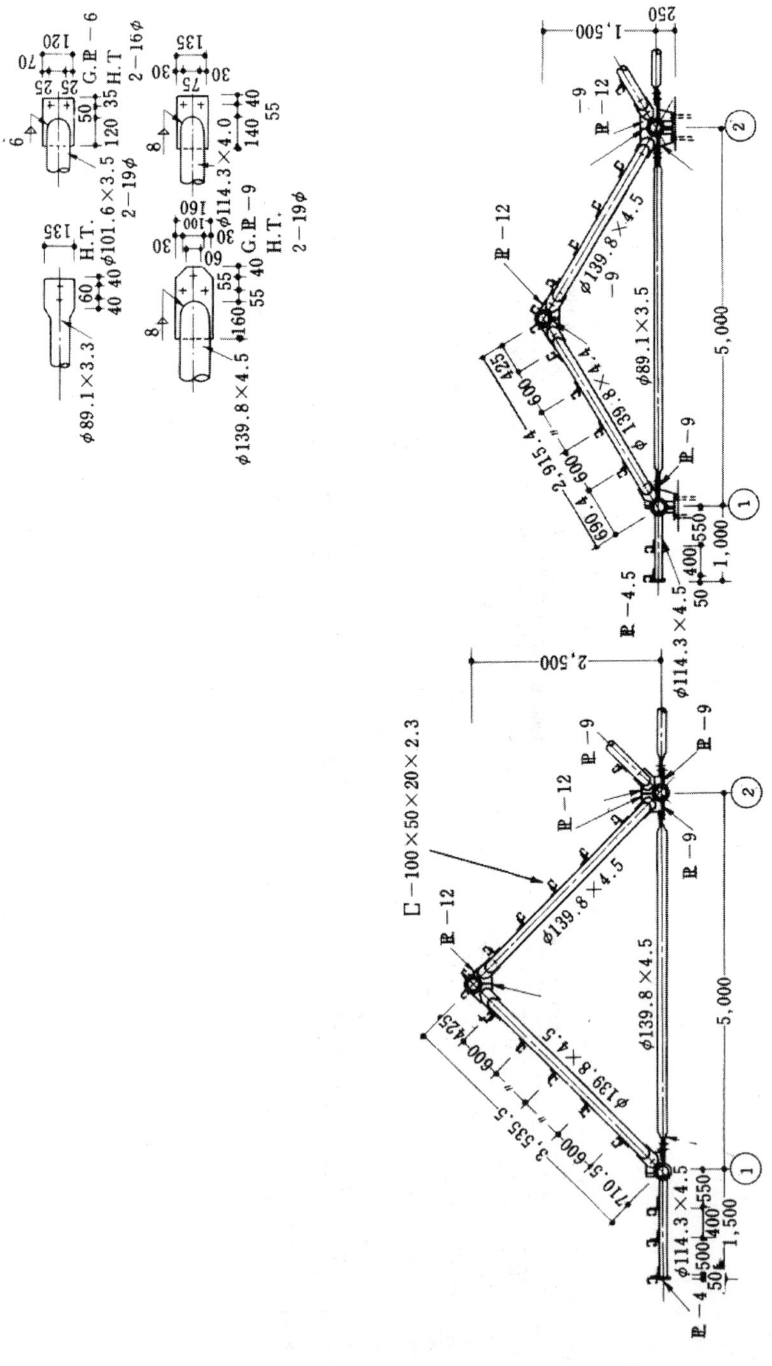

그림 6.8.2(c) Z팬공장삼각형트러스상세도

6.8.3 M 밸브공장

『M 밸브공장』

이 공장은 단층의 철근콘크리트조이다.

철근콘크리트지붕에서는 스팬이 긴 때는 평평하게 하기보다 절판이나 셸을 사용하는 쪽이 경제적이다. 이 공장에서는 절판을 사용하고 있다.

통상, 절판을 양단지지로 대들보(cross · beam)방향보에 실리는 형식의 것이 많으나, 이 공장의 경우는 벽도 절판으로 하여 지붕의 절판을 보, 벽자체를 기둥으로 하여 라-멘을 구성하고 있다. 절판단면에서의 배근은 그림 6.8.3(c)와 같이 아래쪽과 윗쪽에 많이 배근하는 것이 효과적이다.

이 공장의 사잇기둥(C_3)은 절판의 스팬을 반분(半分)하고 있다. 즉, 절판보(B_1)는 중앙 장변방향의 보(G_1)에서 받게 되고 그것을 이 사잇기둥(C_3)이 받아서 기초로 전달하고 있다. 또 이 기둥은 수직하중만을 받게 되어 있으므로 지진시에는 저항하지 못한다. 지진시의 단변방향은 앞에서 언급한 절판의 보, 기둥의 라-멘(B_1과C_1)에서 저항케 하였으며, 장변방향은 라-멘(G_2와 C_2)과 벽으로 저항케 하고 있다.

사진 6.8.3(a) M 밸브공장

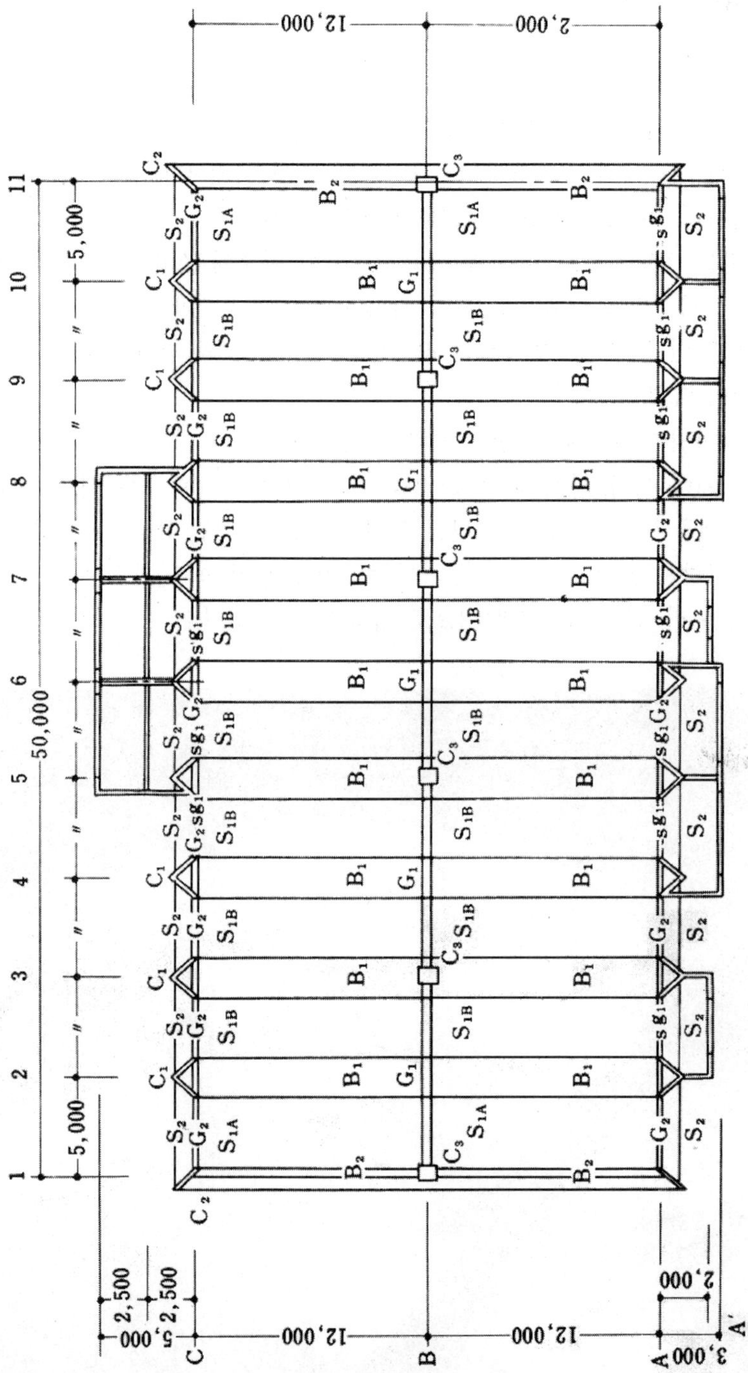

그림 6.8.3(a) M밸브공장지붕복도

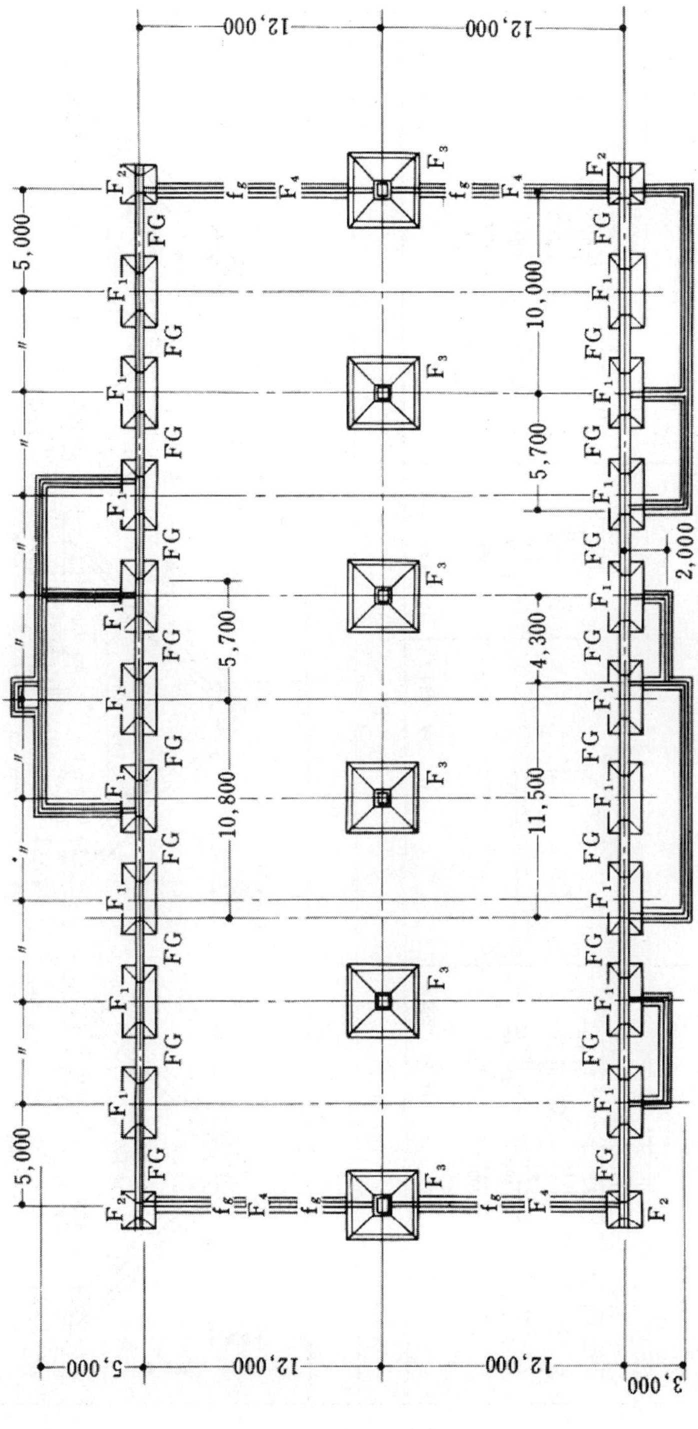

그림 6.8.3(b) M밸브공장기초복도

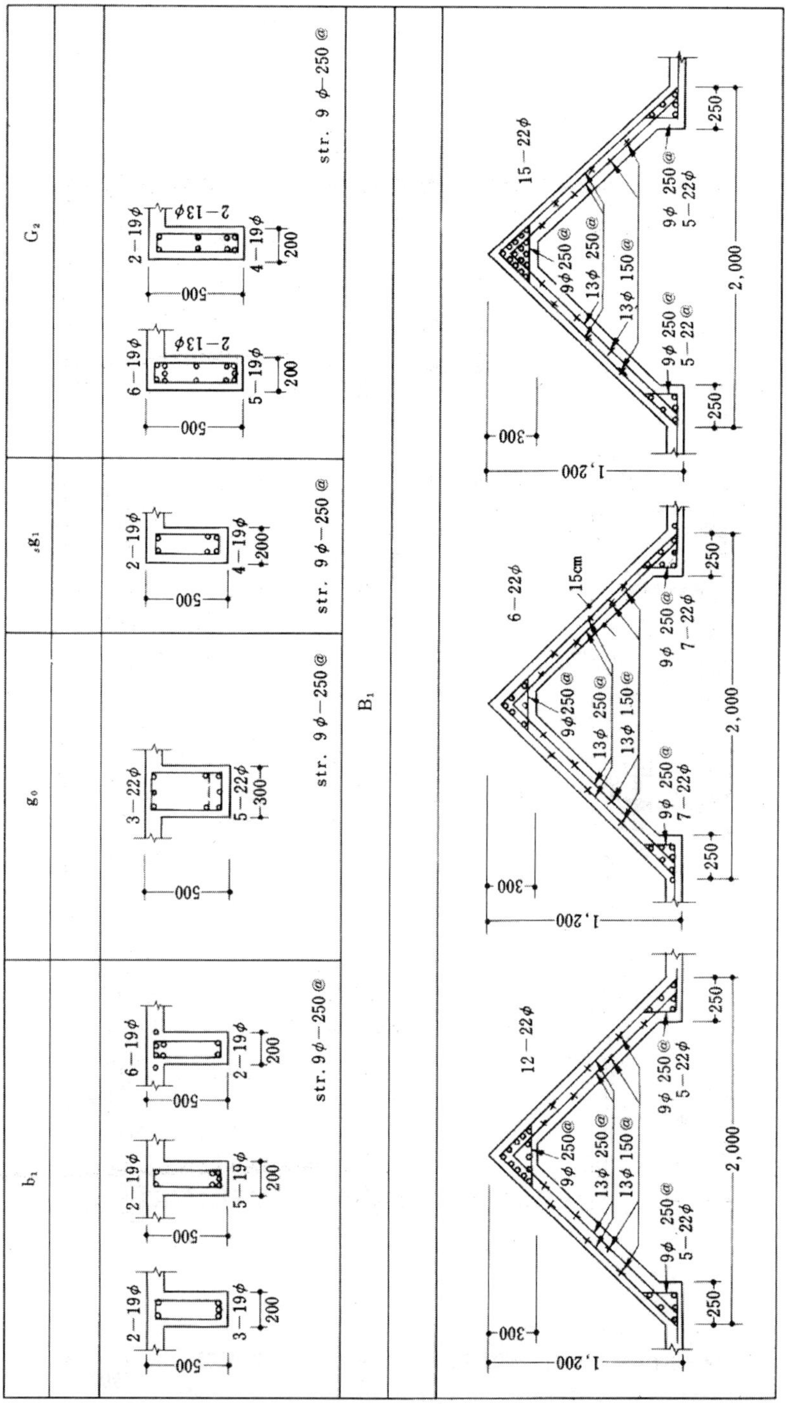

그림 6.8.3(c) M밸브공장지붕절판 및 기둥단면도

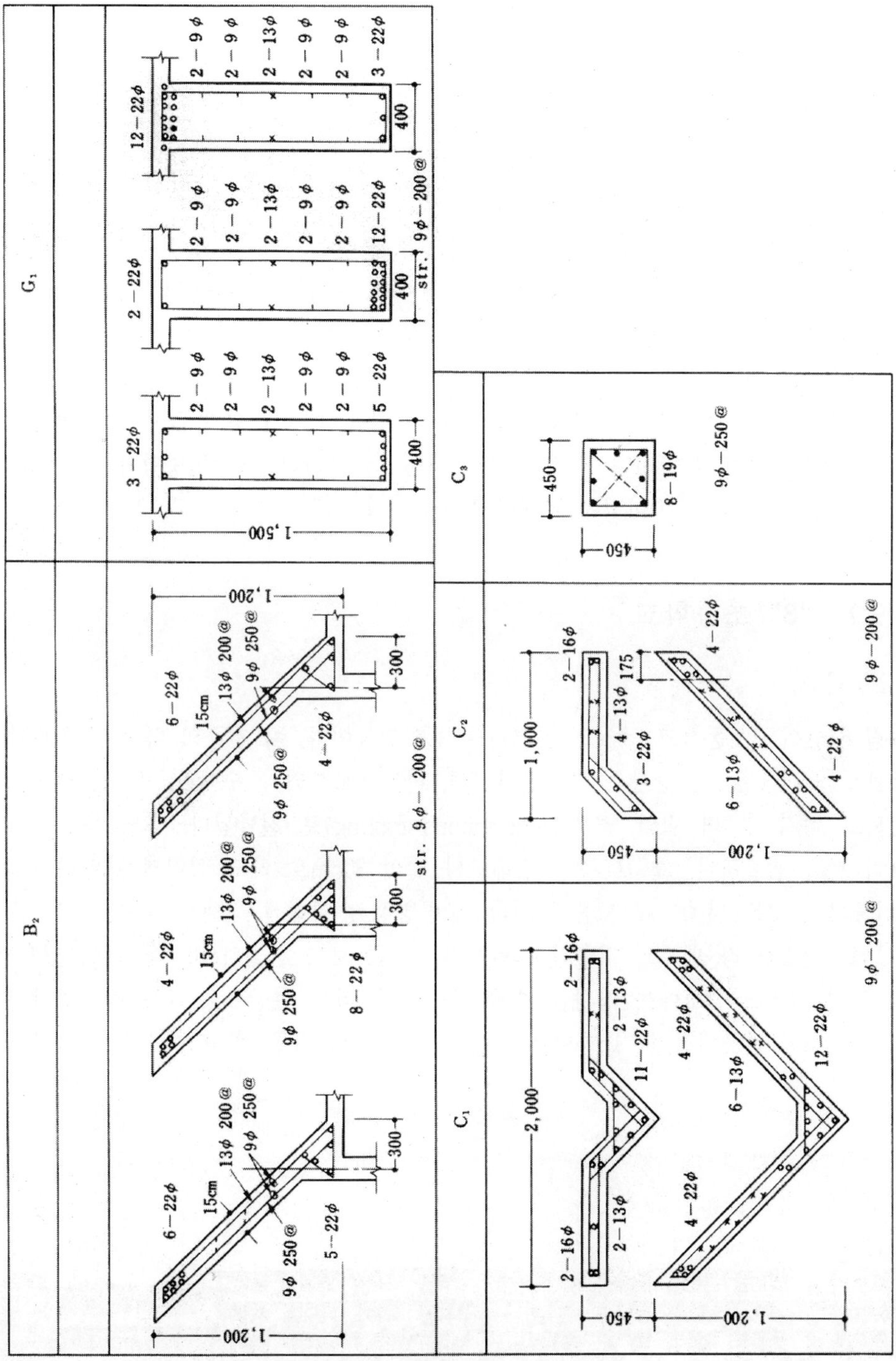

6.8.3(c) M밸브공장지붕절판 및 기둥단면도

6.9 ··학 교

초등학교, 중학교는 저층이므로 철근콘크이트조의 경우가 많다. 보련적으로 동서로 길게 교실이 늘어서고 북쪽에는 복도가 있다. 교실은 꽤 넓은 면적이므로 1본이나 2본의 작은 보를 필요로 하나, 그 방향은 장변방향으로 연속하여 설치하는 것이 유리하다. 일반적으로 작은 보는 연속하여 설치하는 쪽이 휨도 작게 되고 앵커분만큼 철근이 줄어들어 유리하나, 학교의 경우 교실과 교실 사이의 벽은 제거될 수가 없으므로, 작은 보의 수직하중을 이 벽에 부담시킬 수가 있어서 더욱 더 유리하다. 단변방향의 횡력에 대해서도 이 교실 사이의 칸막이벽은 유효하게 작용한다.

6.9.1 "B" 초등학교

『B 초등학교』

그림 6.9.1의 B초등학교는 철근 콘크리트 3층 건물이다. 이 건물의 바닥은 중공(中空) 슬래브로 구멍(void)의 방향은 장변방향이며, 바닥으로부터의 수직하중은 칸막이벽으로 전달되고 다시 그 벽 밑의 줄기초(continuous footing)로 전달된다. 복도 부분은 벽이 없으며 보가 필요하나, 그 보 춤을 슬래브와 같이 30cm로 하고 있어서 편편하게 되고 이 건물의 층고를 낮추는데 도움이 된다. 장변뱡향의 횡력에 대해서는 벽기둥을 큰 보(G_1,G_2)로 연결한 라-멘으로 저항하고 있으며, 이 큰 보는 건물의 바깥 둘레에 있으므로 춤을 크게 하여도 층고에는 영향을 주지 않는다. 이러한 현상으로 보통의 구조의 학교에 비하여 3층 건물에서 약 1m 낮은 건물이 되고, 건축비를 약 10% 절감할 수가 있었다.

사진 6.9.1(a) B 초등학교 남측전경

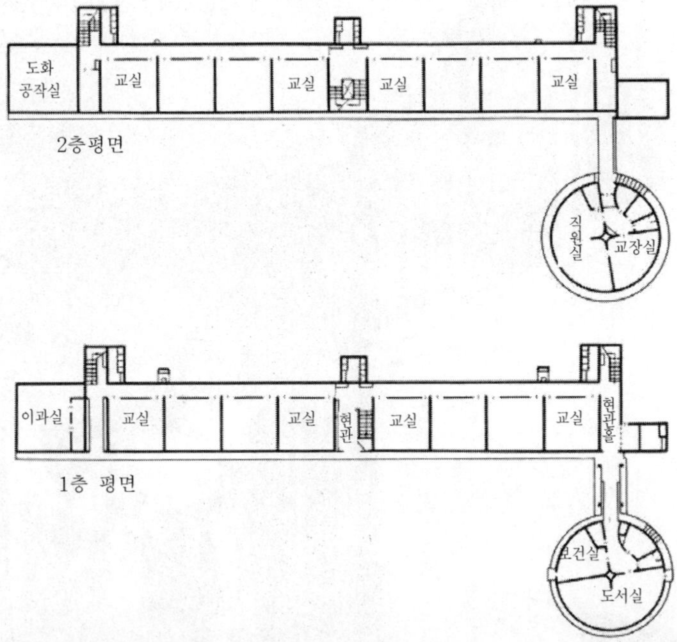

그림 6.9.1(a) B 초등학교 평면

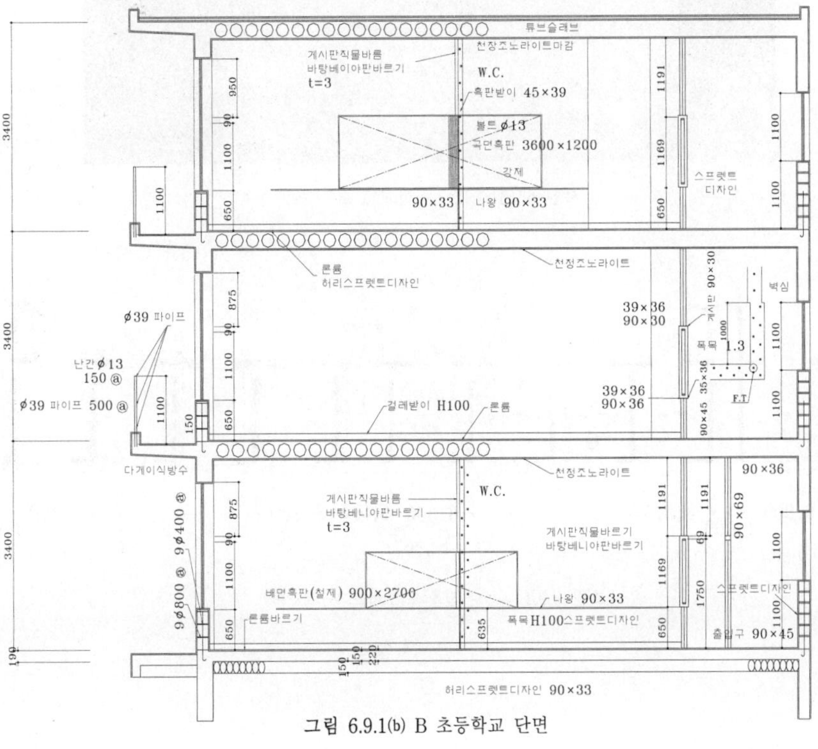

그림 6.9.1(b) B 초등학교 단면

사진 6.9.1(b) B 초등학교 교실동 복도

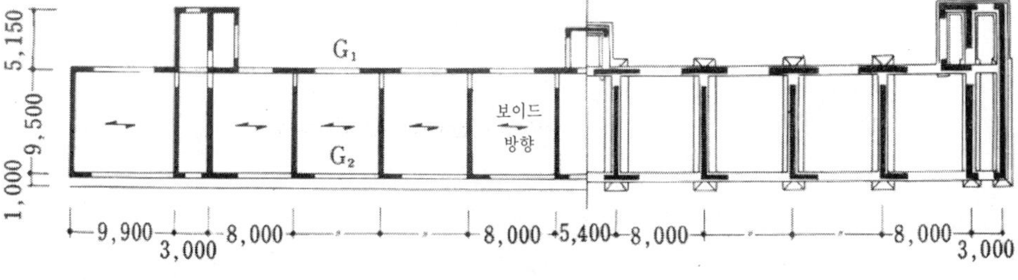

그림 6.9.1(c) 같은건물의 보복도와 기초복도

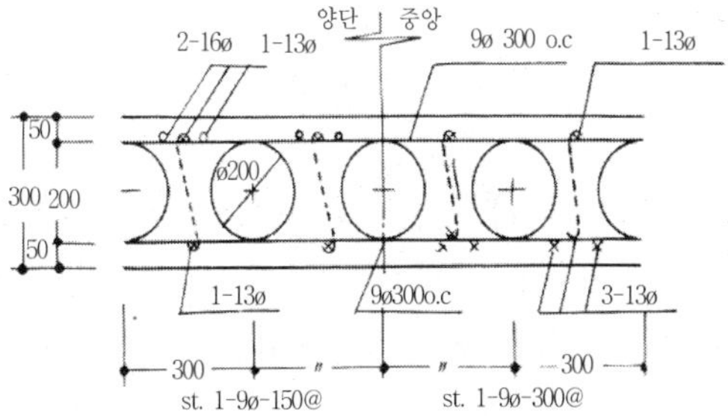

그림 6.9.1(d) 중공슬래브

중공 슬래브는 하중을 한 방향으로 전달하는 특징이 있으며, 학교건축은 칸막이벽이 단변방향에 있으므로 그것을 받는데 합리적이며 경제적이다. 중공 슬래브를 사용한 건물수의 약 30%가 학교건축인 것도 이런 이유 때문인 것이다.

사진 6.9.2(a) C 초등학교 서남측

6.9.2 "C" 초등학교

『C 초등학교』

이 학교도 3층의 철근콘크리트이다. 교실 중앙에 긴 쪽방향에 30×70cm의 작은 보를 설치하고 천장은 이 작은 보 하단을 밑바닥으로 한 V 형식으로 펼쳐서 채광의 능률을 높이고 있다. 긴쪽방향의 횡력에 대하여는 큰 보와 보의 중간에 관통보를 설치하고 있다. 이것에 의하여 기둥의 길이는 1/2이 되므로 기둥의 휨이 1/2이 된다.

특별교실은 단층건물이며 상당(相當)벽의 량이 많으므로 벽식구조로 하고 있다.

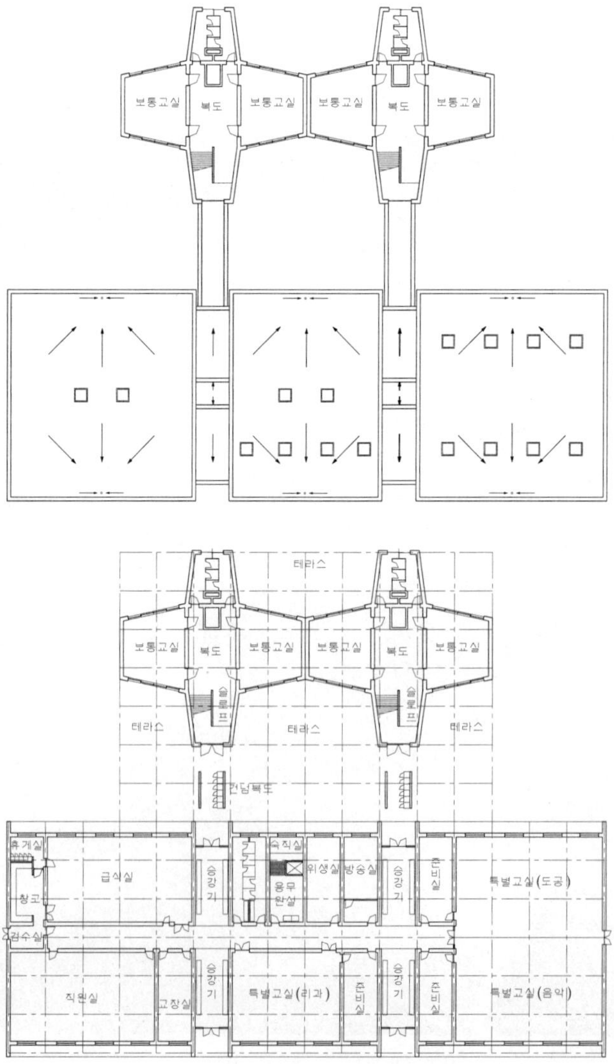

그림 6.9.2(a) C 초등학교 평면도

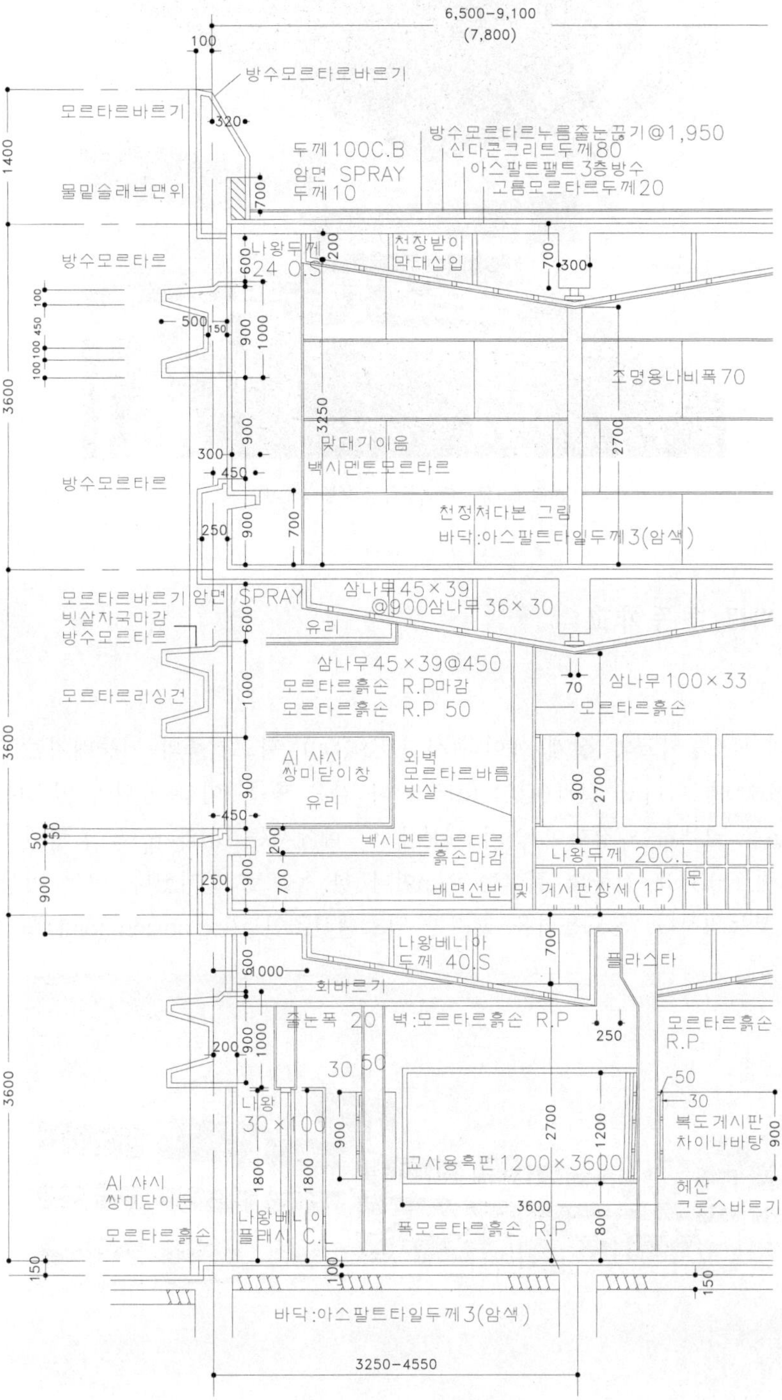

그림 6.9.2(b) C 초등학교 단면

사진 6.9.2(b) C 초등학교 보통 교실내부

6.9.3 "H" 초등학교

『H 초등학교』

3층건물의 H초등학교의 설계 예이다(사진 6.9.3(a)). 학교건축의 기둥배치는 일반적으로 그림 6.9.3(a)에 나타낸 것과 같이 (a)~(e)와 같은 형(型)이 채용되어 있으나, 최근에는 다목적홀을 넓게하는 경향이 있기 때문에 이 예에서는 (a)와 (e)를 혼합한 기둥배치로 했다(그림 6.9.3(b)). 건물의 길이는 88m이나 한 동으로 설계했다. 이것 이상의 길이의 건물은 부동침하나, 온도응력을 고려한 익스팬션조인트(expansion joint)를 설치하여

사진 6.9.3(a) 초등학교의 외관(라-멘구조)

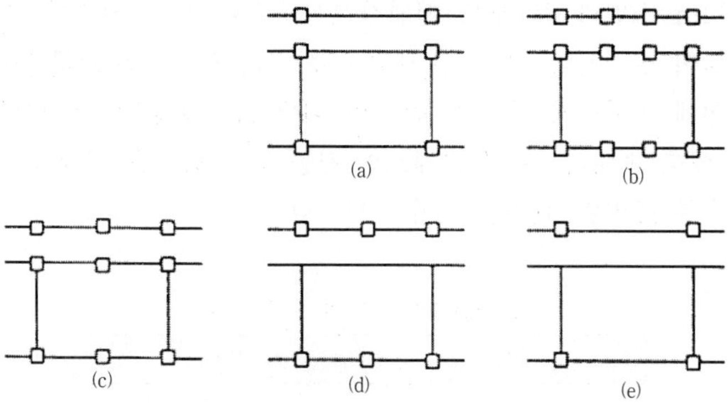

그림 6.9.3(a) 교사의 기둥 나누기

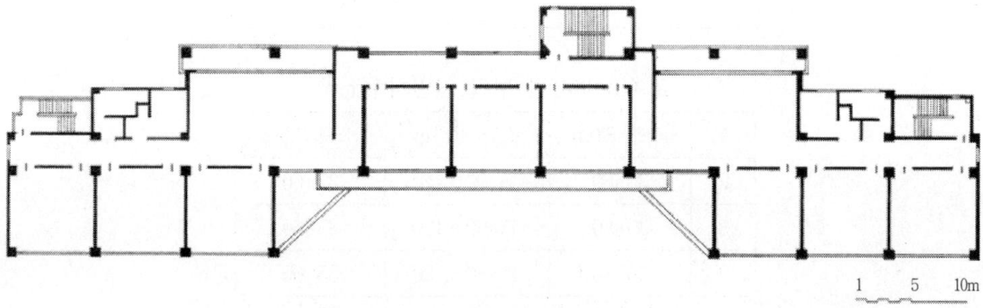

그림 6.9.3(b) 기둥의 배치

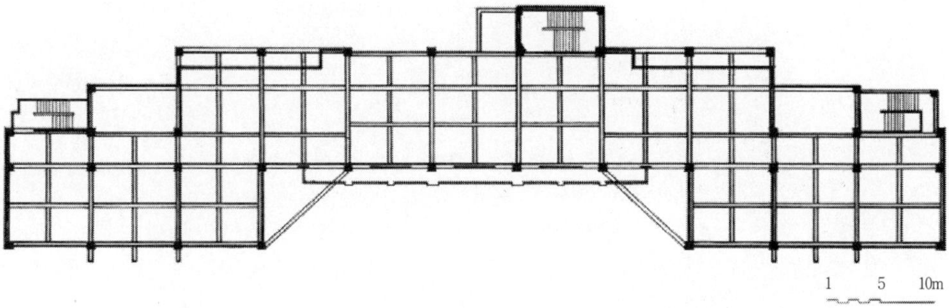

그림 6.9.3(c) 구조복도

구조적으로 두동으로하여 설계하는 방법이 바람직하다.

학교는 일반적으로 도리방향은 채광관계로 벽량(壁量)이 작아서 내진적(耐震的)으로 약점이 되기 쉬우므로, 구조적으로 끈기가 있는 설계로 하도록 유의할 필요가 있다.

그 때문에 기둥에 설치하는 허리벽은 단주(短柱)를 피하기 위하여 기둥 바로 옆에 구조슬릿(slit)을 설치하고 있다. 또, 교실쪽의 허리벽과 복도쪽의 허리벽은 지진시(地震時) 비틀림을 일으키지 않도록 모양을 맞춘다. 스팬방향은 각 교실간의 칸막이를 내진벽으로하여 이용하므로서 벽량이 많은 가구(架構)가 되므로, 내진적으로는 안정되어있다. 그것으로 해서 10.1m 스팬의 큰 보도 지진시 큰 응력이 되지 않으며, 연직(鉛直) 헌치(hunch)를 사용하여 설계된다. 또 그림 6.9.3(c)에 나타낸 구조복도(構造伏圖)와 같이 작은 보는 도리방향에 평행하게 걸치는 쪽이 이 예에서는 경제적이다. 바닥짜맞춤은 작은 보에 다시 작은 보를 배치하므로서 슬래브의 진동 및 갈라짐을 억제하고 있다. 기둥 및 큰 보의 단면치수를 표 6.9.3(a), 6.9.3(b)에 나타낸다.

표 6.9.3(a) 기둥의 치수(cm)

층	단면
3	75×75
2	75×75
1	75×75

표 6.9.3(b) 큰 보의 단면치수(cm)

층	스팬 8.0m	스팬 10.1m	스팬 2.6m
R	35×80	45×90~120	35×60
3	35×80	45×90~120	35×60
2	35×80	45×90~120	35×60

(헌치 붙임)

6.10 ·체육관

넓고, 높은 공간을 필요로 하는 것이 체육관이다. 그 넓이, 높이는 그 안에서 행해지는 경기의 종류, 규모에 따라 결정된다.

지붕재로 가벼운 것을 선택하려면 철골조의 경우가 많다. 간단한 것은 단변방향(短邊方向)에 삼각형의 트러스를 건너지르는 방법이 자주 사용되어 왔다. 이것은 지붕재가 슬레이트나 기와이면 지붕구배(勾配)가 필요하며, 필연적으로 삼각형이 생기게 되고, 그것이 중앙의 휨이 큰 곳에서 춤이 높은 보가 되는 합리성으로부터 자주 사용된 것이라고 생각한다. 현재는 장척철판(長尺鐵板) 등으로 거의 구배없이 곧잘 구성되므로 보다 자유로운 보의 형식이 선택된다.

내구적이라는 것 때문에 철근콘크리트로 지붕이 건축되는 경우는 대부분 셸이나 절판(折板)이며, 규모가 큰 것은 복잡한 곡면이 선택된다.

더욱이 대단히 큰 규모의 것이 되면 와이어 등을 이용한 매다는 지붕이 된다.

6.10.1 "S" 무도관

『S 무도관』~

이 무도관은 철근콘크리트 2층 건물이며 지붕만 철골조이다. 4개의 계단실의 코아에 2본의 큰 보($_SB_1$)를 건너지르고 이것에 다수(多數)의 작은 보를 실은 지붕이다. 이 큰 보는 춤이 크고 보의 양쪽에 케트워크(catwalk)가 있으며, 또 조명의 기구도 설치되어 있다. 또 $_SG_3$, $_SG_4$는 트러스보이고 그 보춤에 사이드라이트가 들어있다. 서브(sub)도장은 그다지 큰 스팬이 아니라도 되므로 도장바닥을 철근콘크리트 워플슬래브(waffle slab)로 하여 7.2m마다에 기둥을 세웠다. 워플 폼(waffle form)은 90cm×90cm의 것을 사용하고 있으나, 주두부분(柱頭部分)은 4개의 폼을 사용하지 않고 플랫(flat)으로 했다. 그런데, 이 층의 횡력은 모두 바깥의 가구(架構)에 부담시키고 이 워플슬래브를 받는 기둥은 수직하중만을 받도록 했다.

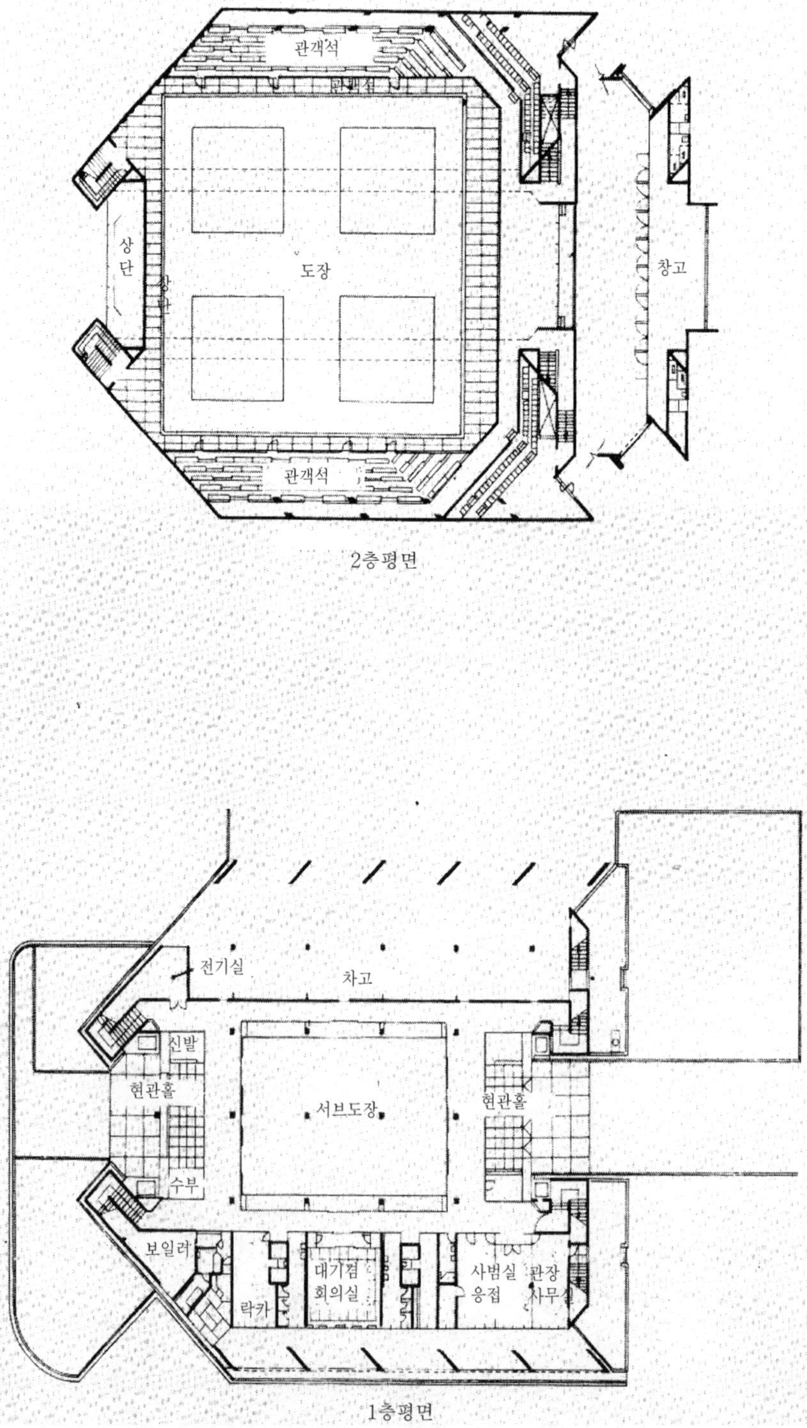

그림 6.10.1(a) S 무도관 평면

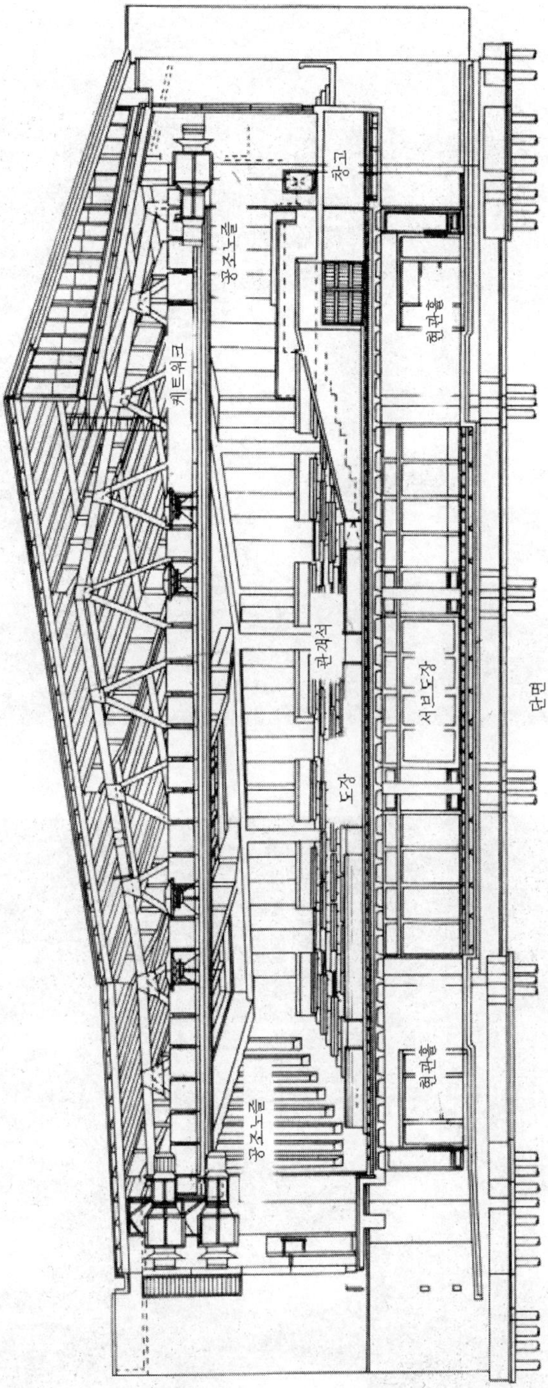

그림 6.10.1(b) S 무도관 단면

사진 6.10.1(a) S 무도관 전경

사진 6.10.1(b) S 무도관 도장

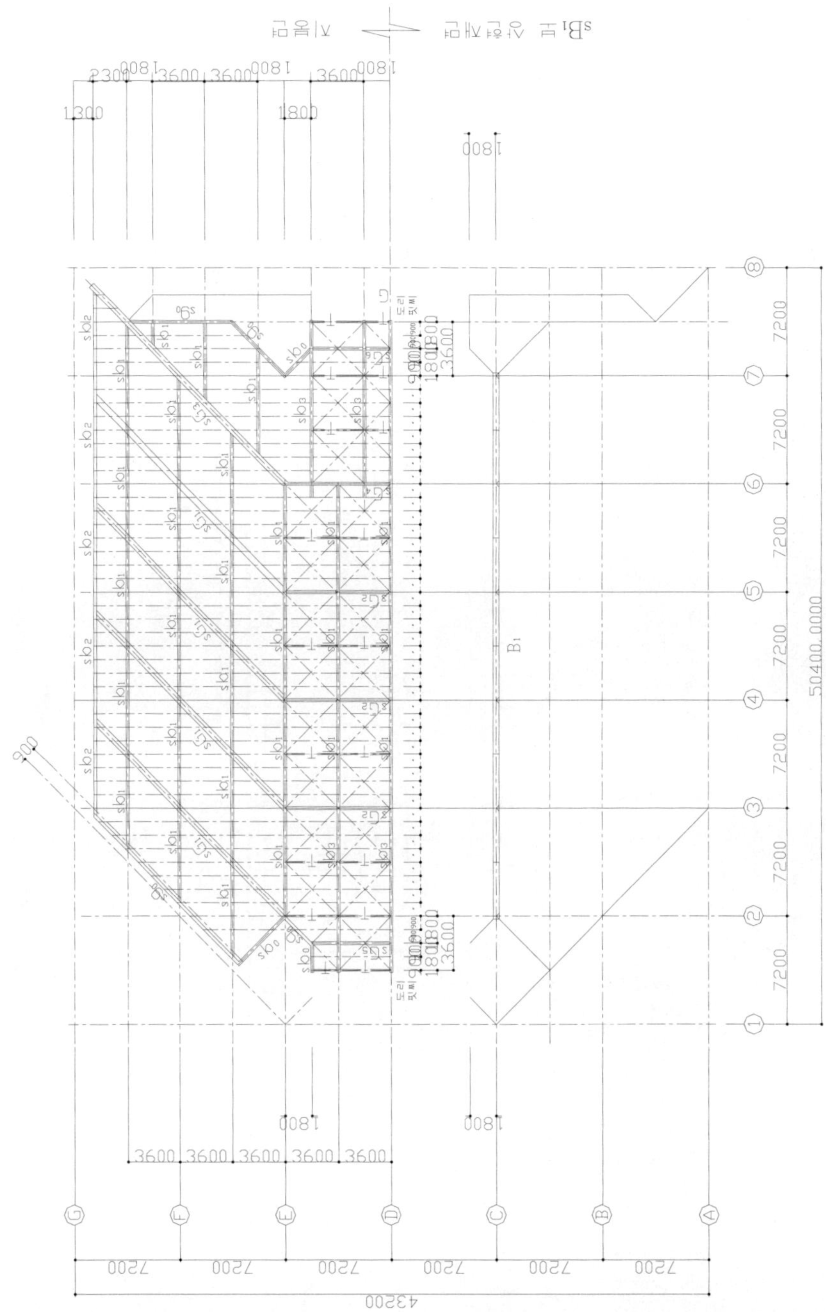

주 : 지붕면 가새 모두 1-19ø

그림 6.10.1(c) 지붕복도

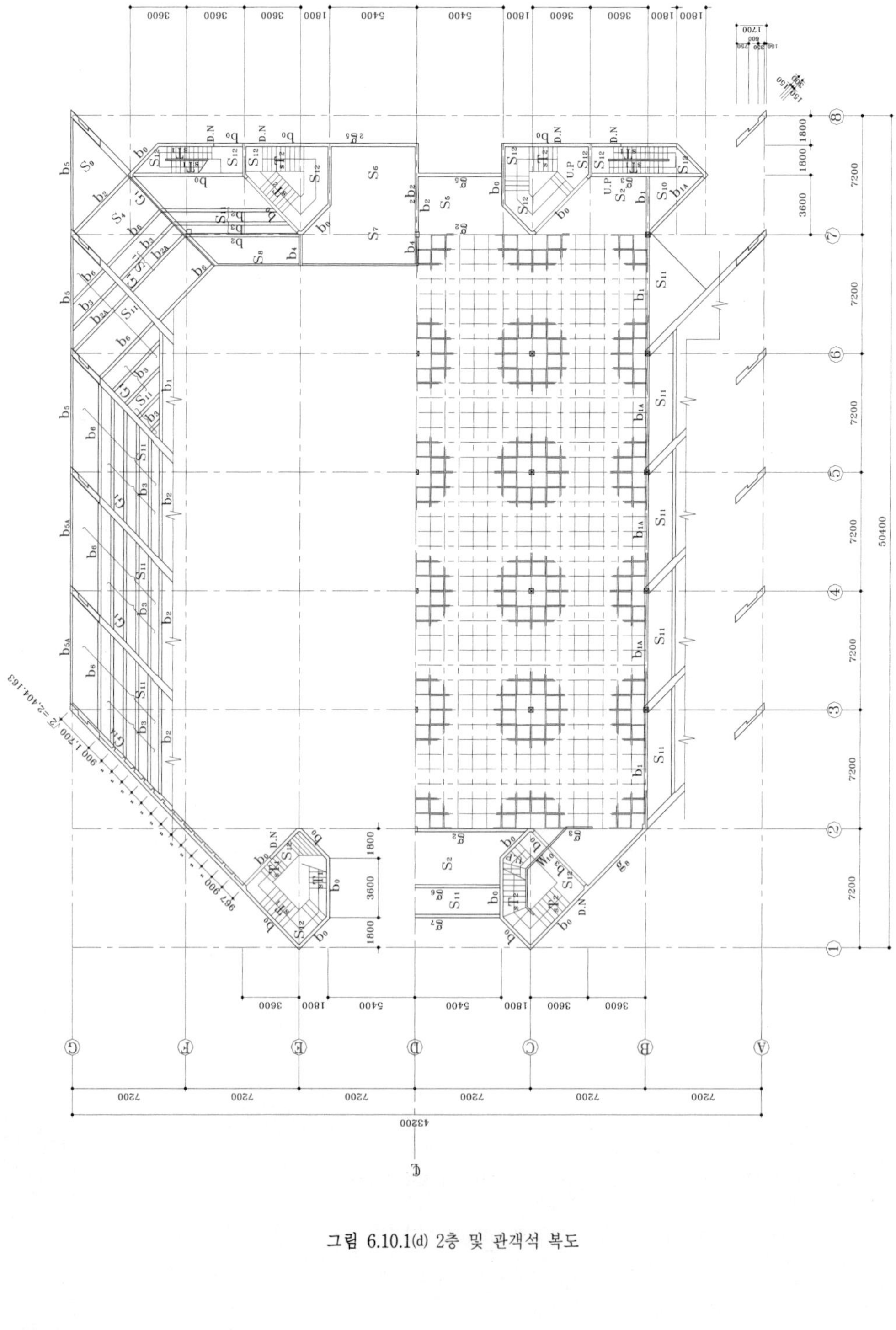

그림 6.10.1(d) 2층 및 관객석 복도

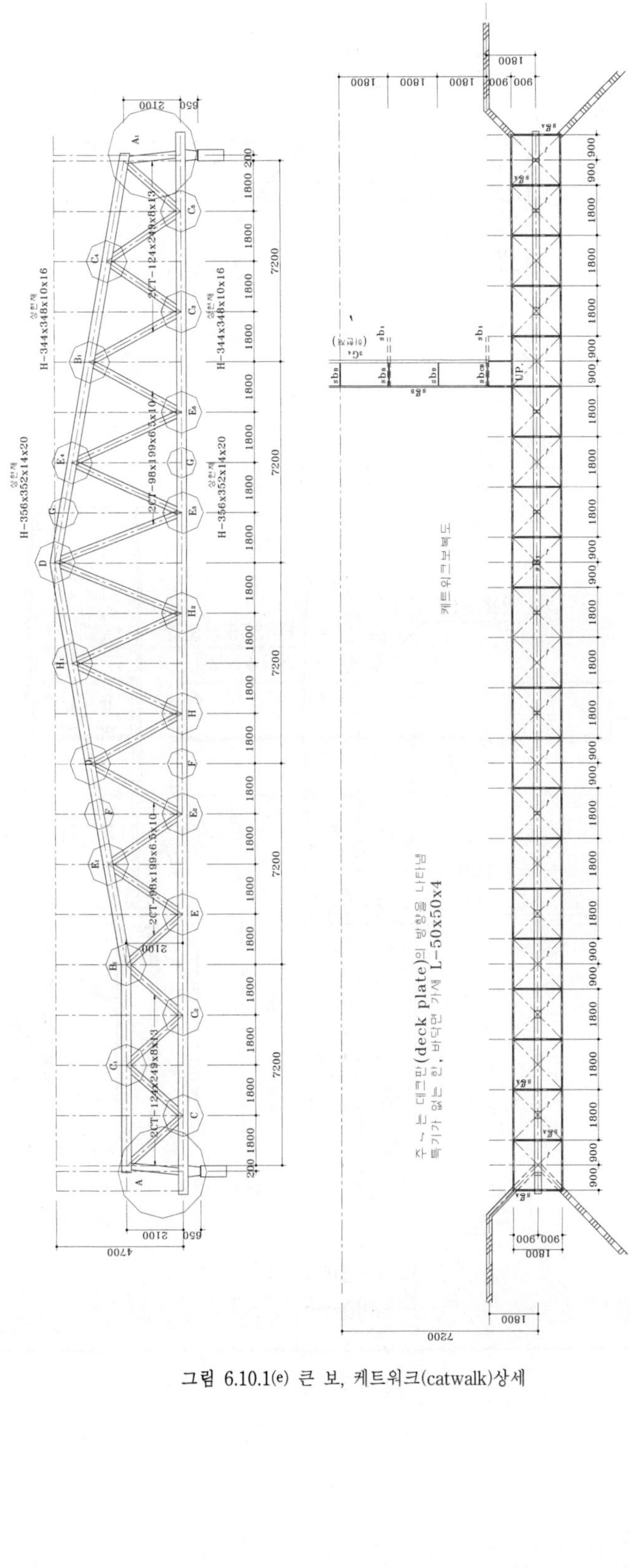

그림 6.10.1(e) 큰 보, 케트워크(catwalk)상세

A 상세

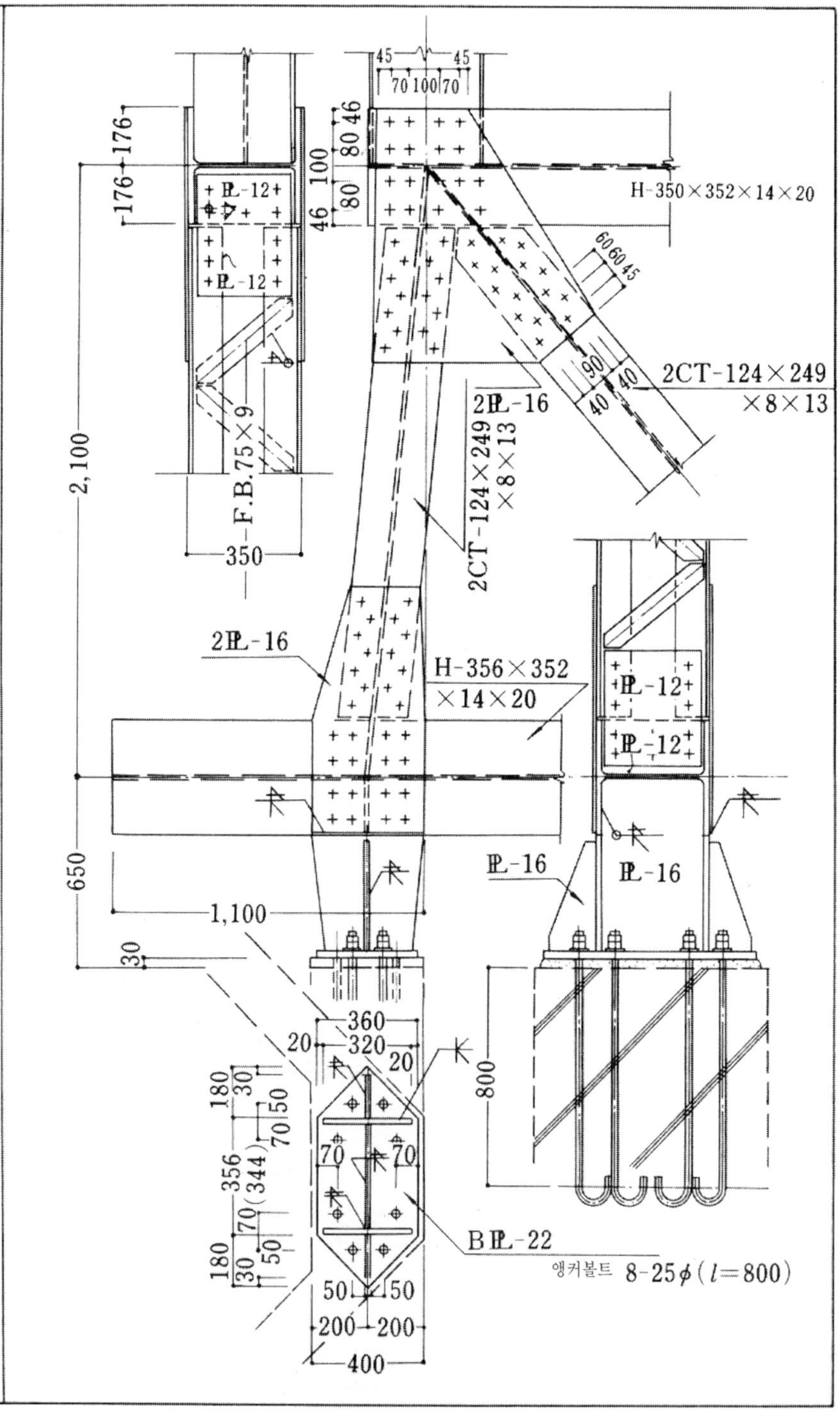
H-350×352×14×20
2CT-124×249
×8×13
2PL-16
2CT-124×249
×8×13
F.B.75×9
PL-12
PL-12
350
2,100
176
176
176
2PL-16
H-356×352
×14×20
PL-12
PL-12
PL-16
PL-16
650
1,100
30
360
320
20
20
800
180
356
(344)
180
BPL-22
앵커볼트 8-25φ(l=800)
50
50
200
200
400

그림 6.10.1(e)

B 상세	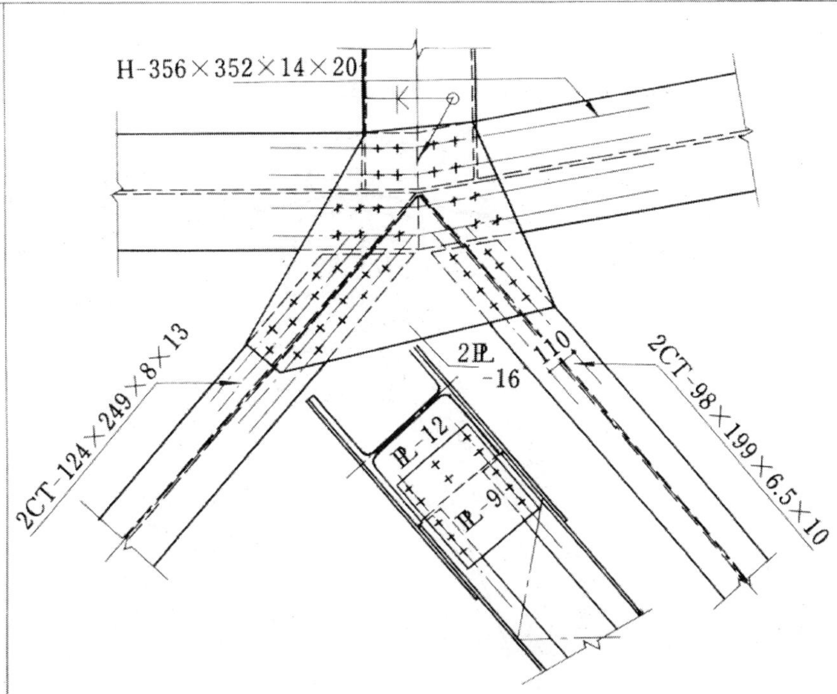
C 상세	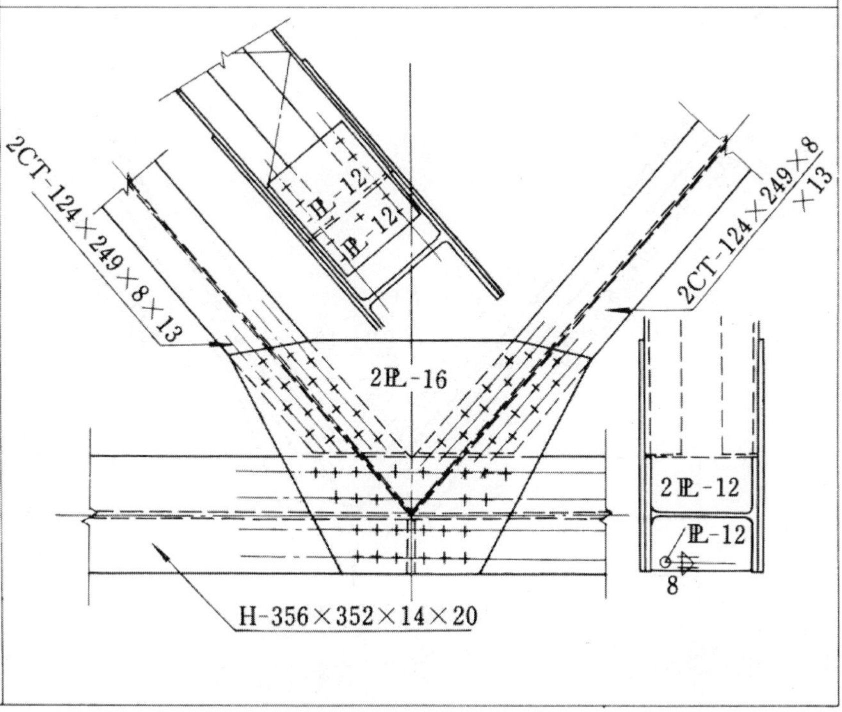

그림 6.10.1(e)

D 상세

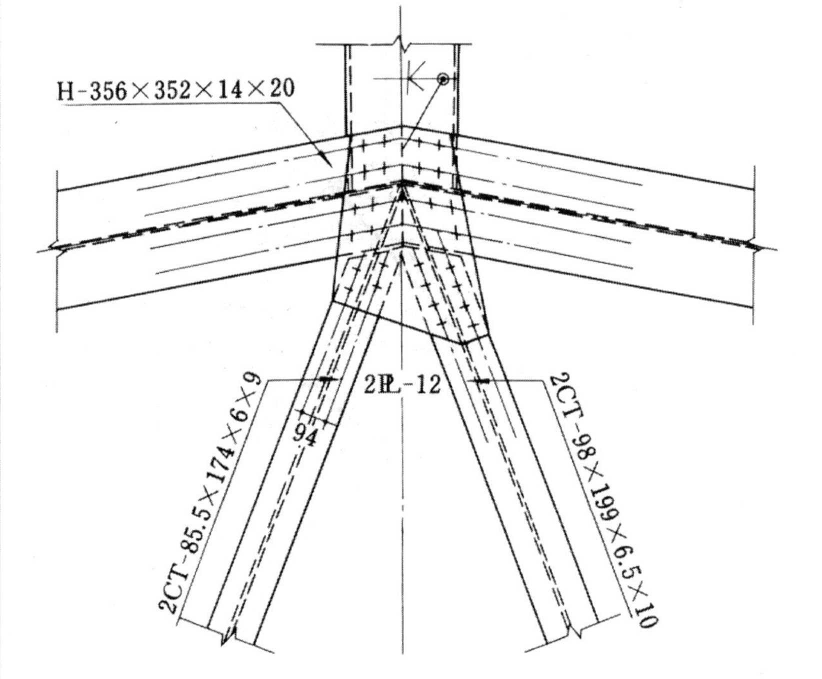

E 상세

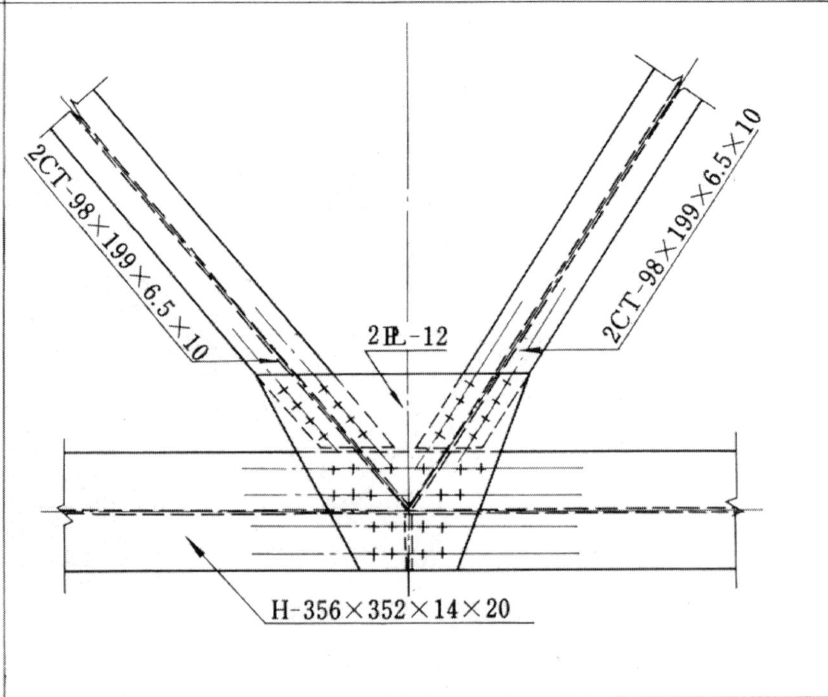

그림 6.10.1(e)

F 상세

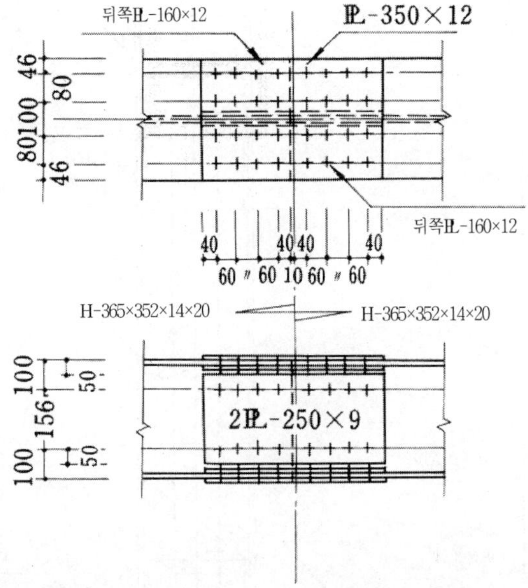

G 상세

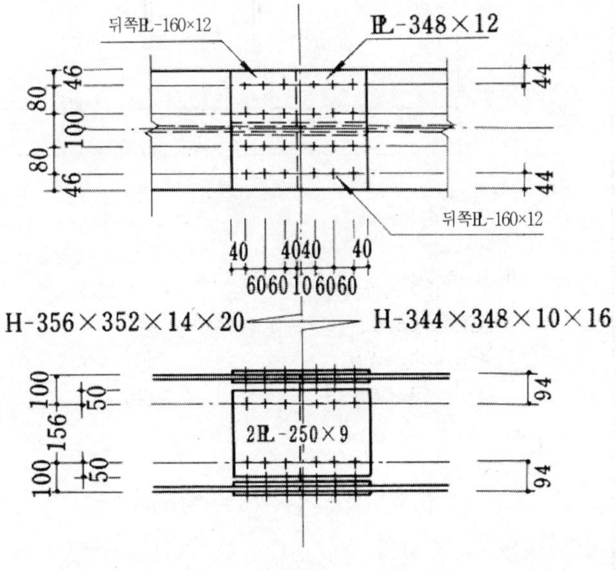

그림 6.10.1(e)

단면

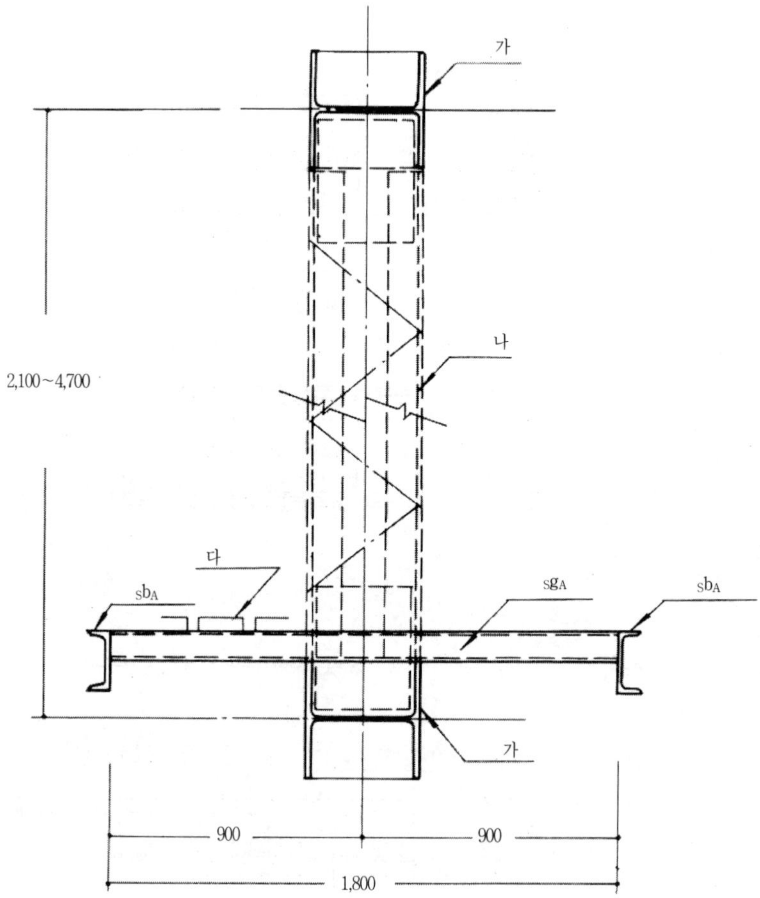

가 : H-356×352×14×20 & H-344×348×10×16

나 : 2CT-124×249×8×13, 라티스 F.B.75×9(2~3, 6~7)

2CT-98×199×8×13, 〃 (3~4, 5~6)

2CT-85.5×174×6×9, 〃 (4~5)

sg_A : ⊏-100×50×5-1,800@

sb_A : ⊏-200×80×7.5

다 : 덱플레이트V형 t=1.2mm(g_A에 기둥용접 연속보로 한다.)

그림 6.10.1(e)

바닥	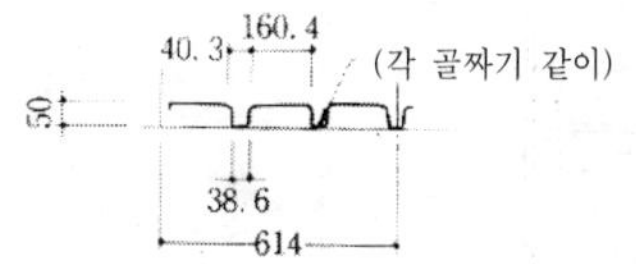
	덱플레이트 V형 t=1.2mm(연속보로 한다.)
sbB	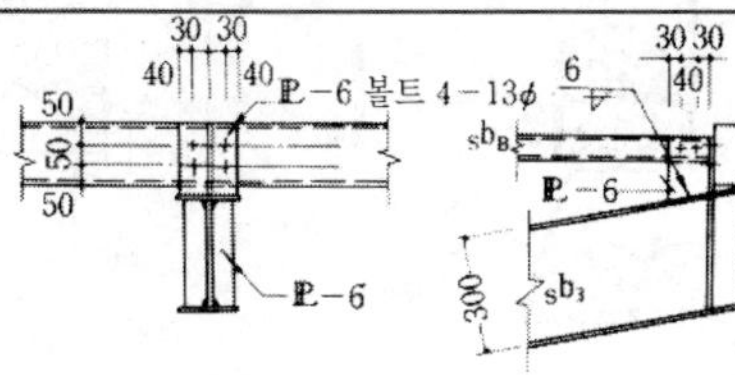
	⊏-150×65×20×3.2
sbB	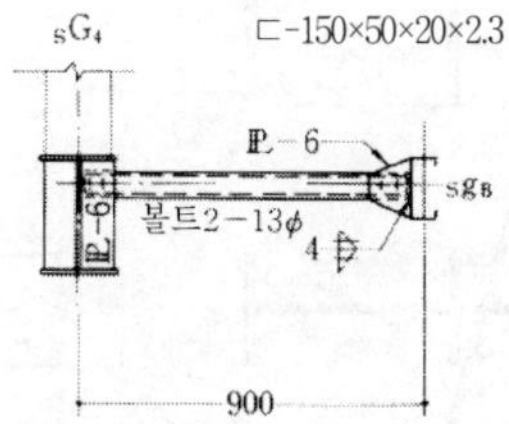
	⊏-60×30×10×2.3(1,800@)

sgA	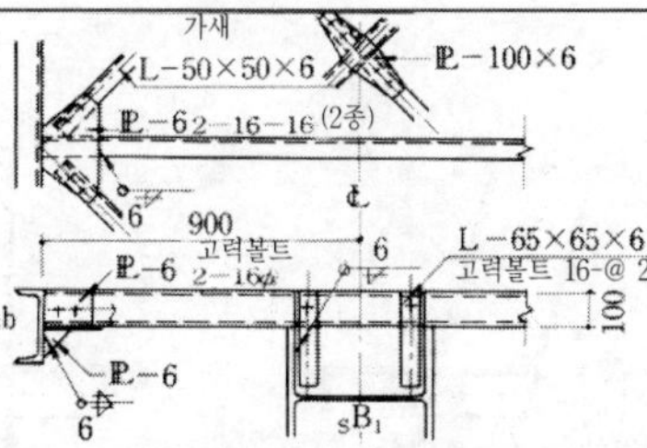
	⊏-100×50×5
sdA	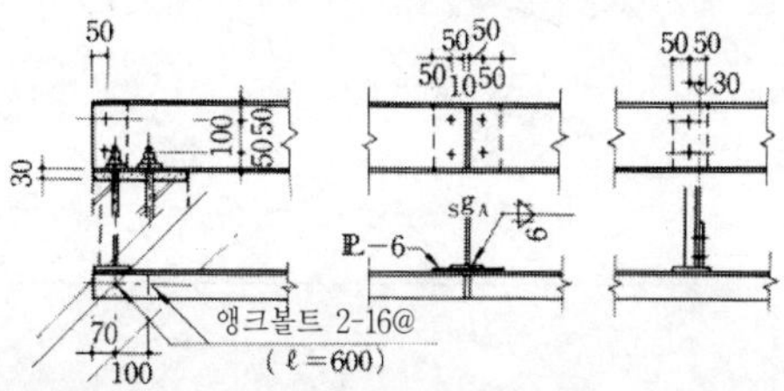
	⊏-200×80×7.5

그림 6.10.1(f) 작은 보 상세

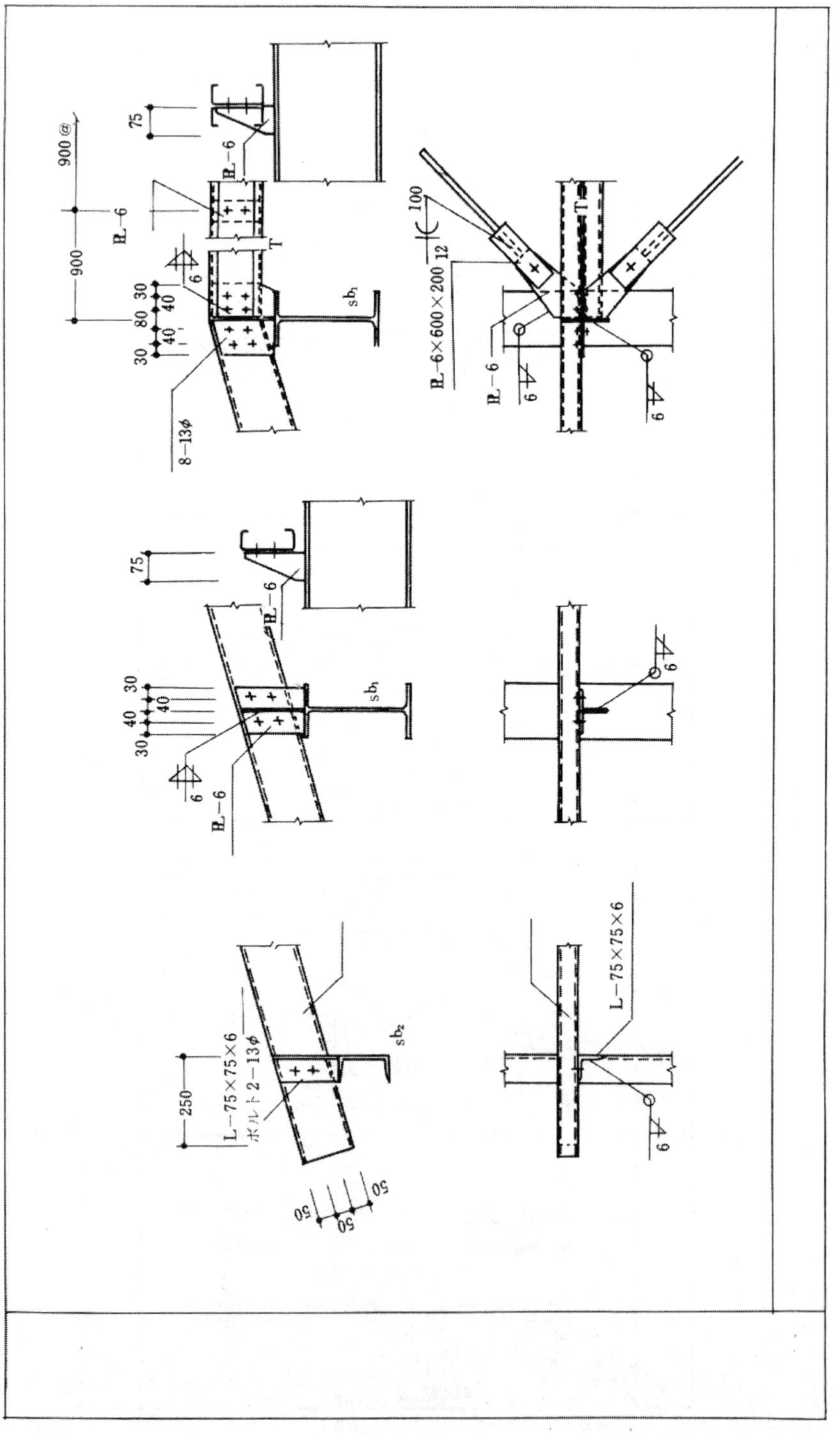

그림 6.10.1(f) 작은 보 상세

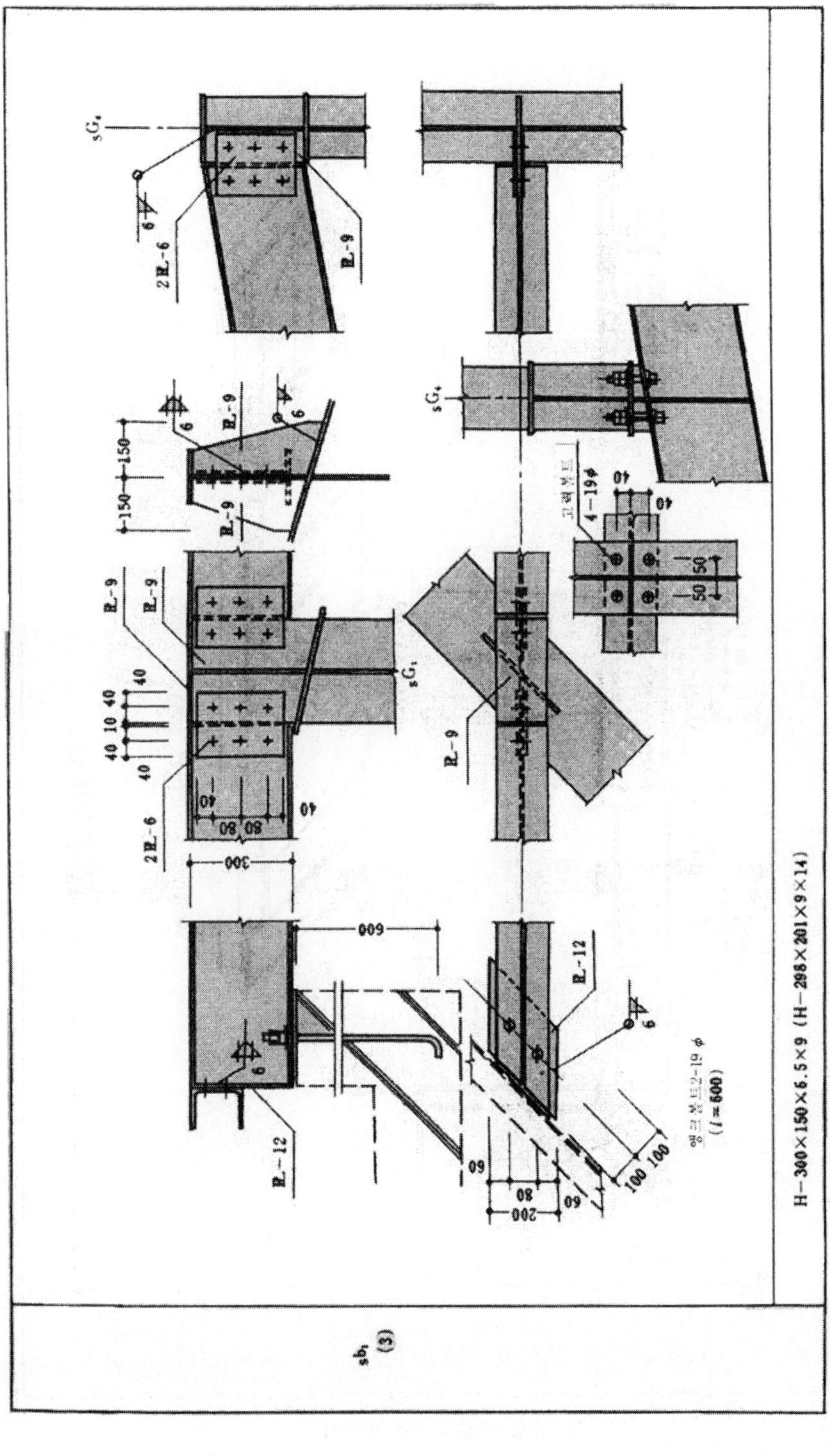

그림 6.10.1(f) 작은 보 상세

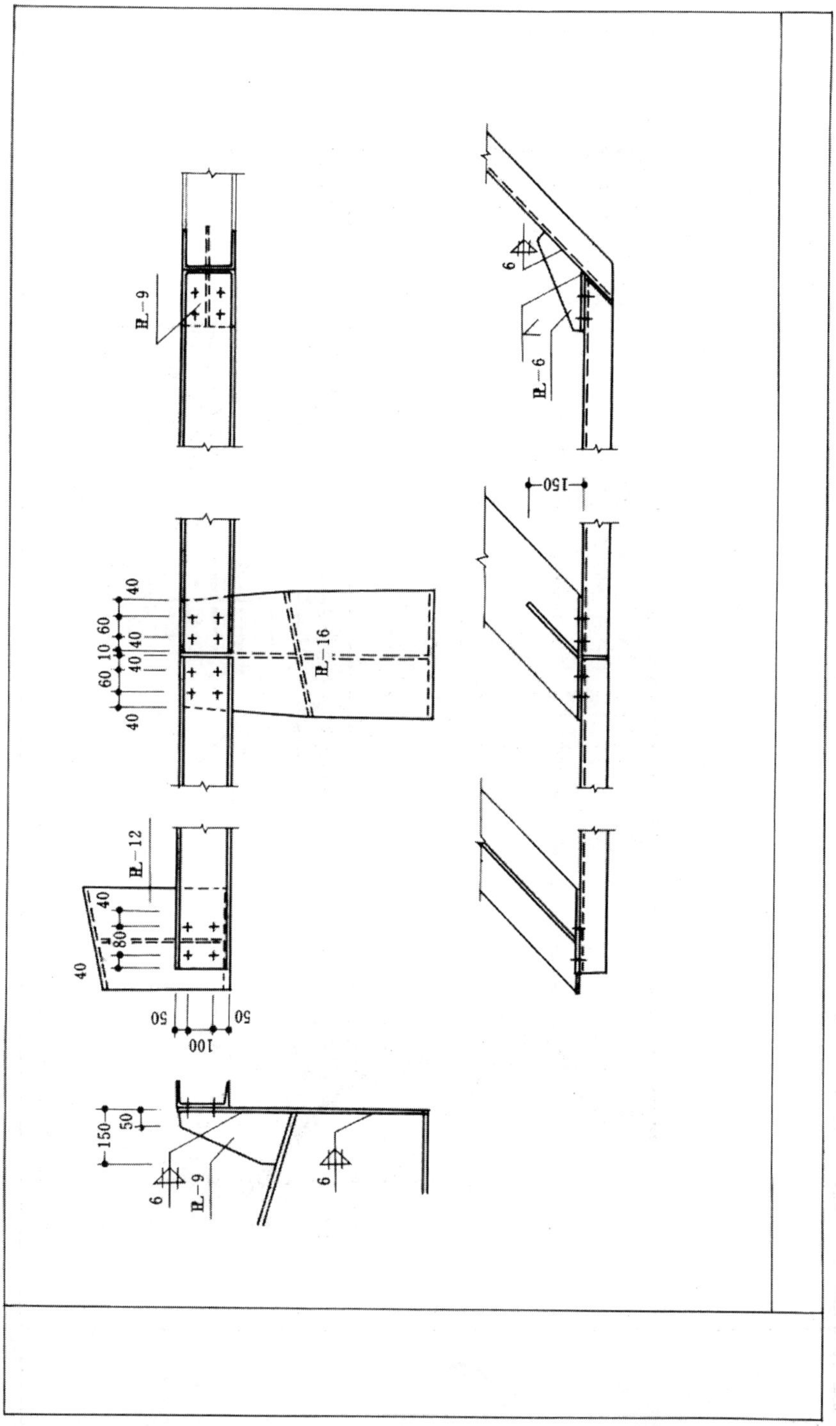

그림 6.10.1(f) 작은 보 상세

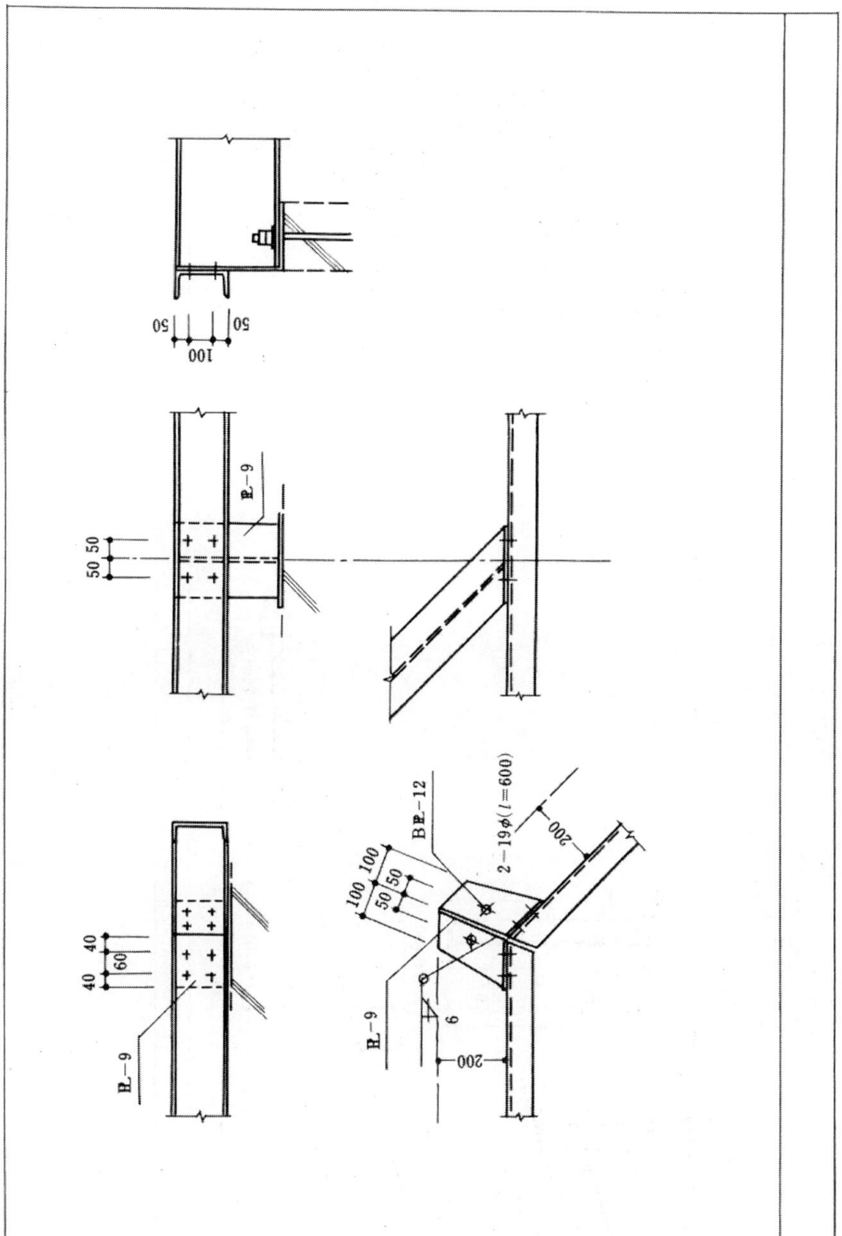

그림 6.10.1(f) 작은 보 상세

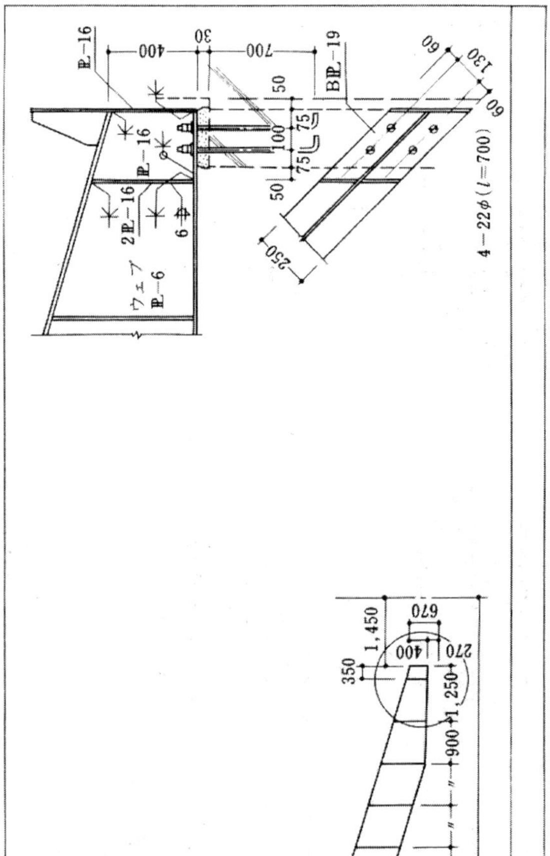

그림 6.10.1(f) 작은 보 상세

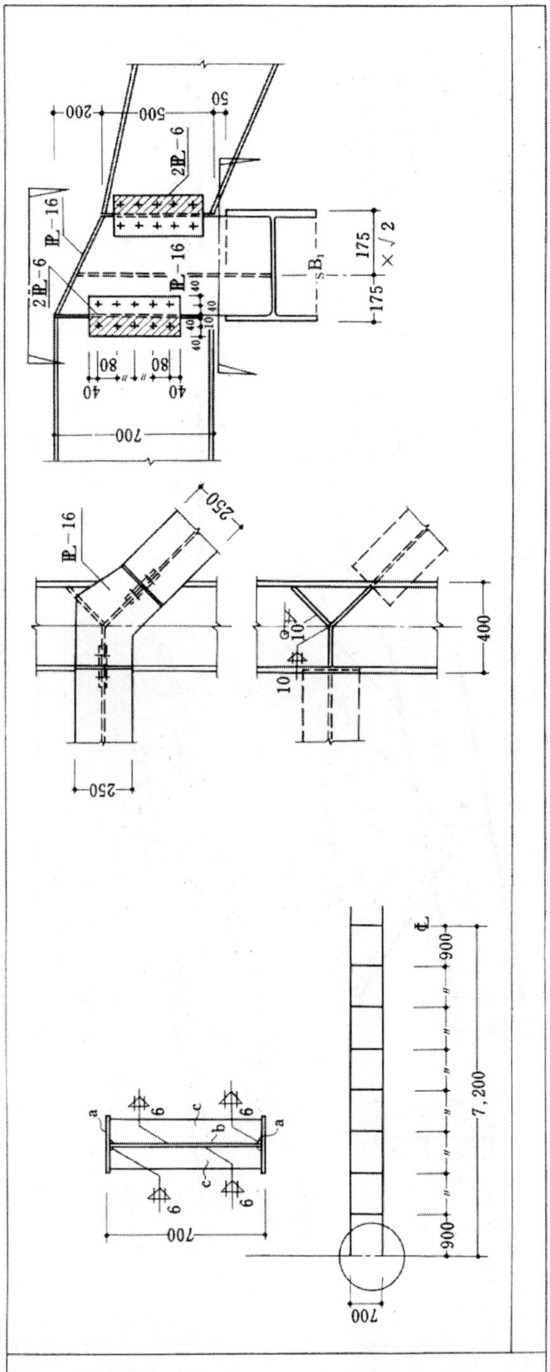

그림 6.10.1(f) 작은 보 상세

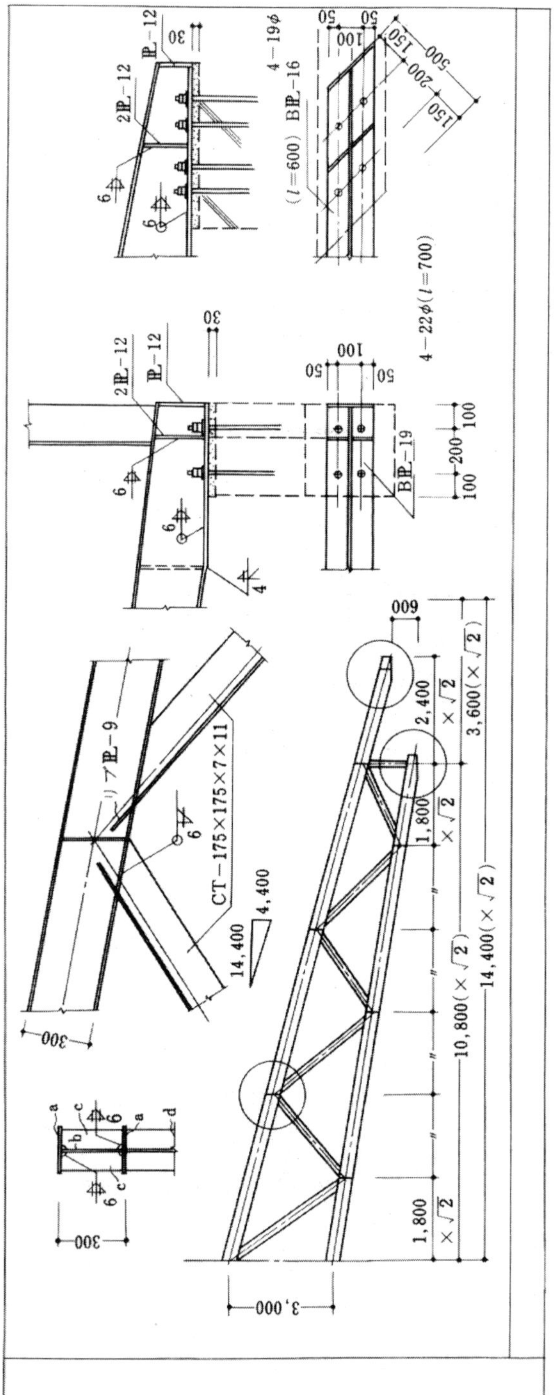

그림 6.10.1(f) 작은 보 상세

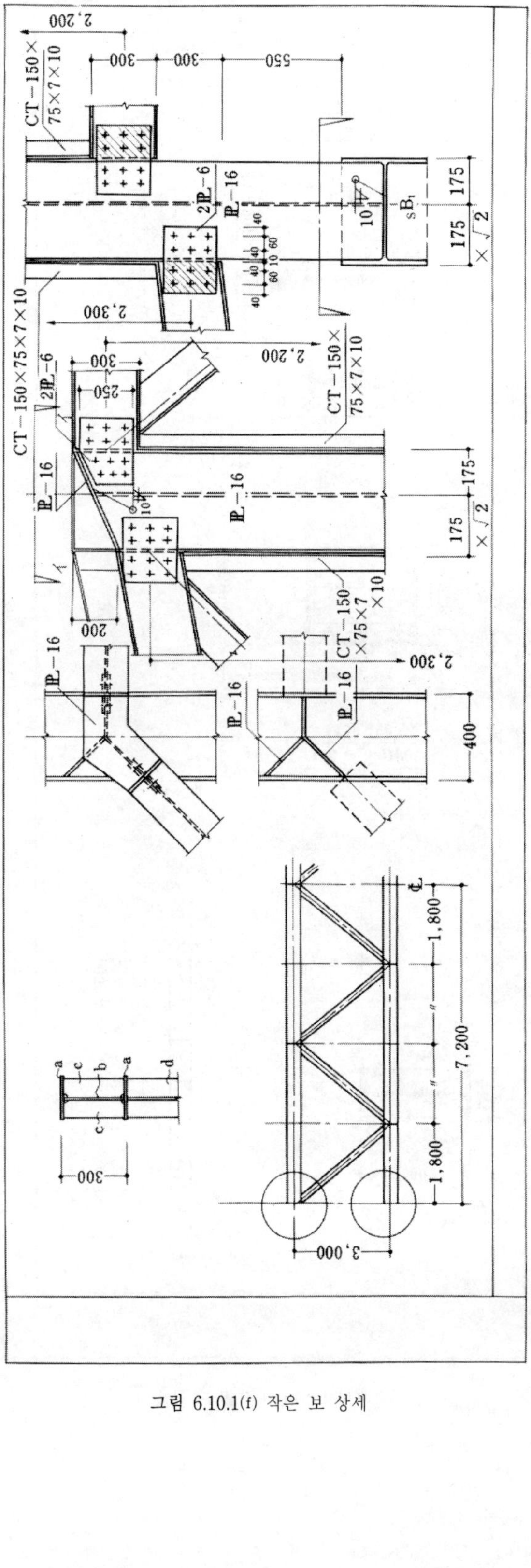

그림 6.10.1(f) 작은 보 상세

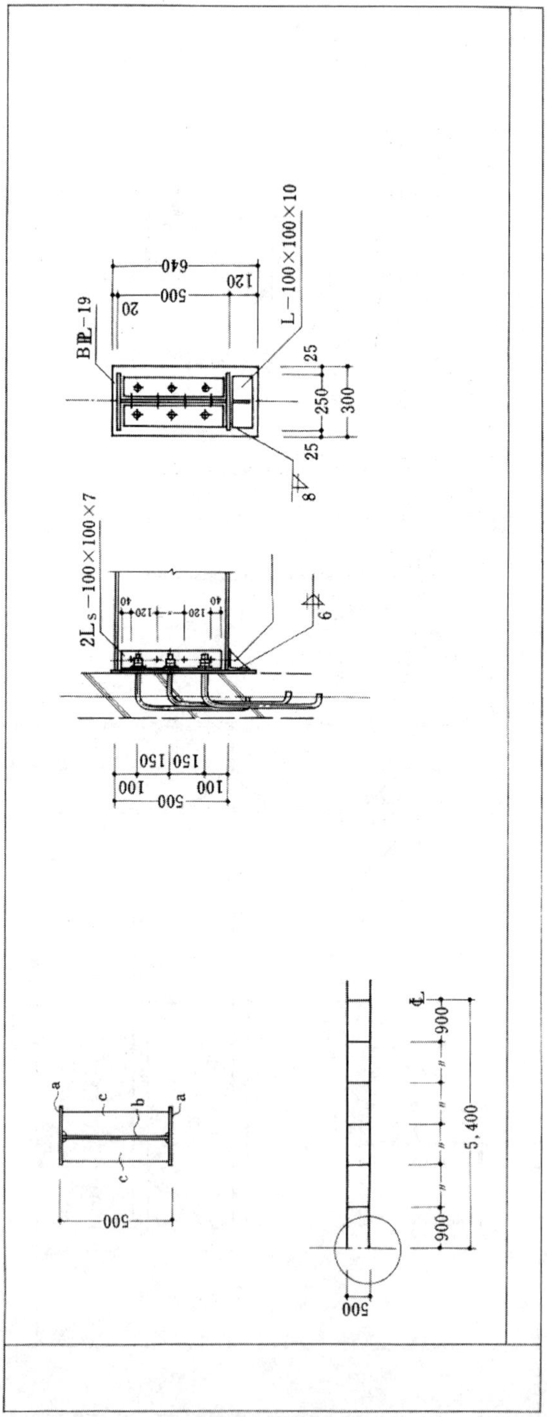

그림 6.10.1(f) 작은 보 상세

사진 6.10.1(c) S 무도관 서브 도장

6.10.2 "O"롱 비치볼

『"0"롱 비치볼』

이 비치볼은 해안에 건립된 볼링장이다. 이 볼링장의 지붕은 스팬 36.5m의 철판절판(鐵板折板)을 아래 위 두 장 조합한 렌즈(lens)모양의 지붕이다. 지붕의 하중은 통상(通常)의 수직하중은 등분포 하중이며, 그것에 의한 휨모멘트는 파라볼라 분포를 하고 있고 중앙이 최대이다. 이와 같은 경우에 보의 단면도 파라볼라로 하면 상하현재(上下弦材)의 응력이 어느 곳이던 같은 값이 되어, 보의 강도는 어느 곳이던 같아진다.

이것을 등강보(beam of uniform strength)라 한다. 이 경우, 상하현재 모두 철판절판을 사용하면 상현재가 지붕재, 하현재가 천장재를 겸한 구조재이므로 경재적이다.

하현재는 인장재이나 상현재는 압축재이므로 좌굴을 고려하지 않으면 안된다. 아치의 좌굴은 스팬의 중앙부근이 반곡점이 되는 S자의 모양으로 일어난다. 따라서, 이 경우는 약 18m가 좌굴길이가 되므로 이것을 막기 위하여 상하현을 묶은스트러트(strut)사이에 X모양의 가새를 넣어 좌굴길이를 다발간격의 3.0m로 하고 있다. 이 가새는 트러스의 사재(斜材)와 같이 보의 전단력을 받는 것이 아니므로 경미(輕微)한 것이면 되며, 이 경우는 16ø의 철근을 사용하였다. 그런데, 상하현재는 각각 3m 간격의 도리와, 1.72m 간격의 스트라트로 결합되어 있다.

이 볼링장에서는 지붕을 약간 경사진 모양으로 하고 있으나, 기울기에 따른 응력의 영향은 아주 작다. 박공의 부분은 렌즈모양으로 좁히기 위하여 철골트러스로 하여 박공쪽의 풍압을 받는 수평보도 겸하도록 하고 있다. 또한 이 볼링장 지붕은 아주 길어서 그 중간부분의 두 곳에 수평가새가 들어있다. 이것은 박공쪽으로부터 바람이 불 때 지붕면에 요철이 있으므로 지붕중앙부분에서 긴 쪽 방향의 횡력으로서 상당한 크기의 것이 작용한다고 생각되므로, 이것을 측면(側面)의 기둥, 벽으로 전하기 위해서이다. 기둥 및 벽은 철근콘크리트조이며 지붕은 양단 핀 상태로 기둥 및 벽에 설치된다.

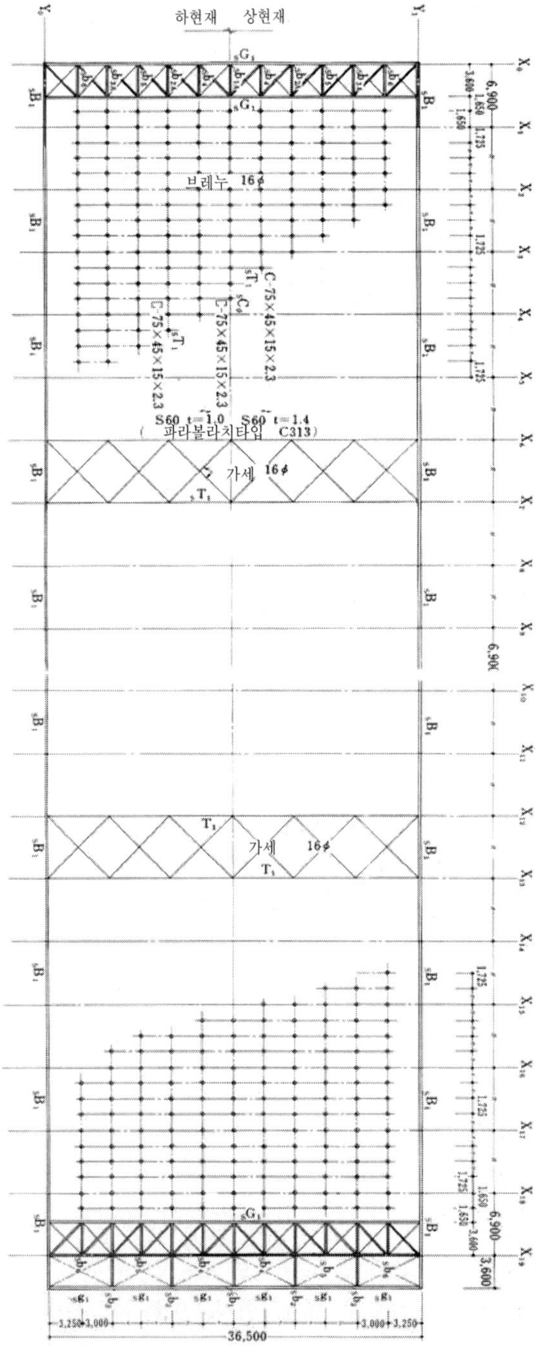

그림 6.10.2(a) "O"롱 비치볼 지붕복도

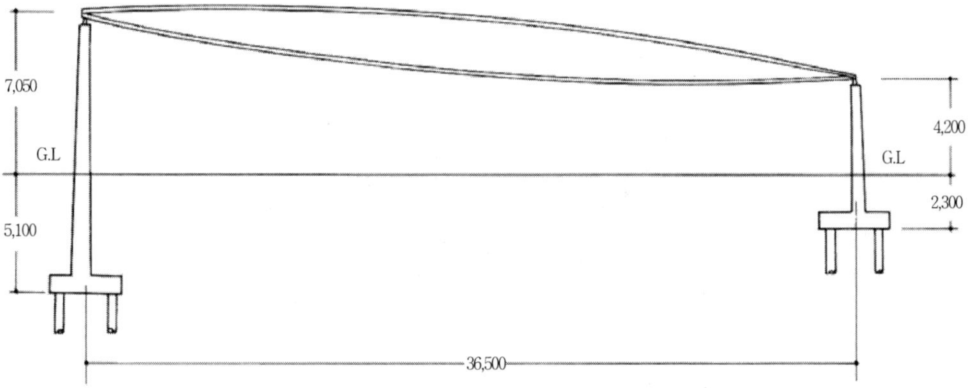

그림 6.10.2(b) 같은 건물의 X_1-X_{18}라인의 축조도

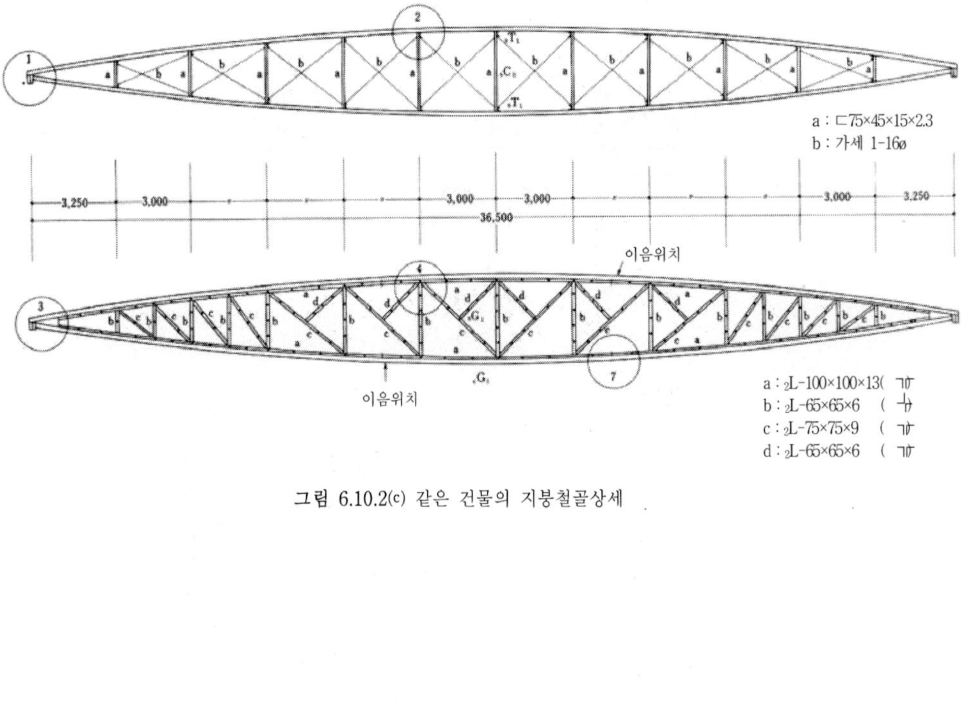

그림 6.10.2(c) 같은 건물의 지붕철골상세

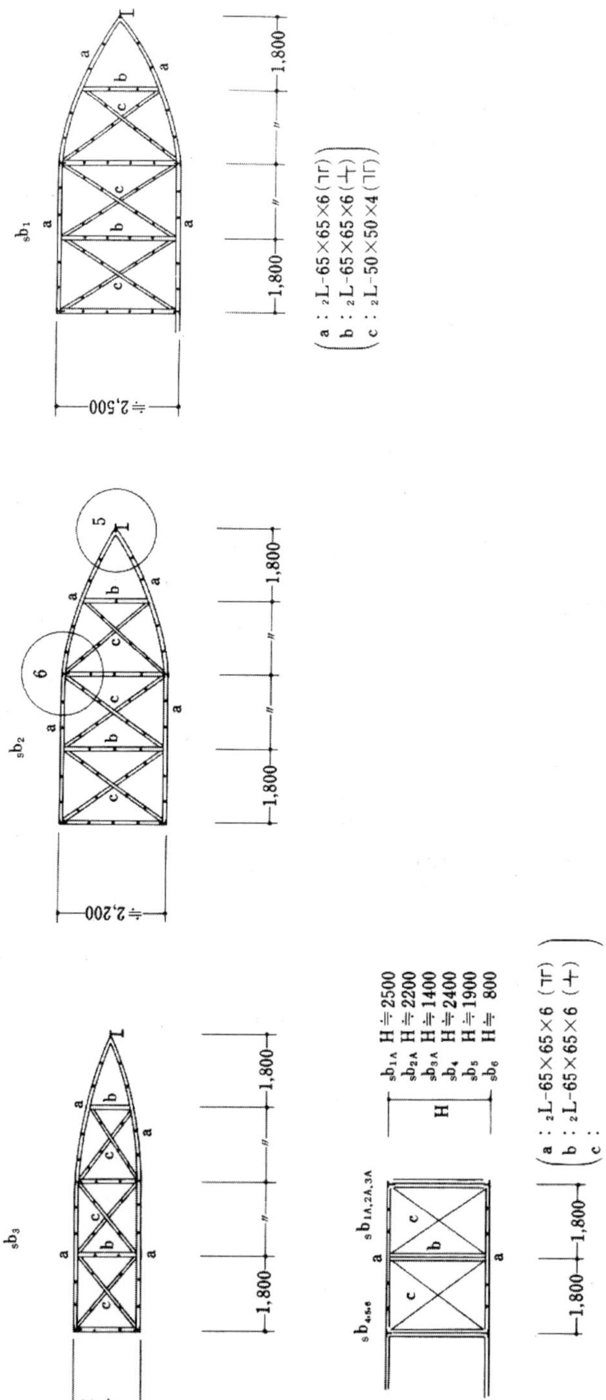
sb1
≒2,500
1,800
a : 2L-65×65×6
b : 2L-65×65×6
c : 2L-50×50×4
sb2
≒2,200
sb3
≒1,400
sb4,5,6
sb1A,2A,3A
H
sb1A H ≒ 2500
sb2A H ≒ 2200
sb3A H ≒ 1400
sb4 H ≒ 2400
sb5 H ≒ 1900
sb6 H ≒ 800
a : 2L-65×65×6
b : 2L-65×65×6
c :

그림 6.10.2(c)

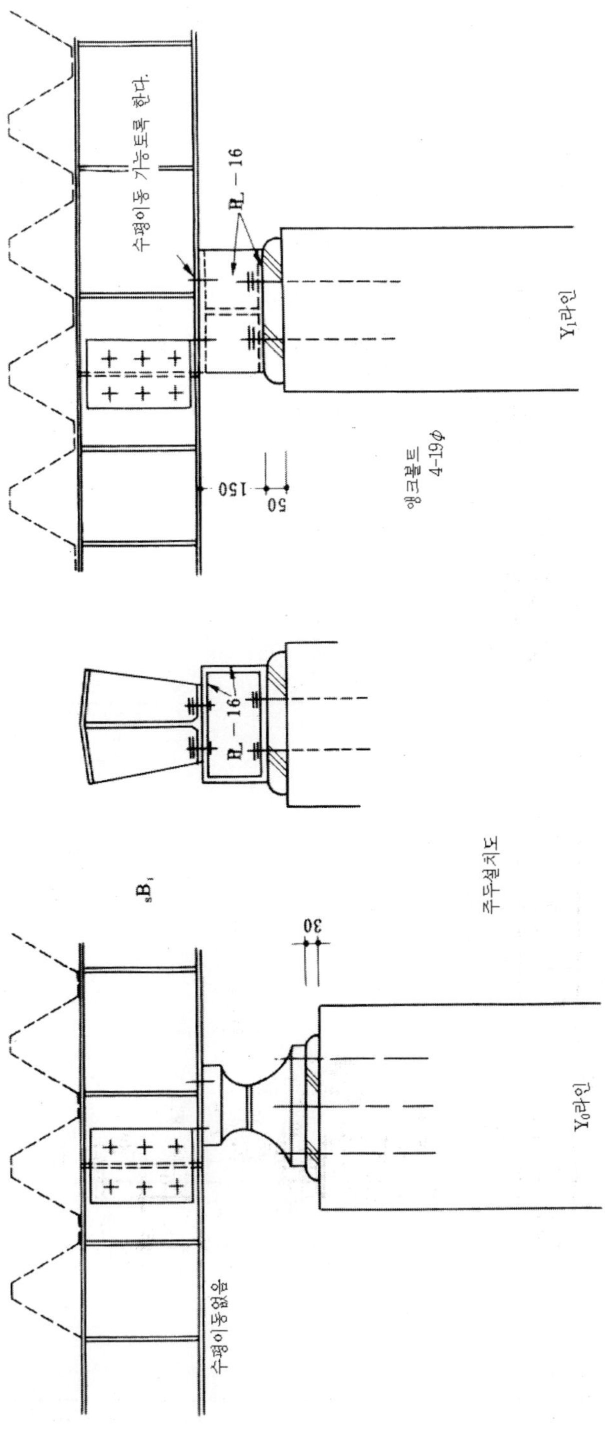
수평이동 가능토록 한다.
PL - 16
Y1라인
150
50
앵크볼트
4-19φ
PL - 16
sB1
주두설치도
30
Y0라인
수평이동없음

그림 6.10.2(c)

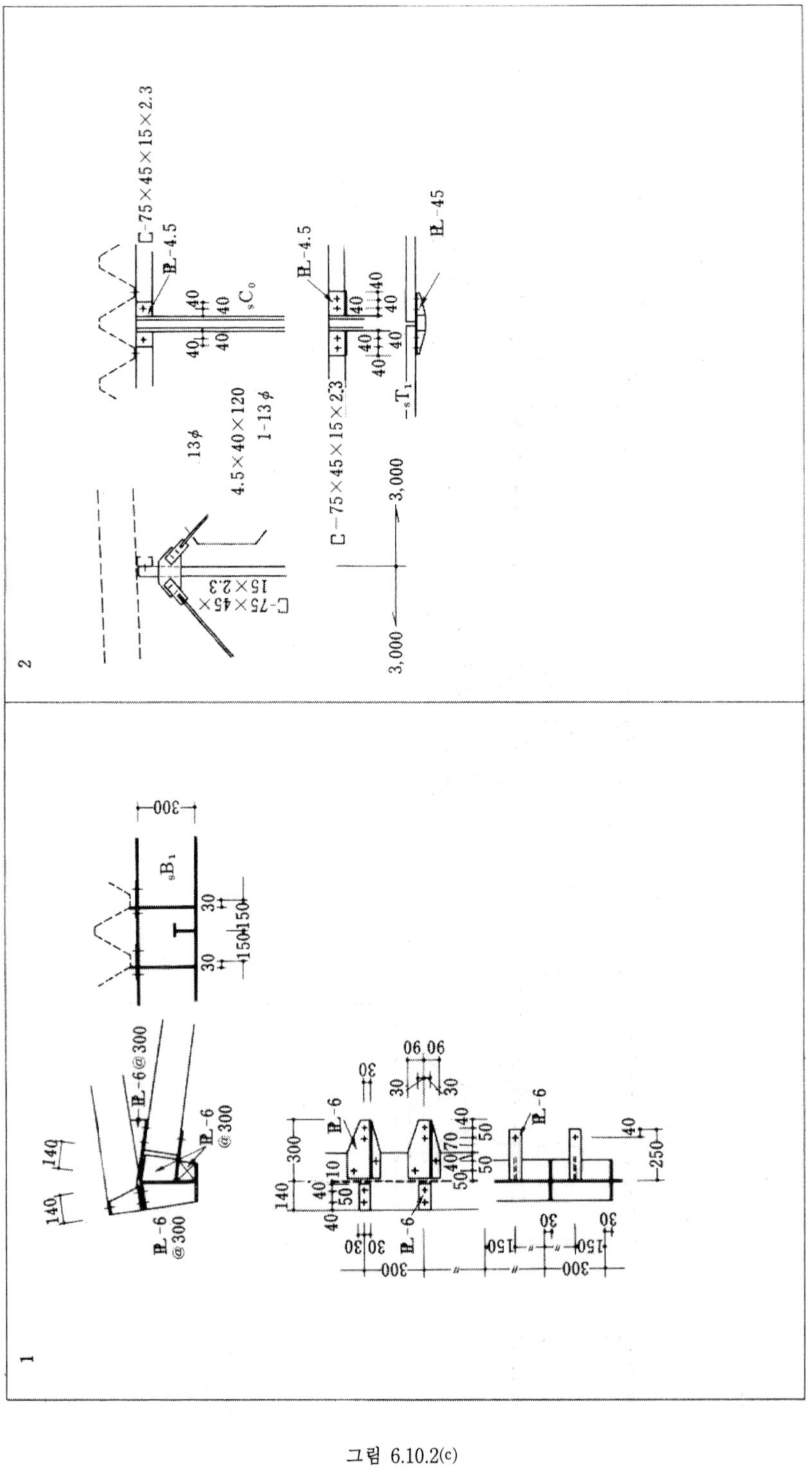
1
2
C-75×45×15×2.3
PL-4.5
PL-45
4.5×40×120
1-13φ
13φ
3,000
PL-6@300
PL-6
@300
300
250
140

그림 6.10.2(c)

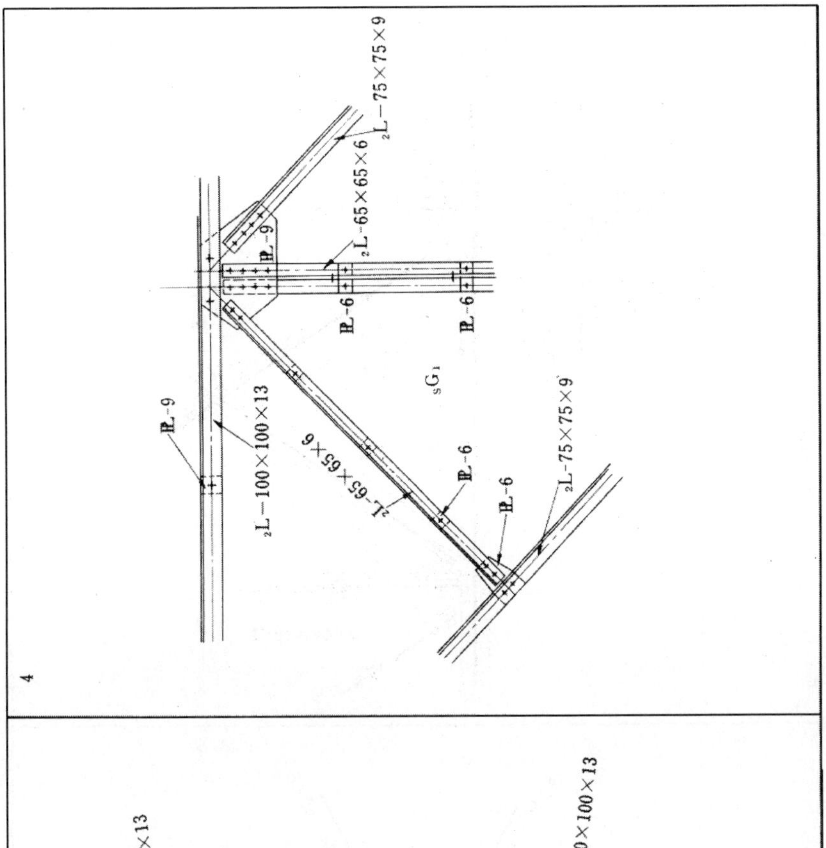
4
2L-75×75×9
2L-65×65×6
PL-9
PL-6
PL-6
sG1
2L-100×100×13
PL-9
2L-65×65×6
PL-6
PL-6
2L-75×75×9
3
L-65×65×6
PL-9
PL-12×220
PL-4.5
2L-100×100×13
1-13φ
PL-12×220
PL-12
2PL-12×100
2L-100×100×13
2L-100×100×13
sG1
L-65×65×6
PL-9
PL-12
PL-12×100
2L-100×100×13
PL-4.5
PL-12×100
1-13φ

그림 6.10.2(c)

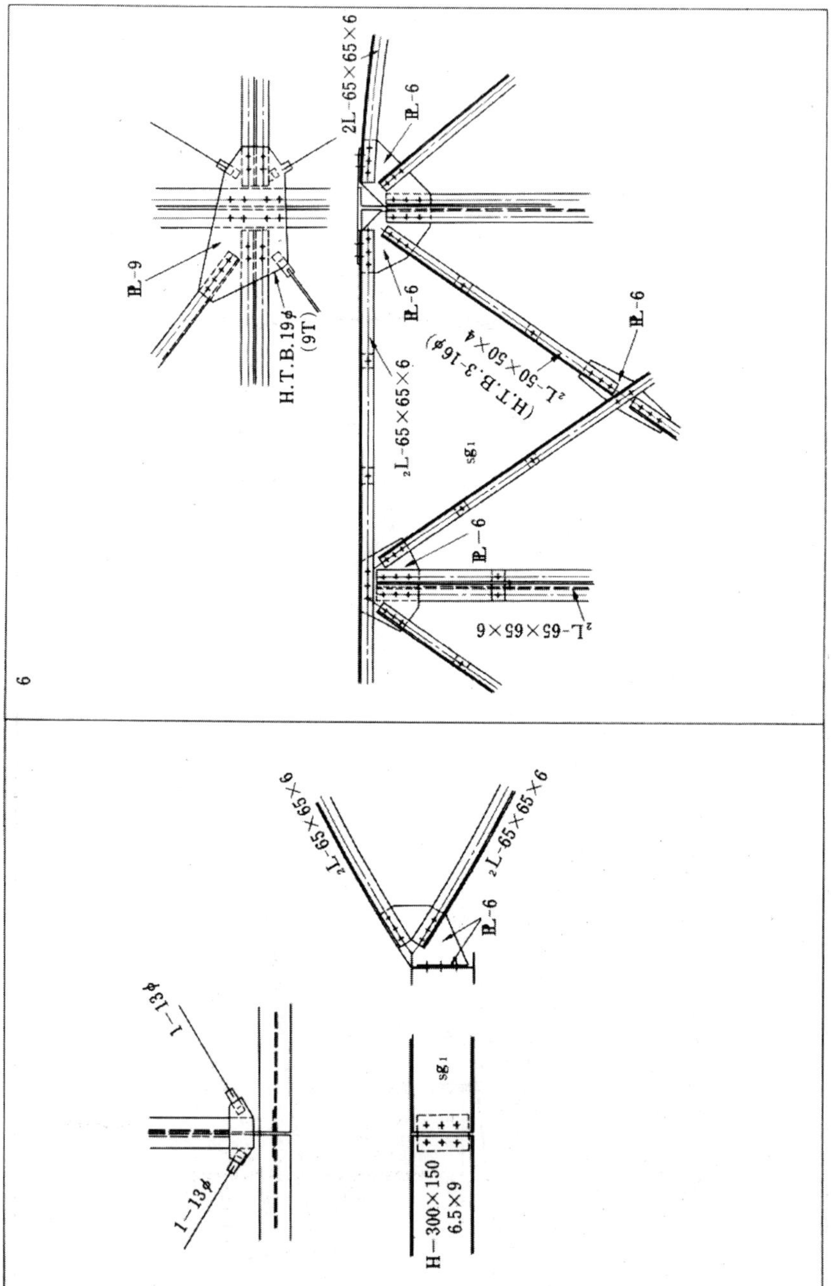
6
2L-65×65×6
PL-6
PL-9
H.T.B.19φ
(9T)
₂L-65×65×6
₂L-50×50×4
(H.T.B.3-16φ)
sg₁
5
1-13φ
1-13φ
H-300×150
6.5×9
sg₁
₂L-65×65×6
₂L-65×65×6
PL-6

그림 6.10.2(c)

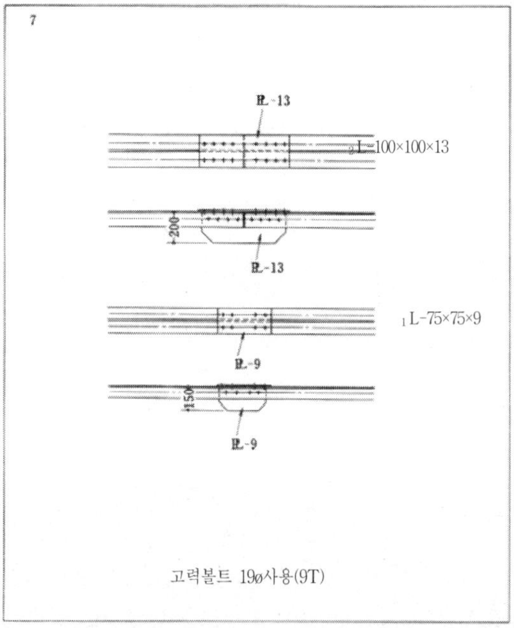

그림 6.10.2(c)

사진 6.10.2(a) "O"롱 비치볼

사진 6.10.2(b)는 위와같은 파라볼라 지붕의 어느 경우의 바람의 유선(流線)을 연기로 나타낸 것이다. 평평한 지붕인 경우엔 거의 같으나 약간 지붕위의 혼란은 적다. 사진 6.10.2(c)는 밑이 통풍이 잘되는 곳으로 하여 채택된 경우이며, 수평의 것은 거의 유선의 혼란은 없으나 경사진 때에는 마치 비행기의 날개와 같은 상태가 되어 있다.

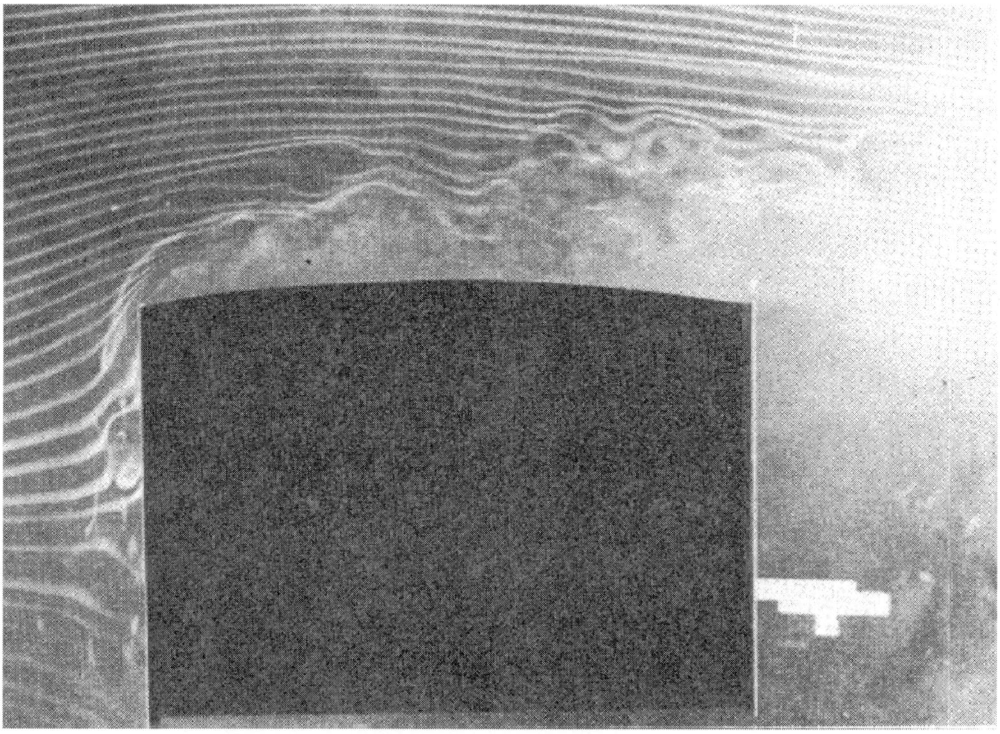

사진 6.10.2(b) 파라볼라 지붕부근의 유선

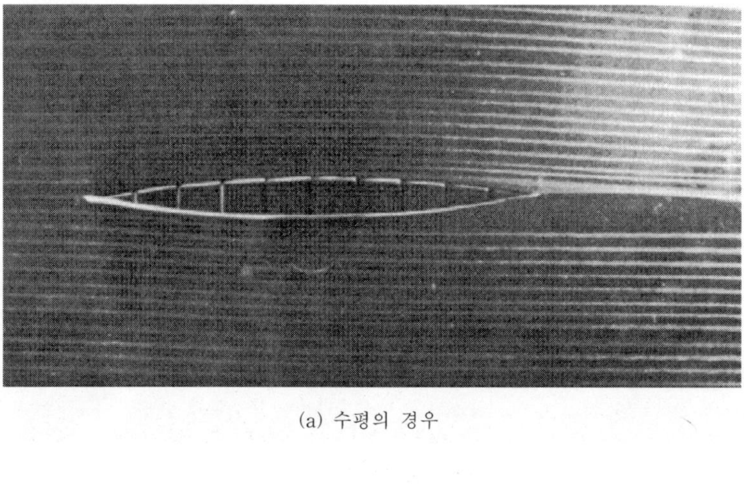

(a) 수평의 경우

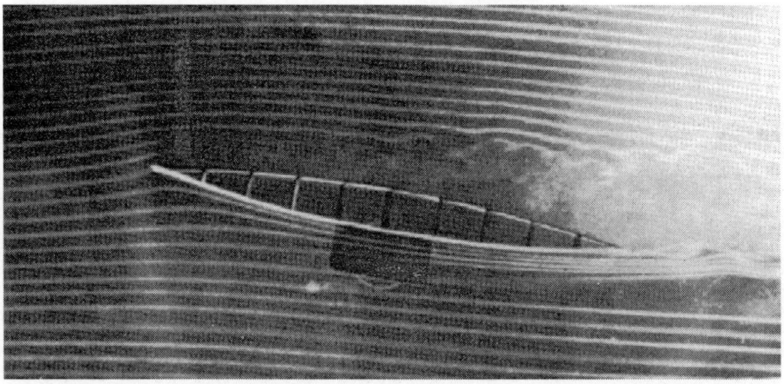

(b) 앙각(仰角) 의 경우

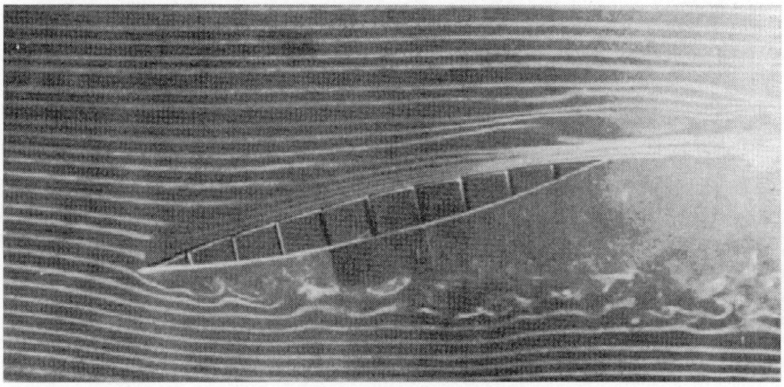

(c) 부각(俯角)의 경우

사진 6.10.2(c) 통풍이 잘 되는 곳의 파라볼라 지붕부근의 유선

사진 6.10.2(d)는 체육관은 아니지만 "모스크바 신 국제견본시장일본관"의 설계안의 모형이다. 큰 공간이 있다는 의미로 이 장에 첨가한다. 이 유니트는 36m×36m이며 이것을 4개 사용하여 72m×72m가 견본시장의 일본관이다. 기둥을 연결하는 보는 춤이 2m이며 가운데 판으로부터 하중을 기둥으로 전달한다. 가운데 판은 상현재는 압축, 하현재는 인장이 되고, 상현재는 H형강, 하현재는 P.C 강봉을 사용하며, 스트라트(strut)는 각 파이프이다. 여기의 판은 휨모멘트에 따라 그 두께(춤)가 정해졌다. 즉, 중앙의 휨이 큰 곳에서는 춤을 크게 하고(중앙에서 춤은 4m이다), 끝으로 감에 따라서 춤을 줄여가고 있다. 그 때문에 상하현재의 응력은 일정하게 되어 등강판(plate of uniform strength)이라고 부른다. 하현재는 인장이여서 가늘어도 되고, 또 X모양의 가새도 상현재의 좌굴을 막고 있으므로 역시 가늘어도 되어 답답함을 느끼지 않는 것이다.

(a) 일본관 지붕의 모형사진

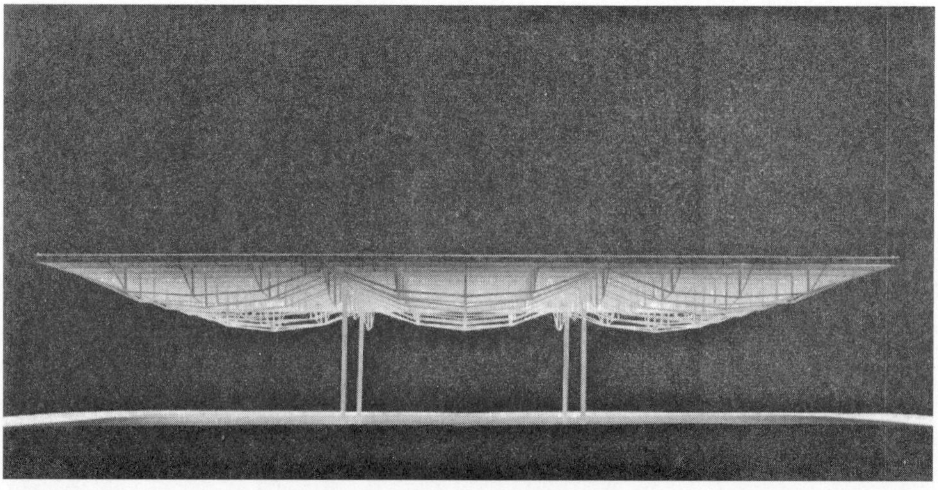

(b) 옆에서 본 것(바깥기둥을 떼어 내었다)

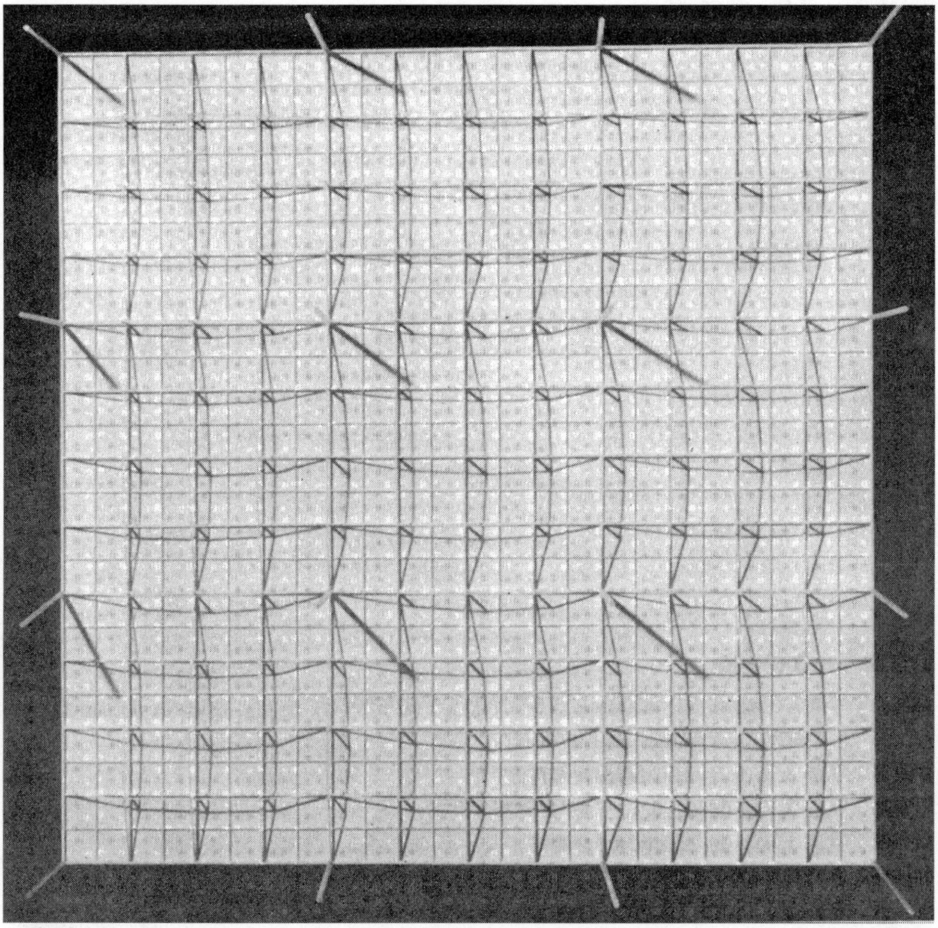

(c) 바로 밑에서 처다본 것

사진 6.10.2(d) 모스크바 신 국제견본시장

6.10.3 "D" 체육관

단변, 장변 다같이 철근콘크리트(RC)조 외팔기둥 위에서 핀 지지된 모임지붕(hipped roof)을 가진 대규모 체육관이다(사진 6.10.3(a), 그림 6.10.3(a)). 추력(지붕가구 지지점의 수평반력)이 큰 단변방향 기둥은 1,200×800mm의 단면으로, 하부 2/3 정도가 갤러리로 보강되어 있다(그림 6.10.3(c)).

갤러리를 이용한 전형적인 트러스 처리가 행하여져 있다. 갤러리위의 벽면을 경쾌히 하기위하여 기둥 꼭대기 부분의 연결보는 생략되어 있다.

지붕가구는 강관(鋼管)과 볼죠인트(ball joint)를 사용한 직교평행형(直交平行形)스페이스 프레임에의한 모임 지붕이다.

능선(稜線)과 장변(長邊)이 이루는 각도는 약40도로, 보통의 45도에서 약간 변형된 모양이 되어 있다.

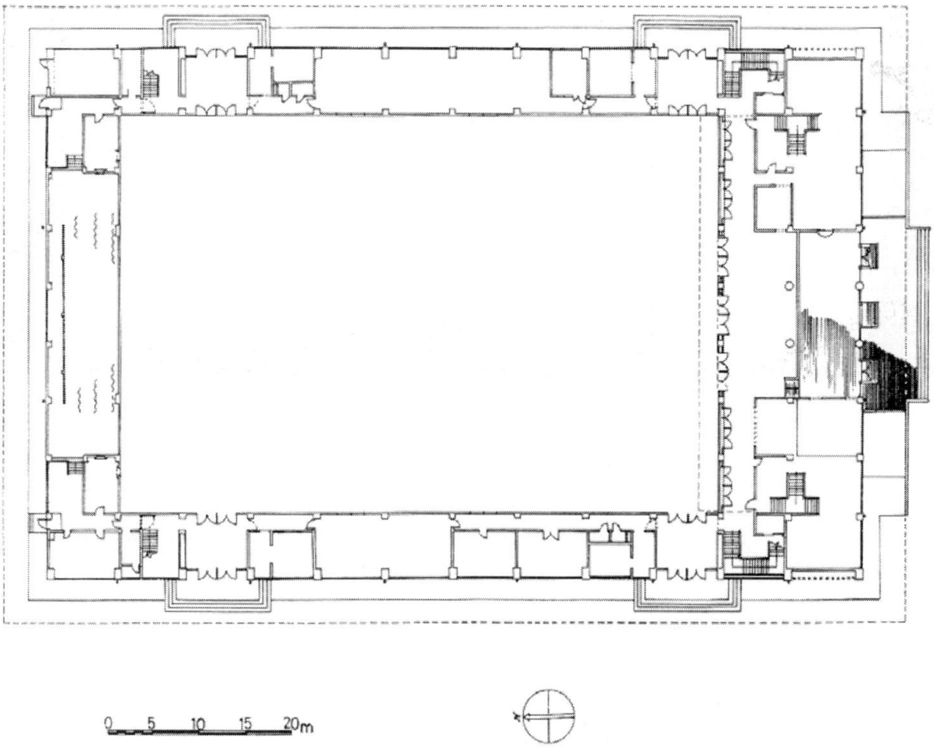

그림 6.10.3(a) 체육관의 평면도

그림 6.10.3(a) 체육관의 내부

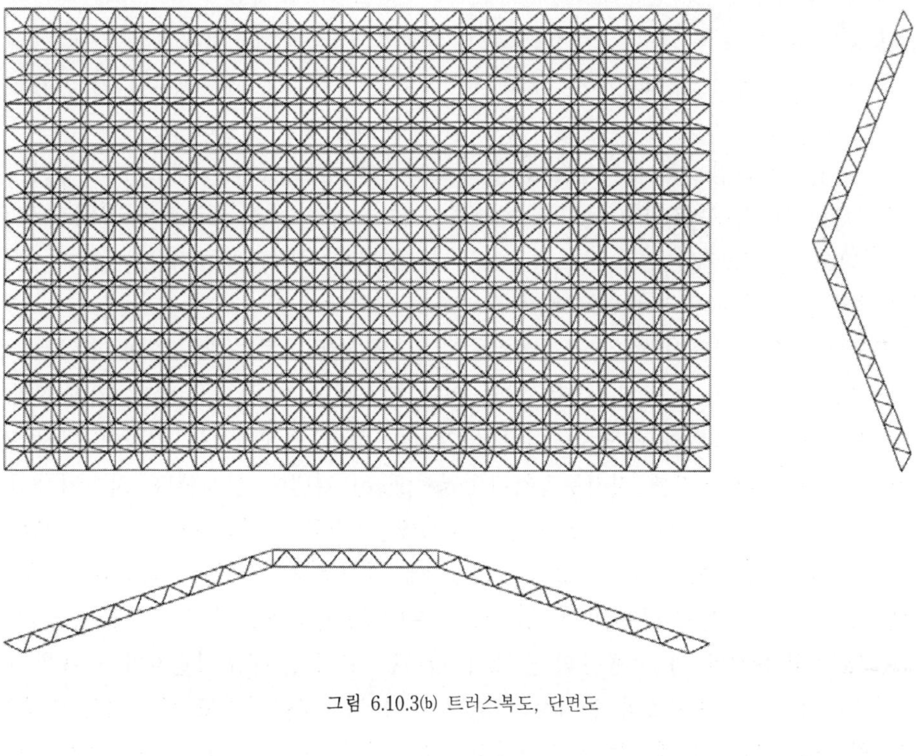

그림 6.10.3(b) 트러스복도, 단면도

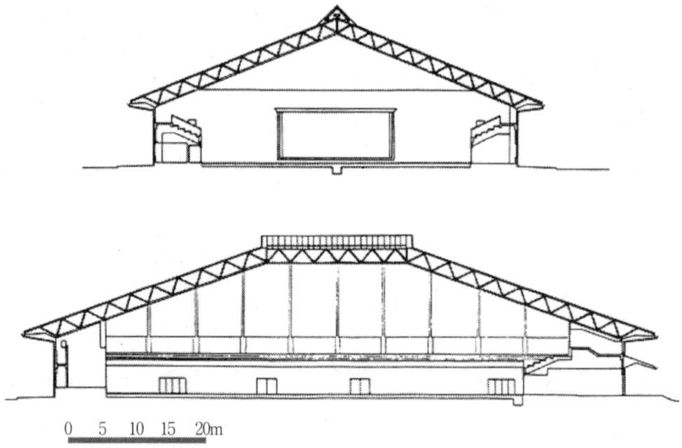

그림 6.10.3(c) 체육관의 단면도

지지기둥 피치(pitch) 및 하현(下弦)모듈은 x, y 방향 다같이 각각 균등 나눔으로, 모임지붕 형상으로 들어올리기 위해 상현(上弦)위치에 조정(調整)모듈을 배치하고 있다. 스페이스 프레임의 모듈 나누기와 지지기둥 위치는 밀접히 관계되므로 평면계획과 구조계획의 사이의 조정이 중요하다.

단변스팬 55.2m, 장변스팬 87.2m의 큰 공간을 스페이스 프레임의 규칙적인 그리드 패턴(grid pattern)이 덮고 있다(그림 6.10.3(b)). 스페이스 프레임은 비교적 작은 단면의 균질한 부재로 구성되며, 구조규모가 크게 되어도 섬세하고 경쾌한 표현이 가능하다. 이 예에서는, 상현재 높이에 흡음패널이 붙어 있어서 지붕바탕 철골이 보이지 않도록함과 함께, 스페이스 프레임을 아름다움이 한층 두드러지게 하느 효과를 내고 있다. 지붕바탕 철골의 시각적인 마무리 방법(여기서는 패널로 가리워졌다)을 그르치면 프레임쪽만이 아름다웠다고 할지도 모른다. 큰 스팬구조는 본래 다이나믹한 아름다움을 갖고 있으며 이것을 최대한 찾아내는 일에 노력해야 한다.

이 계획에서의 포인트의 하나는 장기하중시 50t에까지 달하는 지지점의 추력을 비교적 가느다란 RC기둥에 어떻게 「아무 일도 없는 것처럼 보이게」정착시키는가에 있었다. 보통 사용되는 앵커볼트의 전단저항이나 마찰력에 의한 설계에서는 안심이 되지 않아서, 350×450mm의 시어키를 지지부밑창판(base plate) 밑면에 설치했다. 시어키를 묻어넣으므로서 RC의 단면 결손을 최소화함과 동시에, 추력을 안전히 RC 단면에 전달하는 특수한 배근법이 연구되고 있다. 그림 6.10.3(d)에 지지부의 상세를 나타낸다. 체육관의 계획에서는 이 예와 같이 하부(下部) RC조, 상부(上部)지붕 S조가 압도적으로 많다. 이 부분은, RC조와 S조의 다른 종류의 구조가 만나는 곳이며, 구조기술자의 역량을 보여주는 장소이며, 큰 스팬구조의 안전성의 결정이 따르는 부분이기도 하다. 또, 디자인적으로도 일종의 긴장감이 생기는 장소이기도 하다. 시선에도 가깝다는 것을 생각하면 명쾌한 건축적 매듭의 연구가 중요하다.

처마끝의 형상은 체육관의 외관디자인을 고려함에 있어서 특히 중요하다. 이 예에서는 처마끝을 샤프(sharp)하게 보이기 위하여 지지점에서 트러스 상현(上弦)을 반(半)모듈 내밀고, 트러스위의 처마안을 받는 보를 다시 반모듈 내밀어 처마의 빼어나옴을 크게 하고 있다(그림 6.10.3(d)).

큰 스팬구조에서는 큰 배수능력의 처마통이 필요하게 되며, 처마끝의 경쾌한 디자인과는 서로 모순되는 경우가 많다. 여기서는 지름이 큰 세로통을 많이 두므로서 처마통을 작게하고 있으나, 처마끝의 지붕바탕 철골도 포함된 건축적인 매듭방법에 대한 연구가 많이 남아있는 곳이다.

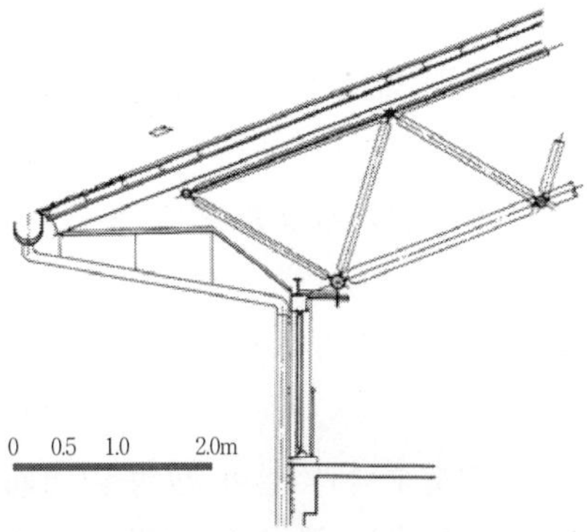

그림 6.10.3(d) 처마끝 상세도

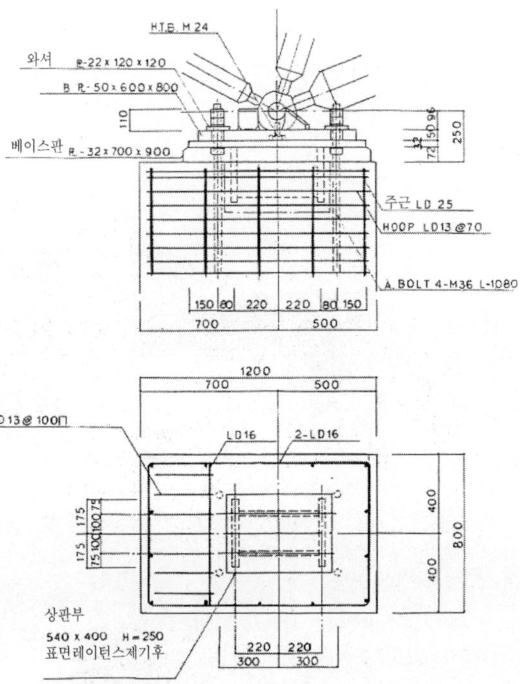

그림 6.10.3(e) 트러스지지부의 디테일

6.11 ·· 병원

-철근콘크리트조, 라-멘구조-

중정(中庭)을 가진 ㅁ자형 평면의 병원병설의 노인보건시설(老人保健施設)이다(사진 6.11(a)). 그림 6.11(a)에 나타낸 평면도와 같이 동향, 남향, 양방향에 요양실(療養室)이 향한 건물로서, 또한 1층 관리·리허빌리테이션(rehabilitation 사회복귀요법)·캐어센터(care center)부분과 2, 3층 요양실 부분의 용도가 다른 경우는 균등 스팬이란 의미에 매달릴 필요없이, 억지로 기둥 나누기를 결정할 필요가 있다. 그 때문에 철근콘크리트조로서는 비교적 긴 9.0m스팬으로부터 2.6m의 스팬까지 존재한다. 그러나, 건물규모가 3층 건물정도에서는 두방향에 적당한 내진벽을 배치하므로서 무리없이 구조설계를 할 수 있다.

바닥구조에 대해서는 학교나 집합주택과 같이 방향성(方向性)이 확실하지 않기 때문에, 작은 보를 걸쳐놓는 방법에 고민하는 곳이다. 그러나 기본 방침으로서는 될 수 있는 대로 연속보로 설계하는 것이다.

이것은, 단순보에 비하여 보의 변형을 작게 할 수 있기 때문이다. 기둥 및 큰 보의 단면치수를 표 6.11(a), 6.11(b)에 나타낸다. 이 예에서는 작은 보의 춤은 9m 스팬에서 75cm, 5.7m 스팬에서 60cm로 설계하고 있다.

사진 6.11(a) 노인 보건 시설의 외관

표 6.11(a) 기둥의 치수(cm)

층	단면
3	65×65
2	65×65
1	65×65

표 6.11(b) 큰 보의 단면치수(cm)

층	스팬 9.0m	스팬 5.7m	스팬 2.6m
R	35×80	35×90	35×50
3	35×80	35×70	35×50
2	35×80	35×80	35×60

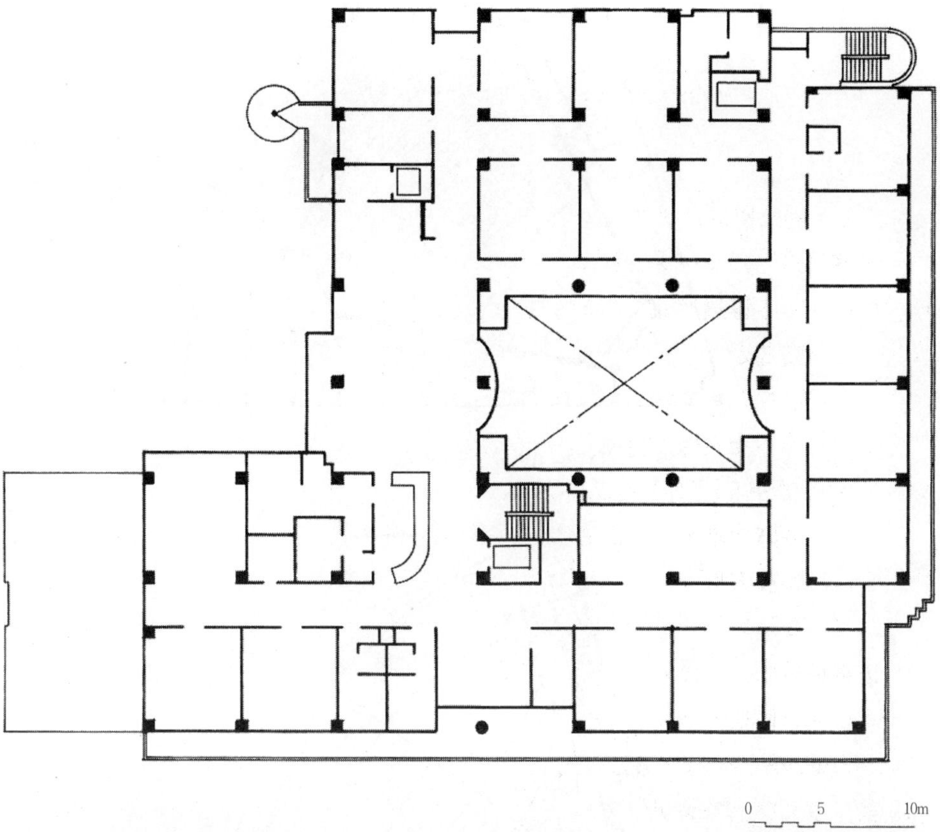

그림 6.11(a) 기둥의 배치

6.12 ······························ 다목적홀

스페이스 프레임의 큰 매력은 복잡한 곡면을 자유로이 형성할수 있다는 것과 입체구조이기 때문에 가구(架構)의 강성, 내력이 높아 큰 스팬 구조를 쉽게 실현할 수 있는 것이다.

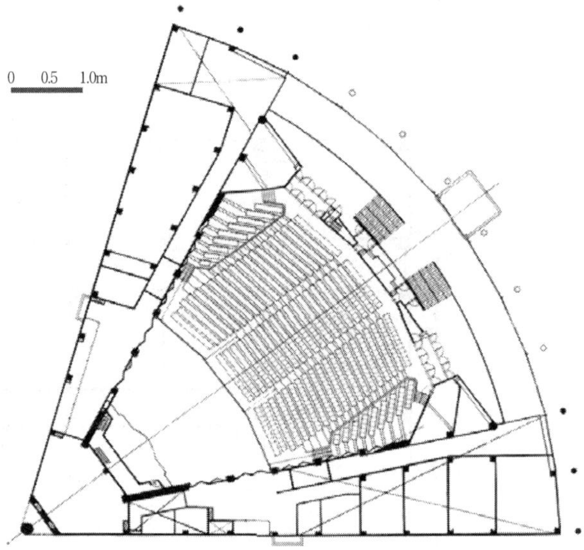

그림 6.12(a) 다목적홀의 2층 평면도

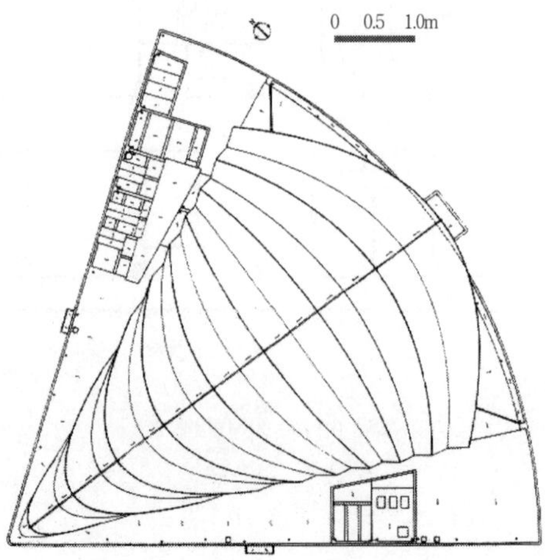

그림 6.12(b) 지붕복도

여기에 소개하는 다목적 홀은 이와 같은 특징을 최대한으로 살린 예라고 할 수 있다. 평면도(2층), 지붕복도, 입면도(남쪽)를 그림 6.12(a), 6.12(b), 6.12(c)에 나타낸다. 외관은 삼각형의 평면형상을 한 철근콘크리트의 하부구조의 위에 펼쳐진 부채를 이미지(image)로 한 철골 셸의 지붕을 실은 것이다.

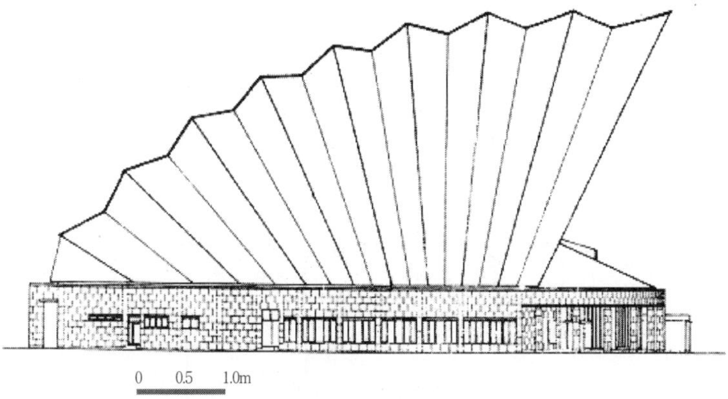

그림 6.12(c) 입면도(남측)

소라를 연상케하는 독특한 형태가 되어 있다(사진 6.12(a)). 구조체는 홀의 천정에 가리어 보이지 않지만 티탄(Titan)잇기의 은백색지붕의특이한 실루엣(silhouette)을 가진다. G.L.로부터 지붕 꼭대기 부분까지 높이 30.7m, 건물전길이 75.45m의 규모로서 홀에는 약 800석이 설치된다.

철골 셸은, 포물선 아치를 점 O_1을 중심으로 방사상(放射狀)으로 배치, 각 아치의 꼭대기 부분은 다른점 O_2를 중심으로한 원호상(圓弧上)에 위치하는 방식으로 형상이 결정되어 있다(그림 6.12(d)참조).

사진 6.12(a) 다목적홀의 외관

하현(下弦)쪽은 부드러운 곡면이며, 상현(上弦)쪽은 산골짜기의 어느 뱀의 배 모양의 형상이다. 그림 6.12(e)에 스페이스프레임의 격자형(grid pattern)을 나타낸다. 철골 셸은 하현(下弦)에서 삼각형으로 열린 RC조 위에 핀 지지되어 있다.

박공면에는 내풍(耐風)·내진가구(耐震架構)가 설치되어 있다(그림 6.12(f)). 이 벽면은 높이, 폭 다같이 규모가 크고 중간지지점도 설치할 수 없으므로 구조상의 연구가 필요한 곳이다.

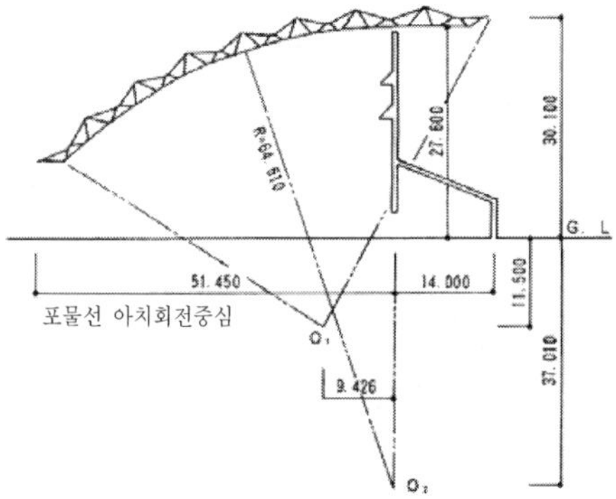

그림 6.12(d) 단면의 형상

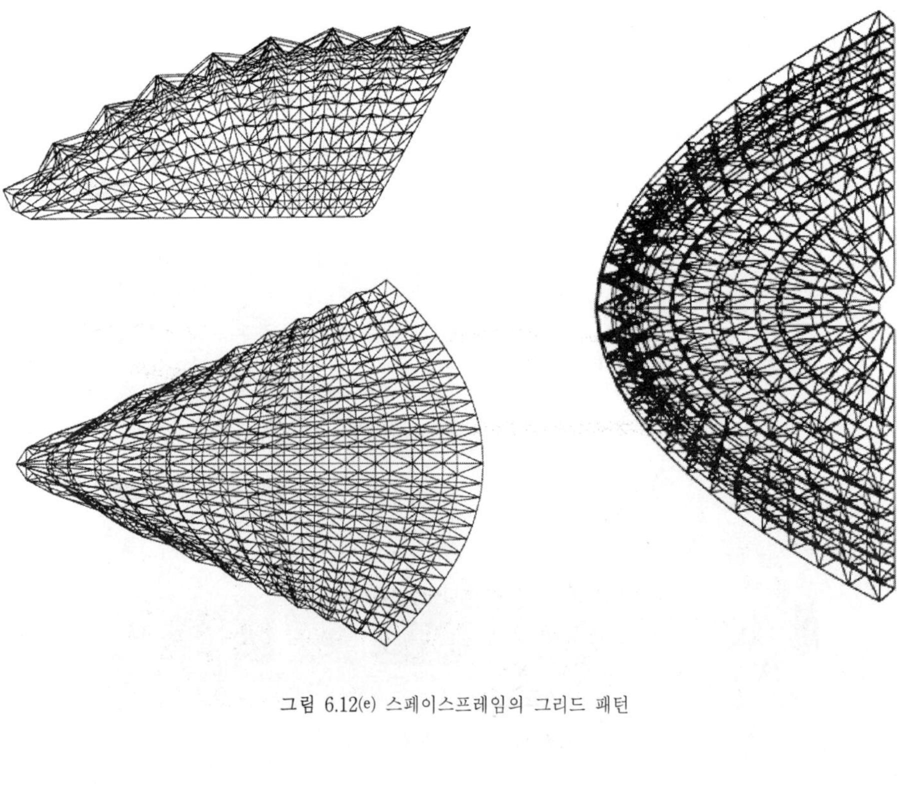

그림 6.12(e) 스페이스프레임의 그리드 패턴

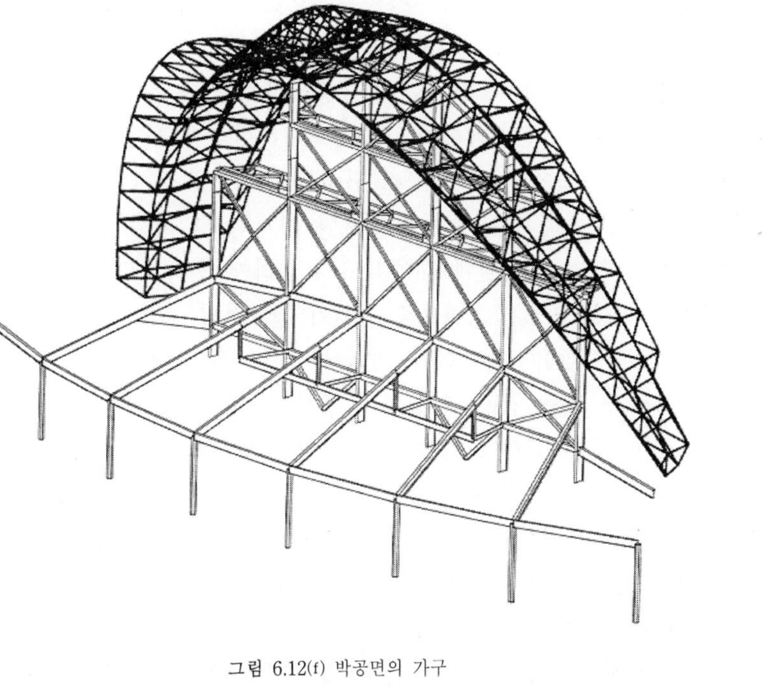

그림 6.12(f) 박공면의 가구

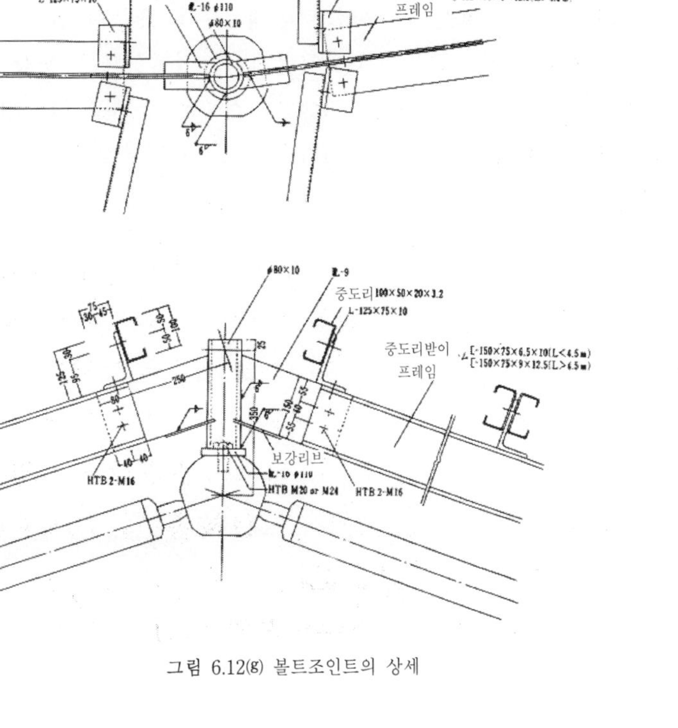

그림 6.12(g) 볼트조인트의 상세

면외(面外)의 풍하중에 대해서는 사잇기둥으로서 H형강(600×200×11×17mm)을 6~6.4m 간격에 배치하여 이것을 주각(柱脚), 밑의 지붕의 가구, 중간 2단의 내풍 트러스 및 주두에서 지지되어 있다. 중간 2단의 내풍트러스는 보춤 1.8m, 현재(弦材)는 H-300×305×15×15이며, 양단부가 스페이스 프레임의 하현절점(下弦節点)(셸의 안쪽)에 접합되어있 다. 주두 및 상단의 내풍 트러스 단부는 철골 셸이 변형하기 쉬우므로, 셸의 내면강성을 높이도록 부재배치를 해두지 않으면 지지점으로서 유효하게 작용하지 않는다. 또, 내풍 트러스 단부는 비틀림에 대해서도 유효하게 구속되도록 셸에 정착해두지않으면 내풍트러스 자신이 크게 변형하므로 주의가 필요하다.

한편, 지진시의 면내(面內)전단력에 대해서는 충분한 가새가구를 짜넣으므로서 저항시키고 있다. 가새는 모두 압축, 인장에 저항시키므로서 응력의 벽면 전체로의 분산을 꾀하고 있다. 맨아랫층의 V자형 가새는 계획상의 개구부(開口部)의 배치와 기초의 뽑힘을 최소한으로 하는 것을 목적으로 하고 있다.

이 예와 같은 복잡한 형상에서는 시공은 총비계공법에 따르게 되므로, 주가구와 동시에 시공되는 박공면가구, 격자천정철골 등을 어떻게 조립할 것인가를 신중히 검토하면서 설계하는 것이 중요하다.

복잡한 곡면구조에서는, 2차부재의 설계에도 주가구와 같은 에너지가 필요하다. 주가구(主架構)로의 적절한 접합상세를 생각해 두지않으면 수습할 수 없게 된다. 여기에서는 볼 죠인트(ball joints)로부터 곡면의 법선방향에 기계가공용 압육강관(機械加工用 壓肉鋼管)을 세워서, 부재와 평행이 되도록 거싯판(gusset plate)을 용접하고 있다(그림 6.12(g)). 죠인트의 한 가운데(심)로 부터의 덮개치수를 표준화 해두므로서 곡면의 데이터를 이용한 자동설계가 가능하게 된다. 이렇게 한 접합상세를 생각할 경우, 『한가운데(심)를 합침』로 끝내는 것이 골자이다. 일반의 건축용 단면에서는 설계하기 귀찮은 경우가 많아서 기계가공용 단면을 이용하던가, 새로운 단면을 만드는 등의 연구가 새로이 생기는 부분이다.

6.13 ·································공항 여객터미널

6.13.1 간사이국제공항 여객터미널 건물

본 건물은 세계 최초의 본격적인 해상 공항이되는 간사이 국제공항의 중심시설을 담당하는 여객터미널 건물로서, 전 길이 약 1700m, 안길이(폭) 약 150m, 연바닥면적 약 30만m^2의 거대한 시설이다(사진 6.13(a)).

사진 6.13(a) 터미널의 조감도(외쪽위)와 내부공간

이 건물이 건설되는 공항섬은 먼바다쪽 5km, 수심 약 18m의 바다밑에 약 1억 8천만 m^3의 매립토사를 투입하여 조성한 511ha에 달하는 대규모인 인공의 섬으로서, 해양 토목기술을 결집하여 아주 짧은 공사기간에 건설된 것이다. 이와 같은 조성력(造成歷)을 가진 인공지반위의 시설의 설계에 있어서는, 침하가 진행되는 공사중에는 말할 것도 없이 준공 후의 침하에도 충분한 배려를 기울일 필요가 있었다.

한편, 이 건물의 외관디자인은 국제 설계공모에 의하여 선택된 것으로, 건물 전체를 글라이더(glider)와 같이 매끄러운 모양의 곡선으로 구성되는 큰 지붕으로 덮어 씌우므로서, 출발 및 도착 콩코스(concourse)의 큰 공간을 구성하는 것이 형태상의 큰 특징이 되어 있다.

여기서는 주로 여객터미널 건물의 부동침하 대책과 지붕가구(架構)의 설계개요에 대하여 소개한다.

1. 구조계획의 기본방침

구조계획에 있어서는 공항섬의 지반특성을 근거로 하여, 부동침하의 요인을 가능한한 배제하도록 다음의 점을 기본방침으로 하고 있다.

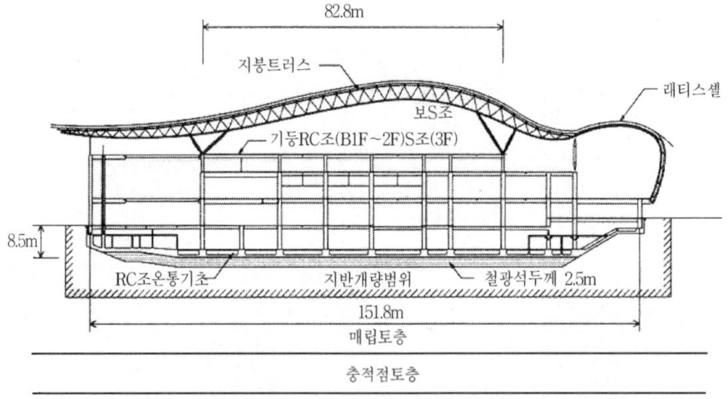

그림 6.13(a) 구조의 개요

① 상부구조는 경량화와 시공성을 고려하여 철골구조로 하고 변형에 뒤쫓아 따르기 쉬운 라-멘가구를 기본으로 한다.

② 기초공법은 매립지반을 샌드 콤팩션파일(sand-compaction-pile)공법으로 단단히 다져서 지반개량한 위에 직접기초로 한다.

③ 점토층의 압밀침하를 균일히 하기 위하여 건물무게와 제거되는 흙무게의 균형을 극력 좋게 한다.

④ 부동침하의 조정(調整)대책으로서 주각을 잭업(jack up)할 수 있는 디테일로 한다.

⑤ 부동침하의 영향을 직접받는 기초보는 적절한 강성과 내력 및 변형 능력을 확보하고, 지하수위(地下水位)이하의 철근콘크리트 부재의 철근에 대해서는 녹막이 대책을 한다.

구조의 개요를 그림 6.13(a)에 나타낸다.

2. 부동침하 저감(低減)대책

공항섬의 매립층 두께는 평균해서 약 33m, 그 하중은 약 45t/m^{2}에 달한다. 이와 같은 대규모인 매립의 영향이 깊은 층에까지 미쳐서, 침하도 오랜기간에 걸쳐서 생길 것이 예상되기 때문에 이것에 대한 부동침하를 적절히 평가하는 것이 중요하다.

여객터미널 건물의 설계·시공에 있어서 고려한 부동침하의 주된 요인은 다음과 같다.

① 하중조건의 차에 의한 부동침하

② 매립공정의 엇갈림에 의한 부동침하

③ 토질정수(土質定數) 등의 흐트러짐에 의한 부동침하

이 가운데 터미널 건물 본관의 경우 특히, 하중조건의 차에 의한 부동침하를 저감하는 것이 중요과제가 되었다. 즉, 유창하고 아름다운 지붕과 거대한 내부공간을 가진 터미널 건물 본관은 기계실을 지하층에 설치할 필요가 있으며, 지하1층의 층고 등을 가능한한 낮게하여 배토량(排土量)의 소감(消減)을 꾀하고 있으며, 배토중량이 건물중량보다 약 8t/m^2 크다. 게다가 평면규모가 약 150×300m로 크기 때문에 그 하중차의 영향은 깊은 층에까지 미치며, 그림 6.13(b)에나타내는 것과 같이 건물 끝부분에 대하여 중앙부가 凸모양으로 침하하는 모양의 부동침하가 서서히 일어날 것이 예측된다.

이 양은 50년뒤에 수 십cm로 예상되며, 다른요인에 의한 부동침하량도 고려하면 레벨(level) 조정의 한계를 넘어서 건물을 건전한 상태로 유지해가는 것이 곤란하게 된다. 따라서 이 요인에 의한 부동침하를 저감시킬 목적으로 여러 가지의 검토를 가한 결과, 기초밑의 지반을 중량재(重量材)로 치환하여 중량의 불균형이 약 4t/m^{2}가 될 때까지 개선하기로 했다.

△W=배토중량(약 17t/m^2)-건물중량(약 9t/m^2)≒8t/m^2

▼

건물단부에 대한 중앙부가 요철(凸) 모양으로침하한다.

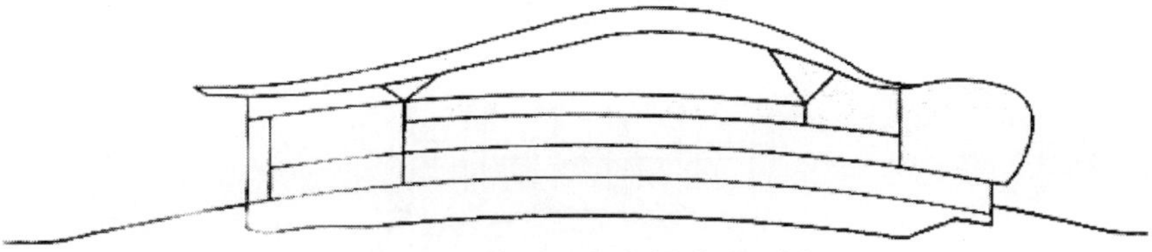

그림 6.13(b) 하중조건의 차에의한 부동침하

중량재로서는 여러 가지의 요건을 감안하여 철광석을 선정하여 실내시험, 시공시험을 행하여, 필요한 중량을 얻기 위한 조합, 시공법 등을 정했다.

이 이외 매립공정의 엇갈림에 의한 부동침하가 늘 마음에 걸려 불안하게 생각되는 남(南)윙(wing) 앞쪽의 끝부분에는, 재하성토(載荷盛土)를 행하여 잔유침하량(殘留沈下量)의 차를 저감시키는 것으로 하고 있다.

3. 부동침하 수정시스템

i) 잭업(jack up) 시스템

여러 가지의 대책을 논하여도 역시 부동침하는 피할 수 없을 것으로 생각되므로, 상부구조물은 그림 6.13(c)에 나타낸 것과 같이 맨 아래층 주각위치에서 잭업을 실시하며, 베이스 플레이트 밑의 필러(filler)플레이트의 두께에 따라 레벨을 조정할 수 있는 구조로 하고 있다.

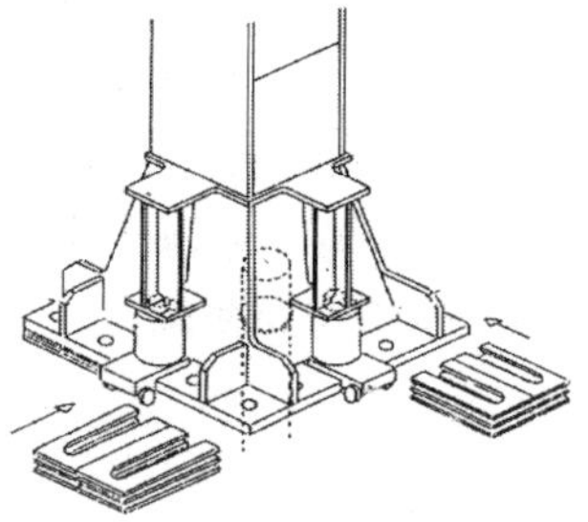

그림 6.13(c) 맨아래층 주각부의 구성

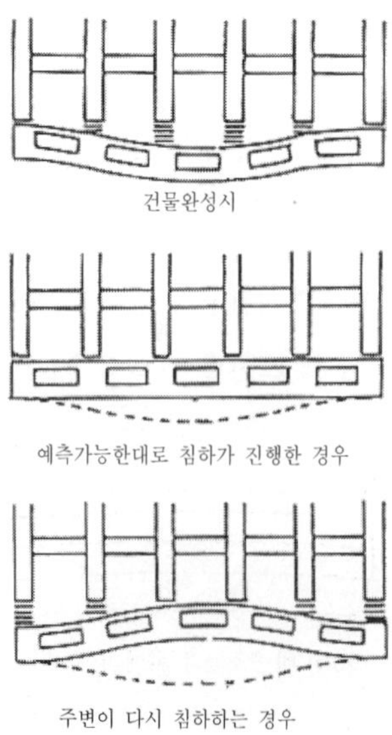

그림 6.13(d) 凸모양부동침하의 대응

게다가, 터미널 본관의 凸모양 부동침하에 대해서는 그림 6.13(d)에 나타낸 것과 같이, 당초 건물 중앙부의 기초레벨을 내려서 구축(構築)하여 주각밑에 미리 필러플레이트를 끼워 넣어 두어서, 공사중 혹은 건물완성 뒤 침하가 진행하는데 맞추어서 필러플레이트를 뽑아내어서 레벨 조정을 실행하도록 하고 있다. 이 기초의 거꾸로 부루퉁해지는 양은 부동침하량이 예측값 정도까지로 받아들여지면 바깥쪽의 둘레부분의 조정이 불필요하도록 정해져 있다.

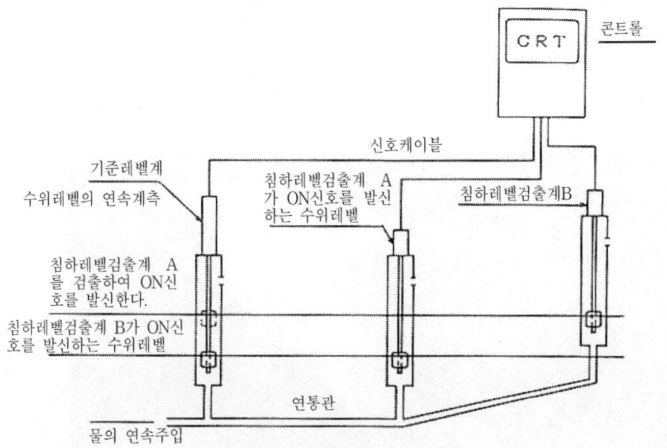

그림 6.13(e) 부동침하계측시스템의 개념

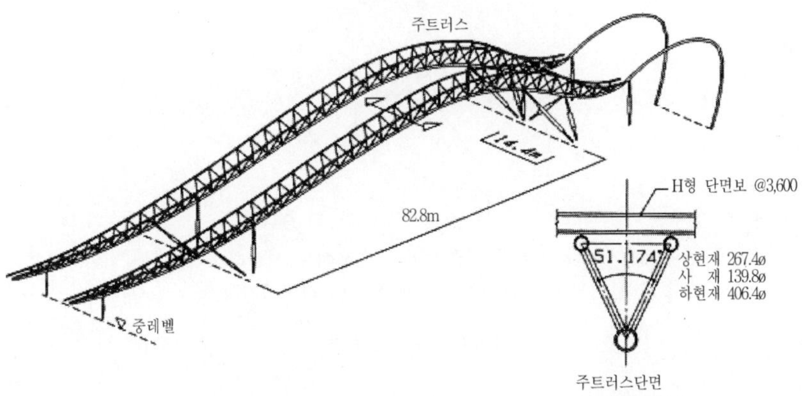

그림 6.13(f) 터미널 건물 본관지붕가구

ii) 부동침하 계측(計測) 시스템

부동침하량이 허용치에 달하기 전에 레벨조정을 실시하기 위해서는 건물의 침하상황을 수시로 감시할 필요가 있다.

본 건물에서는 물눈금 계측의 원리를 응용하여 건물전역(建物全域)의 침하성상(沈下性狀)을 높은 정밀도로 동시에 짧은 시간에 계측할 수 있는 부동침하 계측 시스탬을 설치했다. 이 방식은 그림 6.13(e)에 나타낸 것과 같이 단순한 원리에 따르기 때문에, 안정된 계측결과가 얻어지고 유지관리가 쉽게되는 특징이 있다.

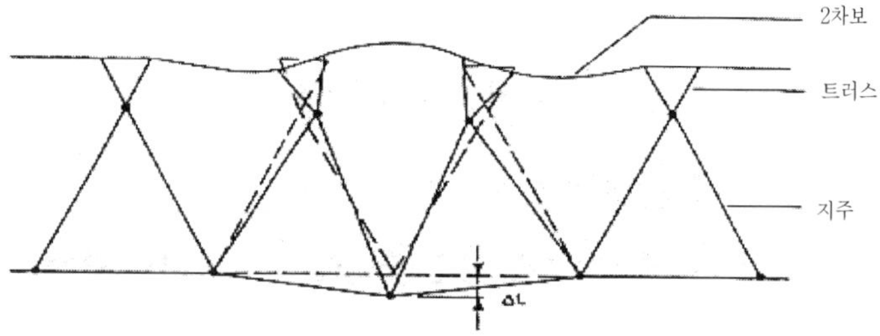

그림 6.13(g) 본관도리방향의 부동침하저항기구

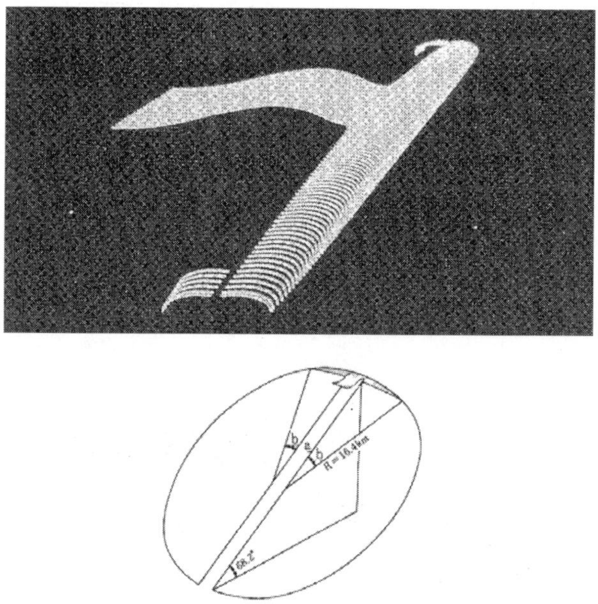

a-MTB에 있어서 2차원 기준곡선을 평행이동 시킨다.
b-윙에 있어서 2차원 기준곡선의 일부를 회전시킨다.

그림 6.13(h) 큰지붕의 형상

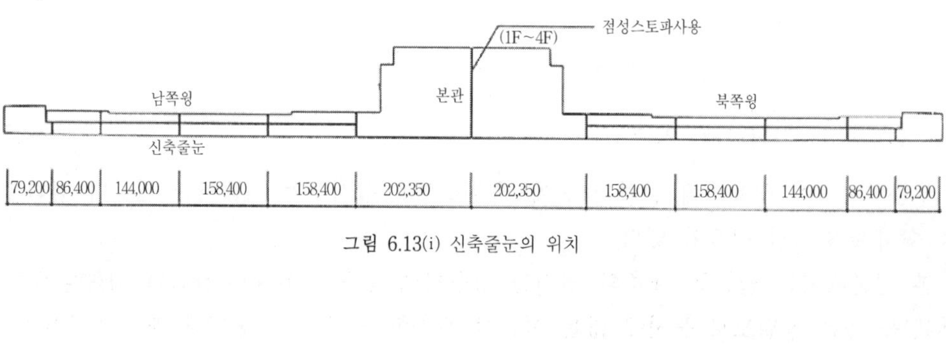

그림 6.13(i) 신축줄눈의 위치

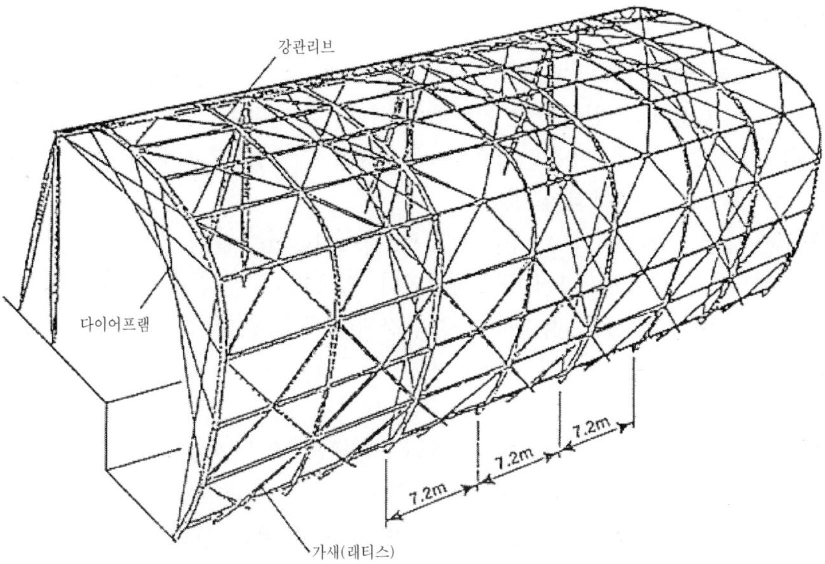

그림 6.13(j) 윙셸구조

4. 지붕가구의 설계

i) 터미널 건물 본관 지붕

본관 전체를 덮는 지붕은 곡률이 서로 다른 복수(複數)의 원호를 늘어 놓은 곡면 형상을 하고 있으며, 가장 높은 부분의 높이는 4층 바닥면으로부터 약 20m의 위치에 있다. 그림 6.13(f)에 나타낸 것과 같이 메인아치(main arch)의 스팬은 82.8m로서, 중심간격 14.4m마다에 4점에서 지지되어 있다. 안쪽의 주지주(主支柱)는 방사형(放射形)으로 두 방향으로 넓어져서 일대(一對)의 지지각(支持脚)을 구성한다.

트러스의 라이즈는 약 10m로 연직하중에 대하여 충분한 아치효과를 확보하고, 수평하중에 대해서는 보 요소(要素)로서 저항하는 것을 의도하고 있다. 주가구(主架構)는 입면적으로 활모양으로 굽은 철골조 와랜트러스(warren truss)로 역 삼각형 단면을 가지며, 구조체가 그대로 디자인 요소로도 되어 있다. 현재(弦材) 및 사재(斜材)에는 강관(鋼管)을 사용하고 접합부는 주로 용접접합으로 함으로서 외관의 아름다움을 중요시 하고 있다.

도리방향의 수평력은 먼저 지붕 가새에 의하여 지지점에 전달되고, 그림 6.13(g)에 나타낸 것과 같이 상현재위에서 트러스 사이를 잇는 H형 단면의 보(2차보)군(郡)과 지지각(支持脚)의 골조작용에 의하여 하부가구(下部架構)에 전달되는 것으로 하고 있다. 이 구조시스템은 2차보의 휨 및 트러스의 재축(材軸)주변의 회전에 의하여, 부동침하에 쫓아 따를 수 있는 변형능력을 확보하는 것을 의도한 것이다.

ii) 윙(wing) 지붕

윙 부분의 지붕형상은 그림 6.13(h)에 나타낸 것과 같이 수평면에 대하여 68.2도의 경사를 가진 반경 16.4km의 원환단면(圓環斷面)위에, 같지 않은 반경을 이어서 구성한 원호형상(圓弧形狀)의 골조를 균등간격으로 배치하여 전체를 본관에 합하게 하여 하나로 만든 트로이드형상으로 설정되어 있다.

지붕가구는 그림 6.13(i)에서 보여주는 것과 같이 14.4m마다에 다이어프램(diaphragm)을 설치한 래티스쉘(Lattice shell)구조가 되어 있으며, 7.2m간격의 강관(鋼管)리브 및 쉘곡면으로 외장재(外裝材)를 지지하는 각형강관(角型鋼管)의 중도리로 구성된다. 쉘곡면내(지붕면 및 벽면)에는 각형강관의 가새를 배치하고 있다.

다이어프램의 위치에는 2본의 지주(支柱)를 트러스 모양으로 배치하여 스팬방향의 수평이동에 대한 구속을 실행하고 있다. 다이어프램은 복수(複數)의 강봉으로 구성되어 쉘의 변형을 방지하는 보강효과를 가진다. 이 강봉에는 프리스트레스(prestressed)는 도입되어 있지 않으며(하중이 없는 초기형상시에 응력이 없는 상태), 각 하중조건 하에서 인장력에 대해서만 작용하고, 압축력에 대해서는 저항하지 않는 것으로 하고 있다.

지붕은 전면(全面) 브레이스 구조이며, 대단히 강성이 높기 때문에 부동침하의 영향은 도리방향이 현저하다. 따라서, 지붕구조를 2층 위치에서 지지하는 하부구조의 캔틸레버보의 강성을 조정하여, 부동침하에 의한 지붕가구에 작용하는 강제변형(强制變形)을 완화하도록 하고 있다.

5. 신축줄눈(Expansion Joint)과 점성(粘性)

본 건축물은 전 길이가 약 1700m의 길고 큰 건축물로서 온도응력 · 바닥콘크리트의 건조수축의 영향 및 건물형상 · 구조형식이 다르기 때문에, 지진시의 진동상태의 차(差)를 고려하여 그림 6.13(i)에서와 같이 약 150m를 기준으로하여 신축줄눈을 설치하고 있다.

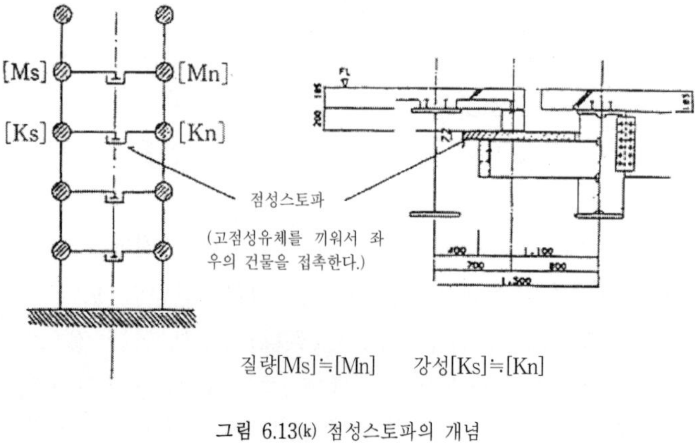

그림 6.13(k) 점성스토파의 개념

신축줄눈은 마감재에 대해서는 중(中)지진시의 변형·부동침하에 의한 변형·온도변화에 의한 신축을 고려하고 있으며, 구조체에 대해서는 대지진시에 충돌하지 않는 간격을 확보하고 있다.

본관 중앙부의 1~4층 바닥에 설치되는 신축줄눈은 그 양쪽의 구조형식이 같아서 지진시의 진동형태에는 거의 차가 없다고 판단하고, 죠인트부분의 간격을 작게하여 세부(detail)의 간소화(簡素化)를 꾀할 목적으로 그림 6.13(k)에서 볼 수 있는 것과 같은 특수한 점성스토퍼를 사용하고 있다. 이 점성스토퍼는, 밑창판(base plate)과 슬라이딩플레이드의 사이에 메워 채워진 부탄계(系) 고분자재료의 점성체(粘性体)의 작용으로 상대속도(相對速度)에 의존한 저항력을 발생하는 것이다. 따라서, 온도차에 의한 신축·부동침하 등의 완만한 활동에는 저항력을 발생하지 않고 뒤좇아 따른다.

점성스토퍼의 필요저항력은 신축줄눈에 의하여 둘로 나누어진 본관(本館)의 질량차(質量差)가 10%인 경우를 상정(想定)한 진동해석(振動解析)을 실시하여, 대지진시에 양자(兩者)의 위상차(位相差)가 5cm이하라는 조건을 만족하도록 설명하고 있다.

사진 6.13(b) 공항의 내부

사진 6.13(c) 공항의 내부

사진 6.13(d) 공항의 내부

6.14 .... 게이트 브리지(Gate Bridge)

전길이 102.6m, 최대스팬 32.4m의 연속보형식의 대학 캠퍼스로의 주출입구이다(사진 6.14(a), 6.14(b)). 못의 가운데 세워진 4기(基)의 선형(船形)교각에 지지된 스페이스 프레임에의한 게이트 브리지가 수면에 아름다운 실루엣을 내리비치는 인상적인 구조물이다. 이 안에는 교사(校舍)를 잇는 복도가 내장되어 있다(그림 6.14(a)).

사진 6.14(a) 게이트브리지의 외관

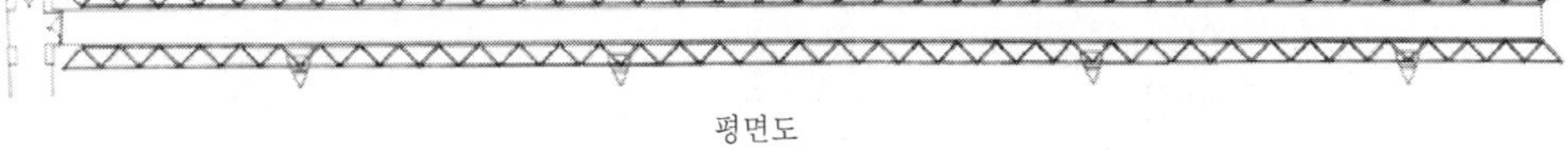

평면도

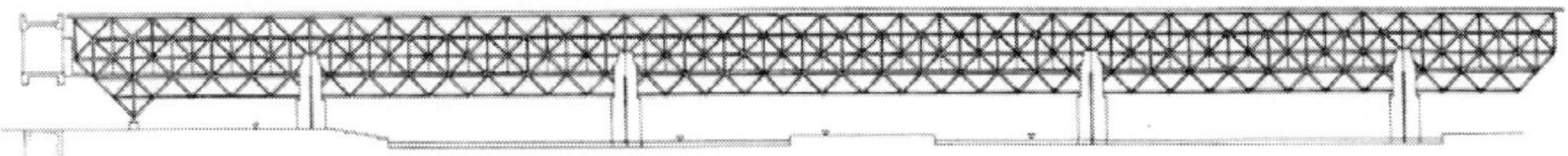

입면도

그림 6.14(a)

디자이너가 『경쾌한 표현을 하고프다』고 하는 요구는 적설 2.5m더하기 복도의 하중이라는 조건하에서는 이 정도의 규모로도 상당히 심한 것이다. 특히 교각 주변은 응력이 집중하기 때문에 지지점 및 부재가 시각적으로 너무 크게 되지않도록 처리하는 것이 매우 중요하다.

그림 6.14(b) 외관디테일

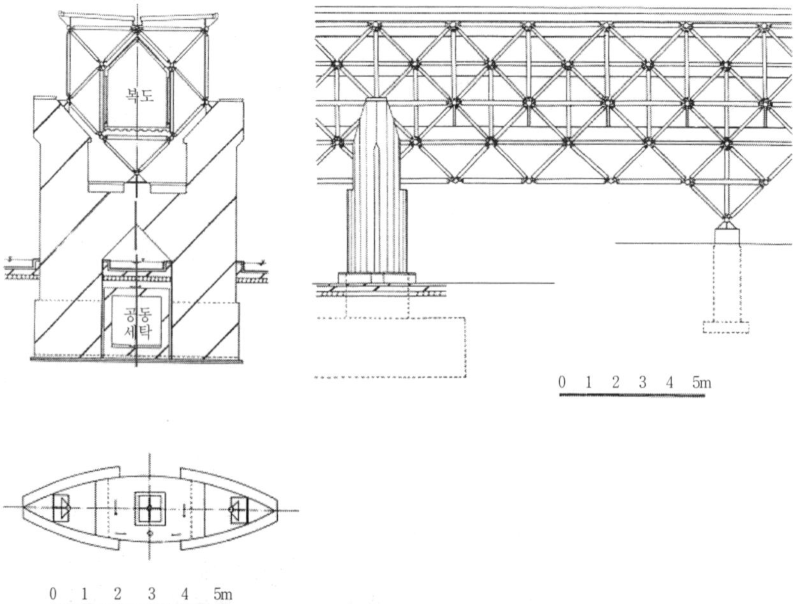

그림 6.14(b) 지지점의 디테일

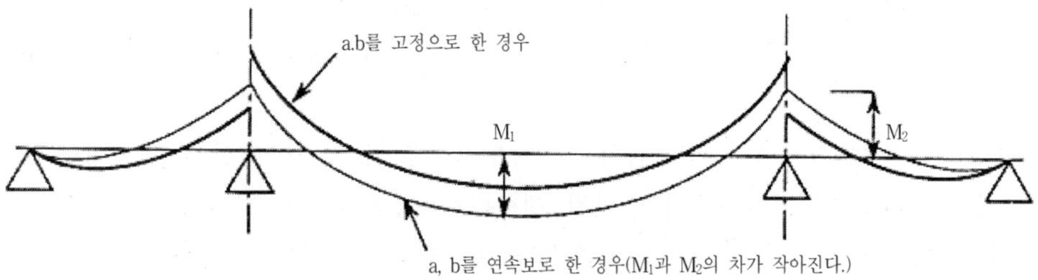

그림 6.14(c) 지지점의 응력

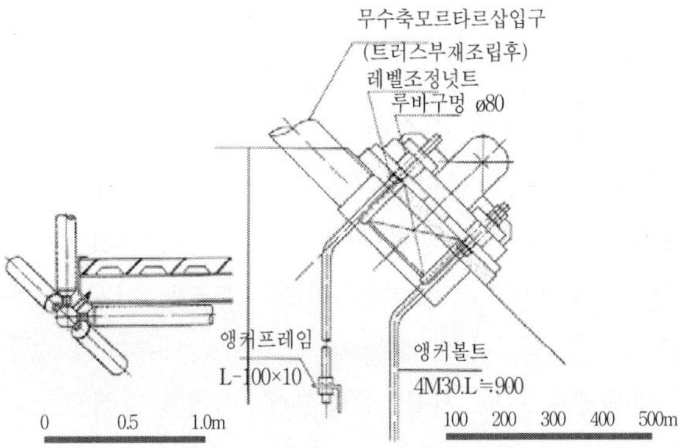

그림 6.14(d) 죠인트의 디테일

각 교각마다에 세 곳의 지지점이 설치되어 있으며, 윗부분의 두 곳(지지점 A)은 핀지지, 아랫부분 한 곳(지지점B)은 브리지의 축방향에 롤러, 직교, 상하방향을 고정으로 하고 있다(그림 6.14(b)).

지지점 B의 한 방향을 롤러로 하므로서 브리지를 대범하게 보로 보았을 때, 교각일부에서의 연직하중시의 회전구속을 현저하게 작게하고 있다. 결과로서, 전부 핀 지지의 경우에 비하여 스팬 중간에서 약간의 응력, 변위가 크게되는 교각부분에서의 응력집중이 상당히 경감된다(그림 6.14(c)). 이 부분에서의 최대부재는 직경 216.3, 직경 165.2mm정도의 강관(鋼管)으로 마무리되었다.

또, 이와 같은 지지조건은 구조체의 비틀림에 대하여 유효하게 저항하며, 브리지와 직교방향(直交方向)의 지진시의 반력을 효과적으로 교각에 분산시킬수가있다. 스페이스프레임도 가로방향에 대하여 비틀림에 저항하는 조립방법으로 하는 것이 중요하다. 스페이스프레임은 직교평행형(直交平行形)과 같이 비틀림에 대하여 저항하지 않는 경우도 있으므로 주의가 필요하다.

지지점 A는 디자인적으로 간소하고 품위있는 모양으로 하기 위하여 경사 45도의 경사지지(傾斜支持)로 하고 있다. 그러나, 경사 지지는 구조적, 시공적으로 연구해야할 점이 많다. 구조적으로는 장기 하중시 60t을 넘는 연직 반력을 확실히 교각에 전달하기 위하여 지지부(支持部)베이스 플레이트에 400×350mm의 시어키가 사용되고 있다.

앙카볼트는 연직반력의 경사 방향성분에 의한 휨모멘트에 저항하도록 4M-30이 사용되고 있다.

시공시에는 베이스플레이트의 위치 및 각도결정을 쉽게 하는 상세를 설계할 때부터 연구해둘 필요가 있다. 여기에서는 먼저 레벨너트(level nut)를 써서 시어키붙은 템프레이트의 위치, 각도를 조정한 후 루즈 홀을 뚫은 베이스 플레이트를 가설치(仮設置)했다. 다음에, 지지부(支持部)에서 브리지 단면의 소(小)블록을 가조립(仮組立)한다. 이 상태에서 블록의 위치를 미조정(微調整)하여 각(角) 와셔(Washer)와 너트를 틀어서 지지부를 고정한다. 루즈홀은 앙카볼트의 설치오차를 흡수하기 위한 것이다. 부재조립 후 베이스 플레이트와 템프레이트를 용접하여 일체화 한다. 경사지지는 설계할 때부터 위치 결정 방법을 충분히 검토해두지 않으면 수습이 되지않게 된다.

이 설계와 같은 경우, 보통은 바닥밑이나 벽뒤에 숨겨버리는 새시, 바닥을 받는 보, 천정받이 상세가 가까운 거리에서 직접눈에 띄므로 마감재료와 같이 주의를 기우려 설계해야한다. 여기에서는 육각축(六角軸)을 가진 양단에 나사 붙은 특수장력(特殊張力)볼트를 제작하여 볼 죠인트를 직접 비틀어 박아서 2차부재를 받는 금구(金具)로 하고 있다(그림 6.14(d)). 빗물배수통은 지붕 중앙부에 안홈통형식으로 마무리하여 처마끝을 간소하고 품위있는 모양으로 하고 있다.

7

구조계획의 진행방법

—컨벤션 홀(Convention hall)과 호텔(hotel)을 예로—

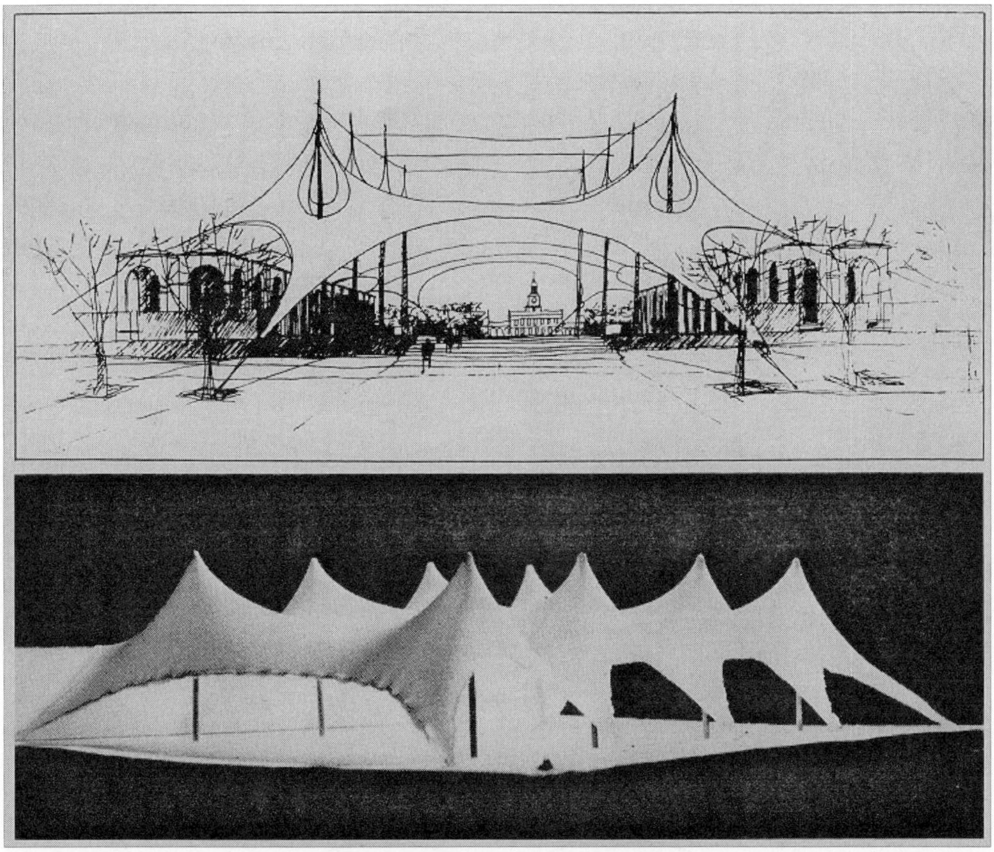

건축가 Geiger Begaer는 상직적인 축제의 텐트를 고안했다.
(Bicentennial in Philadelphia)

7.1 ·· 컨벤션 홀의 특징

컨벤션 홀은 집회나 큰모임을 위한 회의장을 용도로 하는 시설로서 많은 사람들이 모이고, 직접대화를 나누고, 정보교환을 하는 장소로서 대형회의(大型會議), 이벤트(event), 전시회, 견본마켓, 리셉션(reception) 등의 형태로 이용된다.

『막을 친 매시』의 이름으로 불리우는 일본의 일본 컨벤션 센터-(54,000m^2)나 오끼나와 컨벤션 센터-(3,300m^2) 클래스(class)의 대규모 시설, 게다가 호텔 등의 복합시설로서의 홀면적 1,000m^2 정도의 대회의장적인 시설도 있다.

여기서는 단순히 회의시설뿐만 아니라 음식, 숙박 등의 시설을 가진 호텔의 복합건축이기도 한 컨벤션 홀을 예로 들어, 그 구조계획의 진행방법을 소개한다.

복합건축의 경우 시설이용의 특성으로부터 공공의 홀부분과 개인적인 호텔 객실부분과를 명확히 구분하고, 홀시설을 저층부, 객실을 고층부에 배치하여 영역분리(領域分離)하여 설계하는 일이 많기 때문에, 이하에서는 각 시설로 나누어 구조계획의 요점을 소개한다.

컨벤션 홀은 그 기능으로부터 큰 스팬과 높은 천정고의 큰 공간이 필요하게 되고, 또 각종의 기능도 요구되나, 설계에 있어서 필요하게 되는 항목을 일람으로하여 그림 7.1(a)에 나타낸다.

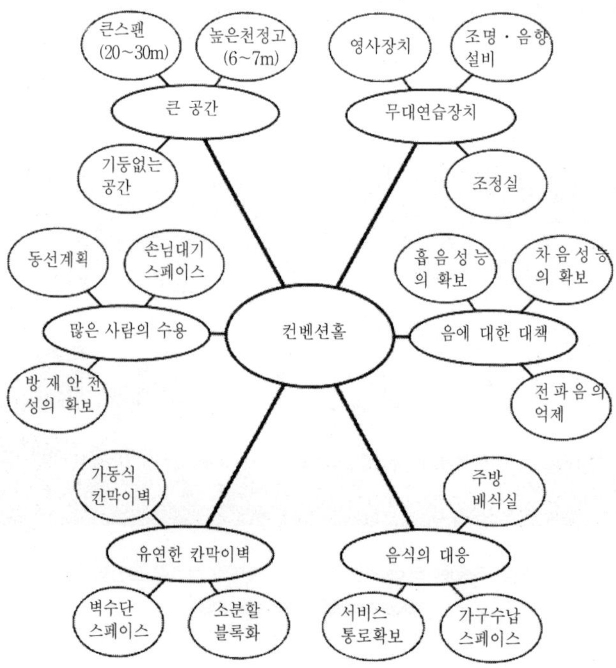

그림 7.1(a) 컨벤션홀에 요구되는 설계항목

1. 평면계획적인 특징

홀의 규모는 그림 7.1(b) 및 그림 7.1(c)에 나타낸바와 같이 스팬 20~30m 정도, 천정고 6~7m 정도가 된다. 시설의 이용형태는 필연적으로 불특정다수의 사람들이 이용하기 때문에, 명쾌한 이용자의 동선계획 및 손님이 모이는 장소가 필요하게 되고, 특히 방재안전성(防災安全性)의 확보가 가장 주요한 설계항목이 된다.

게다가, 리셉션과 같이 음식을 동반하는 이용형태도 생각되므로 서비스 동선계획도 시설운영에 덧붙여 중요하게 된다. 이 때, 부엌이나 배식실(pantry)이 비교적 홀에 가까운 위치에 배치되고 마감을 방수시방(防水示方)으로 한다.

또, 항상 큰 공간의 홀을 그대로 일괄해서 이용하는 일만이 아니고, 몇 개의 작은 공간으로 구분하여 이용하는 운영형태도 많기 때문에 움직일 수 있는 칸막이벽에 대한 대응이 필요하게 되는 경우도 있다.

이것 이외 가구류(家具類)를 수납하는 창고도 필요하게 된다.

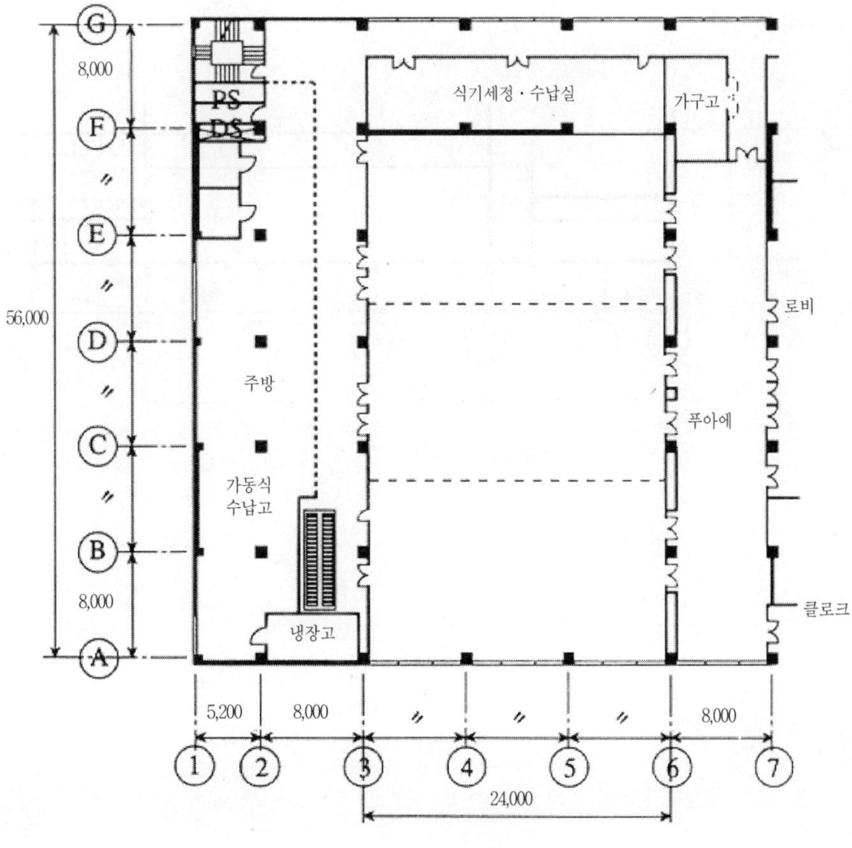

그림 7.1(b) 컨벤션홀 평면도

2. 기능적인 특징

시설이용의 지원기능으로서 슬라이드 · VTR 나 음향 · 조명 등의 조정실(調整室), 그 밖에는 동시통역실이 필요하며, 기능상으로 홀 뒤쪽의 비교적 높은 위치에 설치되는 경우가 많다(그림 7.1(c)).

또, 연출을 위한 막(幕) · 매다는 가로봉이나 조명 등의 무대장치가 설치되는 경우도 많으며, 이것들의 오르고 내림을 수반하는 장치를 지지하는 격자모양(格子狀)의 바닥틀 구조물(통칭 : 무대비계)을 천정부분에 설치하는 것이 필요하게 된다. 게다가 연출장치의 운전 및 점검을 위한 회랑(플랫폼)(통칭 : 캐트워크)도 설치된다.

시설의 기능상, 홀 부분과 인접(隣接) · 상하층(上下層)의 모든 방 혹은 외부건물과의 사이에는 소리나 진동을 극력절연(極力絶緣)하는 것이 필요하게 되며, 바닥구조로

부터의 구체전파(軀体伝播)를 방지하는 것이나 벽체의 차음성능을 확보하는 것이, 주요한 설계항목이 된다.

또한, 홀 실내의 진동장해(振動障害)의 방지 및 흡음성능의 확보도 당연한 것이므로 중요한 설계항목이다.

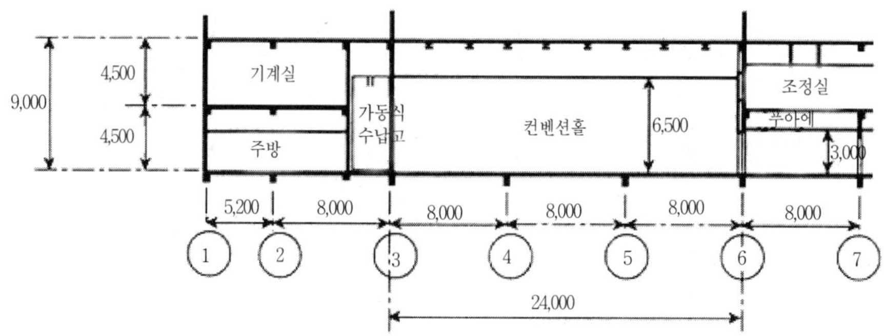

그림 7.1(c) 컨벤셜홀 단면도

7.2 ································구조계획상의 유의점

컨벤션 홀의 구조계획을 하는데 있어서의 요점을 일람으로하여 그림 7.2(a)에 나타낸다.

객실의 구조 계획

구조안전성의 확보

- 큰스팬부분의 힘의 전달을 명확히 내진요소는 별도 확보한다.
- 보춤의 확보
- 지진시 상하진동의 검토가 필요

기능성의 확보

- 바닥판의 차음성능 확보
- 보행시의 진동 장해대책이 필요
- 칸막이벽 지지보의 처짐 제한

⇩

구조체의 개요

가구형식	⟹	라-멘 구조가 많다. 2, 3층분의 뚫림으로 한다. 가새·내진벽 등을 특별히 배치
기둥	⟹	철골조(각형강관, H형강)/SRC조 기둥춤 : 600~800mm 정도
큰 보	⟹	철골트러스보가 많다(스팬 20 - 30m) 보간격 : 6-9m 정도 보춤 : 스팬의 1/15 정도(H=1.5-2.0m) 처짐제한 : $\delta \leq 1/400$ & $\delta \leq 15mm$ 연직진동의 검토가 필요
작은보	⟹	철골조(H형강)가 많다. 보간격 : 2.7m 이하 정도 보춤 : 스팬의 1/20 정도(H=400 정도) 처짐제한 : 큰보와 같음 특수하중(샨데리아 등)있음
바닥판	⟹	철근 콘크리트조(합성바닥판 포함) 바닥판 두께 : 200mm 정도 주방은 바닥이 내려가 있음

그림 7.2(a) 컨벤션홀의 구조계획의 요점

1. 구조안전성의 확보

i) 큰 스팬 가구(架構)

큰 공간을 지지하는 구조로서 충분한 강성 및 강도를 가지는 가구를 설치하는 것이 필요하게 되며, 가구형태(架構形態)로서는 입체트러스 등의 스페이스 프레임(space frame)이나 트러스보를 가지는 라-멘가구가 사용된다.

상당한 규모의 큰 홀 단독건물의 경우에는 지붕가구에 스페이스 프레임을 채용하는 경우도 있으나, 복합건축의 경우는 라-멘가구를 채용하는 경우가 많기 때문에, 여기에서는 라-멘가구의 경우에 대하여 소개한다.

그림 7.2(b)의 바닥복도 및 그림 7.2(c)의 축조도(軸組圖 : framing elevation)에 나타낸 바와 같이, 기둥・가새 등의 연직부재를 홀 바깥쪽의 둘레부분에 배치하여, 큰 보에서 큰 스팬부분의 연직하중을 지지하게 하고 있다.

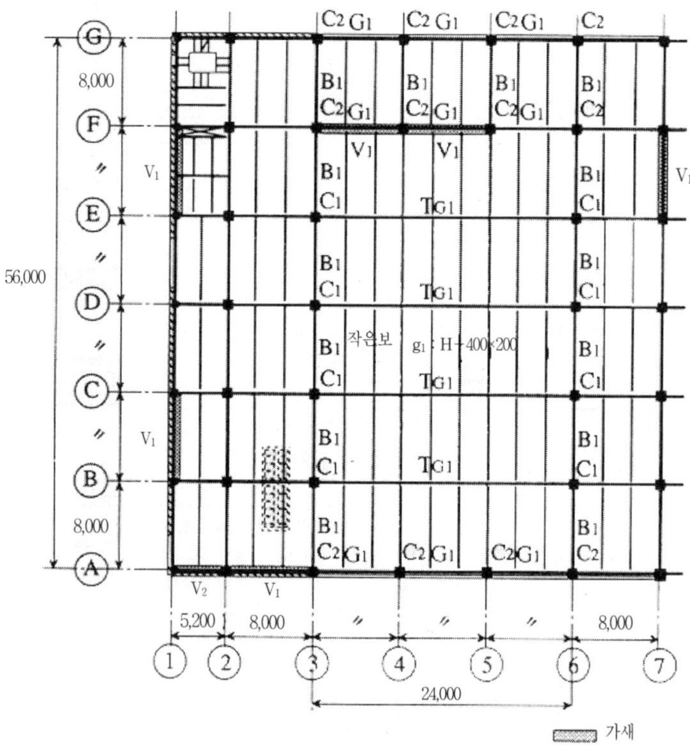

그림 7.2(b) 컨벤션홀천정층복도

큰 보에 있어서는 단부의 경계조건에 의하여 응력 및 처짐변형이 크게 달라지기 때문에, 기둥-큰 보의 접합부를 강하게 접합하여 라-멘가구를 형성하도록 하고 있다.

단부를 고정으로 하므로서 단부에서 (-)쪽의 휨모멘트가 발생하여 처짐이 크게 줄어들고, 고유진동수도 높게 되고, 진동하지 않도록 할 수가 있다.

보 단부를 강접으로 했을 경우 표 7.2(a)에 나타낸바와 같이 단순보에 비하여 스팬 중앙 모멘트는 1/3로, 단부모멘트는 최대값의 1/1.5로, 스팬중앙처짐은 1/5로 감소하지만 고유진동수는 2.3배 높게 된다.

실제로는 큰 보와 기둥을 강(剛)하게 결합하여도 기둥의 탄성변형도 있으므로 그만큼은 효과를 발휘하지 않으나, 40~50%정도의 고정효과(固定効果)는 있다.

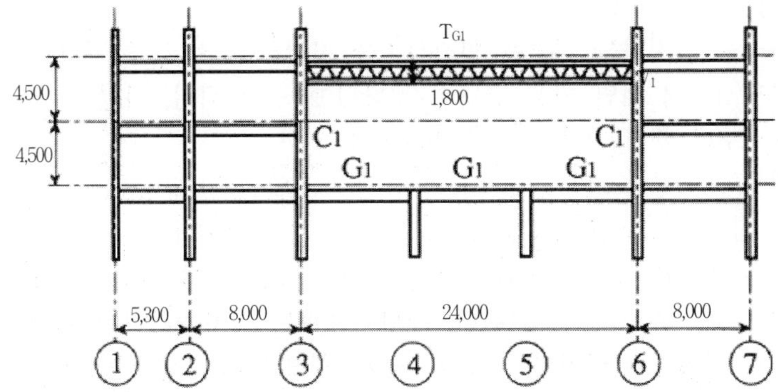

그림 7.2(c) 컨벤션홀 C라인 축조도

표 7.2(a) 보단부 경계조건에 의한 역학성상의 비교

단부경계조건	단순보	양단고정보
모델도	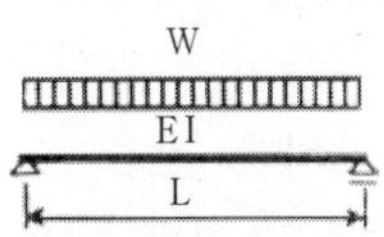	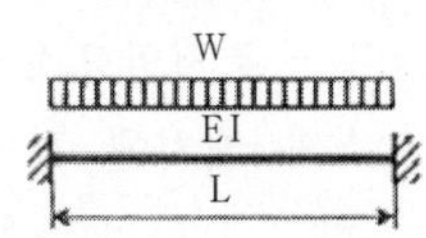
휨모멘트도	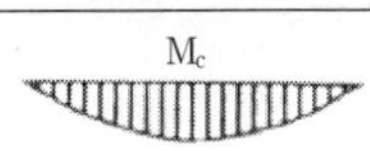 $M_c=\frac{wL^2}{8}$	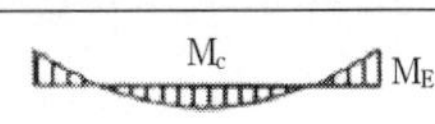 $M_c=\frac{wL^2}{24}$, $M_E=\frac{wL^2}{12}$
중앙처짐	$\delta_c=\frac{5wL^4}{38EI}$	$\delta_c=\frac{wL^4}{384EI}$
고유진동수	$f=\frac{1}{2\pi}\frac{\pi^2}{L^2}\sqrt{\frac{EIg}{w}}$	$f=\frac{1}{2\pi}\frac{4.730^2}{L^2}\sqrt{\frac{EIg}{w}}$

처짐변형의 억제는 뒤에 설명하는 바와 같이 진동장해방지(振動障害防止)나 사용상의 기능성유지(機能性維持)의 관점으로부터 중요한 설계항목이 되는 것이다.

당연히 기둥에도 큰 보의 단부와 같은 응력이 작용하게 되고, 단면도 그에 상응하는 치수가 필요하게 된다. 또, 기둥의 부담면적이 비교적 크므로, 기둥마다에 축력(軸力)의 분포가 균일하게 되지 않아 부동침하를 일으키지 않도록, 기둥배치 및 기초의 설계에서 배려하지 않으면 안된다.

라-멘가구의 보 위에 윗층으로부터의힘을 전달 할 필요가 있을 경우에는 그 전달기구(伝達機構)를 명확히 하여, 연직하중 뿐만 아니라 수평력에 대한 설계가 필요하게 되는 것은 말할 필요도 없다.

ii) 수평력 저항요소

홀의 평면계획상의 제약으로 수평력에 저항하는 기둥·내진벽·가새의 구조요소의 배치 및 수량은 한정된다.

큰 스팬가구를 지지하는 기둥은 연직하중을 지지하는 것이 주(主)가 되므로, 매우 큰 수평력을 부담시키게 되면 기둥 단면이 지나치게 크게 되어, 시설이용 및 역학적 합리성의 관점으로부터 좋지 않은 상태를 일으키게 된다.

이 때문에 구조저항요소와 평면계획과의 정합성(整合性)을 충분히 조정(調整)하며, 필요한 위치에 집중적으로 균형있게 배치하는 것이 합리적이다.

내진벽 혹은 가새를 집중적으로 배치할 경우, 상하층과의 사이에서의 수평력의 전달기구를 명확히 해두지 않으면 안된다. 일반적으로는 상하층의 바닥판의 면내강성(面內剛性)·강도에 기대하게 되지만, 이들의 수평저항요소로의 집중정도가 큰 경우는, 바닥면에 수평가새를 배치하는 경우도 있다.

내진벽 혹은 가새의 수평력 부담율은 보통의 건물의 경우에는 30% 정도까지로 하는 경우가 많으나 큰 스팬가구의 경우 50%를 넘는 경우도 있다.

또, 평면적인 배치에 있어서는 뒤틀림을 극력 피하기 위하여 한 쪽에 극단으로 편재(偏在)되지 않도록 균형있게 배치하는 것을 유의하여야 한다.

여기에 이들의 구조저항요소와 설비계획과의 정합성을 충분히 조정해 둘 필요가 있다. 구조저항요소의 배치에 평면계획상 제약을 받을 경우에는 설비배관 루트(route)도 제약을 받으며, 한정된 공간안에서 구조요소와 간섭하는 것이 되기 때문이다.

2. 기능성의 확보

홀로서의 기능상의 요구로부터 홀 안에서 뿐만 아니라 인접한 방·상하층과의 사이에서의 음이나 진동에 대한 대책이 필요하게 된다.

홀 상부가 지붕이 되는 경우에는 일반적인 지붕과 같은 시방(示方)으로 좋으나, 홀 상부에도 방을 두는 다층건축의 경우는 윗층의 바닥구조에도 대책이 필요하게 된다.

바닥구조는 차음성능을 만족하는 바닥두께가 필요하며, 200mm 정도를 확보하는 경우가 많다.

또, 바닥판·작은 보·큰 보로 이루어지는 바닥구조의 연직진동(鉛直振動)에 관해서는, 홀 안을 사람이 보행하는 경우의 진동장해에 대한 검토가 필요하게 되는 경우도 많다.

이 때의 판단기준으로서는 일본의 경우 일본 건축학회 『건축물의 진동에 관한 거주성능 평가 지침』을 표준을 삼아 의거하는 것이 일반적이다.

바닥구조의 배치계획에도 의존하지만, 뒤에 설명하는바와 같이 작은 보의 보춤을 스팬의 1/20 정도, 큰 보의 보춤을 스팬의 1/15 정도로 확보해두면 그다지 지장이 없을 것이다.

단, 최근에는 홀의 상하층에 체육관이나 에어로빅스튜디오(aerobic studio) 등과 같이, 리드미컬(rhythmical)한 연직진동의 발생원(發生源)이 배치되는 경우도 있으며, 구조체 전파진동이 상당히 크게 되어 홀 사용에 있어 장해가 발생하고 있는 예도 있다. 이와 같은 경우는 진동전파성상(振動伝播性狀)의 충분한 검토를 함과 함께, 극력진동이 구조체에 전파하지 않도록, 뜬 바닥구조(floating floor : 바닥의 내장부분을 탄력성이 있는 방진재(防振材)로 지지하여 주구조체와 절연시켜 고체 전파음을 차단하는 바닥구조)를 채용하거나 제진장치(制振裝置)를 설치하는것 등의 대책이 필요하게 된다.

벽체의 차음성능에 관해서는, 마감재의 시방을 음미(吟味)함과 함께, 음이 투과하는 틈 등을 없게 하는 처리의 검토나, 이동 칸막이벽을 2중으로 하는 것 등의 대책이 이루어 지고 있다.

3. 설계하중

컨벤션홀의 고정하중 가운데, 바닥하중은, 그림 7.2(d)에 나타낸것과 같이 350kg/m^{2}이 된다. 여기서, 바닥판은 철근콘크리트조(이하 RC조라 부른다)로서, 경량(輕量) 1종 콘크리트로 하고 있다.

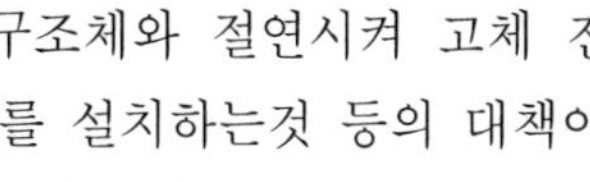

카팻트마감(t=15)	10
RC조바닥판 (t_e=90+36)	305
덱 플레이트(Uk형)	15
천정	15
설비배관	5
합계	350

그림 7.2(d) 홀의 설계하중(kg/m^2)

무대장치로서 그리더아이언(gridiron)이 설치되는 경우에는 장치의 시방에 따라서 달라지는 값이며, 150kg/m^2 정도(극장시방 : 250kg/m^2)의 하중을 예상할 필요가 있다.

또, 캐트워크(catwalk)는 그 부분 수평면적당 40kg/m^2 정도이다.

그 외의 고정하중에 관해서는 철골조 구조체로서 단위바닥 면적당 작은 보・큰 보 자중이 110～120kg/m^2, 기둥 자중이 30～40kg/m^2 정도가 된다. 표면면적당의 벽 자중은, ALC판(t=100mm)은 70, 경량철골바탕 석고판은 60, RC조벽(t=180mm)은 500, 외벽타일마감 PCa판(t=150mm)은 410kg/m^2 정도를 예상할 필요가 있다.

이동 칸막이벽의 자중은 55kg/m^2 정도이며, 차음성능을 중시하는 경우는 2중으로 칸막이벽을 설치하는 경우도 있다. 이 칸막이벽 하중은 칸막이 한 상태에서의 하중뿐만 아니라 수납상태(收納狀態)에서의 하중도 고려할 필요가 있다.

한편, 적재하중은 집회실의 기준값을 채택하여 쓰며, 바닥판용 360, 큰 보・기둥・기초용 330, 지진력용 210kg/m^{2}로 하고 있다.

주방·배식실(配食室 : pantry)이 배치되는 경우의 고정하중은 방수시방 및 배수구용 높게 쌓아올리는 콘크리트가 필요하게 되는 경우, 그림 7.2(e)에 나타낸 바와 같이 720kg/m^2 정도를 예상하고, 적재하중은 점포(店鋪)의 기준값을 채용하며 바닥용 300, 큰보·기둥·기초용 240, 지진력용 130kg/m^{2}로 하는 경우가 많다.

덧붙여서 말하면, 고정하중(바닥하중+기둥·보자중+내벽자중)과 적재하중의 비는 680 : 330=0.68 : 0.33이며, 적재하중의 비는 30% 정도를 차지하는데 그치고, 대부분이 건물자중으로 되어 있다.

즉, 우리들이 안심하고 쾌적하게 건물을 이용할 수 있도록 하기 위해서는 건물에 적재(積載)되는 중량의 두 배정도의 물량을 투입할 필요가 있다는 것을, 이해할 필요가 있다. 어느 의미에서는 아주 효율이 낮은 투자이나 그 정도까지 비용을 들이지 않으면 안전하고 쾌적한 공간을 확보할 수 없는 것이다.

표 7.2(b) 기둥 높이에 따른 성상

모델도	휨모멘트	수평변형
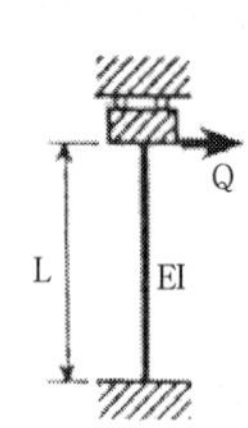	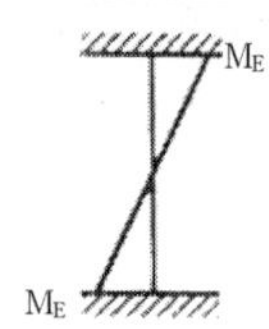 $M_E = \frac{QL}{2}$	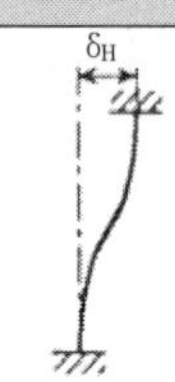 $\delta_H = \frac{QL^3}{12EI}$

4. 가구형식

컨벤션홀을 에워쌀 가구로서 여기서는 라-멘가구의 경우에 한정하여 가구형식을 소개한다(그림 7.2(b), 7.2(c)).

라-멘가구의 경우 보를 트러스보로 하는 것이 합리적이며, 스팬 20~30m, 층고 8~9m, 기둥간격 6~9m 정도의 규모로 하는 경우가 많다.

이 높이는 보통의 건물의 2, 3층분에 상당하는 것이 되나, 표 7.2(b)에 나타낸 바와 같이 기둥의 재단(材端) 휨모멘트는 층고에 비례하기 때문에, 보통 층고의 기둥에 비하여 2~3배의 휨응력이 된다. 기둥단면 치수 혹은 강재량(鋼材量)도 대략 휨응력에 비례하므로 결과적으로 큰 단면을 필요로 한다.

게다가, 기둥의 수평변형은 층고의 3승에 비례하므로 다소의 단면증가정도(斷面增加程度)로는 수평강성이 부족하기 쉬우므로, 보통은 내진벽이나 가새 등의 수평저항요소를 배치하게 된다.

5. 기둥단면

기둥의 구조종별(構造種別)을 철골조(이하 S조라 부른다)로 하는 경우는 기둥단면은 각형강관 혹은 H형강을 채용하고, 철골철근콘크리트조(이하 SRC조라 부른다)로 할 경우는 RC부를 구형단면(矩形斷面)으로 하고, S부를 +자 H형 또는 H형단면으로 하는 경우가 많다. 최근에는 충진형(充塡型)의 강관콘크리트조로 하는 경우도 있다.

기둥의 높이는 8~9m, 기둥간격은 6~9m×25m 정도의 규모가 많다. 기둥의 강성의 설정(設定)에 있어서는 큰 스팬 큰 보의 재단고정도(材端固定度)를 확보하고, 장주로서의 좌굴안정성을 확보함과 함께 가구의 수평강성을 배려할 필요가 있다.

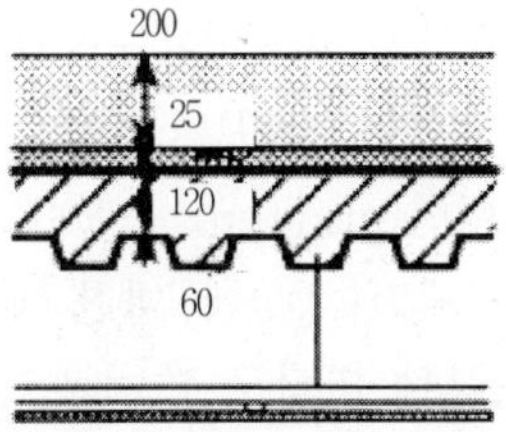

그림 7.2(e) 주방의 설계하중(kg/m^2)

높인콘크리트(t=200)	360
보호모르타르(t=10)	15
RC조 바닥판(t=15)	30
아스팔트방수층 (t_e=120+27)	280
덕플레이트(V_{60}형)	15
천정	15
설비배관	5
합계	720

홀 천정부분으로부터 전달되는 장기기둥축방향력은 기둥 1본당의 지배면적을 100~200m^{2}로 하여, 90~180t 정도가 예상된다.

기둥 재단(材端)에는 큰보 단부의 휨모멘트가 한 쪽으로만 전달되기 때문에 같은 휨응력이 되며, 150t·m 정도를 고려할 필요가 있다.

S조 기둥의 경우 장주로서의 좌굴안정성을 고려하여, 각형강관단면을 채용하는 경우가 많으며, 단면의 바깥지름 치수는 D=600~800mm 정도로 하고 있다. 또, SRC조의 경우의 바깥지름 치수는 D=700~900mm 정도로 하고 있다.

6. 큰 보단면

큰 스팬 큰보는, 구조체 자중을 경량화할 필요가 있으며, 기둥을 SRC조로한 경우에도, 큰보를 S조로 하는 경우가 많다.

한편, 기능상의 장해가 발생하지 않도록, 보의 연직강성(鉛直剛性)을 확보하지 않으면 안되기 때문에, 보춤이 큰 트러스보를 채용함과 동시에, 스타트 커넥터로 바닥판과 결합하여 협동효과를 활용한 합성보로 하고 있다. 큰보 스팬은 25m 정도, 큰보 간격은 6~9m의 규모가 많다.

큰 보 춤은 스팬의 1/15 정도를 기준으로하여 D=1.5~2.0m 정도를 확보하고 있다. 트러스 부재 단면은 H형강을 채용하는 경우가 많으며, 상하현재(上下弦材) H-300×300,

사재(斜材) H-250×250 정도로 하고 있다(그림 7.2(c)).

이 때의 큰 보 자중은 보 단위길이당 500~600kg/m, 혹은 단위 바닥면적당 70~80kg/m^2 정도가 된다. 큰 보 단부의 휨모멘트는, 앞에 설명한 바와 같이 150t·m 정도가 예상되나, 인접스팬 큰 보나 윗층 기둥이 존재할 때는 단부고정도가 높아지기 때문에 필연적으로 단부모멘트도 크게 되며, 250t·m 정도가 되는 경우도 있다.

큰 보의 장기하중시의 처짐은 기능상의 장해를 발생하지 않도록 스팬의 1/400 또한 15mm이하 정도로 제한하고 있다.

특히, 이동칸막이벽을 매달아 지지하는 보는 벽자중에 의한 부가(附加) 처짐을 10mm 정도 이하로 억제하지 않으면, 여·닫이가 되지 않게 될 염려가 있다. 2중 칸막이벽으로 높이 6.5m를 예로 들면, 보에 대한 선하중은 715kg/m 까지도 되기 때문에, 신중한 취급이 필요하게 되며, 벽 수납부분에서는 이들 이동벽의 중량이 집중하기 때문에 상당히 큰 하중이 되는것에도 주의하지 않으면 안된다(그림 7.1(b)).

무대장치를 지지하는 그리더아이언(gridiron) 부분에 대하여도 같은 배려가 필요하다.

또, 홀을 사용할 때의 연직진동(鉛直振動)에 대한 배려가 필요하게 되는 경우가 많으며, 큰 보 · 작은 보 · 바닥판을 포함한 바닥구조 전체로서 검토를 하고 있다.

바닥구조(특히 큰보)의 고유진동수를 표 7.2(a)의 산정식을 참고로하여, 7Hz 이상(~10Hz) 정도가 되도록 설정하고, 보행(步行)에 의한 변위편진폭(變位片振幅)이 10μm 정도로 억제되면, 거주성능평가기준(居住性能平價基準)에서 V-3 이하가 되어서, 표준적인 평가 랭크(rank)에 머물러 특히 지장이 없는 것이다.

큰 스팬보에서는 지진시(地震時)의 취급에 관하여 연직지진동(鉛直地震動)에 대한 연직진동(鉛直振動)을 검토해 두는 것이 바람직하다. 평면 혹은 입체가구 모델에 따라 연직지진동에 대한 응답해석을 실시하면, 다층가구에서는 상층부일수록 가속도 응답이 증폭한다.

그러나, 큰 스팬 큰 보의 단면은 일반적으로 응력보다도 오히려 강성에 의하여 결정되며, 다소의 응력증가에 대해서는 여력을 가지므로 보통은 문제가 되는 경우는 적다.

7. 작은 보 단면

작은 보는 큰 보와 같이 구조체 자중을 경량화 하기 위하여 S조로 하는 경우가 많다. 단면은 역학적으로 합리적인 H형단면을 채용하고, 특히 철골가공노임의 합리화를 고려하여 기성 H형강으로 하고 있다. 또, 바닥판과의 협동효과를 활용한 합성보로 하는 경우는 큰 보와 같다.

작은 보 스팬은 6~9m, 작은 보 간격은 2.7m 이하의 규모가 많다. 따라서, 작은 보 춤은 스팬의 1/20 정도를 기준으로하여 H=400mm(그림 7.2(b)의 예에서는 H-400×200) 정도로 하고 있다.

이 때의 작은 보 자중은 단위 바닥면적당 30~40kg/m^2 정도로 한다. 작은 보의 처짐

제한은 큰 보와 같다. 또한, 샨데리야(chandelier) 등의 특수하중이 부하(負荷)되는 경우도 있으며, 이 때 600~1,000kg 정도의 집중하중을 고려한 설계가 필요하게 된다.

8. 바닥판 단면

바닥판은 기능상의 요구로부터 RC조로 하고, 시공에 대한 배려로서 덱플레이트를 사용하며, 합성바닥판 혹은 버림거푸집으로하고 있다. 경량화를 꾀하기 위하여 경량 1종 콘크리트를 채용하는 경우가 많다.

합성바닥판의 경우는 몇 개의 제약조건이 붙으므로 내화구조로서 덱 플레이트에 내화피복을 하지 않는 공법(일본의 건축기준법 시행령 제 107조의 규정에 근거하는 지정공법)에도 해당한다.

합성바닥판의 단변방향 스팬은 피복이 없는 내화구조로서의 제약조건으로부터 결정하게 되는 것이다.

구체적인 예로서는 내화시간 2시간의 층에서 덱 플레이트 춤 5mm로 2 스팬이상의 연속지지로 하면, 스팬은 2.7m 이하가 된다. 한편, 버림거푸집 공법의 단변방향 스팬은 시공시(콘크리트 중량+시공하중 150kg/m^2)에 덱 플레이트의 내하능력(耐荷能力)의 관계로부터 결정되며, 보통은 3m 이하 정도로 하고 있다.

덱 플레이트를 사용하는 경우 덱구(溝)부분의 콘크리트 단면은 단면성능으로서 유효한 한편, 표 7.2(c)에 나타낸 것과 같이 콘크리트 자중에도 고려하지 않으면 안된다.

바닥판 두께는 차음성능상의 요구에 따라 결정되며 t=200mm 정도로 하고 있다. 이 정도의 스팬과 판두께의 관계이면 바닥진동장해에 관해서는 그다지 문제가 되지 않는다.

주방·배식실 부분의 바닥판의 경우는 마감시방으로부터 바닥하중이 증대함과 함께 구조체바닥의 처짐이 발생하므로 내하능력 및 단부의 고정조건에 유의하지 않으면 안된다.

또한, 여기에서는 차음성능은 특히 요구되지 않으며 t=120mm 정도의 바닥두께로 하고 있다(그림 7.2(e)).

표.7.2(c) 덱플레이트 도랑부분바닥판의 평균 두께

덱플레이트	평균두께(mm/m^2)
V50 (D=50)	12
V60 (D=60)	27
$V50_A$ (D=50)	25
U_A (D=75)	27
U_{KA} (D=75)	34
합성바닥판(D=50)	24
합성바닥판(D=75)	36

7.3 ······································ 호텔 객실의 특징

호텔 객실은 개인적인(private) 공간을 확보하지 않으면 안되기 때문에, 일반적으로는 컨벤션홀 등의 공공의 부분과 분리하여, 고층부분에 집약하여 배치하게 된다.

객실의 설계에 있어서 필요한 항목을 일람으로 하여 그림 7.3(a)에 나타낸다.

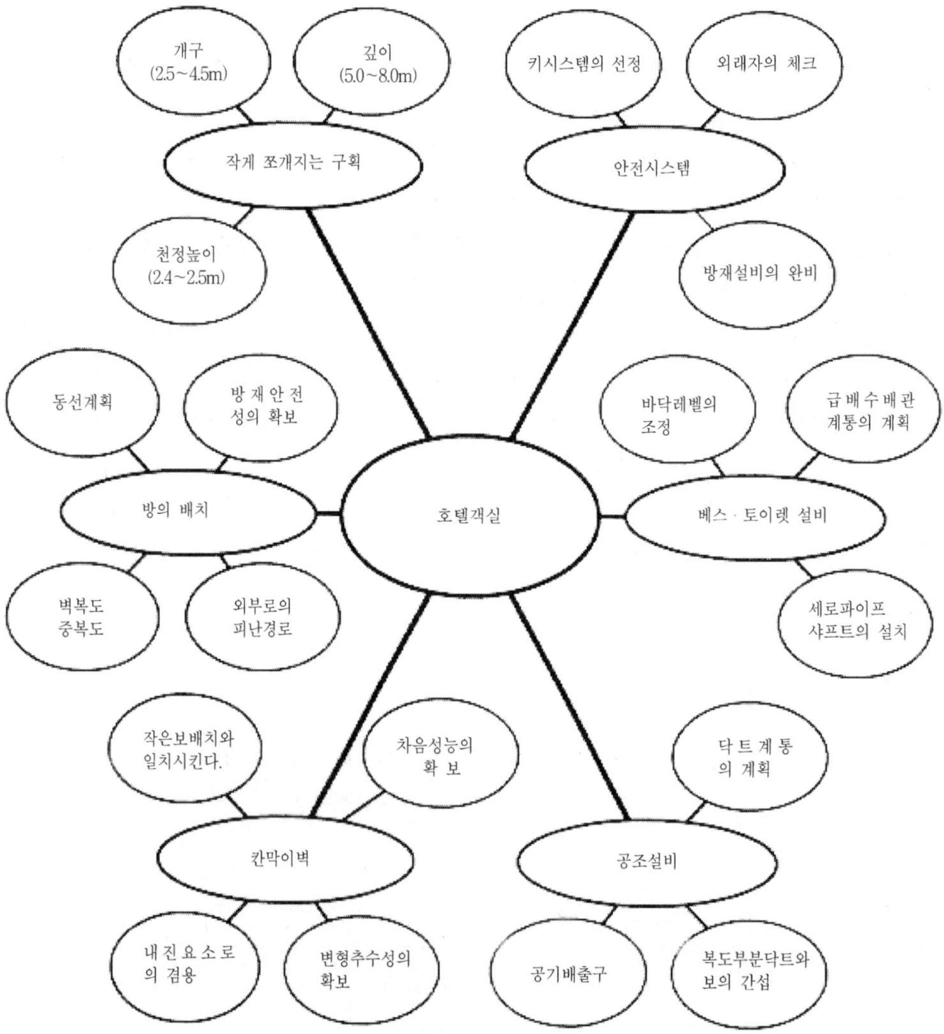

그림 7.3(a) 호텔 객실에 요구되는 설계항목

1. 평면계획적인 특징

호텔 객실은 작게 나눈 방이 되며 그림 7.3(b)의 객실 규모에서 나타낸 것과 같이 앞면방향 2.5~4.5m, 깊이방향 5.0~8.0m, 천정높이 2.4~2.5m 정도의 규모가 된다.

구조적으로는 앞면방향 1스팬의 사이에 2~3개의 방을 배치하고 층고 3.1m 정도로 하는 것이 일반적이나, 최근에는 앞면을 크게 취하여 1스팬에 2개의 방을 배치하고 천정높이를 높게하는 예가 늘고 있다.

객실의 평면계획에 있어서 개인적인 공간을 확보하기 위하여, 호텔 프론트 등의 관리자의 눈이 미치는 장소를 통과하는 상당히 폐쇄회로적인 동선계획이 필요하게 되고, 키 시스템과 함께 안전확보가 중요시 된다.

호텔은 불특정다수의 사람들의 이용을 전제로 하는 곳이므로, 특히 방재안전성(防災安全性)의 확보가 가장 중요한 설계항목이 되며, 피난통로나 피난 발코니 등을 확보하지 않으면 안된다.

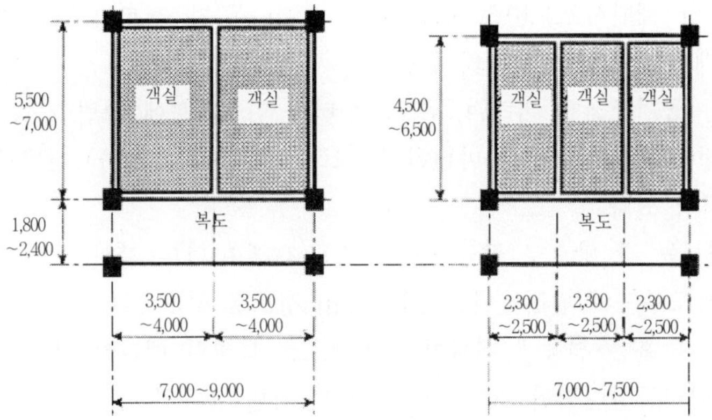

(a) 투인 2방타입 (b) 싱글3방타입

그림 7.3(b) 객실 규모와 배치

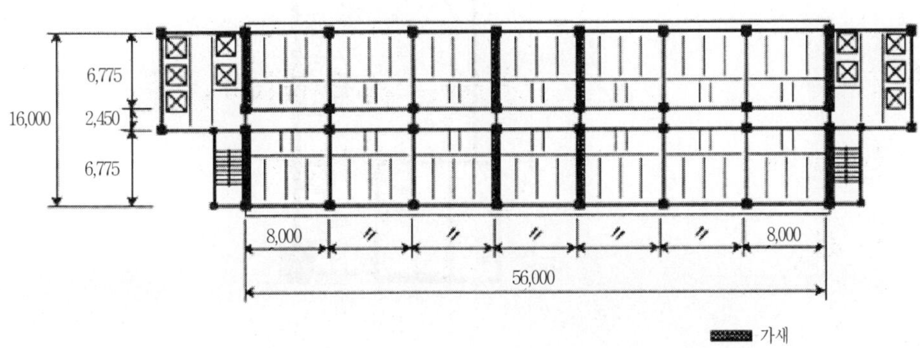

그림 7.3(c) 객실 배치에 대응한 바닥복도의 예

객실의 배치계획은 판상(板狀) 혹은 L자형과 같이 한 쪽에 객실을 배치한 편복도형, 및 ⊐자형·□자형·∧자형·H형·O형과 같이 중앙코아의 바깥쪽의 둘레에 객실을 배치한 중복도형이 있으나, 기준층 바닥면적에 있어서 객실부분 렌터블(rentable)비의 향상의 관점(70% 정도이상)으로부터, 일반적으로는 그림 7.3(c)와 같은 중복도형을 채용하는 경우가 많다.

2. 기능적인 특징

객실의 평면계획의 예를 그림 7.3(b)에서 보여주고 있으나, 객실내에는 배스(bath)·토일렛(toilet)·세면대가 단위화 되어 설치되는 경우가 일반적이다. 유닛배스(Unit bath)의 규모는 1.2×1.5m~1.7×2.5m 정도가 되며 객실 등급에 따라 크게 된다.

이 유닛배스 부분에서는 그림 7.3(e)에 나타낸 것과 같이 마감시방의 요구로부터 구조체에 바닥레벨차를 마련할 필요가 있다. 또, 그 부분에는 급수·온수·식료수·배수·통기관용(通氣管用)의 배관샤프트(0.5~1.0m×Unit bath 폭)가 세로방향에 배치되기 위하여, 바닥구조의 배치에 있어서 유의하지 않으면 안된다.

객실의 냉난방·공기조화를 위하여, 복도로부터의 입구부분에 그림 7.3(f)에 나타낸 것과 같은 내림천정(-300mm정도)을 마련하여, 그 단차부분(段差部分)으로부터 내뿜는 방식이 일반적이 되어 있다.

또, 복도부분에서는 각 방으로 공급하는 공조용(空調用)덕트 간선(幹線)과 큰 보가 간섭하게 되므로, 복도부분의 천정높이를 2.1~2.2m 정도로 하고 있다.

객실의 경우는 음 혹은 진동에 대하여 구조적으로 특별한 배려를 하는 일은 적고, 보통은 스팬도 작으므로 일반적인 RC조 바닥판으로 하면 충분하다.

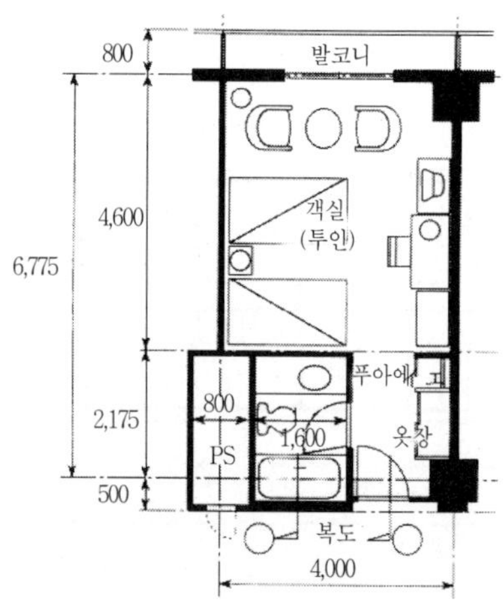

그림 7.3(d) 호텔 객실 평면도

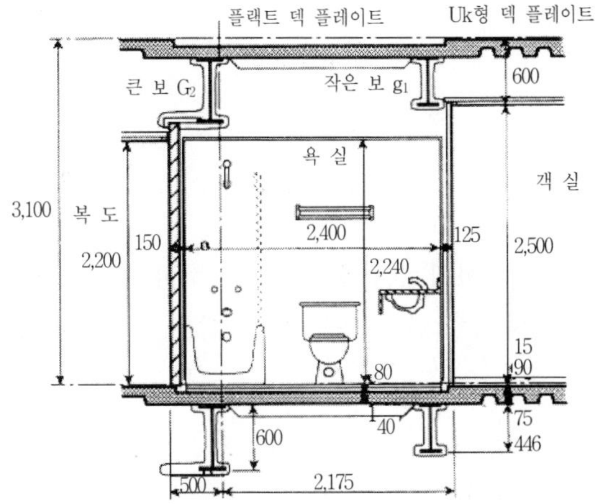

그림 7.3(e) 호텔 객실 단면도①

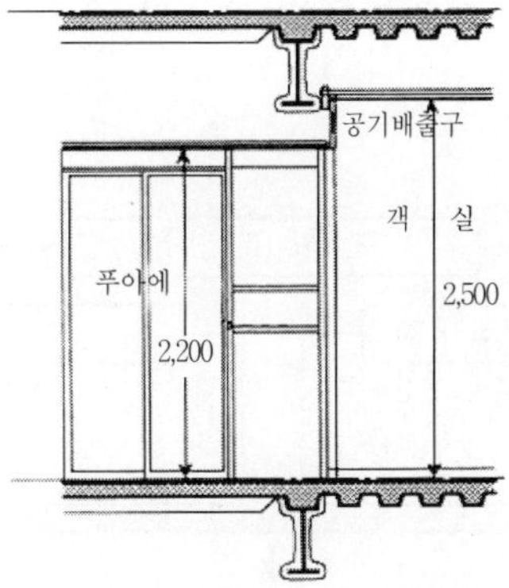

그림 7.3(f) 호텔 객실 단면도②

단, 객실은 프라이버시 및 쾌적성의 확보가 중요시 되므로 객실사이나 객실-복도 사이의 소리가 새어나오는 것 및 외부소음의 투과에 대해서는, 주로 마감시방 및 끝마감 상세에 의하여 배려가 이루어지고 있다. 초고층 호텔의 구조체는 일 년에 두 서너번 부는 정도의 강풍시에 수평변형을 하게 되나, 그 변형에 칸막이벽 설치부분이 뒤쫓아 따르지 않고, 가볍게 긁히는 소리가 발생하는 경우가 있다.

특히, 야간의 경우 숙박객이 불안감을 느끼게 되므로 변형추수기구(變形追隨機構)를 설치하는 등의 대책을 마련하지 않으면 안된다. 동시에 서로 반대되는 과제이나, 변형추수 부분으로부터 객실사이의 소리의 새어나옴이 발생하지 않도록 상세마감을 신중히 검토할 필요가 있다.

구조체도 어느 정도의 강성을 확보해 있지 않으면 강풍시에 상당히 크게 흔들려서, 숙박객에세 배멀미 현상을 일으키게 하는 일이 있으므로 건물제진(建物制振)을 포함한 구조적인 대책이 필요하다.

7.4 ··································구조계획상의 유의점

호텔객실의 구조계획에 있어서의 요점을 일람으로하여 그림 7.4(a)에 나타낸다.

이하(以下)에서는 객실배치로서 일반적인 중복도형을 중심으로 그 구조계획에 대하여 소개한다.

1. 구조안전성의 확보

복도를 사이에 둔 객실의 양쪽에 기둥을 배치한 3스팬형이 되나, 가구형태(架構形態)로서는 도리방향을 라-멘가구, 스팬방향을 내진벽 혹은 가새를 포함하는 라-멘가구로 하는 것이 일반적이다(그림 7.3(c)).

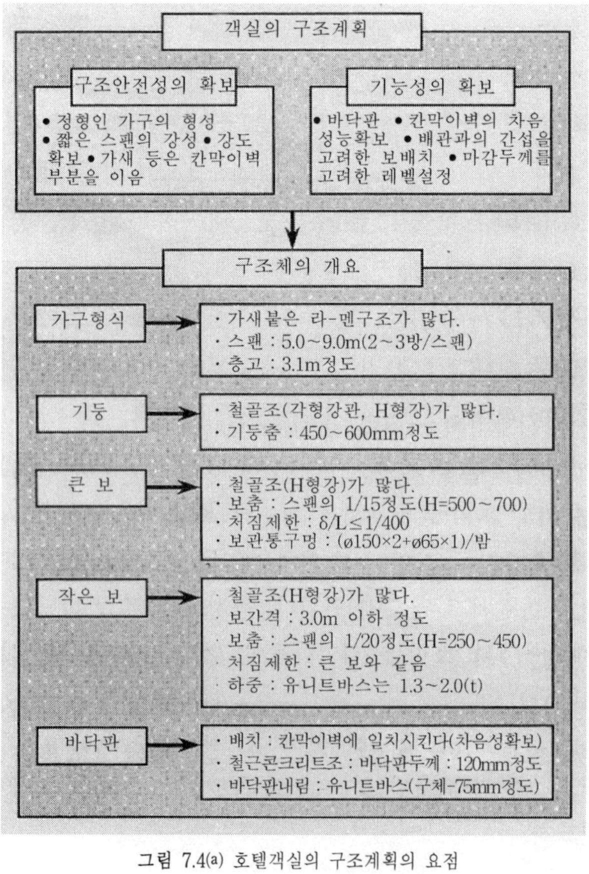

그림 7.4(a) 호텔객실의 구조계획의 요점

이와 같은 가구형태는 주로 내진설계상의 필요성으로부터 이루어지고 있다. 즉, 스팬방향에서는 라-멘가구의 바깥기둥(外柱 : 한 쪽에만 큰 보가 설치되는 기둥)이 50%를 차지하여, 재단구속효과(材端拘束効果)가 작기 때문에 수평저항효율이 그다지 좋지 않고 가새 등을 병용하게 된다. 한편, 도리방향에서는 외주는 박공면의 8본뿐으로 반수 이상이 안기둥(内柱 : 양쪽에 큰보가 설치되는 기둥)이 되어서 수평저항효율이 좋고, 라-멘가구로서 충분히 저항할 수 있게 되는 것이다.

스팬방향의 가새 등의 수평저항요소는 평면적인 비틀림이 생기지 않도록 균형있게 배치하는 것이 매우 중요하며, 보통은 코아 주변에 벽부분 혹은 칸막이벽 부분에 배치한다.

스팬방향 라-멘가구에 있어서 복도부분이 짧은 스팬(1.8~2.2m)이 되므로, 필연적으로 복도부분 큰보의 휨강성이 크게 되어 응력이 집중되기 쉽다. 또, 이 복도부분은 설비배관의 간선(幹線) 통로도 있기 때문에 배관과의 간섭이 심한 상태가 된다.

이러한 것으로부터 평면계획이나 설비계획과의 정합성(整合性)을 가지는 구조계획이 요구되며, 전체와의 조화를 고려하면서, 역학적으로 명쾌한 가구를 계획하는 역량이 필요하게 된다.

2. 기능성의 확보

객실로서의 프라이버시를 확보할 수 있는 것으로하며, RC조 바닥판을 채용하여 판두께는 120mm 정도를 확보하고 있다.

또, 바닥구조의 연직진동에 관해서는 스팬도 작으므로 작은보 춤은 스팬의 1/20 정도, 큰 보 춤은 스팬의 1/15 정도를 확보해두면, 문제가 되는 경우는 적다.

단, 호텔객실의 밑층에 체육관이나 에어로빅-스튜디오 등이 배치될 경우는 앞에 설명한것과 같은 대책이 필요하게 된다.

고유주기(固有周期)가 긴 초고층 건물의 경우(T≥3s), 특히 칸막이벽 설치부분에서는 재현기간(再現期間) 1년의 강풍시(오오사까 : 평균풍속=15m/sec)에 구조체는 1mm 이하 정도의 얼마안되는 층간(層間) 수평변형을 일으키나, 이 변형에 추수(追隨 : 뒤좇아 따르다)하여 가볍게 긁히는 소리가 발생하지 않도록 매끄러운 슬라이드(slide)기구(機構)를 설치하는 등의 대책을 마련할 필요가 있다.

또, 구조체쪽에서도 어느 정도의 강성을 확보해 둘 필요가 있으며, 풍동실험(風洞實驗)이나 풍응답해석(風應答解析)에 근거를 둔 바람으로 인한 흔들림에 대한 검토를 행하여 건물제진(建物制振)을 포함한 대책을 마련하는 경우가 많다. 이 때의 평가기준은 일본의 경우 일본건축학회 『건축물의 진동에 관한 거주성능 평가 지침』을 표준으로 삼아 이거하는 경우가 많다.

중복도형의 단변방향 폭은 13~16m이기 때문에, 건물이 고층화되면 높이에 대한 폭의 비가 1/6을 밑돌아서, 강풍시에 수평변형을 일으키기 쉽게 되고, 사용상의 기능성을 상실할 가능성도 있다.

폭/높이의 비가 작게 되면 수평력에 대하여 전단변형 성분보다도 휨변형성분이 월등하게 뛰어나게 된다.

이와 같은 휨변형성분의 억제에 있어서는 주로 하층부의 연직강성을 확보하는 것이 효과적이며, 그림 7.4(b)에 나타낸 것과 같이 전체 휨강성 즉, 외주연직강성(外柱鉛直剛性 : 단면적)을 높이방향에 1.4승(乘) 정도의 지수함수분포(指數函數分布)로 하면 합리적이다.

일반적으로 내진설계의 관점으로 부터라면 건물 고유주기를 길게 설정하므로서, 탁월주기(卓越周期) 0.1~0.5초의 지진동(地震動)에 대한 건물응답을 낮추어 줄일 수가 있다. 마치, 공기탄력을 받은 버스로 凸凹길을 주행하여도 흔들림을 거의 느끼지 못하는것과 같은 원리이다.

즉, 비상시(非常時)인 지진동에 대해서는 강성을 극력 작게하여 유연하게 하는 것이 합리적이다.

그러나, 풍압력과 같이 정적인 수평력에 대해서는 강성이 작고 유연한 건물에서는 크게 흔들리게 되며, 거주성(居住性)의 관점으로부터는 좋지 않은 현상을 일으키게 된다(공기탄력 붙은 버스도 정차시에는 크게 흔들리는 것과 같은 것이다).

따라서, 일상적인 거주성을 고려하면 강성을 될 수 있는대로 크게 설정하는 것이 합리적이 되며, 사용성도 좋게 된다.

이와 같이 상반하는 명제(命題)에 대하여 양자를 비교·분석하여 해결책을 탐구하면서 합리적인 범위에서 구조체를 계획하는 것이, 설계의 묘미이다.

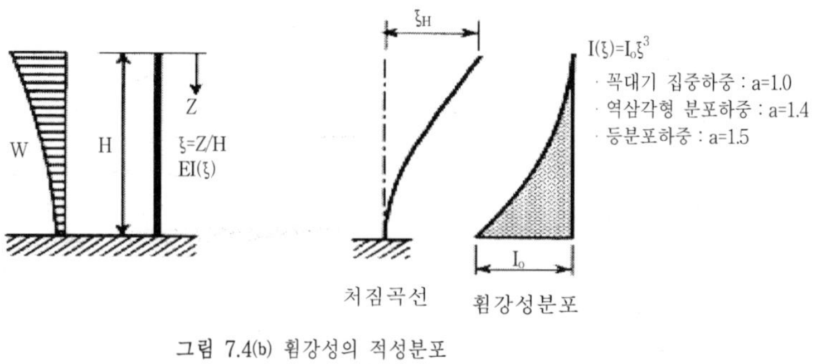

그림 7.4(b) 휨강성의 적성분포

3. 설계하중

호텔객실 및 복도의 고정하중 가운데 바닥하중은 그림 7.4(c)에 나타낸 것과 같이 440kg/m^{2}이 된다. 유닛배스(Unit bath)는 총 중량 1.3~2.0t, 그 부분의 단위 바닥면적당으로 환산하여 500~800kg/m^{2}을 예상하여 고려에 넣을 필요가 있다.

그 이외의 고정하중에 관해서는 철골조의 경우 단위 바닥면적당 작은 보·큰 보 자중 80kg/m^2, 기둥 자중 30~40kg/m^2 정도가 된다. 보입면(face measure) 면적당의 내벽 자중은 ALC판 70, 철골 바탕석고판 60kg/m^{2}이며, 단위 바닥면적당으로 환산하여 50~70kg/m^{2}가 된다. 보입면 면적당의 외벽의 타일마감 PCa판(t=150mm)의 자중은 330kg/m^2 정도를 예상하여 고려에 넣을 필요가 있으며, 발코니 부분의 PCa판은 단위길이당 600kg/m^{2}의 예도 있다. 한편, 적재하중은 거실·침실의 기준치를 채용하여 바닥용 180, 큰 보·기둥·기초용 130, 지진력용 60kg/m^{2}로 하고 있다.

고정하중(바닥하중+기둥·보자중+벽자중)과 적재하중의 비는 765 : 130=0.85 : 0.15가 되어 거의 다 고정하중이다. 객실이 작게 쪼갠 방이 되므로 고정하중 가운데 벽자중이 35%를 차지하는 것이나, 적재하중에 비하여 보 배치가 촘촘하게 되는 것 등이 영향을 미치고 있다.

호텔객실에 있어서는 건물 적재하중의 5~6배 정도의 물량(物量)이 필요하게 되며, 프라이버시 확보 및 안전성·쾌적성 확보를 위한 비용으로 생각된다.

4. 가구형식

고층 호텔객실의 가구는 앞에서 설명한 것과 같이 일부 가새 등을 포함하는 라-멘가구를 채용하는 것이 일반적이며, 구조종별을 S조로 하는 경우가 많기 때문에 여기서는 S조의 경우에 대하여 소개한다.

라-멘가구의 기준치수는 도리방향 스팬 7.0~9.0m, 스팬방향 객실 스팬 5.5~7.5m, 복도 스팬 1.8~2.2m, 층고 3.1m 정도로 되어 있다.

평면계획도에 대응한 객실바닥 복도를 그림 7.4(d)에 나타낸다. 스팬방향에서는 앞에서 설명한 것과 같이 가새 등을 병용(倂用)하게 되나, 높이방향에 연속배치된 연층(連層)가새가 되기위하여 휨 변형성분(變形成分)에 유의할 필요가 있다.

또, 라-멘부분에서 복도부분이 짧은 스팬이 되므로 내부 옆 기둥에 수평력이 극단으로 집중하게 된다. 응력집중을 어느 정도 완화시킬 목적으로 복도부분 큰 보 휨강성을 작게 하므로서, 극력 보의 춤을 낮게 억제하는 한편, 강도를 확보할 수 있도록 배려할 필요가 있다.

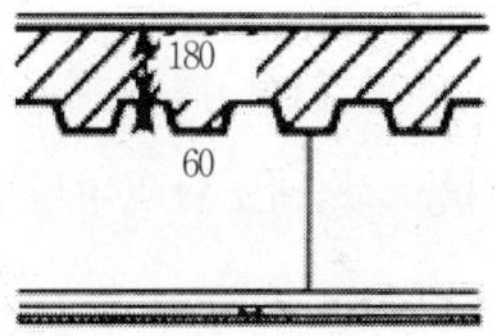

그림 7.4(c) 객실의 설계하중(kg/m^2)

카펫트마감(t=15)	10
RC조바닥판 (t_e=180+27)	395
천정	15
덕플레이트(V_{60})	15
설비배관	5
합계	440

도리방향에서는 양쪽 객실 외주측(外周側) 및 내부복도 양쪽의 합계 4열(列)의 가구로서 지진력 등의 수평력에 저항하게 된다. 이 때, 외주측의 큰 보와 내부측의 큰 보에 대한 바닥판의 협력폭(協力幅)이 서로 다름에 따라 내부측 가구에서는 큰 보의 강성이 높게 되며, 가구강성(架構剛性)도 높게 되어 수평력 부담율이 크게 된다. 이와 같은 성상(性狀)을 확인한 뒤 강성배분(剛性配分)을 설정하는 것이 매우 중요하다.

객실로서의 맨윗층의 천정부분 및 맨아랫층의 바닥 밑부분에는 파이프샤프트(pipe shaft) 세로배관을 가로방향으로 끌어들여서 기계실로 연결하기 위한 상당히 큰 공간(높이 1m 정도)이 필요하게 되며, 2중바닥판을 설치하여 대응하는 경우가 많다.

특히, 객실 맨윗층 위에 라운지 등이 배치되는 경우는 양쪽 방 사이의 차음대책으로서 2중의 바닥판으로 하여, 그 사이를 설비배관의 가로 끌어들이기 공간으로 하고 있는 경우도 있다.

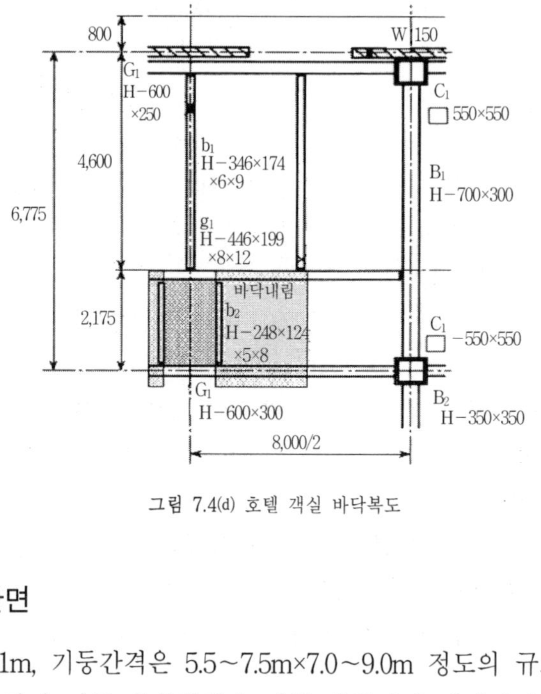

그림 7.4(d) 호텔 객실 바닥복도

5. 기둥단면

기둥의 높이는 3.1m, 기둥간격은 5.5~7.5m×7.0~9.0m 정도의 규모가 많다. 객실부분으로부터 전달되는 장기 기둥 축방향력은 기둥 한본당의 지배면적을 45~70m^{2}로 하여, 한 층당 35~55t 정도가 예상된다.

기둥단면은 각형강관(角形鋼管) 혹은 H형강을 채용하고, 바깥지름 치수는 D=500~600mm 정도로 하고 있다. 이때, 기둥 자중은 단위바닥면적당 30 kg/m^2 정도가 된다.

6. 큰보 단면

큰 보 스팬은, 객실부분 5.5~9.0m, 복도부분 1.8~2.2m의 규모가 많고, 큰 보의 춤은 스팬의 1/15 정도를 기준으로 H=500~700mm 정도를 확보하며, 또 스팬방향 복도부분은 H=350mm 정도로 하는 경우도 있다.

큰 보 단면은 대부분의 경우 H형강을 채용하고, 바닥판과 스타드 커넥터로 결합한 합성보로 하고 있다. 종래는 단면크기의 선택자유도가 높은 조립 H형 단면으로 하는 경우가 많았으나, 최근에는 카탈로그 사이즈(catalog size)가 큰 폭으로 늘어난 바깥치수일정(一定) H형강(H shape steel with standard gauge of outside depth)을 채용하는 경우가 많아졌다. 이 때의 큰 보 자중은, 보 단위길이당 150~200kg/m, 혹은 단위 바닥면적당 40~50kg/m^2 정도가 된다.

큰 보의 장기하중시의 처짐은 스팬의 1/400 이하 정도로 제한하나, 위에 쓴대로의 보춤을 확보해두면 그다지 문제가 되는 일은 없다.

객실과 복도와의 경계부분의 큰 보는 공조용(空調用) 및 스프링클러(sprinkler)용의 배관이 관통하기 때문에 ø150 구멍이 2곳, ø65 구멍이 1곳 정도가 필요하다.

또, 복도부분은 간선(幹線) 덕트(duct)가 통과하기 때문에 보 밑으로부터 천정까지의 유효공간을 250~300mm 확보하던가, 또는 상당히 큰 보의 관통구멍을 뚫으므로서 대응할 필요가 있다(그림 7.3(e)).

7. 작은보 단면

작은 보 스팬은 6~8m, 작은 보 간격은 3.0m 이하의 규모가 많다. 따라서, 작은 보 춤은 스팬의 1/20 정도를 기준으로 하여 H=250~450mm 정도로 하고 있다(그림 7.4(d)).

작은 보 단면은 큰 보와 같이 H형 단면의 합성보로 하고, 특히 철골가공노임의 합리화를 고려하여 기성 H형강을 채용하는 경우가 많다.

이 때의 작은보 자중은 단위바닥면적당 30kg/m^2 정도가 된다.

작은 보의 처짐제한은 큰 보와 같다.

작은 보의 배치에 있어서는 객실 칸막이벽이나 유닛배스 칸막이벽이 소리의 새어서 나오는 것에 대한 대책이나 구조체로의 변형추수대책에 관하여 매듭이 쉽게 되도록 벽과 같은 위치에 배치하면 된다. 또, 파이프샤프트나 유닛배스의 바닥 밑부분에는 작은 보를 배치해두면 배근 등의 매듭이 좋아 진다.

8. 바닥판 단면

바닥판은 기능상의 요구로부터 RC조로 하고, 덱 플레이트 버림거푸집 공법으로 하는 경우가 많다.

바다판의 단변방향 스팬은 3m 이하로 하고, 바닥판 두께는 t=120mm 정도로 하고 있다.

유닛배스 부분에는 그림 7.3(f)와 같이 마무리의 매듭때문에 구조체에 바닥 낮아짐이 발생한다. 이를 위하여 일반부(一般部)의 덱 플레이트 홈의 높이를 D=75mm로 하여, 유닛배스부분에서 플랫 덱 플레이트(flat deck plate)를 사용하고(그림 7.4(e)), 덱 플레이트 홈의 높이를 이용하여 바닥레벨 차를 흡수하는 경우도 있다. 이와 같은 매듭으로 하면 바닥판을 지지하는 작은 보나 큰 보의 레벨을 바꾸지 않고 마무리되기 때문이다.

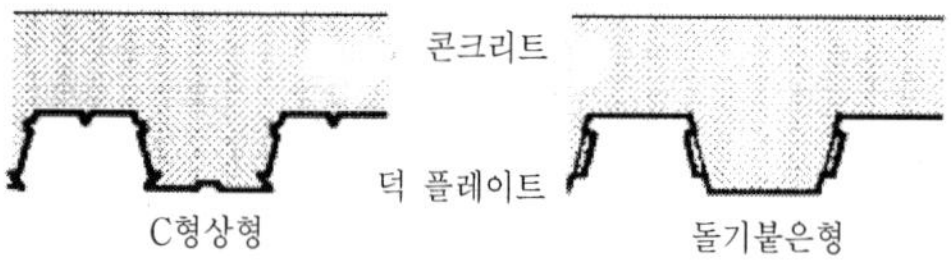

그림 7.4(e) 플레이트 덱 플레이트

8

쉬운 구조역학

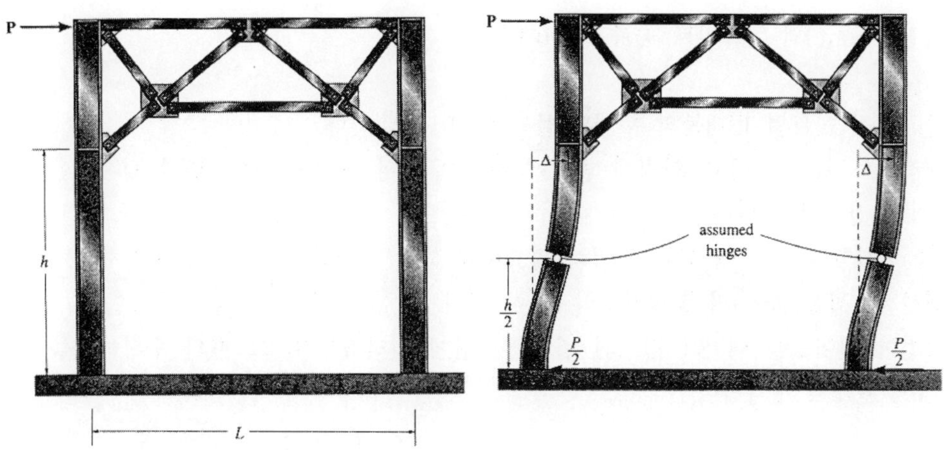

8.1 ·· 하 중

1. 하중일반

『2억8,800원으로 $80m^2$의 맨션(mansion)을 구입했다. 전부 몇 ton의 무게를 샀을까?』 이러한 것을 생각하는 사람은 없으나, 대충 계산해 보자.

먼저 바닥의 무게는 바닥두께 0.15m×넓이 $80m^2$×콘크리트 중량 $2.4t/m^2$=약 30t이 된다. 기둥은 어떻게 될까. 기둥의 어디부터 어디까지가 자신의 것인가? 같은 생각으로 벽은? 우선, 바닥두께를 배(倍)쯤으로 많은걸로 견적하여 그것으로 기둥이나 벽의 무게는 영(zero)으로 해두면,

한집분($80m^2$)의 콘크리트 중량 : 약 60t

즉, 5t 싣는 트럭 12대분의 무게의 물건을 산 것이 된다.

냉장고도 있을 것이고, 안방에 벌렁 누워있는 집의 마님도 있다. 또한 적지않은 잡지나 책도 상당히 무겁다. 한데 묶어 m^2당 60kg으로 하고, 그것에 면적을 곱하면 약 5t (결국 이사할 경우는 5t 싣는 트럭이 필요하게 되는 셈이다). 이것들을 추가하면,

맨션 한 집분($80m^2$)의 총중량 : 약 65t이 된다.

지진이 일어났을 때 몇t 정도의 힘이 이 집에 걸리겠는가. 그 때의 수평하중을 중력의 20% 정도로 생각하여,

지진수평력(고정하중＋적재하중) : 약 13t

100집으로 되어 있다면 가까운 곳의 마님도 전부 한데 묶어서 맨션 전체로서,

총 중량 : 약 6,500 t 지진수평력(고정하중＋적재하중) : 약 1,300t

이 된다.

이 맨션에 1,300 t이 작용해도 튼튼하여 걱정이 없을까? 집의 마님은 적재하중이 아니고 고정하중일까? 등으로 생각하는 것은 흥미있는 것이다. 실은 구조의 이야기를 하중의 산정으로부터 시작하는 것은 기분이 나아지지 않는다. 구조는 "일생동안 아기자기하게 하중의 줍기를 하고 있다"는 이미지를 주기 때문이다. 그러나 뭐라고 하던 이 계산

을 하지 않고는 건물은 지어지지 않는다.

2. 각종의 하중

다음에 각 종의 하중에 대하여 간단히 설명한다.

i) 고정하중

콘크리트의 단위체적당의 중량은 다음과 같이 결정된다.

철 근 콘 크 리 트 : 2.4t/m^3
철골철근콘크리트 : 2.5t/m^3
경 량 콘 크 리 트 : 1.6~2.0t/m^3
모 르 타 르 : 2.0t/m^3
무 근 콘 크 리 트 : 2.3t/m^3

그렇다면 철골의 경우는? 이란 말이 되나, 이들은 단위체적당이라고 생각하지 않고 사용단면에 따라서 단위길이당의 중량이 제품 카탈로그 등에 정확히 나타나 있다.

표 8.1 바닥적재하중표(단위 : kg/m^2)

방의 종류	바닥구조계산용	큰보·기둥·보 기초계산용	지진력계산용
거실·병실·숙박실	180	130	60
사무소	300	180	80
교 실	230	210	110
백화점·상점	300	240	130
집회실	300~360	270~330	160~210
차고·자동차의통로	550	400	200

ii) 적재하중

"건축물의 구조기준등에 관한 규칙"에 주어져 있다. 지진력 계산용이 평균치적(平均値的)인 값에 가깝다. 큰 보용, 바닥구조용으로됨에 따라 상당히 큰 값이 된다. 이것은 적재하중이 경우에 따라서는 집중하는 가능성이 있기 때문이다.

만약 주택의 거실의 바닥적재하중을 지진력 계산용의 60kg/m^{2}를 사용하여 설계했을 경우, 중년(中年)의 살찐 두 사람이 댄스(dance)하는 것만으로 바닥이 탈락되고 만다. 180의 값은 세배의 집중도(集中度)를 갖고 있는 셈이 된다. 그렇다면 60kg의 4사람의 무게를 합치면 240kg이 되며, 바닥이 탈락할 것인가, 그렇지 않다. 아래층 사람에게 진동소음 등, 강도이외의 이유로 실제로는 더 큰 안전율을 가지고 있다.

iii) 적설하중

그 장소에 있어서 과거의 수직최심적설량(垂直最深積雪量)을 $d$cm로 하면,

일반지역 ($d<100$) : $2\text{kg/m}^2 \times d$ cm
다설지역 ($d>100$) : $3\text{kg/m}^2 \times d$ cm

로 결정되어 있다. 그러면 눈이 완전히 얼음이 되었을 때는 어떤가. 성분을 이용하면 국민학생이라도 $10\text{kg/m}^3 \times d$ cm인 것 정도는 답한다. 요컨대 2나 3의 값은 눈의 비중이 0.2~0.3 정도로 대충 계산되어 있다는 뜻이다.

과거의 수직최심적설량 $d$cm는 그 장소가 산간(山間)부분인지 평지부분인지 지역별에서 일정의 값이 정해져 있다. 조금 의문은 있으나『달리 적당한 기준이 없다』이기 때문이며, 행정적 편리로부터 이와 같이 되어 있다. 또, 지붕기울기에 따라서 위의 값은 상당히 저감된다.

iv) 풍압력

풍압력 W는, 다음 식으로 표시된다.

W=CqA

C는 풍력계수이며, 건물의 단면형상에 따라 결정된다. 그림 8.1에 예를 보여준다.
이 그림에서도 알 수 있듯이 지붕은 대체로 떠 오르려 한다.
q는 속도압이며, 건물의 높이에 따라서 다음식으로 결정한다.

높이가 16m 이하의 부분 $q = 60\sqrt{h}\ \text{kg/m}^2$
높이가 16m를 넘는 부분 $q = 120\sqrt[4]{h}\ \text{kg/m}^2$

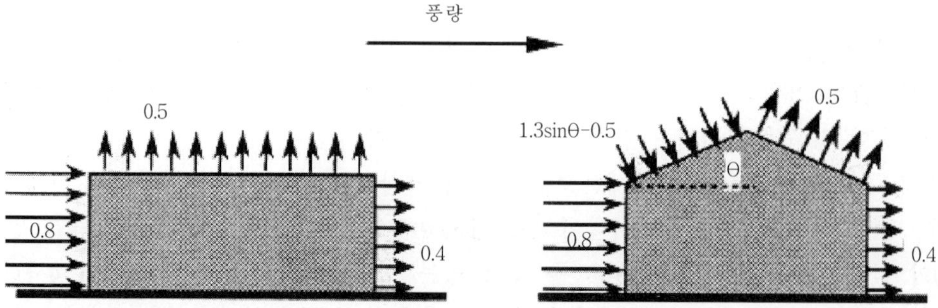

그림 8.1 풍력계수의 예

실험관측 데이터로부터 근사적으로 산출해낸 식이며, 70층 건물에서는 맨윗층이 300m 가까이 되며 500kg/m^2란 값이 된다. 단면형상 등을 궁리하므로서 상당히 저감된다. A는 보입면(face)의 면적이다.

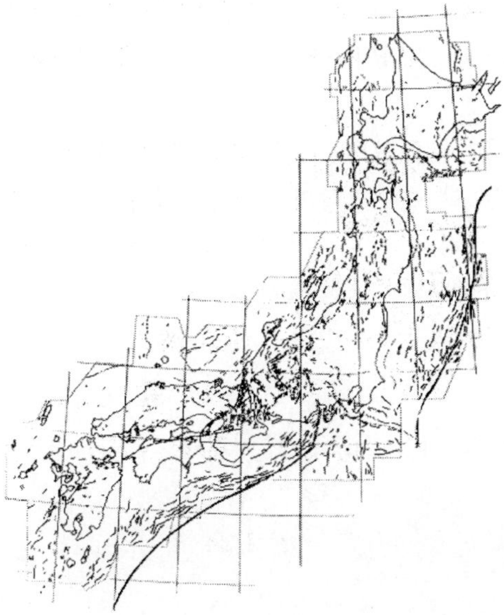

그림 8.2 일본열도의 활단층의 분포도

v) 지진하중

지진에는 두 종류가 있다. 하나는 일본해구(海溝) 가까운 곳에서 발생하는 해양성 지진이라고 부르는 지진이다. 근년(近年) 횟수가 많았던 플레이트 텍터닉스(plate tectonics)에 잘 설명되어 있다. 또 하나는, 소위 직하형지진(直下型地震)이며 육지의 지하 20km쯤 되는 곳의 암석의 파괴로 일어난다. 그림 8.2는 일본열도에서 활단층(活斷層)의 분포도이며, 과거의 지진의 흔적에서도 있다. 이것으로 보아도 일본에 사는 한 지진으로부터 벗어날만한 장소가 없다는 사실을 알 수 있다.

지진은 당연히 수평방향으로 흔들릴뿐 아니라 연직방향으로도 흔들린다. 그러나, 보통의 라-멘구조 등에서는 연직방향의 강성이 높고 강도적(强度的)으로 여유가 있어서, 사무소 건물 등에서는 수평방향 성분만이 고려된다. 단, 큰 스팬 공간건축에서는 수평방향 성분뿐만 아니라 연직방향의 성분도 중요하게 된다.

중저층의 비교적 단순한 구조형식(직사각형 : 矩形라-멘 등)에 대한 경우에는 i층 바닥면에 대한 지진층 전단력 Q_i는 다음 식에서 주어진다.

i층의 지진층 전단력

$$Q_i = C_i W_i$$

$$(C_i = ZR_i A_i C_0)$$

여기서, W_i는 $_I$층 위의 총중량, Z는 지역계수(地域係數)로, 간또보다도 와가나이(稚內)나 후꾸오까(福岡)등 지진의 기록이 적은 지방은 그에 상응하게 경감되어 1보다 작은 값이 된다.

R_i는 진동특성계수(振動特性係數)로, 건물의 고유주기와 지반의 특성으로부터 결정된다. A_i는 지진층전단력계수의 층고방향의 분포를 나타낸다. C_o는 표준전단력계수로 0.2 이상(단, 면진구조등에서는, 0.13 정도까지 경감된다). 또, 건물이 비틀림진동을 일으키기 쉬운 경우도 하중은 할증(割增)된 것으로 한다.

vi) 기타의 하중

수압은 수심을 h라 할 때, 다음 식으로 주어진다.

$$P=1/2h^2$$

토압은 깊이를 h라할 때, 다음 식으로 주어진다.

$$P=1/2K_a \gamma h^2$$

K_a는 주동토압계수(0.3~0.5정도)이며, γ는 흙의 단위체적당 중량이다.

8.2 ·········· 힘의 흐름

1. 힘의 흐름의 일반적 경향

구조를 생각하는 데는 우선 힘의 흐름을 자신 나름대로 생각할 필요가 있다. 요컨대 하중을 어떻게 받아서 그것을 지반까지 어떻게 흐르게 할 것인가이다. 물론 흐름이라고 하여도 눈에 보인다는 뜻은 아니다. 여기서 말하는 흐름이란 처음부터 끝까지의 힘의 순서를 실수하지 않고 생각한다는 사고(思考)의 흐름이기도 하다. 예를 들면, 적재하중의 경우는 상식적으로는 다음과 같이 된다.

적재하중 → 바닥판 → 보 → 기둥 → 기초 → 지반

이 흐름은 간단하게 보이나, 어느 부분에도 각각 빠뜨릴 구멍이 오기를 기다리고 있다. 예를 들면, 보로부터 기둥으로 힘을 흐르게 했어도 그렇게 고분고분하게 흘러가지는 않는다. 철골구조이면 국부좌굴이나, 용접부의 결함, 볼트접합의 잘못 등등의 빠뜨릴 구멍이 곳곳에 입을 벌리고 기다리고 있다.

지진이나 태풍 등의 좌우, 상하방향으로부터 자유로히 마음대로 습격해오는 하중을 처리해야 하는 더 복잡하다. 이 때는 하중의 값도 건물의 주위등에 따라서 변하며, 힘의 흐름도 건물안을 뛰어 돌아다닌다. 그리고, 이때 건물은 입체적이라는 것을 염두에 두는 것이 특히 중요하게 된다.

그림 8.3(a)와 같은 내진벽을 갖는 가구에 대하여 생각한다. 수평강성의 비율로부터

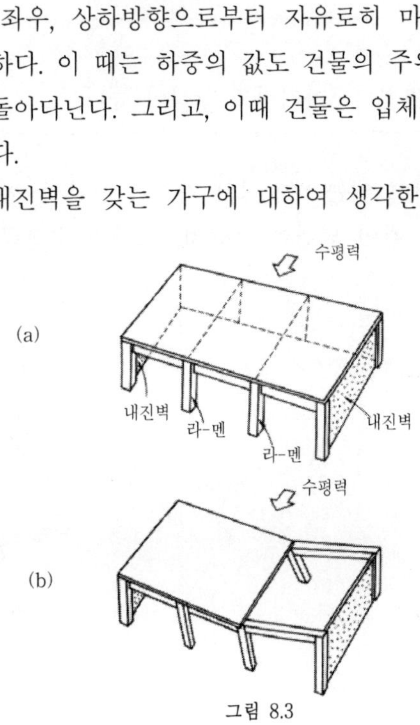

그림 8.3

지진력을 내진벽을 포함하는 가구에서 70% 부담시키고, 나머지의 30%를 순 라-멘의 가구에 부담시킨다는 것과 같은 어림잡는 이야기는 잘 듣는 이 이야기이다.

대체로, 이 정도의 감각이면 좋으나 단 각 평면가구(平面架構)가 면내(面內)변형에 대하여 굳건하다고 생각되는 바닥판으로 긴결(緊結)되어 있는 경우의 이야기이다. 만약 그림 8.3(b)와 같이 일부가 트여있을 때는 이야기는 달라진다.

이러한 것의 상세한 기준이나 지침 등에 자세하게 쓰여져 있으나 여기서는 생략하고 힘의 흐르는 방향의 일반원리를 말한다.

【힘은 굳건한 부분에 많이 흐른다. 변형은 연약한 부분에 크게 생긴다.】

이것은 당연한 것이다. 말하자면, 너무 지적이면 모가난다. 정에 흐르면 아무 것도 되지않는다. 끝까지 견디어 노력하는 사람에게는 세상의 비난이 강하다. 거역하지 않으면 즐겁지만 갈팡질팡하여 자신을 잃는다. 그것은 그렇고 굳건하다란?

선재(線材)이면 휨강성보다 신축강성이 훨씬 크다.

따라서, 예를 들면 그림 8.4의 경우, 하중의 대부분은 신축재로서 활동하느 상하의 부재로 흐르며, 휨재로서 활동하는 외팔보에는 거의 흐르지 않게 된다.

면재(面材)이면 면외(面外)변형보다 면내변형이 3자리정도 강성이 높다.

그런데 굳건하다고 생각하고 있는 내진벽의 기초가 정확히 지반에 앵커(anchor)를 내리지 않을 경우, 그림 8.5와 같이 외관이 쓰러져, 그만큼 수평력에 대하여 끝까지 버티지 못해준다.

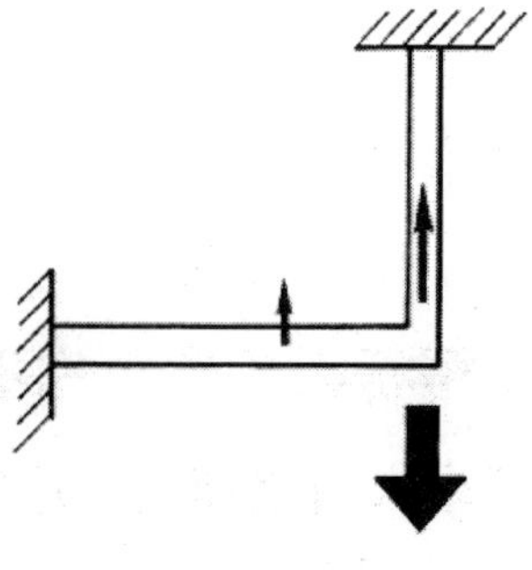

그림 8.4

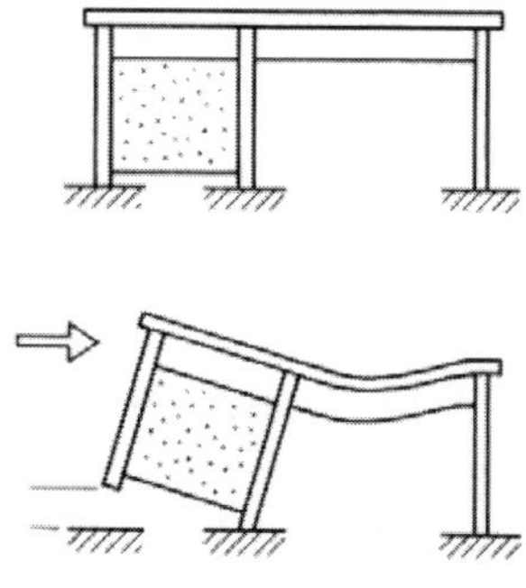

그림 8.5

굳건할려면 그 나름대로의 조건이 구비되어 있을 필요가 있다.

가새로 내진벽마다에 그 가구부분(架構部分)이 굳건하게 된다. 그러나, 가새와의 접합부가 그림 8.6(a)와 같은 경우, 어떻게 굵은 강재를 사용하여도 큰 일이 났을 경우는 그림 8.6(b)와 같이 뽑혀버려 도움이 되지 않는다.

내진벽이나 가새 등의 가구부분에는 그 지반이나 가새와의 이음매에 특히 주의를 요한다. 단, 여기서 구조는 굳건할 수록 좋다는 말은 아니다. 기초에 과대한 뽑아내는 힘이 걸리지 않도록 내진벽에 스리트(slit)를 넣어서 강성을 낮추는 경우도 있다. 내진벽이나 가새에 어느 정도로 부담시킬 것인가는 경우에 따라서 판단하게 된다.

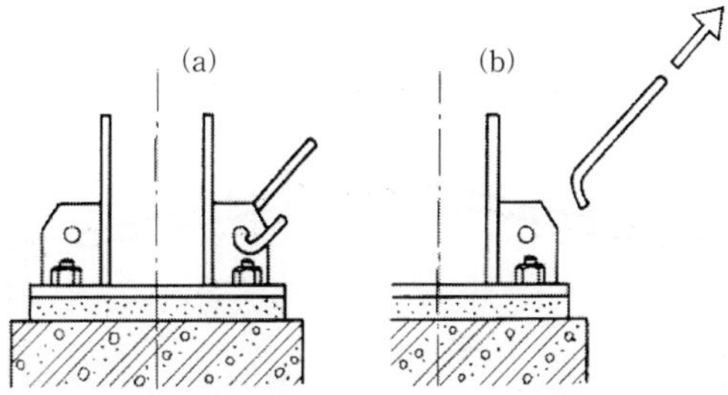

그림 8.6

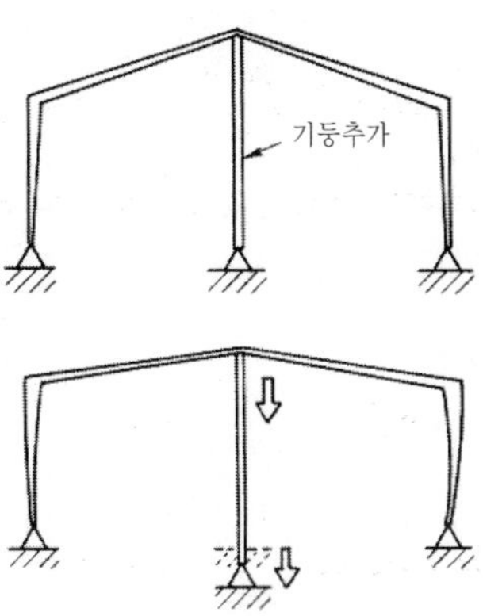

그림 8.7

2. 시간이 걸리는 이야기

힘의 흐름을 생각할 때는 수 개월이란 단위의 시간적인 경위(經緯)도 때로는 중요하게 된다. 그림 8.7과 같이 지붕의 내력(耐力)을 보강하기 위하여 내부기능을 희생시키고 일부러 기둥을 추가했다.

이것이 창고였기 때문에, 서서히 중앙부가 침하하여, 애써 보강한 기둥이 지붕을 끌어당기며 역효과가 되어 버린다. 이와 같은 예도 있으므로 먼 장래의 일까지 생각해 둘 필요가 있다.

3. 해석과 가정과 붕괴의 이야기

보통의 해석에서는 미소(微小) 변형가정이 사용되고 있다. 이 가정에 따라 그림 8.8과 같은 체육관을 설계했다. 그랬더니, 실제로는 그림 8.9와 같은 경로를 거쳐 붕괴되었다. 지붕이 변형으로 평평함(flat)에 가깝게 되며, 예상외의 축력(軸力)이 생겨서 기둥이 눌려 넓어져 지붕면이 반전(反轉)된 것이다.

이상의 현상이외에도, 시공의 순서에 따라 힘의 배분(配分)이 달라졌을 때, 온도차에 영향을 받을 경우, 설하중(雪荷重)이나 풍하중에 대한 주변의 건물의 영향이 큰 경우, 구조개축(改築)으로 설계변경되는 경우 등을 생각하기 시작하면 불안하여 잠을 잘 수 없게 된다.

구조계획에 있어서는 적당한 밸런스(balance) 감각과 담력이 있어야 한다.

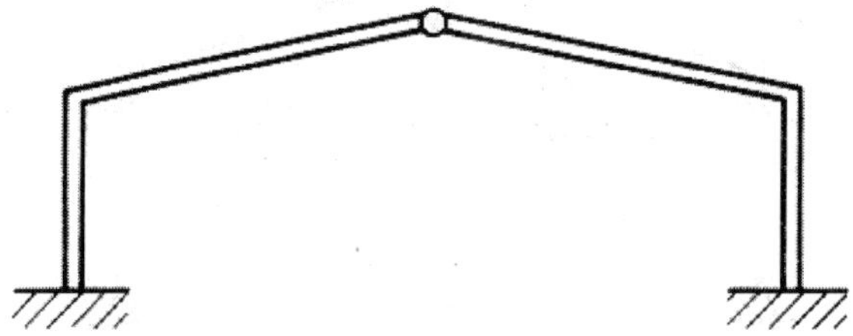

그림 8.8

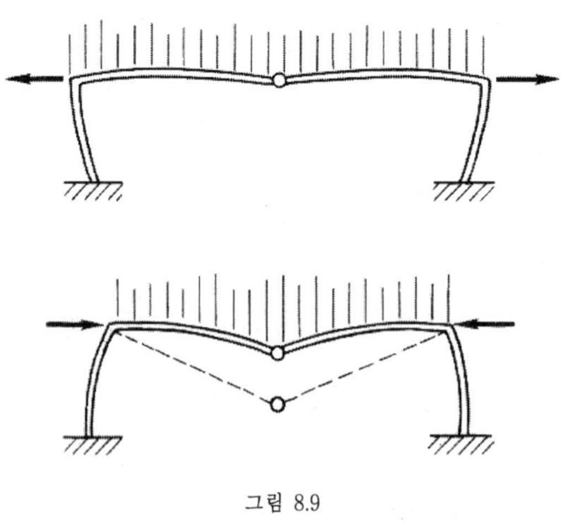

그림 8.9

4. 절점에서의 힘의 흐름(정정트러스)

구조전반에 걸친 힘의 흐름 혹은 힘의 흐르는 방법(구조계획)은 천차만별이며, 섣불리 손을 대면 위험에 처하게 된다. 또, 아마도 구조설계자의 주문도 들어온다.

그러나, 기본적으로 중요한 포인트로서 부재가 모인 장소에서 축력이나 휨모멘트가 어떻게 배분되는가라는 문제가 있다. 또, 바둑이나 장기에서 이야기하면 정석(定石)이라는 것과 같은것인데, 이것을 알고 있으면, 전체의 층을 조립하는 속도가 가속되며, 여러가지 베어리에이션(variation)도 검토할 수 있다는 뜻이다. 이하(以下)에서는 대상을 아주 간단한 골조구조(일급건축사의 시험문제 수준)에 한정하기로 하고, 접합부는 강접합(剛接合) 또는 핀 접합으로하여 생각한다(따라서 접합부 주변의 디테일에 관한 문제는 생략한다).

힘의 흐름의 배분의 방법에는 다음의 2종류가 있다.

① 힘의 평형만으로 결정하는 경우
② 힘의 평형만으로 결정되지 않는 경우

외력이나 지지조건이 주어진 경우, 구조물의 모든 부재에 흐르는 힘이 절점에서의 힘의 평형만으로 결정하는 경우에, 그 구조를 정정(靜定)구조라 부른다. 또, 힘의 평형만으로는 구할 수 없는 부재가 한 본이라도 있는 경우, 그 구조를 부정정구조라 부른다(이들의 용어의 정의에는 엄밀히 지지반력도관계되지만, 이야기가 차차 난잡해지므로 생략한다). 우선 처음으로, ①의 정정구조의 경우에 대한 절점에서의 힘의 흐름에 대하여 생각한다. 정정구조는 대부분의 경우 트러스구조이며 이야기를 정정트러스의 경우에 한정하기로 하여, 힘의 흐름을 찾아내는 방법을 간단히 설명한다.

- 예비지식 : 그림 8.10과 같은 경우, 두 본의 부재에 걸리는 힘은 평행사변형(힘의 평형)을 그리므로서 쉽게 구해진다. 또, 화살표로 표시된 힘을 차례차례 연결하면 닫힌 삼각형이 된다.
  이처럼 닫힌다는 것은 절점에서 평형되어 있다는 내용과 같은 것을 의미한다. 이 사실을 이용하여 몇 개의 정석(定石)을 정리하면,

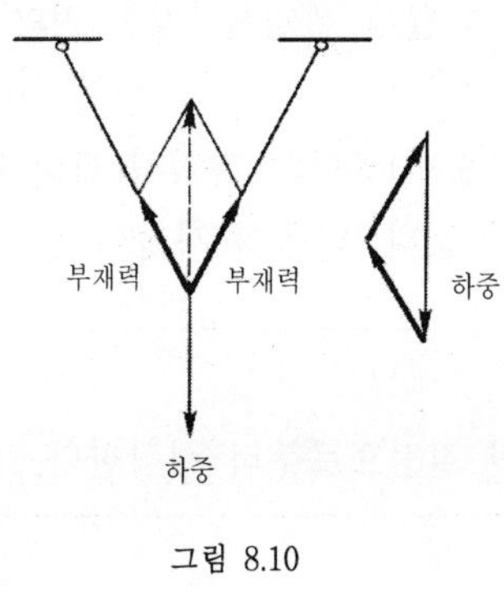

그림 8.10

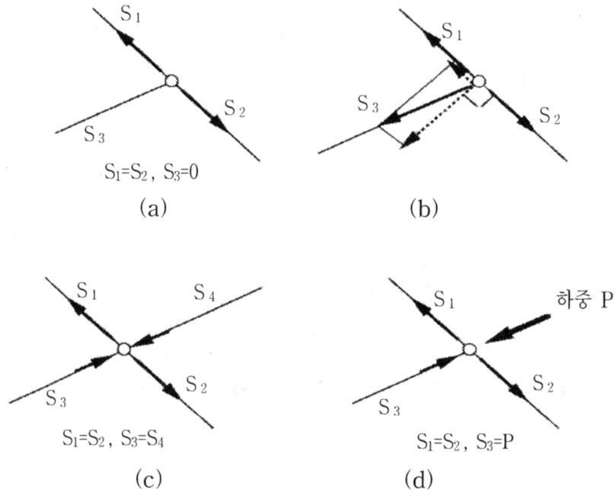

그림 8.11

- 정석 1 : 3본이 이어진 경우에 그림 8.11(a)와 같이 2본이 직선상에 있는 것으로 한다. 그 때, 직선상에 없는 나머지 1본에는 힘이 흐르지 않는다. 만일, 직선상에 없는 나머지 1본에 힘이 흐른다면 어떤 모양으로 끝까지 버티더라도 절대로 힘의 다각형은 닫히지 않기 때문이다.

- 정석 2 : 그림 8.11(b)와 같이 4본이 이어져 있을 경우에 각각 2본이 직선상에 있다고 한다. 그 때, 각 직선상의 부재에 흐르는 힘은 같게 된다. 만일 같지 않다고 가정하면 그림 8.11(b)와 같은 불평형 힘이 남으며, 결국 [정석 1]의 경우와 같이하여 도리에 맞지 않는 결과가 생긴다.

- 정석 3 : 3본이 이어져 있는 경우에 그림 8.11(d)와 같이 1본의 부재와 하중이 직선상에 있는 것으로 한다. 그 때, 그 직선상의 부재에 흐르는 힘은 하중과 같게 된다. 하중을 부재로 생각하여 고치면 앞에 설명한 [정석 2]의 경우와 같이 된다.

- 정석 4(힘의 흐름을 구하는 순번) : 힘의 다각형(힘의 평형)만으로 결정된다고 하더라도 무턱대고 하면 구할 수가 없다. 다음의 사항이 필요하다.

① 지지반력을 구한다. ② 모르는 부재력이 두 개인 절점으로부터 시작한다.

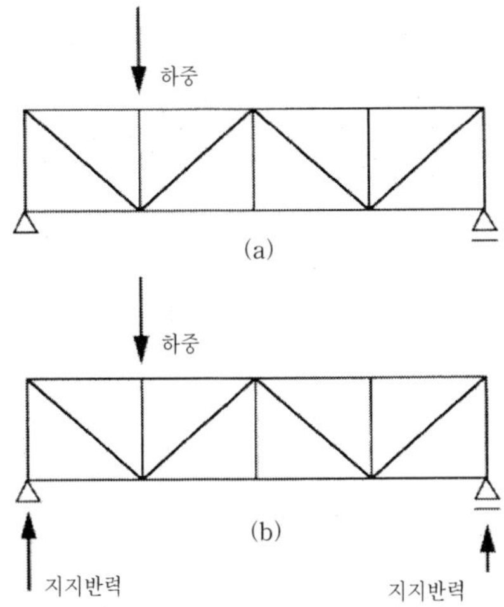

그림 8.12

①의 『지지반력을 구한다』는 예를 들면 그림 8.12(a)의 문제를 보았을 때, 아무 것도 하지않고 1분간이나 팔을 꼬고 골똘히 생각에 잠긴 사람은 아마 이 문제는 풀 수 없다. 푸는 사람은 지지반력의 화살표를 그림 8.12(b)와 같이 써 넣고는 팔을 꼰다. 다시 말하면, 생선요리를 할 때 처음에 비늘을 없애는것과 같은 것이며, 지지하고 있는 부분을 반력으로 바꾸어 놓을 필요가 있다(그림 8.13).

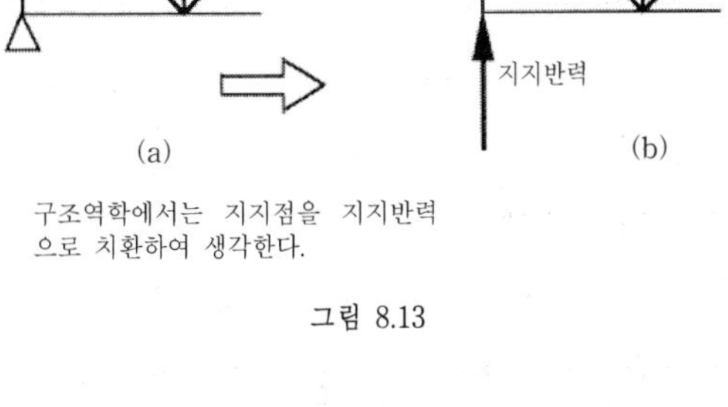

그림 8.13

②의 『모르는 부재력이 두 개인 절점으로부터 시작한다』는 그림 8,14(a)의 번호의 순서대로 구해지나, 그림 8.14(b)의 번호의 순서대로는 구해지지 않는다는 것이다. 미지(未知) 부재력이 2개 이상이면 그림 8.10과 같은 방법으로 구할 수가 없다.

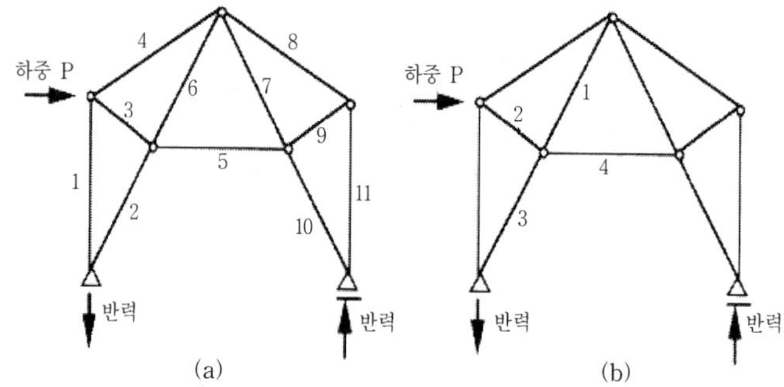

번호순서로 구해가면 미지부재는 항상 2이하가 되어 구할 수 있다.

이와 같은 번호순서로 돌연 미지의 부재력이 4개가 되어 구할 수가 있다.

그림 8.14

- 정석 5(절단법) : 어느 특정부재의 축력(軸力)을 구하고 싶은 때는 다음과 같이 한다.

> ① 구하고자 하는 부재를 포함하여 3본이내의 부재를 절단하여, 골조를 둘로 나눈다.
> ② 구하고자 하는 부재력만이 미지수가 되는 힘의 평형식을 세운다.

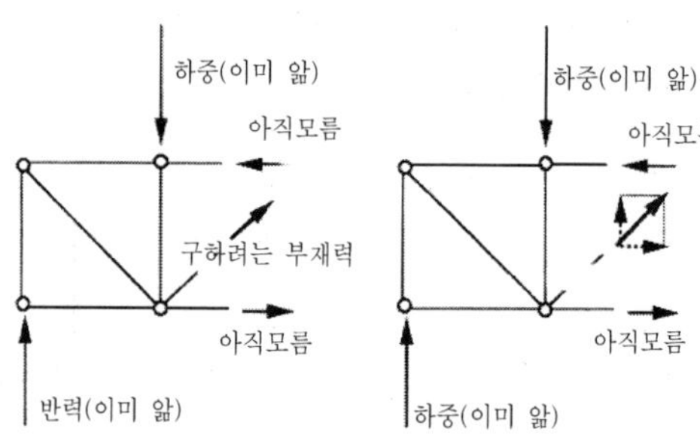

그림 8.15

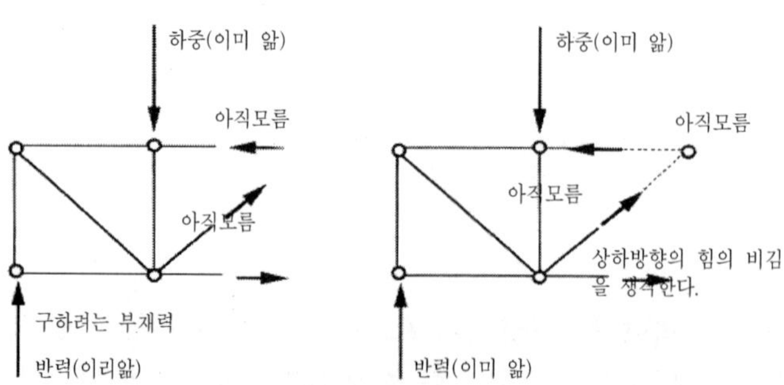

그림 8.16

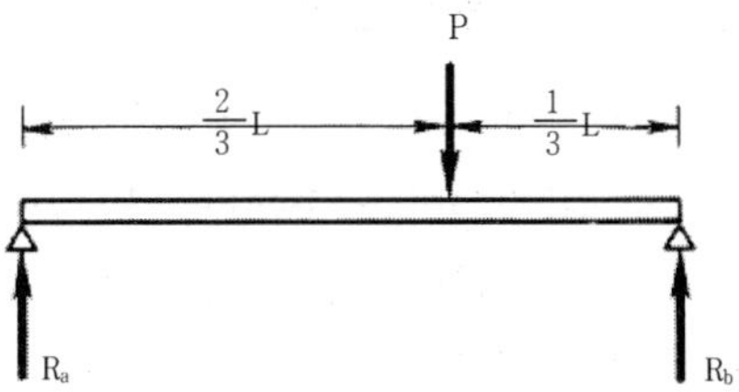

그림 8.17

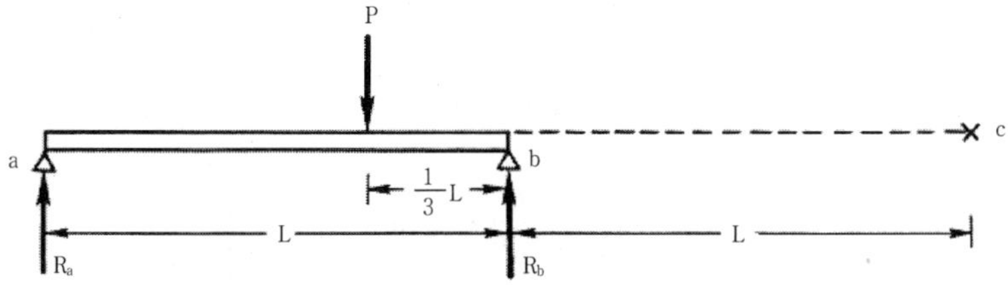

그림 8.18

예를 들면 2본의 부재가 평행인 경우는 그것과 직각방향의 힘의 평형을 생각한다(그림 8.15). 또, 다른 2본의 부재가 평행이 아닌 경우는 그 교점 주위의 모멘트의 평형을 생각한다(그림 8.16).

(그림 8.16)에서는 절단된 구조체와 조금 떨어진 절점에서의 모멘트의 평형을 생각했다. 이것에 조금 저항감이 있는 사람에게 보조적으로 설명해 둔다. 그림 8.17과 같은 단순보의 지지반력 R_b를 구할 때 다음의 식을 세운다.

$$R_a \times L - P \times (1/3)L = 0$$

이것에 의하여 $R_a=(1/3)P$가 구해지며, 다시 상하방향의 힘의 평형에서 $R_b=(2/3)P$가 얻어진다. 역학의 초보의 초보이다. 그렇다면, 그림 8.18의 C점에서의 모멘트의 평형식은 과연 옳은가?

$$R_a \times 2L - P \times (4/3)L + R_b \times L = 0$$

문제없이 옳다. 계통(system)이 정적으로 평형되어 있는 경우는, 그 계통에 작용하는 외력계(外力系)(지지반력도 포함)는 어떠한 점에서도, 합력, 합모멘트는 0이다. 앞에 구해진 R_a, R_b의 값을 대입하면 성립함을 알 수 있다. 다만, 이 식으로부터는 R_a가 구해질 뿐이라는 이야기이다.

5. 절점에서의 힘의 흐름(부정정구조)

기둥이나 보등의 『잘 늘어나지 않는 것』이나 『잘 처지지 않는 것』이나 『잘 휘지 않는것』 등을 총칭하여 부재의 강성(剛性)이라 부른다. 재료의 성질이나 단면의 형상이나 부재축의 기울기 등에 의하여 각각의 값이 정해진다.

강성은 변형과 힘을 다음과 같이 결부(結付)시킨다.

힘=(강성)×변형

또, 다음과 같이 쓴다.

변형=1/(강성)×힘

이 1/(강성)을 유성(柔性 : 유연함)이라 부르는 경우도 있다. 강성의 중요한 것에는

① 신축강성

② 처짐강성

③ 회전(휨)강성

이다. 앞에서도 설명한 것과 같이 힘은 강성에 비례하여 흐른다. 따라서 강성의 값이 산정되면, 힘의 흐름을 파악하는 요령을 어느 정도 체득할 수 있다.

이하, 기호는

E : 영율

A : 단면적,

L : 부재길이로 한다.

i) 신축강성

그림 8.19과 같은 부재의 축력 P와 늘어난 길이 δ와의 사이에는 일반적으로 다음의 관계가 있다.

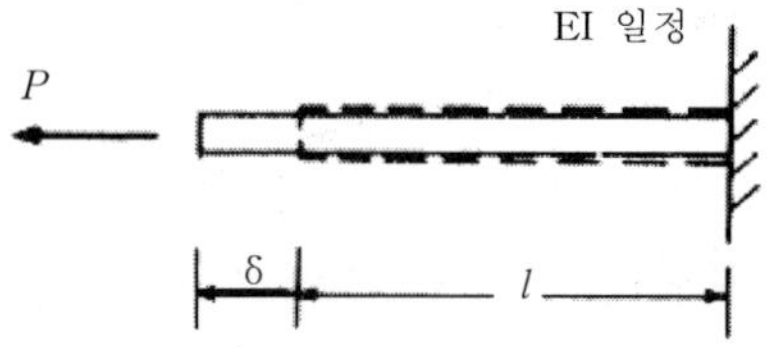

그림 8.19

【 $P/A = E\delta/L$ (8.1) 】

디자이너에게 이 관계를 암기하도록 하는 것은 어렵겠지만 조금 다른 각도에서 설명해보자. 예로 고무와 콘크리트의 품질의 판정에 대하여 생각한다. 지금, 길이가 50cm와 1m의 2본의 고무끈이 있다. 짧은 쪽은 60cm 늘어나서 잘리고, 긴 쪽은 90cm 늘어나서 잘렸다. 만일, 어느 쪽의 재료가 신축성이 풍부한가라는 문제이면, 누구든지 짧은 쪽이라고 한다. 머리속에서,

$$60cm / 50cm > 90cm / 100$$

짧기는 하지만 역할을 하고 있고, 그런대로 잘 되고 있다.

다시말하면 재료의 품질이야기를 할 때 60cm 늘어났다, 90cm 늘어났다라고는 이야기되지 않는다. 『본래의 길이 분의』라는 것이 중요하게 된다. 이것이 변형이란 말의 원점(原点)이다. 기호로 쓰면 ε이며, 늘어남δ와 길이 L와의 관계는

【 $\varepsilon = \delta / L$ 】

가 된다.

이것과 같이, 크기가 다른 콘크리트의 시험체가 5t에서 파괴되었다던가 10t에서 파괴되었다고 하더라도, 과연 어느쪽의 콘크리트가 단단한지 알 수 없다. 하중을 시험체의 단면적으로 나눈값을 가지고 싶어하는 것이다. 이것이 응력의 원점이며, 기호로 쓰면 σ이며, 하중 P, 단면적 A와의 관계는

【 응력 $\sigma = P / A$ 】

가 된다. 여기서 위대한 훅크박사가 등장하게 된다. 그것은 훅크의 법칙이다.

【 훅크의 법칙 $\sigma = E\varepsilon$ 】

이 관계식은 디자이너도 기억하고 있으면 유익한 정보가 된다. 고무끈의 이 야기와 콘크리트의 이야기에서 σ,ε을 교환하면 (8.1)식이 얻어진다. 이 식을 P = 의 형식으로 정리하면

【 축방향력과 늘어남의 관계 : $P = (AE/L)\delta$ 】

가 된다. (AE/L)이 축방향력과 늘어남의 관계를 연결시키는 신축강성(伸縮剛性)이다.

• 예 1 : A, E가 같고 길이가 다른 그림 8.20과 같은 두 본에 가해지는 축력을 구하라. 신축강성에 비례하여 힘은 분담되므로, 하중 P는 다음 비율로 흐른다.

$$AE / L : AE / (3L) = 3 : 1$$

답 : 왼쪽에는 0.75P의 인장력이, 오른쪽은 0.25P의 압축력이 작용한다.

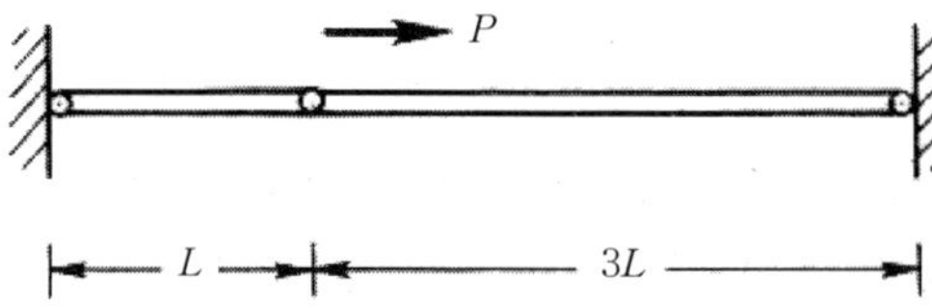

그림 8.20

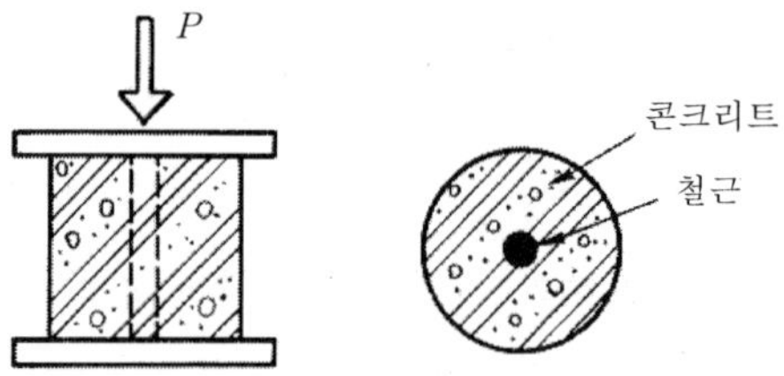

그림 8.21

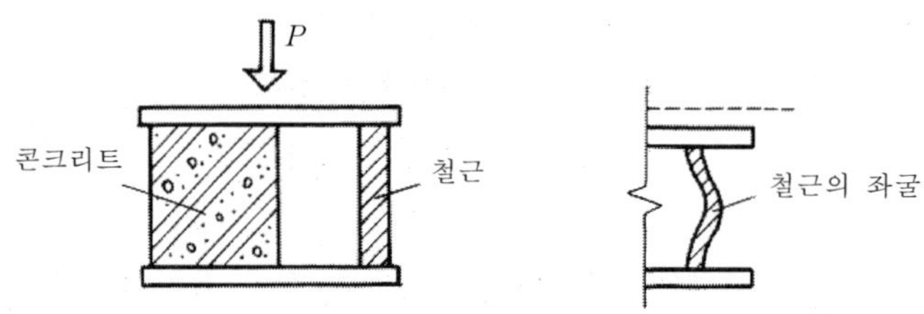

그림 8.22

• 예 2 : 그림 8.21과 같은 콘크리트 실린다의 중앙에 단면적이 1/10, 영율이 10배의 철근을 넣은 시험체에 압축력 P를 가했을 때의 철근에 걸리는 힘을 구한다. 앞의 예와 같이 강성의 비를 생각하면 하중 P는 다음의 비율로 흐른다.

$$(10A)E / L : A(10E) / L = 1 : 1$$

답 : 결국, 철근에는 0.5P의 압축력이 흐른다.

철근은 단면적이 1/10인데도 불구하고 반분의 힘이 흐르며, 이것은 영율이 커버하고 있음을 알 수 있다. 고강도 콘크리트의 압축강도는 현재 1,000kg/cm^{2}를 쉽게 넘고 있으나, 영율이 크게되지 않는한 힘의 흐름이 변하지 않는 부분이 주의할 부분이다.

그런데, 문제를 그림 8.22와 같은 시험체로 바꾸면 철근에 0.5P의 압축력이 흐른다고 결정할 수가 없다. 그 전에 철근이 좌굴할지도 모르기 때문이다. 콘크리트는 강도이외에 좌굴멈춤이나, 단열재나, 차음(遮音)재로서 여러 가지 역할을 떠맡고 있기 때문에 그 취급에 주의를 요한다.

ii) 보의 처짐강성

그림 8.23, 8.24와 같은 단순보와 외팔보의 연직력 P와 처짐δ와의 관계는 다음 식으로 주어지는 것을 알고 있다.

$$\text{단순보} \quad P = (48EI / L^3)\delta$$
$$\text{외팔보} \quad P = (3EI / L^3)\delta$$

(　)안이 처짐강성이다. 48 등의 수치는 힘의 흐름을 생각할 때는 그렇게 중요하지 않다. 주의할 것은 「길이」의 3승에 역비례하는 사실이다. 다음의 예의 의외성을 보면 그 중요성이 이해될 것이다.

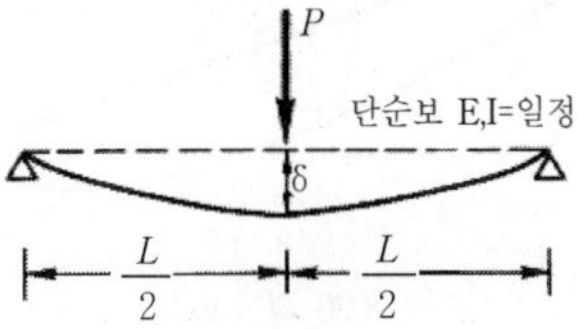

그림 8.23

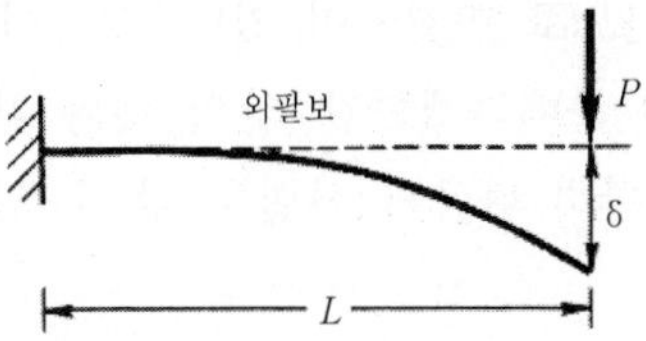

그림 8.24

• 예 3(격자보의 힘의 흐름) : 그림 8.25와 같이 단면형상과 재료가 같으며, 길이가 배 정도 다른 2본의 단순보가 중앙에서 매어져 있다. 거기에 하중 P가 작용했다. 하중 P는 2본의 보에 어떻게 분배되는가?

답 : 처짐강성은(길이)의 3승에 역비례하므로 간단히 1(긴 보) : 8(짧은 보)이 구해진다.

거꾸로 생각하면 그림 8.26과 같이 같은 크기의 처짐을 하는 데는(δ), 긴 보는 짧은 보의 1/8의 힘으로 가능하다. 이 경우는 긴 보는 거의 소용이 없는 것이라 할수있다. 따라서, 격자보로 할 경우에는 될 수 있는대로 길이가 같이 되도록 경사지게 교차된 형식으로 설계된다.

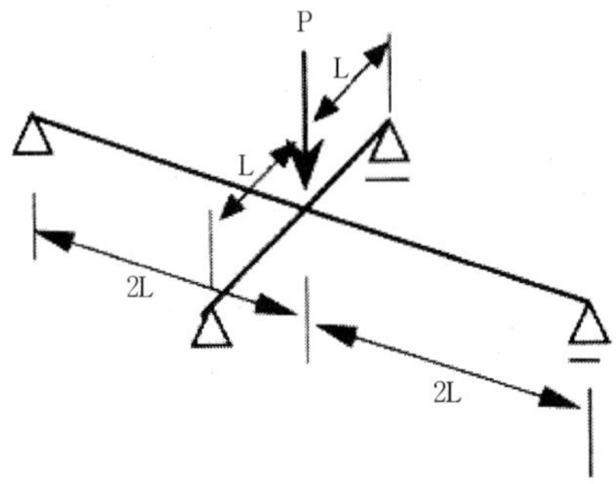

그림 8.25

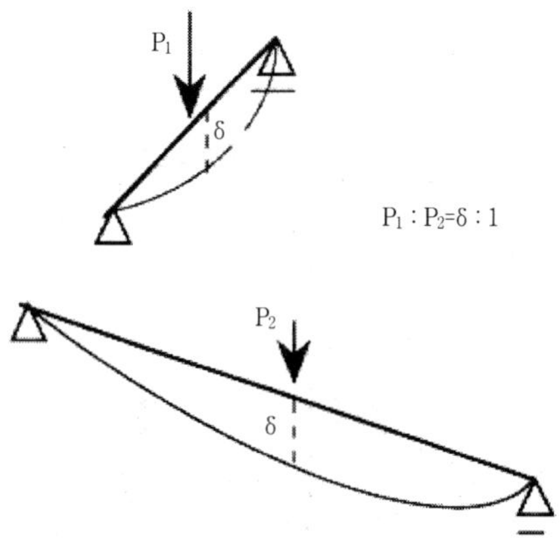

그림 8.26 격자보

- 예 4(외팔보의 힘의 흐름) : 그림 8.27과 같이 단면형상과 재료가 같으며, 길이가 배 정도 다른 2본의 외팔보가 핀으로 연결되어 있다. 그곳에 하중 P가 작용했다.
  하중 P는 2본의 보에 어떻게 분배되겠는가. 앞의 예와 같이, 외팔보의 처짐강성은 길이의 3승에 역비례하므로 간단히 다음의 사실을 알 수 있다.

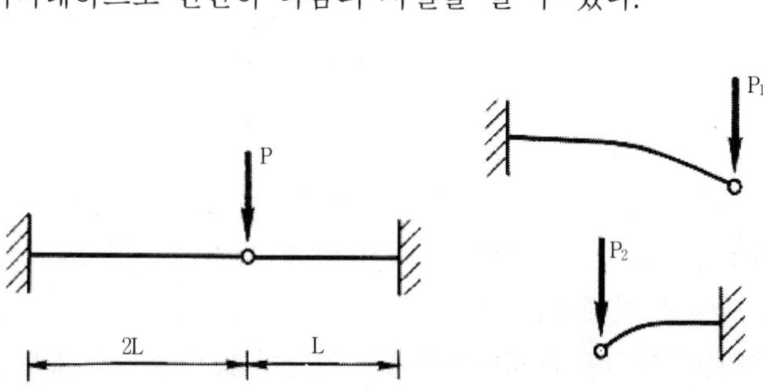

그림 8.27

답 : $P_1 : P_2 = 1 : 8$이며, 긴 보에는 거의 흐르지 않는다.

• 예 5(부재길이가 다른 기둥으로의 힘의 흐름) : 그림 8.28과 같이 단면형상과 재료가 같으며, 길이가 배정도 다른 2본의 기둥이 완전강(完全剛)인 보로 연결되어 있다. 수평하중 P가 작용한 경우에 하중 P는 2본의 기둥에 어떻게 분배되겠는가?

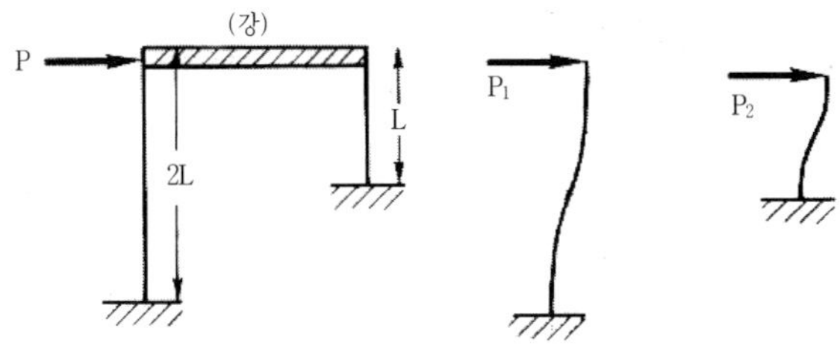

그림 8.28

답 : 실제로 있는 것은 아니나 역시 $P_1 : P_2 = 1 : 8$이며, 그들은 기둥의전단력 분담으로서 담당된다.

iii) 부재단(端)의 회전(휨)강성

그림 8.29에 나타내는 단순보 a, b의 a점에 모멘트 M가 작용했을 때, 모멘트와 처짐각θ와의 관계는 다음 식으로 주어진다.

$$M_{ab} = (3EI / L)\theta_a$$

절점 b가 고정되어 있을 경우는 다음 식이 된다.

$$M_{ab} = (4EI / L)\theta_a$$

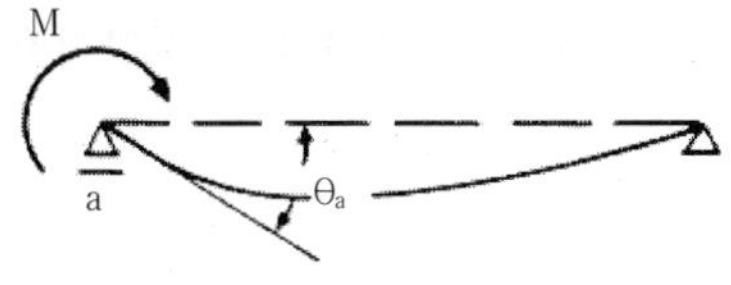

그림 8.29

이 때, $1/2M_{ab}$가 b단에 전달되는 것도 알고 있다(그림 8.30).

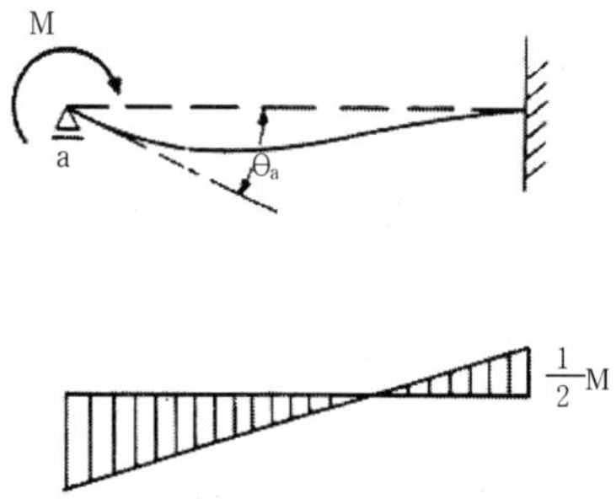

그림 8.30

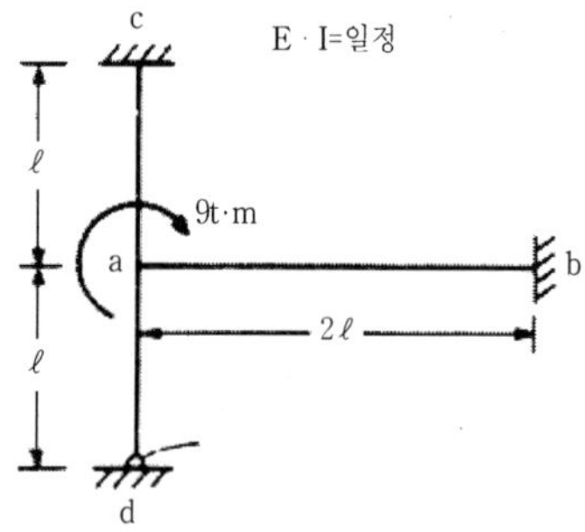

그림 8.31

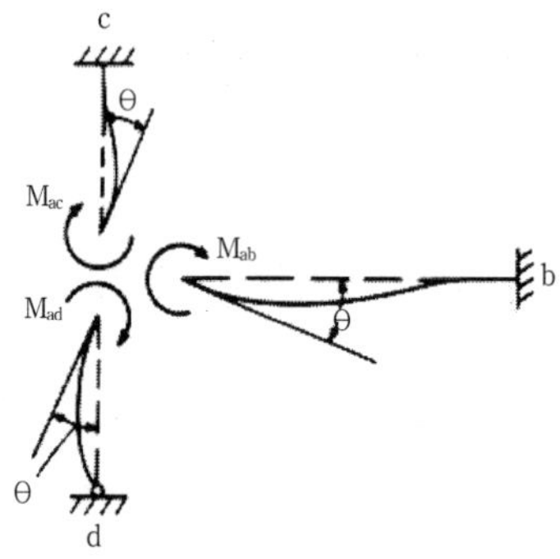

그림 8.32

각각 분해하여 회전강성을 생각하면 각 부재의 회전강성은 다음 식의 ( )안의 값으로 주어진다.

$$M_{ab} = (4EI/2L)\Theta_a$$

$$M_{ac} = (4EI/L)\Theta_a$$

$$M_{ad} = (3EI/L)\Theta_a$$

따라서, 부재단부의 모멘트의 비는 Θ_a의 값이 무엇이던,

$$M_{ab} : M_{ac} : M_{ad}$$
$$= \left(\frac{4EI}{2L}\right) : \left(\frac{4EI}{L}\right) : \left(\frac{3EI}{L}\right)$$
$$= 0.5 : 1 : 0.75$$

인 것을 알 수 있다(그림 8.32).

답 : 따라서 2, 4, 3(t·m)가 된다. 만일, 하중이 27(t·m)이면 2 : 4 : 3으로 나누어 6, 12, 9(t·m)가 된다.

- 예 6 : 그림 8.33의 경우에 대하여 각 부재에 분담되는 모멘트에 대하여 생각해 보자.

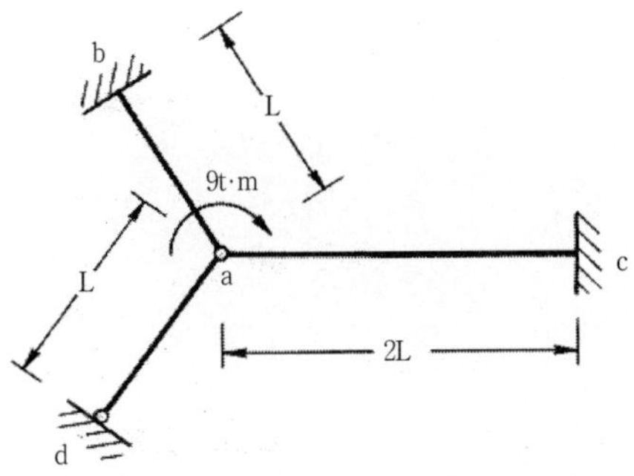

그림 8.33

처음으로 대하면 어려운 것 같으나, 각각 분해하여 회전강성을 생각하면 각 부재의 회전강성은 다음 식의 ( )안의 값으로 주어진다.

$$M_{ab} = (4EI / L)\Theta_a$$
$$M_{ac} = (4EI / 2L)\Theta_a$$
$$M_{ad} = (3EI / L)\Theta_a$$

강성에 비례하므로

$$M_{ab} : M_{ac} : M_{ad}$$
$$= \left(\frac{4EI}{L}\right) : \left(\frac{4EI}{2L}\right) : \left(\frac{3EI}{L}\right)$$
$$= 0.5 : 1 : 0.75$$

인 것을 알 수 있다.

답 : 따라서 2, 4, 3(t·m)가 된다.

이상, 신축강성, 처짐강성, 회전(휨)강성에 대하여 예제를 포함하여 설명했다. 여기서 또 한 번 48 등의 수치는 생략하여 비례관계만에 주목하여 강성에 대하여 정리해 본다.

신축강성 : EA / 길이
처짐강성 : EI / $(길이)^3$
회전강성 : EI / 길이

힘은 이들의 강성에 비례하여 흐른다(방향 등을 무시한 약간 조잡한 이야기이다).

8.3 ······································ 간단한 구조해석

1. 직감만으로 부정정구조를 푼다.

부정정구조의 해법이란 구조역학의 교과서에 있는 것과 같이 계산식만 빽빽하면 졸음을 느끼게 하는 것은 이만저만이 아니다.

그래서, 계산을 일체하지 않고 부정정구조의 휨모멘트도의 약도 정도를 그리는 방법에 대하여 설명한다.

휨모멘트도의 그리는 방법은 정식으로 정해 놓지 않았다. 관례(慣例)로서 부재의 인장측에 그리기로 되어 있다. 단, 부재에 휨모멘트와 축력이 동시에 걸릴 경우 양측이 인장측이되는 경우도 있으므로, 휨모멘트도는 부재의 변형후에 凸이 되는 쪽에 그려두면 편리하다(단, 그 경우는 당연히 곡선보는 제외된다). 그림 8.34에 凸인측과 휨모멘트도와의 관계를 보여준다.

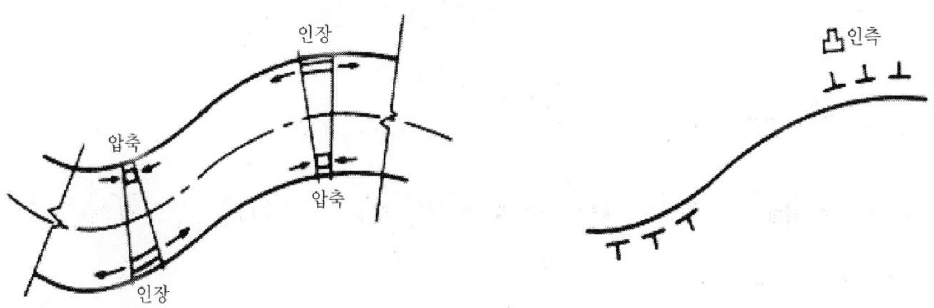

그림 8.34

계산을 일체 사용하지 않고 휨모멘트도의 약도(略図)를 어렵지 않게 인장측에 그리거나, 凸인측에 그린다는 점에 있다.

요컨대, 부재의 凸인측을 직감적으로 알 수 있다면 휨모멘트도를 어느 정도 그릴 수 있게 된다. 이 약속의 근원에 간단한 예에 관하여, 변형도와 凸인측을 예상하여 휨모멘트도를 그린 것이 그림 8.35이다.

그러나, 이것으로는 불친절한 것이 된다. 어째서, 이와 같은 변형도가 그려지는가, 또, 그것이 왜, 이와 같은 휨모멘트도가 되는가. 그래서, 먼저 변형도를 그리는 절차를 간단히 설명한다.

【절차 1】 부재는 신축이나 휨변형이 없는 완전히 굳건하다고 가정하며, 강절점(剛節

点), 고정단을 모두 핀으로 바꾸어 놓는다. 이와 같이 바꾸어진 골조는 치환트러스라고 불리우기도 한다. 그 때, 안정을 유지하는 경우와(그림 8.36(a),(b)) 불안정이 되는 경우(그림 8.36(c))로 나눈다. 불안정이 되는 경우에는 하중에 따라 어떻게 작용하는가를 생각하여 조금만 이동한 그림을 그려둔다. 덧붙여서 말하면, 변형 후의 부재양단의 절점을 이은 선분의 회전각을 부재각이라 부른다.

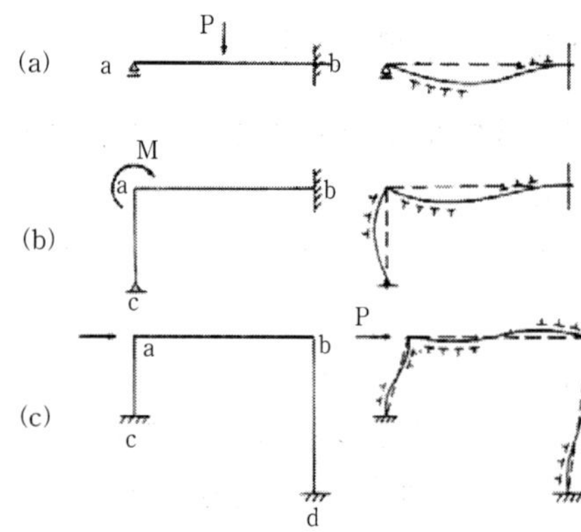

골조와 하중도　　　　　변형도

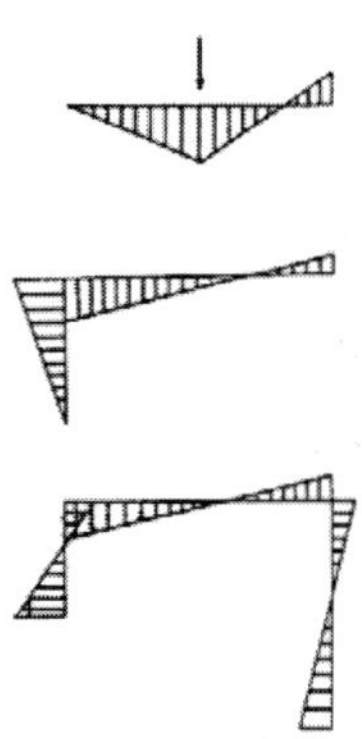

휨모멘트의 개략

그림 8.35

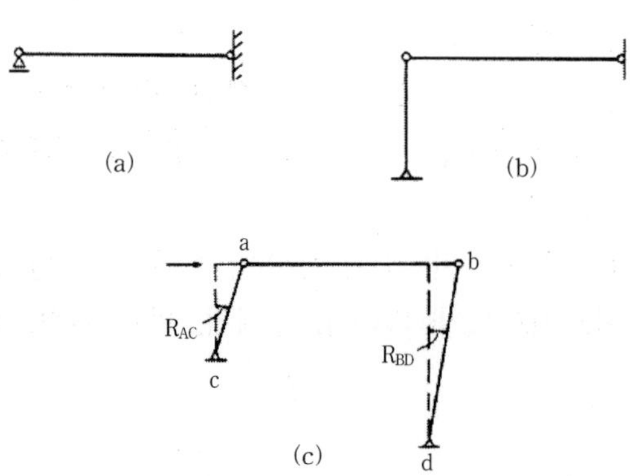

그림 8.36

【절차 2】 강절점이나 고정단은 변형뒤에도 서로 교차하는 각도가 변하지 않는다. 강절점의 가까운 곳이나 고정단에 가까운 곳의 변형도는 그림 8.37과 같이 된다. 이와 관련하여 강절점의 주위에서의 공통의 회전각은 절점각이라 부른다. 이들의 약속을 염두에 두고, 외력의 방향으로부터 절점각의 회전방향을 예측하여 치환트러스를 보정(補正)하면 그림 8.38와 같은 것이 그려진다.

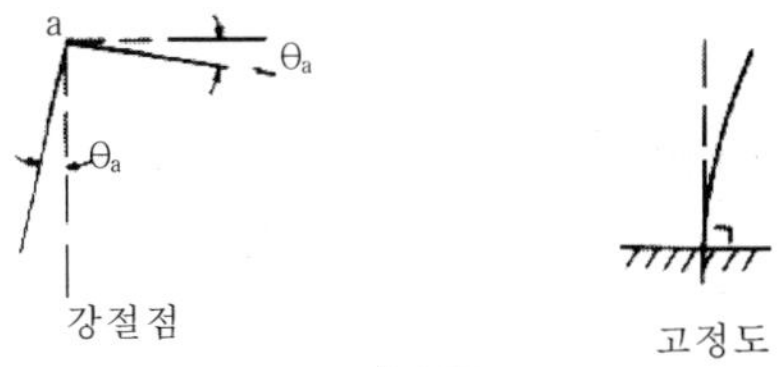

그림 8.37

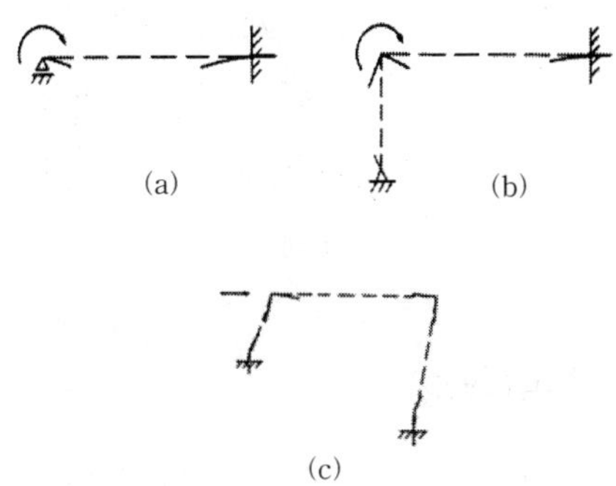

그림 8.38

이 그림을 순조롭게 이은 것이 앞의 변형도였다.
다음에 변형도로부터 휨모멘트도의 약도를 그리는 절차를 설명한다.

【절차 3】 변형도의 凸인측에 그림 8.39과 같이 표시한다.

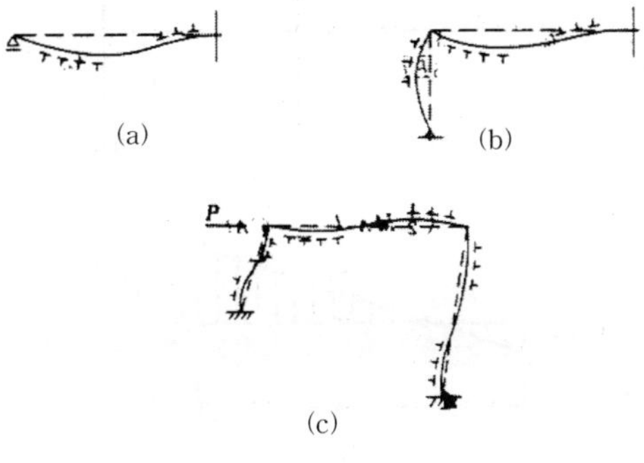

그림 8.39

【절차 4】 다음의 조건을 고려하여 휨모멘트도를 그린다.

① 凸인측에 그린다.

② 핀 부분이나 자유단에서는 0가 된다(단, 모멘트 하중이 있는 경우는 그 값).

③ 하중이 없는 부분에는 직선, 집중하중 부분에는 꺾인선, 분포하중 부분에서는 2차 곡선이 된다.

이들을 고려하면 그림 8.40이 된다.

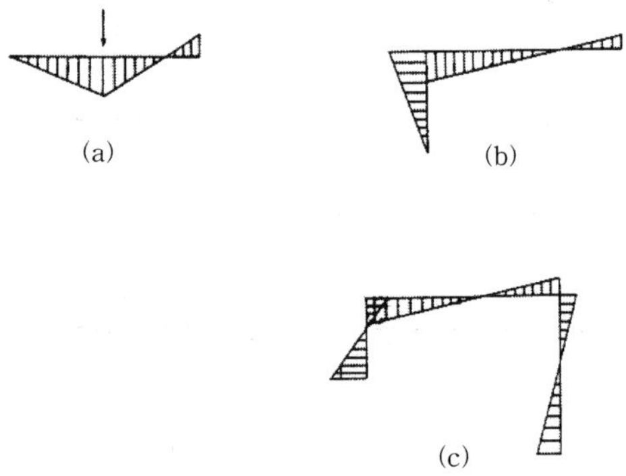

그림 8.40

2. 휨모멘트도의 효용(效用)

휨모멘트가 얻어진 경우에 역(逆)으로 그것으로부터 무엇을 알 수 있는가를 간단히 설명한다. 물론, 휨모멘트의 값을 알 수 있다. 그러나, 그것뿐이 아니다.

지금, 그림 8.41(a)와 같은 골조에서 ab부재의 휨모멘트도가(b)와 같았다고 한다.

먼저, 이 ab부재에 걸려있는 부재력에 대하여 생각해보자. 먼저 휨모멘트가 직선 변화하고있는 것으로부터 다음의 사실을 알 수 있다.

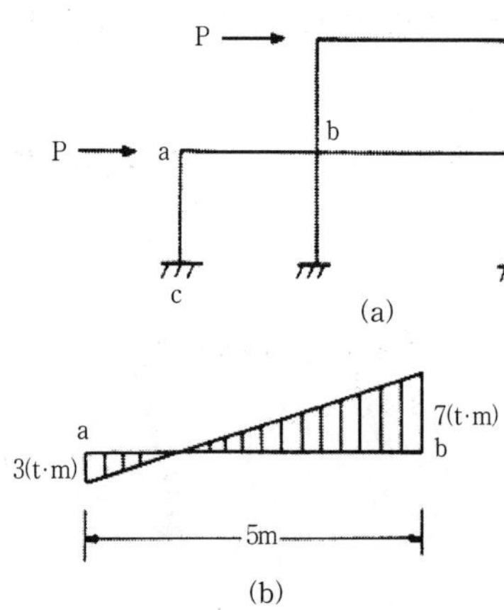

그림 8.41

1 : ab부재의 도중에 하중이 걸려 있지 않다.

2 : a단에 3(t·m), b단에 7(t·m)의 재단 모멘트가 걸려있다.

그런데, a단에 3(t·m), b단에 7(t·m)의 재단 모멘트의 정(正), 부(負)의 부호는 어떤가. 조금 이야기가 빗나지만 여기서 다음과 같은 의문을 갖일지도 모른다.

재단모멘트와 휨모멘트의 정, 부와는 도대체 어떠한 관계가 있을까. 실은 휨모멘트의 정, 부는 정식으로는 없다. 교량등에서는 편의상 아래쪽을 정으로하는 경우도 있으나, 건축물에서는 경사진 부재가 있기도 하므로 복잡하게 된다. 그러므로 휨모멘트는 부재의 인장측에 그리는 등 애매한 표현을 사용하는 것이다. 한편, 재단(材端)모멘트는 보통의 모멘트와 같이 일반적으로는 오른쪽 회전이 정이다(그림 8.42).

이야기를 a단, b단의 재단모멘트의 정, 부의 부호로 되돌린다. 이 부호의 문제를 생각할 때 먼저, 휨모멘트도가 凸인측에 그려져있는 것을 염두에 두고 변형도를 그리면 다음의 사실을 알 수 있다.

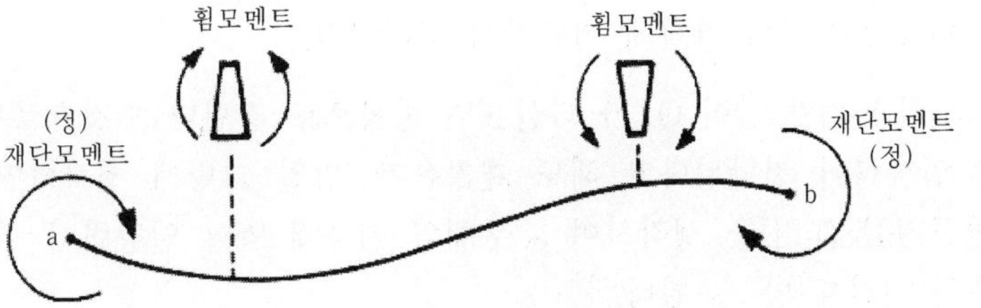

그림 8.42

3 : 변형도는 그림 8.43와 같이된다.

그리고, 이와 같이 변형하기위한 재단모멘트는 양단 모두 오른쪽 회전(즉 正)이 아니면 안된다.

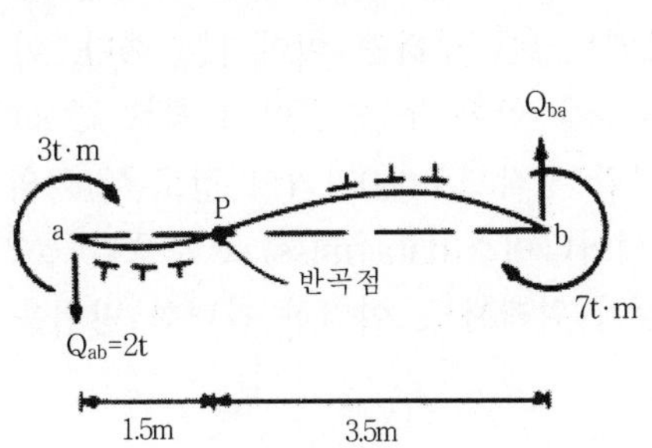

그림 8.43

4 : 양단의 모멘트는 오른쪽 회전으로 걸려 있다.

凸인측이 바뀌어 지는점 즉, 이 경우의 휨모멘트가 0이 되어 있는 점은 반곡점(反曲点)이라 부르며, 수평력분담을 구하는 약산법(D값법) 등에서도 나오는 말이다.

다음에, 전단력의 값과 그 방향은 어떤가. 그림에 그려진 화살표의 방향을 고려하여 b점에서의 모멘트의 평형으로부터 다음의 식이 쉽게 얻어진다.

$$M_{ab}+M_{ba}+Q_{ab}\times L=0$$
$$Q_{ab}=-(M_{ab}+M_{ba})/L=2t$$

상하(上下)방향의 힘의 합계가 0인 것으로부터

$$Q_{ba}=Q_{ab}=2(t)$$

도 얻어진다. 부호가 같이 정(正)이므로 방향은 그림에 그려진 방향과 일치한다.

(負)의 경우 예를 들면, $Q_{ab}=-2(t)$등이 얻어진 경우는 처음에 가정한 화살표의 방향과 역방향이다. 따라서, 다음의 사실도 알 수 있다.

5 : 그림 8.43의 화살표의 방향에 전단력이 걸려있다.

그런데, 그림 8.43와 같이 Q_{ab}가 화살표의 방향으로 결린다는 것으로부터 ac부재의 기둥에 2t의 압축력이 전달된다고 해도 괜찮은가. 만일 그렇게 생각하면 틀린 생각이다. 작용반작용(作用反作用)을 생각하여 ac부재의 기둥에 2t의 인장력이 작용하게 된다. 따라서, 다음의 사실도 알 수 있다.

6 : ac부재의 기둥에 2t의 인장력이 작용하고 있다. 따라서,

7 : c점의 기초에는 2t의 뽑아내려는 힘이 작용한다.

단지 하나의 휨모멘트로부터 줄줄이 식(式)으로 해석된 이들의 사실은 문장으로 쓰면 길 것 같은 생각이 들지만 익숙해지면 자연스럽게 여겨진다.

계산을 하지 않고 휨모멘트도를 구하는 이야기를 했다. 이 절의 목표는 이러한 휨모멘트도에 관계되는 관련사항을 알아 두는 것이 실제로 중요하다는 것이 틀림없다는 것이다. 구조계산 즉, 컴퓨터란 생각으로 10자리의 정도(精度)의 계산결과를 쳐서 낸 것만으로 끝난 것으로 하여, 데이터미스(data miss)로 부호가 틀려있는 것에 낌새를 알아내지 못하는 실수를 하지 않기 위해서도, 이러한 간편한 방법을 알아둘 필요가 있다.

3. 고정(固定) 모멘트법

힘의 흐름의 항(8.2절)에서 언급되었으나, 부정정구조에서는 강성의 비만 알면 아주 간단히 풀릴 것 같은 인상을 주었는지도 모른다. 실은 거기에 하나의 계략이 있었다. 그것은, 변형할 수 있는 파라미터(parameter)가 하나뿐이라는 제약이다. 항상, 부재의 타단(他端)은 고정 혹은 핀지지였다.

다음에 그 제약을 시작으로 더 조금 복잡한 골조를 풀어보자.

그림 8.44와 같은 골조를 생각한다. 이 골조는 두 개의 미지(未知) 파라미터 Θ_a, Θ_b가 있으며 강성에 비례하여 힘이 흐른다, 라는 것만으로는 풀리지 않는다.

b점이 완전고정이면 a점의 회전에 대한 강성은 4EI/l이며, 핀이면 3EI/l이나, 이 경우의 b점은 고정도 핀도 아니며 다시 두 본의 부재에 매어져 있기 때문이다.

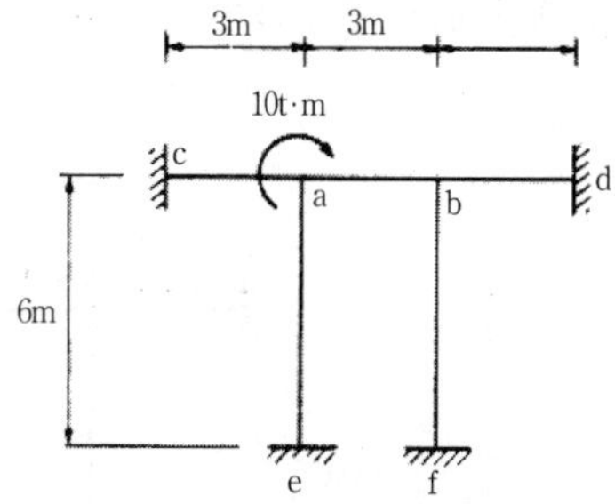

그림 8.44

그렇다면, 만일 그림 8.45과 같이 b점이 회전되지 않도록 되어있다면 어떨까.

이 경우이면 간단히 구해진다. 모멘트 10(t·m)는 강성 4EI/L에 비례하여(이 경우 부재의 길이에 역비례하여) 분배되며, M_{ab} : M_{ac} : M_{ae}는 2 : 2 : 1이 된다. 이 그림에서 ( )안의 강성비의 값이므로 2 : 2 : 1 아닌 0.4 : 0.4 : 0.2가 되어 있으며, 상당한 궁리가 되어있다. 그것은 합계가 1이 되며 하중 10(t·m)에 그대로 곱하면 분배되는 모멘트가 구해진다. 물론 그들을 전부 더하면 본래의 10(t·m)가 자동적으로 되게 되어 있다.

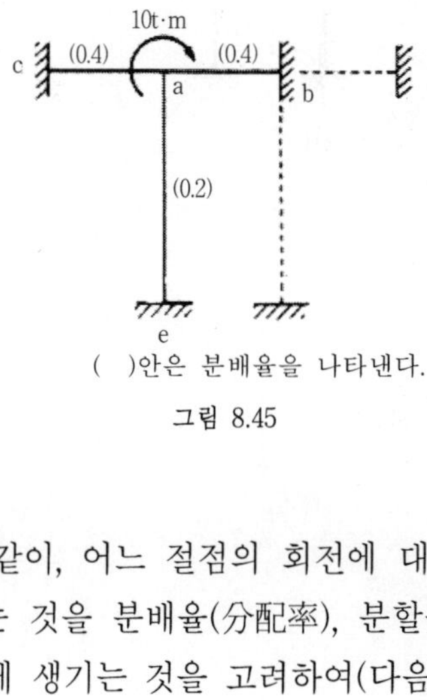

( )안은 분배율을 나타낸다.

그림 8.45

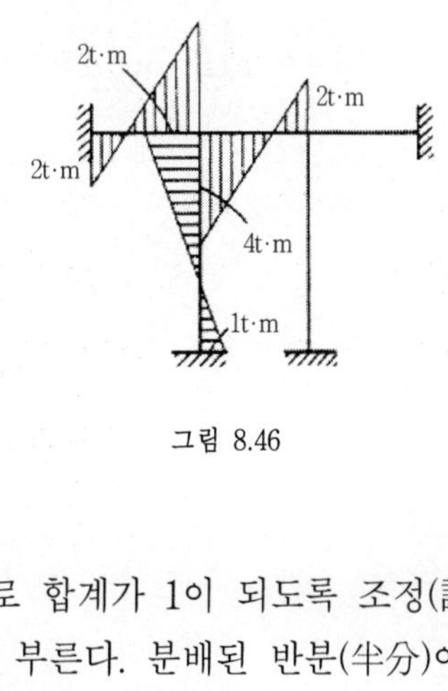

그림 8.46

이와같이, 어느 절점의 회전에 대한 강성비(강비)로 합계가 1이 되도록 조정(調整)되어 있는 것을 분배율(分配率), 분할율(分割率)등이라 부른다. 분배된 반분(半分)이 타단(他端)에 생기는 것을 고려하여(다음항 참조) 휨모멘트도를 그리면 그림 8.46이 된다.

그런데, b점은 실제로는 고정되어 있지 않으므로, 다음에 고정 때문에 필요하게 된 가상의 지지반력 2(t·m)를 해제(解除)하여 보정(補正)하여 휨모멘트도를 구한다고 하는 것은, 역부호(逆符號)의 -2(t·m)를 b점에 하중으로 주는 것이다. 단, 이때에는 a점을 고정되어 있는 것으로 가정하지 않으면 안된다. 이와같이 하여 구한 것이 그림 8.47이다. 그림 8.47에서 위와 같은 방법으로 a점에서 0.4(t·m)를 해제하여, 그림 8.48이 얻어진다. 이조작을 해제할 모멘트가 0에 접근할 때까지 몇 번이고 반복하여 모두를 합성(合成)하면 그림 8.49의 결과가 얻어진다. b점에는 불평형력으로 0.08이 남아있으나 그런대로 대부분의 결과가 좋은 것이다.

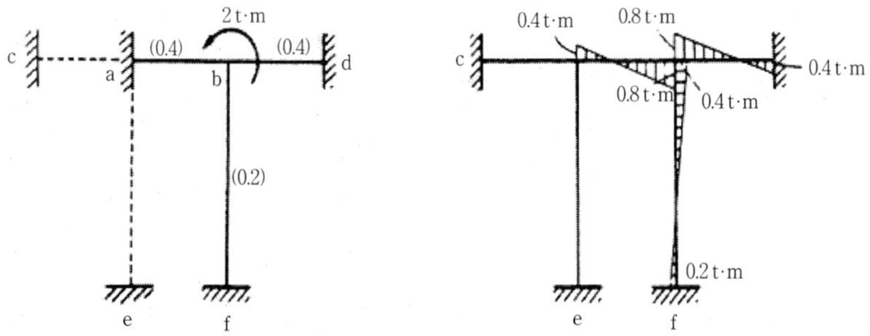

그림 8.47

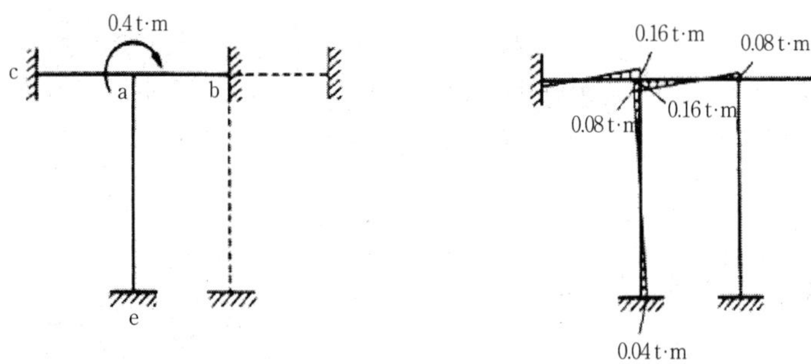

그림 8.48

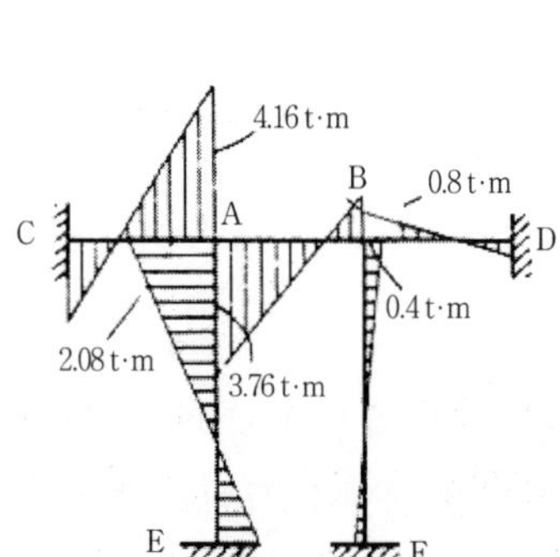

그림 8.49

이러한, 부재된 모멘트의 수치(數値)를 골조의 그림위에 순차 써 넣으므로서 휨모멘트도를 구하는 것이 고정 모멘트법이다. 단, 이 예에서는, 절점의 이동이 없었으나 이동이 있는 경우는 더 조금 복잡하게 된다.

4. 계산식을 사용하여 부정정 구조를 풀기

앞의 절(節)에서는 고정모멘트법이란 근사적(近似的)인 해석법의 중요한 부분만 설명했다. 이 항에서는 W.Wilson에 의한 처빔각법에 대하여 역시 중요한 부분만 설명하기로 한다. 그 이외의 매트릭스법이나, 셸등의 해석에 위력을 발휘하는 유한요소법(Finite Element Method) 등이 있으나 그것들은 생략된다. 단, 생각하는 방법의 기본은 어느 것이든 아주 비슷하므로, 밑에 설명하는 것은 매트릭스법이나 유한요소법을 이해하는 데도 유용할 것이다.

일반적으로 구조해석은 다음에서 볼 수 있는 3개의 조건식을 이해하는 것이 중요하게 된다.

구조해석을 위한 3개의 키워드(key word)

① 힘과 변형의 관계식 ② 힘의 평형조건 ③ 변형의 연속조건

무엇인가 막연한 입장에 전혀 요령이 없는지 우선, 이 3개의 키워드가 알려지면 "풀 수 있다"고 믿음을 가지고 이하 각각에 대하여 구체적으로 설명한다.

ⅰ) 힘과 변형과의 관계식(모멘트와 절점각, 부재각)

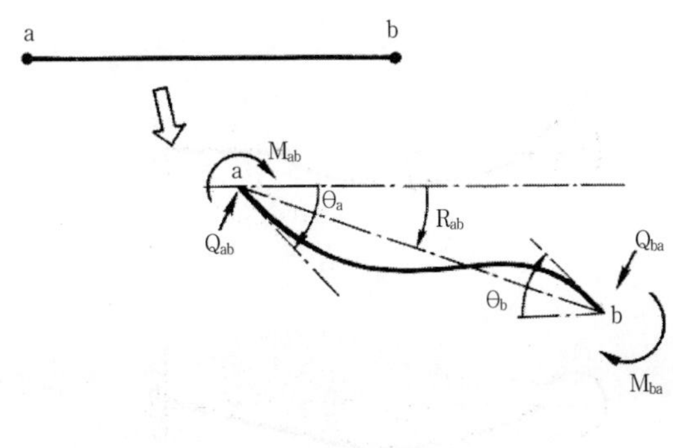

그림 8.50

그림 8.50과 같이 부재의 양단에 힘과 변형을 주었을 경우에 대하여 생각한다. 이 때의 힘과 변형과의 관계는 다음 식이 된다.

【처짐각법에서의 힘과 변형과의 관계 (1)】

$$M_{ab} = 2EI/L \ (2\Theta_a + \Theta_b - 3R_{ab}) \qquad (8.2)$$

$$M_{ba} = 2EI/L \ (\Theta_a + 2\Theta_b - 3R_{ba}) \qquad (8.3)$$

이것이 처짐각법의 경우의 기본적인 힘과 변형과의 관계식이 된다.
만일, $R_{ab}(=R_{ba})$와 Θ_b가 그림 8.51와 같이 0이면 (8.2)식에서

$$M_{ab} = (4EI/L)\Theta_a$$

가 된다. 또, 만일 그림 8.52과 같이 b단이 핀이며, $R_{ab}(=R_{ba})$와 M_{ba}가 0이면 (8.3) 식에서

$$M_{ba} = 2EI/L(\Theta_a + 2\Theta_b) = 0$$

이 되며, 이것에서 $\Theta_b = -(1/2)\Theta_a$가 얻어지며, (8.3)식에 대입하면

$$M_{ab} = (3EI/L)\Theta_a$$

가 얻어진다. 이것은 회전강성(回轉剛性)의 부분에서 이미 나타낸 관계식에 지나지 않는다.

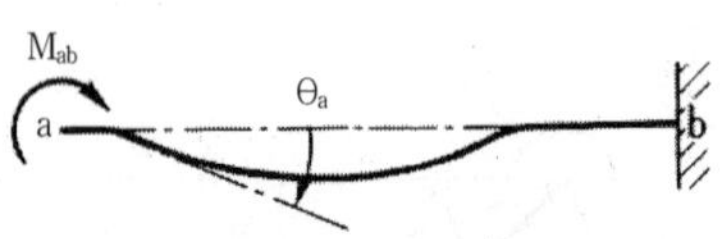

그림 8.51

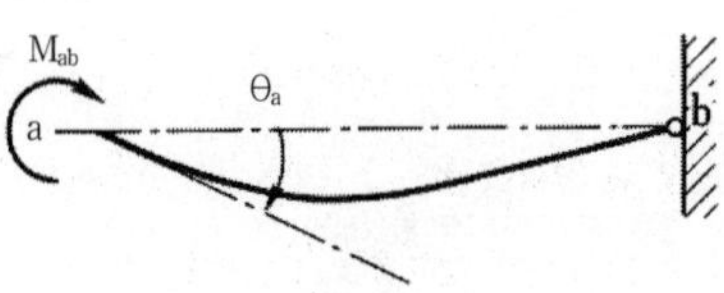

그림 8.52

그렇다면 전단력은 도대체 어떻게 되겠는가. 부재의 b점에서의 모멘트의 평형에서,

$$M_{ab} + M_{ba} + Q_{ab} \times L = 0$$

에서, 간단히

$$Q_{ab} = -(M_{ab} + M_{ba}) / L$$

이며, 따라서 다음 식이 성립한다.

처짐각법에서의 힘과 변형과의 관계 (2)

$$Q_{ab} = -2EI(3\Theta_a + 3\Theta_b - 6R_{ab})/L^2 = Q_{ba} \quad \cdots\cdots (8.4)$$

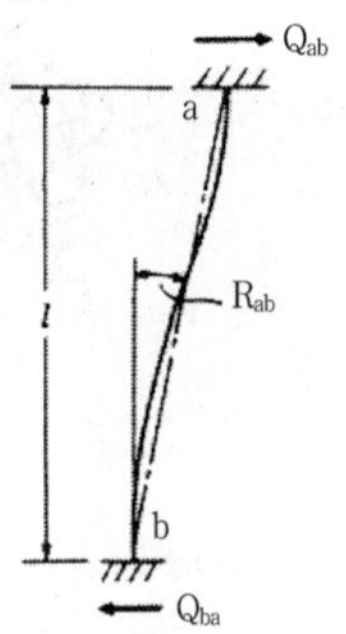

그림 8.53

만일, 그림 8.53와 같이 양단이 강접합(剛接合)이며 상단부(上端部) 수평방향으로 δ 만큼 이동한 경우를 생각하므로서, 부재각 R_{ab}는 근사적으로 $R_{ab}=\delta/L$가 되며, $\Theta_a=\Theta_b=0$인 것을 고려하여 (8.4)식에서 $Q_{ab}=(12EI/L^3)\delta$가 된다.

이것도 강성을 설명할 때 이미 설명한 부분이다.

ii) 힘의 평형조건

a. 모멘트의 평형

그림 8.54에서와 같이 골조의 절점 a에 모멘트 M_o가 작용하고 있을 때의 모멘트의 평형을 생각한다.

그림 8.54(b)와 같이 절점 a의 아주 가까운곳에서 절단하여 각 절단면에 작용하고 있는 경우의 모멘트를 각각 M_{ab}, M_{ac}, M_{ad}, M_{ae}라 하고, 전단력 Q_{ab}, Q_{ac}, Q_{ad}, Q_{ae}라 한다. 절점으로부터의 팔의 길이를 h라 하면, 절점 a에서의 모멘트의 평형은 다음 식이 된다

(축방향력은 모멘트의 평형에 관계하지 않으므로 생략했다).

$$M_{ab} + M_{ac} + M_{ad} + M_{ae} + Q_{ab} \times h + Q_{ac} \times h + Q_{ad} \times h + Q_{ae} \times h = 0$$

그러나, 절점 a가 아주 가깝다는 것으로 h의 값을 한없이 0에 접근시킬 수가 있다. 따라서, 절점 a의 모멘트의 평형을 생각할 때에 전단력은 관계가 없게 되며, 결국 절점 a에서의 모멘트의 평형은 다음 식이 된다.

처짐각법에서의 힘의 평형(절점방정식)

$$M_{ab} + M_{ac} + M_{ad} + M_{ae} = M_0 \quad \cdots\cdots (8.5)$$

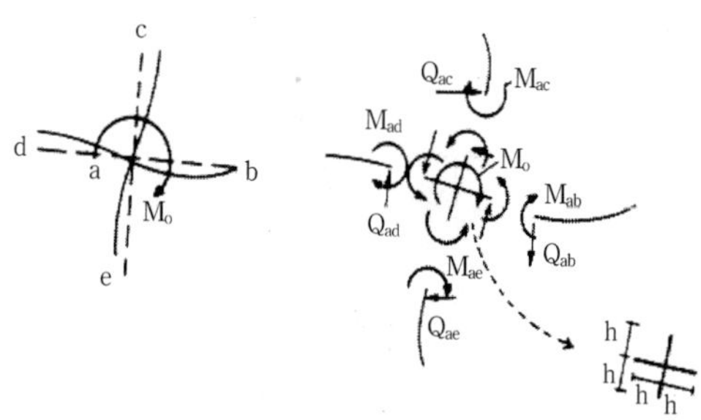

그림 8.54

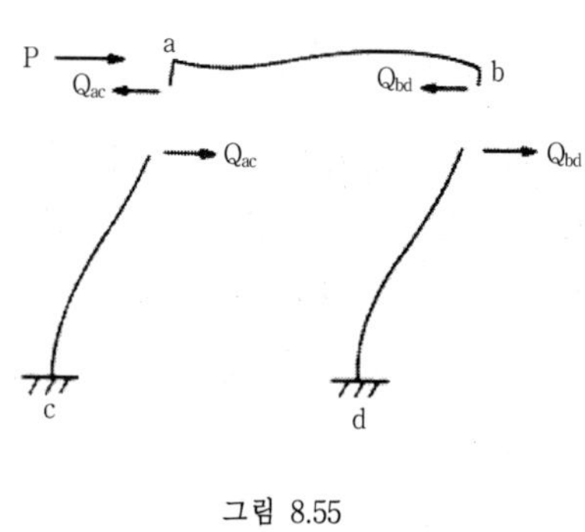

그림 8.55

여기에서의 M_{ab} 등은 부재단의 단면에 작용하는 모멘트 즉, 재단(材端)모멘트이다. 이 재단모멘트는 우(右)회전이 정(正)인 것은 이미 설명했다. 또, 이 평형식은 처짐각법에서는 절점방정식이라고 부른다.

b. 축방향력, 전단력의 평형

라-멘형식에 있어서 축력이나 전단력을 손계산으로 엄밀히 구하는 것은 상당히 곤란하며, 약산적으로 구하게 된다(엄밀한 계산에서는 컴퓨터를 이용한다). 또, 부재의 신축변형이나 부재의 전단변형은 무시되는 경우가 많다. 여기서는 층(層)전단력의 평형에 대해서만 간단히 설명한다.

절점이 이동하여 부재각이 생기는 경우에는 특히 전단력의 평형이 고려된다. 그림 8.55과 같은 경우 주두(柱頭)의 부분에서 절단하여, 기둥의 전단력을 Q_{ac}, Q_{bd}라 한다.

보 ab의 수평방향의 평형식은 다음과 같이 된다.

처짐각법에서의 힘의 평형(층방정식)

$$P - (Q_{ac} + Q_{bd}) = 0 \quad \cdots\cdots (8.6)$$

라-멘에서는 보통 전단력에 의한 변형량은 휨에 의한 변형에 비하여 작지만, 부재길이가 짧은 경우, 내진벽이 있는 경우, 곡선재(曲線材)가 있는 경우 등은 축방향의 변형량이나 전단력에 의한 변형량을 고려할 필요가 생긴다.

이 경우 처짐각법에서는 조금 복잡한 취급이 되므로 여기서는 설명하지 않는다.

이러한 경우를 포함하여 컴퓨터용(用)으로 고안된 매트릭스법 등에 대해서도 공부해야 될 것이다.

iii) 변형의 연속

a. 절점에서의 회전각의 연속

그림 8.56에서 a가 강절점인 경우 회전각 $\theta_{ab}, \theta_{ac}, \theta_{ad}, \theta_{ae}$는 모두 같지 않으면 안된다.

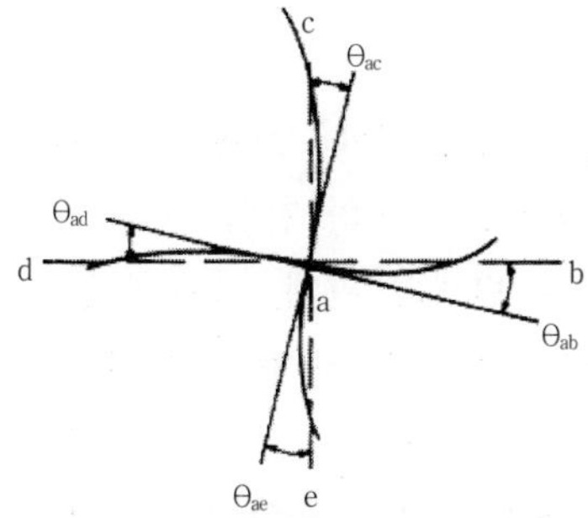

그림 8.56

따라서, 그들을 공통의 기호 θ_a로 표시할 수 있는 것이다.

$$\theta_{ab} = \theta_{ac} = \theta_{ad} = \theta_{ae} = (\theta_a)$$

이와 같이 제2서픽스(suffix)를 제거한 것을 처짐각법에서는 절점각이라 부르고 있다.

b. 절점에서의 변위의 연속

절점에서의 변위(變位)의 연속도 절점각의 경우와 같이 같은 기호를 쓰므로서 간단히 해결된다. 처짐각법에서는 보통은 부재의 신축이 없는 것으로 보고 가정되어 있으며, 특수한 연속조건식이 사용된다. 그림 8.57에서는 보 ab의 신축이 0인 것으로부터 다음의 조건이 필요하게 된다.

$$\delta_a = \delta_b$$

그들은 또, 미소변형가정(微小變形仮定)을 기초로 다음과 같은 부재각 R_{ac}와 R_{bd}와의 관계로 변환(變換)된다.

$$R_{ac} \times h_{ac} = R_{bd} \times h_{bd} \text{ (부재각의 적합조건)}$$

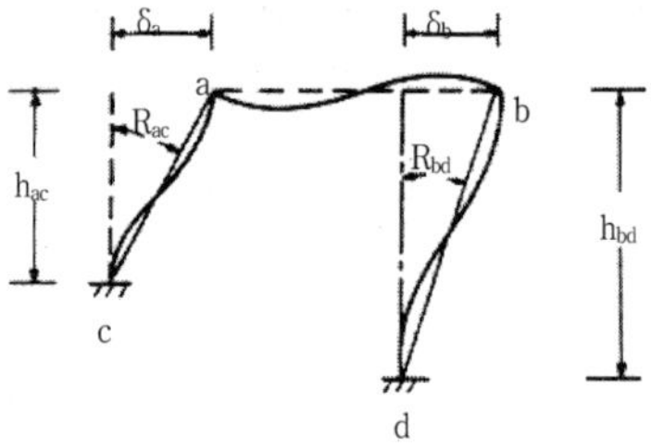

그림 8.57

c. 보의 부재각

처짐각법에서는 미소변형의 가정으로부터 보통은(기둥이 층의 도중에서 빠져있는 경우 등을 제외하고) 보의 부재각은 0과 거의 같아 진다.

이상에서 3개의 조건 즉, 힘과 변형의 관계, 힘의 평형, 변형의 연속성에 대하여 생각했다. 이들의 조건을 써서 간단한 부정정구조를 풀어 본다.

- 예(이형문형 라멘) : 그림 8.58와 같은 기둥의 길이가 다른 라-멘을 풀어보자.

(1) 힘과 변형과의 관계

재단모멘트

ab 부재

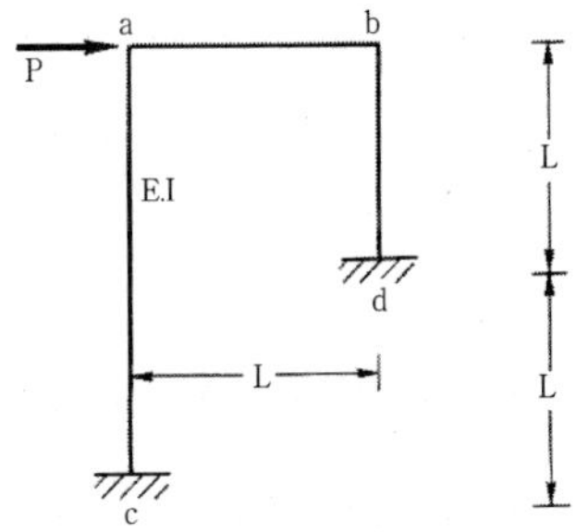

그림 8.58

$$M_{ab} = 2EI/L(2\Theta_a + \Theta_b - 3R_{ab})$$

$$M_{ba} = 2EI/L(\Theta_a + 2\Theta_b - 3R_{ba})$$

ac 부재

$$M_{ac} = 2EI/2L(2\Theta_a + \Theta_c - 3R_{ac})$$

$$M_{ca} = 2EI/2L(\Theta_a + 2\Theta_c - 3R_{ca})$$

bd 부재

$$M_{bd} = 2EI/L(2\Theta_b + \Theta_d - 3R_{bd})$$

$$M_{db} = 2EI/L(\Theta_b + 2\Theta_d - 3R_{db})$$

재단전단력

$$Q_{ac} = -2EI(3\Theta_a + 3\Theta_c - 6R_{ac})/4L^2$$

$$Q_{bd} = -2EI(3\Theta_b + 3\Theta_d - 6R_{bd})/L^2$$

(2) 변형의 가정 및 연속조건

고정조건에서 $\Theta_c = \Theta_d = 0$

미소변형가정에서 $R_{ab} = 0$

보의 신축의 무시에서 $R_{bd} = 2R_{ab}$

이들의 관계를 사용하여 힘과 변형의 관계식을 고쳐본다.

재단모멘트

ab 부재

$$M_{ab} = 2EI/L(2\Theta_a + \Theta_b)$$

$$M_{ba} = 2EI/L(\Theta_a + 2\Theta_b)$$

ac 부재

$$M_{ac} = 2EI/L(2\Theta_a - 3R_{ac})$$

$$M_{ca} = 2EI/L(\Theta_a - 3R_{ac})$$

bd 부재

$$M_{bd} = 2EI/2L(2\Theta_b - 1.5R_{ac})$$

$$M_{db} = 2EI/2L(\Theta_b - 1.5R_{ac})$$

재단전단력

ac 부재

$$Q_{ac} = -2EI(3\Theta_a - 6R_{ac})/L^2$$

bd 부재

$$Q_{bd} = -2EI(3\Theta_b - 3R_{ac})/(2L)^2$$

이상으로부터 평형식으로 필요한 모든 재단모멘트와 재단전단력은 3개의 미지변형량 Θ_a, Θ_b, R_{ac}로 나타낼 수가 있다.

(3) 힘의 평형

절점방정식

a 점에서의 모멘트의 평형

$$M_{ab} + M_{ac} = 0$$

b 점에서의 모멘트의 평형

$$M_{ba} + M_{bd} = 0$$

층방정식

$$Q_{ac} + Q_{bd} = 0$$

이상의 3개의 식에 이미 구한 힘과 변형의 관계식을 대입하면 다음의 3개의 식이 얻어진다.

$$2EI/L(2\theta_a + \theta_b) + 2EI/L(2\theta_a - 3R_{ac}) \qquad = 0$$

$$2EI/L(\theta_a + 2\theta_b) + 2EI/2L(2\theta_b - 1.5R_{ac}) \qquad = 0$$

$$-2EI(3\theta_a - 6R_{ac})/L^2 - 2EI(3\theta_b - 3R_{ac})/(2L)^2 = P$$

정리하면,

$$4\theta_a + \theta_b - 3R_{ac} = 0$$

$$\theta_a + 3\theta_b - 3/4R_{ac} = 0$$

$$-12\theta_a - 3\theta_b + 27R_{ac} = (4L^2/2EI)P$$

가 구해진다. 이 3원 연립 1차방정식을 풀면,

$$\theta_a = (L^2/12EI)P$$

$$\theta_b = 0$$

$$R_{ac} = (L^2/9EI)P$$

가 얻어진다. 이들을 본래의 재단모멘트식에 대입하여 변형도를 예상하면서 凸인측에 그리면, 휨모멘트도는 그림 8.59과 같이 된다.

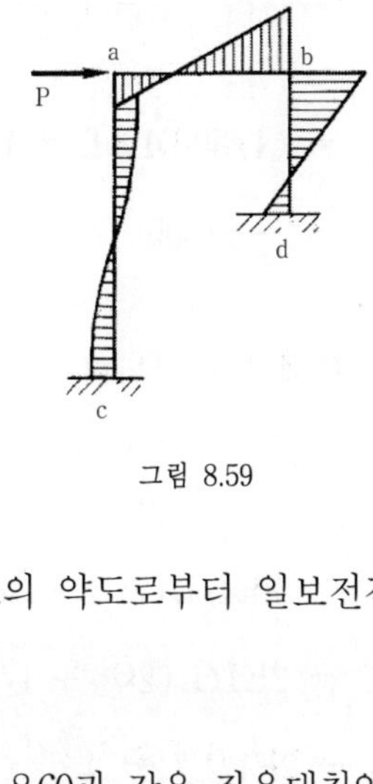

그림 8.59

앞의 항(項)에서의 휨모멘트도의 약도로부터 일보전진하여 엄밀한 수치까지 얻어지게 된다.

- 예(부동침하하는 라-멘) : 그림 8.60과 같은 좌우대칭인 라-멘의 중앙의 기둥이 (1/300)L 만큼 평행하게 침하했다. 이 경우의 휨모멘트도를 구해보자.

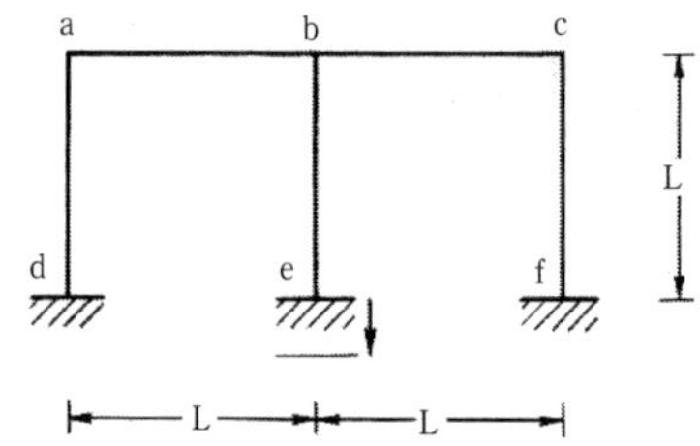

그림 8.60

착안점은 『이 경우의 미지변형(未知變形)은 무엇인가?』라는 점이다. 먼저,

① 변형의 연속성(미지변형량)

좌우대칭이므로,

$$\theta_a = -\theta_c$$

$$\theta_b = 0$$

$$R_{ad} = R_{be} = R_{cf} = 0$$

지지조건(고정)이므로,

$$\theta_d = \theta_e = \theta_f = 0$$

부동침하에 의하여 보에 생기는 부재각은 기둥의 신축량(伸縮量)이 작아서 무시할 수 있으므로,

$$R_{ab} = (1/300)L/L = 1/300$$

$$R_{bc} = -1/300$$

따라서, 이 문제는 Θ_a를 구하는 문제로 귀착된다.

② 힘과 변형과의 관계

$$M_{ab} = 2EI/L(2\Theta_a - 3R_{ab})$$

$$= 2EI/L(2\Theta_a - 1/100)$$

$$M_{ad} = 2EI/L(2\Theta_a)$$

③ 힘의 평형

$$M_{ab} + M_{ad} = 0$$

M_{ab}, M_{ad}에 앞의 식을 대입하여,

$$4\theta_a = 1/10$$

$$\theta_a = 1/400$$

이것으로 모든 변형량이 얻어졌으며, 이들의 변형량을 사용하여 휨모멘트도를 그리면 그림 8.61와 같이 된다.

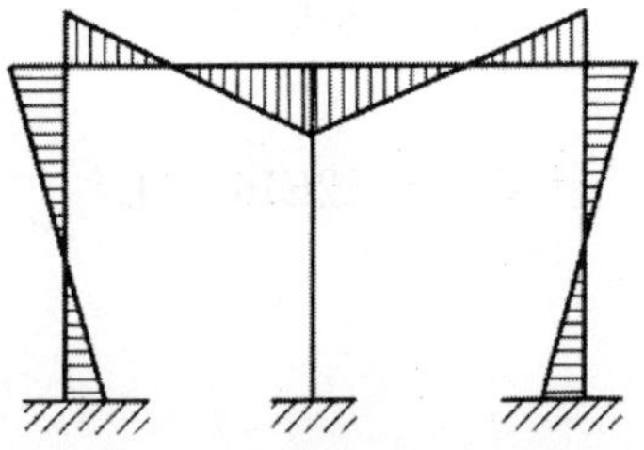

그림 8.61

- 예 (보가 완전강의 문형(門型) 라-멘) : 그림 8.62과 같은 보가 완전강(完全剛)이 골조의 수평변위량과 기둥의 전단력을 구한다. 또, 보의 질량(質量)이 m로서 기둥의 중량을 무시했을 때의 고유주기(固有周期) T를 구한다.

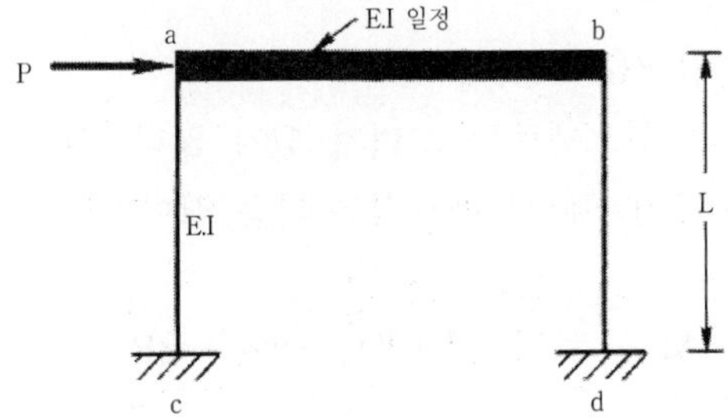

그림 8.62

① 미지변형량

보의 부재각

$$R_{ab}=0$$

보가 완전강이므로

$$\theta_a = \theta_b = 0$$

지지조건(고정)이므로

$$\theta_c = \theta_d = 0$$

기둥의 길이가 같으므로

$$R_{ac} = R_{bd}$$

따라서, 이 문제는 R_{ac}를 구하는 문제로 귀착된다.

② 힘과 변형과의 관계

ac 부재

$$Q_{ac} = 12EIR_{ac} / L^2$$

bd 부재

$$Q_{bd} = 12EIR_{ac} / L^2$$

③ 힘의 평형

$$Q_{ac} + Q_{bd} = P$$

따라서

$$12EIR_{ac}/L^2 + 12EIR_{ac}/L^2 = P$$

그러므로,

$$R_{ac} = (L^2 / 24EI)P$$

따라서, 휨모멘트도는 그림 8.63와 같이 된다.

그런데, 이 그림에는 보의 휨모멘트는 그려져 있지 않다. 완전강의 보의 휨모멘트는 도대체 어떻게 생각하면 좋은가. 재단모멘트식은 다음 식이다.

$$M_{ab} = 2EI/L(2\Theta_a + \Theta_b - 3R_{ab})$$

$$M_{ba} = 2EI/L(\Theta_a + 2\Theta_b - 3R_{ba})$$

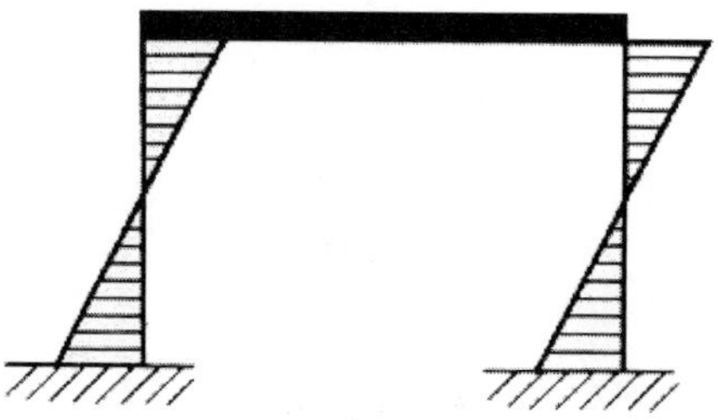

그림 8.63

여기서, $\theta_a=\theta_b=R_{ab}=0$ 이므로 $M_{ab}=M_b=0$으로 해도 좋은가? 그들 절점 a, b에서 재단모멘트의 평형이 성립되지 않게 된다.

보가 완전강이라는 것은 당연히 I 가 ∞이며, M_{ab}, M_{ba}를 구하기 위해서는 ∞×0이란 계산이 되게 된다. 실은 이 세상에는 완전강인 것은 존재하지 않으며, 『다른 부재이 강비에 비하여 거의 완전강이라고 생각해도 괜찮다』는 이야기이다. 보통의 설문(設問)에서는 설사 이와 같은 의미였더라도 완전강으로만 쓰인다.

모델화의 시점(時点)에서 근사적으로 완전강으로 취급하는 것은 허용되지만, 휨모멘트가 0 등으로는 생각하지 않도록 주의한다.

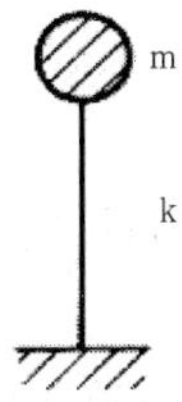

그림 8.64

다음에 고유주기이나 그림 8.64에서와 같은 1 질점(質点)의 고유주기 T는 다음 식으로 주어진다.

$$\text{고유주기}\quad T = 2\pi\sqrt{\frac{m}{k}}\ (\text{단, } m\text{는 질량, } k\text{는 수평강성})$$

질량 m는 중량을 중력가속도 g로 나눈값이며 예를 들면, 10t의 무게이면 10(t)/980(cm/s^2)=0.0102의 값 등이 들어온다.

수평강성 k는 수평하중 수평변위와의 사이에서

$$P = k \cdot \delta$$

의 관계에 있다.

앞서, 부재각 R_{ac}를 구하는 단계에서,

$$R_{ac} = (L^2 / 24EI)P$$

가 되는 것을 알고 있다. $\delta = R_{ac} \times L$이므로, 식을 변형하여

$$P = (24EI / L^3)\delta$$

수평강성 k는, $k = (24EI / L^3)$으로 주어진다. 따라서, 고유주기는

$$T = 2\pi\sqrt{\frac{L^3 m}{24EI}}$$

가 얻어진다.

식의 모양으로부터 쉽게 다음의 사실이 판단된다. 기둥의 높이 L가 2배가 되면 고유주기 T는 $2\sqrt{2}$배가 된다. 또, 질량 m가 2배가 되면 고유주기 T는 $\sqrt{2}$배가 된다.

5. 보다 복잡한 문제

(큰 변형문제, 탄소성문제, 동적응답해석문제)

앞의 항에서의 이야기는 구조역학의 극히 일부이며, 몇 개의 제한(制限)을 바탕으로 한 이야기였다. 예를 들면 문장의 도중에서 몇 번이나 『미소변형의 가정』이란 어구(語句)가 나타났다. 만일, 이 가정을 사용할 수 없는 경우는 평형식에서의 힘의 벡터(vector)의 방향이 일정하게 되지 않게 되며(변형뒤의 상태를 생각하여 판정하지 않으면 안되므로) 계산이 조금 귀찮게 된다.

이러한 문제는 큰 변형문제 혹은 기하학적 비선형 문제라 부르며, 예를 들면 매다는 구조나 막(膜)구조의 해석에서 종종 필요하게 된다.

또, 앞에서는 설명하지 않았으나 훅크의 법칙이 성립하는 탄성영역에서의 이야기에서도 있었다. 만일, 재료의 소성영역까지 생각한 해석을 필요로 하는 경우는 부재의 강성이 일정하게 되지 않게 되며, 큰 변형 문제의 경우와 같이 계산이 성가시게 된다. 이러한 문제는 탄소성해석 문제 혹은 재료비선형 문제등으로도 부르며, 구조물의 종국내력(終局耐力)(간신히 무너지지 않고 지탱하고 있는 상태)의 산정(算定)등에서 생긴다. 이 경우는, 힘의 평형식 대신에 가상(仮想)일 식 등이 사용된다.

게다가, 힘의 평형에 있어서, 관성력(慣性力)이나 속도에 비례하는 감쇠력(減衰力)등이 무시할 수 없는 경우 다시 말하면, 동적(動的)인 평형을 고려할 필요가 있는 경우는 변형량 이외에도 가속도나 속도도 미지수가 되며, 최종적으로는 미분방정식을 풀게 된다.

이러한 문제는 동적응답해석(動的應答解析) 문제라 부르며, 초고층 건축의 구조설계에서 필요하게 된다. 왜 필요하게 되는가의 이유로서 하나는, 보통으로 기준법에서 누구라도 간단히 계산할 수 있도록 되어 있으며, 그 대상(代償)으로서 상당한 안전성이 취해져 있다. 그러나 초고층의 경우에는 그것에 따르면 1층의 기둥의 총(總) 단면적은 바닥면적에 비슷해지게 되며, 유효한 이용면적이 줄어들어 비용도 높아진다. 그래서,

실제의 형상에 가까운 상태로 즉, 동적해석을 기본으로 구조설계를 행하면 이외로 가는 기둥으로 지탱하게 된다.

그것은, 초고층과 같이 날씬한 건물은 주기(周期)가 길고 지진파(地震波)의 탁월(卓越)한 주기와는 공진(共振)하기 어려운 구조로 되어 있으며(柔構造 : 나긋나긋한 구조), 그 부분만큼의 설계가 손쉽게 된다는 이야기이다(구조, 계획이다).

앞에서 설명한 면진구조(免震構造)는 중저층(中低層)의 지진에 공진하기 쉬우며, 굳건한 건물(剛構造)을 아이소레이터(isolator : 진동절연장치) 등을 끼워 넣어 전체로서 나긋나긋한 구조로 되어 있는 구조라고도 한다.

부 표

철근콘크리트(RC)조 집합주택의 부재치수

표 1~3은 도리방향 스팬 6~7m, 도리와 직각방향스팬 10~12m정도의 단동형식(單棟形式)의 집합주택에서 철근콘크리트의 사용구분(使用區分) 및 기둥, 보의 치수를 일람으로 하고 있다.

횡축은 건축총층수를 나타내며, 종축은 당해층을 나타낸다. 표 1은 예를 들면, 9층건물이면, 5층 중간까지 철골철근콘크리트(SRC)조로 하고 그 윗층은 철근콘크리트(RC)조임을 나타낸다. 11층 건물이상은 건물높이가 31m를 넘으므로 SRC조로 설계한다.

표 2는 표준기둥단면의 일람표이다. 예를 들면, 10층건물의 5층 부분의 기둥단면은 70cm (depth)×90cm(width)로 설계한다. 표 3의 큰 보 단면도 같이하여 가정단면을 상정(想定)한다.

표 1 RC조, SRC조의 사용구분

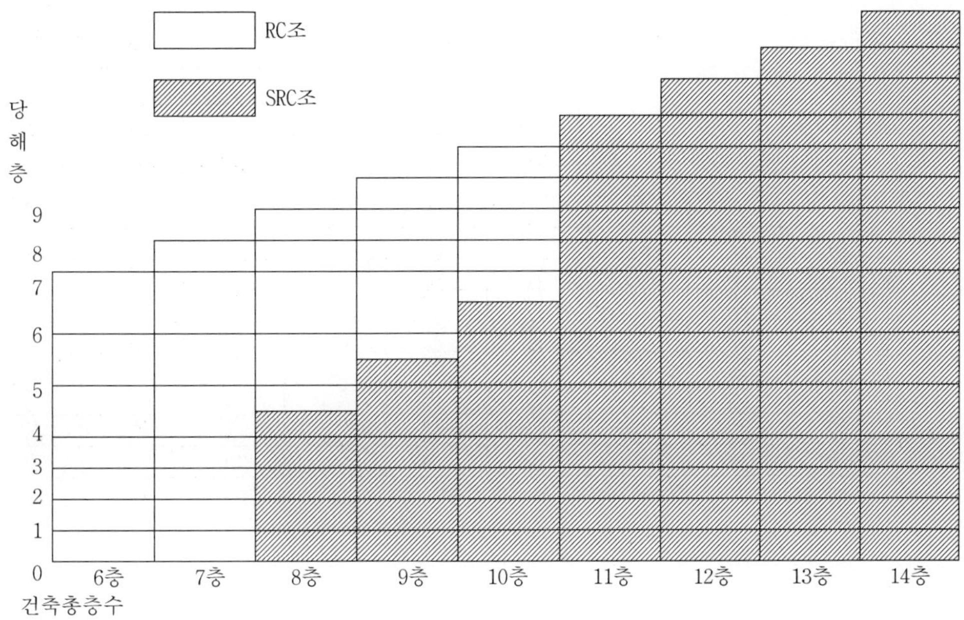

부 표

표 2 기둥의 폭치수와 춤치수(mm)

폭 치 수

6층	7층	8층	9층	10층	11층	12층	13층	14층
700	800	800	800	900	900	900	1,000	1,000
								700
							700	700
						700	700	700
					700	700	700	700
				650	700	700	700	700
			650	650	700	700	700	700
		650	650	650	700	700	700	700
	600	650	650	700	700	700	700	700
550	600	650	650	700	750	750	750	750
550	600	650	700	700	750	750	750	750
550	650	700	700	750	750	750	750	750
550	650	700	750	750	750	750	750	750
600	650	700	750	750	750	750	750	750
600	650	700	750	750	750	750	750	750
600	650	700	750	750	750	750	750	750

표 3 보춤치수와 보폭치수(mm)

상단 : 보폭치수
하단 : 보춤치수

6	7	8	9	10	11	12	13	14
								450 / 700
							450 / 700	450 / 700
						450 / 700	450 / 700	450 / 700
					450 / 700	450 / 700	450 / 700	450 / 700
				350 / 700	450 / 700	450 / 700	450 / 750	450 / 700
			350 / 700	350 / 700	450 / 700	450 / 750	450 / 750	450 / 700
		300 / 700	350 / 700	350 / 700	450 / 750	450 / 750	450 / 800	450 / 800
	300 / 700	300 / 700	350 / 700	400 / 750	450 / 750	450 / 800	450 / 800	450 / 800
300 / 700	300 / 700	350 / 700	400 / 750	400 / 750	450 / 800	450 / 800	500 / 850	500 / 900
300 / 700	350 / 700	350 / 750	400 / 750	450 / 750	450 / 800	500 / 850	500 / 850	500 / 900
350 / 750	350 / 750	350 / 750	450 / 800	450 / 800	450 / 800	500 / 850	500 / 850	500 / 900
350 / 700	450 / 800	450 / 800	450 / 800	450 / 800	500 / 850	500 / 850	500 / 850	500 / 900
350 / 800	450 / 800	450 / 800	450 / 800	500 / 850	500 / 850	500 / 900	500 / 900	500 / 900
350 / 800	450 / 850	450 / 850	450 / 850	500 / 850	500 / 850	500 / 900	500 / 900	500 / 900
400 / 1,300	450 / 1,500	500 / 1,600	500 / 1,800	500 / 2,000	600 / 2,200	800 / 2,200	800 / 2,400	800 / 2,400

찾 아 보 기

ㄴ

ㄷ

ㄹ

ㅁ

ㅂ

ㅅ

ㅇ

ㅈ

ㅊ

ㅋ

ㅌ

ㅍ

ㅎ

참 고 문 헌

1. Structure in Architecture — M.Salvadori, R.Heller, Prentice-Hall 1986
2. Structure Systems — Heino Engel, Deutsche Verlage-Anstalt 1977
3. Structural Engineering for Architects — Kenneth R.Lauer, McGraw-Hill 1981
4. Structural Concepts and Systems for Architects and Engineers — T.Y.Lin, S.D.Stotesbury, John wiley & Sons 1981
5. Development in Sturctural Form — Rowland J.Mainstone, M.I.T Press 1983
6. 構造計劃 — 末永保美, 朝倉書店 1993
7. 力學と 建築物の かたち — 田中彌壽雄, 株・建築技術 1993
8. 建築デザいと 構造計劃 — 柏原士郎외, 朝倉書店 1995
9. 構造計劃 — 松井源五, 明現社 1995
10. 建築基礎構造 — 大崎順彦, 技報堂 1991

□ 편저자 소개 □

• 朴 敬 浩 •

和蘭BOUWCENTRUM DIPLOMA過程履修
美國VIRGINIA州立大學(VIRGINIA TECH)大學院에서 修學
東國大學校 大學院卒業(工學博士)
東亞大學校 副教授
DENMARK 工科大學 客員教授
江原大學校 教授(現在)

건축디자인과 구조계획 정가 20,000원

편 자 : 박 경 호
발행인 : 문 형 진

판권 검인

1997년 8월 27일 제1판 제1인쇄발행
2007년 11월 1일 제1판 제2인쇄발행

발행처 도서출판 세 진 사
136-087 서울특별시 성북구 보문동 7가 112-8
(세진빌딩)
TEL : 922-6371~3, 923-3422 · 7224 / FAX : 927-2462
〈1976. 9. 21 / 등록 · 서울 제 6-28호 / 등록번호〉